普通高等教育系列教材

# 三菱 PLC 控制系统综合应用技术

主　　编　常斗南　翟　津
参　　编　焦立卓　于德颖　王智勇　李华雄
主　　审　李全利

机 械 工 业 出 版 社

可编程序控制器（PLC）是20世纪60年代以来发展起来的新型工业控制装置，它综合了计算机技术、自动控制技术和网络通信技术，现已广泛应用于自动化的各个领域。本书以三菱 $FX_{2N}$ 系列 PLC 为例，着重介绍了 PLC 系统构成、工作原理、软件编程和应用设计方法，并编有 PLC 运动控制、过程控制、网络通信等综合应用实例，是一本具有 PLC 综合应用技术的教学用书。本书可作为大专院校电气专业、机电一体化专业、自动化专业的教材，也可作为 PLC 系统设计师的培训教材以及从事 PLC 应用开发的工程技术人员的参考书。

本书配有免费电子课件，欢迎选用作教材的老师登录 www.cmpedu.com 注册下载。


**图书在版编目（CIP）数据**

三菱 PLC 控制系统综合应用技术/常斗南，翟津主编．—北京：机械工业出版社，2012.9（2023.6重印）
普通高等教育系列教材
ISBN 978-7-111-39866-0

Ⅰ.①三…　Ⅱ.①常…②翟…　Ⅲ.①PLC 技术—高等学校—教材　Ⅳ.①TM571.6

中国版本图书馆 CIP 数据核字（2012）第 226715 号

机械工业出版社（北京市百万庄大街22号　邮政编码100037）
策划编辑：贡克勤　责任编辑：贡克勤　任正一　王玉鑫
版式设计：霍永明　责任校对：张晓蓉
封面设计：路恩中　责任印制：单爱军
北京虎彩文化传播有限公司印刷
2023年6月第1版第7次印刷
184mm×260mm·23.25印张·574千字
标准书号：ISBN 978-7-111-39866-0
定价：59.80元

电话服务　　　　　　　　网络服务
客服电话：010-88361066　机 工 官 网：www.cmpbook.com
　　　　　010-88379833　机 工 官 博：weibo.com/cmp1952
　　　　　010-68326294　金 书 网：www.golden-book.com


机工教育服务网：www.cmpedu.com

# 前　言

可编程序控制器（PLC）是20世纪60年代发展起来的一种新型工业控制装置。它综合了计算机技术、自动控制技术和网络通信技术，功能十分强大，远远超出了原先PLC的概念，现已广泛应用于系统的运动控制、过程控制、通信网络和人机交互等各个领域。系统地了解PLC综合应用技术原理、软件编程已成为各院校师生、工程技术人员、技术管理人员的迫切愿望。

本书以三菱$FX_{2N}$系列PLC为例，系统地介绍了PLC的结构、工作原理、PLC编程、设计方法、联网通信以及PLC运动控制、过程控制等综合应用实例。编写本书的目的是使读者尽快学会并掌握PLC综合应用系统的设计技能。编写的大量的工程应用实例，对学生来说，可大大开阔他们的视野，锻炼他们的设计、编程、调试等应用能力。

全书共分八章，第一章主要介绍了可编程序控制器（PLC）控制系统的应用设计；第二章详细介绍了三菱$FX_{2N}$系列可编程序控制器；第三章主要介绍了$FX_{2N}$系列可编程序控制器的基本功能及应用；第四章重点介绍了$FX_{2N}$系列可编程序控制器的特殊功能及应用；第五章介绍了$FX_{2N}$的特殊功能模块及应用；第六章介绍了触摸屏、组态软件功能及应用；第七章介绍了PLC通信网络功能及应用；第八章重点介绍了$FX_{2N}$系列PLC控制系统综合应用实例。

本书工程性与实践性较强，简明实用。可作为大专院校学生学习PLC控制系统综合应用技术教材，也可供从事自动化系统设计开发的工程技术人员进行系统控制设计和PLC系统设计师进行考核培训时参考。

本书由常斗南、翟津担任主编，统稿全书。李全利任主审，审阅全书。第一章与第三章由焦立卓编写，第二章由李华雄编写，第四章由常斗南编写，第五章与第七章的一、二、三节由于德颖编写，第六章与第七章的四、五节由王智勇编写，第八章及附录A、附录B、附录C由翟津编写。

由于编写时间仓促，加之作者水平有限，书中难免有错漏之处，恳请各院校师生及广大读者批评指正。联系信箱：zhaijin-1@ tom. com

**编　者**

# 目　录

# 第一章　可编程序控制器（PLC）控制系统应用设计

## 第一节　PLC 概述

### 一、PLC 的产生、发展及特点

#### （一）PLC 的产生及发展

可编程序控制器（PLC）是 20 世纪 60 年代以来发展极为迅速的一种新型工业控制装置。现代 PLC 综合了计算机技术、自动控制技术和网络通信技术，其功能十分强大，远远超出了原先 PLC 的概念，应用越来越广泛、深入，已进入到系统的运动控制、过程控制、通信网络、人机交换等领域。

1968 年美国通用汽车公司（GM）公开招标研制开发功能更强、可靠性更高的新型控制器。一年后美国数字设备公司（DEC）根据 GM 公司的指标要求，研制成功世界上第一台可编程序控制器，型号为 PDP-14，并在 GM 公司汽车生产线上首次应用成功。这样就把继电接触控制的硬接线逻辑转变为计算机的软件逻辑编程的设想变为现实。这种属于存储程序控制的可编程序控制器简称为 PLC。从 1969 年美国 DEC 公司生产世界上第一台 PLC 至今，可编程序控制器已经历 4 代，第一代 PLC 大多采用一位机开发，用磁心存储器存储，只具有单一的逻辑控制功能；第二代 PLC 采用 8 位微处理器及半导体存储器，使 PLC 产品系列化；第三代 PLC 采用位片式 CPU，处理速度大大提高了，促使 PLC 向多功能方向发展；第四代 PLC 全面使用 16 位和 32 位高性能微处理器，进行多通道处理，内含 CPU 的智能模块，使第四代 PLC 具有运动控制、过程控制、数据处理、网络通信等多种功能。PLC 及其网络现已成为工厂首选的工业控制装置，由 PLC 组成的多级分布式网络已成为现代工业控制系统的主要组成部分。

#### （二）PLC 主要功能及特点

**1. PLC 的主要功能**

PLC 把计算机技术、自动控制技术和网络通信技术融为一体，可完成如下功能：

1）逻辑控制功能：PLC 具有“与”、“或”、“非”等逻辑指令，可代替继电器进行组合逻辑与顺序逻辑控制。

2）定时与计数控制功能：PLC 具有定时与计数控制功能，使用与操作灵活方便。

3）步进控制功能：PLC 具有步进控制功能。步进控制是指在完成一道工序以后，再进行下一道工序，即进行顺序控制。PLC 为用户可提供若干个移位寄存器，或直接设置有步进指令，用于步进控制。

4）A/D、D/A 转换功能：PLC 具有“模/数”转换（A/D）和“数/模”转换（D/A）功能，可完成对模拟量控制与调节。

5）数据处理功能。

6）联网通信功能。

7）监控功能：PLC配置有较强的系统监控功能，它可以记忆某些异常情况，或当发生异常情况时自动中断运行。在PLC控制系统中，操作人员可通过监控命令监视有关部分的运行状态，及时调整定时器或计数器的设定值，因此调试、使用与维护方便。

**2. PLC的主要特点**

（1）软件简单易学　PLC的最大特点之一就是它采用的是易学易懂的梯形图语言，它是以计算机软件技术构成人们惯用的继电器模型，形成一套独具风格的以继电器控制原理基础的形象编程语言。梯形图符号和定义与常规继电器展开图完全一致，电气操作人员使用起来得心应手，在了解PLC简要工作原理和它的编程技术之后，就可以结合实际需要进行应用设计，进而将PLC用于实际控制系统中。

（2）PLC集“三电”于一体　集“三电”于一体，即指集电控、电仪、电传于一体。根据工业自动化系统分类，对于开关量控制（逻辑控制系统）采用继电接触器控制装置（电控装置），对于速度较慢的连续量控制（过程控制系统）采用电动仪表控制（电仪装置），对于速度较快的连续量控制（运动控制系统）采用电气传动控制（电传装置）。一个PLC的控制系统中既有逻辑控制，又有过程控制，还有运动控制，使用灵活机动。在PLC的控制装置中实现“三电”一体化，适用于各种规模的自动化系统。特别是运动控制系统发展极为迅速，各种现代控制技术如自适应控制、最优控制、鲁棒控制、滑模变结构控制、模糊控制、神经网络控制及各种智能控制都已深入到传统的运动控制系统中。PLC在运动控制系统中可作为运动控制器，即系统的“大脑”，实现各种控制。

（3）可靠性高、抗干扰能力强　由于PLC的外壳采用密封、防尘、抗振的封装结构，内部集成电路采用各种抗干扰措施，内部处理过程不依赖于机械接点，加之PLC采用循环扫描的工作方式，使之PLC在较恶劣的工业情况下，仍能够稳定可靠地运行。

（4）PLC网络性价比高　PLC网络现已成为具有3~4级子网的多级分布式网络。加上配有强有力的工具软件，使它成为具有工艺流程显示、动态画面显示、趋势图生成显示、各类报表制作的多种功能系统，可方便与其他网络连接。所有这一切使PLC网络成为CIMS（Computer Integrated Manufacturing System）非常重要的组成部分之一。PLC网络具有较高的性能价格比，使得PLC在工厂中倍受欢迎，用量高居首位，成为现代工业自动化三大支柱之首。

## 二、PLC的基本结构与工作原理

### （一）PLC的基本结构

传统的继电接触控制系统一般由输入设备、继电器控制电路和输出设备三部分组成，如图1-1所示。这是由许多“硬”的元器件连接起来组成的控制系统。PLC及其控制系统是从继电接触系统和计算机控制系统发展而来的，因此PLC与它们有许多相同或相似之处。PLC的输入输出部分与继电接触控制系统大致相同，PLC的控制部分用微处理器和存储器取代了继电器控制电路，其控制作用是通过用户软件来实现的。PLC结构框图如图1-2所示。

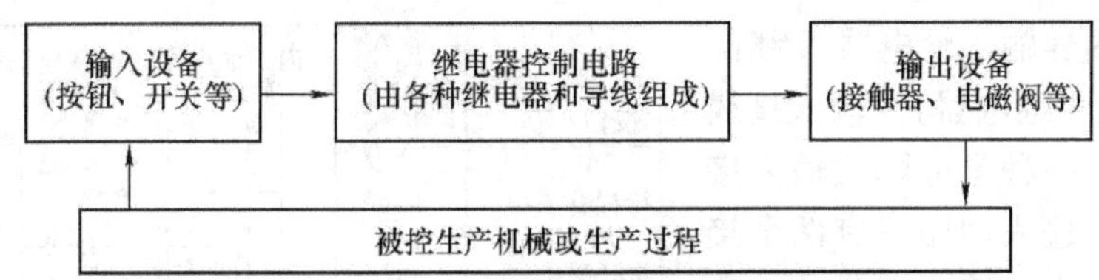


图 1-1　继电接触控制系统

#### 1. 输入与输出部件

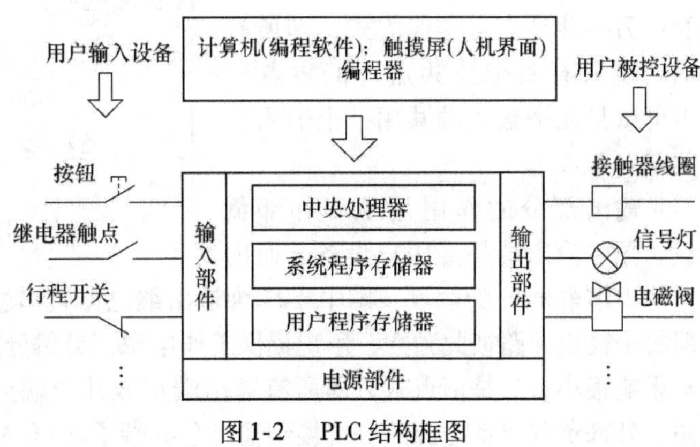


图 1-2　PLC 结构框图

PLC 与输入控制信号和被控设备连接起来的部件称为输入与输出部件。输入部件接收从用户输入设备按钮、开关、继电器触点和传感器等输入的现场控制信号，并将这些信号转换成中央处理器能接收和处理的数字信号。输出部件接收经过中央处理器处理过的输出数字信号，并把它转换成被控设备或显示装置所能接收的电压或电流信号，以驱动接触器、电磁阀和指示器件等。

#### 2. 中央处理单元

中央处理单元由中央处理器（CPU）、系统程序存储器和用户程序存储器组成。中央处理器是 PLC 的核心部件，整个 PLC 的工作过程都是在中央处理器统一指挥和协调下进行的，其主要任务是按一定的规律和要求读入被控对象的各种工作状态，然后根据用户所编制的控制程序的要求去处理相关数据，最后再向被控对象输出相应的驱动信号。

存储器是保存系统程序和用户程序的器件。系统程序存储器主要用于存放系统正常工作所必需的程序，如管理、监控、指令解释程序，这些程序与用户无直接关系，已由厂家直接固化进 EPROM 中。用户程序存储器主要用于存放用户按控制要求编制的用户应用程序，可通过计算机、编程器进行修改。

#### 3. 电源部件

电源部件将交流电源转换成供 PLC 的中央处理器、存储器等电子电路工作所需要的直流电源，使 PLC 能正常工作，PLC 内部电路使用的电源是整机的能源供给中心，它的好坏直接影响 PLC 的功能和可靠性，因此目前大部分 PLC 采用开关式稳压电源供电，用锂电池作停电时的后备电源。

#### 4. 编程器、计算机、触摸屏

编程器、计算机、触摸屏等是 PLC 必不可少的、进行通信的外围设备。主要用于对用户程序进行输入、检查、调试和修改，并用来监视 PLC 的工作状态。

### （二）PLC 的基本工作原理

#### 1. PLC 的等效电路

从图 1-2 所示的 PLC 结构框图可得出其等效电路，如图 1-3 所示。

它主要由输入部分、输出部分和内部控制电路组成。

输入部分的作用是收集被控设备的信息或操作指令。图中若干个输入端外接按钮、开关等的触点，而内连输入继电器X线圈（图中X26为输入继电器）。输入接线方式分为两种：一种是分隔式输入接线方式，即每个输入回路只有两个接线端口，其中一个为输入端公共端口COM，各个输入点之间是相互隔离的；另一种是汇点接线方式，即所有输入端只有一个公共点（汇集点），也可以是几个输入端共用一个输入公共点（COM）。

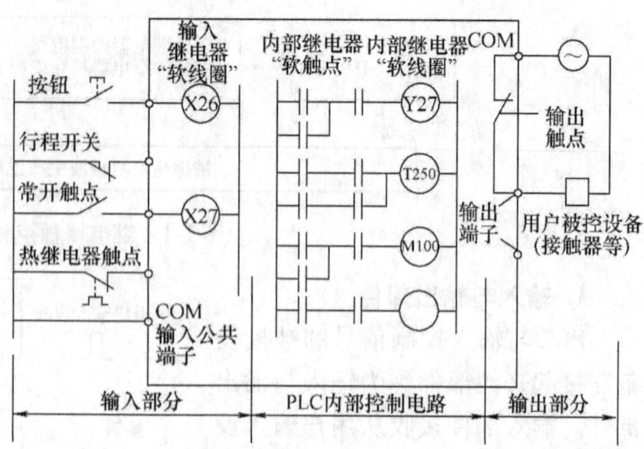

图1-3 PLC的等效电路

输出部分的作用是驱动外部负载。图中输出端外接用户设备，而内连输出继电器Y的触点（图中Y27为输出继电器）。输出也有两种接线方式：一是分隔式，即每个输出回路彼此独立，用户提供工作电源，显然分隔式接线方式输出回路之间相互关联与影响很小；二是汇点式，即所有输出端点或几个端点共用一个用户提供的交流或直流电源。外部负载驱动电源的一端接到输出公共端子（COM）上。

内部控制电路的作用是对从输入部分得到的信息进行运算、处理，并判断哪些功能应输出。图中T250为定时器，M100为辅助继电器，PLC内部还有计数器C等。PLC内部有许多“软”继电器或继电器“软”触点和“软”接线，这些都是用编程软件来实现的。

**2. PLC的工作方式**

PLC的工作过程一般可分为三个阶段：输入采样（输入扫描）阶段、程序执行（执行扫描）阶段和输出刷新（输出扫描）阶段，如图1-4所示。

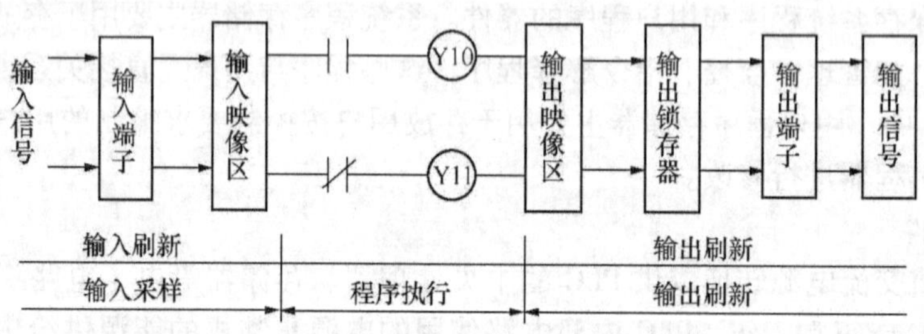

图1-4 PLC的工作过程

（1）输入采样阶段 PLC以扫描工作方式按顺序将所有输入信号读入到寄存输入状态的输入映像寄存器中存储，这一过程称为采样。在本工作周期内这个采样结果的内容不会改变，而且这个采样结果将在PLC执行程序时被使用。

（2）程序执行阶段 PLC按顺序对程序进行扫描，即从上到下、从左到右地扫描每条指令，并分别从输入映像寄存器中获得所需的数据进行运算、“处理”，再将程序执行的结果写入寄存执行结果的输出映像寄存器中保存。但这个结果在全部程序未执行完毕之前不会送到输出端口上。

（3）输出刷新阶段 在执行完用户所有程序后，PLC将映像寄存器中的内容传送到寄存输出状态的输出锁存器中，再去驱动用户设备，这就是输出刷新阶段。

PLC 重复执行上述三个阶段，每重复一次的时间称为一个扫描周期。PLC 在一个扫描周期中，输入扫描和输出刷新的时间一般为 4ms 左右，而程序执行时间可因程序的长短不同而不同。

PLC 的一个扫描周期主要有上述三个阶段，但严格来说还应包括下述 4 个过程，但这 4 个过程都是输入扫描过程之后进行的。

1）系统自监测：检查程序执行是否正确，如果超时则停止中央处理工作。

2）与编程器计算机交换信息，这在使用编程器或计算机输入和调试程序时才执行。

3）与数字处理器交换信息，这只有在 PLC 中配置有专用数字处理器时才执行。

4）网络通信，当 PLC 配置有网络通信模块时，应与通信对象（如 PLC 或计算机等）进行数据交换。

从上述 PLC 工作过程中可以看出：

PLC 采用循环扫描工作方式。PLC 工作的主要特点是输入信号集中批处理，执行过程集中批处理和输出控制也集中批处理。PLC 的这种“串行”工作方式，可以避免继电接触控制中触点竞争和时序失配的问题。这是 PLC 可靠性高的原因之一，但是又导致输出对输入在时间上的滞后，这是 PLC 的缺点之一。

PLC 在执行程序时所用到的状态值不是直接从实际输入端口所获得的，而是来源于输入映像寄存器和输出映像寄存器。输入映像寄存器的状态值，取决于上一扫描周期从输入端子中采样取得的数据，并在程序执行阶段保持不变。输出映像寄存器中的状态值，取决于执行程序输出指令的结果。输出锁存器中的状态值是由上一个扫描周期的刷新阶段从输出映像寄存器转入的。

还需指出一点：在 PLC 中常采用一种称之为“看门狗”（Watchdog）的定时监视器来监测 PLC 的实际工作时间周期是否超出预定的时间，以避免 PLC 在执行程序过程中进入死循环，或 PLC 执行非预定的程序而造成系统故障瘫痪。

## 三、PLC 的性能指标、分类及其应用范围

### （一）PLC 的性能指标

PLC 的性能通常是用以下各种指标来综合表述的。

（1）编程语言　PLC 常用的编程语言有梯形图语言、助记符语言、流程图语言及某些高级语言等，目前使用最多的是前两者。不同的 PLC 可能采用不同的语言。

（2）指令种数　用以表示 PLC 的编程功能。

（3）I/O 总点数　PLC 的输入和输出量有开关量和模拟量两种。对于开关量，I/O 用最大 I/O 点数表示，而对模拟量，I/O 点数则用最大 I/O 通道路数表示。

（4）PLC 内部继电器的种数和点数　包括辅助继电器、特殊继电器、定时器、计数器、移位寄存器等。

（5）内存容量　一般以 PLC 所存放用户程序多少来衡量。在 PLC 中程序指令是按“步”存放的（1 条指令往往不止 1“步”），1“步”占用 1 个地址单元，1 个地址单元一般占用两个字节。例如一个内存容量为 1000 步的 PLC，其内存也可写为 2KB。

（6）扫描速度　扫描速度是以执行 1000 条基本逻辑指令所需的时间来衡量，单位为 ms/千步或 μs/步。

（7）工作环境　一般工作环境条件：温度0～55℃，湿度小于85%（无结露）。

（8）特种功能　有的PLC还具有某些特殊功能，例如自诊断功能、通信联网功能、监控功能、特殊功能模块、远程I/O能力等。

（9）其他　还能列出其他一些指标，如输入/输出方式、某些主要硬件（如CPU、存储器）的型号等。

**（二）PLC的分类**

目前PLC的品种很多，规格性能不一，且还没有一个权威的统一的分类标准，准确分类是困难的。但是目前一般按下面几种情况进行大致分类。

（1）按结构形式分类　按PLC结构形式分类，可分为整体式和模块式两种。

整体式（箱体式）PLC，将PLC的电源，中央处理器、输入/输出部件等集中配置在一起，有的甚至全部安装在一块印制电路板上，装在一个箱体内，通常称为主机。例如$FX_{2N}$系列PLC。整体式结构紧凑、体积小、重量轻、价格低，但主机I/O点数固定，使用不灵活。小型PLC常使用这种结构。

模块式（积木式）PLC，它把PLC的各部分以模块形式分开，如电源模块、CPU模块、输入模块、输出模块等，把这些模块插入机架底板上，组装在一个机架内。这种结构配置灵活，装配方便，便于扩展。一般中型和大型PLC常采用这种结构。例如GE-I、GE-II系列PLC等。这种结构较复杂，造价高。

（2）按输入/输出点数和存储容量分类　按输入/输出点数和容量分，PLC大致可分为大、中、小型三种。

小型PLC的输入输出点数在256点以下，用户程序存储器容量在2K字以下。

中型PLC的输入输出点数在256～2048之间，用户程序存储器容量一般为2～8K字。

大型PLC的输入输出点数在2048以上，用户程序存储器容量达8K字以上。

（3）按功能分类　按PLC功能强弱来分，可大致分为低档机、中档机、高档机三种。

低档机PLC具有逻辑运算、定时、计数等基本功能，有的还增设模拟量处理、算术运算、数据传送等功能。可实现逻辑、顺序、计时计数控制等。

中档机PLC除具有低档机的功能外，还具有较强的模拟量输入输出、算术运算、数据传送、通信联网等功能。可完成既有开关量又有模拟量控制的任务。

高档机PLC除具有中档机的功能外，增设有带符号算术运算、矩阵运算等，使PLC的功能更多更强，能进行智能控制、远程控制、大规模过程控制，构成分布式控制系统成为整个工厂的自动化网络。

随着PLC的发展，对PLC的分类也将会发生相应的改变，使PLC的分类更科学更严密。

**（三）PLC与微型计算机比较**

PLC是随着计算机的发展而发展起来的新型工业控制装置，即是专为工业控制设计的专用计算机。它与计算机的主要区别表现在如下几个方面：

1）PLC输入输出接口较多，大中型PLC输入输出接口更多，便于实现多路多点控制。

2）PLC编程简便，因为PLC采用易于用户理解、接受和使用的梯形图语言编程。而计算机使用汇编语言或其他高级语言编程，比PLC编程复杂。

3）PLC可靠性高，因为PLC是为工作环境条件比较恶劣的工业控制设计的，设计与制造PLC过程中已采取了多种有效的抗干扰和提高可靠性措施。

4）PLC 技术容易掌握，使用维护方便，对使用者的技术水平要求比使用计算机低。

5）PLC 采用循环扫描方式进行工作，加之其他一些原因，所以 PLC 输入输出响应比计算机慢。

6）PLC 体积小，调试周期短。

前面多次提到 PLC 的可靠性很高，究其原因归纳起来主要在于目前 PLC 在硬件与软件方面一般都采用了下述措施：

1）PLC 内部有许多“软”继电器、“软”触点和“软”接线，控制功能主要由软件来实现，“硬”器件、“硬”触点和“硬”接线大为减少。

2）设置滤波。在 PLC 中一般都在输入/输出接口处设置 π 形滤波器，它不仅可滤除来自外界的高频干扰，而且还可减少内部模块之间信号的相互干扰。

3）设有隔离。在 PLC 系统中 CPU 和各个 I/O 回路（主要指数字口）几乎都设有光耦合器作隔离，以防止干扰或可能损坏 CPU 等。

4）设置屏蔽。屏蔽有两类：一类是例如对变压器采取磁场和电场的双重屏蔽，这时要用既导磁又导电的材料作为屏蔽层；另一类是例如对 CPU 和编程器等模块仅作电磁场的屏蔽，此时可用导电的金属材料做屏蔽层。

5）采用模块式结构。PLC 通常采用积木式结构，这便于用户检修和更换模板，同时在各模板上都设有故障检测电路，并用相应的指示器标志它的状态，使用户能迅速确定故障的位置。

6）设有联锁功能。PLC 中各输出通道之间设有联锁功能，以防止各被控对象之间误动作可能造成的事故。

7）设置环境检测和诊断电路。这部分电路负责对 PLC 的运行环境（例如电网电压、工作温度、环境的湿度等）进行检测，同时也完成对 PLC 中各模块工作状态的监测。这部分电路往往是与软件相配合工作的，以实现故障自动诊断和预报。

8）PLC 中的电源尤其是为 CPU 模块供电的 +5V 主电源，都具有很强的抗电网电压波动和高频扰动的能力，同时还具有过电压、过电流保护措施，以防止 PLC 的损坏可能导致系统的混乱。

9）设置 Watchdog 电路。PLC 中的这种电路是专门监视 PLC 运行进程是否按预定的顺序进行的，如果 PLC 中发生故障或用户程序区受损，则因 CPU 不能按预定顺序（预定时间间隔）工作而报警。

10）PLC 是以循环扫描方式进行工作的，即 PLC 对信号的输入、数据的处理和控制信号的输出，分别在一个扫描周期内的不同时间间隔里，以批处理方式进行，这不仅使用户编程简单、不易出错，而且也不易使 PLC 的工作受到外界干扰的影响；同时 PLC 所处理的数据比较稳定，从而减少了处理中的错误；另外，PLC 的输入输出的控制较简单，不容易产生由于时序不合适而造成的问题。

总之，因为 PLC 是专为工作环境条件较恶劣的工业应用而设计的，在设计制造时已充分考虑到可靠性问题，并采取了多层次多种有效措施来提高 PLC 的可靠性，因此，实践证明 PLC 的可靠性很高。

**（四）PLC 的应用范围**

从 PLC 的功能应用来看，其应用范围大致有以下 6 个方面：

**1. 开关量的逻辑控制**

这是 PLC 应用最广泛的领域，它取代了传统的继电接触控制系统和顺序控制器，如各种机床、电梯、装配生产线、电镀流水线、运输与检测等方面的控制。

**2. 模拟量控制**

在工业生产过程中，许多连续变化的量如温度、压力、流量、液位等都是模拟量。为了使 PLC 控制模拟量，必须实现模拟量与数字量之间转换，而现代 PLC 产品都有配套的 A/D 和 D/A 模块，使 PLC 可以很方便地用于模拟量控制。

**3. 运动控制**

运动控制一般是在比较复杂的条件下，将设定的控制目标转变为期望的机械运动。运动控制系统是将被控制的机械运动实现精确的位置控制、速度控制、加速度控制、力或力矩的控制，以及将这些被控制机械量实现综合控制。PLC 运动控制系统既可以采用专用位控模块实现运动控制，也可利用 PLC 内置的足够资源（运动控制功能）来实现系统的运动控制。现已广泛用于各种机床、机械手、机器人、电梯等设备的控制。

**4. 过程控制**

过程控制一般是指对温度、压力、流量等模拟量的闭环控制。PLC 作为一种专用工业控制的计算机可以编制各种各样的控制算法程序，完成闭环控制。目前，在工业过程控制中，主要采用 PID 控制。PID 控制是过程控制领域最常用的一种负反馈控制，它是按偏差信号的比例、积分、微分控制规律实现负反馈的闭环控制。现代大中型 PLC 都有 PID 模块，小型 PLC 也具有 PID 功能。PID 控制功能通常是运用专用的 PID 子程序。过程控制在钢铁冶金、精细化工、锅炉控制、热处理等场合有很广泛的应用。

**5. 数据处理**

PLC 具有逻辑运算、函数运算、矩阵运算等数学运算，数据传输、转换、排序、检索和移位以及数制转换、位操作、编码、译码等功能。能完成数据采集、分析和处理，可应用于大中型控制系统，如数控机床、柔性制造系统、机器人控制系统等。

**6. 通信联网**

现代 PLC 都具有通信功能，它既可以对远程 I/O 进行控制，又可以实现 PLC 和 PLC、PLC 和计算机之间的通信。因此，它可以十分方便地构成集中管理、分散控制的分布式多级控制的复杂系统，实现工厂自动化网络。

## 第二节 PLC 控制系统的应用设计

PLC 控制系统应用设计应该以 PLC 为程控中心，组成电气控制系统，实现对生产设备或过程的控制。PLC 控制系统是以程序形式来体现其控制功能的，大量的工作时间将用在软件设计，也就是程序设计上。本节主要介绍 PLC 应用设计步骤、PLC 的选型、硬件配置以及系统的可靠性、稳定性和软件设计方法。

### 一、PLC 控制系统的应用设计步骤

PLC 应用设计，一般应按图 1-5 所示的步骤进行。

**（一）熟悉被控制对象明确控制要求**

首先应分析系统的工艺要求，对被控制对象的工艺过程、工作特点、环境条件、用户要求及其他相关情况进行仔细全面的分析，特别要确定哪些外围设备是送信号给PLC的，哪些外围设备是接收来自PLC的信号的。确定被控系统所必须完成的动作及动作顺序。

在分析被控对象及其控制要求的基础上，根据PLC的技术特点，优选控制方案。

**（二）确定控制方案，选择PLC**

根据生产工艺和机械运动的控制要求，确定电气控制系统是手动，还是半自动、全自动，是单机控制还是多机控制，明确其工作方式。还要确定系统中的各种功能，如是否有定时计数功能、紧急处理功能、故障显示报警功能、通信联网功能等。通过研究工艺过程和机械运动的各个步骤和状态，来确定各种控制信号和检测反馈信号的相互转换和联系。确定PLC输入输出信号的性质及数量，综合上述结果来选择合适的PLC型号，确定其各种硬件配置。

**（三）硬件与软件设计**

**1. 硬件设计**

PLC控制系统硬件设计包括PLC选型、I/O配置、电气电路的设计与安装，例如PLC外部电路和电气控制柜、控制台的设计、装配、安装及接线等工作，可与软件设计工作平行进行。

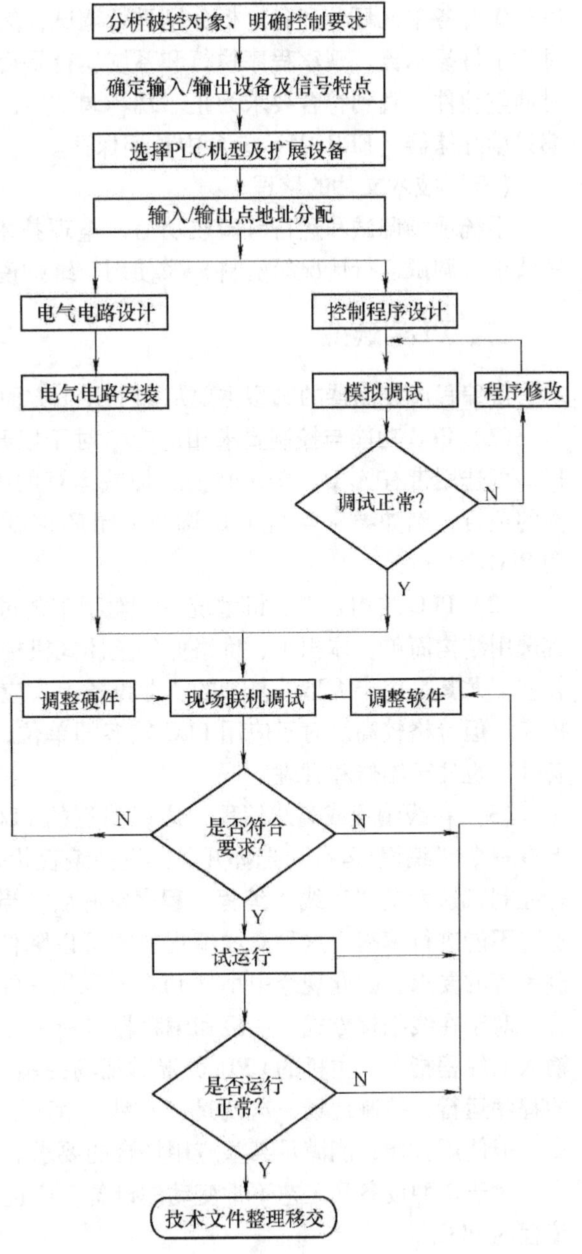


图1-5　PLC系统设计流程图

**2. 软件设计**

（1）控制程序设计　用户控制程序的设计即为软件设计，画出梯形图，写出语句表，将程序输入PLC。

（2）模拟调试　将设计好的用户控制程序键入PLC后应仔细检查与验证，并修改程序。之后在工作室里进行用户程序的模拟运行和程序调试，对于复杂的程序先进行分段调试，然后进行总调试，并做必要的修改，直到满足要求为止。

**（四）现场联机运行总调试**

PLC控制系统设计和安装好以后，可进行现场联机运行总调试。在检查接线等无差错后，先对各单元环节和各电柜分别进行调试，然后再按系统动作顺序，逐步进行调试，并通过指示灯显示器，观察程序执行和系统运行是否满足控制要求，如有问题先修改软件，必要时调整硬件，直到符合要求为止。现场调试后，一般将程序固化在有长久记忆功能的可擦可编只读存储器（EPROM）卡盒中长期保存。

**（五）技术文件的整理**

系统现场调试和运行考验成功后，整理技术资料，编写技术文件（包括设计图样、程序清单、调试运行情况等资料）及使用、维护说明书等。

## 二、PLC 选型

可编程序控制器的选型主要从如下几个方面来考虑：

（1）PLC 功能与控制要求相适应　对于以开关量控制为主，带有少量模拟量控制的项目，可选用带有 A/D、D/A 转换、加减运算的中低档机。对于控制比较复杂、功能要求较高的项目，例如要求实现 PID 调节，闭环控制、通信联网等，应选择高档小型机或中大型 PLC。

（2）PLC 结构合理、机型统一　对于工艺过程比较稳定，使用环境条件比较好的场合，宜选用结构简单、体积小、价格低的整体式机构的 PLC。对于工艺过程变化较多，使用环境较差，尤其是用于大型的复杂的工业设备上，应选用模块式结构的 PLC，这便于维修更换和扩充，但价格较高。对于应用 PLC 较多的单位，应尽可能选用统一的机型，这有利于购置备件，也便于维修和管理。

（3）在线编程或离线编程　离线编程的 PLC，主机和编程器共用一个 CPU，在编程器上有一个“编程/运行”选择开关。选择编程状态时，CPU 只为编程器服务，不再对现场进行控制，这就是“离线”编程。程序编好后，当选择运行状态时，CPU 只为现场控制服务，这时不能进行编程，这种离线编程方式可以降低系统的成本，而且又能满足大多数 PLC 控制系统的要求，因此现今中小型 PLC 常采用离线编程。

对于在线编程方式，主机和编程器各有一个 CPU。编程器的 CPU 可以随时处理由键盘输入的编程指令。主机的 CPU 负责对现场控制，并在一个扫描周期开始，主机将按新送入的程序运行，控制现场，这就是“在线”编程。在线编程的 PLC 增加了硬件和软件，价格高，但使用方便，能满足某些应用场合的要求。大型 PLC 多采用在线编程。

对于定型设备和工艺不常变动的设备，应选用离线编程的 PLC；反之，可考虑选用在线编程的 PLC。

（4）存储器容量　根据系统大小和控制要求的不同，选择用户存储器容量不同的 PLC。厂家一般提供 1K、2K、4K、8K、16K 程序步容量的存储器。用户程序占用多少内存与许多因素有关，目前只能作粗略估算，估算方法有下面两种（仅供参考）：

1）PLC 内存容量（指令条数）约等于 I/O 总点数的 10～15 倍。

2）指令条数≈6（I/O）+2(T+C)。式中 T 为定时器总数；C 为计数器总数。还应增加一定的裕量。

（5）I/O 点数　统计出被控设备对输入输出总点数的需求量，据此确定 PLC 的 I/O 点数。必要时增加一定裕量。一般选择增加 15%～20% 的备用量，以便今后调整或扩充。

（6）PLC 的输入输出方式　根据实际情况选定合适的输入输出方式的 PLC。

（7）PLC 处理速度　PLC 以扫描方式工作，从接收输入信号到输出信号控制外围设备，存在着滞后现象，但能满足一般控制要求。如果某些设备要求输出响应快，可采用快速响应的模块，优化软件缩短扫描周期或中断处理等措施。

（8）是否要选用扩展单元　多数小型 PLC 是整体结构，除了按点数分成一些档次如 32 点、48 点、64 点、80 点外，还有多种扩展单元模块供选择。模块式结构的 PLC 采用主机模块与输入输出模块、功能模块组合使用方法，I/O 模块点数多少分为 8 点、16 点、32 点不等，可根据需要，选择灵活组合主机与 I/O 模块。

（9）系统可靠性　根据生产环境及工艺要求，应采用功能完善可靠性适宜的 PLC。对可靠性要求极高的系统，应考虑是否采用冗余控制系统或热备份系统。

（10）编程器与外围设备　小型 PLC 控制系统一般选用价格便宜的简易编程器；如果系统较大或多台 PLC 共用，可选用功能强、编程方便的图形编程器；如果有现成的个人计算机，可选用能在计算机上使用的编程软件。

## 三、PLC 控制系统硬件与软件设计

### （一）硬件设计

PLC 控制系统的硬件主要由 PLC、输入/输出设备和电气控制柜等组成。硬件设计的基本要求主要应考虑如下一些方面：

**1. 硬件设计的基本要求与实施方法**

（1）确定控制方案　选择的最优控制方案应该满足系统的控制要求。设计前，应深入现场进行调研，搜集相关资料，确定系统的工作方式和各种控制功能。通过各种控制信号与检测反馈信号的相互转换和联系，来确定 PLC 输入/输出信号的性质和数量，选择合适的 PLC 确定硬件系统的各种配置，以便制定系统的最优控制方案。

（2）功能完善　在保证完成系统控制功能的基础上，应尽量地把自检、报警以及安全保护等各种功能都纳入设计方案，确保系统的功能比较完善。

（3）高可靠性　在 PLC 控制系统中，就 PLC 本身来说，其薄弱环节在 I/O 端口。虽然它与现场之间、端口之间以及端口输入/输出信号与总线信号之间有相当可靠的隔离，但由于 PLC 应用场合越来越多，应用环境越来越复杂，所受到的干扰也就越来越多，如来之电源波形的畸变、现场设备所产生的电磁干扰、接地电阻的耦合、输入元件触点的抖动等各种形式的干扰，都有可能使系统不能正常工作。因此，系统在硬件设计时应采取各种措施，以提高 PLC 控制系统的可靠性。

1）将 PLC 电源与系统动力设备分别配线。在电源干扰特别严重的情况下，可采用屏蔽层隔离变压器供电，还可加电路滤波器，以便抑制从交直流电源侵入的常模和共模瞬变干扰，还可抑制 PLC 内部开关电源向外发出噪声。在对 PLC 工作要求可靠性较高的场合，应将屏蔽层和 PLC 浮动端子接地。

2）对 PLC 控制系统进行良好的接地。在 PLC 控制系统中具有多种形式的“地”，主要有以下几种：

①信号地。它是输入端信号元件——传感器的地。

②交流地。它是交流供电电源的 N 线，通常噪声主要由此产生。

③屏蔽地。一般是为了防止静电、磁场感应而设置外壳或全屏网通过专用的铜导线与地

壳之间的连接。

④保护地。一般将机械设备外壳或设备内独立器件的外壳接地，用以保护人身安全和防护设备漏电。

为了抑制附加电源及输入/输出端的干扰，应对PLC控制系统进行良好的接地。当信号频率低于1MHz时，可用一点接地；高于10MHz时，采用多点接地；1～10MHz时，采用哪种接地应视实际情况而定。因此，PLC组成的控制系统通常用一点接地，接地线横截面积应大于$2mm^2$，接地电阻应小于100Ω，接地线应为专用地线。屏蔽地、保护地不能与电源地、信号地和其他地扭在一起，只能各自独立地接到接地铜牌上。为减少信号的电容耦合噪声，可采用多种屏蔽措施。对于电场屏蔽的分布电容，可将屏蔽地接入大地即可解决。对于纯防磁的部位，例如强磁铁、变压器、大电动机的磁场耦合，可采用高导磁材料作为外罩，将外罩接地来屏蔽。

3）PLC I/O配线，应该从下面两个方面来提高系统的可靠性

①将各种电路分开布线。PLC电源线、I/O电源线、输入/输出信号线、交流线、直流线都应分开布线。开关量与模拟量的信号线也应分开布线，后者应采用屏蔽线，且屏蔽层应接地。数字传输线要用屏蔽线，并将屏蔽层接地。由于双绞线中电流方向相反、大小相等，并且感应电流产生的噪声可以相互抵消，所以信号线应尽量采用双绞线或屏蔽线。

②PLC的I/O信号防错。在I/O端并联旁路电阻，以减小PLC输入电流和外部负载上的电流。PLC的I/O端并联旁路接线如图1-6所示。

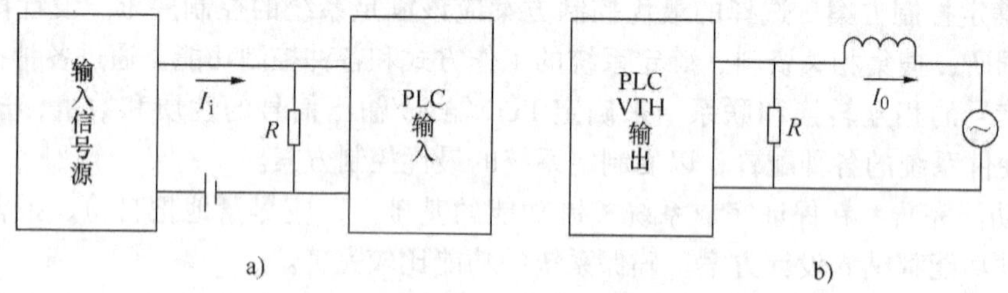


图1-6　PLC的I/O端并联旁路接线

a）PLC输入端并联$R$　b）PLC输出端并联$R$

当输入信号源为晶体管或光电开关输出类型时，在关断时仍有较大的漏电流。而PLC的输入继电器灵敏度较高，若漏电电流干扰超过一定值时，就会形成误信号。同样，当PLC的输出元件为VTH（双向晶闸管）或为晶体管输出时，而外部负载又很小时，会因为这类输出元件在关断时有较大的漏电流，引起微小电流负载的误动，导致输入与输出信号的错误，给设备和人身造成不良后果。在硬件设计中，应该在PLC输入、输出端并联旁路电阻，以减小PLC输入电流和外部负载上的电流。也可以在PLC输入端加RC滤波环节，利用RC的延迟作用来抑制窜入脉冲所引起的干扰。在晶闸管输出的负载两端并联RC浪涌电流抑制器，以减少漏电流的干扰。

4）采用性能优良的电源抑制电网引入的干扰。

5）电缆电路敷设的抗干扰措施。为减少动力电缆辐射电磁干扰，尤其是变频装置馈电电缆，不同类型的信号应分别由不同的电缆传输。信号电缆应按传输信号种类分层敷设，严禁同一电缆不同导线同时传输动力电源和信号，避免信号与动力电缆靠近平行敷设，以减少

电磁干扰。

6）PLC具有丰富的内部软继电器，如定时器、计数器、辅助继电器、特殊继电器等，利用它们的程序设计，可以屏蔽输入元件的错误信号，防止输出元件的误动作，提高系统运行的可靠性。具体实例将在后面的电路编程中讨论。

7）在连续工作的场合，应选择双CPU机型PLC或采用冗余技术（或模块）。对于使用条件恶劣的地方，应选用与之相适应的PLC以及采取相应的保护措施。

在石油、化工、冶金等行业的一些PLC控制系统中，要求有极高的可靠性。一旦系统发生故障会造成停产、设备损坏，给企业带来较大的经济损失。因此使用冗余系统或热备用系统就能有效地解决上述问题。

①冗余控制系统如图1-7所示。整个PLC控制系统由两套完全相同的系统组成。正常运行时，主CPU工作，而备用CPU输出被禁止，当主CPU发生故障时，备用CPU自动投入，一切过程由冗余控制单元RPU控制，切换时间为1～3个扫描周期。I/O系统的切换也是由RPU完成的。

②热备用系统如图1-8所示。两台CPU通信接口连在一起，处于通电状态。当系统发生故障时，由主CPU通知备用CPU投入运行。切换过程比冗余控制系统慢，但结构简单。

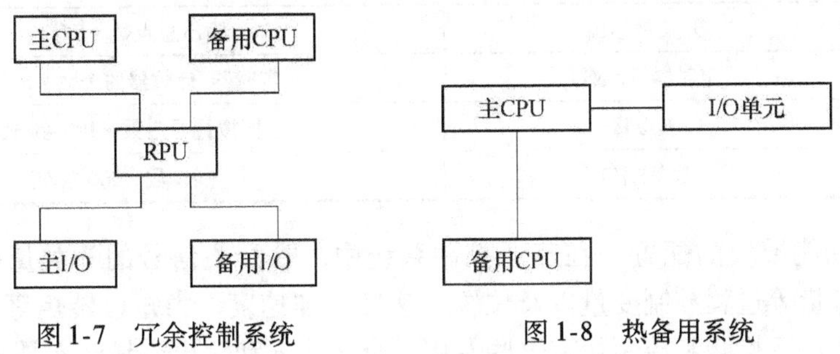


图1-7　冗余控制系统　　图1-8　热备用系统

（4）经济性　在保证系统控制功能和高可靠性的基础上，应尽量降低成本。

此外，在系统的硬件设计中还应考虑PLC控制系统的先进性、可扩展性和整体的美观性。

**2. 硬件设计的一般步骤**

（1）选择合适的PLC机型　PLC的选型应从其性能结构、I/O点数、存储量以及特殊功能等多方面综合考虑。由于PLC厂家很多，要根据系统的复杂程度和控制要求来选择。要保证系统运行可靠、维护使用方便以及较高的性能价格比。

（2）PLC的I/O点数选择　估算系统的I/O点数，主要是根据现场的输入/输出设备。I/O点数是衡量PLC规模大小的重要指标。在选择I/O点数时，一定要留有10%～15%点数余量以备后用。

（3）输入输出模块的选择　对于输入输出模块应从以下几个方面来考虑选择：

1）输入模块应考虑如下两点：①根据现场输入信号与PLC输入模块距离的远近来选择工作电压，例如12V电压模块一般不应超过12m，距离较远的设备应选用工作电压比较高的模块；②对于高密度的输入模块，例如32点的输入模块，允许同时接通的点数取决于输入电压和周围环境温度。一般同时接通的输入点数不得超过总输入点数的60%。

2）输出模块的选择：输出模块有继电器输出、晶体管（场效应晶体管）输出和晶闸管输出三种输出形式。继电器输出模块价格比较便宜，在输出变化不太快、开关不频繁的场合，应优先选用；对于开关频繁、功率因数较低的感性负载可选用晶闸管（交流）和晶体管（直流）输出，但其过载能力低，对感性负载断开瞬间的反向电压必须采取抑制措施。

另外，在选用输出模块时，不但要看一点的驱动能力，还要看整个模块的满负荷能力，即输出模块同时接通点数的总电流值不得超过该模块规定的最大允许电流值。对功率较小的集中设备，例如普通机床，可选用低电压高密度的基本 I/O 模块；对功率较大的分散设备，如料厂设备，可选用高电压低密度（即用端子连接）的基本 I/O 模块。

（4）估算用户控制程序的存储容量　在 PLC 程序设计之前，对用户控制程序的存储容量进行大致的估算。因为用户的控制程序所占用的内存容量与系统控制要求的复杂程度、I/O点数、运算处理、程序的结构等多种因素有关，所以只能根据经验，参考表 1-1 所列出的每个 I/O 点数和有关功能器件占用的内存容量的大小进行估算。在选择 PLC 内存容量时，应留出 25% 的备份量。

**表 1-1　用户程序存储容量估算表**

| 序号 | 器件名称 | 所需存储器字数 |
|---|---|---|
| 1 | 开关量输入 | 输入总点数 ×10 字/点 |
| 2 | 开关量输出 | 输出总点数 ×8 字/点 |
| 3 | 定时器/计数器 | 定时器/计数器的个数 ×5 字/个 |
| 4 | 模拟量 | 模拟量通道数 ×100 字/通道 |
| 5 | 通信端口 | 端口数 ×300 字/个 |

（5）特殊功能模块的配置　在工业控制系统中，除开关信号的开关量外，还有温度、压力、液位、流量等过程控制变量以及位置、速度、加速度、力矩、转矩等运动控制变量，需要对这些变量进行检测和控制。在这些专用场合，输入和输出容量已不是关键参数，而应考虑的是它们控制功能。目前，各 PLC 厂家都提供了许多特殊专用模块，除具有 A/D 和 D/A转换功能的模拟量输入/输出模块外，还有温度模块、位控模块、高速计数模块、脉冲计数模块以及网络通信模块等可供用户选择。

在选用特殊功能专用模块时，只要能满足控制功能要求就可以了，一定要避免大材小用。用户可参照 PLC 厂家的产品手册进行选择。

（6）I/O 分配　完成上述内容后，最后进行 I/O 分配，列出系统 I/O 分配表，尽量将同类的信号集中配置，地址等按顺序连续编排。在分配表中可不包含中间继电器、定时器和计数器等器件。最后设计 PLC 的 I/O 端口接线图。

### （二）软件设计

软件设计是 PLC 控制系统应用设计中工作量最大的一项工作，主要是编写满足生产要求的梯形图程序。软件设计应按以下的要求和步骤进行。

#### 1. 设计 PLC 控制系统流程图

在明确了系统生产工艺要求，分析了各输入/输出与各种操作之间的逻辑关系，确定了需要检测的各种变量和控制方法的基础上，可根据系统中各设备的操作内容与操作顺序，绘出系统控制流程图（控制功能图），作为编写用户控制程序的主要依据。当然也可以绘制系统工艺流程图。总之，要求流程图尽可能详细，使设计人员对整个控制系统有一个整体概念。对于简单的系统这一步可以省略。

**2. 编制梯形图程序**

根据控制系统流程图逐条编写满足控制要求的梯形图程序。这是最关键也是较难的一步，设计者在编写过程中，可以借鉴现成的标准程序，但必须弄懂这些程序段的具体含义，否则会给后续工作带来问题。

目前用户控制程序的设计方法较多，没有统一的标准可循，设计者主要依靠经验进行设计。这就要求设计者不仅熟悉 PLC 编程语言，还要熟悉工业控制的各种典型环节。目前，现代 PLC 厂家能提供一种功能软件，即可以采用流程图（SFC）来编制程序，从而给顺序控制系统的编程带来方便。但并非所有 PLC 厂家都能提供这类功能软件，所以使用 SFC 编程也有一定的局限性。

**3. 系统程序测试与修改**

程序测试可以初步检查程序是否能够完成系统的控制功能，通过测试不断修改完善程序的功能。测试时，应从各功能单元先入手，设定输入信号，观察输出信号的变化情况。必要时可借用一些仪器进行检测，在完成各功能单元的程序测试之后，再贯穿整个程序，测试各部分接口情况，直至完全满足控制要求为止。

程序测试完成后，需到现场与硬件设备进行联机统调。在现场测试时，应将 PLC 系统与现场信号隔离，既可以切断输入/输出的外部电源，也可以使用暂停输入输出服务指令，以避免引起不必要甚至造成事故的误动作。整个调试工作完成后，编制技术资料，并将用户程序固化在 EPROM 中。

## 四、PLC 控制系统运行的稳定性

对一个新的 PLC 系统在正式投入使用前，应进行检查与试运行；对一个已投入使用的 PLC 系统，应进行适当的维护保养，才能确保系统运行的稳定性。

### （一）PLC 系统的试运行

在使用现场对新的 PLC 系统试运行，这既是使用 PLC 系统的开始，也是维护保养 PLC 系统的开始，如果不经仔细检查和试运行，就贸然使用 PLC 系统，很可能出问题。因此 PLC 系统的试运行必不可少。

**1. 通电前的检查**

通电试运行之前最好由两个人进行全面的仔细的检查。检查内容主要有：

1）检查各输入输出线，各连接电缆等配线是否正确，连接是否正确和牢固。

2）端子排上或其他位置的螺钉是否拧紧，各种开关、插座、器件等安装是否正确和牢固。

3）各功能单元的装配是否正确和牢固。

4）PLC 上工作方式选择开关的置位、各有关数据的设置是否符合要求。

5）其他方面的检查。

**2. 试运行主要过程**

检查确认无误后，可通电试运行，其主要步骤过程如下：

1）合上电源开关，PLC 面板上的电源指示灯（POWER）亮。

2）一般情况下，在现场第一次通电应首先考虑在“监控”状态下，用强制接通与断开某些器件的手段，检查输出配线是否正确，这可利用 PLC 面板上输出指示灯 LED 进行监视，也可利用输入指示灯检查输入配线是否正确。

3）将编程器工作方式置于“监视”位置，基本单元置于 RUN 状态。如果程序中没有语法、线路等方面的错误，则此时运行（RUN）指示灯亮，若有错误时则 RUN 指示灯不亮，而程序出错指示灯（PROG · E）亮。

4）若 RUN 指示灯亮，则应按设计时的工作顺序，检查和校核 PLC 系统工作是否正常和是否符合设计要求。如发现所编程序有错误或不符合设计要求，应进行记录、分析、修改、直至系统完全符合设计要求，满足生产要求为止。

5）做“模拟运行”或“空载运行”，最后进行负载考验运行。

6）为了便于以后查阅、修改和完善程序，最好将运行成功的程序用软盘或 EPROM 长期保存起来，或把程序单抄写打印保存起来。

**（二）PLC 系统的维护**

对 PLC 系统的维护保养主要包括下列各项工作：

1）对于大中型 PLC 系统，应制订维护保养的规章制度，做好运行、维修和保养记录。

2）定期对系统进行检查保养，两次保养时间间隔通常是半年，对特殊情况还应缩短其时间间隔。

3）检查设备安装、连接线等有无松动现象及接点焊点有无松动或脱落。

4）除尘去污，清除杂物。

5）校验输入信号是否正常，有无出现偏差、减弱等异常情况。

6）检查输入电压是否在允许范围之内。一般 PLC 供电电源电压应在标称电压 ±10% 以内波动。

7）对重要的器件或模板，应有备件。

8）机内电池应定期更换。PLC 中配有锂电池，以保证短期停电时可保存一些必要的信息（即用电池向 CMOS 存储器供电）。锂电池寿命通常为 3 ~5 年。当电池电压降低到一定值时，电池电压指示灯（BATT · V）亮。

**（三）PLC 的自诊断**

PLC 本身具有一定的自诊断能力，使用者可以从 PLC 面板上各种指示灯的发亮和熄灭，发现 PLC 系统已出现故障，这给用户初步诊断故障带来很大的方便。PLC 的基本单元面板上有以下指示灯 LED：

（1）POWER 电源指示　当供给 PLC 的电源接通时，该指示灯 LED 亮。

（2）RUN 运行指示　当编程器置于“MONITOR”位置，基本单元的 RUN 端与 COM 端的开关合上，STOP 端与 COM 端的开关断开，则 PLC 处于运行状态，该指示灯 LED 亮。

（3）BATT · V　机内电池电压指示　PLC 的电源接通，如果锂电池电压跌落时，该指示灯 LED 亮。

（4）PROG · E（CPU · E）程序出错指示　若出现以下错误时，该指示灯 LED 闪烁：

1）程序语法有错。

2）程序线路有错。

3）未为定时器或计数器设置常数。

4）锂电池电压跌落。

5）由于噪声干扰或导线头落在 PLC 内导致“求和”检查出错。

当发生以下情况时，该指示灯 LED 持续亮：

①程序执行时间超出允许时间，使监视器动作。

②由于电源浪涌电压的影响，造成有噪声瞬时加到 PLC 内，致使程序执行出错。

（5）输入指示灯 LED　PLC 输入端有正常输入时，输入指示灯 LED 亮。有输入而灯不亮或无输入而灯亮，则有故障。

（6）输出指示灯 LED　若有输出且输出继电器动作，输出指示灯 LED 亮。如果灯亮而触点不动作，可能输出继电器触点已烧坏。

**（四）故障检查**

利用 PLC 基本单元面板上各种指示灯运行状态，可初步判断出发生故障的范围，在此基础上可进一步查清故障。先检查确定故障出现在哪一部分，即先进行 PLC 系统的总体检查，其流程图如图 1-9 所示，供读者参考。

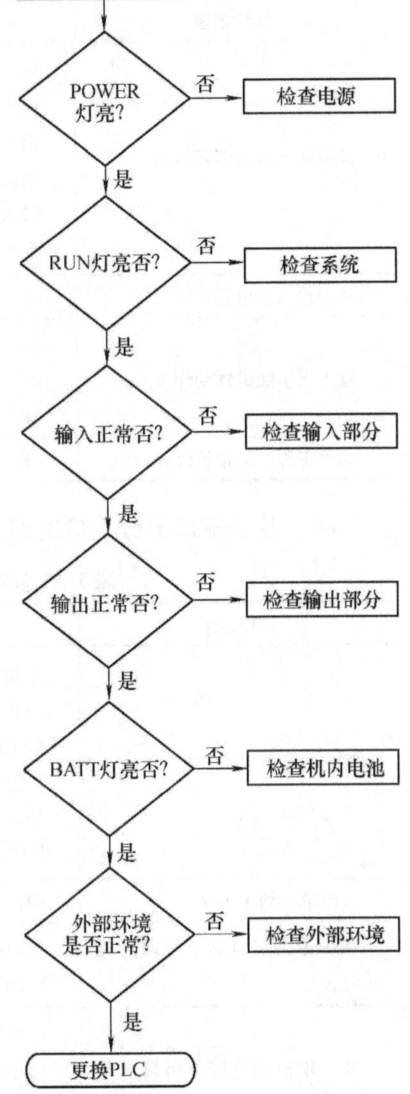

图 1-9　PLC 系统的总体检查流程图

从总体检查流程图可以看出，检查的顺序和步骤。检查的项目内容主要有：

（1）电源系统的检查　从 POWER 指示灯 LED 的亮或灭，较容易判断出电源系统正常与否。因为只有电源正常工作时，才能检查其他部分的故障，所以应先检查或修复电源系统。电源系统故障往往发生在：供电电压不正常，熔断器烧了或装接不好，接线或插座接触不良，有时也可能是灯泡或电源部件坏了。

（2）系统异常运行检查　先检查编程器是否置于监控状态，PLC 是否置于运行状态；再监视检查程序是否有错；若还未查出，应接着检查存储器芯片是否插接良好；仍查不出时，则应检查或更换微处理器。

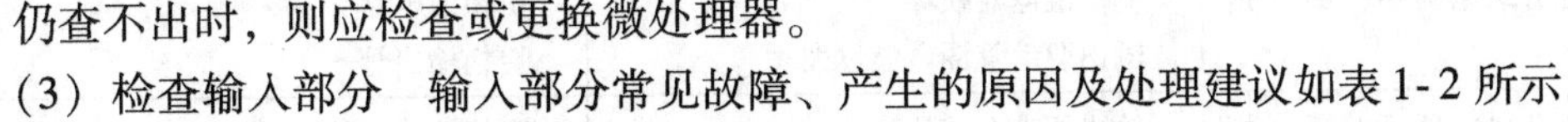

（3）检查输入部分　输入部分常见故障、产生的原因及处理建议如表 1-2 所示。

**表 1-2　输入部分常见故障及处理建议**

| 故障现象 | 产生的原因 | 处理建议 |
|---|---|---|
| 输入端口均不接通 | 未向输入信号源供电<br>输入信号源电源电压过低<br>端子螺钉松动<br>端子板接触不良 | 接通有关电源<br>调整合适<br>拧紧<br>处理后重接 |
| PLC 输入端口均异常 | 输入单元电路故障 | 更换输入部件 |

（续）

| 故障现象 | 产生的原因 | 处理建议 |
|---|---|---|
| 某一输入继电器不接通 | 输入信号源（器件）故障<br>输入配线断<br>输入端子松动<br>输入端接触不良<br>输入接通时间过短<br>输入回路（电路）故障 | 更换输入器件<br>重接<br>拧紧<br>处理后重接<br>调整有关参数<br>检查电路或更换 |
| 某一输入继电器常闭 | 输入回路（电路）故障 | 检查电路或更换 |
| 输入端口随机性动作 | 输入信号电平过低<br>输入接触不良<br>输入噪声过大 | 检查电源及输入器件<br>检查端子接线<br>加屏蔽或滤波措施 |
| 动作正确，但指示灯灭 | LED 损坏 | 更换 LED |

（4）检查输出部分　输出部分常见故障、产生的原因及处理建议如表 1-3 所示。

**表 1-3　输出部分常见故障、产生的原因及处理建议**

| 故障现象 | 产生的原因 | 处理建议 |
|---|---|---|
| 输出均不能接通 | 未加负载电源<br>负载电源已坏或电压过低<br>端子排接触不良<br>保险管已坏<br>输出电路故障<br>I/O 总线插座脱落 | 接通电源<br>调整或修理<br>处理后重接<br>更换保险<br>更换输出部件<br>重接 |
| 输出端口均不关断 | 输出回路（电路）故障 | 更换输出部件 |
| 某一输出继电器不接通（指示灯灭） | 输出接通时间过短<br>输出回路（电路）故障 | 修改输出程序或数据<br>更换输出部件 |
| 某一输出继电器不接通（指示灯亮） | 输出继电器损坏<br>输出配线断<br>输出端子接触不良<br>输出驱动电路故障 | 更换继电器<br>重接或更新<br>处理后重接<br>更换输出部件 |
| 某一输出继电器不关断（指示灯灭） | 输出继电器损坏<br>输出驱动管漏电流过大 | 更换继电器<br>更换输出管 |
| 某一输出继电器不关断（指示灯亮） | 输出驱动电路故障<br>输出指令中口址重复 | 更换输出部件<br>修改程序 |
| 输出端口随机动作 | PLC 供电电源电压过低<br>端子接触不良<br>输入噪声过大 | 调整电源输出<br>检查端子接线<br>加防噪措施 |
| 动作正确，但指示灯灭 | LED 损坏 | 更换 LED |

系统的输入、输出部分，通过接线端子、连接线和 PLC 连接起来，而且输入外围设备和输出驱动的外围设备，均为硬件和硬线连接，因此输入、输出部分容易发生各种机械性故

障，这也是PLC系统中最多见的最复杂的故障，因此，检查时需多加注意。

（5）检查电池 PLC内电池部分出现故障，一般是由于电池装接不好或因使用时间过长所致，把电池装接牢固或更换电池则可。

（6）外部环境检查 PLC控制系统工作正常与否，与外部条件环境也有关系，有时发生故障的原因可能就在于外部环境不符合PLC系统工作的要求。检查外部工作环境主要包括以下几个方面：

1）如果环境温度高于55℃，应安装电风扇或空调机，以改善通风条件；假如温度低于0℃，应安装加热设备。

2）如果相对湿度高于85%，容易造成控制柜中挂霜或滴水，引起电路故障，应安装空调器等，相对湿度不应低于35%。

3）周围有无大功率电气设备（例如晶闸管交流装置、弧焊机、大电动机起动）产生不良影响，如果有就应采取隔离、滤波、稳压等抗干扰措施。

4）特别不能忽视检查交流供电电源电压是否经常性波动及波动幅度的大小，如果经常性波动且幅度大时，就应加装交流稳压。

5）其他方面也不能忽视，例如周围环境粉尘、腐蚀性气体是否过多，振动是否过大等。

## 五、PLC应用程序的常用设计方法

PLC应用程序的设计就是梯形图（相当于继电接触器控制系统中的原理图）程序的设计，这是PLC控制系统应用设计的核心部分。由于PLC的所有功能都是以程序的形式体现的，大量的工作将用在软件设计上。程序设计的方法很多，没有统一的标准可循。常用的设计方法通常采用继电器系统设计方法，如经验法、解析法、图解法、翻译法、状态转移法、模块分析法等。下面介绍常用的几种应用程序设计方法。

（1）解析法 PLC的逻辑控制，实际是逻辑综合问题。解析法是根据组合逻辑或时序逻辑的理论，运用逻辑代数求解输入、输出信号的逻辑关系并化简，再根据求解的结果，编制梯形图程序的一种方法。这种方法编程十分简便，逻辑关系一目了然，适用初学者。

在继电器控制电路中，电路的接通与断开，都是通过按钮控制继电器的触点来实现的，这些触点只有接通、断开两种状态，和逻辑代数中的“1”和“0”两种状态对应。梯形图设计的最基本原则也是“与”、“或”、“非”的逻辑组合，规律完全符合逻辑运算基本规律。

（2）图解法 图解法是靠绘图进行PLC程序设计。常见的绘图有三种方法，即梯形图法、时序图法和流程图法。

梯形图法是依据上述各种程序设计方法把PLC程序绘制成梯形图，这是最基本的常用方法。

时序图法特别适合于时间控制电路，例如交通信号灯控制电路，对应的时序图画出后，再依时间用逻辑关系组合，就可以很方便地把电路设计出来。

流程图法是用流程框图表示PLC程序执行过程以及输入与输出之间的关系。若使用步进指令进行程序设计是非常方便的。

（3）翻译法 所谓翻译法是将继电器的控制逻辑原理图直接翻译成梯形图。对于系统的工业技术改造通常选用这种翻译法。对于原有的继电器控制系统，其控制逻辑原理图在长期的运行中运行可靠，实践已证明该系统设计合理。在这种情况下可采用翻译法直接把该系统的继电器控制逻辑原理图翻译成 PLC 控制的梯形图。翻译法的具体操作步骤如下：

1）将检测元件（如行程开关）、按钮等合理安排，且接入输入口。

2）将被控的执行元件（如电磁阀等）接入输出口。

3）将原继电器控制逻辑原理图中的单向二极管用触点或内部继电器来替代。

4）和继电器系统一一对应选择 PLC 软件中功能相同的器件。

5）按触点和器件相应关系画梯形图。

6）简化和修改梯形图，使其符合 PLC 的特殊规定和要求，在修改中可适当增加器件或触点。

对于熟悉机电控制的人员来说很容易学会翻译法，可将继电器控制的逻辑原理图直接翻译成梯形图。

(4) PLC 的状态转移法　在设计较为复杂的程序时，为保证程序逻辑的正确以及程序的易读性，可以将一个控制过程分成若干个阶段，每一个阶段均设一个控制标志，每当执行完一个阶段程序，就可启动下一个阶段程序的控制标志，并将本阶段控制标志清除。例如十字路口交通信号灯控制，可将整个控制过程分为两个分支（东西方向控制和南北方向控制），每个分支分为三个阶段，分别为绿灯亮阶段、黄灯亮阶段、红灯亮阶段。对应东西方向三个阶段，可设立三个状态标志，选取内部继电器 M0、M1 和 M2，南北方向的三个状态标志可选取内部继电器 M10、M11 和 M12。

所谓状态是指特定的功能，因此状态转移实际上就是控制系统的功能转移。在机电控制系统中，机械的自动工作循环过程就是电气控制系统的状态自动、有序、逐步转移的过程。这种功能流程图完整地表现了控制系统的控制过程、各状态的功能、状态转移顺序和条件，它是 PLC 程序设计的好方法。采用状态流程图进行 PLC 程序设计时，应按以下几个步骤进行：

1）画状态流程图。按照机械运动或工艺过程的工作内容、步骤、顺序和控制要求绘出状态功能流程图。

2）确定状态转移条件，用 PLC 的输入点或 PLC 的其他元件来定义状态转移条件，当某转移条件的实际内容不止一个时，每个具体内容定义一个 PLC 的元件编号，并以逻辑组合形式表现为有效的转移条件。

3）明确电气执行元件功能。确定实现各状态或动作控制功能的电气执行元件，并以对应的 PLC 输出点编号来定义这些电气执行元件。

(5) PLC 的模块法编程　在编制一些大型系统程序时可采用模块法编程，就是把一个控制程序分为以下几个控制部分进行编程。

1）系统初始化程序段：此段程序的目的是使系统达到某一种可知状态，或是装入系统原始参数和运行参数，或是恢复数据。

由于意外停电等原因，有可能 PLC 控制系统会停止在某一种随机状态。那么在下一次系统上电时，就需要确定系统的状态。

初始化程序段主要使用的是特殊内部继电器 M8002（PLC 上电时继电器 M8002 闭合一个扫描周期）。

2）系统手动控制程序段：手动控制程序段是实现手动控制功能的。在一些自动控制系统中，为方便系统的调试而增加了手动控制。在启动手动控制程序时一定要注意的是必须防止自动程序被启动。

3）系统自动控制程序段：自动控制程序段是系统的主要控制部分，是系统控制的核心。在设计自动控制程序段时，一定要充分考虑系统中的各种逻辑互锁关系、顺序控制关系，确保系统按控制要求正常稳定运行。

4）系统意外情况处理程序段：意外情况处理程序段是系统在运行过程中发生不可预知情况下应进行的调整过程，最好的处理方法是让系统过渡到某一种状态，然后自动恢复正常控制。如果不可能实现，就需要报警，停止系统运行，等待人工干预。

5）系统演示控制程序段：该程序段是为了演示系统中的某些功能而设定的，一般可以用定时器，实现系统每隔一段固定时间系统循环演示一遍。为了使系统在演示过程中可以立即进行正常工作，需要随时检测输入端状态。一旦发现输入端状态有变化，就需要立即进入正常运行状态。

6）系统功能程序段：功能程序段是一种特殊程序段，主要是为了实现某一种特殊的功能，如联网、打印、通信等。

# 第二章　三菱 $FX_{2N}$ 系列可编程序控制器

## 第一节　$FX_{2N}$系列 PLC 型号规格及系统构成

三菱电机公司的 PLC 产品主要有 F 系列（F、F1、F2）、FX 系列（$FX_0$、$FX_{ON}$、$FX_2$、$FX_{2C}$、$FX_{1S}$、$FX_{1N}$、$FX_{1NC}$、$FX_{2N}$、$FX_{2NC}$、$FX_{3U}$）、A 系列（A1、A2、A3）和 Q 系列（Q4AR、$Q_n$AS、$Q_n$A）可编程序控制器产品。A 系列和 Q 系列 PLC 是大中型机，F 系列（现已停止生产）和 FX 系列 PLC 是小型机。其中 $FX_{1S}$是属超小型机，主机控制点只有 10 点、14 点、20 点、30 点 4 种。而 $FX_{2N}$是三菱具有代表性的小型 PLC。

### 一、$FX_{2N}$系列 PLC 的结构及特点

#### （一）三菱小型 PLC 的型号命名方式

三菱小型 PLC 的型号命名方式如图 2-1 所示。

系列序号：0、2、ON、2C、1S、1N、2N、2NC、3U。

I/O 总点数：10 ~256 点。

单元类型：M——基本单元。

E——扩展单元（输入输出混合）。

EX——扩展输入模块。

EY——扩展输出模块。

输出形式：R——继电器输出。

T——晶体管输出。

S——晶闸管输出。

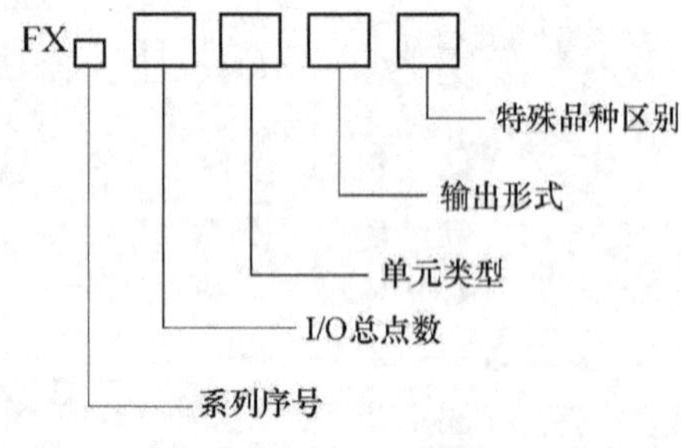

图 2-1　三菱小型 PLC 型号命名方式

特殊品种区别：D——DC 电源，DC 输入。

A——AC 电源，AC 输入。

H——大电流输出扩展模块。

V——立式端子排的扩展模块。

C——接插口输入输出方式。

F——输入滤波器 1ms 的扩展单元。

L——TTL 输入型扩展单元。

S——独立端子（无公共端）扩展单元。

现以 $FX_{2N}$-48MR 型号 PLC 为例进行命名解释，如图 2-2 所示。

该型号是三菱 $FX_{2N}$系列 PLC 的基本单元，I/O 总点数为 48 点（输入 24 点，输出 24 点），是属于继电器输出型的 PLC（有触点、交直流负载两用）。

### （二）$FX_{2N}$系列 PLC 的结构及特性

$FX_{2N}$-48MR 系列 PLC 的面板结构示意图如图 2-3 所示。输入输出点数共 48 点，输入 24 点的编号为 X0 ~ X7、X10 ~ X17、X20 ~ X27。输出 24 点的编号为 Y0 ~ Y7、Y10 ~ Y17、Y20 ~ Y27。显然，输入与输出地址编号是采用八进制数表示的。

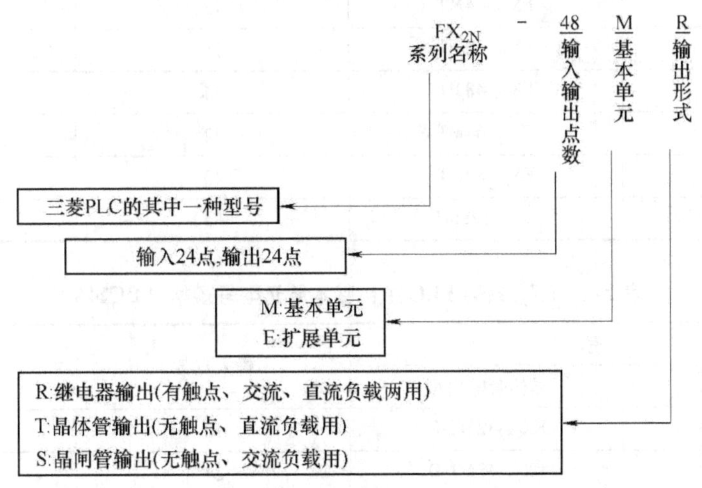


图 2-2　PLC 型号命名解释

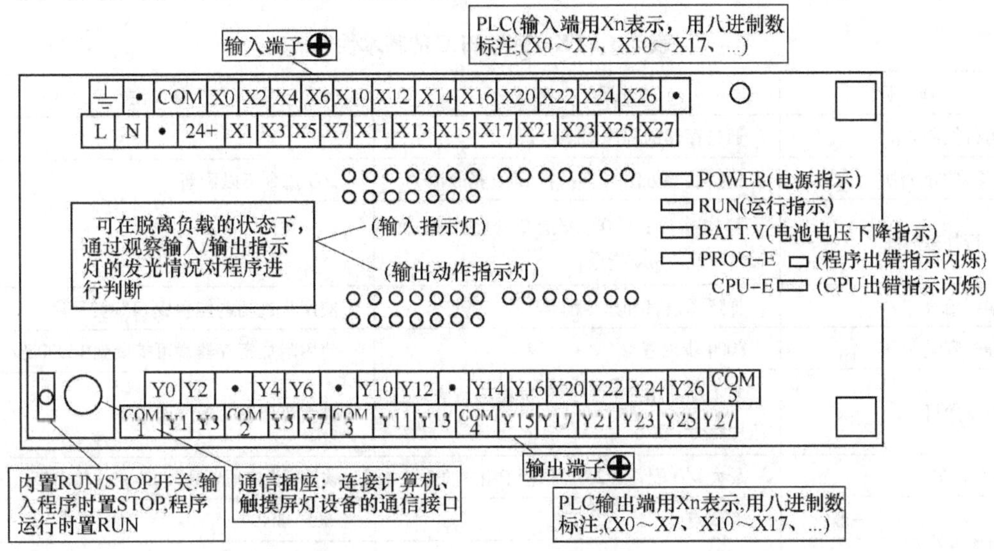


图 2-3　$FX_{2N}$-48MR 系列 PLC 的面板结构示意图

$FX_{2N}$系列 PLC 主机单元（基本单元）输入/输出的 I/O 点数有 16 点、24 点、32 点、48 点、64 点、80 点和 128 点等 7 种，有继电器输出和晶体管输出规格，内存容量可达 8000 步。它的体积只有 $FX_2$ 的 50%，运行速度为 0.08μs/步，比 $FX_2$ 快 6 倍。$FX_{2N}$系列 PLC 的基本单元型号规格如表 2-1、表 2-2 所示，$FX_{2N}$系列 PLC 的基本性能如表 2-3 所示。

**表 2-1　$FX_{2N}$系列 PLC 的基本单元型号规格（交流电源、DC24V 输入）**

| 型　号 | | 输入点数 | 输出点数 |
|---|---|---|---|
| 继电器输出型 | 晶体管输出型 | | |
| $FX_{2N}$-16MR | $FX_{2N}$-16MT | 8 | 8 |
| $FX_{2N}$-24MR | $FX_{2N}$-24MT | 12 | 12 |
| $FX_{2N}$-32MR | $FX_{2N}$-32MT | 16 | 16 |
| $FX_{2N}$-48MR | $FX_{2N}$-48MT | 24 | 24 |
| $FX_{2N}$-64MR | $FX_{2N}$-64MT | 32 | 32 |
| $FX_{2N}$-80MR | $FX_{2N}$-80MT | 40 | 40 |
| $FX_{2N}$-128MR | $FX_{2N}$-128MT | 64 | 64 |

**表 2-2　$FX_{2N}$系列 PLC 主机基本单元型号规格（DC24V）**

| 型　号 | | 输入点数 | 输出点数 |
|---|---|---|---|
| 继电器输出型 | 晶体管输出型 | | |
| $FX_{2N}$-32MR-D | $FX_{2N}$-32MT-D | 16 | 16 |
| $FX_{2N}$-48MR-D | $FX_{2N}$-48MT-D | 24 | 24 |
| $FX_{2N}$-64MR-D | $FX_{2N}$-64MT-D | 32 | 32 |
| $FX_{2N}$-80MR-D | $FX_{2N}$-80MT-D | 40 | 40 |

**表 2-3　$FX_{2N}$系列 PLC 的基本性能**

| 项　目 | | 规　格 | 备　注 |
|---|---|---|---|
| 运行控制方法 | | 通过存储的程序周期运行 | |
| I/O 控制方法 | | 批次处理方法（当执行 END 指令时） | I/O 指令可以刷新 |
| 运行处理时间 | | 基本指令：0.08μs/指令，应用指令：1.52 ~ 几百 μs/指令 | |
| 编程语言 | | 梯形图语言和指令清单 | 使用步进功能能生成 SFC 类程序 |
| 程序容量 | | 8000 步内置 | 使用附加寄存器盒可扩展到 16000 步 |
| 指令数目 | | 基本顺序指令：27，步进梯形指令：2，应用指令：128 | 最大可用 298 条应用指令 |
| I/O 配置 | | 最大 I/O 配置点 256，依赖于用户的选择（最大软件可设定地址输入 256 点、输出 256 点） | |
| 辅助继电器（M 线圈） | 一般 | 500 点 | M0 ~ M499 |
| | 锁定 | 2572 点 | M500 ~ M3071 |
| | 特殊 | 256 点 | M8000 ~ M8255 |
| 状态继电器（S 线圈） | 一般 | 490 点 | S0 ~ S499 |
| | 锁定 | 400 点 | S500 ~ S899 |
| | 初始 | 10 点 | S0 ~ S9 |
| | 信号报警器 | 100 点 | S900 ~ S999 |
| 定时器（T） | 100ms | 范围：0 ~ 3276.7s 200 点 | T0 ~ T199 |

（续）

| 项　目 | | 规　格 | 备　注 |
| --- | --- | --- | --- |
| 定时器（T） | 10ms | 范围：0.01 ~ 327.67s 46 点 | T200 ~ T245 |
| | 1ms 保持型 | 范围：0.001 ~ 32.767s 4 点 | T246 ~ T249 |
| | 100ms 保持型 | 范围：0.1 ~ 3276.7s 6 点 | T250 ~ T255 |
| 计数器（C） | 一般 16 位 | 范围：0 ~ 32767 数 200 点 | C0 ~ C199 类型：16 位上计数器 |
| | 锁定 16 位 | 100 点（子系统） | C100 ~ C199 类型：16 位上计数器 |
| | 一般 32 位 | 范围：-2147483648 ~ +2147483647 数 35 点 | C200 ~ C219 类型：32 位上/下计数器 |
| | 锁定 32 位 | 15 点 | C220 ~ C234 类型：16 位上/下计数器 |
| 高速计数器（C） | 单相 | 范围：-2147483648 ~ +2147483647 数<br>一般规则：选择组合计数频率不大于 20kHz 的计数器组合<br>注意所有的计数器锁定 | C235 ~ C240 6 点 |
| | 单相 C/W 起始停止输入 | | C241 ~ C245 5 点 |
| | 双相 | | C246 ~ C250 5 点 |
| | A/B 相 | | C251 ~ C255 5 点 |
| 数据寄存器（D） | 一般 | 200 点 | D0 ~ D199 类型：32 位元件的 16 位数据存储寄存器对 |
| | 锁定 | 7800 点 | D200 ~ D7999 类型：32 位元件的 16 位数据存储寄存器对 |
| | 文件寄存器 | 7000 点 | D1000 ~ D7999 通过 14 块 500 程式步的参数设置<br>类型：16 位数据存储寄存器 |
| | 特殊 | 256 点 | 从 D8000 ~ D8255 类型：16 位数据存储寄存器 |
| | 变址 | 16 点 | V0 ~ V7 以及 Z0 ~ Z7 类型：16 位数据存储寄存器 |
| 指针（P） | 用于 CALL | 128 点 | P0 ~ P127 |
| | 用于中断 | 6 输入点、3 定时器、6 计数器 | 6 输入点 I00□ ~ I50□<br>3 定时器 I6□□ ~ I8□□ |
| 嵌套层次 | | 用于 MC 和 MRC 时 8 点 | N0 ~ N7 |
| 常数 | | 十进制（K） | 16 位：-32768 ~ +32768　32 位：-2147483648 ~ +2147483647 |
| | | 十六进制（H） | 16 位：0000 ~ FFFF　32 位：00000000 ~ FFFFFFFF |
| | | 浮点 | 32 位：$\pm 1.175\times10^{-38}$，$\pm 3.403\times10^{38}$（不能直接输入） |

## 二、$FX_{2N}$ 系列 PLC 的系统构成

### （一）$FX_{2N}$ 系列 PLC 的基本构成

$FX_{2N}$ 系列 PLC 由基本单元、扩展单元、扩展模块、特殊功能模块、编程器等组成。PLC 主机（基本单元）中包含 CPU、存储器、I/O 电路和电源，是 PLC 的主要部分；扩展单元和扩展模块两者内部都无 CPU 和电源，必须与基本单元一起使用，主要作用是增加 I/O 点数，而后者还有改变 I/O 比例的作用；特殊功能模块是为获得某些特殊功能，满足控制要求

的特殊装置；编程器用于程序输入、运行监视和故障分析等。

$FX_{2N}$的扩展单元和扩展模块型号规格如表 2-4、表 2-5 所示。

**表 2-4　$FX_{2N}$的扩展单元型号规格**

| 型号 | I/O 点数 | 输入 | | 输出 | | 可连接 PLC | | |
|---|---|---|---|---|---|---|---|---|
| | | I 数目 | 电压 | O 数目 | 类型 | $FX_{1N}$ | $FX_{2N}$ | $FX_{2NC}$ |
| $FX_{2N}$-32ER | 32 | 16 | DC24V | 16 | 继电器 | √ | √ | |
| $FX_{2N}$-32ET | | | | | 晶体管 | | | |
| $FX_{2N}$-48ER | 48 | 24 | DC24V | 24 | 继电器 | √ | √ | |
| $FX_{2N}$-48ET | | | | | 晶体管 | | | |
| $FX_{2N}$-48ER-D | 48 | 24 | DC24V | 24 | 继电器 | | √ | |
| $FX_{2N}$-48ET-D | | | | | 晶体管 | | | |

**表 2-5　$FX_{2N}$的扩展模块型号规格**

| 型号 | I/O 点数 | 输入 | | 输出 | | 可连接 PLC | | |
|---|---|---|---|---|---|---|---|---|
| | | I 数目 | 电压 | O 数目 | 类型 | $FX_{1N}$ | $FX_{2N}$ | $FX_{2NC}$ |
| $FX_{2N}$-16EX | 16 | 16 | DC24V | — | — | √ | √ | √ |
| $FX_{2N}$-16EYR | 16 | — | — | 16 | 继电器 | √ | √ | √ |
| $FX_{2N}$-16EYT | | | | | 晶体管 | | | |

## （二）电源与接地

$FX_{2N}$采用 DC24V 和 AC120V/240V 供电两种形式。通用交流电源的 PLC，其内部配有一个稳压开关电源，用于对 CPU、I/O 等内部电子电路供电。此外，还向外部提供一组 DC24V 稳压电源，用于对外部传感器供电。使用中应注意外接电源、接地以及基本单元与扩展单元、扩展模块互联时的接线正确性。

## （三）I/O 与外部接线

PLC 的输入、输出信号有开关量、数字量和模拟量等几种。下面以应用最多的开关量为例说明 $FX_{2N}$ 的 I/O 与外部接线。PLC 的每个输入端对应有一个内部输入继电器（X），每个输出端口对应有一个输出继电器（Y），都称之为“软元件”。而与输入端和输出端相接的外部元件，一般称为“硬元件”。

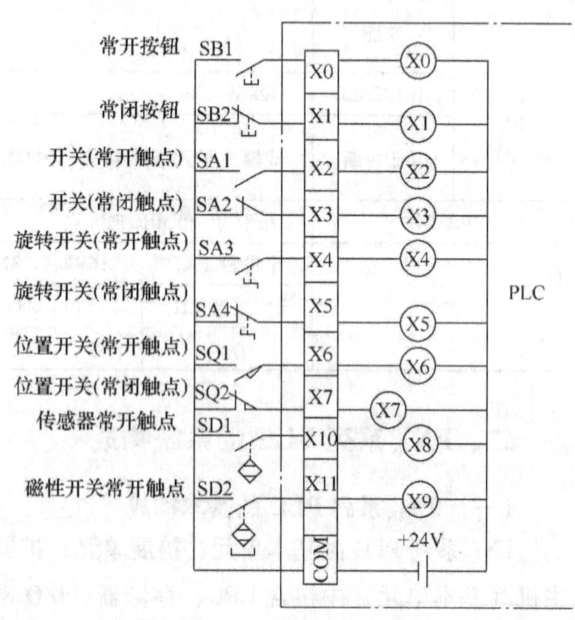

图 2-4　PLC 输入接线

（1）输入接线　PLC 输入端是由内部多个输入继电器（X）组成的，用于接收与 PLC 输入端相接的外接元件的指令信号。从图 2-4 可以看出，可以与输入继电器（X）连接的硬元件主要有各种开关、按钮及传感器的触点等。若有扩展单元接入时，因其内部无 CPU 和电源，必须与基本单元连在一起使用。

输入继电器（X）的工作特点是：

1）输入继电器只提供常开触点与常闭触点供用户编程使用。

2）每一个输入继电器有无数个常开触点和常闭触点。

3）输入继电器的触点状态是由其所接的外部元件的开关状态（断开或闭合）或输入的数字信号（1 或 0）所决定的（若是模拟量输入，则应先把它转变为数字量再输入）。

（2）输出接线　PLC 的输出端是由内部多个输出继电器（Y）组成的，用于向接在 PLC 输出端的执行元件发出控制信号。与输出继电器连接的硬元件通常有指示灯、电磁阀线圈、接触器线圈等执行元件，如图 2-5 所示。与输出端连接的还有变频器、步进电动机驱动器等专用设备控制器的控制端。其工作特点是：

1）每个输出继电器都提供一个线圈及与线圈地址相同的无数个常开触点和常闭触点给用户编程使用。

2）当线圈被驱动时，该线圈对应的触点也会相应动作，而接在这个输出继电器的执行元件就会同时被驱动。

（3）PLC 输出继电器所接元件的特点　从图 2-5 可以看出，对 PLC 输出继电器所接的元件，需要注意以下几点：

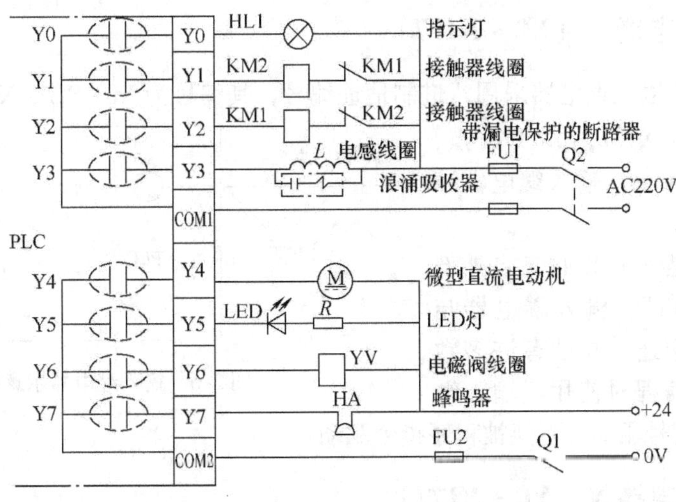


图 2-5　PLC 输出接线

1）接在输出端的元件工作电流一定要小于输出继电器（Y）触点的容许电流。继电器输出型的 PLC 输出端，每个触点可驱动纯电阻负载的电流为 2A，而晶体管输出型的 PLC 输出端，每个触点电流只有 0.5A。

2）继电器输出型的 PLC 输出端可以接工作电压为 AC220V 以下或 DC220V 以下的负载。对直流电源来说，“COM”点也不一定要求接“+”端或“-”端。但晶体管输出型的 PLC 输出端，只能接工作电压 DC24V 以下的负载，且“COM”点一定要接负载电源的“-”端。

3）因 PLC 输出电路无内置断路保护器，为了防止负载短路等故障烧坏输出继电器，应对每 4 点输出负载设 5 ~ 10A 的熔断器或断路器（安全电压以上应带漏电保护）。

4）对不同电源电压的负载元件，应分别接不同的公共点。但若两个“COM”点所接的元件工作电压相同，可直接将两个“COM”点连接后接到负载电源端。

5）对接在 PLC 输出端的负载元件，若有可能因同时接通会造成短路的，除了要用 PLC 程序作连锁软保护外，还需要在 PLC 外部的负载电路上设置连锁硬保护，如图 2-5 中的接触器线圈 KM1 与 KM2。

6）对交流电感性负载元件，可通过并联浪涌吸收器来减少噪声。而对直流电感性负载，可通过并联整流二极管来延长触点的寿命。

## 第二节　$FX_{2N}$系列 PLC 内部继电器和继电器编号

PLC 是以微处理器为核心的电子设备，使用时可将它看成是由继电器、定时器、计数器等器件构成的组合体。而 PLC 与继电器接触控制的根本区别在于 PLC 采用的是软器件，用程序来实现各器件之间的连接。在上述的器件中，无论是固体器件还是“软继电器”（或称内部继电器），都必须用编号予以识别。同时，由于 PLC 采用软件编程逻辑，许多诸如计数器、定时器、辅助继电器，都可用“软继电器”取代。下面介绍这些继电器及其编号。

### 一、输入继电器 X（X0 ~ X177）

$FX_{2N}$系列 PLC 输入继电器采用八进制地址编号，其编号为 X0 ~ X7、X10 ~ X17、X20 ~ X27、…、X170 ~ X177，共 128 点，输入响应时间为 10ms。输入继电器示意图如图 2-6 所示。

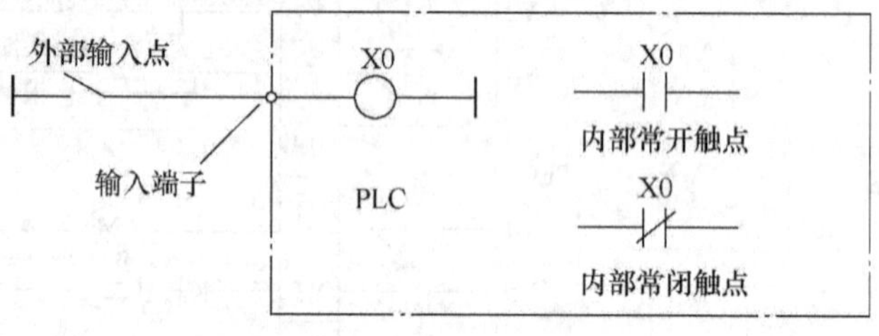


图 2-6　输入继电器示意图

输入继电器是 PLC 接收来自外部开关信号的“窗口”。输入继电器与 PLC 的输入端子相连，并带有许多常开和常闭触点供编程时使用。输入继电器只能由外部信号驱动，不能被程序指令驱动。

### 二、输出继电器 Y（Y0 ~ Y177）

$FX_{2N}$系列 PLC 输出继电器也是采用八进制地址编号，其编号为 Y0 ~ Y7、Y10 ~ Y17、Y20 ~ Y27、…、Y170 ~ Y177，共 128 点。除输入输出继电器外，后续的各种软继电器的编号都是按十进制编号。输出继电器示意图如图 2-7 所示。

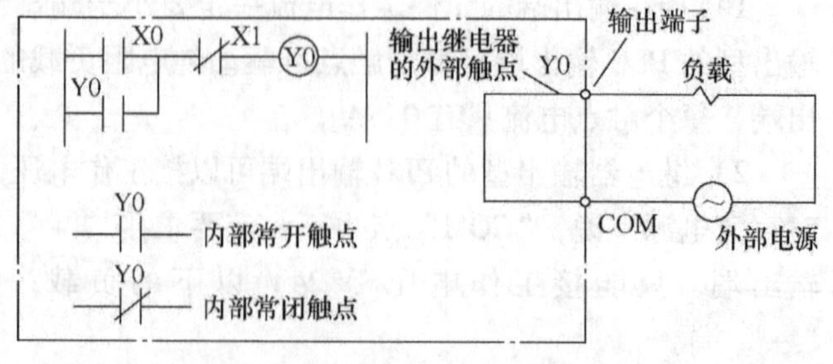


图 2-7　输出继电器示意图

### 三、辅助继电器 M

PLC 内部有很多辅助继电器，它们不能直接驱动外围设备，它可由

PLC 中各种继电器的触点驱动，其作用与继电接触器控制的中间继电器相似，用于状态暂存、辅助位移运算及特殊功能等。每个辅助继电器带有若干对常开和常闭触点，供编程使用。PLC 内部辅助继电器一般有如下三种类型。

（1）通用型辅助继电器　$FX_{2N}$ 系列 PLC 内部的通用型辅助继电器 M0 ~ M499（按十进制编号）共 500 点。

（2）保持辅助继电器　$FX_{2N}$ 系列 PLC 内部保持辅助继电器 M500 ~ M3071（按十进制编号）共 2572 点。

当 PLC 电源中断时，由于有后备锂电池保持供电，所以保持辅助继电器能够保持它们原来的状态，即具有掉电保持功能。这就是保持辅助继电器可用于要求保持断电前状态那种场合的原因所在。

（3）特殊辅助继电器　$FX_{2N}$ 系列 PLC 共有 M8000 ~ M8255 共 256 点。这 256 个辅助继电器都有特殊功能，有时也称为专用辅助继电器。下面介绍几个特殊辅助继电器的功能用途。

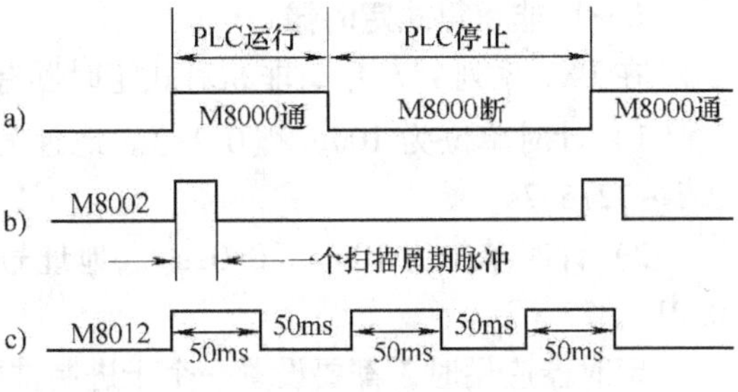

图 2-8　特殊辅助继电器运行波形

a）M8000 运行波形　b）M8002 运行波形　c）M8012 运行波形

1）M8000 运行监视继电器。当 PLC 运行时，M8000 自动处于接通状态，当 PLC 停止运行时，M8000 处于断开状态，如图 2-8a 所示。因此可利用 M8000 的触点经输出继电器 Y，在外部显示程序是否运行，达到运行监视的目的。

2）M8002 初始化脉冲继电器。当 PLC 一开始投入运行时，M8002 就接通自动发出宽度为一个扫描周期的单脉冲，如图 2-8b 所示。M8002 常用于作为计数器、保持辅助继电器和数据寄存器等的初始化信号，即开机清零信号。

3）M8012 产生 100ms 时钟脉冲发生器。M8012 产生周期为 100ms 的时钟脉冲如图 2-8c 所示。可用于驱动计数器或数据寄存器，以便执行监视定时器功能。也可以和计数器联用，起到定时器的作用。

4）M8005 电池电压下降指示。如果 PLC 中供电电池电压下降，M8005 接通，并可以经输出继电器使外部指示灯亮。

5）M8034 禁止输出继电器。一旦 M8034 继电器接通时，则全部输出继电器 Y 的输出自动断开，但这不会影响 PLC 内部程序的执行。常用于 PLC 控制系统发生故障时切断输出，而保持 PLC 内部程序正常执行，这有利于系统故障的检查和排除。

$FX_{2N}$ 系列 PLC 共有 256 个特殊辅助继电器，其功能较多，由于篇幅所限这里就不一一介绍了，读者可参看书后附录或 PLC 产品手册。

## 四、状态器 S

状态器 S 是完成步进顺序控制的软继电器供编程使用。它可以作为构成状态转移图的重要器件，也可以作为辅助继电器使用。$FX_{2N}$ 系列 PLC 共有 1000 点状态器，说明如下：

1）初始状态器 S0 ~ S9 共 10 点。

2）一般状态器 S10 ~ S499 共 490 点。

3）保持状态器 S500 ~ S899 共 400 点。

4）报警状态器 S900 ~ S999 共 100 点。

## 五、定时器 T（T0 ~ T255）

$FX_{2N}$系列 PLC 共有 256 个定时器，相当于继电接触控制系统中的时间继电器，都是通电延时型的。它的地址编号为 T0 ~ T255，其中 T0 ~ T199（200 点）、T250 ~ T255（6 点）计时单位为 100ms，设定值范围是 0.1 ~ 3276.7s；T200 ~ T245（46 点）计时单位为 10ms，设定值范围是 0.01 ~ 327.67s；T246 ~ T249（4 点）计时单位 1ms，设定值范围是 0.001 ~ 32.767s。如果按其工作方式的不同可分为如下两种定时器。

### （一）非积算式定时器

在 $FX_{2N}$系列 PLC 中，非积算式定时器有以下两种计时单位：

1）计时单位为 100ms（0.1s）。地址号为 T0 ~ T199，共 200 个。时间设定值范围是 0.1 ~ 3276.7s。

2）计时单位为 10ms（0.01s）。地址号为 T200 ~ T245，共 46 个。时间设定值范围是 0.01 ~ 327.67s。

定时器应用时，都要设置一个十进制常数的时间设定值。在程序中，凡数字前面加有符号“K”的常数都表示十进制常数。定时器线圈通电被驱动后，就开始对时钟脉冲数进行累计，达到设定值时就输出，其所属的输出触点就动作，如图 2-9 所示。当定时器断开或断电时，定时器会立即停止定时计数并清零复位。

现以图 2-10 所示的非积算式定时器动作时序图为例说明其动作过程。

当 X1 接通时，非积算式定时器 T1 线圈被驱动，T1 的当前值对 100ms 脉冲进行加法累积计数，该值与设定值 K20 进行实时比较，当两值相等（100ms × 20 = 2s）时，T1 的输出触点接通，输出继电器 Y1 为 ON。当输入条件 X1 断开或发生断电时，定时器立即停止定时并清零复位。从图 2-10 中可以看出，当 X1 第一次接通后没有达到 T1 的设定值 X1 就断开了，所以 T1 的当前值立即清零，当 X1 第二次接通后，定时器又开始定时计数，定时器的当前值与设定值相等时，T1 的输出常开触点闭合使 Y1 为 ON，一旦 X1 为 OFF 时，定时器 T1 立即清零复位，当前值为零，输出继电器 Y1 为 OFF。

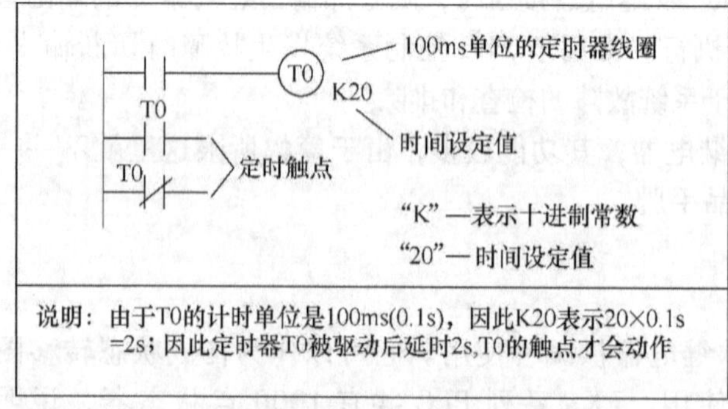


图 2-9　定时器使用说明

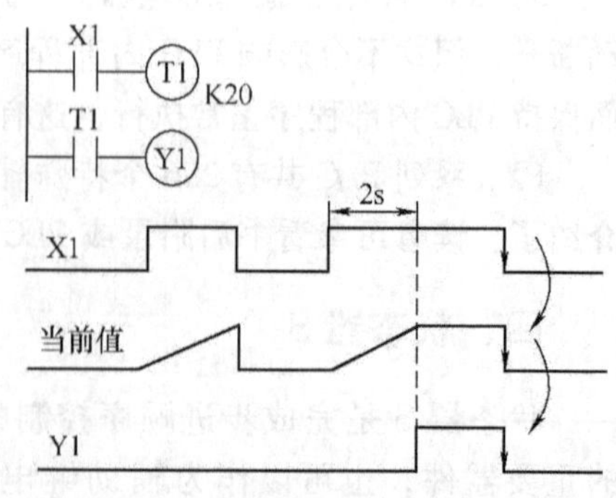


图 2-10　非积算定时动作时序

### （二）积算定时器

1）1ms 积算定时器，T246 ~ T249 共 4 个，时间设定值范围是 0.001 ~ 32.767s。

2）100ms 积算定时器，T250 ~ T255 共 6 个，时间设定值范围是 0.1 ~ 3276.7s。

积算定时器输入接通时，定时器线圈被驱动，定时器当前值的计数器开始脉冲累积计数，该值不断与定时器设定值进行比较，两值相等时，积算定时器的输出触点动作。

积算定时器与上述非积算定时器的区别所在就是积算定时器定时计数中途，即使定时器的输入断开或断电，定时器线圈失电，它的定时计数当前值也能够保持。积算定时器再次接通或复电时，定时计数继续进行，直到累计延时到等于设定值时，积算定时器的输出触点就动作。现以图 2-11 所示的积算定时器动作时序图为例说明其动作过程。

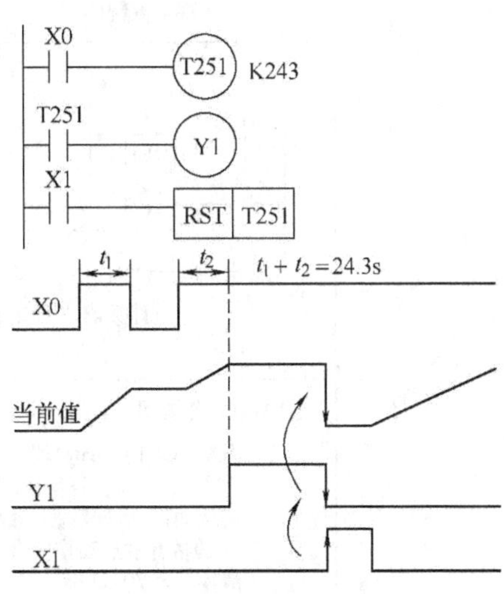


图 2-11　积算定时器动作时间

当 X0 接通时，积算定时器 T251 线圈被驱动，T251 的当前值对 100ms 脉冲进行加法累积计数，该值不断与设定值 K243 进行比较，两值相等时，T251 触点动作接通，输出继电器 Y1 为 ON。计数器中途即使 X0 断开或断电，T251 线圈失电，当前值也能保持。输入 X0 再次接通或复电时，定时计数继续进行，直到累计延时到 100ms × 243 = 24.3s，T251 触点才输出动作。任何时刻只要复位信号 X1 接通，定时器与输出触点立即复位。

这种积算定时器进行延时输出控制时，最大误差为两个扫描周期的时间。

## 六、计数器 C（C0 ~ C255）

$FX_{2N}$ 系列 PLC 有 256 个计数器。按它们的工作特点和计数方式可分两种计数器：一种是对内部继电器信号进行计数的计数器称之为信号计数器；另一种是提供高速计数功能的高速计数器。

### （一）内部信号计数器

对内部继电器 X、Y、M、S 和 T 的信号进行计数的计数器称为信号计数器。为保证信号计数的准确性，要求对内部继电器的通断时间应比 PLC 的扫描周期长。内部信号计数器按工作方式可分为下面两种：

**1. 16 位单向加法计数器**

1）C0 ~ C99 共 100 点，计数范围是：0 ~ 32767，是通用型 16 位加法计数器。

2）C100 ~ C199 共 100 点，计数范围是 0 ~ 32767，是掉电保持型 16 位加法计数器。

计数器应用时，都要用一个十进制常数作设定值，即计数器的设定值前面也要加符号“K”。计数器线圈每被驱动 1 次，计数器的当前值就增加 1，在当前值等于设定值时，计数器触点就动作。计数器动作后，即使计数输入仍在继续，但计数器已不再计数，保持在设定值上，直到使用 RST 指令复位清零。图 2-12 是 16 位单向加法计数器动作过程。特殊辅助继电器 M8013 的触点以 1s 的频率作周期性振荡，产生 1s 的时钟脉冲。M8013 每发出 1 个脉冲，C0 的当前值就加 1，当计数器 C0 的当前值与设定值 K5 相等时，C0 的常开触点闭合，输出继电器 Y0 为 ON。当复位输入 X1 接通时，执行 RST 指令，计数器复位，当前值为 0，其 C0 输出常开触点变为断开，输出继电器 Y0 为 OFF。

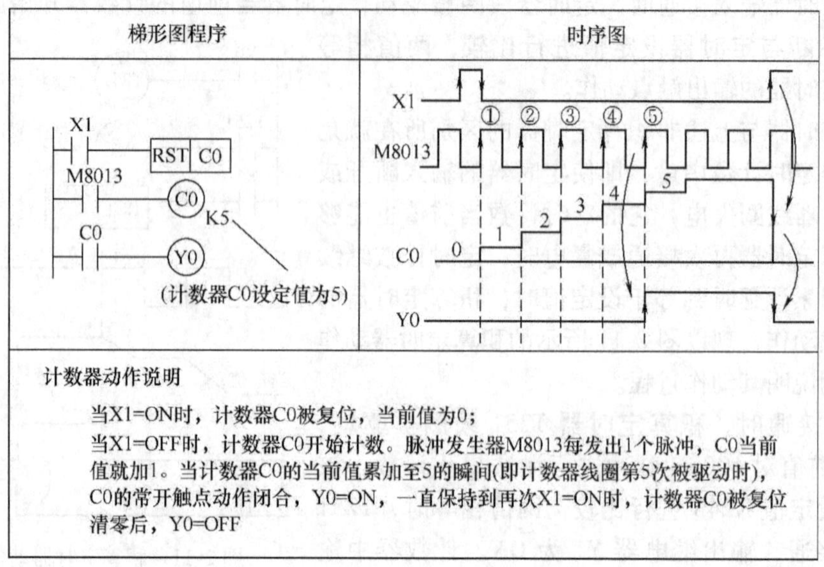


图 2-12　16 位单向加法计数器动作过程

计数器的设定值除用常数 K 设定外，也可以用指定的数据存储器来设定，这需要用到数据传输 MOV 指令。

**2. 32 位双向加/减计数器**

1）C200 ~ C219 共 20 点，计数范围是：-2147483648 ~ +2147483647，是通用型 32 位双向加/减计数器。

2）C220 ~ C234 共 15 点，计数范围是：-2147483648 ~ +2147483647，是掉电保持型的 32 位双向加/减计数器。

32 位双向加/减计数器的设定值的设定方法如下：

①采用十进制常数 K 在上述设定值范围内直接设定。

②指定某两个地址号紧连在一起的数据寄存器 D 的内容为设定值的间接设定。

图 2-13 表示 32 位双向加/减计数器的动作过程。其中 X10 为计数方向设定信号（控制特殊内部辅助继电器 M8200 的 ON 与 OFF），X11 为计数器复位信号，X12 为计数器输入信号。若计数器从 -2147483648 起再进行减计数，当前值就变成 +2147483647，同样从 +2147483647 再加个当前值就变成 -2147483648，称之为循环计数。

**（二）高速计数器**

$FX_{2N}$系列 PLC 内有 21 个高速计数器，可分为如下 4 种类型：

1）C235 ~ C240 共 6 个，为 1 相无启动/复位端子高速计数器。

2）C241 ~ C245 共 5 个，为 1 相带启动/复位端子高速计数器。

3）C246 ~ C250 共 5 个，为 1 相双向输入高速计数器。

4）C251 ~ C255 共 5 个，为 2 相输入（A-B 型）高速计数器。

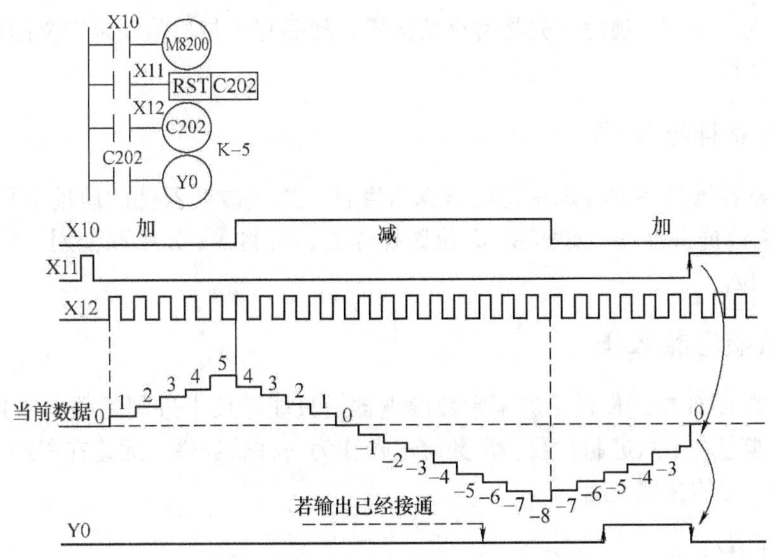


图 2-13　32 位双向加/减计数器的动作过程

高速计数器信号可从 X0 ~ X5 共 6 个端子输入，每一个端子只能作为一个高速计数器的输入，所以最多只能有 6 个高速计数器同时工作。高速计数器的最高计数频率会受到输入响应速度和高速计数器的处理速度的限制。由于高速计数器采用中断方式操作，所以计数器用得越少，计数频率会越高。

## 七、数据寄存器 D

PLC 内提供许多数据寄存器，供数据传送、数据比较、数字运算等操作时使用。每个数据寄存器都有 16 位（最高位为符号位），两个数据寄存器串联使用可存储 32 位数据。$FX_{2N}$ 系列 PLC 有如下集中数据寄存器：

1）D0 ~ D199 共 200 点，通用数据寄存器。一般这类数据寄存器存入的数据不会改变，而当 PLC 状态由运行（RUN）变为停止（STOP）时，数据也全部清零。如果将特殊辅助继电器 M8033 置 1，PLC 由 RUN→STOP 时，通用数据寄存器 D0 ~ D199 中的数据可以保持。

2）D200 ~ D7999 共 7800 点，掉电保持数据寄存器。其中 D200 ~ D511 共 312 点，为掉电保持一般用途型。D512 ~ D7999 共 7488 点，为掉电保持专用型的。这类数据寄存器只要不改写，数据不会丢失，无论电源接通与否或 PLC 运行与否都不会改变它的内容。如果用 PLC 外围设备的参数设定可以改变 D200 ~ D511 的掉电保持性，而专用型想改为一般用途时，可在程序启动时采用 RST 或 ZRST 指令进行清零。

D1000 ~ D7999 掉电保持型数据寄存器可以作为文件寄存器。文件寄存器是存放大量数据的专用数据寄存器，用以生成用户数据区。例如存放采集数据、统计计算数据、多组控制参数等。D1000 ~ D7999 一部分设定为文件寄存器时，剩余部分仍作为掉电保持型数据存储器使用。

当 PLC 运行时，可以用 BMOV 指令将文件寄存器的数据读到通用数据寄存器中，但不能用指令将数据写入文件寄存器。

3）D8000 ~ D8255 共 256 点，特殊数据寄存器。这类数据寄存器用于 PLC 内部各种继电器的运行监视。电源接通时，先将寄存器清零，然后写入初始值。未定义的特殊数据寄存器，用户不能使用。

## 八、变址寄存器 V/Z

V/Z 变址寄存器是一种特殊用途的数据寄存器，用于改变器件的地址编号（变址）。V 与 Z 都是 16 位数据寄存器，如需要 32 位数操作时，可将 V、Z 串联使用，规定 Z 为低 16 位，V 为高 16 位。

## 九、常数继电器 K/H

常数继电器 K/H 中，K 是十进制常数继电器，只能存放十进制常数；H 是十六进制常数继电器，只能存放十六进制常数。常数继电器作为一种软器件，无论在程序中或在内部存储器中都占有一定的存储空间。

## 十、指针 P/I

指针有如下两种类型：

1）P0 ~ P63 共 64 点，分支指令用指针。作为一种标号，其作用是用来指定跳转指令 CJ 或子程序调用指令 CALL 等分支指令的跳转目标，它在用户程序和用户存储器中是占有一定空间的。

2）I0 × × ~ I8 × × 共 9 点，中断用指针。

①输入中断格式：其输入中断格式如图 2-14 所示。

例如，I001 为输入 X0 从 OFF→ON 变化（上升沿中断）时，执行由该指针作为标号 I001 后面的中断程序，并根据 IRET 指令返回主程序。

②定时器中断格式：其定时器中断格式如图 2-15 所示。

例如，I610 为每隔 10ms 就执行标号为 I610 后面的中断程序，并根据 IRET 指令返回主程序。

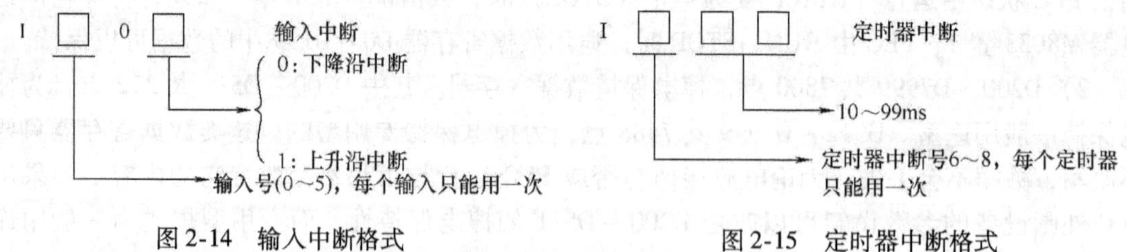


图 2-14　输入中断格式　　　图 2-15　定时器中断格式

# 第三章　$FX_{2N}$系列可编程序控制器的基本功能及应用

## 第一节　PLC基本电路编程

### 一、PLC编程语言

PLC是以程序的形式进行工作的，所以必须把控制要求变换成PLC能接受并执行的程序，编制程序应用编程语言。PLC常用的编程语言有以下几种：梯形图语言、指令助记符语言、逻辑功能图语言和某些高级语言，但目前使用最多最普遍的是梯形图语言及指令助记符语言。

#### （一）梯形图编程语言

梯形图及用梯形图语言编程的主要特点，概括起来主要有：

1）梯形图是一种图形语言，它沿用继电器的触点、线圈、串并联等术语和图形符号，并增加了一些继电接触控制中没有的符号，因此梯形图与继电接触控制图的形式及符号有许多相同或相似的地方。梯形图按自上向下，从左到右的顺序排列，最左边的竖线称为起始母线也叫左母线，然后按一定的控制要求和规则连接各个触点，最后以继电器线圈结束，称为一逻辑行或一“梯级”，一般在最右边还加上一竖线，这一竖线称为右母线。通常一个梯形图中有若干逻辑行，形似梯子，如图3-1所示，梯形图由此而得名。梯形图比较形象直观，容易掌握，堪称用户第一编程语言。

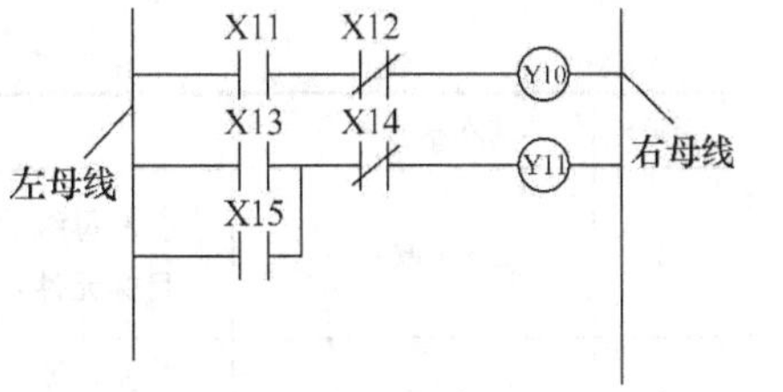

图3-1　梯形图

2）梯形图中触点只有常开和常闭触点，它可以是PLC输入点接的外部开关（启动按钮、行程开关等）触点，但通常是PLC内部继电器的触点或状态。不同PLC内每种触点有自己特定的号码标记，以示区别。

3）梯形图中的继电器线圈不全是实际继电器线圈，它包括输出继电器、辅助继电器线圈等，其逻辑动作只有线圈接通之后，才能使对应的常开或常闭触点动作。

4）梯形图中触点可以任意串联或并联，但继电器线圈只能并联而不能串联。

5）内部辅助继电器、计数器、定时器等均不能直接控制外部负载，只能作中间结果供PLC内部使用。

6）PLC是按循环扫描方式沿梯形图的先后顺序执行程序的，在同一扫描周期中的结果保留在输出状态暂存器中，所以输出点的值在用户程序中可以当做条件使用。

7）程序结束时要有结束标志END。

#### （二）指令助记符编程语言

指令助记符语言，就是用表示PLC各种功能的助记功能缩写符号和相应的器件编号组成的程序表达式。例如LD X100。每句助记符编程语言就是一条指令或程序。助记符语言比微机中使用的汇编语言直观易懂，编程简单。但不同厂家制造的 PLC 所使用的助记符不尽相同，所以对于同一个梯形图来说，写成对应的程序（语句表）也不尽相同，要将梯形图语言转换成助记符语言，必须先弄清楚所用 PLC 的型号及内部各种继电器的标号，使用范围及每条助记符的使用方法。

### （三）逻辑功能图

也可采用逻辑功能图来编写程序，所以逻辑功能图也是 PLC 的一种编程语言。这种编程方式基本上沿用了半导体逻辑电路的逻辑框图来表达。一般用一个运算框图表示一种功能，框图内的符号表达了该框图的运算功能。控制逻辑常用"与"、"或"、"非"三种逻辑功能来表达。框的左边是输入，右边是输出。

### （四）高级语言

在大型 PLC 中为了完成比较复杂的控制，有时也采用 BASIC 等计算机高级语言，这样 PLC 的功能就更强。

目前各种类型的 PLC，一般都同时具备两种或两种以上的编程语言，而且大多数都能同时使用梯形图语言和指令助记符语言。虽然不同厂家 PLC 的梯形图、指令系统和使用符号都有些差异，但编程的基本原理和方法是相同或相似的。因此掌握了一种型号 PLC 的编程语言和方法后，再学另一种类型 PLC 的编程语言和方法就容易多了。

## 二、基本指令

$FX_{2N}$系列 PLC 指令共 298 条，其中基本指令 27 条是完成 PLC 基本功能的常用指令，必须熟练掌握其符号、格式、功能及使用方法。为便于理解与记忆，现将 27 条指令分成 5 组列表加以说明。

1）原型指令如表 3-1 所示。

**表 3-1 原型指令**

| 序号 | 基本指令符号 | 功 能 | 梯形图表示 | 指令表达 |
|---|---|---|---|---|
| 1 | LD（取） | 接左母线的常开触点<br>目标元件：X、Y、M、S、T、C | X0 | LD X0 |
| 2 | LDI（取反） | 接左母线的常闭触点<br>目标元件：X、Y、M、S、T、C | X0 | LDI X0 |
| 3 | AND（与） | 串联触点（常开触点）<br>目标元件：X、Y、M、S、T、C | X0 X1 | LD X0<br>AND X1 |
| 4 | ANI（与反） | 串联触点（常闭触点）<br>目标元件：X、Y、M、S、T、C | X0 X1 | LD X0<br>ANI X1 |
| 5 | OR（或） | 并联触点（常开触点）<br>目标元件：X、Y、M、S、T、C | X0<br>X1 | LD X0<br>OR X1 |
| 6 | ORI（或反） | 并联触点（常闭触点）<br>目标元件：X、Y、M、S、T、C | X0<br>X1 | LD X0<br>ORI X1 |

2）脉冲型指令如表 3-2 所示。

**表 3-2　脉冲型指令**

| 序号 | 基本指令符号 | 功　能 | 梯形图表示 | 指令表达 |
|---|---|---|---|---|
| 1 | LDP（取脉冲） | 左母线开始，上升沿检测<br>目标元件：X、Y、M、S、T、C | 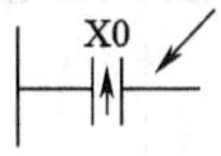 X0 | LDP　X0 |
| 2 | ANDP（取脉冲） | 串联触点，上升沿检测<br>目标元件：X、Y、M、S、T、C | 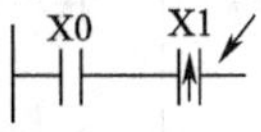 X0　X1 | LD　X0<br>ANDP　X1 |
| 3 | ORP（或脉冲） | 并联触点，上升沿检测<br>目标元件：X、Y、M、S、T、C | 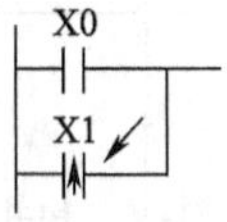 X0<br>X1 | LD　X0<br>ORP　X1 |
| 4 | LDF（取脉冲） | 左母线开始，下降沿检测<br>目标元件：X、Y、M、S、T、C | 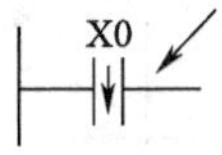 X0 | LDF　X0 |
| 5 | ANDF（与脉冲） | 串联触点，下降沿检测<br>目标元件：X、Y、M、S、T、C | 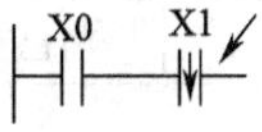 X0　X1 | LD　X0<br>ANDF　X1 |
| 6 | ORF（或脉冲） | 并联触点，下降沿检测<br>目标元件：X、Y、M、S、T、C | 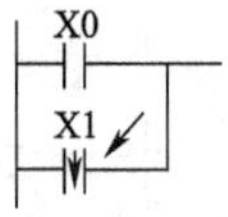 X0<br>X1 | LD　X0<br>ORF　X1 |

3）输出型指令如表 3-3 所示。

**表 3-3　输出型指令**

| 序号 | 基本指令符号 | 功　能 | 梯形图表示 | 指令表达 |
|---|---|---|---|---|
| 1 | OUT（输出） | 驱动执行元件<br>目标元件：Y、M、S、T、C | 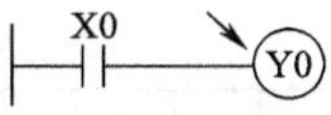 X0　Y0 | LD　X0<br>OUT　Y0 |
| 2 | INV（取反） | 运算结果反转<br>无操作目标元件 | 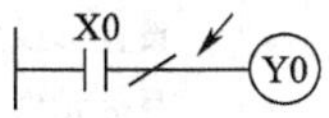 X0　Y0 | LD　X0<br>INV<br>OUT　Y0 |
| 3 | SET（置位） | 接通执行元件并保持<br>目标元件：Y、M、S | 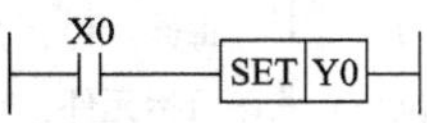 X0　SET Y0 | LD　X0<br>SET　Y0 |
| 4 | RST（复位） | 消除元件的置位目标元件：<br>Y、M、S、D、V、Z、T、C |  X0　RST Y0 | LD　X0<br>RST　Y0 |
| 5 | PLS（输出脉冲） | 上升沿输出（只接通一个扫描周期）<br>目标元件：Y、M（不含特辅继电器） | 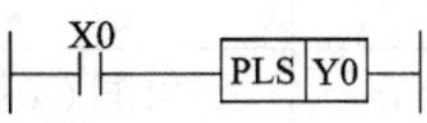 X0　PLS Y0 | LD　X0<br>PLS　Y0 |
| 6 | PLF（输出脉冲） | 下降沿输出（只接通一个扫描周期）<br>目标元件：Y、M（不含特辅继电器） | 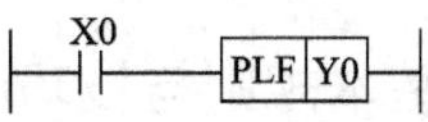 X0　PLF Y0 | LD　X0<br>PLF　Y0 |

4）块指令与堆栈指令如表 3-4 所示。

表 3-4 块指令与堆栈指令

| 序号 | 基本指令符号 | 功 能 | 梯形图表示 | 指令表达 |
|---|---|---|---|---|
| 1 | ANB（块与） | 块串联 | X0 X1 X2 X3 | LD X0<br>OR X2<br>LD X1<br>OR X3<br>ANB |
| 2 | ORB（块或） | 块并联 | X0 X1 X2 X3 | LD X0<br>AND X1<br>LD X2<br>AND X3<br>ORB |
| 3 | MPS（进栈） | 将前面已运算的结果存储 | X0 X1 Y0 MPS X2 Y1 MRD X3 Y2 MPP | LD X0<br>MPS<br>AND X1<br>OUT Y0<br>MRD<br>ANI X2<br>OUT Y1<br>MPP<br>AND X3<br>OUT Y2 |
| 4 | MRD（读栈） | 将已存储的运算结果读出 | | |
| 5 | MPP（出栈） | 将已存储的运算结果读出并退出栈运算 | | |

5）主控空操作与结束指令如表 3-5 所示。

表 3-5 主控空操作与结束指令

| 序号 | 基本指令符号 | 功 能 | 梯形图表示 | 指令表达 |
|---|---|---|---|---|
| 1 | MC（主控） | 设置母线主控开关<br>目标元件：Y、M（不含特辅继电器） | X0 MC N0 M100 N0 M100 X10 ⋮ MCR N0 | LD X0<br>MC N0 M100<br>LD X10<br>⋮<br>MCR N0 |
| 2 | MCR<br>（主控复位） | 母线主控开关解除<br>目标元件：Y、M（不含特辅继电器） | | |
| 3 | END（结束） | 程序结束并返回 0 步 | X0 Y0 END | LD X0<br>OUT Y0<br>END |
| 4 | NOP（空操作） | 空操作（留空、短接或删除部分触点或电路） | | |

## 三、编程基本规则与技巧

为了使编程正确、快速和优化，必须掌握如下的编程基本规则和一些技巧。

1）梯形图按自上而下，从左到右的顺序排列，每一行起于左母线，终于右母线。继电器线圈与右母线直接连接，在右母线与线圈之间不能连接其他元素，如图 3-2 所示。

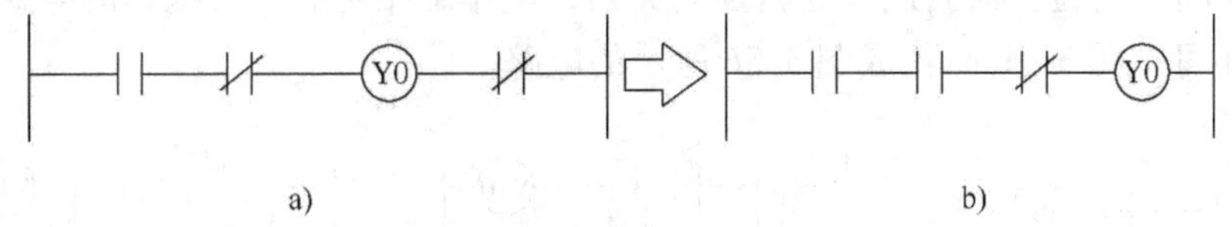


图 3-2　线圈置放的位置

a）线圈置放位置错误　b）线圈置放位置正确

2）在一梯形图中，同一编号的线圈如果使用两次或两次以上称为双线圈输出，一般情况下只能出现一次，因为双线圈输出容易引起操作错误。

3）输入继电器、输出继电器、辅助继电器、定时器、计数器的触点可以多次使用，不受限制。

4）在梯形图中，每行串联的触点数和每组并联电路的并联触点数，理论上没有受限制。但如果使用图形编程器由于受到屏幕尺寸的限制（例如使用 GP-80 图形编程器），则每行串联点数不应超过 11 个。

5）输入继电器的线圈是由输入点上的外部输入信号驱动的，所以梯形图中输入继电器的触点用以表示对应点上的输入信号。

6）把串联触点最多的支路编排在上方，如图 3-3a 所示，如果将串联触点多的支路安排在下面，如图 3-3b 所示，则需增加一条 ORB 指令，显然这种编排不好。

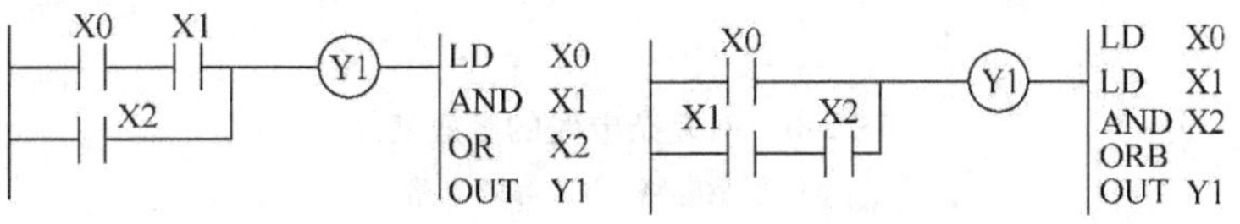

X0　X1　X2　Y1

LD　X0
AND　X1
OR　X2
OUT　Y1

a)

X0　X1　X2　Y1

LD　X0
LD　X1
AND X2
ORB
OUT　Y1

b)

图 3-3　电路块并联的编排

a）编排的好的电路　b）编排的不好的电路

7）把触点最多的并联电路编排在最左边，如图 3-4a 所示，这比编排得不好的图 3-4b 可省去一条 ANB 指令。

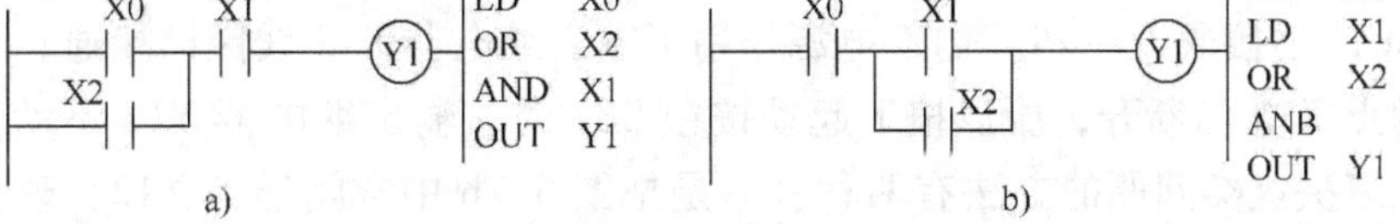

X0　X1　X2　Y1

LD　X0
OR　X2
AND　X1
OUT　Y1

a)

X0　X1　X2　Y1

LD　X0
LD　X1
OR　X2
ANB
OUT　Y1

b)

图 3-4　并联电路的串联编排

a）编排的好的电路　b）编排的不好的电路

8）对桥式电路的编程处理。桥式电路如图 3-5a 所示，图中触点 5 有双向“电流”通过，这是不可编程的电路，因此必须根据逻辑功能，对该电路进行等效变换成可编程的电

路，如图 3-5b 所示。图 3-5a 中线圈接通的条件为

触点 1 和 2 同时接通；或者触点 3、5 和 2 同时接通；或者触点 1、5 和 4 同时接通；或者触点 3 和 4 同时接通。根据这些逻辑控制关系，可作出相对应的可编程的电路，如图 3-5b 所示，我们还可把图 3-5b 简化成图 3-5c 所示的电路。

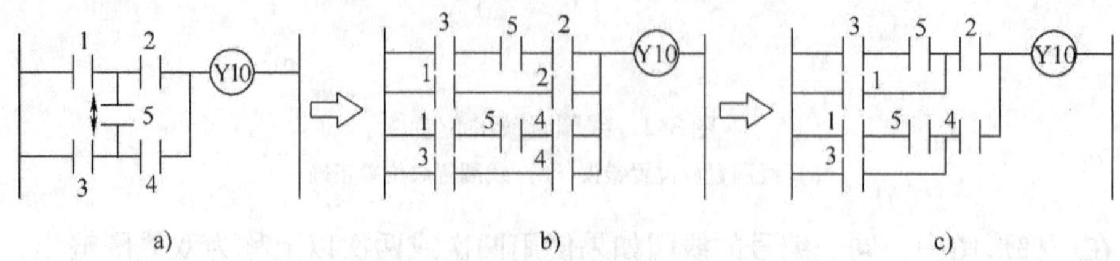


图 3-5　对桥式电路进行逻辑功能变换

a）不可编程桥式电路　b）可编程电路　c）简化的可编程电路

9）对复杂电路的编程处理。对结构复杂的电路，像上面一样对电路进行逻辑功能的等效变换处理，这样能使编程清晰明了，不容易出错。图 3-6a 电路，可等效变换成图 3-6b 电路。

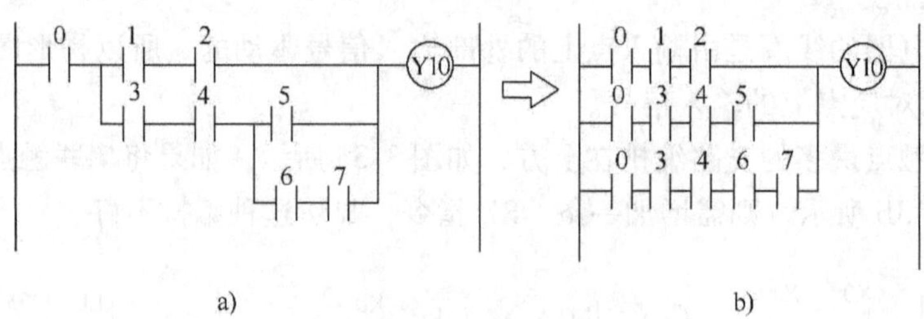


图 3-6　对复杂电路的等效变换

a）复杂电路　b）等效电路

10）对常闭触点输入的编程处理。对输入外部控制信号的常闭触点，在编制梯形图时要特别小心，不然可能导致编程错误。现以常用的电动机的起动和停止控制电路为例，进行分析说明。

电动机起动停止的继电接触器控制电路，如图 3-7a 所示，使用 PLC 控制的对应梯形图如图 3-7b 所示，PLC 控制的输入/输出接线如图 3-7c 所示。图 3-7c 中 SB1 为起动按钮（常开触点），SB2 为停机按钮（常闭触点）。从图 3-7c 中可见，由于常闭的 SB2 和 PLC 的公共端 COM 已接通，在 PLC 内部电源作用下输入继电器 X12 线圈已接通，其在图 3-7b 中的常闭触点 X12 已断开，所以按下起动按钮 SB1 时，输出继电器 Y11 不动作，电动机不能起动。解决这类问题的方法有两种：一是把图 3-7b 中常闭触点 X12，改为常开触点 X12，如图 3-7d 所示；二是把停止按钮 SB2 改为常开触点，这样就可采用图 3-7b 的梯形图。

从上面分析可见，如果外部输入为常开触点，则编制的梯形图与继电接触控制原理图一致。但是，如果外部输入是常闭触点，那么编制的梯形图与继电接触控制原理图刚好相反。

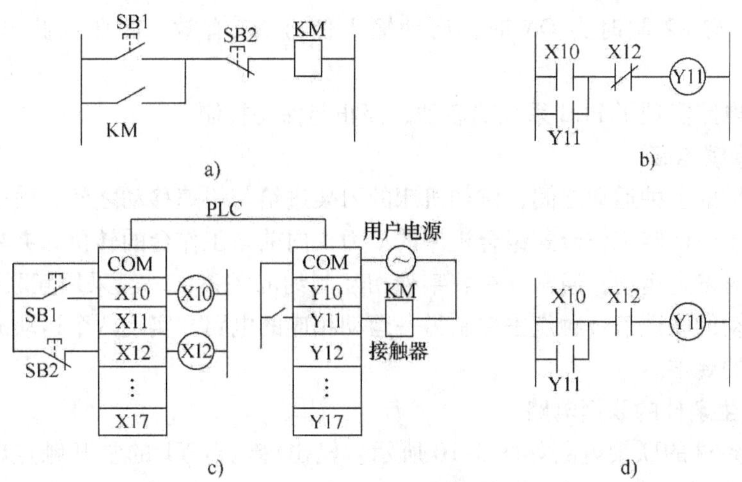


图 3-7 电动机起动停止控制电路

a）继电接触器控制电路 b）梯形图 c）PLC 控制的输入/输出接线 d）梯形图

## 四、基本电路编程

PLC 控制系统的应用程序通常是由一些典型的控制环节和基本单元电路所组成，因此掌握基本电路的编程设计方法是非常必要的，它是 PLC 应用设计基础。

### （一）启动与停止电路

在 PLC 的程序设计中，启动与停止电路是构成梯形图的最基本的常用电路，基本有两种形式，现说明如下：

**1. 关断优先电路**

关断优先电路如图 3-8 所示。

X1 是启动输入信号，X2 为关断输入信号。当 X2 为 ON 时，无论启动输入信号 X1 状态如何，内部辅助继电器 M1 状态均为 OFF（关断）。当关断输入信号 X2 为 OFF 时，启动输入信号 X1 为 ON 时，则 M1 为 ON，并通过其常开触点 M1 闭合自锁；在 X1 变为 OFF 时，M1 仍保持为启动状态，即 M1 保持为 ON。

由于当 X1 与 X2 同时为 ON 时，关断输入信号 X2 有效，因此称其关断优先电路。

**2. 启动优先电路**

启动优先电路如图 3-9 所示。

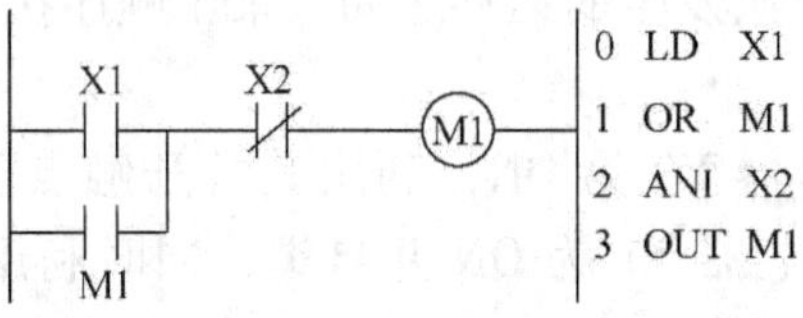

```
0 LD  X1
1 OR  M1
2 ANI X2
3 OUT M1
```

图 3-8 关断优先电路

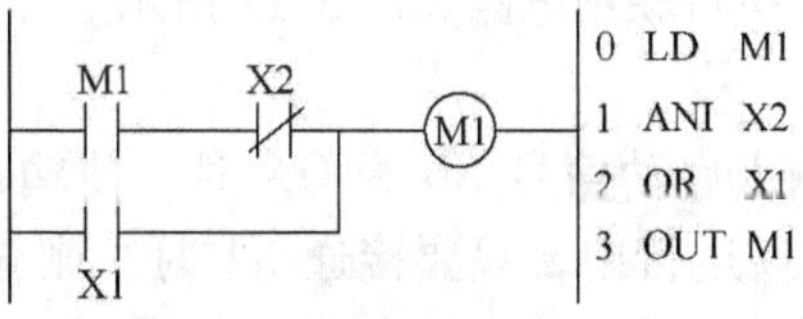

```
0 LD  M1
1 ANI X2
2 OR  X1
3 OUT M1
```

图 3-9 启动优先电路

当启动输入信号 X1 为 ON 时，无论关断输入信号 X2 状态如何，M1 总被启动，且当 X2 为 OFF 时，通过 M1 的常开触点闭合实现自锁。当启动输入信号 X1 为 OFF 时，使 X2 为 ON 可实现关断 M1。

由于当 X1 与 X2 同时为 ON 时，启动输入信号 X1 有效，因此称此电路为启动优先电路。

上述两种电路实现了 PLC 系统的启动、停止与保持控制。

**（二）互联锁电路**

在生产机械的各种运动之间，例如机床的刀架进给与快速移动之间、横梁升降与工作台运动之间、多工位回转工作台式组合机床的动力头向前与工作台的转位和夹具的松开动作之间等都不能同时发生运动，通常存在着某种相互制约的关系，一般采用互联锁控制来实现。用反映某一运动的联锁信号触点去控制另一运动相应的电路，实现两个运动的相互制约，达到互联锁控制的要求。

**1. 互为发生条件的联锁电路**

互为发生条件的联锁电路如图 3-10 所示。输出继电器 Y1 的常开触点串联在 Y2 的控制回路中，输出继电器 Y2 的接通是以 Y1 的接通为条件。即只有 Y1 接通才允许 Y2 的接通。Y1 关断时 Y2 也被同时关断，只有在 Y1 被接通的条件下 Y2 才可以自行启动和停止。

**2. 不能同时发生运动的互锁电路**

不能同时发生运动的互联锁电路如图 3-11 所示。为使输出继电器 Y0 和 Y1 不能同时被接通，现选择联锁信号 Y0 的常闭触点串联到 Y1 的控制回路，联锁信号 Y1 的常闭触点串联到 Y0 的控制回路。这样，Y1 和 Y2 中任何一个启动后，都会将另一个的启动回路断开，从而保证 Y1 和 Y2 不能同时启动。

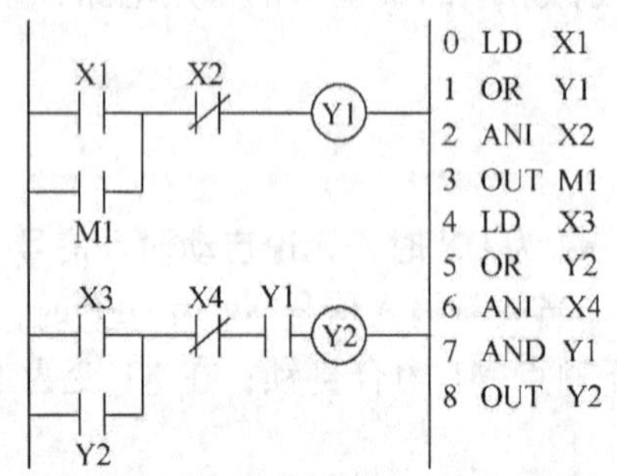


图 3-10　互为发生条件的联锁电路

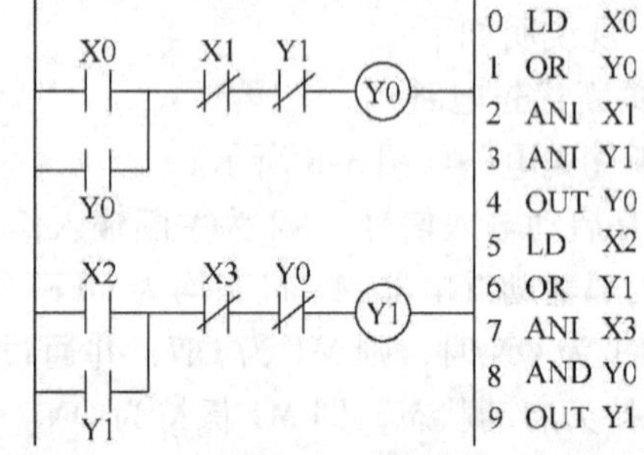


图 3-11　不能同时发生运动的互联锁电路

**3. 顺序执行电路**

顺序执行联锁电路如图 3-12 所示。在顺序依次发生的运动之间，采用顺序执行的控制方式。

当输入启动信号 X0 为 ON 时，使输出继电器 Y0 为 ON，利用其常开触点 Y0 自锁。在 Y0 接通运行中，只要接通 X1 时，则输出继电器 Y1 为 ON 并自锁，同时利用接入 Y0 控制电路中的 Y1 常闭触点断开，使 Y0 为 OFF。在 Y1 接通运行中，只要接通 X2 时，Y2 为 ON 并自锁，同时 Y1 为 OFF。在 Y2 接通运行中只要接通 X3 时，Y3 为 ON 一个扫描周期时间使 Y0 为 ON 并自锁，同时 Y2 为 OFF。显然，系统联锁条件是选择代表前一个运动的常开触点串联在后一个运动的启动电路中，同时选择代表后一个运动的常闭触点串联到前一个运动的关断电路里。这样，只有前一个运动发生了，才允许后一个运动可以发生，而且后一个运动一旦发生就立即使前一个运动停止，从而保证各个运动按预定的顺序发生和转换，达到顺序执行的目的。

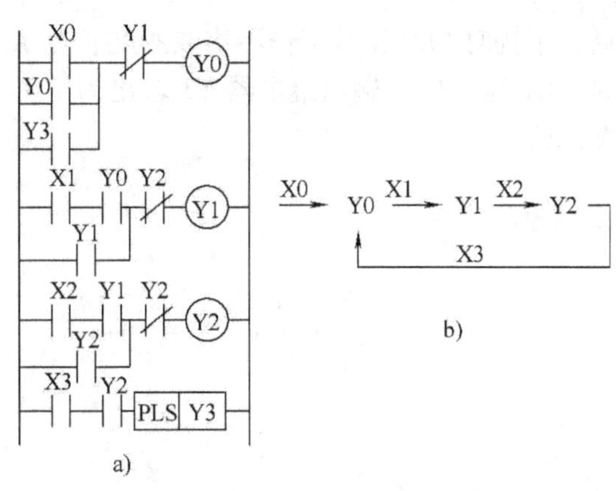


图 3-12　顺序执行联锁电路
a）顺序执行电路　b）执行流程图

**（三）定时计数电路**

利用定时器和计数器设计一些程序，可以屏蔽输入元件的误信号，防止输出元件的误动作，提高系统的抗干扰能力。

**1. 屏蔽输入端误信号的定时器电路**

屏蔽输入端误信号的定时器电路如图 3-13 所示。它是以工业用捞渣机 PLC 控制系统为例对输入 X0 采样设计的梯形图和时序图。

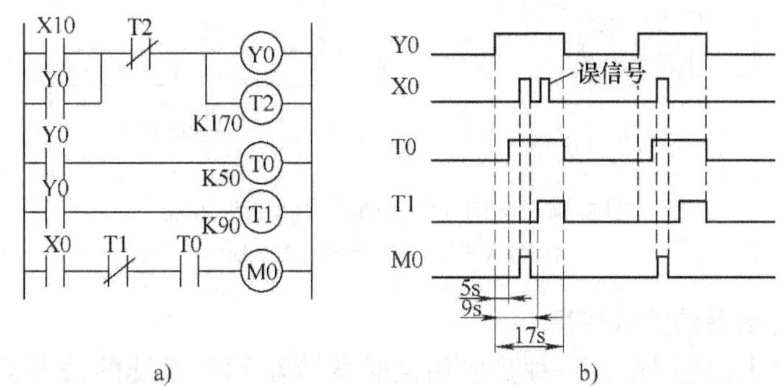


图 3-13　屏蔽输入端误信号的定时器电路
a）屏蔽输入端误信号程序　b）时序图

在 PLC 组成的自动控制系统中，每一次循环，各工步的动作时间通常能够是固定不变的，如行程开关或光电开关总是在该工步的同一时刻发出信号。根据这一特点，用两个定时器 T0 和 T1，限定 PLC 只在该开关正常发信号的时间内采样，就可以屏蔽掉其他时间可能发出的误信号（干扰信号）。根据计算，在正常情况下，输入 X0 总是在 Y0 启动 17s 内发出信号。但在实际运行时，由于现场环境恶劣，有可能使 X0 发出误信号，引起系统的误动作。现将 T0 的延迟时间设为 5s，T1 延迟时间设为 9s，从图 3-13 可知，只有当 Y0 为 ON 后 5 ~ 9s 的时间内采样的 X0 信号，才被认为是有效信号 M0，其他时间内即使 X0 误发信号，也会被屏蔽掉。

**2. 消除“抖动”干扰的计数器电路**

利用计数器消除输入元件触点“抖动”干扰的梯形图程序和时序波形图如图 3-14 所示。在 PLC 控制系统中，由于外界干扰的影响，有些输入元件在接通时，会发生触点时断时续的“抖动”现象而发生错误信号。在图 3-14a 中，当输入 X1 发生抖动时，输入 Y1 也会跟着抖动。消除这种干扰的方法是利用计数器经适当编程来实现。图 3-14b 是用计数器组成的消“抖动”程序和波形图。当“抖动”干扰使 X1 断开的间隔 $\Delta t < X \times 0.1s$（注：M8012 为特殊辅助继电器，产生 0.1s 的时钟脉冲）时，计数器输出为“0”，输出继电器 Y1 保持接

通，干扰对 PLC 正常工作不构成影响；当 X1 断开时间 $\Delta t \geqslant X \times 0.1\text{s}$，计数器 C1 计满 $X$ 次时，C1 为“1”，输出继电器 Y1 输出为“0”。计数器的计数次数 $X$ 可在调试时根据干扰情况修改。

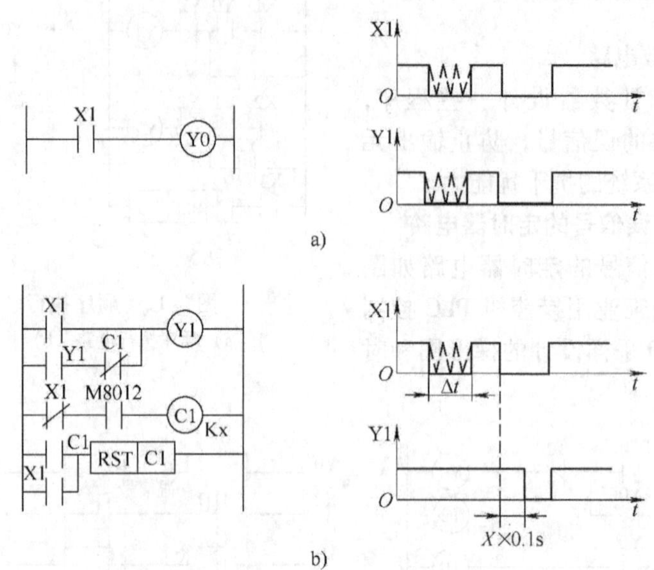


图 3-14　利用计数器消除“抖动”干扰

a）输入干扰　b）消除输入干扰

**3. 定时器与计数器的配合使用**

在上述的定时计数电路中，一种是应用定时器消除 PLC 系统的输入误信号，一种是应用计数器来消除输入“抖动”干扰，从而提高了 PLC 控制系统的可靠性。显然，计数器与定时器两者都是一种累积型元件。对于我们上述应用的是非积算定时器和 16 位增计数器，它们都是由一个线圈与对应线圈的无数对触点组成，都有设定值。当其累计的实时值等于设定值时，对线圈进行驱动并保持，相应输出触点动作。下面阐述它们的不同点。

1）16 位增计数器与非积算定时器运用上的区别

①定时器的动作触发时间是达到设定值后，而计数器的动作时间是在达到设定值的瞬间，如图 3-15 所示，分别用计数器和定时器对每秒 1 次的方波脉冲计数和计时。

②对已经动作的定时器触点，当定时器驱动电路断开后，定时器的触点就会复位。但对已经动作的计数器触点，即使计数器驱动电路已断开，但计数器的触点仍会保持动作的状态，要用复位指令才能使计数器触点复位。这一点在编程时要特别注意。

2）用计数器与时钟脉冲发生器配合作时间控制。用计数器与 M8013、M8012、和 M8011 等时钟脉冲发生器配合，可制作以“s”或“ms”为单位的定时器，在程序中作时间控制，如图 3-16 所示（省去右母线）。M8011 产生每秒 100 次的时钟脉冲，计数器 C20 设定

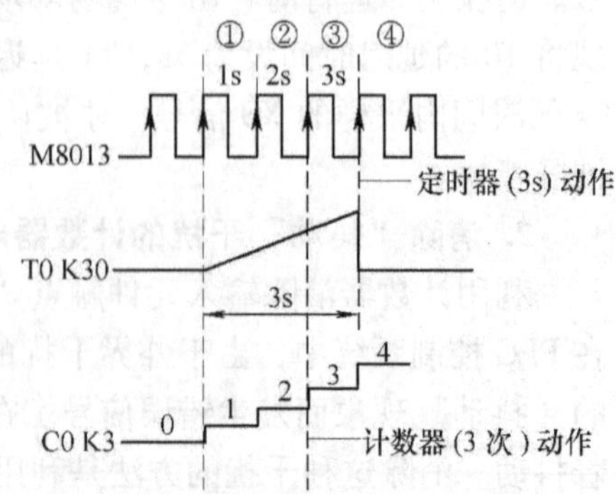


图 3-15　计数器与定时器的动作特点

值为1001，即对时钟脉冲作1000次累计，所以C20触点在10s后动作，即可视C20为10s定时器。其他时钟脉冲发生器与计数器配合作定时控制器依此类推。

考虑到X0接通时与脉冲发生器可能不同步，因此用M8011（10ms时钟脉冲）可以减少误差。

3）用计数器与定时器配合作长延时控制。PLC的定时器的最长控制时间为3276.7s，接近1h，若设备需要延时2h启动，可用计数器与定时器配合制作一个2h的定时器，如图3-17所示。用定时器制作1个1800s（30min）的脉冲发生器，再用计数器对定时器触点产生的脉冲计数4次，这样计数器C20的常开触点即具有30min×4＝120min（2h）的延时的闭合作用。对更长时间的延时控制，也可按此方法实现。

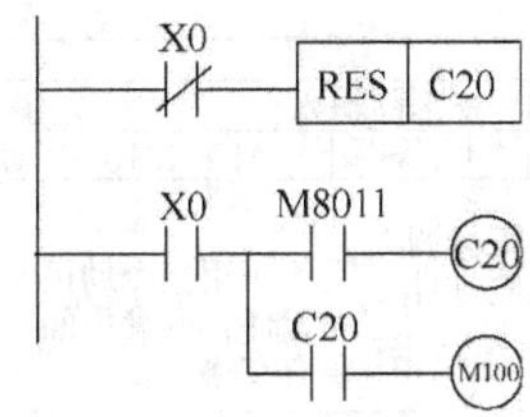


图3-16　计数器与时钟脉冲发生器配合作时间控制

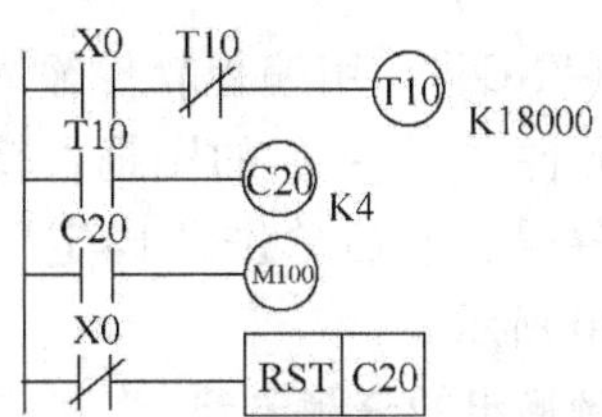


图3-17　计数器与定时器配合作长延时控制

### （四）分频电路

在PLC应用系统中，许多场合用到分频电路，例如采用二分频、三分频、…等不同的分频电路实现不同频率的灯光闪烁。下面就来介绍实现多级分频输出的分频电路。

#### 1. 应用指令“ALT（FNC66）”

（1）应用指令“ALT（FNC66）”的格式与功能　该指令是PLC内置的具有交替输出功能的特殊指令，地址号为FNC66，指令助记符是“ALT”执行方式有“连续执行型”和“脉冲执行型”两种。在梯形图程序中“ALT”执行步数为3步，其格式与功能如图3-18所示。

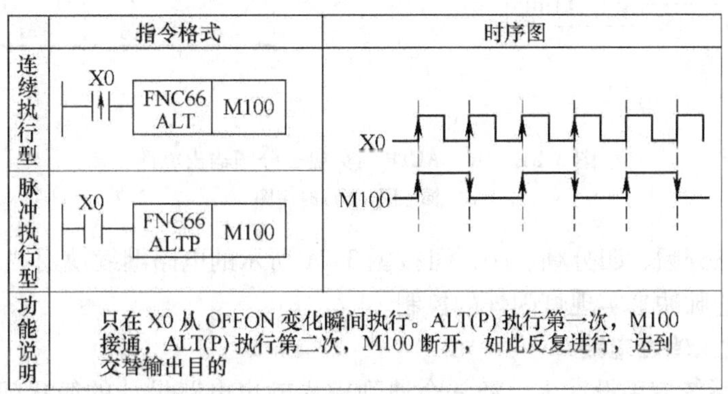


图3-18　应用指令“ALT（FNC66）”的格式与功能

用定时器制作的脉冲发生器与“ALT（FNC66）”结合，可发出方波脉冲，从而可实现灯的闪烁控制，如图3-19所示。注意程序中的应用指令“ALT（FNC66）”虽然是使用连续执行型但由于驱动FNC66的T0常开触点每隔0.2s接通一次的时间只有一个扫描周期，相当于一个脉冲发生触点，ALT 执行时也就等同脉冲执行型。在图 3-19 中，由于脉冲时间非常短，所以时序图中脉冲时间就忽略不计了。

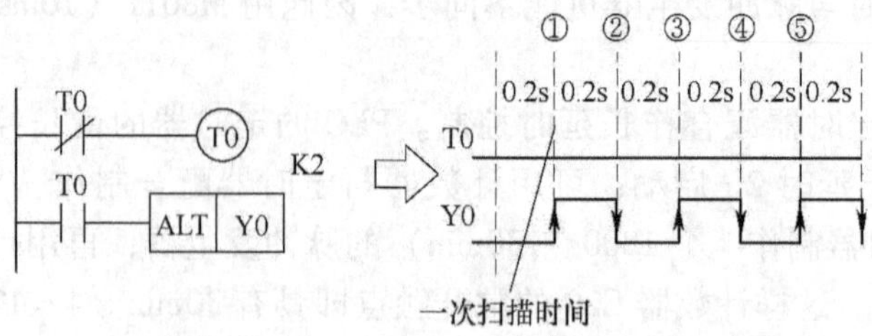


图 3-19　应用 ALT 与定时器实现灯的闪烁控制

（2）ALT（FNC66）用编程软件输入的方法　单击输出元件“-[ ]-”的图框，输入指令助记符与文件号，然后单击“确定”按钮即可，如图 3-20 所示。

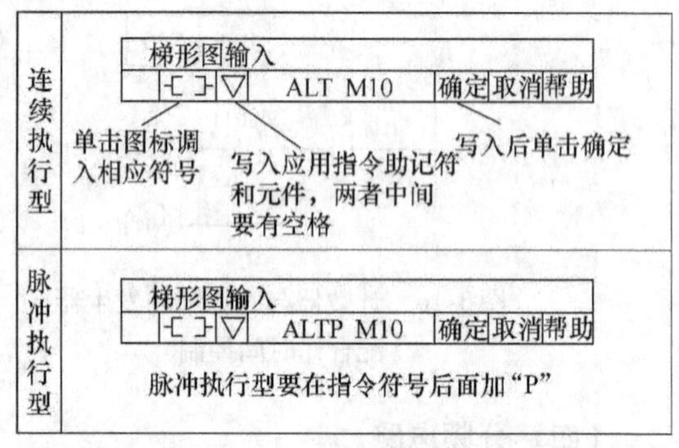


图 3-20　ALT 指令的对话框调出与写入示意图

**2. 多级分频输出的分频电路**

连续使用具有交替输出功能的应用指令“ALTP”能方便地实现分频输出。现运用“ALTP”实现二分频输出的例子，如图 3-21 所示。采用 M100 和 M101 分别控制两个灯，观察其发光情况就能够得到验证。

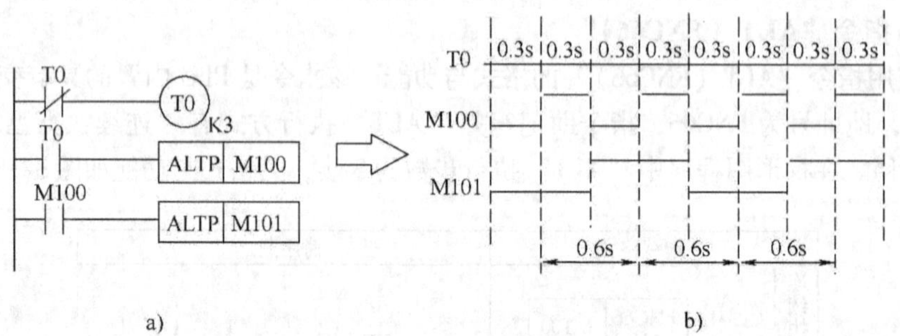


图 3-21　用”ALTP”实现二分频输出电路

a）梯形图　b）时序图

如果要获得三分频、四分频、…，可按图 3-21 所示的电路继续使用“ALTP”即可得到成倍数关系频率的脉冲来实现灯闪烁的控制。

**（五）简化输入输出电路**

在 PLC 控制系统应用设计中，经常会遇到输入输出电路设计的简化问题，虽然可以选定点数较多的 PLC 或通过扩展单元增加输入/输出点数，但投资增大，因此需要设计简化的输入/输出电路。

**1. 输入点数简化的电路**

（1）控制功能相同的按钮开关并联连接　对于多处控制电动机的起动与停止电路，所占用 PLC 的输入点数较多，例如系统中具有 3 个停止按钮 SB1、SB2、SB3 和一个热继电器触点 FR，它们具有使电动机停转的功能，两个启动按钮 SB4、SB5 具有启动电动机的功能。如果将它们直接与 PLC 的输入端相连，将占有 PLC 输入端 6 个输入点，如果按着控制功能相同的按钮（开关）并联连接的方法，不仅减少 4 个输入点，而且梯形图程序也会简化，如图 3-22 所示。

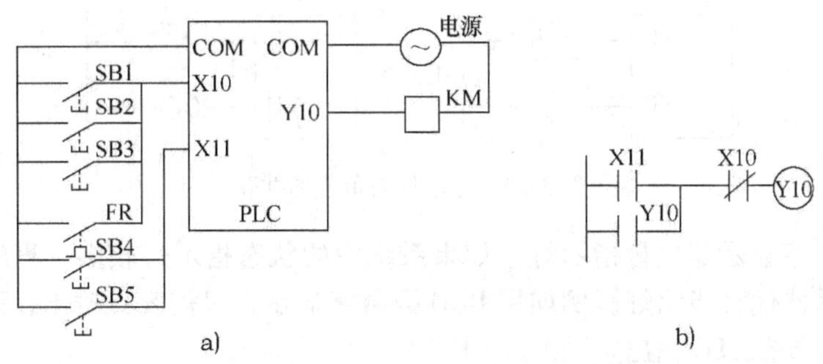


图 3-22 PLC 控制电动机的起动与停止电路

a）系统硬接线 b）梯形图

（2）采用单按钮控制起动和停止 用计数器实现这种控制功能的梯形图如图 3-23 所示。X10 接至外部按钮，输出继电器 Y10 用于驱动控制电动机的接触器线圈。当第一次按下按钮时，X10 接通的上升沿，M100 接通一个扫描周期，其常开触点闭合，使 Y10 接通并自锁，电动机起动。此时计数器 C10 的当前值为 1。第二次按下按钮时，计数器 C10 的当前值为 2 等于设定值，C10 输出的常闭触点断开，断开 Y10 的输出，电动机停止。与此同时 C10 的输出常开触点闭合，使计数器复位（恢复设定值），为下一次计数作准备。这就达到了用一个普通按钮控制电动机的起动与停止，又少占 PLC 一个输入点的目的。

（3）采用跳转指令处理自动/手动控制方式 在实际的生产过程或生产设备中经常设有手动和自动两种工作方式，一般都采用转换开关进行选择，这就要占用 PLC 两个输入点，如果 PLC 输入点不够用时，可采用跳转指令和一个开关配合使用，以达到两种工作方式的选择。采用跳转指令处理自动/手动工作方式的控制电路如图 3-24 所示。设开关接 X101，当合上开关时，X101 常开触点闭合，CJ P62 跳转条件成立，跳过自动工作程序，执行手动工作程序。

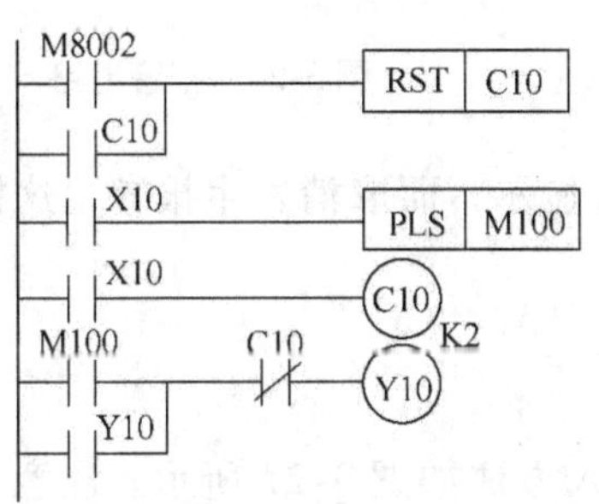


图 3-23 单按钮控制起动和停止

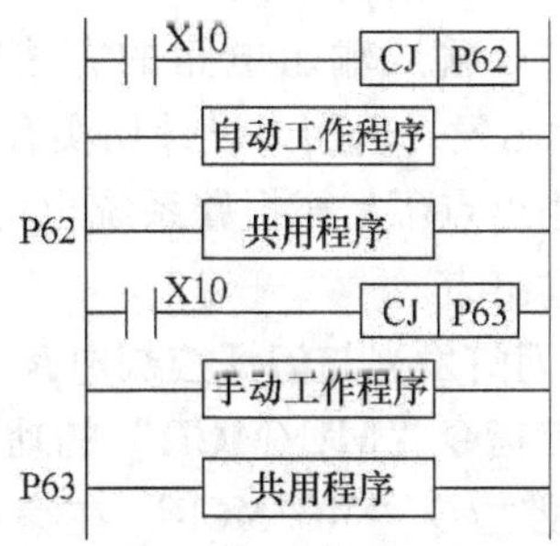


图 3-24 处理自动/手动方式的控制电路

当把开关断开时，X10 常闭触点闭合，CJ P63 跳转条件成立，跳过手动工作程序，而执行自动工作程序。这样，仅用一个输入点就能实现自动和手动的两种操作。

**2. 输出点数简化的电路**

（1）显示指示灯与输出负载并联　采用这种方法的条件是指示灯的额定电压必须与负载电压一致，而且两者总的负荷容量不允许超过 PLC 输出电路的最大负载容量。这样可以节省 PLC 输出点，如图 3-25 所示。

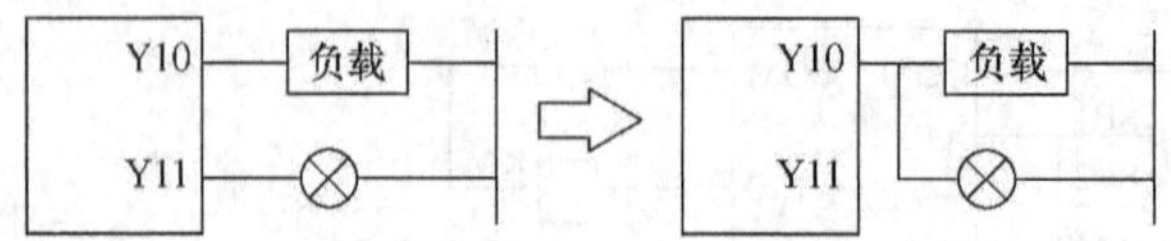


图 3-25　指示灯与负载的并联

（2）采用数字显示器代替指示灯　如果系统中的状态指示灯较多，程序比较复杂，建议采用数字显示器代替指示灯，例如用 BCD 码数字显示，只需 8 点输出，两行数字显示器即可。这样可以节省 PLC 输出点数。

（3）多种故障显示或报警采用并联连接　在 PLC 控制的某些生产设备或生产过程系统中，有多种故障显示或报警，例如设有过电压、过载、失磁、断相、越位、超速等显示或报警，只要条件允许，即可把部分或全部显示或报警电路并联连接，以减少占用 PLC 的输出点数。

总之，在 PLC 控制系统发生故障时，应及时报警，通知操作人员，采取相应措施，如图 3-26 所示。电路在发生故障时，可产生声音和灯光报警。当有报警信号输入时，即当常开触点 X0 闭合时，输出继电器 Y0 产生间隔为 1s 的断续输出信号，接在 Y0 输出端的指示灯闪烁，同时输出继电器 Y1 接通，接在 Y1 输出端的蜂鸣器发声。此后按下蜂鸣器复位输入按钮 X2，内辅继电器 M100 接通，其常闭触点 M100 打开，输出继电器 Y1 断开，蜂鸣器停响，而内辅继电器 M100 常开触点闭合，使输出继电器 Y0 持续接通，报警指示灯亮，只有报警输入信号 X0 消失，输入继电器 X0 的常开触点断开，报警指示灯才熄灭。

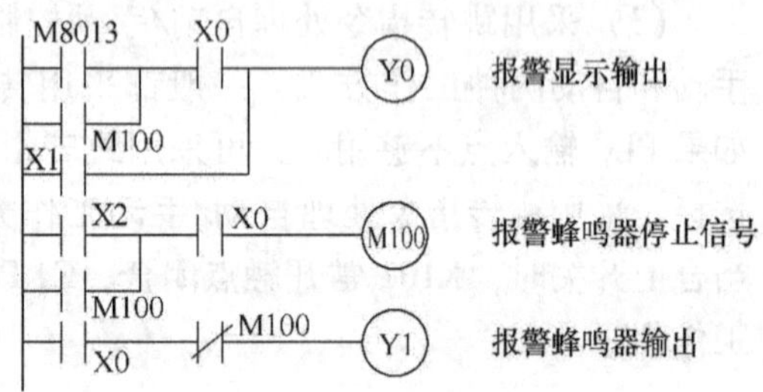


图 3-26　报警电路

为了在平时检查报警电路是否处于正常状态，设置有检查按钮接在 PLC 的输入 X1 端，当按下检查按钮时，输入继电器 X1 的常开触点闭合，输出继电器 Y0 接通，报警指示灯亮，从而确定报警指示灯电路完好。

简化 PLC 输入输出电路的方法较多，使用者应从实际出发，选用或设计切实有效方案。例如若 PLC 输出点不富裕报警系统也可只采用指示灯显示，而取消发生报警，这样可以节省一个 PLC 输出点。

**（六）两灯发光与闪烁控制电路**

**1. 主控指令“MC/MCR”的功能及其应用**

1）主控指令“MC/MCR”在编程软件中的输入方法如图 3-27 所示。注意：“MC NO M100”指令输入后，程序即默认了在“MC”指令后的母线上设置了第一层主控开关 M100，但不会在软件的梯形图画面中表示出来（若打印梯形图程序，此开关会有表示）。主控指令可用作总开关控制，也可用作某一部分程序的控制，通过程序的运行结果来理解“MC”主控指令的作用。

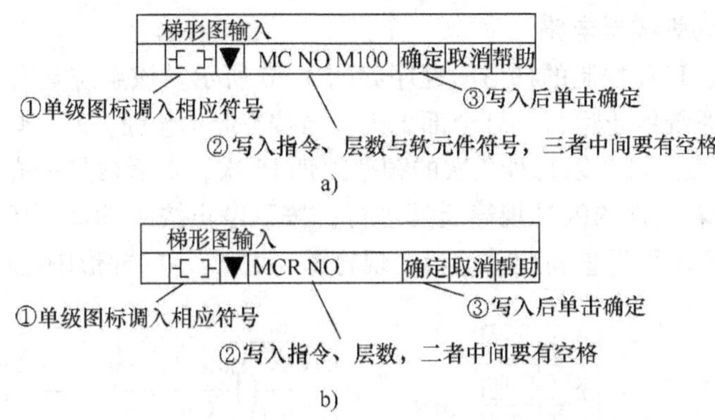


图 3-27　主控指令"MC/MCR"在编程软件中的输入方法
a)"MC"指令输入　b)"MCR"指令输入

2）主控指令"MC/MCR"应用举例。主控指令"MC/MCR"的运用参见图 3-28 与图 3-29两个例子。

在图 3-28a 程序中，主控指令"MC"放在程序最前的位置（第 0 行），等于在程序第 0 行与第 4 行的母线间设置了主控开关 M100 如图 3-28b 所示，即第 4 行以后的程序都受到主控开关 M100 的控制。程序执行时，将开关 SA1（X10）闭合，主控开关 M100 接通，再按起动按钮 SB1（X0），灯 1（Y0）发光 3s 后，灯 2（Y1）发光。这时要使两灯熄灭，也一定要将开关 SA1 断开。若开关 SA1 处于断开状态，主控开关 M100 断路，此时即使按下起动按钮 SB1，两灯都不会发光，可见 M100 起着总开关的作用。

在图 3-29a 所示程序中，将"MC"指令移至程序第 10 行位置，即主控开关 M100 移到程序第 10 行与第 14 行的母线间如图 3-29b 所示，因此受开关 M100 控制的程序只有第 14 行。程序执行时，将开关 SA1（X10）闭合，主控开关 M100 接通，再按起动按钮 SB1（X0），灯 1（Y0）发光 3s 后灯 2（Y1）与灯 3（Y2）同时发光。若开关 SA1 处于断开状态，主控开关 M100 断路，此时按下起动按钮 SB1，灯 1 发光 3s 后只有灯 3 发光，而灯 2 则不会发光。可见，M100 也可以在程序中作部分控制作用。

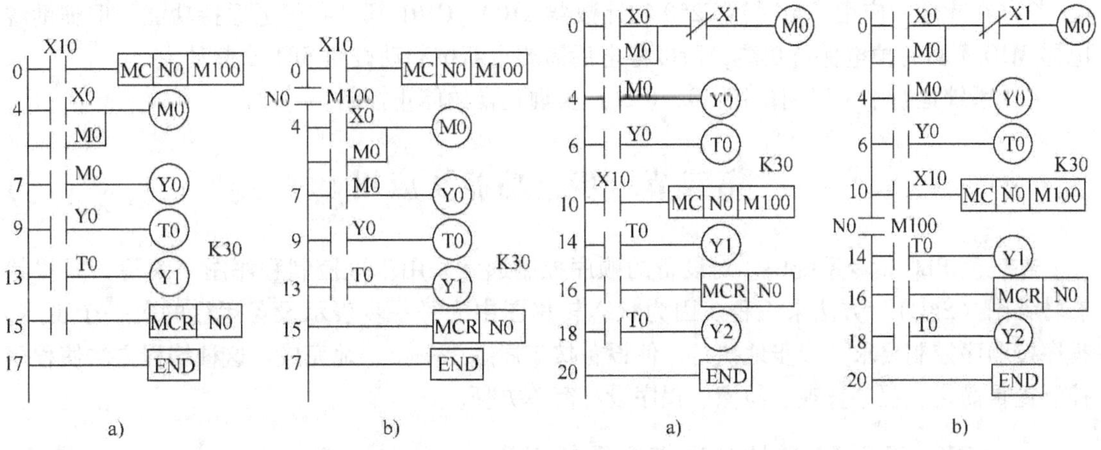

图 3-28　"MC/MCR"主控指令的应用例子
a）梯形图　b）有主控开关的梯形图

图 3-29　"MC/MCR"主控指令的应用例子
a）梯形图　b）有主控开关的梯形图

**2. 两灯发光与闪烁控制电路**

两灯发光与闪烁 PLC 控制的梯形图程序如图 3-30 所示。该系统具有急停控制要求，急停开关 SA1 闭合，系统停止运行，灯全部熄灭。当按下起动按钮 SB1，灯 1 以每秒 1 次的频率闪烁 10 次，熄灭后，灯 2 以每秒 2 次的频率闪烁 15 次，最后两灯一齐以每秒 5 次的频率闪烁 20 次，然后按着这样的闪烁规律反复进行；按下停止按钮 SB2，灯 1 与灯 2 熄灭，程序停止运行；按下 SB1 可以重新起动运行。现将图 3-30 所示的梯形图程序说明如下：

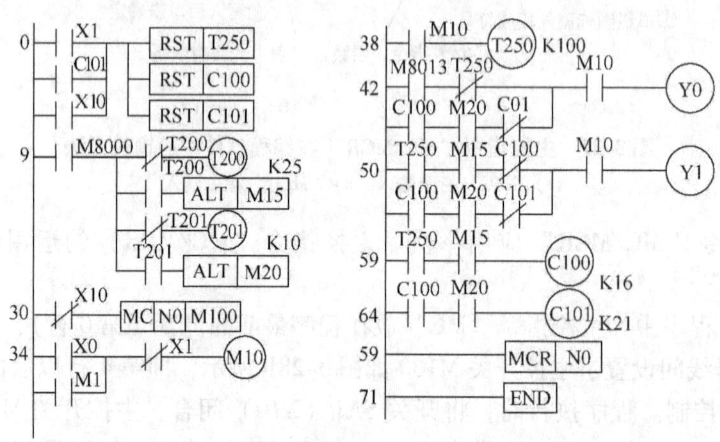


图 3-30 两灯发光与闪烁控制的梯形图程序

1）具有停电保持功能的定时器与计数器的复位（第 0 行）。用 SB2（X1）复位，实现停止时的清零，停止后再启动将重新开始运行。用 C101 复位，实现两灯发光的自动重复运行。用 SA1（X10）复位，实现急停时的清零，急停后需按起动按钮 SB1 可重新启动。

2）急停控制（第 30 行）。用 X10 的常闭触点作急停控制，当开关 SA1（X10）断开时，X10 常闭触点保持闭合，设置在程序的第 35 行 ~ 第 39 行的母线间的主控开关 M100 接通。需急停时，将开关 SA1 闭合，X10 常闭触点断开，主控开关所控制的程序（第 34 ~ 第 69 行）停止运行，灯全部熄灭。

3）在程序中应用了定时器 T250 和计数器 C100、C101 都具有停电保持功能，但辅助继电器 M10 不具有掉电保持功能，所以停电后需要重新按起动按钮 SB1 来起动。

4）系统运行中可以用按钮 SB2（X1）实现正常的停止控制。

# 第二节 步进功能及应用

在三菱 PLC 指令系统中，对设备的顺序控制通常采用步进控制程序图来编写，即“状态转移图（SFC）”方法来编程。因为状态转移图中的每一步表示设备运行的每一个工序，程序按顺序控制要求一步步地执行，使设备按工序顺序一个个地完成。这种编程方法使程序控制逻辑简化、程序直观、易懂、程序设计简单方便。

## 一、$FX_{2N}$ 系列 PLC 的步进指令及其运用

步进控制指令有两条：步进开始指令 STL 和步进结束指令 RET。步进控制指令功能如

表 3-6 所示。

**表 3-6　步进控制指令功能**

| 序号 | 基本指令 | 指令逻辑 | 指令功能 |
|---|---|---|---|
| 1 | STL | 状态驱动 | 驱动步进控制程序中每一个状态的执行 |
| 2 | RET | 步进结束 | 退出步进运行程序 |

状态器 S 是步进控制程序的主要软元件。状态转移图中的每个状态器具有三个功能：驱动负载、指定转移目标和指定转移条件。状态元件的编号是 S0 ~ S999 共 1000 个，其中S0 ~ S499 共 500 个是较为常用的，S0 ~ S9（10 个）只能用于初始状态，S10 ~ S19 作应用指令 FNC60（IST）的原点复原用，S20 ~ S499 一般用于普通状态。

步进控制指令（STL 和 RET）的应用方法如图 3-31 所示。对比图中的状态转移图程序、步进梯形图程序和指令表程序，明确步进程序图的表达以及相关指令的应用。现说明如下：

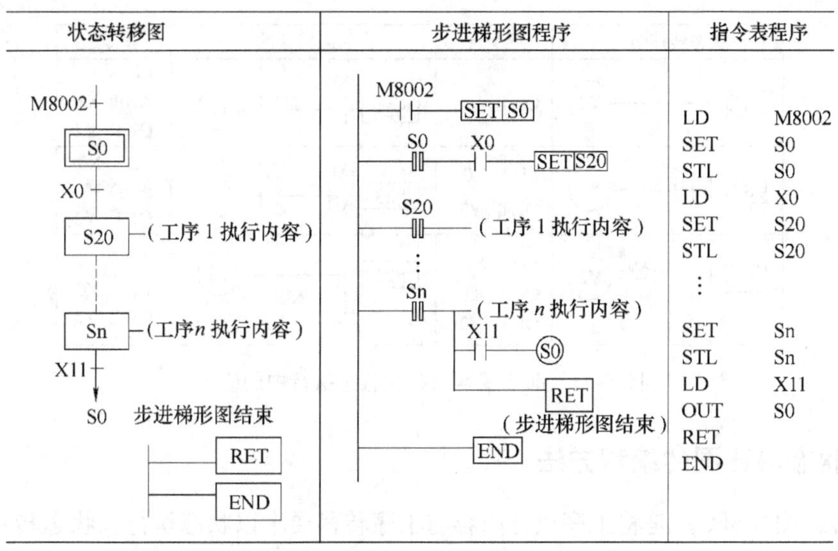


图 3-31　步进控制指令（STL 和 RET）的应用方法

1）在步进梯形图程序中，每个 STL 指令都要与 SET 指令共同使用，即每个状态都要先用 SET 指令置位，再用 STL 指令去驱动状态的执行。

2）状态器表示的状态用框图表示，框内是状态器元件地址编号，状态框之间用有向线段连接。其中从上到下，从左到右的箭头可以省略不画，有向线段上的垂直短线和它旁边标注的文字符号或逻辑表达式表示状态转移条件。

状态转移条件的指令应用如图 3-32 所示。图 3-32a 表示转移条件 X2 接通，状态 S22 复位，S23 就置位。图 3-32b 表示转移条件$\overline{X11}$与 X12 串联，图 3-32c 表示转移条件为 X2 与 X3 并联，只要满足状态转移条件，状态器 S22 就会复位，而状态器 S23 就置位，也就是说状态由 S22 转到 S23。

3）状态的转移使用 SET 指令。但若是向上游转移，向非连续的下游转移或其他流程转移，称之为顺序不连续转移，即非连续转移，这种非连续转移不能使用 SET 指令，而用 OUT 指令，图 3-31 所示的状态转移图中的实心箭头表示向上转移回到原来的初始状态 S0，在指令表程序中使用“OUT S0”。

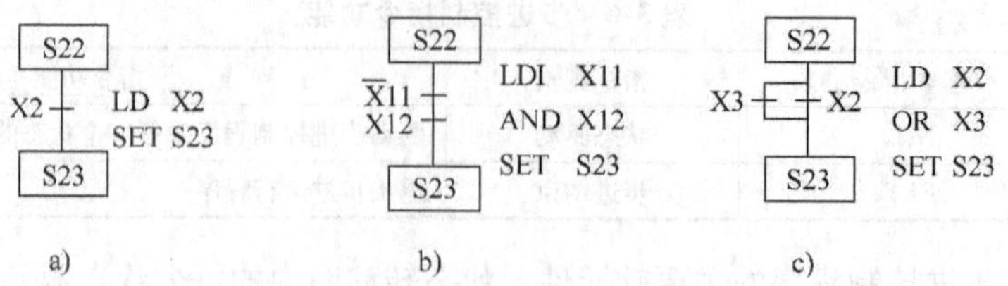


图 3-32 状态转移条件的指令应用

a）转移条件为 X2 b）转移条件为 $\overline{X11}$ 与 X12 串联 c）转移条件为 X2 与 X3 并联

4）STL 指令的作用是驱动状态的执行。对于每个状态的执行程序，可视为从左母线开始。部分基本指令在状态执行中的应用如图 3-33 所示。

5）步进程序结束一定要使用 RET 指令，否则程序会提示出错。

| 状态转移图 | 指令表 | 状态转移图 | 指令表 |
|---|---|---|---|
| S23 —— (Y2) | OUT Y2 | S23 —\|X0\|—\|X1\|— (Y2) | LD X0<br>AND X1<br>OUT Y2 |
| S23 —\|X0\|— (Y2) | LD X0<br>OUT Y2 | S23 —\|/X0\|—\|X1\|— (Y2) | LDI X0<br>AND X1<br>OUT Y2 |
| S23 —\|X0\|（并联 X1）— (Y2) | LD X0<br>OR X1<br>OUT Y2 | S23 —— (Y2)<br>└—\|X0\|— (Y3) | OUT Y2<br>LD X0<br>OUT Y3 |

图 3-33 部分基本指令在状态执行中的应用

## 二、状态转移图的编程方法

状态转移图（SFC）是将工序执行内容与工序转移要求以状态执行和状态转移的形式反映在步进程序中，控制过程明确，是对顺序控制过程进行编程的好方法。

现以图 3-34 所示的步进程序的基本结构为例来说明状态转移图的编程方法。图 3-34a 是状态转移图（SFC），图 3-34b 是步进梯形图（STL），执行的结果是完全相同的。状态转移图的结构是由初始状态（S0）、普通状态（S20、S23、S25）和状态转移条件所组成。初始状态可视为设备运行的停止状态，也可称为设备的待机状态。普通状态为设备的运行工序，按顺序控制过程从上向下地执行状态转移条件：为设备运行到某一工序执行完成后，从该工序向下一工序转移的条件。显然，状态转移图是步进程序的初步设计。其方法如下：

1）要执行步进程序，首先要激活初始状态 S0。一般都采用特殊辅助继电器 M8002 在 PLC 送电时产生的脉冲来激活 S0。

2）在步进梯形图程序中每个普通状态执行时，与上一个状态是不接通的。当上一个状态执行完毕后，若满足转移条件，就转移到下一个状态执行，而上一状态就会停止执行，从而保证执行过程是按工序的顺序进行控制。

3）在步进程序中，每个状态都要有一个编号，而且每个状态的编号是不能相同的。对于连续的状态，没有规定必须用连续的编号，编程时为便于程序修改，两个相邻的状态可采用相隔2～5个数的编号。例如，状态S20下面的状态也可采用S25，这样在需要时可插入4个状态，而不用改变程序的状态编号。

4）在同一状态内不允许出现两个相同的执行元件，即不能有元件双重输出。但若在不同状态中使用相同的执行元件，如输出继电器Y、辅助继电器M等，不会出现元件双重输出的控制问题。显然，在步进程序中，相同的执行元件在不同的状态使用是允许的。

5）定时器可以在相隔1个或1个以上的状态中使用同一个元件，但不能在相邻状态中使用。

当对顺序控制进行程序设计时，首先应编写状态转移图（SFC）。虽然步进梯形图（STL）与它不太一样，但控制过程是相同的。由于编程软件没有状态转移图程序的编写功能，编程时必须把状态转移图先转变为步进梯形图，再输入PLC，或者把它转变为指令表方式再输入也是可以的。

图3-34所示的步进梯形图是用编程软件FX-PCS/WIN编制的图形（参考$FX_{2N}$编程手册），因为编写的梯形图比较直观，仅以此作步进控制程序的介绍。

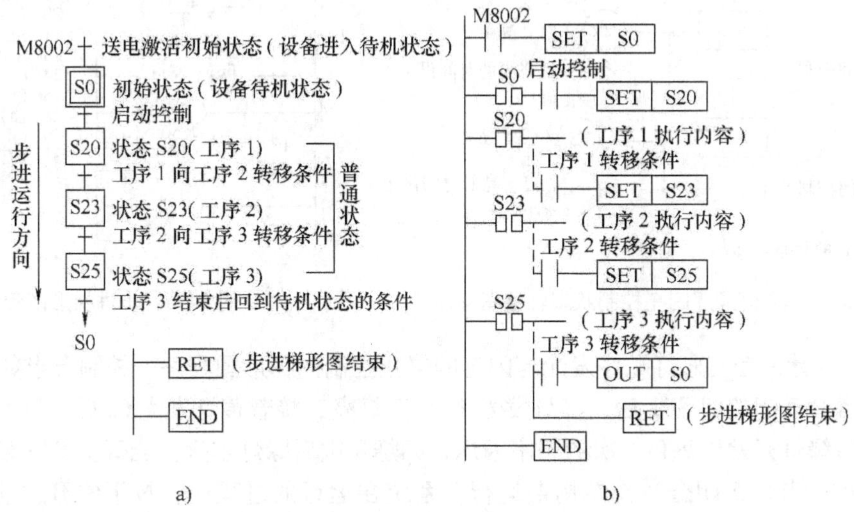


图3-34　步进控制程序的基本结构

a）状态转移图　b）步进梯形图

## 三、单流程状态转移图的编程

单流程是指状态转移只有一种顺序。例如图3-34中所示的步进运行方向：S0→S20→S23→S25→S0，没有其他去向，所以叫单流程。实际的控制系统并非一种顺序，含多种路径的叫分支流程。下面举例介绍单流程状态转移图的编程。

**例1**　设计一套三彩灯顺序闪亮的步进梯形图程序。控制要求如下：

按下起动按钮SB1后，红色指示灯HL1亮2s后熄灭，接着黄色指示灯HL2亮3s后熄灭，接着绿色指示灯亮5s后熄灭，转入待机状态。

根据控制要求，选择PLC型号为$FX_{2N}$-32MR。

输入元件SB1→X1　输出元件HL1→Y1

HL2→Y2

HL3→Y3

（1）状态转移图程序　三彩灯顺序闪亮控制状态转移图程序如图3-35所示。根据控制要求，定时器在状态停止执行后会自动清零和触点复位，因此不需要对定时器复位清零。

（2）步进梯形图程序　步进梯形图程序如图3-36所示（用编程软件GX Developer编写）。

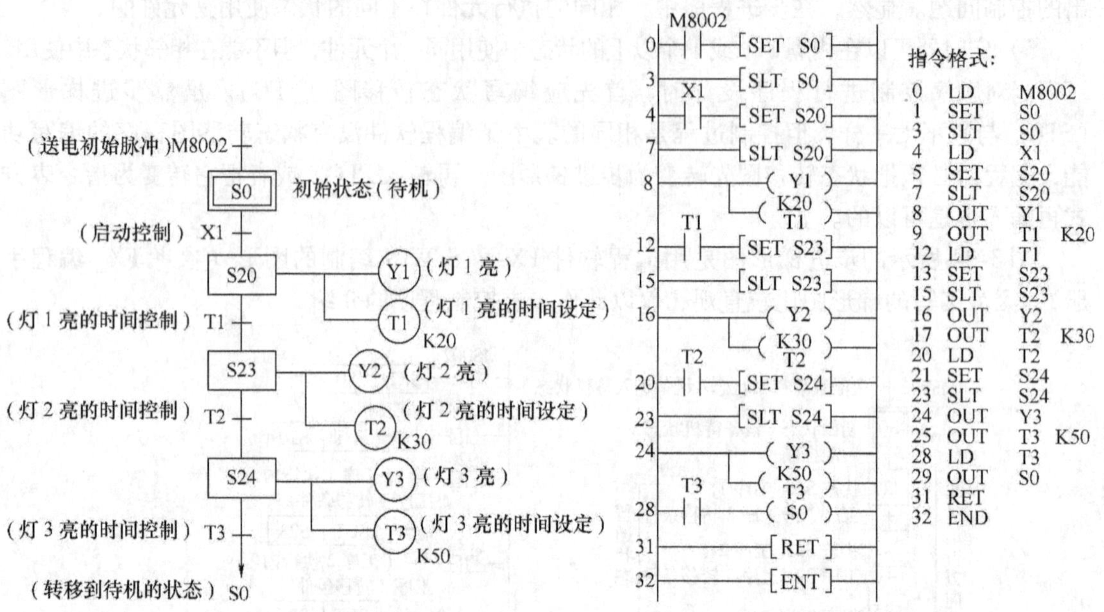


图3-35　三彩灯顺序闪亮控制状态转移图程序　　　　图3-36　步进梯形图程序

**例2**　设计一套三彩灯顺序发光与闪烁的停止控制的梯形图程序。控制要求如下：

按下常开动起按钮SB1后，红灯发光4s后黄灯亮，接着黄灯发光6s后，红灯与黄灯一齐灭，然后绿灯开始以每秒1次的频率闪烁，闪烁8次后绿灯熄灭。当开关SA1断开时系统作连续运行；当SA1闭合时作单周期运行。系统在运行的过程中，按下常开停止按钮SB2时，运行停止；按下SB1按钮可重新运行。

根据控制要求，选择$FX_{2N}$-32MR系列PLC。

输入元件SB1→X0　输出元件红色HL1→Y0

SB2→X1　黄色HL2→Y1

SA1→X2　绿色HL3→Y2

（1）采用功能指令“FNC40（ZRST）”：FNC40（ZRST）具有对所设定范围内的普通软件X、Y、M、S、T、C、D等全部复位和清零的功能。“RST”指令只能单个复位，而“ZRST”指令能成批复位，其指令格式如图3-37所示。

X0接通后，FNC40指令将D1～D2范围内的软件全部复位（清零）。

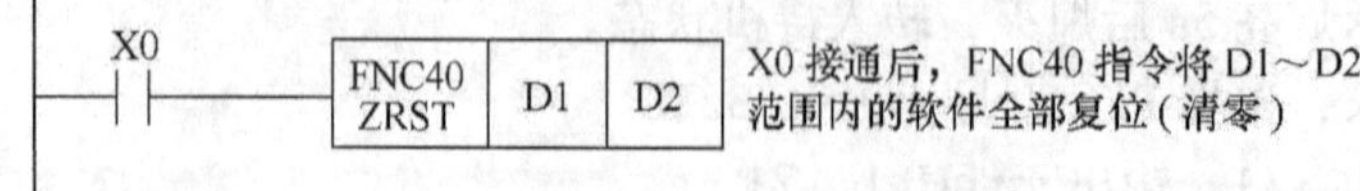


图3-37　FNC40（ZRST）指令格式

对［D1］与［D2］的要求：

1）被 ZRST 指令复位的［D1］与［D2］应是同类元件。

2）若［D1］编号大于［D2］，只复位［D1］；若两者编号相同，只对其中任一元件复位。

（2）步进程序的连续运行　在例 1 中介绍的就是步进程序的单周期运行，它只运行一次就回到初始状态停止待机。步进程序的连续运行是指程序的步进部分循环反复地运行。实现单周期运行与连续运行的方法如图 3-38 所示。

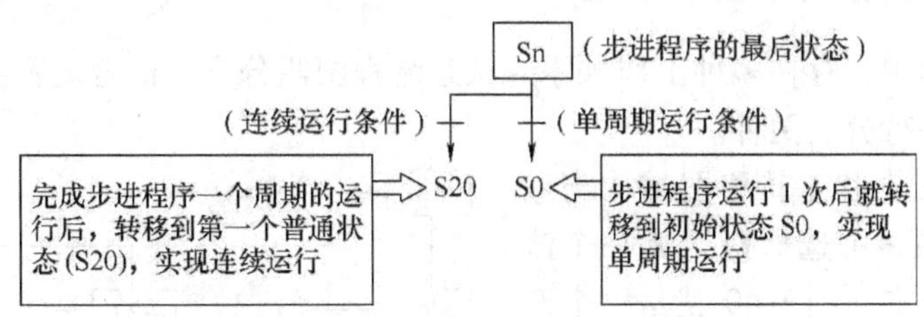


图 3-38　实现单周期运行与连续运行的方法

（3）状态转移图程序　状态转移图程序如图 3-39 所示。程序中的“LAD□”标志是表示在此符号旁边的程序是不属于状态转移图的梯形图程序，并通过其编号“□”来表示程序的先后位置。例如“LAD0”停止控制部分，输入的放在初始状态前。“LAD1”结束部分放在状态转移图程序后。

再有就是用置位指令“SET”置位的元件，在状态转移后仍会保持置位的状态，必须使用复位指令“RST”才能使元件复位。例如，本例的 S20 状态中，根据控制要求，红灯除了独自发光 4s 外，在黄灯亮 6s 的过程中，红灯仍保持发光，因此在红灯发光的状态 S20 中使用了“SET Y0”。Y0 置位后，当状态 S20 转移到 S22 后，由于 Y0 仍保持置位状态红灯继续发光。当程序转移到 S25 状态绿灯闪烁时，由于 S25 状态中使用了“RST Y0”，Y0 复位红灯熄灭；而黄灯（Y1）由于在状态 S22 中使用的是“OUT”指令来驱动的，当状态转移后，Y1 自动复位，不必对 Y1 使用复位指令了。这就是对元件使用“SET”指令与使用“OUT”指令的区别所在。

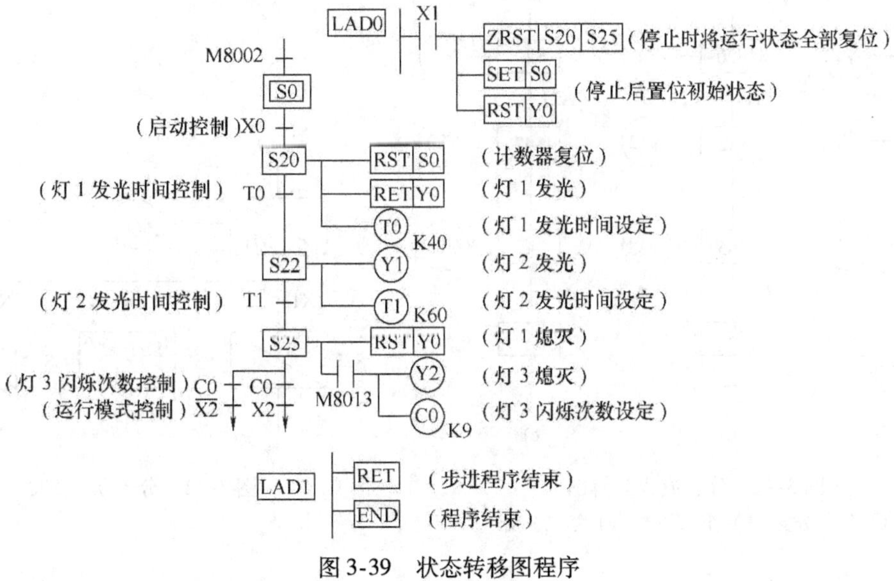


图 3-39　状态转移图程序

本例中采用计数器对 M8013 的脉冲次数进行计数，并用计数器触点作转移条件。为保证绿灯要闪烁 8 次，计数器设定值就要设定为 9，在 M8013 第 9 次脉冲发出时状态才转移。此外，在编程时，还要注意计数器的复位问题。因为计数器到达设定值后，即使此时计数器所在的状态已转移，但计数器的计数值还会继续保持，必须在计数器使用后对其复位清零。

## 四、多分支状态转移图的编程

在状态转移图中，存在多种工作顺序的状态流程图叫分支、汇合流程图。分支流程又分为选择性分支和并行分支两种。

（1）选择性分支状态转移图结构与编程　从多个流程顺序中选择执行哪一个流程，称为选择性分支。图 3-40 就是一个选择性分支的状态转移图。图 3-41a、b、c 表示出了三个流程顺序。

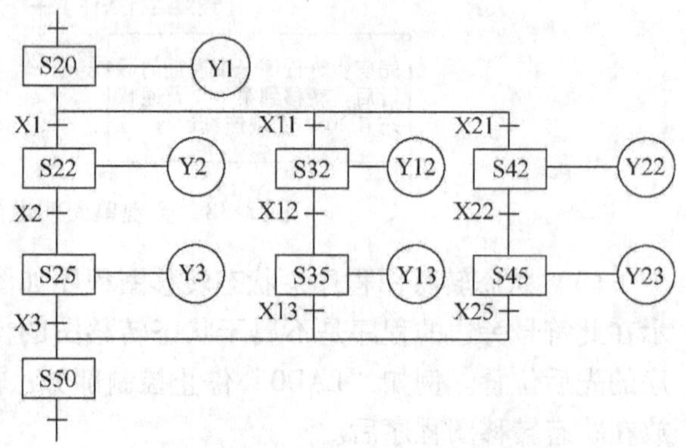


图 3-40　选择性分支状态转移图

S20 为分支状态器，根据不同的转移条件（X1、X11、X21），可选择执行其中的一个流程。当 X1 为 ON 时，执行第一分支流程；X11 为 ON 时，执行第二分支流程；X21 为 ON 时，执行第三分支流程。如图 3-41 所示，X1、X11、X21 不能同时为 ON。

S50 为汇合状态器，可由 S25、S35、S45 任一状态器驱动。

选择性分支状态转移图编程的原则是先集中处理分支状态，然后再集中处理汇合状态。图 3-40 所示的选择性分支状态的编程，首先应对分支状态 S20 的驱动处理，然后按 S22、S32、S42 的顺序进行转移处理，如图 3-42 所示。

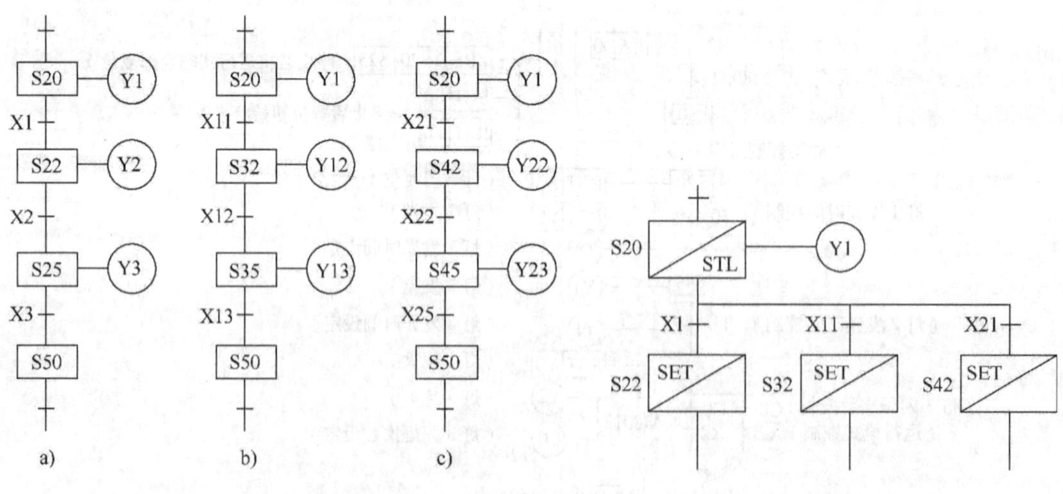


图 3-41　分支流程分解图

b）第一分支　b）第二分支　c）第三分支

图 3-42　分支状态 S20

分支状态指令语句表程序如下：

STL　S20
OUT　Y1　驱动处理
LD　X1
SET　S22　转移到第一分支状态
LD　X11
SET　S32　转移到第二分支状态
LD　X21
SET　S42　转移到第三分支状态

汇合状态的编程原则是先进行汇合前状态的驱动处理，再依顺序进行向汇合状态的转移处理，如图 3-43 所示。

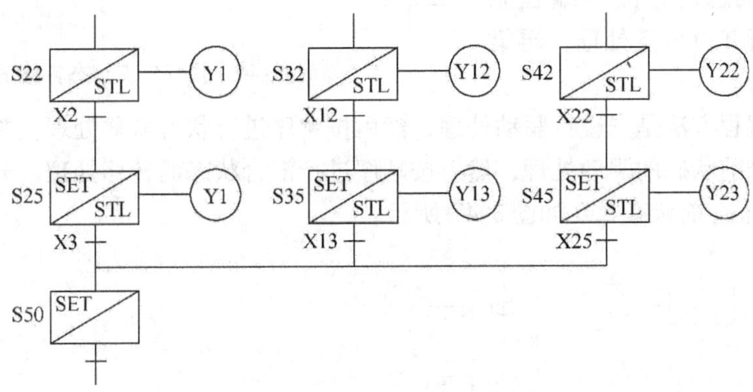


图 3-43　汇合状态 S50

汇合状态指令语句表程序如下：

STL　S22　第一分支汇合前的驱动处理
OUT　Y2
LD　X2
SET　S25
STL　S25
OUT　Y3
STL　S32　第二分支汇合前的驱动处理
OUT　Y12
LD　X12
SET　S35
STL　S35
OUT　Y13
STL　S42　第三分支汇合前的驱动处理
OUT　Y22
LD　X22
SET　S45
STL　S45
OUT　Y23
STL　S25　汇合前的驱动处理
LD　X3
SET　S50　由第一分支转移到汇合点
STL　S35
LD　X13
SET　S50　由第二分支转移到汇合点
STL　S45
LD　X25
SET　S50　由第三分支转移到汇合点

（2）并行分支状态转移图的结构与编程　在上述中，S20 是选择性分支状态，若是作并行分支状态，一旦 S20 转移条件 X0 为 ON，三个顺序流程同时执行。并行分支状态转移图如图 3-44 所示（最多只能有 8 个分支），并行分支流程分解图如图 3-45 所示。

S50 为汇合状态，等三个分支流程动作全部结束时，一旦 X3 为 ON，S50 就开启。若其中任意一个分支没有执行完，S50 就不会开启。所以这种汇合也称为排队汇合，与选择性分支不同，在同一时间内会有两个或两个以上的状态处于开启状态。

并行分支状态转移图的编程原则：先集中进行并行分支处理，再集中进行汇合处理。

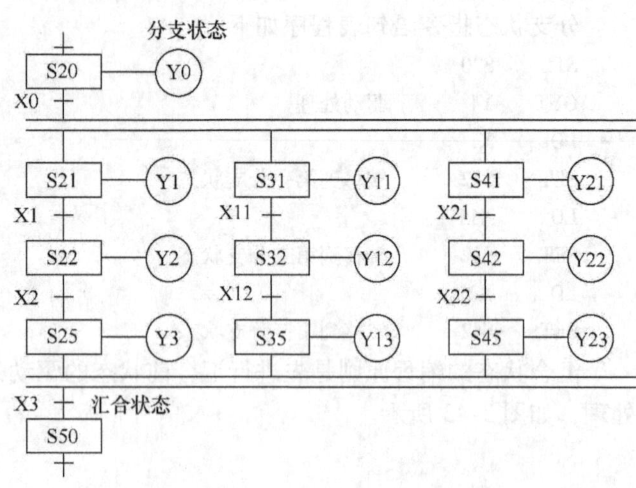


图 3-44　并行分支状态转移图

并行分支编程方法是先进行驱动处理，然后按顺序进行状态转移处理。并行汇合编程方法是先进行汇合前状态的驱动处理，然后按顺序进行汇合状态的转移处理。分支状态 S20 如图 3-46 所示，汇合前状态 S50 如图 3-47 所示。

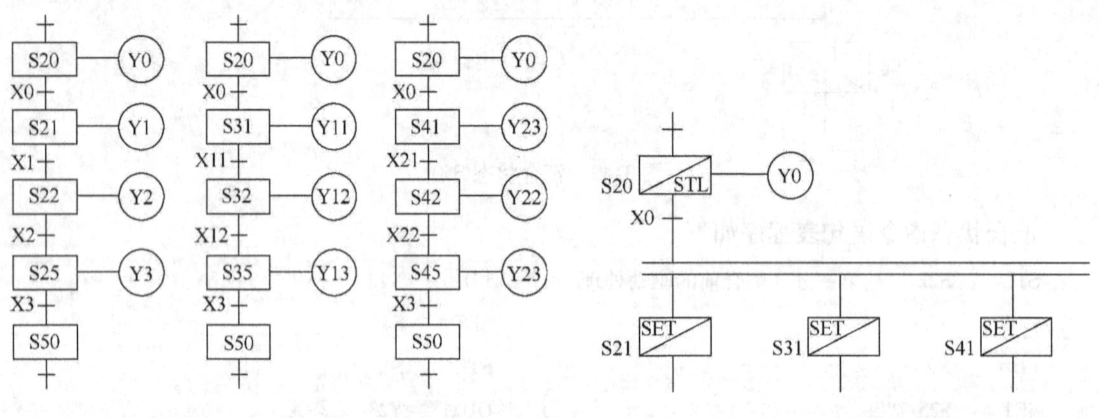


图 3-45　并行分支流程分解图　　　　图 3-46　分支状态 S20

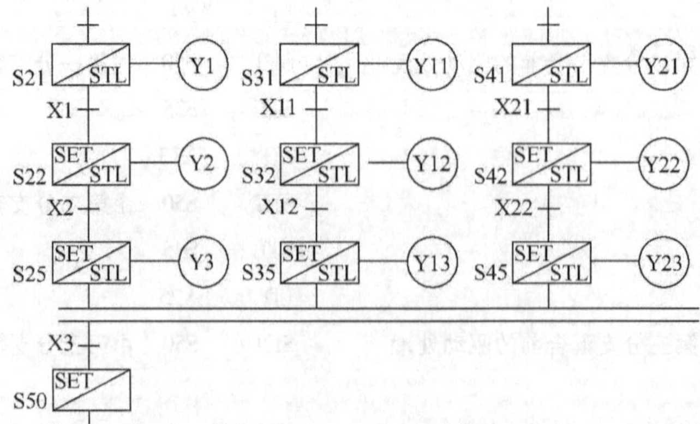


图 3-47　汇合前状态 S50

S20 的驱动负载为 Y0，转移方向为 S21、S31、S41。按照并行分支编程方法，应首先进行 Y0 的输出，然后依次进行到 S21、S31、S41 的转移。指令语句表程序如下：

```
STL  S20                SET  S21  向第一分支转移
OUT  Y0   驱动处理      SET  S31  向第二分支转移
LD   X0                 SET  S41  向第三分支转移
```

按照并行汇合的编程方法，应先进行汇合前的输出处理，即按分支顺序对 S21、S22、S25、S31、S32、S35、S41、S42、S45 进行输出的驱动处理，然后依次进行从 S25、S35、S45 到 S50 的转移。指令语句表程序如下：

```
STL  S21      STL  S35
OUT  Y1       OUT  Y13
LD   X1       STL  S41
SET  S22      OUT  Y21
STL  S22      LD   X21
OUT  Y2       SET  S42
LD   X2       STL  S42
SET  S25      OUT  Y22
STL  S25      LD   X22
OUT  Y3       SET  S45
STL  S31      STL  S45
OUT  Y11      OUT  Y23
LD   X11      STL  S25
SET  S32      STL  S35
STL  S32      STL  S45
OUT  Y12      LD   X3
LD   X12      SET  S50
SET  S35
```

（3）可选择性分支状态转移图程序设计　现已多只灯发光与闪烁的选择控制为例阐述其程序设计方法。

1）控制要求

启动后，灯 1 发光，5s 后熄灭；接着灯 2 与灯 3 以下面两种模式运行。

运行模式 1：灯 2 以 1s 频率闪烁，闪烁 6 次后熄灭；接着灯 3 发光，6s 后熄灭。

运行模式 2：灯 2 以 1s 频率闪烁，闪烁 3 次后熄灭；接着灯 3 发光，3s 后熄灭。

任一种模式运行完成后，灯 4 都发光，5s 后熄灭。要求：

①用开关 SA1 作两种运行模式的切换。SA1 断开时，运行第一种模式；SA1 闭合时，运行第二种模式。

②任何一种模式都可以连续运行。

③用按钮 SB1 与 SB2 分别作启动与停止控制。停止后按 SB1 可重新启动。

2）系统的 I/O 分配：PLC 控制系统的 I/O 分配如表 3-7 所示。根据 I/O 分配表来完成 PLC 的 I/O 接线。

**表 3-7　PLC 的 I/O 分配**

| 输入端（I） | | 输出端（O） | |
|---|---|---|---|
| 外接元件 | 输入继电器地址 | 外接元件 | 输出继电器地址 |
| 常开按钮 SB1（启动） | X10 | 指示灯 1（HL1） | Y10 |
| 常开按钮 SB2（停止） | X11 | 指示灯 2（HL2） | Y11 |
| 开关 SA1 | X12 | 指示灯 3（HL3） | Y12 |
| | | 指示灯 4（HL4） | Y13 |
| | | 指示灯工作电源：DC24V | |

3）PLC 程序设计：灯光闪烁控制的状态转移图程序如图 3-48 所示。步进梯形图程序如图 3-49 所示。

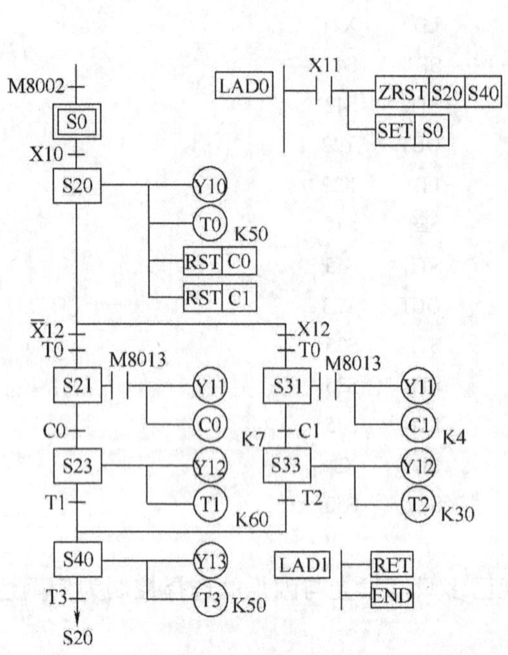


图 3-48　灯光状态转移图程序

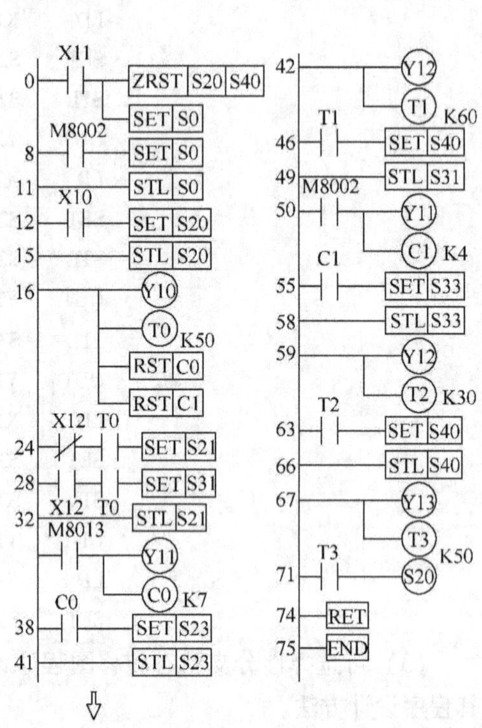


图 3-49　步进梯形图程序

指令程序如下：

```
0    LD    X11
1    ZRST  S20  S40
6    SET   S0
8    LD    M8002
9    SET   S0
11   STL   S0
12   LD    X10
13   SET   S20
15   STL   S20
16   OUT   Y10
17   OUT   T0   K50
20   RST   C0
22   RST   C1
24   LDI   X12
25   AND   T0
26   SET   S21
28   LD    X12
29   AND   T0
30   SET   S31
32   STL   S21
33   LD    M8013
34   OUT   Y11
35   OUT   C0   K7
38   LD    C0
39   SET   S23
41   STL   S23
42   OUT   Y12
43   OUT   T1   K60
46   LD    T1
47   SET   S40
```

```
49    STL   S31
50    LD    M8013
51    OUT   Y11
52    OUT   C1    K4
55    LD    C1
56    SET   S33
58    STL   S33
59    OUT   Y12
60    OUT   T2    K30
63    LD    T2
64    SET   S40
66    STL   S40
67    OUT   Y13
68    OUT   T3    K50
71    LD    T3
72    OUT   S20
74    RET
75    END
```

（4）并行性分支状态转移图程序设计　还以多只灯发光与闪烁控制系统为例阐述其程序设计方法。

1）系统控制要求

启动后，灯 1 ~ 灯 4 同时按以下两路运行：

第 1 路：灯 1 发光，2s 后熄灭；接着灯 2 发光，3s 后熄灭。

第 2 路：灯 3 与灯 4 以“0.5s 亮，0.5s 灭”的方式交替发光，3s 后熄灭。

当两路都完成运行后，灯 1、灯 2、灯 3、灯 4 同时发光，3s 后熄灭。要求：

①用按钮 SB1、SB2 分别作启动与停止控制，停止后按 SB1 可重新启动运行。

②用开关 SA1 作连续运行与单周期运行控制，SA1 断开时作连续运行，SA1 闭合时作单周期运行。

2）系统的 I/O 分配：PLC 系统 I/O 分配如表 3-8 所示。

**表 3-8　PLC 系统 I/O 分配**

| 输入端（I） | | 输出端（O） | |
|---|---|---|---|
| 外接元件 | 输入继电器地址 | 外接元件 | 输出继电器地址 |
| 常开按钮 SB1（启动） | X10 | 指示灯 1（HL1） | Y10 |
| 常开按钮 SB2（停止） | X11 | 指示灯 2（HL2） | Y11 |
| 开关 SA1 | X12 | 指示灯 3（HL3） | Y12 |
| | | 指示灯 4（HL4） | Y13 |
| | | 指示灯工作电源：DC24V | |

3）PLC 程序设计：状态转移图程序如图 3-50 所示。步进梯形图程序如图 3-51 所示。

指令程序如下：

```
0     LD    X11
1     ZRST  S20   S40
6     SET   S0
8     LD    M8002
9     SET   S0
11    STL   S0
12    LD    X10
13    SET   S21
15    SET   S31
17    STL   S21
18    OUT   Y10
19    OUT   T0
22    LD    T0
23    SET   S23
25    STL   S23
26    OUT   Y11
27    OUT   T1    K30
30    STL   S31
31    OUT   T2    K50
34    ANI   T2
35    MPS
36    AND   M8013
37    OUT   Y12
38    MPP
39    ANI   Y12
40    OUT   Y13
41    STL   S23
42    STL   S31
43    LD    T1
44    AND   T2
45    SET   S40
47    STL   S40
48    OUT   Y10
49    OUT   Y11
50    OUT   Y12
51    OUT   Y13
```

```
52  OUT  T3  K30        59  OUT  S31        65  RET
55  LD  T3              61  LD  T3          66  END
56  ANI  X12            62  AND  X12
57  OUT  S21            63  OUT  S0
```

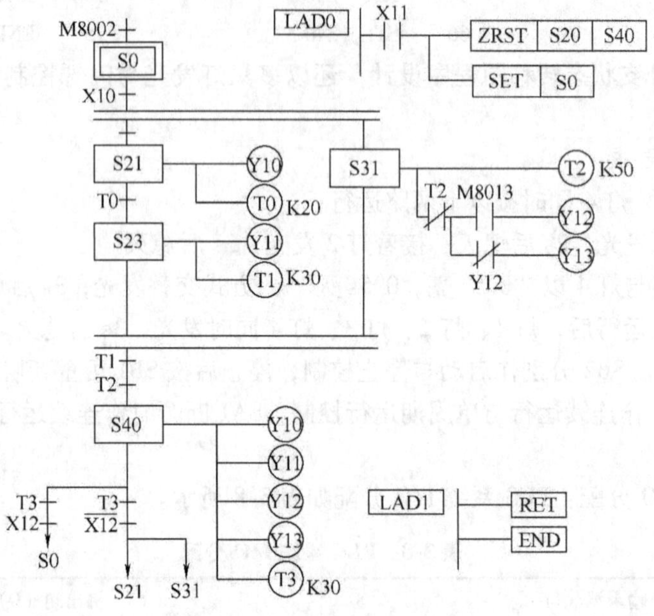


图 3-50　状态转移图程序

图 3-51 所示程序的分支与汇合。由于要同时执行“灯 1、灯 2 的顺序发光”与“灯 3、灯 4 的交替发光”两个控制过程，因此，图 3-51 所示程序将这两个运行过程设定为两个并行性分支，以启动按钮（X0）作转移条件，当 X0 = ON 时，同时进入两个分支，实现两个控制过程执行。图 3-51 所示程序的分支汇合点有两个转移条件：一个是支路 1 状态 S23 的定时器 T1；另一个是支路 2 状态 S31 的定时器 T2。只有在两个条件都同时满足的情况下，才能实现两支路的汇合转移，这就保证了两个支路必须执行完后才能汇合转移到 S40。

“灯 1、灯 2 的顺序发光”与“灯 3、灯 4 的交替发光”两路控制的运行时间都是 5s，所以是同时执行完毕并同

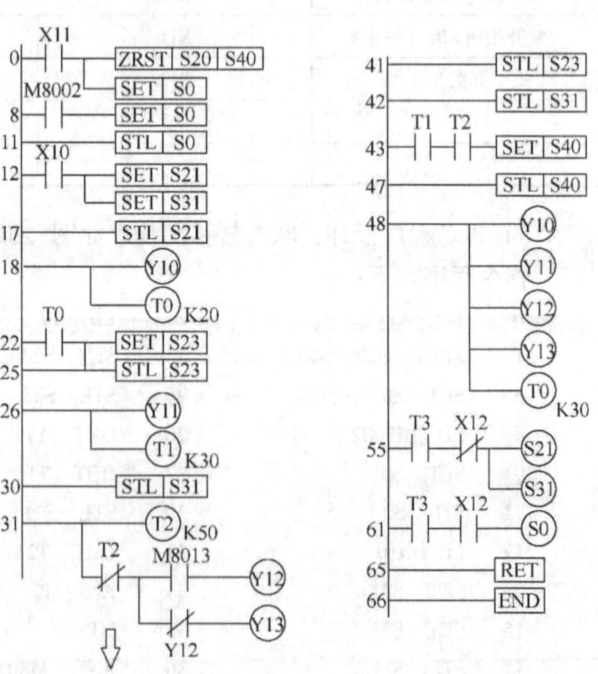


图 3-51　步进梯形图程序

时汇合转移。注意：如果两条支路的运行时间不相同，而汇合条件又要求两个支路都要执行完毕才能转移，此时，运行时间短的支路会在执行完最后状态后停留等待，直到运行时间长的支路执行完再一齐汇合转移。

如果将图3-50所示程序的分支点前设置1个空状态S20，则为连续运行提供一个分支前的状态进行转移，如图3-52所示。这样在处理连续运行时，转移到S20就可以了，而不用像图3-50要同时转移到S21和S31，这样编写程序会更合理些。

并行性分支的分支与汇合的编写要求：并行性分支的分支转移条件与汇合转移条件都应集中设置在主流程序上，因此应将图3-53a所示程序左边的写法改为右边的写法。而对分支汇合后又再分支的程序，应将汇合点与分支点的直接连接（见图3-53b左图）改为用空状态过度的编写方法（见图3-53b右图），这样程序的编写会更简单。

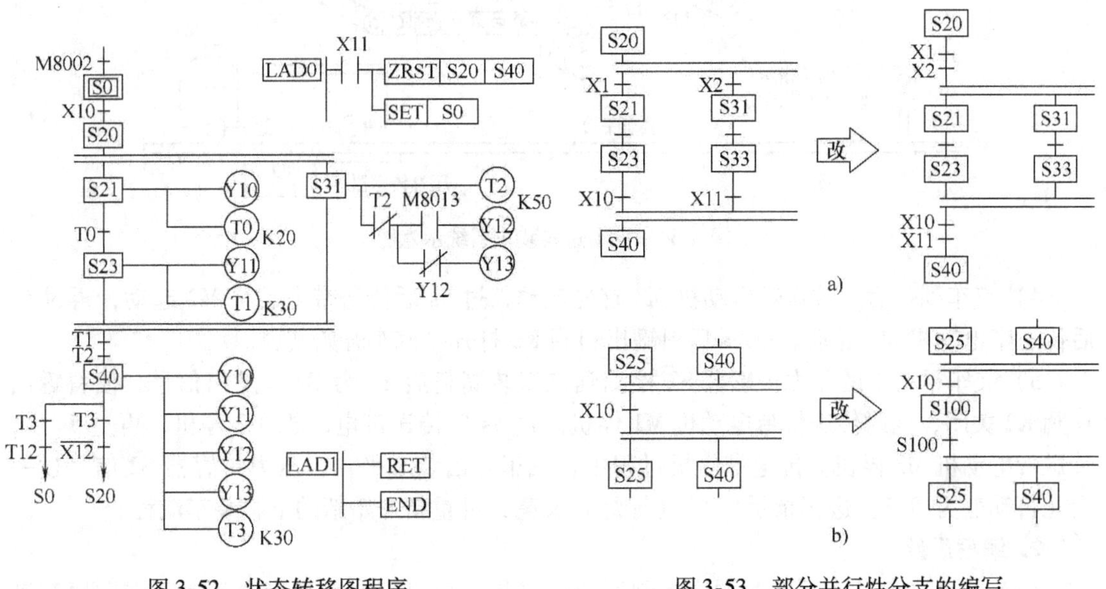


图3-52　状态转移图程序

图3-53　部分并行性分支的编写
a）修改程序（1）　b）修改程序（2）

## 五、应用设计举例

**例1**　自动送料装车系统的PLC应用设计。

**1. 控制要求**

自动送料装车系统在物流、矿山等行业应用较为广泛，特别是采用多条传送带组成长距离的物料运输线更是常见。图3-54所示的自动送料装车系统是一种散装物料自动传送和装车系统，由料罐、三台物料传送带和装车平台等主要部件组成。该系统的控制要求如下：

1）未装料时，系统待机，控制传送带的电动机M1、M2、M3以及料罐阀门都处于OFF状态。

2）系统启动后，设料罐未装满料，打开进料控制阀门K1，料罐进料，至料罐装满料后，进料阀门K1关闭。

3）系统启动后，装车平台可进车指示灯L2（绿灯）亮，汽车可以开进平台。10s后，车到位指示灯L1（红灯）亮，绿灯熄灭，表示汽车到位。

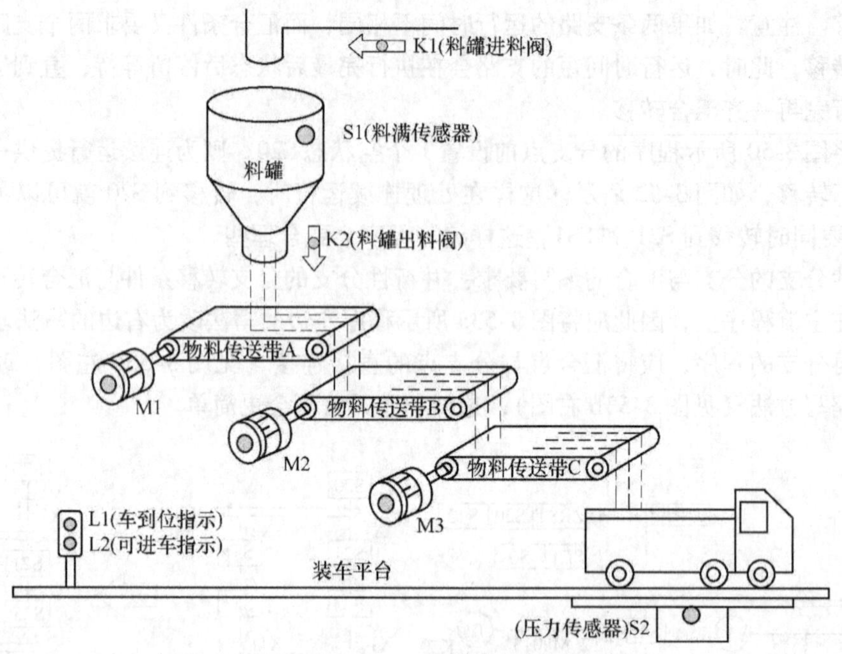


图 3-54　自动送料装车系统示意图

4）汽车到位后，传送带电动机 M3 首先起动，过 5s 后传送带电动机 M2 起动，再过 5s 后传送带电动机 M1 起动。过 5s 后料罐出料阀 K2 打开，汽车开始装料。

5）装车平台下的压力传感器 S2 检测到汽车装满料后 S2 为 ON，发出信号，使料罐出料阀 K2 关闭，同时传送带带电动机 M1 停机。过 5s 后传送带电动机 M2 停机，再过 5s 后，传送带电动机 M3 停机。传送带停机过程中，汽车开出装车平台，压力传感器 S2 信号过一会儿自动变为 OFF。进车指示灯 L2（绿灯）又亮，可重新开始新的下料装车流程。

**2. 编程思路**

（1）自动送料装车系统为顺序控制系统　这是一个以三台传送带电动机正向顺序起动（M3→M2→M1）和反向顺序停止（M1→M2→M3）为主的顺序控制系统。自动送料装车系统顺序控制部分的工序流程如图 3-55 所示，应使用状态转移图编写这部分程序。而系统中的料罐装料控制和汽车进出平台控制可以放在顺序控制程序外执行。

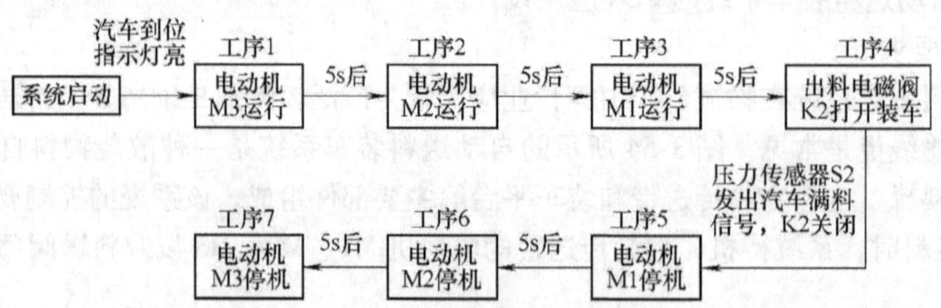


图 3-55　自动送料装车系统顺序控制部分的工序流程

（2）系统中料罐装料的控制　料罐装料控制是由料罐进料电磁阀（K1）和料罐中料满检测传感器（S1）来完成控制的。驱动装料控制应考虑如下两种情况：

1）系统启动时，若料罐未装满料，料满检测传感器 S1 为 OFF，进料电磁阀（K1）打开装料，直到料满传感器 S1 为 ON，其触点闭合，料满停止装料。

2）每次装车完毕，都重复上述动作，即 K1 打开装料直到 S1 为 ON，其触点闭合，料满停止装料。

（3）汽车进出装车平台的控制　汽车进出装车平台的控制是由平台的压力传感器 S2、进车指示灯（绿灯）L2 和车到位指示灯（红灯）L1 来完成控制的。其作用分别如下：

1）红灯 L1 与绿灯 L2：当绿灯（可进车指示灯）L2 亮时，表示有汽车进入平台，进入时间用定时器设定（设为 10s）；10s 后红灯（车到位指示灯）L1 亮，绿灯 L2 熄灭，表示车已到位，可以启动进料工序了。

2）压力传感器 S2：在料罐的出料电磁阀 K2 打开装料后，经过一定时间压力传感器 S2 为 ON 自动发出信号，表示料已装满，系统以此信号来关闭料罐出料阀 K2，并逐一停止传送带电动机的运行。

（4）停止控制　该系统不需要停电保持功能，停止时直接清零即可。

**3. 系统的 I/O 分配**

自动送料装车的 PLC 控制系统的 I/O 分配如表 3-9 所示。

**表 3-9　自动送料装车的 PLC 控制系统的 I/O 分配**

| 输入端（I） | | 输出端（O） | |
|---|---|---|---|
| 外接元件 | 输入继电器地址 | 外接元件 | 输出继电器地址 |
| 常开按钮 SB1（启动） | X0 | 料罐进料电磁阀 K1 | Y0 |
| S1（料罐满料检测传感器） | X1 | 料罐出料电磁阀 K2 | Y1 |
| S2（装车平台压力传感器） | X2 | 车到位指示灯（红灯） | Y2 |
| 常开按钮 SB2（停止） | X10 | 进车指示灯（绿灯） | Y3 |
| | | 传送带 A 电动机（M1） | Y10 |
| | | 传送带 B 电动机（M2） | Y11 |
| | | 传送带 C 电动机（M3） | Y12 |

**4. PLC 程序的编写**

自动送料装车系统的状态转移图程序如图 3-56 所示。在编程中应注意以下几点：

1）传送带的拖动电动机 M1、M2、M3 是用“SET”指令来驱动的，主要考虑是当传送带启动后需要保持运行状态。

2）当三台传送带电动机停止运行后，必须使红灯（车到位指示灯）熄灭，保证绿灯（可进车指示灯）亮，才能重新开始新的下料装车流程。因而同时采用定时器 T6 的触点来控制输出继电器 Y2 和 Y3 的 ON 和 OFF。

**例 2**　三种液体的自动混合的 PLC 应用设计。

**1. 控制要求**

“多种液体自动混合”是食品工业和药品工业应用较多的一种设备。一般的工作流程是先将不同成分的液体按配方要求的配分加入大容器罐中，然后按规定时间进行搅拌，待液体完成混合后，将其灌装到标准容器中。

三种液体自动混合装置示意图如图 3-57 所示，其控制要求如下：

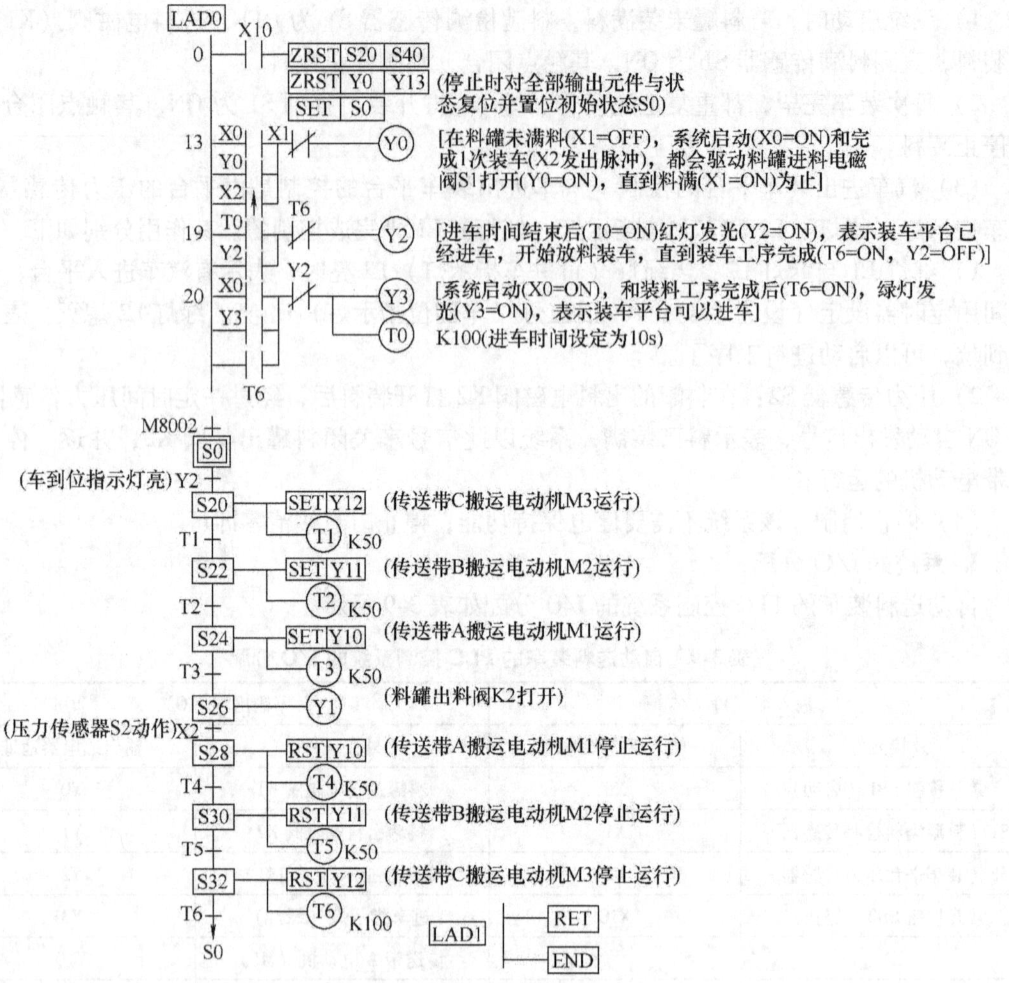

```
LAD0
0   ─┤ X10 ├─[ZRST S20 S40]
             [ZRST Y0 Y13]  (停止时对全部输出元件与状态复位并置位初始状态S0)
             [SET S0]
13  ─┤ X0 ├─┬─┤/ X1 ├─(Y0)  [在料罐未满料(X1=OFF)，系统启动(X0=ON)和完成1次装车(X2发出脉冲)，都会驱动料罐进料电磁阀S1打开(Y0=ON)，直到料满(X1=ON)为止]
    ─┤ Y0 ├─┤
    ─┤ X2↑├─┘
19  ─┤ T0 ├─┬─┤/ T6 ├─(Y2)  [进车时间结束后(T0=ON)红灯发光(Y2=ON)，表示装车平台已经进车，开始放料装车，直到装车工序完成(T6=ON，Y2=OFF)]
    ─┤ Y2 ├─┘
20  ─┤ X0 ├─┬─┤/ Y2 ├─┬─(Y3)  [系统启动(X0=ON)，和装料工序完成后(T6=ON)，绿灯发光(Y3=ON)，表示装车平台可以进车]
    ─┤ Y3 ├─┤         └─(T0)  K100(进车时间设定为10s)
    ─┤ T6 ├─┘

M8002
[S0]
(车到位指示灯亮)Y2
[S20]─[SET Y12]  (传送带C搬运电动机M3运行)
     └(T1) K50
T1
[S22]─[SET Y11]  (传送带B搬运电动机M2运行)
     └(T2) K50
T2
[S24]─[SET Y10]  (传送带A搬运电动机M1运行)
     └(T3) K50
T3
[S26]─(Y1)  (料罐出料阀K2打开)
(压力传感器S2动作)X2
[S28]─[RST Y10]  (传送带A搬运电动机M1停止运行)
     └(T4) K50
T4
[S30]─[RST Y11]  (传送带B搬运电动机M2停止运行)
     └(T5) K50
T5
[S32]─[RST Y12]  (传送带C搬运电动机M3停止运行)
     └(T6) K100
T6
S0

LAD1 ─[RET]
     ─[END]
```

图 3-56　自动送料装车系统的状态转移图程序

1）按下起动按钮 SB1，电磁阀 Y1 开启（Y1 = ON），液体 A 开始注入。当液体 A 液面上升至 L3 高度时，传感器 S3 动作，电磁阀 Y1 关闭（Y1 = OFF），液体 A 停止注入。

2）液体 A 停止注入后，电磁阀 Y2 立刻开启，液体 B 开始注入。当液面上升至 L2 高度时，传感器 S2 动作，电磁阀 Y2 关闭，液体 B 停止注入。

3）液体 B 停止注入后，电磁阀 Y3 立刻开启，液体 C 开始注入。当液面上升高度至 L1 高度时，传感器 S1 动作，电磁阀 Y3 关闭。

4）液体 C 停止注入后，搅拌电动机 M 立刻起动，对三种液体进行混合搅拌。搅拌时间为 10s。

5）搅拌完成后，电磁阀 Y4 开启，液体从混合罐中放出。放至液面高度下降至 L3 后，再经过 5s，

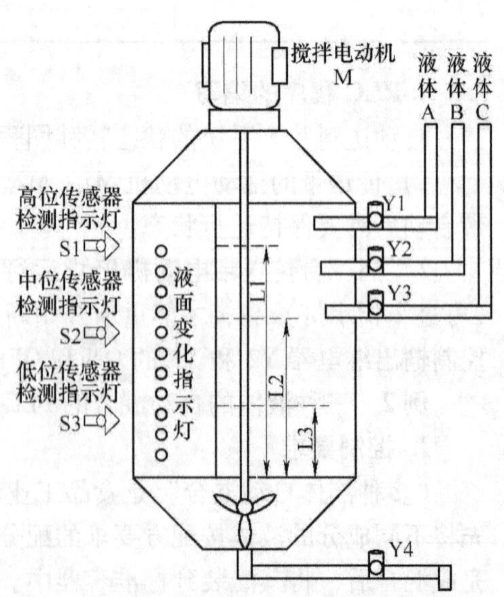


图 3-57　三种液体自动混合装置示意图

全部液体放完，电磁阀 Y4 关闭。

6）要求设备能单周期运行与连续运行。

7）要求设备有停电保持功能。

**2. 编程思路**

（1）明确系统的工序流程 通过对这个“多种液体自动混合”控制要求的分析，可以确认这是一个顺序控制的过程，如图 3-58 所示。该工作过程共有 6 个工序（图 3-58 中的工序 1 ~ 工序 6），因此应使用状态转移图编写程序。

（2）明确工序转移条件 这个多功能液体自动混合控制的工序转移条件是：

1）液体 A、B、C 灌装工序的转移条件是位置传感器（或压力传感器）的检测信号。

2）搅拌工序的转移条件是电动机运行定时器所设定的时间。

3）搅拌后放出混合液体工序的转移条件是液面下降到 L3 后延时定时器所设定的时间。

4）单周期运行与连续运行用开关进行模式的切换。

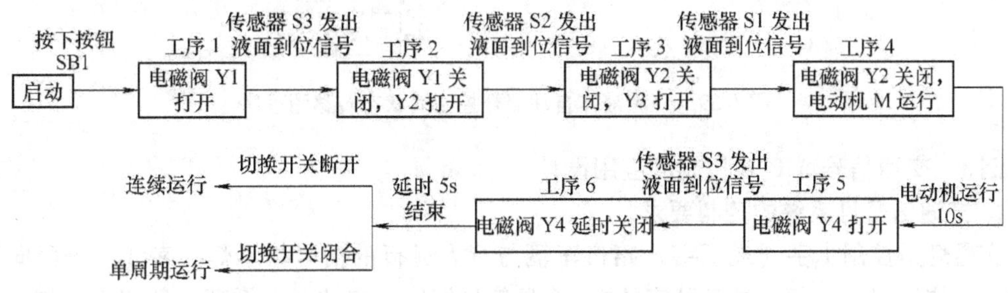


图 3-58 三种液体自动混合的顺序控制流程

（3）设定停电保持功能 为不浪费停电前灌入的液体，停电时又能保持当前状态，系统恢复供电时又能在此状态上继续进行，因此系统要有停电保持功能。

本系统采用急停控制开关驱动“MC/MCR”指令，作程序运行的紧急停止控制。

**3. 系统的 I/O 分配**

三种液体自动混合 PLC 控制系统的 I/O 分配如表 3-10 所示。

**表 3-10 三种液体自动混合 PLC 控制系统的 I/O 分配**

| 输入端（I） | | 输出端（O） | |
|---|---|---|---|
| 外接元件 | 输入继电器地址 | 外接元件 | 输出继电器地址 |
| 常开按钮 SB1（启动） | X0 | 电磁阀 Y1 | Y1 |
| S1（高液面传感器） | X3 | 电磁阀 Y2 | Y2 |
| S2（中液面传感器） | X2 | 电磁阀 Y3 | Y3 |
| S3（低液面传感器） | X1 | 电磁阀 Y4 | Y4 |
| 开关 SA1（单周期与连续运行切换） | X4 | 电动机 M | Y10 |
| 开关 SA2（急停控制） | X12 | | |

**4. PLC 程序编写**

三种液体自动混合控制的状态转移图程序如图 3-59 所示。

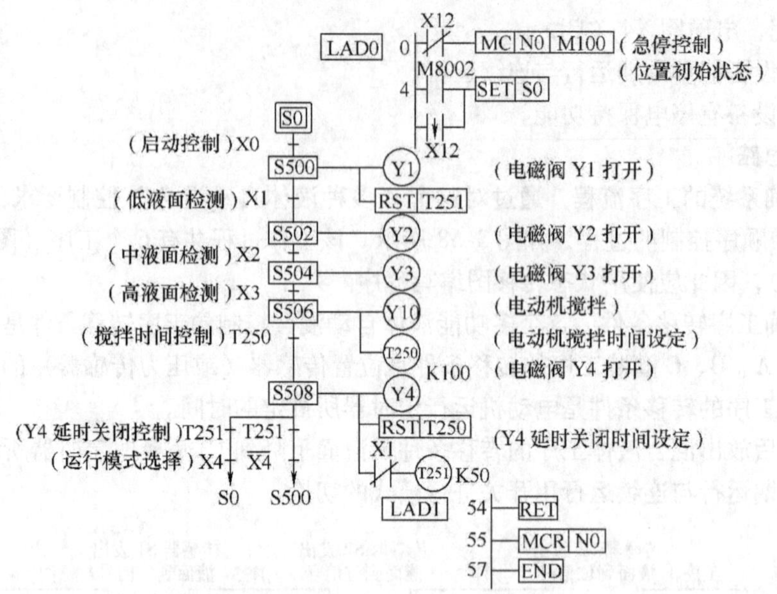


图 3-59　三种液体自动混合控制的状态转移图程序

**例 3**　交通信号灯 PLC 控制的应用设计。

## 1. 交通信号灯系统的控制要求

交通灯是控制十字（或丁字）路口车辆与行人通行的信号指示灯。南北、东西向的十字路口，均设有红、黄、绿三只信号灯，6 只信号灯依一定的时序循环往复工作。其示意图和控制要求分别如图 3-60 和图 3-61 所示。

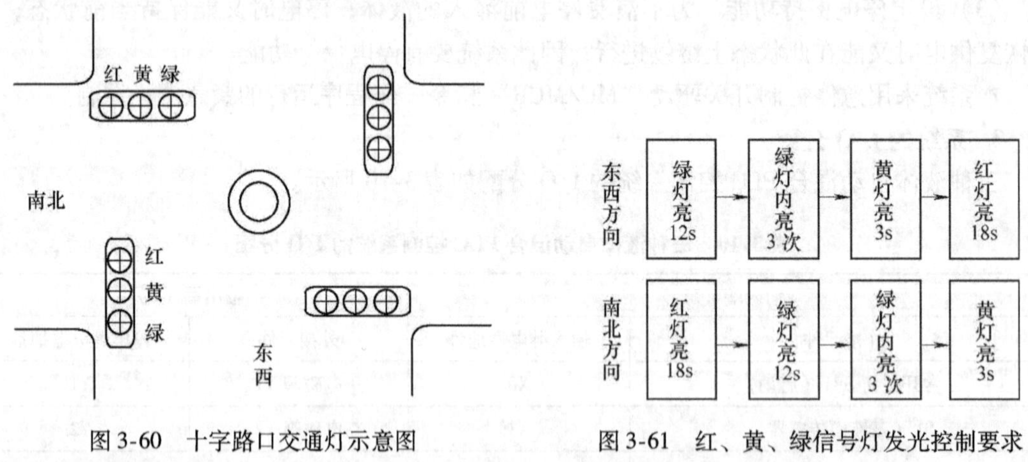


图 3-60　十字路口交通灯示意图　　图 3-61　红、黄、绿信号灯发光控制要求

## 2. 编程思路

（1）采用两分支并行控制　将东西向的红、黄、绿信号灯的发光与闪烁顺序作为一个分支，而南北向的红、黄、绿信号灯的发光与闪烁顺序作为另一个分支，两分支并行控制，状态转移图的程序就很容易编写了。

（2）交通信号灯控制的时序图　6 只信号灯依一定的时序循环往复工作，其控制时序图如图 3-62所示。

东西向：绿灯发光 12s→绿灯闪烁 3 次（每秒 1 次）→黄灯发光 3s→红灯发光 18s。

南北向：红灯发光 18s→绿灯发光 12s→绿灯闪烁 3 次（每秒 1 次）→黄灯发光 3s。

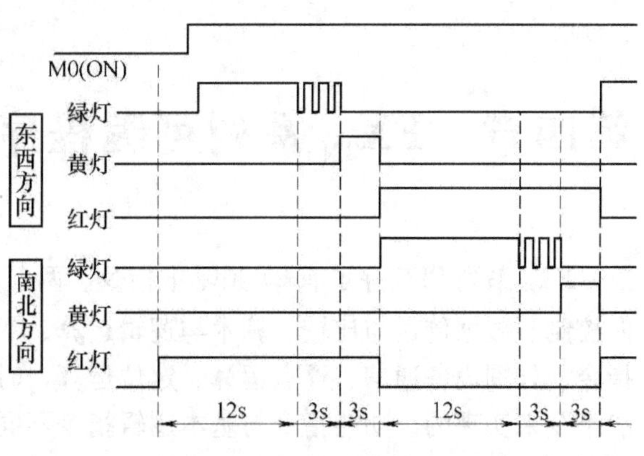

图 3-62　交通灯控制时序图

**3. 系统的 I/O 分配**

交通信号灯控制系统的 I/O 分配如表 3-11所示。

**4. PLC 程序的编写**

交通灯控制系统状态转移图程序如图 3-63所示。

**表 3-11　交通信号灯控制系统的 I/O 分配**

| 输入端（I） | | 输出端（O） | | |
|---|---|---|---|---|
| 外接元件 | 输入继电器地址 | 外接元件 | | 输出继电器地址 |
| 常开按钮 SB1（启动） | X1 | 东西向 | 绿灯 | Y1 |
| 常开按钮 SB2（停止） | X2 | | 黄灯 | Y2 |
| | | | 红灯 | Y3 |
| | | 南北向 | 绿灯 | Y4 |
| | | | 黄灯 | Y5 |
| | | | 红灯 | Y6 |
| | | 指示灯工作电源：DC24V | | |

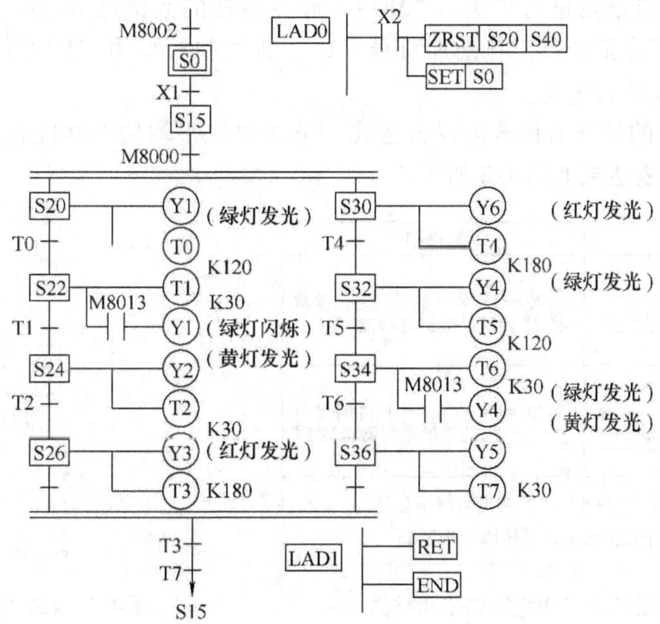

图 3-63　交通灯控制系统状态转移图程序

# 第四章　$FX_{2N}$系列可编程序控制器的特殊功能及应用

$FX_{2N}$系列 PLC 除了有 27 条基本指令、两条步进指令外，还有丰富的功能指令。程序流向控制、数据传送与比较、算术与逻辑运算、数据移位与循环、数据处理、高速处理、方便指令、外围设备通信、浮点运算、定位运算、时钟运算、触点比较等许多特殊功能都是用功能指令来实现的。功能指令与基本逻辑指令不同，基本逻辑指令是用逻辑操作符表示的，其梯形图为继电器接点连接图，而功能指令实际上是许多功能不同的子程序调用，既简化了程序设计，又能完成复杂的数据处理、数值运算、提升控制功能和信息化处理能力。

## 第一节　功能指令的基本格式

### 一、功能指令的表示方法

（1）功能指令的编号　功能指令功能号为 FNC00 ~ FNC299。每一条功能指令有一个功能号和一个指令助记符，两者之间有严格的一一对应关系。

（2）功能指令的两种执行方式　现以图 4-1 所示的传送指令“MOV”为例。“MOV”具有传送数据的功能，它的指令编号为 FNC12。图 4-1 中的 K25 是源操作数，D0 是目标操作数，X0 是执行条件，MOV 是指令助记符。指令分为连续执行型（MOV）和脉冲执行型（MOVP）。“MOVP”指令只在接通的第一个扫描周期将数据传送一次，但“MOV”指令在每个扫描周期都会将数据进行传送。“MOV”指令传送的数据是 16 位，执行步数为 5 步。要传送 32 位数据需在指令助记符前加符号“D”，连续执行型为“DMOV”，脉冲执行型为“DMOVP”，执行步数为 9 步。

（3）功能指令的梯形图和语句表表达式　下面以取平均值的功能指令为例进行说明。其梯形图和语句表表达式如图 4-2 所示。

| | 指令格式 | 时序图 |
|---|---|---|
| 连续执行型 |  X0 FNC12 MOV K25 D0 | 当 X0=ON 的全部时间内，保持将 25 传送给数据寄存器 D0 |
| 脉冲执行型 | 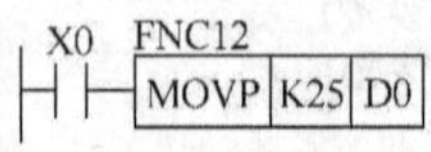 X0 FNC12 MOVP K25 D0 | 当 X0=ON 的第一个扫描时间内执行将 25 传送给数据寄存器 D0 |
| 特点 | 传送后，若 X0=OFF，D0 内的数据不会变，<br>传送后，十进制数会自动转换为 BIN 码 | |

图 4-1　传送指令“MOV”的格式举例

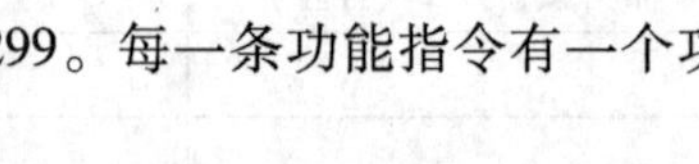

```
0  LD   X 0
1  FNC    45
3       D 0
5       D 20
7       K 2
8  …
```

图 4-2　取平均数指令的梯形图和语句表表达式

[S] 表示源操作数，若使用变址寄存器时，表示为 [S·]，多个操作数用 [S1]、[S2]、…或者 [S1·] [S2·]、…表示。

[D] 表示目标操作数，使用变址寄存器时，表示为 [D·]，多个操作数用 [D1]、[D2]、…或者 [D1·]　[D2·]、…表示。n 表示其他操作数，常用于表示常数或表示 [S] 与 [D] 的补充说明。有多个其他操作数时可用 m1、m2 或 n1、n2 来表示。

在 200 余条功能指令中，有的只有操作码（助记符）而无操作数（操作元件号），而有的功能指令如 MEAN 指令，既有操作码又有操作数。MEAN 是一条占 7 程序步的指令。

图 4-2 中的 D0 是源操作数的首元件，n 是指定取值个数为 3，所以源操作数的个数是 3 个，即 D0、D1、D2。D20 是指定计数结果存放的数据寄存器地址。这条平均指令的含义是

$$\frac{(D0) + (D1) + (D2)}{3} \rightarrow (D20)$$

操作数 [S]、目标操作数 [D] 以及其他操作数 n 的取值范围如图 4-3 所示。源操作数 [S] 的取值范围为 KnX、KnY、KnM、KnS、T、C、D，目标操作数的取值范围为 KnY、KnM、KnS、T、C、D、V、Z，其他操作数 n 取值范围为十进制数或十六进制数，用来说明源操作数的长度，大小是十进制数 1～64。上述中的 X、Y、M、S 是位软元件，T、C、D、V、Z 是字软元件，Kn（X、Y、M、S）可组成字软元件。

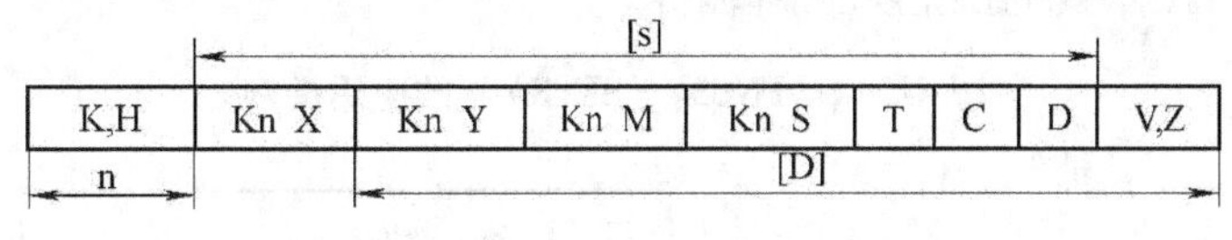


图 4-3　[S]、[D] 及 n 的取值范围

## 二、位软元件与字软元件

（1）位软元件与字软元件　在 PLC 的软元件中，只处理 ON/OFF 状态的元件，例如 X、Y、M 和 S 称为位软元件；而处理数字数据的元件，如 T、C、D 等称为字软元件。但位软元件也可以组合起来进行数字处理，组合位数由 Kn 加首位软元件号来表示。

（2）位软元件组合数据及处理方式　位软元件可以用连续 4 个地址的元件组合为一个单元来处理数据，这样的组合位元件用 KnXn、KnYn、KnMn、KnSn 来表达。其中 Kn 为单元数，K1 表示 1 个单元（4 位）、K2 表示两个单元（8 位），依此类推。Xn、Yn、Mn、Sn 为元件的首位编号，一般采用“0”编号，以避免组合位元件混乱，例如 K1X0 表示以 X0 为首位的 4 个元件（X3、X2、X1、X0）；K2Y0 表示以 Y0 为首位的 8 个元件（Y7、Y6、Y5、Y4、Y3、Y2、Y1、Y0）。

对于 16 位数操作时，单元数为 K1～K4，32 位数操作时，单元数为 K1～K8。例如 K4Y10 表示由 Y10～Y27 组成的 16 位数据，Y10 是最低位。

当一个 16 位数据传送到 K2M0、K3M0 或 K4M0 时，只传送相应的低位数据，较高位不传送，32 位数据传送也是一样。在作 16 位数据操作时，参与操作的位元件由 K1～K4 指定。若仅有 K1～K3 指定时，不足部分的高位均作 0 处理。这就意味着只能处理正数（符号位为 0）。32 位数据操作也是同样处理。

（3）FNC34（SFTR）和 FNC35（SFTL）移位指令　其格式举例如下：

1）具有位右移功能指令 FNC34（SFTR）的格式如图 4-4 所示，应用举例如图 4-5 所示。

2）具有位左移功能指令 FNC35（SFTL）的格式如图 4-6 所示，应用举例如图 4-7 所示。

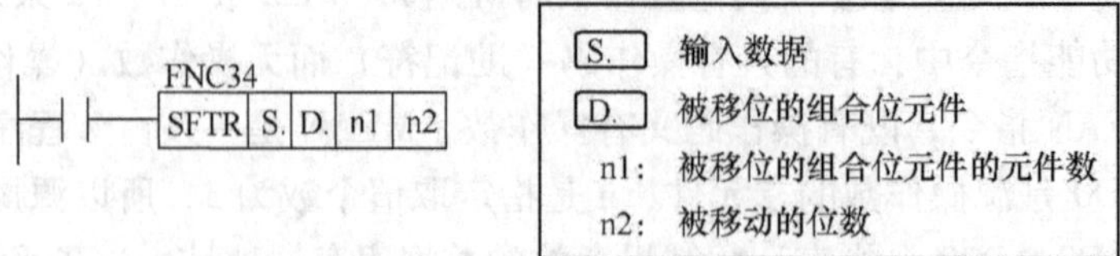


图 4-4　具有位右移功能指令 FNC34（SFTR）的格式

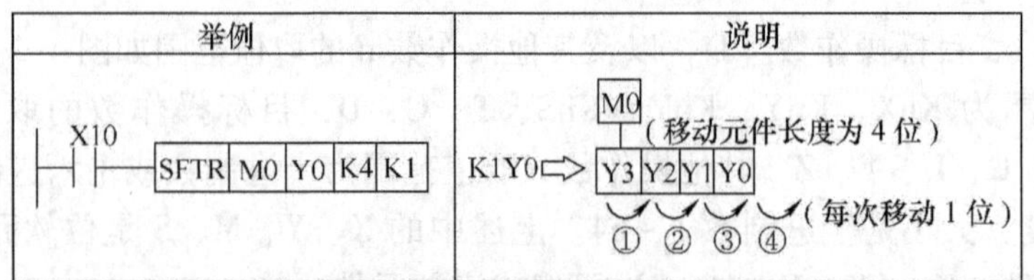


在 X10 每次 OFF→ON 时，指令就驱动 M0 信号从 Y3 开始右移 1 位。X10 的脉冲间隔时间就是移位的间隔时间

图 4-5　"FNC34（SFTR）"的应用举例

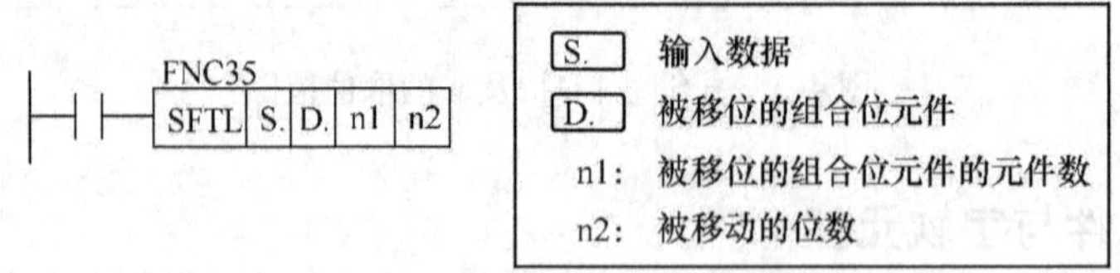


图 4-6　具有位左移功能指令 FNC35（SFTL）的格式

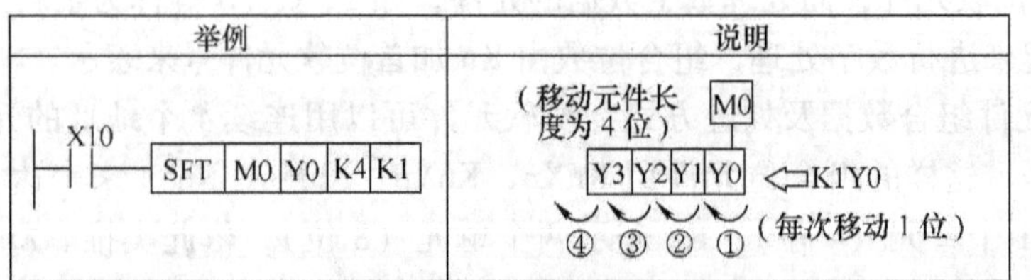


在 X10 每次 OFF→ON 时，指令就驱动 M0 信号从 Y0 开始左移1位，移到 Y3 后溢出。X10 的脉冲间隔时间就是移位的间隔时间

图 4-7　"FNC35（SFTL）"的应用举例

## 三、数据长度

（1）处理16位数据　传送指令MOV传送16位数据，如图4-8所示。当X0接通时，执行MOV指令，将D0中的数据传送到D2中去（处理16位数据）。

（2）处理32位数据　传送指令传送32位数据，如图4-9所示。

当X10接通时，执行（D）MOV指令，将D11和D10的数据传送到D13和D12中去（处理32位数据）。

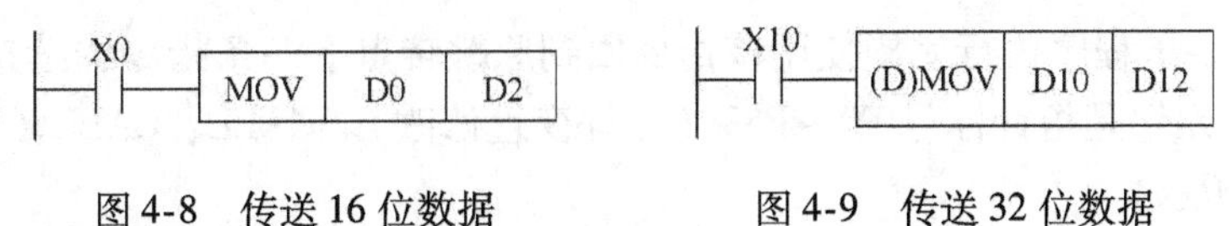


图 4-8　传送 16 位数据　　　　图 4-9　传送 32 位数据

处理 32 位数据时，用元件号相邻的两元件组成元件对。元件对的首地址选择没有限制，建议统一选择偶数编号。

## 四、变址寄存器 V，Z

图 4-3 中可看出，从 KnY 到 V，Z 都可作为功能指令的目标操作数，［D·］表示变址方式，可以加入变址寄存器。对 32 位指令，V 作高 16 位，Z 为低 16 位，32 位指令中用到变址寄存器时，只需指定 Z，这时 Z 就代表了 V 和 Z。在 32 位指令中，V、Z 自动组对使用。现以图 4-10 所示的梯形图为例说明如下：

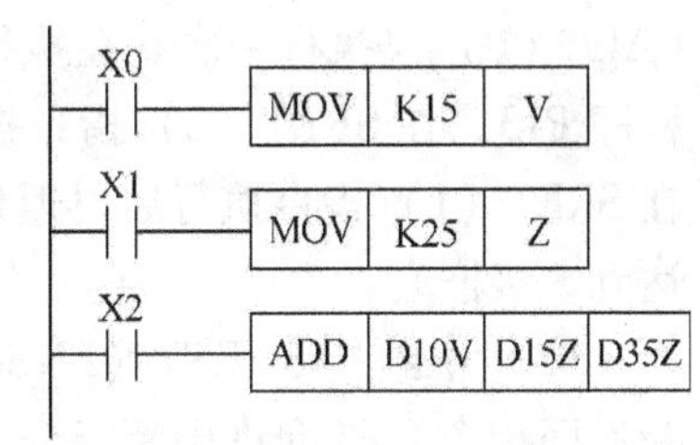


图 4-10　梯形图

ADD 是加法指令。当各逻辑行分别满足条件时，K15 送到 V，K25 送到 Z，所以（V）、（Z）的内容分别是 15、25。当（D10V）+（D15Z）→D35Z，即（D25）+（D40）→（D60）。显然，由于 V 和 Z 变址寄存器的应用使编程简化。

# 第二节　部分常用功能指令及应用

## 一、程序流向控制指令的功能及应用

（1）条件跳转指令 CJ　CJ（P）（FNC00）该指令用于某种条件下跳过 CJ 指令和指针标号之间的程序，从指针标号处连续执行，以减少程序执行扫描时间。条件跳转指令 CJ 的执行方式如图 4-11 所示。CJ 指令的目标元件是指针标号，其范围是 P0 ~ P63（允许变址修改），该指令程序步为 3 步，标号占 1 步。

图 4-11a 表明：当满足条件 X10 = ON 时，执行 CJ 指令的跳转功能，程序将直接跳到 P10 所对的行号，执行 P10 开始的程序段 2，而程序段 1 则被跳过不执行；若 X10 = OFF 时，将依顺序执行程序段 1 和程序段 2。

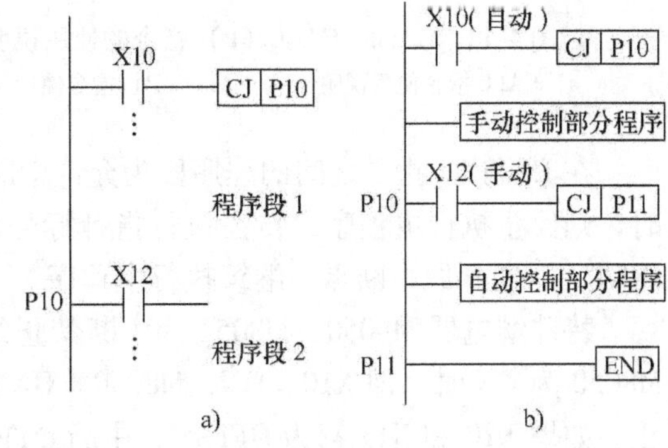


图 4-11　CJ（FNC00）指令执行方式与举例

a）CJ（FNC00）指令执行方式　b）应用举例

图 4-11b 是应用 CJ 指令实现手动程序与自动程序的有条件跳转，提高程序的运行效率。

在编程中应该注意，一个指针标号只允许出现一次，否则程序会出错。如果采用 M8000 常开触点作为跳转条件，属于无条件跳转，因为 PLC 在运行中，M8000 一直为 ON。

（2）子程序调用指令 CALL、CALL（P）（FNC01）　子程序调用功能指令是在一定条件下调用并执行子程序。子程序返回指令为

SRET（FNC02）。子程序执行完毕使用该指令回到原跳转点下一条指令继续执行主程序。该指令的目标操作元件是指针标号 P0 ~ P63（允许变址修改）。CALL、CALL（P）指令的使用说明如图 4-12 所示。

在图 4-12a 中，当 X10 为 ON 时，CALL 指令使程序跳至标号 P11 处执行子程序，子程序执行完毕后回到原主程序的 204 行继续执行主程序。在编程中应该注意的是 CALL 指令必须和 FEND 指令、SRET 指令一起使用，子程序标号要写在结束指令 FEND 之后，而且同一标号只能出现一次，CALL 与 CJ 指令指针标号不能相同，但不同的是 CALL 指令可调用同一标号的子程序。

从图 4-12b 可以看出 CALL（P）与 CALL 使用有所区别，当 X11 由 OFF—ON 变化时 CALL（P）仅执行一次。在执行 P12 子程序时，若 CALL　P13 指令被执行，则程序跳到子程序 P13，在 SRET（2）指令执行后程序返回到子程序 P12 中的 CALL　P13 指令的下一步，在 SRET（1）指令执行后再返回主程序。因此，在子程序中可以形成子程序嵌套，总数可达到 5 级嵌套。

（3）中断指令 IRET（FNC03）、EI（FNC04）、DI（FNC05）　三条中断指令即 IRET 中断返回指令，EI 允许中断指令，DI 禁止中断指令。中断信号从 X0 ~ X5 输入，某些定时器也可作为中断源。$FX_{2N}$ 系列 PLC 设置的指针中断共有 9 个中断点。中断指令使用说明如图 4-13所示。

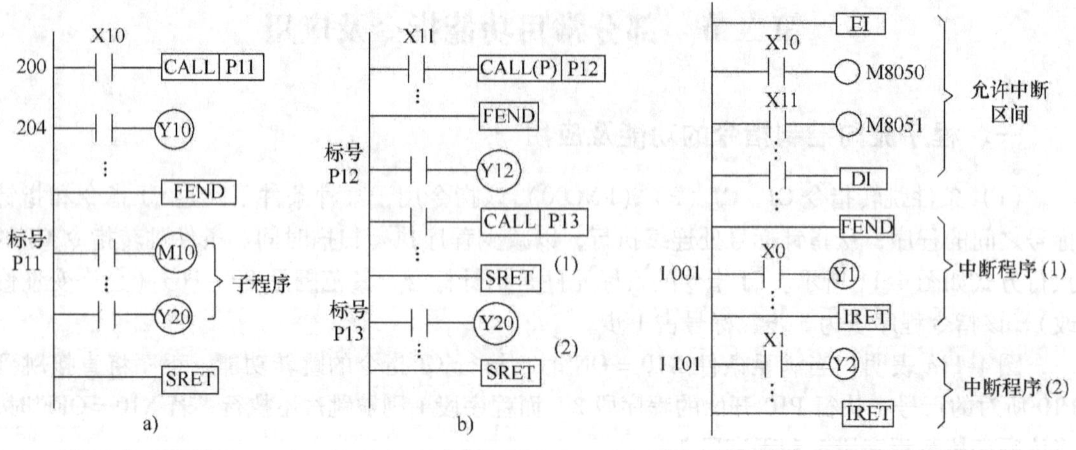


图 4-12　CALL、CALL（P）指令的使用说明
a）CALL 指令使用说明　b）CALL（P）指令使用说明

图 4-13　中断指令使用说明

在 EI 与 DI 指令之间的程序段为允许中断区间。当程序扫描到该区间并且出现中断信号时，则停止执行主程序，转去执行指针标号相应的中断子程序，一直处理到中断返回指令 IRET，返回到原中断点，继续执行主程序。

特殊继电器 M8050、M8051 为中断禁止继电器。执行 EI 指令后，即使中断许可，但当 M8050 为 ON 时，即 X10 = ON，M8050 = ON 时，中断指针 I001 所对应的中断程序（1）禁止。如果 X10 和 X11 都为 OFF 时，中断允许。

当程序扫描到允许中断区间时，而中断信号输入 X0 或 X1 接通（ON）时，要求输入信号脉宽应大于 200μs，则转去处理相应的中断子程序（1）或（2）。如果中断输入信号发生在禁止中断区间（DI 到 EI 范围），这个中断信号将被储存，并在 EI 指令之后执行。

中断程序可实现 2 级嵌套。若同时有多个中断输入信号，按顺序排列，中断指针号较低的有优先权。

（4）主程序结束指令 FEND（FNC06）　FEND 是程序结束指令，为一步指令，无操作目标元件。它与 END 的区别在于 CALL 指令调用的子程序和中断子程序必须写在 FEND 与 END 指令之间。FEND 指令的使用说明如图 4-14 所示（采用双母线），图 4-14a 示出在 FEND 与 END 之间包括 CALL 指令和中断指令的 P/I 指针标号、子程序和中断子程序。图 4-14b示出运用 CJ 指令时也应使用 FEND 指令，显然，CJ 指令与 CALL 指令的使用是不同的。

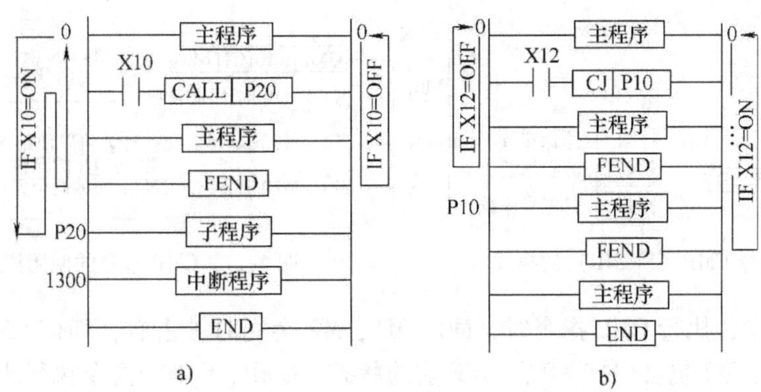


图 4-14　FEND 指令的使用说明

a）子程序放在 FEND 与 END 之间　b）运用 CJ 时也使用 FEND

（5）循环开始指令 FOR（FNC08）、循环结束指令 NEXT（FNC09）在 PLC 程序中，如果需要对某段程序多次重复执行之后再执行后面的程序，这时就需要用循环指令。FOR 与 NEXT 必须成对使用，其使用说明如图 4-15 所示（采用双母线）。

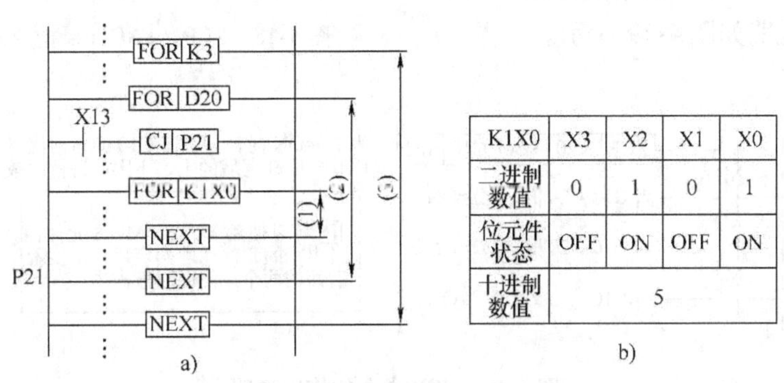


| K1X0 | X3 | X2 | X1 | X0 |
|---|---|---|---|---|
| 二进制数值 | 0 | 1 | 0 | 1 |
| 位元件状态 | OFF | ON | OFF | ON |
| 十进制数值 | 5 | | | |

图 4-15　FOR、NEXT 的使用说明

a）循环指令的运用　b）组合位元件 K1X0 表示的数据

图 4-15a 中共有三个循环体程序。程序（3）循环 3（K3）次后，第三个 NEXT 指令后的程序才被执行。如果数据存储器 D20 中的数是 7，则程序（3）每执行 1 次，程序（2）循环 7 次，则程序（2）共执行 21 次。

运用 CJ 指令（X13 为 ON）可跳出程序（1），如果 X13 为 OFF，并假设组合位元件

K1X0 所表示的数据如图 4-15b 所示，即 K1X0 为 5，则程序（2）每执行 1 次，程序（1）执行 5 次，因为程序（1）是 3 级嵌套，所以程序（1）总共执行了（3×7×5）次 = 105 次。

$FX_{2N}$系列 PLC 循环指令最多允许 5 级嵌套。

## 二、传送与比较指令的功能及应用

（1）比较指令 CMP（FNC10）、区域比较指令 ZCP（FNC11）及应用　比较指令和区域比较指令的格式及使用说明如下：

1）比较指令 CMP（FNC10）的格式如图 4-16 所示，其使用说明如图 4-17 所示。

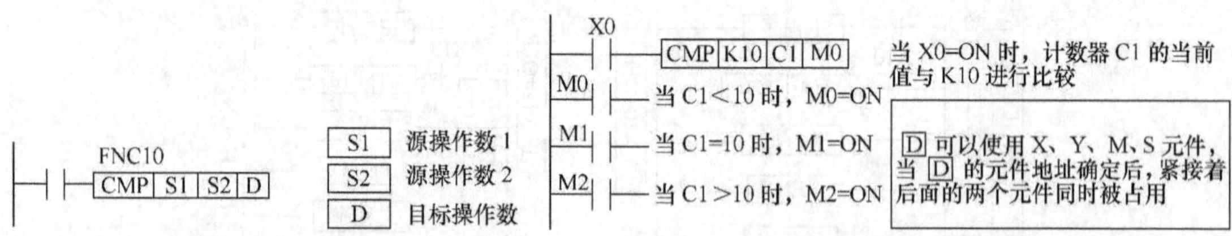


图 4-16　比较指令 CMP（FNC10）的格式　　图 4-17　CMP 指令的使用说明

在图 4-17 中，执行 CMP 指令时，M0、M1、M2 会同时被占有，即使 CMP 指令已停止执行，M0、M1、M2 仍会保持 X0 在 OFF 前的状态。CMP、CMPP 指令执行步数为 7 步，而 DCMP、DCMPP 指令执行步数为 13 步。

2）区域比较指令 ZCP（FNC11）与 CMP（FNC10）指令不同的是：ZCP 是一个与数值区域的上限值与下限值进行比较的指令。这两个指令都是根据比较的结果来驱动目标 D 指定的三个编号（梯形图中标出的是首地址）连续的控制触点动作的。

ZCP（FNC11）指令的格式如图 4-18 所示，其使用说明如图 4-19 所示。

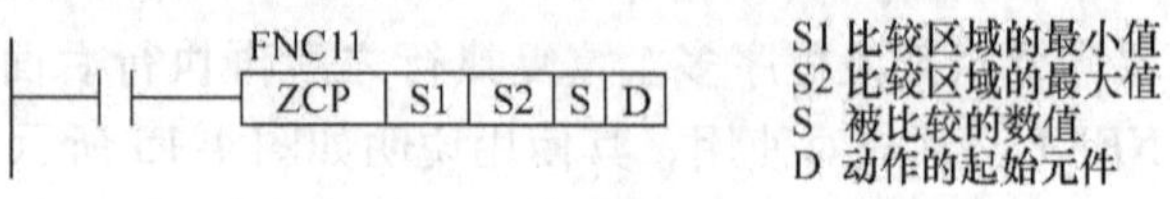


图 4-18　ZCP（FNC11）指令的格式

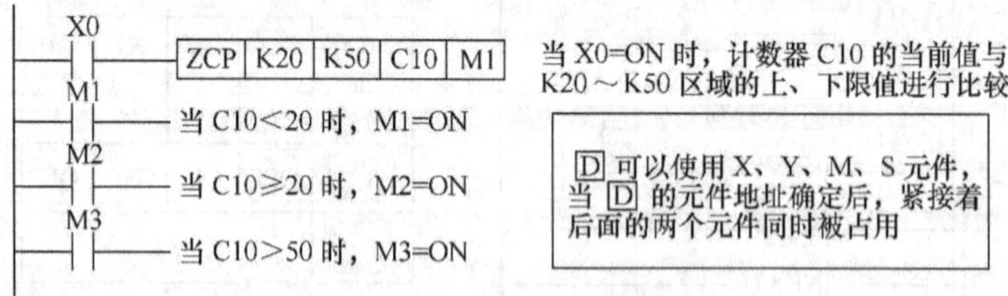


图 4-19　ZCP 指令的使用说明

在图 4-19 中，当执行 ZCP 指令时，M1、M2、M3 会同时被占用，即使 ZCP 指令已停止执行，M1～M3 仍会保持 X0 在 OFF 前的状态。ZCP、ZCPP 指令执行步数为 7 步，而 DZCP、DZCPP 指令执行步数为 17 步。

3）应用 CMP 指令实现多重输出。采用计数器和比较指令，应用 CMP 指令实现多重输出的梯形图如图 4-20 所示。

用按钮控制启动（X0）与停止（X1），计数器 C10 对脉冲计数（12 行、21 行），用计数器 C10 与常数 100 作比较（27 行），当 C10 < 100 时，Y1 ~ Y4 为 ON（35 行）；当 C10 = 100 时，Y0 为 ON（41 行）；当 C10 > 100 时，Y5 ~ Y8 为 ON（44 行）。C10 动作时清零，又开始重复上述的输出控制。

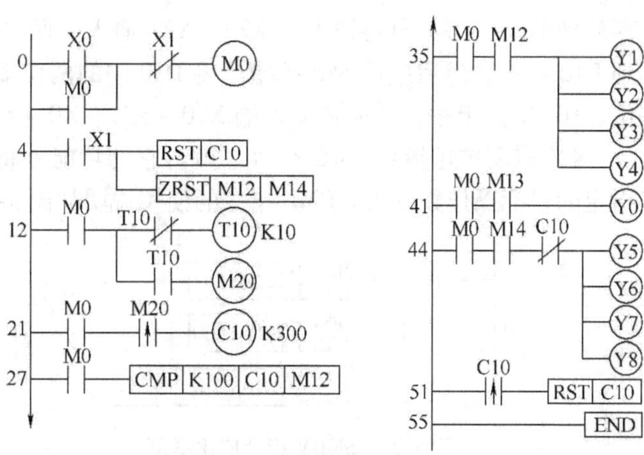

图 4-20 应用 CMP 指令实现多重输出的梯形图

（2）传送指令及应用 传送指令有数据传送、移位传送、取反传送、块传送以及多点传送指令等，下面分别介绍其使用。

1）传送指令 MOV（FNC12）的使用说明如图 4-21 所示。

传送指令是将源操作数送到指定的目标操作数，即［S］→［D］。当常开触点 X1 闭合时，每次扫描到 MOV 指令时，就把存在源操作数的十进制数 10（K10）转换成二进制数，再传送到目标操作数 D1 中去；当 X1 断开时，不执行 MOV 指令，数据保持不变。

2）移位传送指令 SMOV（FNC13）的使用说明如图 4-22 所示。

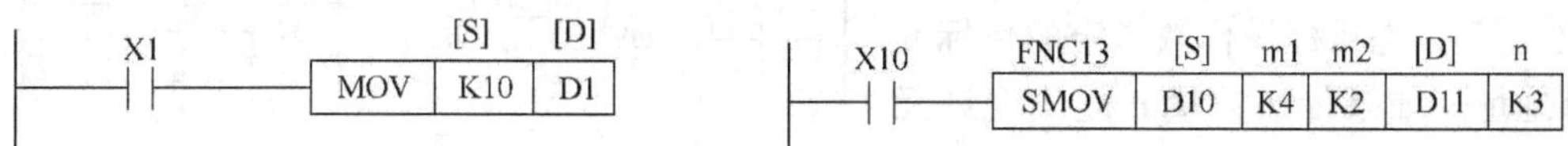

图4-21 传送指令 MOV（FNC12）的使用说明 图 4-22 移位传送指令 SMOV（FNC13）的使用说明

当 X10 = ON 满足条件，执行 SMOV 指令，源操作数［S］内的 16 位二进制数自动转换成 4 位 BCD 码，然后将自源操作数（4 位 BCD 码）右起第 m1 位开始，向右数共 m2 位的数，传送到目的操作数（4 位 BCD 码）的右起第 n 位开始，向右数共 m2 位上去，最后自动将目的操作数［D］中 4 位 BCD 码转换成 16 位二进制数。图 4-22 中 m1 = 4，m2 = 2，n = 3。当 X10 为 ON 时，即常开触点 X10 闭合时，每扫描一次该梯形图，就执行 SMOV 位移传送操作，先将 D10 中的 16 位二进制数自动转换成 4 位 BCD 码，并从 4 位 BCD 码右起第 4 位开始（m1 为 4），向右数共 2 位（m2 为 2）即 $10^3$、$10^2$ 上的数传送到数据寄存器 D11 内 4 位 BCD 码的右起第 3 位（n 为 3）开始，向右数共 2 位，即 $10^2$、$10^1$ 的位置上去，最后自动将 D11 中的 BCD 码转换成 16 位二进制数。在上述的传送过程中，D11 中的另两位（$10^3$、$10^0$）上的数保持不变。移位传送过程如图 4-23 所示。

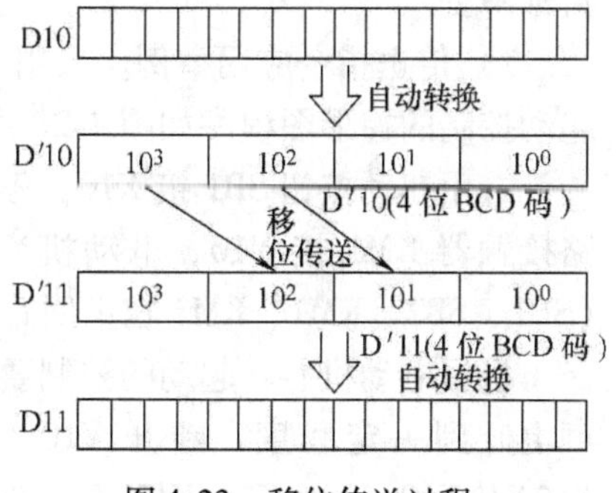

图 4-23 移位传送过程

3）移位传送指令 SMOV 的应用举例。应用 SMOV 指令，可以将不连续的若干输入端输入的数组成一个数，其梯形图程序如图 4-24 所示。扫描该梯形图时先将输入端 X0 ~ X7 输入的两位 BCD 码自动转换成二进制数，并存放到 D11 中去；再将输入端 X20 ~ X27 输入的两位 BCD 码自动转换成二进制数，并存放到 D10 中去，然后应用 SMOV 指令将 D10 中的两位 BCD 码传送到 D11 中的高 2 位（即 $10^3$ 位、$10^2$ 位）上去，从而将输入端 X20 ~ X27、X0 ~ X7 输入的数存放在 D11 中组成一个数。

4）取反传送指令 CML（FNC14）。它的功能是将源操作数中的数据逐位取反并传送到指定的目标操作数中去。CML 指令的使用说明如图 4-25 所示。

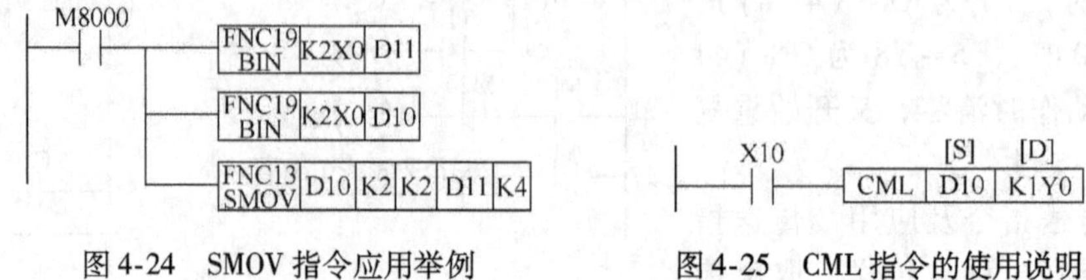


图 4-24 SMOV 指令应用举例

图 4-25 CML 指令的使用说明

当 X10 为 ON 时，执行 CML 指令，D10 中的数据逐位取反，即 1→0、0→1，并将其传送到目标操作数 K1Y0 中去。

如果源操作数中的数据是常数 K，在 CML 指令执行时会自动将 K 转换成二进制数。显然，CML 用于反逻辑输出非常方便。

5）块传送指令 BMOV（FNC15）。它的功能是将源操作数指定元件开始的 n 个数据组成的数据块传送到指定的目标中去。BMOV 指令的使用说明如图 4-26 所示。源操作数［S］是指定元件的首地址，n 表示传送数据的个数，［D］是目标操作数指定的目标元件首地址。如果传送数量 n 超出允许元件号的范围，则数据仅传送到允许范围内。传送顺序是由程序自动确定的，图 4-26a 示出的是从高位到低位的传送，图 4-26b 示出的是从低位到高位的传送。

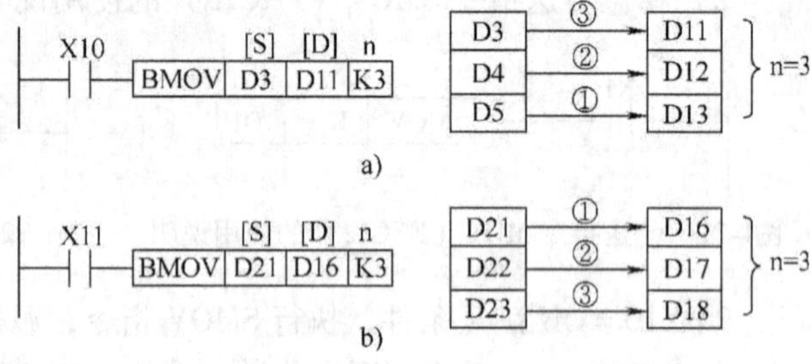


图 4-26 BMOV 指令的使用说明

a）从高到低位的传送 b）从低到高位的传送

6）多点传送指令 FMOV（FNC16）。它的功能是将源操作数中的数据传送到指定目标开始的 n 个元件中去，这 n 个元件中的数据完全相同。FMOV 指令的使用说明如图 4-27 所示。

当 X10 = ON 时，执行 FMOV 指令，K1 传送到 D10 ~ D18 中去，即相同的数传送到多个目标中去。

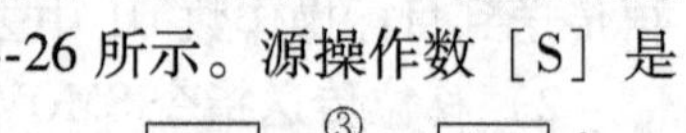

7）传送指令应用举例。采用 MOV 指令编制电动机Y-△起动控制的梯形图程序如图 4-28 所示。

X10
[S] [D] n
FMOV K1 D10 K9

图 4-27 FMOV 指令的使用说明

选用起动按钮 SB1 接 X10，停止按钮 SB2 接 X11；主电路接触器 KM1 接 Y10，电动机Y接法接触器 KM2 接 Y11，电动机△接法接触器接 Y12（SB1、SB2、KM1、KM2 在主回路控制图未画出）。

根据电动机Y-△起动的控制要求，通电时 Y10 = ON，Y11 = ON，电动机Y接起动。当速度上升到一定程度，断开 Y10、Y11，接通 Y12（Y12 = ON），K4→K1Y10（即 100→Y12Y11Y10）。当 K5→K1Y10（即 101→Y12Y11Y10），Y10、Y12 为 ON，电动机△接运行。

停止时，K0→Y10 即 Y10 = OFF。起动过程延时 10s，到电动机正常△运行再延时 1s，起动时每个状态间都留有时间间隔。

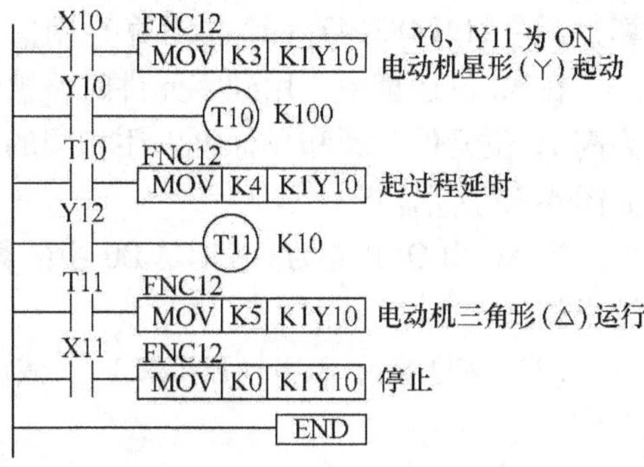

图 4-28　电动机Y-△起动的梯形图

（3）数据交换与变换指令　下面分别介绍数据交换与变换指令的使用说明。

1）数据交换指令 XCH（FNC17）是将数据在指定的目标之间进行交换的功能，该指令的使用说明如图 4-29 所示。

假设 XCH 指令执行之前，目标元件（D10）= 30，（D20）=450；当 X10 为 ON 时，XCH 指令被执行，目标元件 D10 和 D20 中的数据进行交换，即（D10）=450，（D20）=30。

2）BCD（FNC18）变换指令是将源操作数中的二进制数转换成 BCD 码并传送到目标操作数中去，BCD 变换指令的使用说明如图 4-30 所示。

当 X0 接通时，源操作数 D0 中的二进制数码转换成 BCD 码，并传送到目标元件 Y0 ~ Y7 中去。

执行 BCD 变换的 16 位指令的步数为 5 步；32 位指令的执行步数为 9 步。16 位数据的有效范围是“0 ~ 9999”，32 位数据的有效范围是“0 ~ 99999999”，数据超过有效范围会出错。

3）BIN（FNC19）变换指令是将源操作数中的 BCD 码转换成二进制数据传送到目标操作数中去，其使用说明如图 4-31 所示。

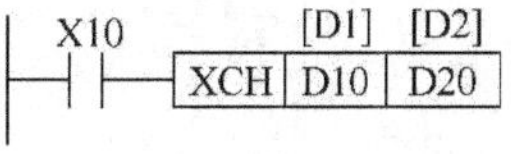

X10　[D1]　[D2]　XCH　D10　D20

图 4-29　XCH 指令的使用说明

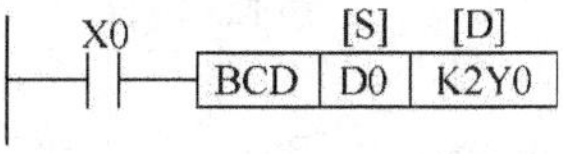

X0　[S]　[D]　BCD　D0　K2Y0

图 4-30　BCD 指令的使用说明

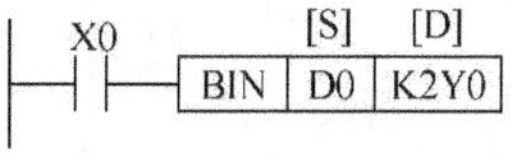

X0　[S]　[D]　BIN　D0　K2Y0

图 4-31　BIN 指令的使用说明

当 X0 为 ON 时，执行 BIN 指令，源操作数 D0 中的 BCD 码数据转换成二进制数送到目标操作数 K2Y0（Y0 ~ Y7）中去。

## 三、四则运算指令的功能及应用

加减乘除的四则运算均为二进制数的代数运算，下面就分别介绍它们使用方法及应用。

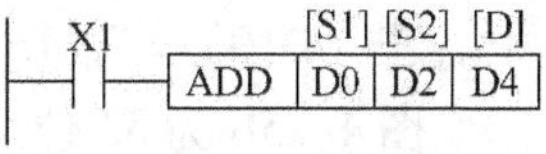

（1）加法指令 ADD（FNC20）　它是把两个源操作数［S1］、［S2］相加，结果存放在到目标操作数［D］中，其使用说明如图 4-32所示。

X1　[S1]　[S2]　[D]　ADD　D0　D2　D4

图 4-32　ADD 指令的使用说明

当 X1 闭合时，执行 ADD 指令，［S1］+［S2］→［D］，即［D0］+［D2］→［D4］。

每个数据的最高位作为符号位（0 代表正数，1 代表负数）。这些数据以代数形式进行加法运算，例如 3 +（ -7）= -4。

如果运算结果是 0，则零标志位 M8020 为 1，运算结果超过 32767（16 位运算）或 2147483647（32 位运算），则进位标志位 M8022 置 1。如果运算结果小于 -32767（16 位运算）或 -2147483647（32 位运算）则借位标志位 M8021 置 1。

在 32 位运算中，用到字元件时，被指定的字元件是低 16 位元件，而其下一个字元件即为高 16 位元件。源和目标可以用相同的元件号，这样加法的结果在每个扫描周期都会改变，如图 4-33 所示。

当 X0 由 OFF 变为 ON 时，D0 中的数据加 1，即(D0) +1→(D0)与后面的 INC 指令执行结果相似。

（2）减法指令 SUB（FNC21）　减法指令梯形图如图 4-34 所示。

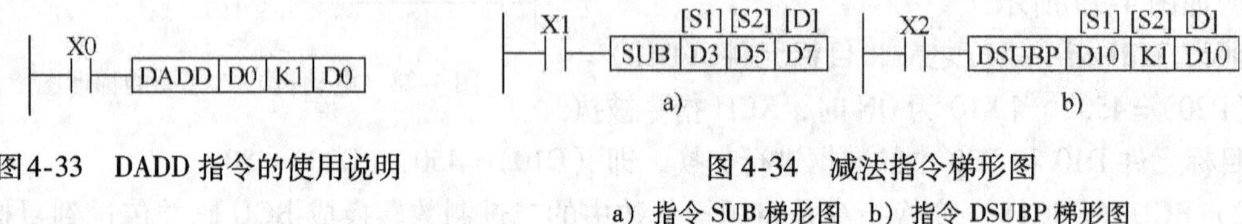


图 4-33　DADD 指令的使用说明

图 4-34　减法指令梯形图
a）指令 SUB 梯形图　b）指令 DSUBP 梯形图

图 4-34a 中，当 X1 闭合时，执行 SUB 指令，(D3) -(D5)→(D7)。减法指令标志位功能及 32 位运算元件指定方法与加法指令相同。

图 4-34b 所示 DSUBP 指令执行结果与后面的 DDECP 指令的运算相似，区别仅是前者可得到标志状态。

（3）乘法指令 MUL（FNC22）　它是将两个源操作数［S1］、［S2］相乘，结果存放在目标操作数［D］中，乘法指令运算梯形图如图 4-35 所示。

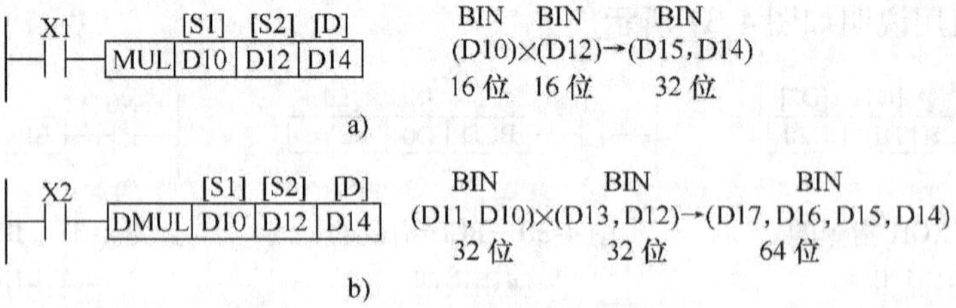

X1　[S1] [S2] [D]　MUL D10 D12 D14　BIN BIN BIN (D10)×(D12)→(D15, D14) 16 位 16 位 32 位

a)

X2　[S1] [S2] [D]　DMUL D10 D12 D14　BIN BIN BIN (D11, D10)×(D13, D12)→(D17, D16, D15, D14) 32 位 32 位 64 位

b)

图 4-35　乘法指令运算梯形图
a）16 位运算梯形图　b）32 位运算梯形图

图 4-35a 中，当 X1 为 ON 时，执行乘法指令（MUL），D10 中的 16 位二进制数与 D12 中的 16 位二进制数相乘，结果放到 D15、D14 中去，低 16 位放在 D14 中，高 16 位放在 D15 中。若（D10）=7,(D12)=6，则（D15、D14）=42，最高位为符号位（0 为正，1 为负）。

图 4-35b 为 32 位运算，若目标元件使用位软元件（X、Y、M、S）只能得到低 32 位的结果，不能得到高 32 位的结果。利用字元件作目标元件时，才有 64 位的计算结果，最高位是符号位。

（4）除法指令 DIV（FNC23）　它是将两源操作数内容相除，结果存放到目标元件中，除法指令运算梯形图如图 4-36 所示。

（5）加 1 指令 INC（FNC24）与减 1 指令 DEC（FNC25）　加 1 与减 1 指令梯形图如图 4-37所示。

图 4-37a 中，当 X1 为 ON 时，执行 INC 指令，目标元件［D］，即（D0）中的二进制数加 1，结果仍存放在 D0 中。16 位运算时，32767 再加 1，其值就变为 -32767，标志位不置位。

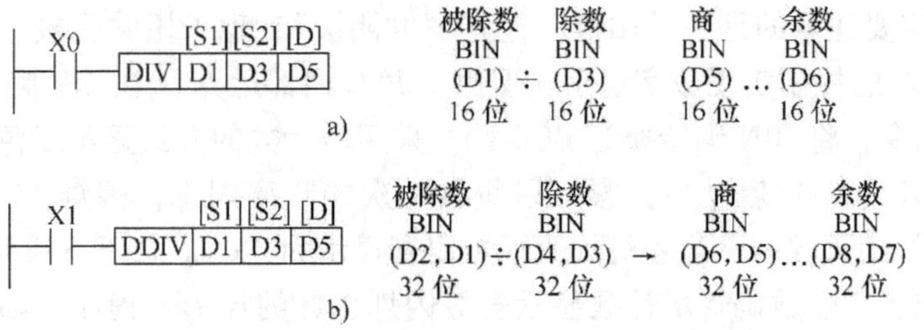

X0 [S1][S2] [D] DIV D1 D3 D5

被除数 BIN (D1) 16 位 ÷ 除数 BIN (D3) 16 位 商 BIN (D5) 16 位 … 余数 BIN (D6) 16 位

a)

X1 [S1][S2] [D] DDIV D1 D3 D5

被除数 BIN (D2,D1) 32 位 ÷ 除数 BIN (D4,D3) 32 位 → 商 BIN (D6,D5) 32 位 … 余数 BIN (D8,D7) 32 位

b)

图 4-36　除法指令运算梯形图

a）16 位运算梯形图　b）32 位运算梯形图

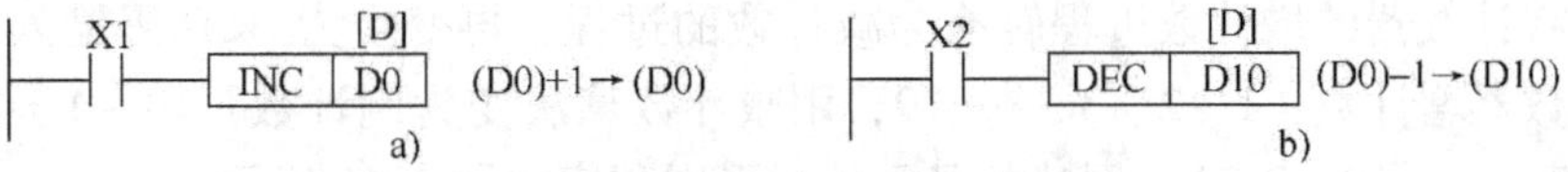

X1 [D] INC D0　(D0)+1→(D0)

a)

X2 [D] DEC D10　(D0)−1→(D10)

b)

图 4-37　加 1 与减 1 指令梯形图

a）加 1 指令 INC 的梯形图　b）减 1 指令 DEC 的梯形图

同样在 32 位运算时，2147483647 再加 1，其值就变成 −2147483648，标志位不置位。

图 4-37b 中，当 X2 为 ON 时，执行 DEC 指令，目标元件［D］，即（D10）中的数减 1，结果仍存放在 D10 中。

16 位运算时，−32768 再减 1，其值就变成 +32767，标志位不置位。32 位运算时，−2147483648 再减 1，其值就变成 +2147483647，标志位不置位。

（6）四则运算算式的实现　例如编制四则运算程序实现（$\frac{20X}{215}$+6）→K2Y10（Y10 ~ Y17）。

式中“X”代表输入端口 K2X10 送入的二进制数，运算的结果送输出口 K2Y10；启动按钮 SB1 接 X0，停止按钮 SB2 接 X1，用来控制运算的启停。实现四则运算的梯形图如图 4-38 所示。

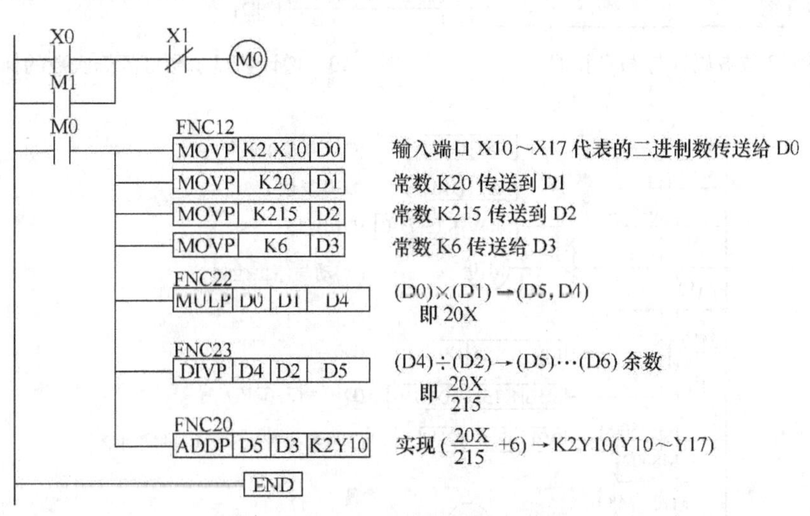


图 4-38　实现四则运算的梯形图程序

（7）用 2 位数码管显示彩灯闪烁的控制电路　2 位数码管是将两个七段数码管合在一起作 2 位数字显示的器件，如图 4-39 所示，由于其内部已接 BCD 码的译码器，因此它是使用 BCD 码的方式来做数字显示的。

每个 BCD 码的数码管有 4 个接线端，可接到 PLC 的输出端，数码管的公共点接 PLC 的

"COM"点（一定要注意的是"共阳极"还是"共阴极"，现采用共阴极，公共点同时要接"0V"）。通过 PLC 的控制实现数字显示，但由于 PLC 内部运算是用二进制数（BIN 码），需使用 BCD 变换指令，将 BIN 码转换为 BCD 码，采用增计数的方式显示绿色彩灯闪烁次数的变化值，按下 SB1（X0）启动后，彩灯以每秒 1 次的频率闪烁，闪烁 15 次熄灭。用按钮 SB2（X1）作彩灯熄灭控制，当彩灯熄灭后数码管显示为"0"。按下 SB1 可重新运行。

图 4-40 示出了 2 位数码管增计数显示彩灯闪烁次数的梯形图程序。如果要求用 2 位数码管实时显示彩灯的闪烁的次数，并作"15～0"的倒计数显示；到"0"后又要重新从"15"开始显示，可以不断重复。彩灯熄灭后数码管显示为"15"。这种倒计数的显示可以用减法算法将计数器的增计数过程转换为减计数的过程，再变换为 BCD 码输入到数码管显示。例如计数器增计数：1、2、3、…、9，用减计数算法变为倒计数：10－1＝9、10－2＝8、10－3＝7、…、10－9＝1。倒计数显示的梯形图程序如图 4-41 所示。

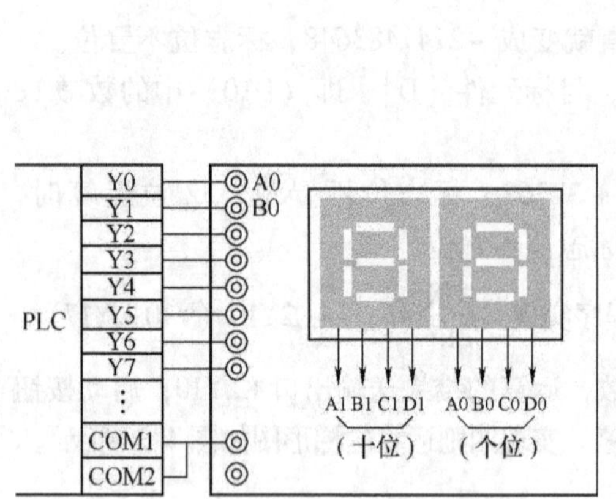


图 4-39　2 位数码管与 PLC 接线

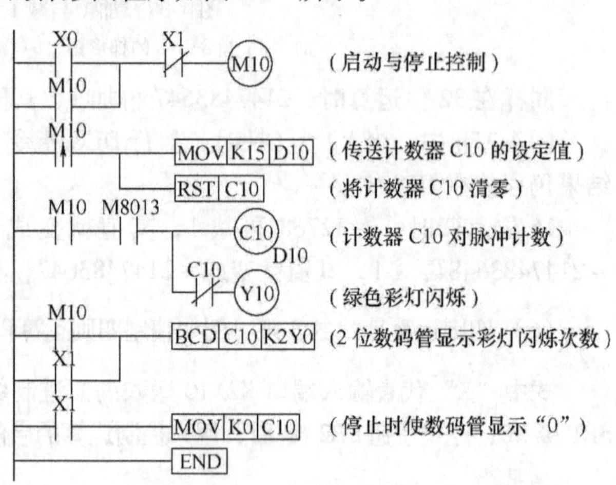


图 4-40　增计数显示彩灯闪烁次数的梯形图程序

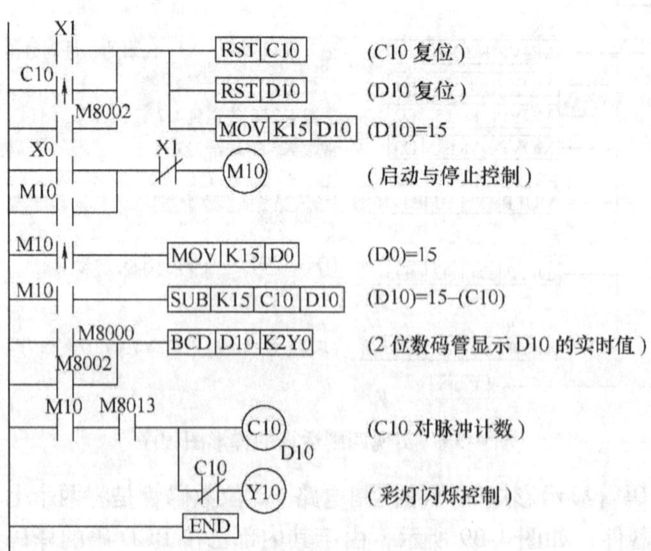


图 4-41　倒计数显示的梯形图程序

用数码管实现“倒计数”的显示也可以直接应用具有“减计数”功能的32位计数器(C200～C219)，直接将计数器减计数的实时值变换为BCD码输入数码管显示。具有增/减计数功能的32位计数器C200～C219、C220～C234（特殊用）切换为减计数器必须用特殊辅助继电器M8200～M8234来指定，每个计数器对应一个特殊辅助继电器，例如C200对应要用M8200来进行切换，但C200作减计数应用时，到达设定值时只对输出复位。为编程方便，只用这些计数器作数码管的输出显示控制。其梯形图程序如图4-42所示。

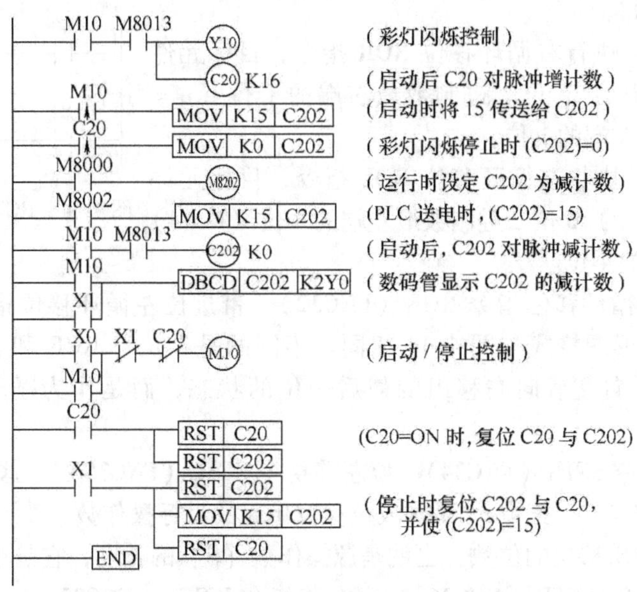


图4-42　数码管直接显示减计数的梯形图程序

程序每执行一次彩灯的闪烁和数码管的倒计数显示后就停止，再次运行时需按起动按钮SB1。数码管停止时显示“00”，可按停止按钮SB2使数码管显示“15”后再起动。

(8) 应用乘除运算指令实现灯组移位循环控制　移位控制的梯形图程序如图4-43所示。

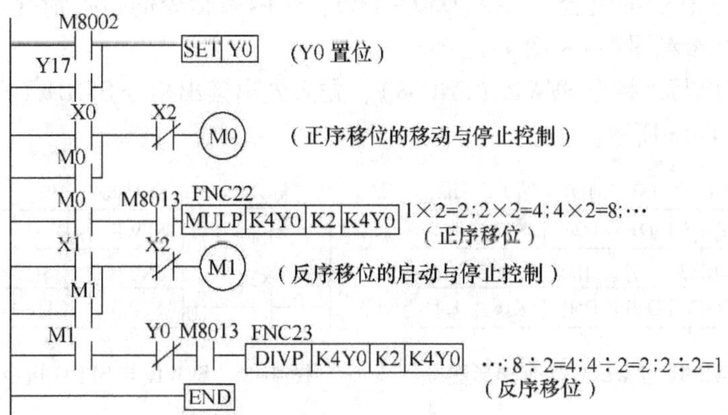


图4-43　移位控制的梯形图程序

15 个彩灯接于 Y0 ~ Y16，要求：当 X0 = ON 时，彩灯正常每隔 1s 单个移位，并循环；当 X1 = ON 时，且 Y0 = OFF，彩灯反序每隔 1s 单个移位，一旦 Y0 为 ON 时停止。当 X2 = ON 时，整个系统停止。显然，系统是利用乘 2、除 2 实现目标数据中“1”的正序与反序移位。

## 四、循环与移位指令的功能及应用

（1）右循环移位指令 ROR（FNC30）、左循环移位指令 ROL（FNC31）　它们的梯形图格式如图 4-44 所示。

当 X0 接通时，执行右循环移位 ROR 指令，目标元件［D］，即（D10）中的 16 位二进制数最右端的 1 位（n = K1）循环移位到最左端的 1 位。

当 X1 接通时，执行左循环移位 ROL 指令，目标元件［D］，即（D12）中的 16 位二进制数最左端的 4 位（K = 4）循环移位到最右端的 4 位。

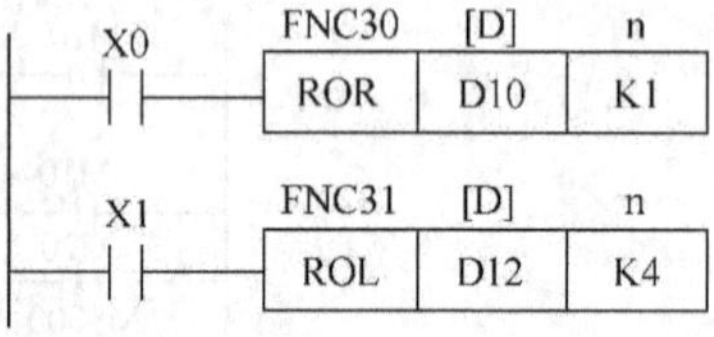

图 4-44　ROR 与 ROL 指令梯形图

（2）带进位右循环移位指令 RCR（FNC32）、带进位左循环移位指令 RCL（FNC33）　这两条指令的梯形图格式与图 4-44 相同。不同的是在执行 RCR 和 RCL 指令时，标志位 M8022 不再表示向左或向右移出的最后一位的状态，而是作为循环移位单元的一位处理。

（3）位右移指令 SFTR（FNC34）、位左移指令 SFTL（FNC35）　这两条指令的梯形图格式参看图 4-4 ~ 图 4-7。其中 n1 是构成位移位单元的目标操作数［D］的长度，其最大长度为 1024，n2 是每次移位的位数，也就是源操作数［S］的长度，它是小于 n1 的。

（4）字右移指令 WSFR（FNC36）、字左移指令 WSFL（FNC37）　它们的指令梯形图格式如图 4-45 所示。

n1 表示目标操作数［D］的长度，不能超过 512，n2 表示每次移位的字数，即为源操作数的长度，n2 < n1。

当 X0 = ON 时，执行字右移 WSFR 指令，以两个字（n2 = K2）为一组右移，构成字移位的组合元件为 D20 ~ D35；当 X1 = ON 时，执行 WSFL 字左移指令，以 4 个字（n2 = 4）为一组左移，构成字移位的组合元件为 D50 ~ D65。这两条指令的执行情况，基本上与 SFTR 和 SFTL 相同，可参看图 4-4 ~ 图 4-7。

（5）先入先出写入指令 SFWR（FNC38）、先入先出读出指令 SFRD（FNC39）　它们的梯形图程序如图 4-46 所示。

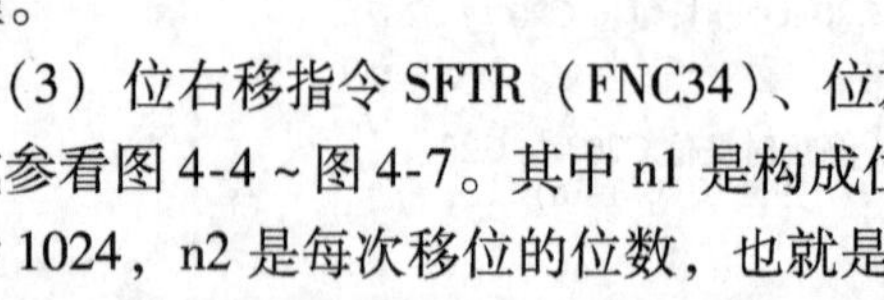

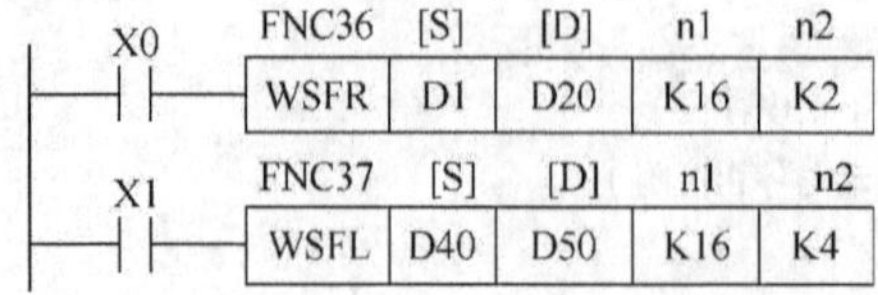


图 4-45　WSFR 与 WSFL 指令梯形图

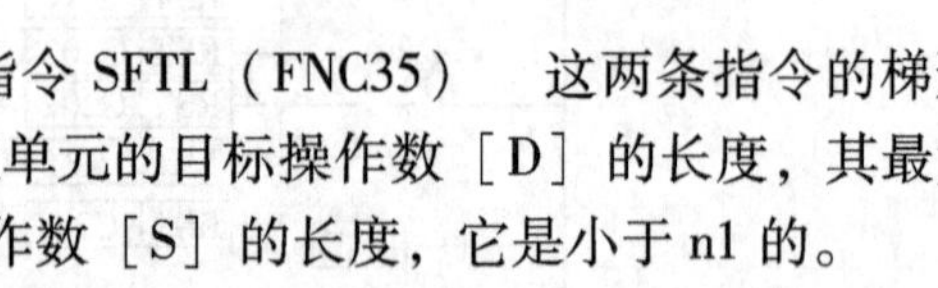

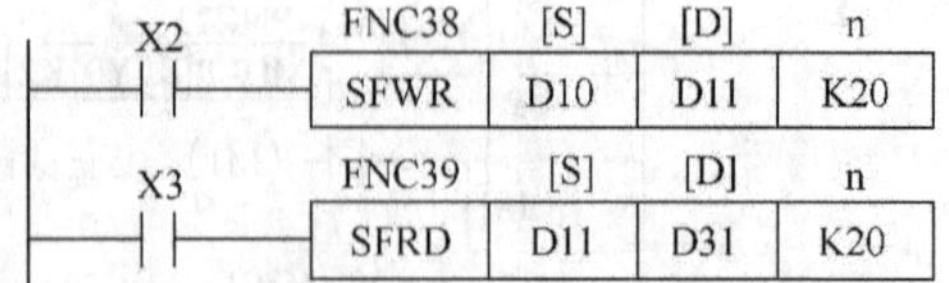


图 4-46　SFWR 与 SFRD 指令梯形图程序

图中 n 的取值范围为 2≤n≤512。SFWR 指令中的目标操作数［D］表示堆栈的起始地址，n 表示堆栈的长度。SFRD 指令中的源操作数［S］表示堆栈的起始地址，n 表示堆栈的长度。在同一组堆栈的操作指令中，SFWR 目标操作数与 SFRD 的源操作数相同，常数 n 也应相同。

在图 4-46 所示的梯形图中，堆栈由数据寄存器 D11 ~ D30 构成，其中 D11 内的数为指针 P1，D12 ~ D30 为存放数据的堆栈，D12 为堆栈的底部。在执行堆栈操作指令之前，先将 D11 中指针 P1 置“0”，然后才能执行堆栈操作指令。

当 X2 = ON 时，执行 SFWR 指令，先将源操作数［S］中的数据寄存器 D10 内的数压入堆栈底部［D12］，再将 D11 内的数加 1（指针 P1）。当 X2 再次由 OFF→ON 时，执行 SFWR 指令则将 D10 内的数压入下一个数据存储器 D13 内，然后再将 D11 内的数加 1（指针 P1），直到 D11 内的数等 19（n - 1），则不再将源操作数内的数压入堆栈，M8022 置“1”，表示堆栈已装满。

当 X3 为 ON 时，执行 SFRD 指令，先将堆栈底部（D12）内的数弹出送入目标操作数 D31 内，再将堆栈中各数据寄存器 D13 ~ D30 内的数依次右移一个字，然后再将 D11 内的数减 1（指针 P1），这种操作直到 D11 内的数等于“0”，M8022 置“1”表示堆栈内的数据全部弹出。

(6) 循环与移位功能的应用举例　应用循环移位指令的实例如下：

1）应用循环移位指令实现广告牌灯光控制：广告牌上有 16 个彩灯 L1 ~ L16，分别接于 Y0 ~ Y17（即 K4Y0）。控制要求：当控制按钮（X1）接通时，彩灯先以正序每隔 1s 轮流点亮，当彩灯 L16（Y17）亮后，停 3s；然后以反序每隔 1s 轮流点亮，当 L1（Y0）再亮后，停 3s；重复上述过程。当控制按钮（X2）接通时，停止工作。

根据上述控制要求，采用循环移位指令实现广告牌彩灯灯组移位控制的梯形图程序如图 4-47 所示。

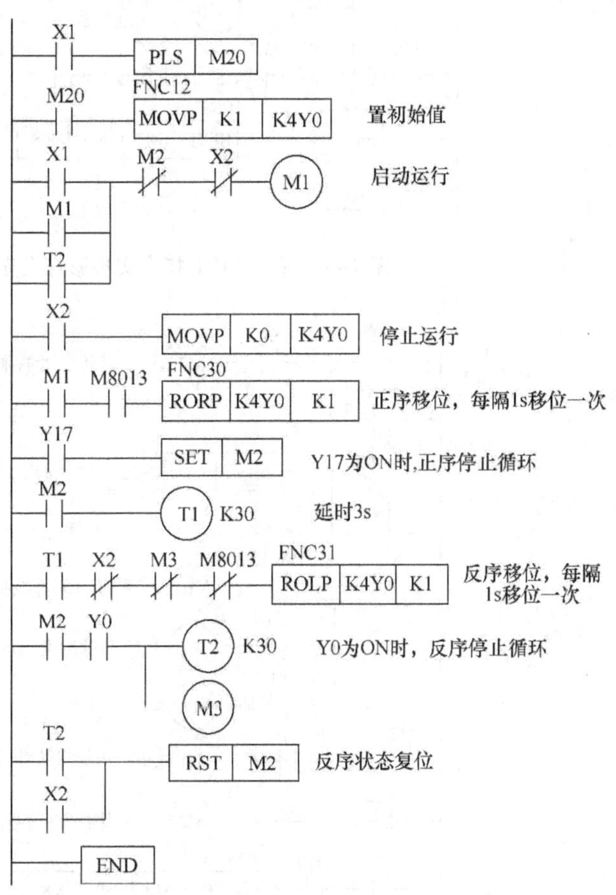

图 4-47　广告牌彩灯灯组移位控制梯形图程序

2）应用位左右移指令实现彩灯发光与闪烁控制：现有 9 只彩灯（L1 ~ L9），彩灯 L1（接 Y10）起动后以每秒 1 次的频率闪烁并保持，在停止时熄灭。而余下的 8 只彩灯（L2、L3、…、L9）分别接 Y0 ~ Y7 每相隔 0.5s 正序轮流点亮发光并保持，反复进行。用按钮 SB1（接 X1）、SB2（接 X2）做起动与停止控制。停止后彩灯全部熄灭，按 SB1 可重新启动。应用 SFTL 指令实现彩灯发光与闪烁控制的梯形图如图 4-48

所示。

如果要求彩灯 L9 ~ L2 逐个发光并保持（由 Y7→Y0 作 1 位的反序移动），其他与上述要求相同，此时应采用 SFTR 指令，其彩灯发光与闪烁控制梯形图如图 4-49 所示。

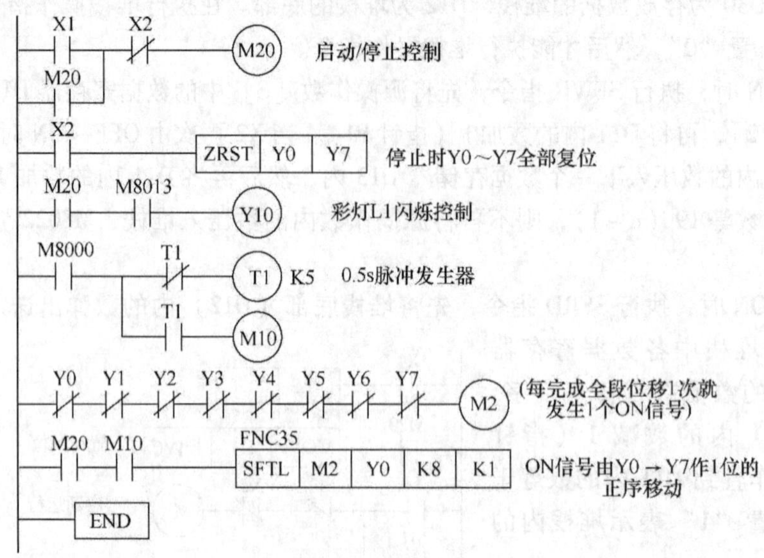


图 4-48　应用 SFTL 指令实现彩灯发光与闪烁控制的梯形图

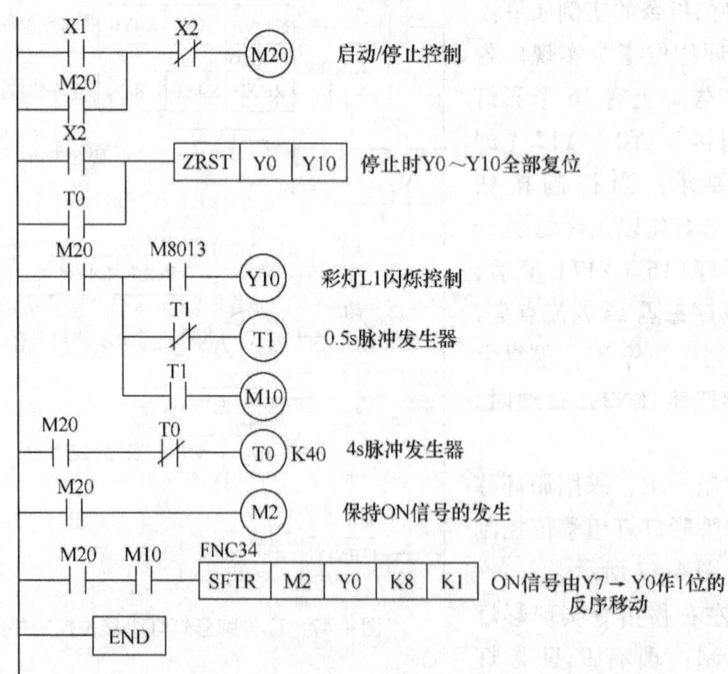


图 4-49　应用 SFTR 指令实现彩灯发光与闪烁控制梯形图

3）应用堆栈操作指令实现产品的进出库控制。采用 SFWR 与 SFRD 指令编制的产品进出库控制的梯形图如图 4-50 所示。

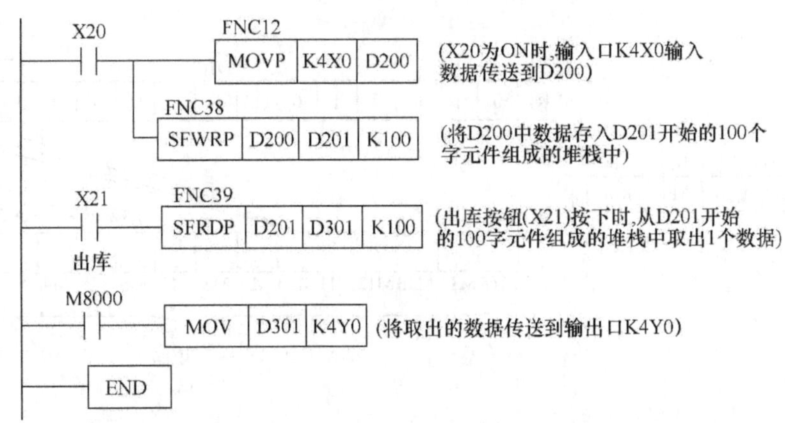


图 4-50　利用堆栈操作指令实现产品进出库控制的梯形图

## 五、数据处理指令的功能及应用

（1）译码指令 DECO（FNC41）　该指令的梯形图如图 4-51 所示。目标元件［D］可选用位软元件 Y、M、S，n 的取值范围为 1～8。目标元件［D］也可选用字软元件 T、C、D，n 的取值范围为 1～4。n 是指源操作数共有 n 个位，例如 n＝K4，源操作数共 4 位（X0、X1、X2、X3），目标操作数共 $2^n$ 个位，$2^4=16$，即 M0～M15。译码说明图如图 4-52 所示。

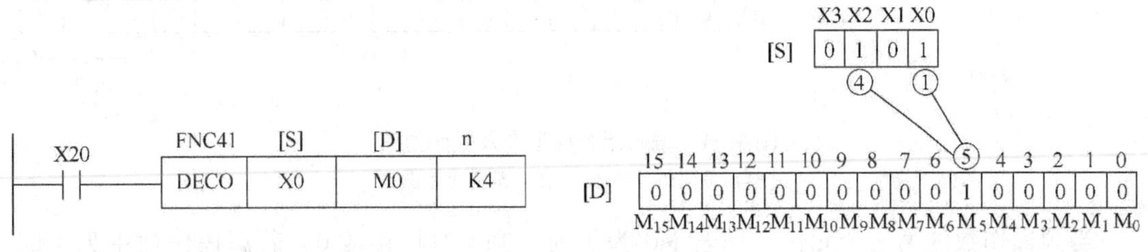


图 4-51　DECO 指令梯形图　　　　图 4-52　译码说明图

当 X20 接通时，每扫描一次图 4-51 所示的梯形图时就对 X0、X1、X2、X3 进行译码，源地址是 1＋4＝5，因此从 M0 起第 5 位的 M5 变为 1（X0＝1、X1＝0、X2＝1、X3＝0）。若源操作数全为 1（X0＝1、X1＝1、X2＝1、X3＝1），则译码结果为 M15＝1；若源操作数全为 0（X0＝0、X1＝0、X2＝0、X3＝0），则译码结果为 M0＝1。

上面梯形图中的源操作数选用 n 个位（X0、X1、X2、X3），现选用 D10 作为源操作数［S］，其梯形图及译码过程如图 4-53 所示。

根据源操作数［S］，即 D10 所存储的数据值，将目标操作数［D］，即 M0～M15 中的元件 M11 接通。

（2）编码指令 ENCO（FNC42）　该指令的梯形图及编码过程如图 4-54 所示。当 X1＝ON 时，执行 ENCO 指令。

［S］为位元件时，以源元件［S］为首地址，长度是 $2^n=8$ 的位元件中，最高置“1”的位置被存放在目标［D］所指定的元件中去，［D］中数值范围由 n 确定。在图 4-54 中，源元件的长度是 8 位，即 M0～M7，最高置 1 位是 M3 即第 3 位，将位置数“3”（二进制数）存放到 D0 中的低 3 位中。

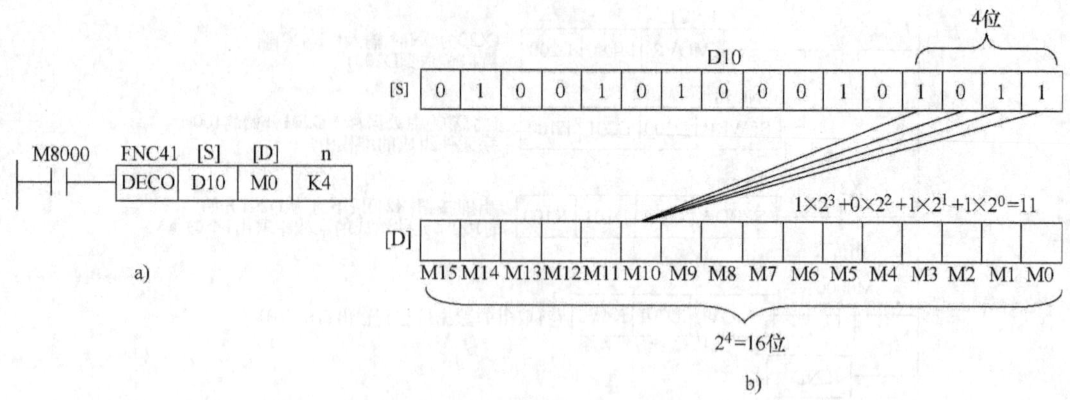


图 4-53　译码指令梯形图及译码过程

a）译码指令梯形图　b）译码过程图

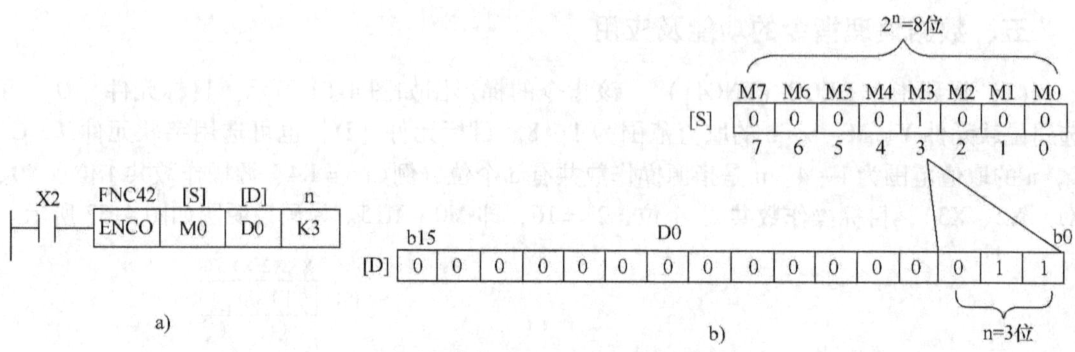


图 4-54　编码指令梯形图及编码过程

a）编码指令梯形图　b）编码过程图

当源操作数的第一个元件，即若 M0 为 1 时，则［D］存放 0。若源操作数中无 1 时，出现运算错误。

若 n=0，程序不执行；n=1~8 以外时，也出现运算错误。若 n=8 时，［S］位数为 $2^8 \approx 255$。

当 X1=OFF 时，不执行 ENCO 指令，保持上次编码输出。

如果［S］是字元件时，在其可读长度 $2^n$ 位中，最高置 1 的位数存放到目标［D］所指定的元件中去，［D］中数值的范围由 n 确定。其梯形图及编码过程如图 4-55 所示。

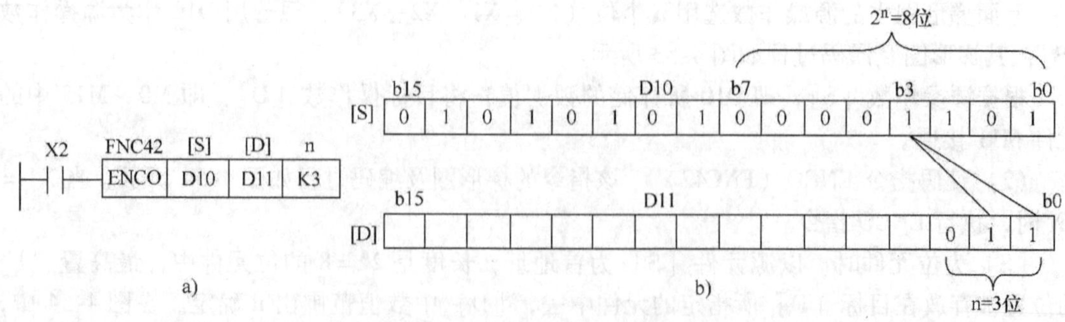


图 4-55　ENCO 指令梯形图及编码过程

a）ENCO 指令梯形图　b）编码过程

当 X2 = ON 时，执行 ENCO 指令；若 X2 = OFF，不执行该指令，上次编码输出保持不变。

源操作数字元件可读长度为 $2^n$ = 8 位，其最高置 1 的位是第 3 位，将位置数“3”（二进制数）存放到 D11 的低 3 位中。

（3）译码指令的应用实例　采用译码指令实现单按钮控制 6 台电动机的起动与停止，按钮按下数次，最后一次保持 1s 以上后，则号码与按的次数相同的电动机运行，再按下按钮，该电动机停止运行。电动机编号为 1 ~ 6 号分别接于 Y10 ~ Y15，控制电动机的起动与停止的按钮接于 X10，其梯形图程序如图 4-56 所示。电动机的号数使用加 1 指令记录在 K1M0 中。译码指令 DECO 则将 K1M0 中的数据解读并使 M10 ~ M17 中和 K1M0 中数据相同的位元件置 1。M19 及 T10 用于输入数字确认与停车复位控制。

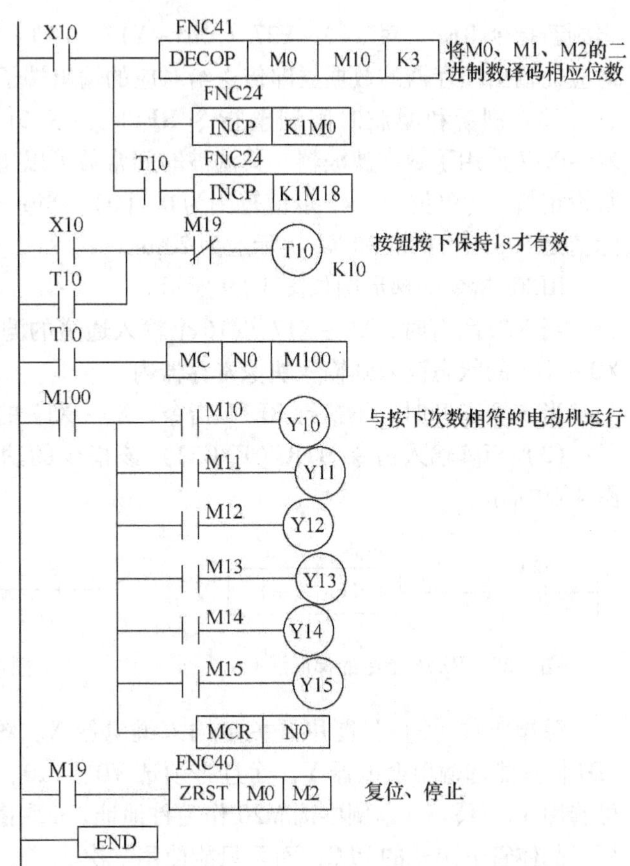

图 4-56　采用译码指令控制 6 台电动机起、停梯形图程序

# 第三节　高速处理功能及应用

## 一、高速处理功能指令（FNC50 ~ FNC59）

（1）输入输出刷新指令 REF（FNC50）　在 PLC 的运行过程中需要最新的输入信息和希望立即输出运算结果时，应使用该输入输出刷新指令。

输入刷新指令的梯形图如图 4-57 所示。输出刷新指令的梯形图如图 4-58 所示。

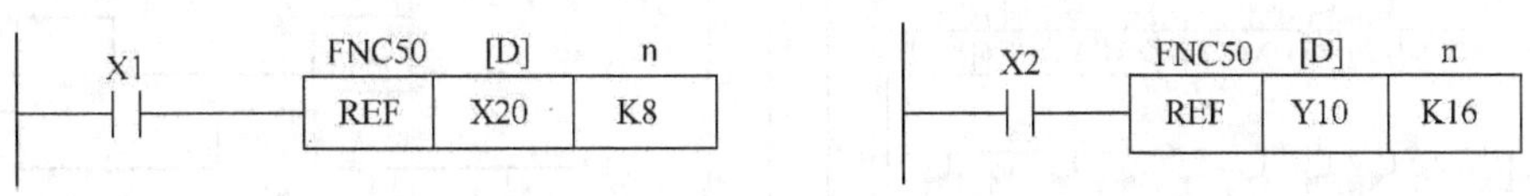

图 4-57　输入刷新指令的梯形图　　图 4-58　输出刷新指令的梯形图

输入刷新指令的目标操作数［D］只能选输入继电器 X，输出刷新指令的目标操作数［D］只能选输出继电器 Y。n 是立即刷新的 X 或 Y 的个数，n 必须是 8 的倍数。

当 X1 闭合时，执行输入刷新指令 REF，PLC 中的 CPU 将该指令所规定的输入继电器 X20 ~ X27（n = 8）共 8 个输入状态立即读到输入映像寄存器中去。当 X2 闭合时，执行输出刷新指令 REF，对 Y10 ~ Y27（Y10 ~ Y17、Y20 ~ Y27）共 16 个（n = 16）输出继电器 Y 对应的输出锁存器的数据立即传送给对应的输出端子，其输出触点动作。

（2）刷新和滤波时间调整指令 REFF（FNC51）　在 $FX_{2N}$ 系列 PLC 的输入电路中，X0 ~ X17 使用了数字滤波器，其滤波时间常数可以用 REFF 指令来修改。数字滤波器时间常数设定值 n（单位为 ms，取值范围为 0 ~ 60）。当 n = 0 时，理论上滤波时间常数为 0，但实际值是 50μs，对 X0 和 X1 实际上为 20μs。

REFF 指令的梯形图如图 4-59 所示。

当 X20 闭合时，X0 ~ X17 共 16 个输入通道的滤波时间常数设置为 1ms（n = 1），并将 X0 ~ X17 的状态读入到输入映像寄存器内。

当 X20 断开时，不执行 REFF 指令，X0 ~ X17 的输入滤波时间常数为 10ms。

（3）矩阵输入指令 MTR（FNC52）该指令的功能是扩展 PLC 的输入端，其梯形图如图 4-60所示。

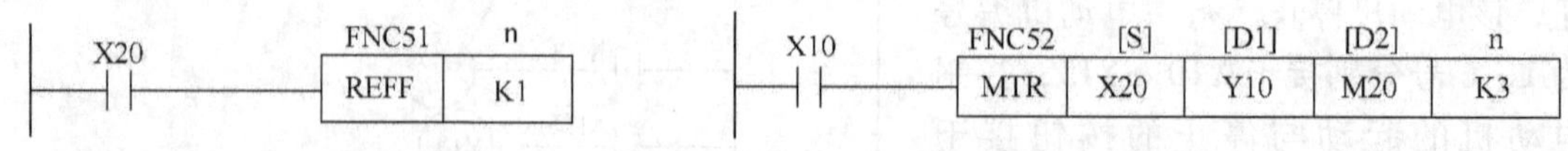


图 4-59　REFF 指令的梯形图　　　图 4-60　矩阵输入指令 MTR 的梯形图

源操作数［S］只能用开关量输入继电器 X。图 4-60 中的［S］是 X20，目标操作数［D1］只能选输出继电器 Y，而且必须选 Y0、Y10、Y20、…为首地址。目标操作数［D2］可选用 Y、M、S，本例中选 M20 作为首地址。n 取值为 2 ~ 8，表示有 n 行。MTR 指令只能用于晶体管输出式的 PLC，而且只能使用一次。

X20 作为源操作数［S］，表示该矩阵输入为 X20 ~ X27，n = 3 表示矩阵为 3 行，而［D1］为 Y10，即 Y10、Y11、Y12 分别为 3 行的选通输出端。［D2］为 M20，表示该矩阵中 8 × 3 = 24 个状态分别存放在 M20 ~ M27、M30 ~ M37、M40 ~ M47 中。

该矩阵输入的硬件接线及相关波形如图 4-61 所示。

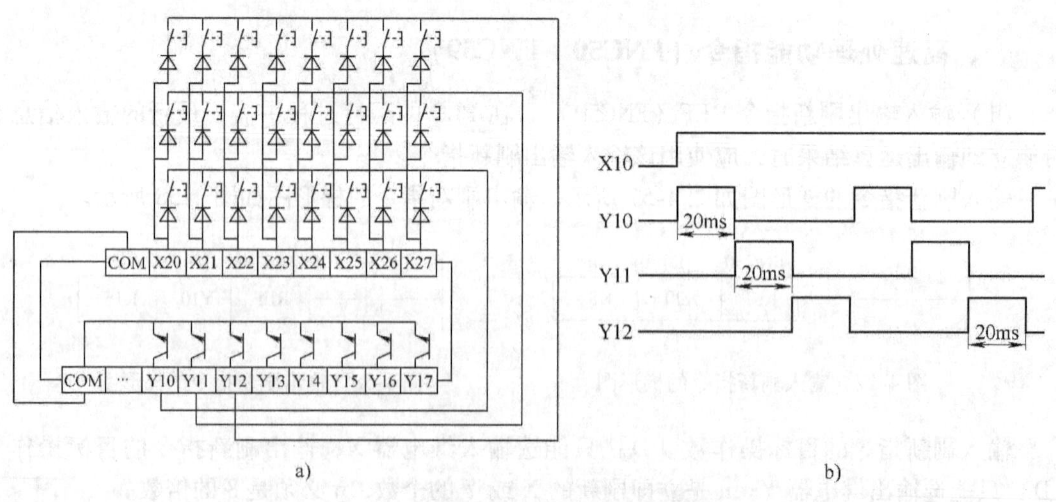


图 4-61　矩阵输入的硬件接线与相关波形
a）矩阵输入的硬接线图　b）输出选通脉冲波形

当 X10 闭合时，Y10、Y11、Y12 轮流接通 20ms。当 Y10 为 1 时的最后一段期间（即 20ms 中最后的 n = 3ms 中），CPU 采用中断方式将矩阵中第一行中的 8 个开关量状态读入到 M20 ~ M27 中。同样，当 Y11 为“1”的最后一段期间内，CPU 采用中断方式将矩阵中第二行的 8 个开关量状态读入到 M30 ~ M37 中……整个矩阵状态读入一次后，CPU 将标志位 M8029 置“1”。显然，采用 MTR 指令，可用 8 个开关量输入和 8 个开关量输出，从而可实现多达 64 点的开关量输入，这仅占用 8 个输入端。

（4）高速计数器（C235 ~ C255）$FX_{2N}$系列的 PLC 内置高速计数器编号为 C235 ~ C255，其设定值和当前值都是 32 位二进制数。而 PLC 的型号应为晶体管输出型（继电器输出型由于对高速动作相应的滞后，会造成执行的混乱）。

C235 ~ C255 的每个计数器都有自己指定的输入（X）地址和不同的功能。其中 C235 ~ C245 为 1 相 1 计数输入，C246 ~ C250 为 1 相 2 计数输入和 2 相（A 相与 B 相）2 计数输入。高速计数器（1 相 1 计数）输入地址和功能如表 4-1 所示。

**表 4-1　高速计数器（1 相 1 计数）输入地址和功能**

| 输入（X）地址 \ 计数器 | C235 | C236 | C237 | C238 | C239 | C240 | C241 | C242 | C243 | C244 | C245 |
|---|---|---|---|---|---|---|---|---|---|---|---|
| X0 | U/D | | | | | | U/D | | | U/D | |
| X1 | | U/D | | | | | R | | | R | |
| X2 | | | U/D | | | | | U/D | | | U/D |
| X3 | | | | U/D | | | | R | U/D | | R |
| X4 | | | | | U/D | | | | R | | |
| X5 | | | | | | U/D | | | | | |
| X6 | | | | | | | | | | S | |
| X7 | | | | | | | | | | | S |

注：U 为增计数输入；D 为减计数输入；R 为复位输入；S 为启动输入。

表中只介绍了 1 相 1 计数的高速计数器的输入地址和功能（其他高速计数器使用时请查看使用手册）。如若使用 C244 作高速计数，其高速脉冲指定在 X0 输入，X1 作 C244 的复位，X6 作 C244 的启动。而 X0、X1 和 X6 就不能作其他输入。C235 ~ C245 即可作为增计数（U），又可作为减计数（D），必须使用特殊辅助继电器进行切换，如表 4-2 所示。

**表 4-2　C235 ~ C245 的增/减计数（U/D）切换所指定的特殊辅助继电器**

| 计数器编号 | U/D 切换指定的 M | 计数器编号 | U/D 切换指定的 M | 计数器编号 | U/D 切换指定的 M |
|---|---|---|---|---|---|
| C235 | M8235 | C236 | M8236 | C237 | M8237 |
| C238 | M8238 | C239 | M8239 | C240 | M8240 |
| C241 | M8241 | C242 | M8242 | C243 | M8243 |
| C244 | M8244 | C245 | M8245 | C246 | M8246 |

（5）高速计数器置位指令 HSCS（FNC53）该指令的梯形图如图 4-62 所示。

当 X10 闭合时，计数器开始计数，C235 的当前值与常数 K200 进行比较，一旦相等会立即采用中断方式将 Y0 置“1”，采用 I/O 立即刷新的方式将 Y0 的输出端接通，Y0 为 ON。之后无论 C235 的当前值如何变化，甚至将 C235 复位或者将其控制电路断开，Y0 始终为 ON，只有使 Y0 复位或使用高速计数器复位 HSCR 指令，才能将 Y0 复位置“0”，即 Y0 为 OFF。

（6）高速计数器复位指令 HSCR（FNC54）该指令的梯形图如图 4-63 所示。

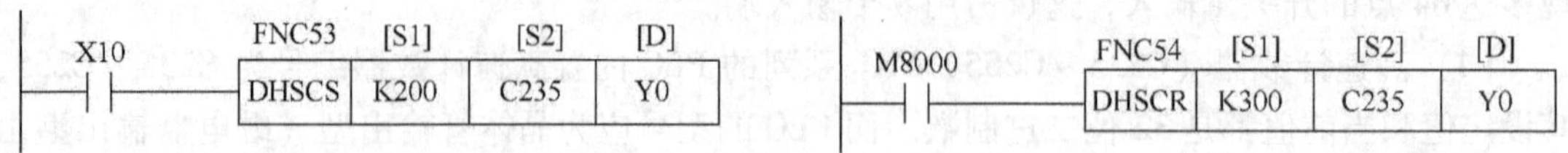


图 4-62 HSCS 指令的梯形图　　图 4-63 HSCR 指令的梯形图

PLC 送电后，M8000 为常 ON 继电器，其常开触点闭合，高速计数器 C235 计数过程中，其当前值始终都在与常数 K300 比较，当计数值等于 300 时，PLC 立即采用中断方式将 Y0 置“0”，并且采用 I/O 立即刷新的方式切断 Y0 的输出，即 Y0 为 OFF。

（7）高速计数器区间比较指令 HSZ（FNC55）。该指令的功能是在规定的区间用中断方式置“1”。HSZ 指令的梯形图如图 4-64 所示。

［S］的选用范围是 C235～C255。目标操作数［D］由 Y20、Y21、Y22 组成，Y20 是首元件。当 X10 闭合时，只要 C238 进行计数操作，就执行该指令，C238 的当前值与［S1］（即常数 1500）和［S2］（即常数 2000）构成的区间进行比较。若 1500 > C238 的当前值，则采用中断方式将 Y20 置“1”，并采用 I/O 立即刷新方式将 Y20 的输出端接通；若 1500≤C238 的当前值≤2000，则采用中断方式将 Y21 置“1”，并采用 I/O 立即刷新方式将 Y21 的输出端接通；若 C238 的当前值≥2000，则采用中断方式将 Y22 置“1”，并采用 I/O 立即刷新方式将 Y22 的输出端接通。当 X10 断开时不执行该指令。

（8）转速测量指令 SPD（FNC56）　该指令的梯形图如图 4-65 所示。

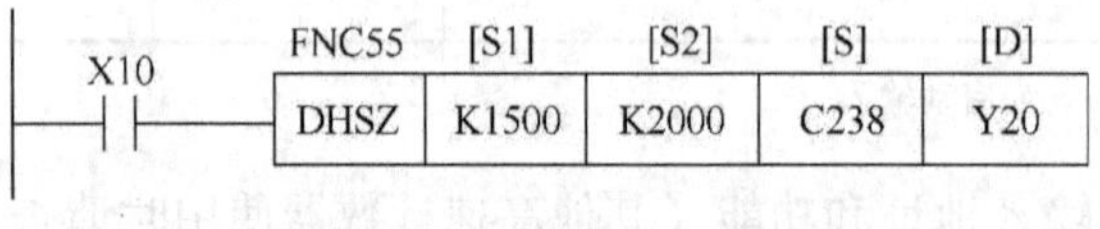

图 4-64 指令 HSZ 的梯形图 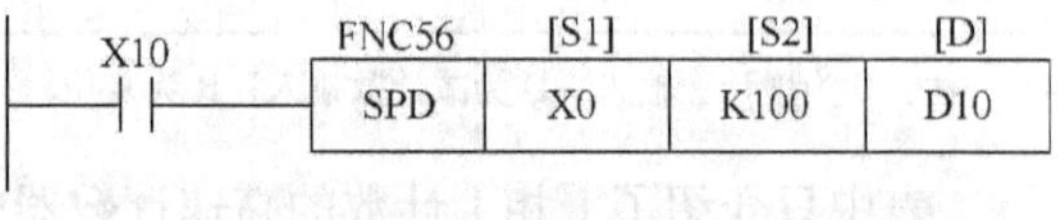　　图 4-65 转速测量指令 SPD 的梯形图

［S1］是高速计数输入端 X0；［S2］是常数 K100，表示的是测量周期 $T$，单位为 ms；［D］由数据寄存器 D10、D11、D12 组成，脉冲发生器每个周期 $T$ 产生 $n$ 个脉冲。

当 X10 闭合时，执行 SPD 指令，把在规定的测量周期（$T = 100$ms）内从 X0 输入的脉冲个数测出并放在 D10 内；D11 内存放正在进行的测量周期内已输入的脉冲个数；D12 内存放正在进行的测量周期内还剩余的时间。当该测量周期的计时时间到，则将 D11 内的数传送到 D10 中去，然后 D11 清零，并且重新开始存放下一个测量周期内输入的脉冲数，D10 内存放的数正比于转速 $N$，即

$$N = \frac{60 \times (\text{D10})}{nT} \times 10^3$$

（9）脉冲输出指令 PLSY（FNC57）PLSY 指令的梯形图如图 4-66 所示。

［S1］表示输出脉冲的频率，其频率范围为 2～20000Hz，［S2］表示脉冲输出的个数。

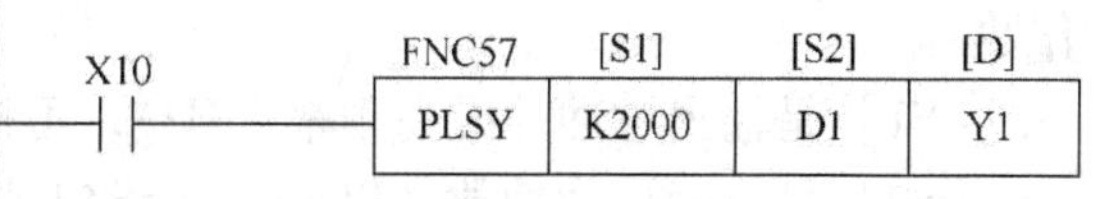


图 4-66　PLSY 指令的梯形图

在执行该指令期间，改变［S1］内的数可以用来改变输出脉冲的频率，PLSY 是采用中断方式输出脉冲，与扫描无关。当 X10 闭合时，扫描到该梯形图程序时，立即采用中断方式，通过 Y1 输出频率为 2000Hz、占空比为 50% 的脉冲，当输出脉冲达到［S2］，即［D1］所设定的数值时，立即停止脉冲输出。

（10）脉宽调制指令 PWM（FNC58）　执行脉宽调制指令 PWM 可产生的脉冲宽度和周期是可以控制的。该指令的梯形图与相关波形图如图 4-67 所示。

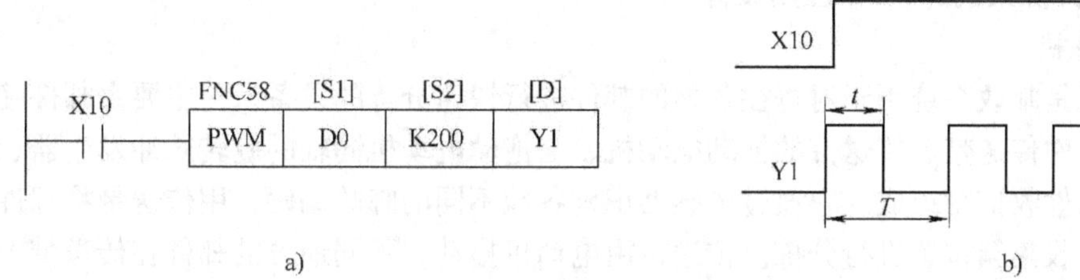


图 4-67　PWM 指令的梯形图及相关波形图
a）梯形图　b）相关的波形图

目的操作数［D］只能选取输出继电器 Y。源操作数［S1］表示输出脉冲的宽度 $t$，取值范围为 0 ~ 32767，单位为 ms。源操作数［S2］表示输出的脉冲周期 $T$，取值范围为 0 ~ 32767，单位为 ms。目的操作数［D］规定脉冲是从哪个输出端输出，其脉冲输出的频率 $f$ 如下式：

$$f- (1/T) \times 10^3$$

输出脉冲的占空比为 $t/T$，改变 $t$，使其在 0 ~ $T$ 的范围内变化，则脉冲的占空比就可在 0% ~100% 范围内变化。

在图 4-67a 中，当 X10 断开时，没有脉冲输出，输出 Y1 始终为“0”；当 X10 闭合时，其频率 $f=(1/200)\times 10^3$，改变数据存储器 D0 内的数，使其在 0 ~200 范围内变化，就会使输出脉冲的占空比在 0% ~100% 之间变化，相关的波形图如图 4-67b 所示。PWM 指令采用中断方式输出脉冲，与扫描周期无关，该指令在程序中只能使用一次。

（11）带加减速脉冲输出指令 PLSR（FNC59）该指令是具有加减速功能可设定传送数量的脉冲输出指令。根据指定的最高频率来设定加速，在达到所指定的输出脉冲数后，进行定减速。其梯形图和原理图如图 4-68 所示。PLSR 指令共有 3 个源操作数和 1 个目标操

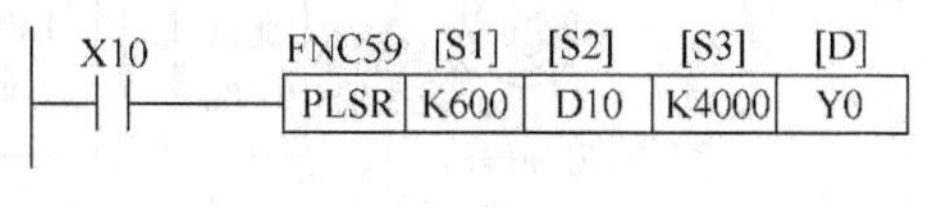


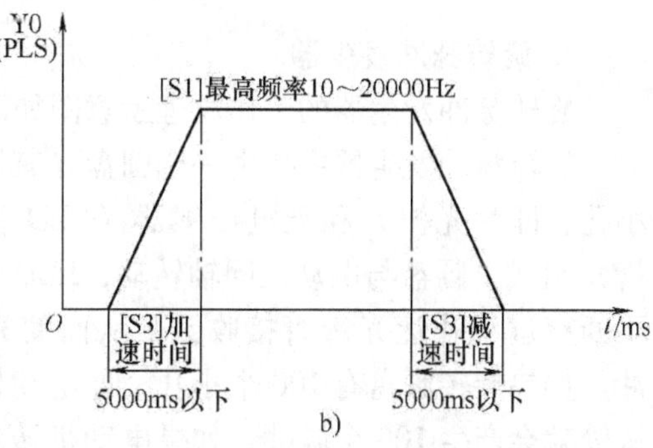


图 4-68　PLSR 指令的梯形图和原理图
a）梯形图　b）速度时间曲线原理图

作数。

［S1］是输出脉冲的最高频率（Hz），可设定范围 10～20000Hz。

［S2］是总输出脉冲数（PLS），可设定范围：16 位运算，110～32767（PLS）；32 位运算时，110～2147483647（PLS）。

［S］是加速度时间和减速度时间（单位 ms），可设定时间范围在 5000ms 以下。

［D］是脉冲输出元件，只能指定 Y0 或 Y1。

PLSR 指令只能用在晶体管输出型 PLC，输出控制不受扫描周期影响而是进行中断处理。

## 二、高速处理功能的应用实例

### （一）邮件分拣系统的 PLC 应用设计

#### 1. 邮件分拣机

邮件分拣机是邮政系统用于对寄往各地的邮件进行快速分拣的设备，它主要由邮件编码识别传感器、邮件传送带、传送带的拖动电动机、与拖动电动机同轴的旋转脉冲发生器、邮件分拣装置和邮件收信箱组成。它通过传感器识别各地不同的邮政编码，用传送带将邮件传送到各地的邮件收集箱位置进行分拣。传送带由电动机拖动，不同地方的邮件在传送带上传送的距离由与电动机同轴连接的旋转编码器发出的脉冲数决定，传送到位后，由邮件分拣装置将邮件分拣到邮件收集箱。系统中由于采用旋转编码器发出的脉冲进行传送距离的定位，能够保证邮件精确传送到位。邮件分拣系统示意图如图 4-69 所示。

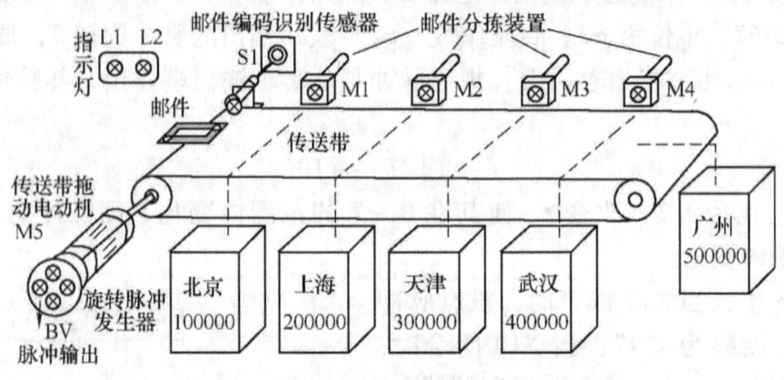


图 4-69　邮件分拣系统示意图

#### 2. 旋转脉冲发生器

旋转脉冲发生器的工作原理示意图如图 4-70 所示。

旋转脉冲发生器主要由一个圆盘（其圆周开了很多小孔，即为光栅）和光电传感器（LED 管与光敏晶体管）组成，圆盘与电动机同轴转动，LED 管发出的光线不断穿过小孔让光敏管接收到，从而使光敏管产生脉冲。如果旋转圆盘有 100 个小孔，即电动机转动一周光敏管就会产生 100 个脉冲，如果电动机转动一周带动传送带移动 0.6m，则两个脉冲间所产生的传送带直线移动距离就是 0.006m，这样就可以通过产生的脉冲总数

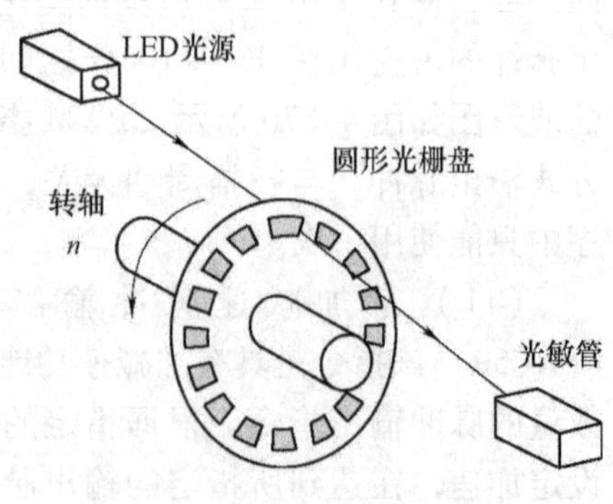


图 4-70　旋转脉冲发生器的工作原理示意图

来确定传送带直线移动的距离，例如400个脉冲就是2.4m了。

现代工业用的旋转编码器实质就是旋转脉冲发生器，旋转编码器型号很多，不同的旋转编码器每圈的脉冲数不同，从100～10000都有，可根据控制要求来选择。旋转编码器除了可用脉冲数确定位移距离外，还可根据两组脉冲的相位确定转动的方向以及运动原点的位置等。

**3. 邮件分拣机的控制要求**

现选用的邮件分拣机是模拟控制系统，其系统的控制要求如下：

1）现采用按钮SB1和SB2作启动与停止控制，启动后，绿灯（L2）发光；各元件应处于复位状态，此时可用拨码开关设定不同地方的邮政编码。

2）采用按钮S1发出的信号来确定邮件已被检测，按下S1后（表示邮件已检测），传送电动机运转，旋转脉冲发生器（BV）发出高速脉冲，此时绿灯（L2）熄灭，红灯（L1）发光，表示邮件正在传送，暂停检测。

3）用BV发出的高速脉冲数量来确定邮件传送的距离，高速脉冲数量应按不同的邮政编码设定，以保证将邮件传送到指定的分拣位置。邮件传送到指定位置后，该位置的分拣装置指示灯发光。

4）设定邮件分拣时间为3s，完成分拣后红灯（L1）熄灭，绿灯（L2）发光，等待邮件检测。

5）当检测到不符合指定邮政编码的数值时，红灯（L1）闪烁，表示邮编有错，L1红灯闪烁6s熄灭。

**4. 邮件分拣PLC系统I/O分配**

邮件分拣PLC系统的I/O分配如表4-3所示。

**表4-3　邮件分拣PLC系统的I/O分配**

<table>
<tr><th colspan="3">输入端（I）</th><th colspan="2">输出端（O）</th></tr>
<tr><th colspan="2">外接元件</th><th>输入继电器地址</th><th>外接元件</th><th>输出继电器地址</th></tr>
<tr><td colspan="2">BV（输入高速脉冲）</td><td>X0</td><td>绿灯（L2）</td><td>Y0</td></tr>
<tr><td colspan="2">SB1（启动按钮）</td><td>X1</td><td>红灯（L1）</td><td>Y1</td></tr>
<tr><td colspan="2">SB2（停止按钮）</td><td>X2</td><td>传送带电动机M5</td><td>Y2</td></tr>
<tr><td colspan="2">S1（邮件编码检测按钮）</td><td>X3</td><td>分拣北京邮件M1</td><td>Y10</td></tr>
<tr><td rowspan="5">1位拨码开关</td><td>1</td><td>X20</td><td>分拣上海邮件M2</td><td>Y11</td></tr>
<tr><td>2</td><td>X21</td><td>分拣天津邮件M3</td><td>Y12</td></tr>
<tr><td>4</td><td>X22</td><td>分拣武汉邮件M4</td><td>Y13</td></tr>
<tr><td>8</td><td>X23</td><td></td><td></td></tr>
<tr><td>CO</td><td>COM</td><td></td><td></td></tr>
</table>

**5. PLC程序的编写**

由于被检测的邮件编码是没有规律的，因此决定邮件传送到哪个分拣位置是不确定的，邮件分拣系统是一个随机控制系统，不宜使用顺序控制的步进程序来编写。

根据控制要求，主要应该完成高速脉冲的计数处理，通过控制脉冲数量来实现传送带对邮件的定位传送，在编程时应注意如下几点：

1）由于邮编是用1位拨码开关设定的，因此，对应北京（邮编100000）、上海（邮编200000）、天津（邮编300000）、武汉（邮编430000）和广州（邮编510000）可设定北京为1、上海为2、天津为3、武汉为4、广州为5。

2）设定北京邮件传送到位的脉冲总数为100、上海邮件传送到位的脉冲总数为200、天津邮件传送到位的脉冲总数为300、武汉邮件传送到位的脉冲总数为430、广州邮件传送到位的脉冲总数为510。考虑到广州邮件是直传，没有设置到位指示灯的显示。

3）采用触点比较指令来控制传送的执行，例如天津的邮件，当检测到的数值为3时就执行脉冲数为300的定位传送。各地邮件的传送控制依此类推，这样编写的程序就会简洁、明确。

邮件分拣系统的梯形图程序如图4-71所示。用拨码开关设定邮编数值（1～5），按下启动按钮SB1，绿灯（L2）发光，点动邮编输入按钮S1，绿灯（L2）熄灭，红灯（L1）发光，表示已有邮件正在传送分拣中。若拨码开关设定的邮编数值为“1”，则高速计数器C235累计100个脉冲时，M1位置灯发光，电动机M5（传送带）停止，表示已将邮件传送到北京邮件收集箱位置，此时红灯（L1）熄灭，而绿灯（L2）重新发光。M1位置灯发光3s后自动熄灭，表示已完成邮件分拣。其他地方的邮件传送与分拣控制过程与邮编为“1”时相同。按下停止按钮SB2，元件复位，数据清零，再按SB1可重新启动运行。

## （二）自动化仓库系统的PLC控制

### 1. 自动化仓库

自动化仓库是现代物流系统的一种常用设备。它可以将货物自动分仓存储，会集货物标签识别、货物分类进仓、货物出仓、货物传送等子系统，采用PLC控制，并通过工业通信网络形成一个功能齐全的大型自动化储运系统。

自动化仓库系统的结构示意图如图4-72所示。它主要是由步进电动机带动的电缸、电磁阀控制的直线气缸和6个带传感器的仓位等元器件组成。其功能是实现货物的自动进仓。自动化仓库系统各部分元件的作用说明如下：

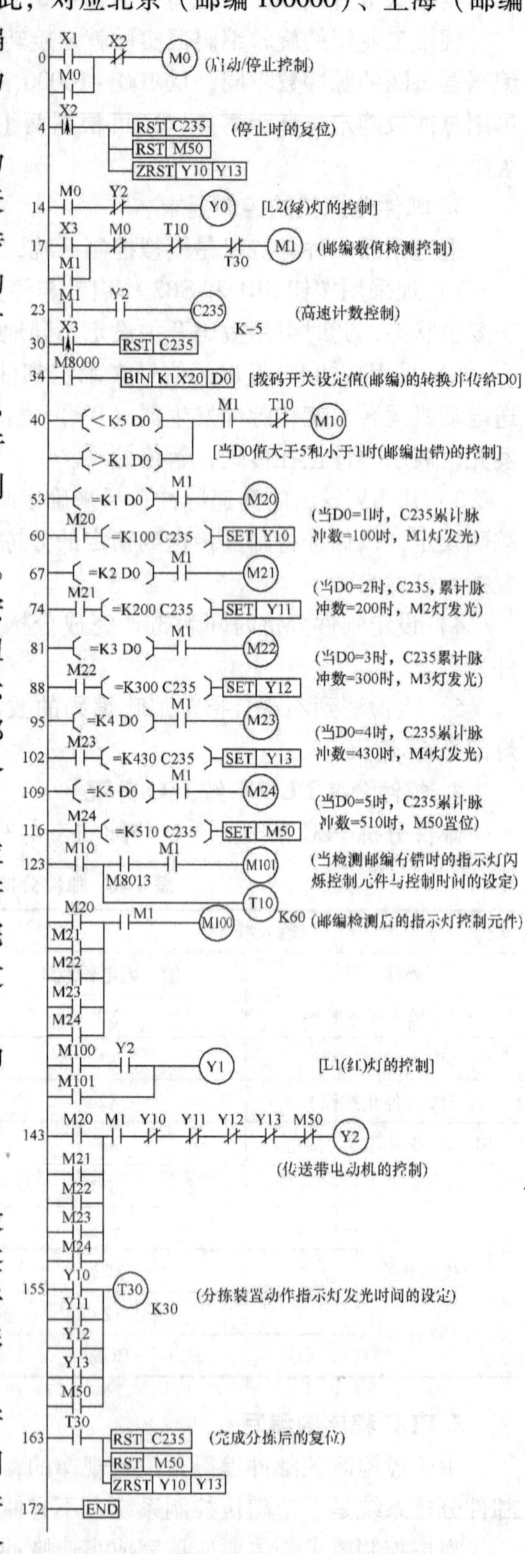


图4-71 邮件分拣系统的梯形图程序

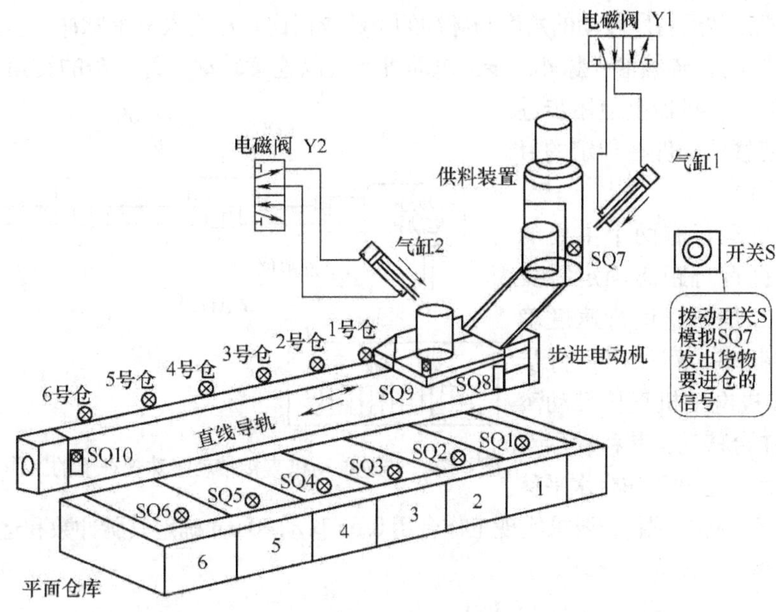


图 4-72　自动化仓库系统的结构示意图

（1）气动装置　由电磁阀 Y1 和 Y2 组成，它们的主要作用说明如下：

1）电磁阀 Y1：驱动气缸将货物推下移动气缸的载货平台。

2）电磁阀 Y2：驱动气缸将电缸载货平台上的货物推进货仓。

（2）电缸装置　由步进电动机、载货平台及电缸限位传感器等元件组成，其作用说明如下：

1）步进电动机与驱动器：步进电动机由专用的驱动器来驱动。步进电动机通过驱动电缸中的精密螺杆来带动载货平台移动。

2）载货平台：当平台上检测货物到位的传感器 SQ9 动作，检测到货物到位时，平台将货物运至各货仓，并通过平台上的气缸将货物推下货仓。

3）电缸限位传感器：电缸两头安装有限位传感器 SQ8 和 SQ10，主要防止电缸的货载平台过位移动造成的电缸损坏或货物损失。

（3）货仓装置　系统中的货仓一共有 6 个（1～6 号），每个货仓都装有货物到位检测传感器（SQ1～SQ6）。

（4）开关 S　系统中的开关 S 用作自动化仓库的启动。

**2. 步进电动机**

步进电动机是一种用输入脉冲信号驱动产生相应角位移的旋转电动机，也称脉冲电动机。步进电动机通过高精度的角度控制来实现高精度的位移。步进电动机一般都采用专用的驱动器来驱动。其控制方式示意图如图 4-73 所示。

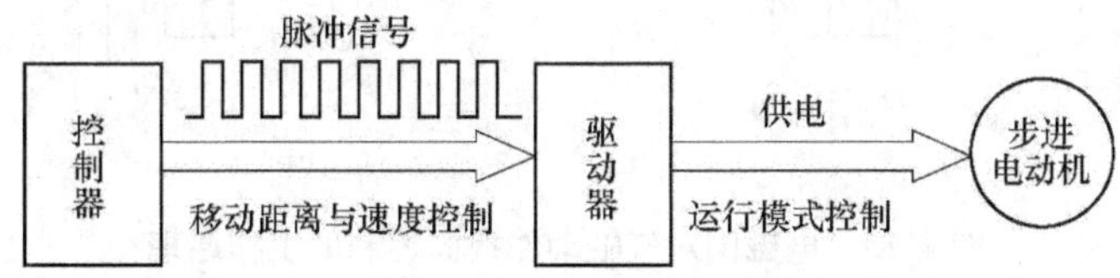


图 4-73　步进电动机控制方式示意图

步进电动机正常运行所转动的角度与脉冲的个数成正比。每输入一个脉冲，步进电动机就转一个角度（步进角）。连续输入脉冲，步进电动机就可以连续转动。每一步的转角越小，其准确度就越高。这样，在机器上使用步进电动机，就能使移动构件在指定的目标位置高精度定位。

步进电动机运行有两个主要的要素：一是根据运行距离确定需要的脉冲总数；二是根据运行速度确定驱动脉冲的频率。例如用一台步进角为 0.72°步进电动机直接带动滚珠丝杠上的工作台移动，其移动示意图如图 4-74 所示。已知工作台水平移动 10mm（滚珠丝杆转一圈），要求实现工作台用 0.5s 移动 40mm 确定其脉冲数和运行频率如下：

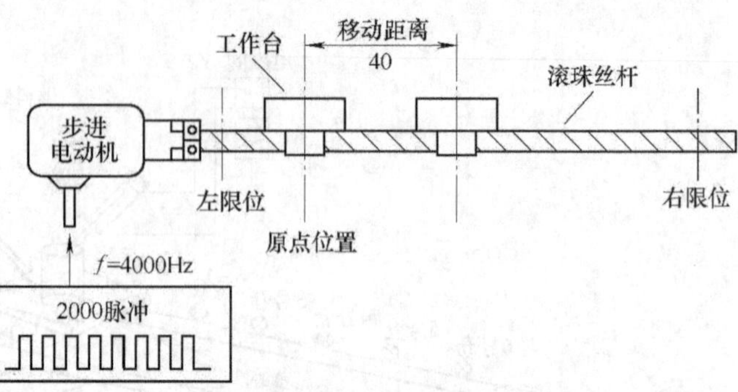


图 4-74　步进电动机直接带动滚珠丝杆上的工作台移动示意图

脉冲总数为

$$\left(\frac{360}{0.72}\times 4\right)\text{个} = 2000\text{ 个}$$

运行频率为

$$\frac{2000}{0.5}\text{Hz} = 4000\text{Hz}\qquad\text{（未考虑电动机加速度过程的时间）}$$

### 3. 电磁阀对直线气缸动作换向的控制

在自动化仓库系统中，采用了电磁阀控制气缸推出货物。气缸的活塞杆由高压气体驱动伸出或缩回，气缸的进排气方向由电磁阀控制。气缸作为执行器之一，控制简单方便，应用比较普遍。

推货用的气缸一般采用直线双作用单杆气缸，控制气缸气路的电磁阀一般用二位五通单线圈控制电磁换向阀，它们的控制工作原理如图 4-75 所示。当电磁阀线圈通电时，电磁阀气路如图 4-75a 所示，高压气体进入气缸左边将气缸活塞杆推出（推货）；当电磁阀线圈断电时，电气阀气路转变为如图 4-75b 所示，高压气体进入气缸的右边，使气缸活塞杆缩回。

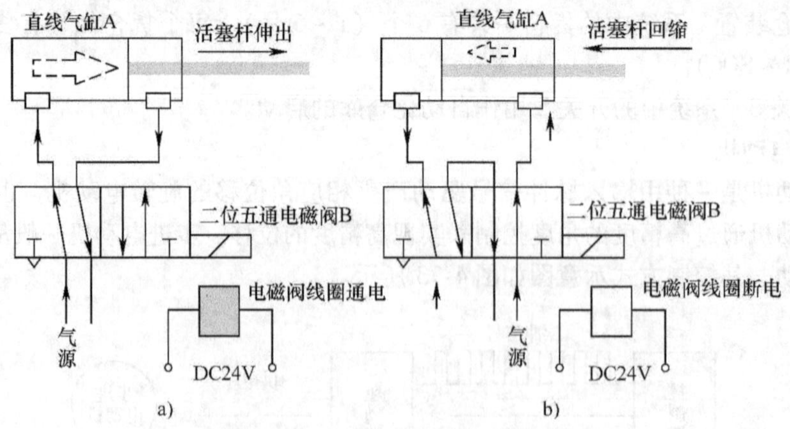


图 4-75　电磁阀对气缸动作换向控制的工作原理

a）活塞杆伸出　b）活塞杆缩回

**4. 自动化仓库系统的控制要求**

（1）自动化仓库工作流程　参见图4-72：接通开关S，传感器SQ7发光，表示有货进仓，此时电磁阀Y1动作，将货物推至电缸的载货平台。货物落到载货平台后，传感器SQ9动作，表示检测到平台有货物，于是步进电动机起动，将平台上货物送至1号仓位进货位置。平台移动到位后，电磁阀Y2动作，气缸将货物推入1号货仓。1号货仓传感器SQ1动作，表示该货仓已有货物。载货平台出货后，平台会自动返回原点位置。停止后，若有货物将再次启动。

（2）货物传送与分仓控制　货物传送由步进电动机驱动电缸执行。货物运送到各仓位的步数（脉冲数）分别设定为：到1号仓位为1000步（脉冲）；到2号仓位为2000步；到3号仓位为3000步；到4号仓位为4000步；到5号仓位为5000步；到6号仓位为6000步。货物进仓的顺序规定为：1号仓→2号仓→3号仓→4号仓→5号仓→6号仓。全部仓位都有货后停止再运送货物。

（3）货物到位与进仓控制　货物到位过程：接通开关S→SQ7指示灯亮→SQ9指示灯亮，表示货物已放到载货平台。开关S接通后可断开，待货物进仓后平台回到右限位位置（SQ8指示灯亮）时，可再接通开关S进货。如果开关S一直置接通状态，则会不断重复进货、运货、进仓过程，直至6个货仓都装货后才停止运行。

货物进仓控制过程：货物运送到位后，电磁阀Y2通电，气缸将货物推进仓（仓库检测传感器指示灯亮），货物进仓后，电磁阀Y2断电，气缸复位，步进电动机应返回原点，右限位指示灯（SQ8）亮。

（4）系统启动与停止控制　用按钮SB1控制系统启动，进货后，将系统启动，货物开始运送，直到满仓后停止运行。在系统运行中，用SB2按钮作停止控制，系统停下后，需要用按钮SB3使系统回到原点，才能重新启动继续运行，直到满仓为止。

**5. 自动化仓库PLC控制系统的I/O分配**

自动化仓库PLC控制系统的I/O分配如表4-4所示。

**表4-4　自动化仓库PLC控制系统的I/O分配**

| 输入端（I） | | 输出端（O） | |
|---|---|---|---|
| 外接元件 | 输入继电器地址 | 外接元件 | 输出继电器地址 |
| 起动常开按钮SB1 | X0 | CP（步进驱动器脉冲输出） | Y0 |
| 停止常开按钮SB2 | X1 | DIR（步进驱动器方向控制） | Y1 |
| 复位常开按钮SB3 | X2 | 电磁阀Y1 | Y10 |
| SQ7（进货口货物检测传感器）（系统内置开关控制） | X3 | 电磁阀Y2 | Y11 |
| SQ8（电缸右限位传感器） | X5 | 步进电动机驱动器接线说明：<br>CP：脉冲输出通道<br>DIR：脉冲输出方向控制<br>OPTO：公共点（+24V）<br>FREE：脱机电平（可悬空） | |
| SQ9（平台货物检测传感器） | X6 | | |
| SQ10（电缸左限位传感器） | X7 | | |
| SQ1（1号仓货物检测传感器） | X10 | | |
| SQ2（2号仓货物检测传感器） | X11 | | |
| SQ3（3号仓货物检测传感器） | X12 | | |
| SQ4（4号仓货物检测传感器） | X13 | | |
| SQ5（5号仓货物检测传感器） | X14 | | |
| SQ6（6号仓货物检测传感器） | X15 | | |

**6. PLC 程序的编写**

（1）设定系统的工作起点（原点）　送料平台在原位（右限位传感器 SQ8 指示灯亮）；电磁阀 Y1 和 Y2 复位，指示灯熄灭；步进电动机脉冲数清零。

（2）运用脉冲输出指令 PLSY（FNC57）驱动步进电动机　设定脉冲频率为 1000Hz，脉冲数量由各仓位的位置确定，脉冲输出地址设为 Y0。由于平台卸货后要回到右限位，所以步进电动机要做方向控制，驱动器 DIR 触点断开时反转（右移），接通时正转（左移），实现载货平台的往复运行。

指令 PLSY（FNC57）输出的脉冲数会保存在以下的特殊数据寄存器中：

D8140（低位）、D8141（高位）：保存 Y0 输出的脉冲总数。

D8142（低位）、D8143（高位）：保存 Y1 输出的脉冲总数。

D8136（低位）、D8137（高位）：保存 Y0 与 Y1 输出的脉冲总数。

指令 PLSY（FNC57）脉冲输完后，指令执行标志 M8029 = ON。

（3）设定到各仓位的行程所需驱动的脉冲数　各仓位行程的脉冲数设定为：到 1 号仓位为 1000 脉冲，到 2 号仓位为 2000 脉冲，到 3 号仓位为 3000 脉冲，到 4 号仓位为 4000 脉冲，到 5 号仓位为 5000 脉冲，到 6 号仓位为 6000 脉冲。

（4）货物进仓顺序　由于系统内部已经设定了不能自主选仓，所以货物进仓按 1、2、3、4、5、6 的顺序进行，各仓全部装货后系统就会停止运行。待系统断电空仓后重新送电后才可再次启动进货。

（5）程序编写　根据自动化仓库系统的控制要求编写的梯形图程序如图 4-76 所示。

系统运行过程如下：

1）连续运货：系统通电后，右限位传感器（SQ8）指示灯亮，将进货开关 S 接通，SQ7 指示灯亮，表示有货物。此时按下起动按钮 SB1，电磁阀 Y1 指示灯亮，表示将货物推下电缸的运货平台，平台检测货物传感器 SQ9 指示灯亮，表示运货平台已有货物。然后步进电动机正转运行，到 1 号仓位停下，电磁阀 Y2 指示灯亮，表示将货物推下仓库。接着运货平台 SQ9 指示灯熄灭，表示货物已推入 1 号仓库，步进电动机反转运行到右限位。此时，若进货开关保持接通（SQ7 指示灯亮），系统就会重复上述过程将货物逐一送进 2 ~ 6 号仓库。

2）单个运货：如果在货物推下运货平台后将开关断开（SQ7 指示灯熄灭），则步进电动机就完成一次运货进仓，回到右限位后（SQ8 指示灯亮）就会停止运行，等待进货开关重新接通，再继续运货。

3）停止与返回原点控制：在系统运行中按下停止按钮 SB2，系统停止运行，已经亮的指示灯会保持。按下返原点按钮 SB3，步进电动机会立刻反转运行返回原点停止，重新启动可按 SB1。若停止时运货平台传感器（SQ9）指示灯仍亮，表示平台上有货，按下 SB1 重新启动后的两种情况：第一种情况是货已进仓后停止（SQ9 指示灯已熄灭），重新启动时电磁阀 Y1 动作指示灯亮，表示将货物已推下平台，系统在停止状态上恢复运行。第二种情况货未进仓时停止（SQ9 指示灯仍亮），重新启动时电磁阀 Y1 不动作，Y1 的指示灯不会亮，系统在停止的状态上恢复运行。

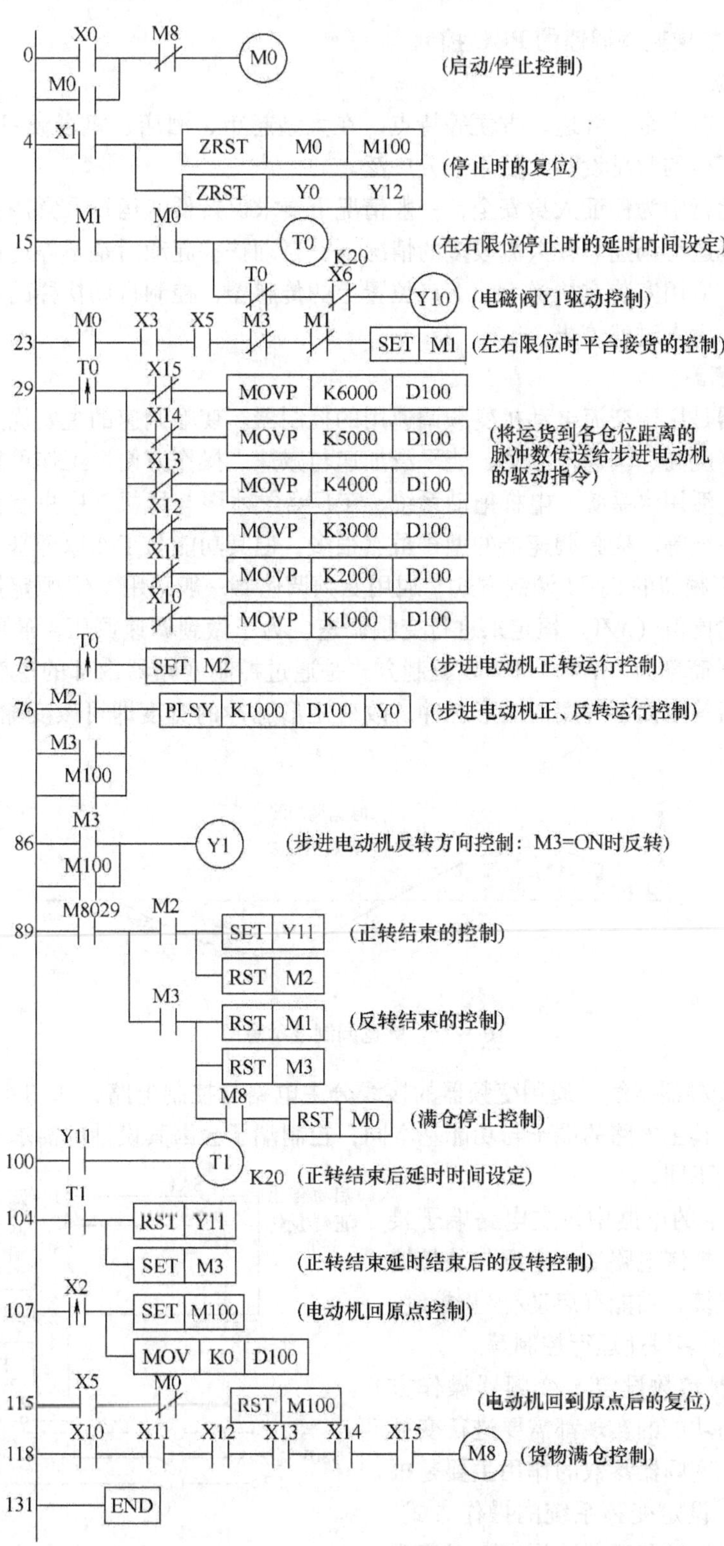


图 4-76 自动化仓库系统梯形图程序

### （三）自动扶梯变频调速的PLC控制

#### 1. 自动扶梯

自动扶梯具有安全、舒适、方便等特点，在大型超市、酒店、机场候机楼等公共场所，是用于载人上下楼的常见设备，使用十分广泛。

自动扶梯运行中为保证人身安全，一般情况下要求保持低速运行，常用变频器对拖动电梯的交流电动机进行调速。在人流较多的情况下，自动扶梯起动后是不停地运行的，而在人流较少的场合，应用安装在扶梯上、下口位置上的传感器，控制自动扶梯的运行，例如有人上下时就启动，无人时就停止。

#### 2. 变频调速器

变频调速器是用于交流电动机变频调速用的控制器。变频调速的主要优点表现在节能效果显著，控制精度高、调速范围宽、能平滑加速与减速、操作方便、工作可靠等方面。目前它广泛应用于生活用水系统、电梯拖动系统、工厂各类水泵与风机、中央空调系统、各类机床电动机控制系统等。变频调速器的型号虽然很多，但其功能与工作原理基本相同。

（1）通过变频器的PWM调制方式　通用变频调速器一般采用V/F恒定控制方式，即保持电压与频率的比值（V/f）恒定来进行变频调速。为了做到调速调压，通用变频器采用了脉宽调制方式（简称为PWM）。PWM调制方式是通过控制变频器内部的逆变器功率开关的通断来获得一组等幅而不等宽的矩形脉冲，改变矩形脉冲的宽度即可改变输出电源的幅值，如图4-77所示。

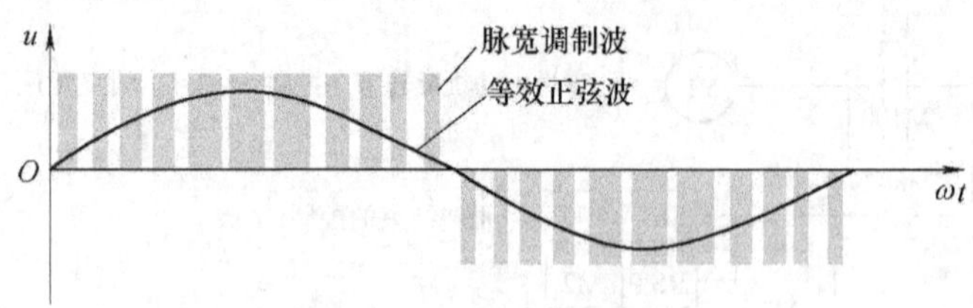


图4-77　脉宽调制波示意图

（2）通用变频器接线　通用变频器的接线分主电路与控制电路，如图4-78所示。不同型号的变频器，其主电路的端子与功能基本同，控制端子会因其设计的需求不同而会有部分控制端子的功能不同。

图4-78所示的电路中，主电路端子接电源与电动机，控制电路端子主要与外接输入或输出器件连接，功能有启动/停止控制、正转/反转控制、多段速运行控制等。

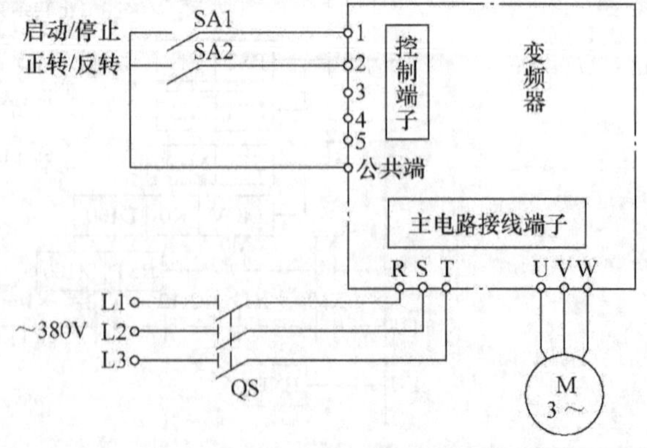


图4-78　通用变频器主/控电路的接线示意图

（3）变频器参数设定　变频器操作方式、运行要求与功能的实现都需要进行变频器参数的设定。变频器参数的作用主要是根据用户的需求，设定变频系统的操作方式、运行控制、运行保护和运行监视等，以实现变频系统的正常运行。每台变频器的参数少则几十个，多则几百个，不同型号的变频器的参数是会不同的，但其功能基本相同，例如操作状态设定参数、运行控制模式选择参数、保护特性参数、多功能输入参数、V/f 特性参数、电动机特性参数、运行频率限制参数、多功能输出参数、自动运转参数和转速反馈参数等。

自动扶梯变频调速 PLC 控制系统必须根据其控制要求正确设定变频器参数，才能确保系统的正常运行。

**3. 自动扶梯变频调速的 PLC 控制系统的控制要求**

（1）用变频器控制 1 号与 2 号扶梯　变频器（1 号与 2 号）的运行参数已在系统内部设定好（变频器是模拟的），主电路也在内部接好。只需将变频器外接控制电路的“起动/停止”、“方向（上/下）”端子与 PLC 输出端相接，用外部端子控制自动扶梯的起动/停止与运行方向。而对电动机的变速运行控制，则是通过变频器的“脉宽调制（PWM）”端子与 PLC 输出端 Y0 相接，用 PLC 的 PWM 指令改变变频器输出频率，达到改变自动扶梯运行速度的目的。

（2）自动扶梯的运行速度要求　起动时，变频器应控制自动扶梯平滑加速，到达正常载人速度后保持该速度。停止时，变频器应控制自动扶梯平滑减速，直至速度为零时停止。

**4. 自动扶梯变频调速的 PLC 控制系统的 I/O 分配**

自动扶梯变频调速的 PLC 控制系统的 I/O 分配如表 4-5 所示。

**表 4-5　自动扶梯变频调速的 PLC 控制系统的 I/O 分配**

<table>
<tr><th colspan="3">输入端（I）</th><th colspan="3">输出端（O）</th></tr>
<tr><td>外接元件</td><td colspan="2">输入地址</td><td colspan="2">外接元件</td><td>输出地址</td></tr>
<tr><td>按钮 SB1（起动控制）</td><td colspan="2">X6</td><td rowspan="4">1 号变频器</td><td>PWM 端子</td><td>Y0</td></tr>
<tr><td>按钮 SB2（停止控制）</td><td colspan="2">X7</td><td>启动/停止端子</td><td>Y2</td></tr>
<tr><td>开关 SA1（1 号扶梯方向控制）</td><td colspan="2">X0</td><td>上/下端子</td><td>Y4</td></tr>
<tr><td>开关 SA2（2 号扶梯方向控制）</td><td colspan="2">X1</td><td>COM 端子</td><td>COM1</td></tr>
<tr><td>开关 SA3（1 号扶梯停开控制）</td><td colspan="2">X2</td><td rowspan="4">2 号变频器</td><td>PWM 端子</td><td>Y0</td></tr>
<tr><td>开关 SA4（2 号扶梯停开控制）</td><td colspan="2">X3</td><td>启动/停止端子</td><td>Y3</td></tr>
<tr><td>按钮 SB3（加速手动控制）</td><td>X2</td><td rowspan="2">仅在图 4-81 程序中使用</td><td>上/下端子</td><td>Y5</td></tr>
<tr><td>按钮 SB4（减速手动控制）</td><td>X3</td><td>COM 端子</td><td>COM2</td></tr>
</table>

**5. PLC 程序的编写**

（1）运用 PWM（FNC58）指令　PLC 输出的脉冲宽度可调节的脉冲信号是输入到变频器控制电路的 PWM 端子，并通过此信号控制变频器主电路逆变器功率开关的通断，达到改变变频器输出频率的目的，如图 4-79 所示。此信号同样是脉冲宽度可调，但和变频器主电路的 PWM 调制的作用是不一样的。

（2）用递增指令“INC（FNC24）”和递减指令“DEC（FNC25）”对“PWM”指令的脉冲进行控制　设定 PLC 的 PWM 指令被驱动时，PLC 输出的脉冲信号宽度从“0”开始以“1”进行递增，直至到达自动扶梯的运行设定值并保持。按下停止按钮时，PLC 输出的脉冲信号宽度从运行设定值开始以“1”进行递减，直至到达“0”时停止。

（3）两台自动扶梯的运行控制　按使用现场的一般要求，两台扶梯的运行与运行方向应有独立的控制，以保证人流多时一台上行，另一台下行，以及在人流少时只开一部（只负责“上行”）的需要。两台自动扶梯的模拟示意图如图 4-80 所示，其运行控制的梯形图程序如图 4-81 所示。

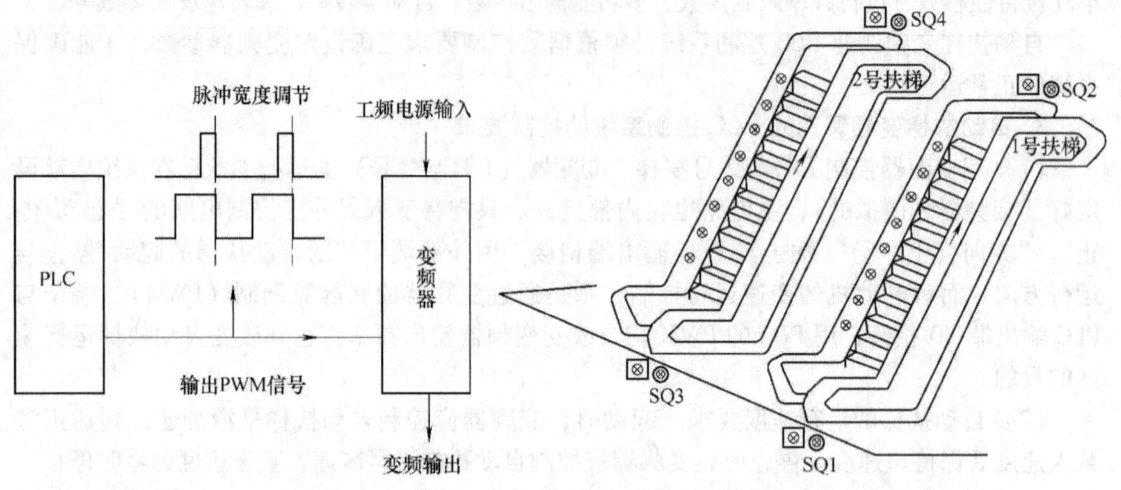


图 4-79 PLC 输出的 PWM 控制信号示意图　　图 4-80 两台自动扶梯的模拟示意图

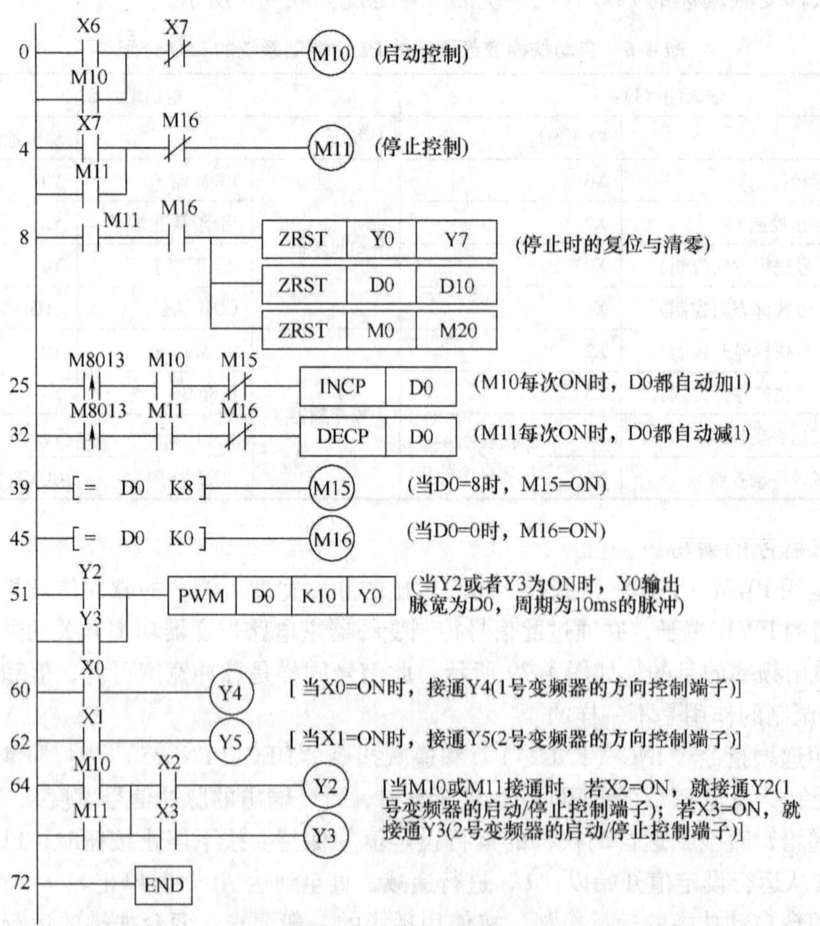


图 4-81 两台自动扶梯的运行控制的梯形图程序

（4）控制程序的执行过程，其执行过程如下：

1）1号扶梯下行、2号扶梯上行过程：将开关SA3、SA4闭合，接通两台扶梯的运行开关。将开关SA1断开，置1号扶梯下行；将开关SA2闭合，置2号扶梯上行。

按下启动按钮SB1，两台扶梯开始加速，参看自动扶梯的模拟系统（见图4-80），1号扶梯运行指示灯组两个一组逐一向下发光，表示1号扶梯向下运行；而2号扶梯运行指示灯组两个一组逐一向上发光，表示2号扶梯向上运行。发光切换速度逐渐加快，表示扶梯正在加速。加速到达设定值速度后，扶梯稳定在该速度上运行。指示灯发光切换速度保持不变。

按下停止按钮SB2，两台扶梯的运行指示灯发光切换速度开始减慢，表示扶梯正在减速，直到减速到零后扶梯运行指示灯全部熄灭，表示扶梯已减速到运行停止。

2）可通过开关SA3与SA4的断开与闭合，控制两台扶梯同时运行或控制只有一台（1号或2号）扶梯运行。

3）可通过开关SA1与SA2的断开与闭合，控制两台扶梯向同一方向运行或控制两台扶梯以相反方向运行。

# 第五章　$FX_{2N}$ 的特殊功能模块及其应用

## 第一节　$FX_{2N}$的模拟量输入/输出模块和高速计数模块

### 一、模拟量输入模块 $FX_{2N}$-4AD

$FX_{2N}$-4AD 模拟量输入模块为 4 通道 12 位 A/D 转换模块，输入通道接收模拟信号并将其转换成数字量传送给 CPU。$FX_{2N}$-4AD 是基于电压或电流的输入/输出的选择通过用户配线来完成，可选用的模拟值范围有 DC －10 ~ 10V（分辨率 5mV）、4 ~ 20mA 和 －20 ~ 20mA（分辨率：20μA）。$FX_{2N}$-4AD 和 $FX_{2N}$主单元之间通过 32 个缓冲存储器（每个 16 位）交换数据，占用 $FX_{2N}$-4AD 扩展总线的 8 个点，这 8 个点可以分配成输入或输出。

#### （一）$FX_{2N}$-4AD 接线图

$FX_{2N}$-4AD 的接线图如图 5-1 所示。

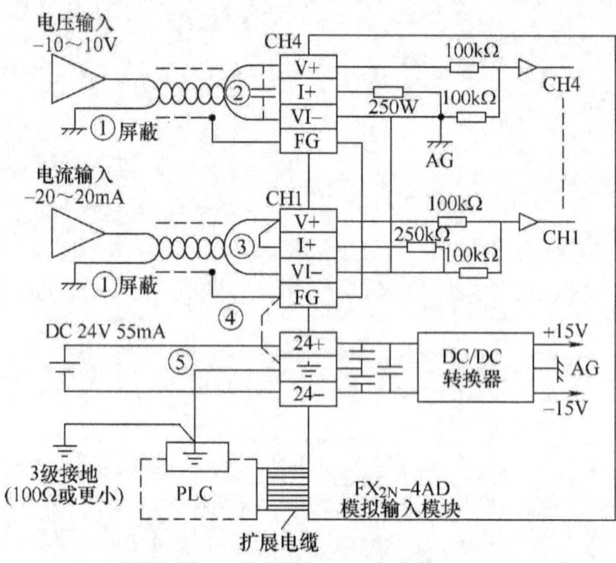

图 5-1　$FX_{2N}$-4AD 的接线图

①模拟输入通过双绞屏蔽电缆来接收。电缆应远离电源线或其他可能产生电气干扰的电线。

②如果输入有电压波动，或在外部接线中有电气干扰，可以接一个平滑电容器（0.1 ~ 0.47μF，25V）。

③如果使用电流输入，应互连 V＋和 I＋端子。

④如果存在过多的电气干扰，应连接 FG 的外壳地端和 $FX_{2N}$-4AD 的接地端。

⑤连接 $FX_{2N}$-4AD 的接地端与主单元的接地端，条件允许的情况下在主单元使用 3 级接地。

#### （二）模拟量输入与输出的关系

1）电源指标：电源指标如表 5-1 所示。

表 5-1　电源指标

| 项目 | 说　明 |
|---|---|
| 模拟电路 | DC 24V（1 ±10%），55mA（主单元的外部电源） |
| 数字电路 | DC 5V，30mA（主单元的内部电源） |

2）输入与输出的关系：模拟量输入与输出关系如表 5-2 和图 5-2 所示。

**表 5-2　模拟量输入与输出的关系**

| 项目 | 电压输入 | 电流输入 |
|---|---|---|
| | 电压或电流输入的选择基于输入端子的选择，一次可使用 4 个输入点 | |
| 模拟输入范围 | DC－10～10V（输入阻抗：200kΩ），输入电压超出±15V 范围时，单元会被损坏 | DC－20～20mA（输入阻抗：250Ω），输入电流超出±32V 范围时，单元会被损坏 |
| 数字输出 | 12 位的转换结果以 16 位二进制补码方式储存，最大值＋2047，最小值：－2048 | |
| 分辨率 | 5mV（10V 默认范围：1/2000） | 20μA（20mA 默认范围：1/1000） |
| 总体精度 | ±1%（对于－10～10V 的范围） | ±1%（对于－20～20mA 的范围） |
| 总体速度 | 15ms/通道（常速），6ms/通道（高速） | |

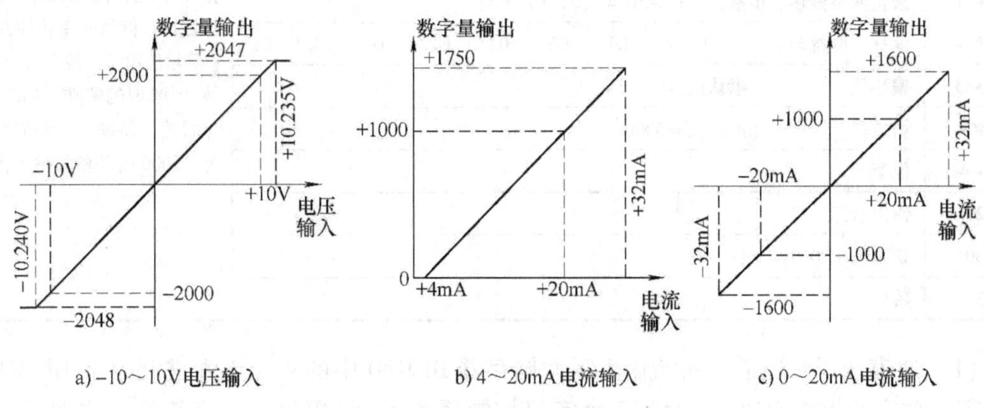


a) −10～10V电压输入　b) 4～20mA电流输入　c) 0～20mA电流输入

图 5-2　模拟量输入与输出的关系

## （三）缓冲存储器（BFM）的分配

缓冲存储器（BFM）的编号及意义如表 5-3 所示。

**表 5-3　缓冲存储器（BFM）的编号及意义**

| BFM | 内　容 | | | | | | | | | 说　明 |
|---|---|---|---|---|---|---|---|---|---|---|
| | | b7 | b6 | b5 | b4 | b3 | b2 | b1 | b0 | 带＊号的缓存器（BFM）可以使用 TO 指令从 PC 写入。不带＊号的缓冲存储器的数据可以使用 FROM 指令读入 PC　在从模拟特殊功能模块读出数据之前。确保这些设置已经送入模拟特殊模块中。否则，将用模块里面以前保存的数值　缓冲存储器利用软件调整偏移和增值偏移（截距）：当数字输出为 0 时的模拟输入值　增益（斜率）：当数字输出为＋1000 时的模拟输入值 |
| ＊#0 | 通道初始化，缺省值＝H0000 | | | | | | | | | |
| ＊#1 | 通道 1 | 包含采样数（1～4096），用于得到平均结果，默认值设为正常速度 8，高速操作可选择 1 | | | | | | | | |
| ＊#2 | 通道 2 | | | | | | | | | |
| ＊#3 | 通道 3 | | | | | | | | | |
| ＊#4 | 通道 4 | | | | | | | | | |
| #5 | 通道 1 | 缓冲区包含采样数的平均输入值，采样数是分别输入在#1～#4 缓冲区中的通道数据 | | | | | | | | |
| #6 | 通道 2 | | | | | | | | | |
| #7 | 通道 3 | | | | | | | | | |
| #8 | 通道 4 | | | | | | | | | |

（续）

<table>
<tr><th>BFM</th><th colspan="9">内　容</th><th>说　明</th></tr>
<tr><td>#9</td><td>通道 1</td><td colspan="8" rowspan="4">这些缓冲区包含每个输入通道读入的当前值</td><td rowspan="17">带＊号的缓存器（BFM）可以使用 TO 指令从 PC 写入。不带＊号的缓冲存储器的数据可以使用 FROM 指令读入 PC<br>在从模拟特殊功能模块读出数据之前。确保这些设置已经送入模拟特殊模块中。否则，将用模块里面以前保存的数值<br>缓冲存储器利用软件调整偏移和增值偏移（截距）：当数字输出为 0 时的模拟输入值<br>增益（斜率）：当数字输出为 +1000 时的模拟输入值</td></tr>
<tr><td>#10</td><td>通道 2</td></tr>
<tr><td>#11</td><td>通道 3</td></tr>
<tr><td>#12</td><td>通道 4</td></tr>
<tr><td>#13 ~ #14</td><td colspan="9">保留</td></tr>
<tr><td>#15</td><td>选择 A/D 转换速度</td><td colspan="8">如设为 0，则选择正常速度，15ms/通道（默认）<br>如设为 1，则选择高速，6ms/通道</td></tr>
<tr><td>16# ~ 19#</td><td colspan="9">保留</td></tr>
<tr><td>＊#20</td><td colspan="9">复位到默认值和预设。默认值 = 0。</td></tr>
<tr><td>＊#21</td><td colspan="9">禁止调整偏移、增益值，默认值 = （0，1）允许</td></tr>
<tr><td>＊#22</td><td>偏移，增益调整</td><td>G4</td><td>04</td><td>G3</td><td>03</td><td>G2</td><td>02</td><td>G1</td><td>01</td></tr>
<tr><td>＊#23</td><td>偏移值</td><td colspan="8">默认值 = 0</td></tr>
<tr><td>＊#24</td><td>增益值</td><td colspan="8">默认值 = 5000</td></tr>
<tr><td>#25 ~ #28</td><td colspan="9">保留</td></tr>
<tr><td>#29</td><td colspan="9">错误状态</td></tr>
<tr><td>#30</td><td colspan="9">识别码 K2010</td></tr>
<tr><td>#31</td><td colspan="9">禁用</td></tr>
</table>

（1）通道选择　通道的初始化由缓冲储存器 BFM#0 中的 4 位十六进制数字 HOOOO 控制。第一位字符控制通道 1，而第四个字符控制通道 4。设置每一个字符的方式如下：O = 0：预设范围（ -10 ~ 10V）；O = 2：预设范围（ -20 ~ 20mA）；O = 1：预设范围（ +4 ~ +20mA）；O = 3：通道关闭 OFF。

例如：缓冲储存器 BFM#0 中的 4 位十六进制数字设置为 H3310，则 CH1：预设范围（ -10 ~ 10V）；CH2：预设范围（ +4 ~ +20mA）；CH3、CH4：通道关闭（OFF）。

（2）模拟到数字转换速度的改变　在 $FX_{2N}$-4AD 的 BFM#15 中写入 0 或 1，就可以改变 A/D 转换的速度。当改变转换速度后，BFM#1 ~ #4 将立即设置到默认值，这一操作将不考虑它们原有的数值。为保持高速转换率，尽可能少地使用 FROM/TO 指令。

（3）调整增益和偏移值　增益和偏移调整说明如下：

1）当通过将 BFM#20 设为 K1 而将其激活后，包括模拟特殊功能模块在内的所有设置将复位成默认值，对于消除不希望的增益/偏移调整，这是一种快速的方法。

2）如果 BFM#21 的（b1，b0）设为（1，0），增益/偏移的调整将被禁止，以防止操作者不正确的改动，基需要改变增益/偏移，（b1，b0）必须设为（0，1），默认值是（0，1）。

3）BFM# 23 和 BFM#24 的增益/偏移量被传送进指定输入通道增益/偏移的稳定寄存器，待调整的输入通道可以由 BFM# 22 适当的 G-O（增益 - 偏移）位来指定。例如，位 G1 和 O1 设为 1，当用 TO 指令写入 BFM#22 后，将调整输入通道 1。

4）对于具有相同增益/偏移量的通道，可以单独或一起调整。

5）BFM# 23 和 BFM#24 中的增益/偏移量的单位是 mV 或 μA，由于单元的分辨率，实际的响应将以 5mV 或 20μA 为最小刻度。

（4）状态信息 BFM#29　状态信息如表 5-4 所示。

**表 5-4　状态信息表**

| BFM#29 | ON | OFF |
|---|---|---|
| b0：错误 | b1 ~ b4 中任何一个为 ON；如果 b2 ~ b4 中任何一个为 ON，所有通道的 A/D 转换停止 | 无错误 |
| b1：偏移/增益错误 | 在 EEPROM 中的偏移/增益数据不正常或者调整错误 | 增益/偏移数据正常 |
| b2：电源故障 | DC 24V 电源故障 | 电源正常 |
| b3：硬件错误 | A/D 转换器或其他硬件故障 | 硬件正常 |
| b10：数字范围错误 | 数字输出值小于 -2048 或大于 +2047 | 数字输出值正常 |
| b11：平均采样错误 | 平均采样数不小于 4097，或者不大于 0（使用默认值 8） | 平均正常（在 1 ~ 4096 之间） |
| b12：偏移/增益调整禁止 | 禁止 - BFM#21 的（b1，b0）设为（1，0） | 允许 BFM#21 的（b1，b0）设为（1，0） |

b4 ~ b7、b9、b13 ~ b15 没有定义。

（5）识别码 BFM#30　可以使用 FROM 指令读出特殊功能模块的识别号（或 ID）。$FX_{2N}$-4AD 单元的识别码是 K2010，PLC 中的用户程序可以在程序中使用这个号码，以在传输/接收数据之前确认此特殊功能模块。

BFM#0、BFM23 和 BFM24 的值将复制到 $FX_{2N}$-4A 的 EEPROM 中。只有数据写入增益/偏移命令缓冲 BFM#22 中时才复制 BFM#21 和 BFM#22。同样，BFM#20 也可以写入 EEPROM 中。EEPROM 的使用寿命大约是 10000 次（改变），因此不要使用程序频繁地修改这些 BFM。

写入 EEPROM 需要时间，因此指令间需要 300ms 左右的延时，以供写入 EEPROM。因此，在第二次写入 EEPROM 之前，需要使用延时器。

**（四）定义增益/偏移**

（1）增益　增益图如图 5-3 所示。

（2）偏移　偏移图如图 5-4 所示。

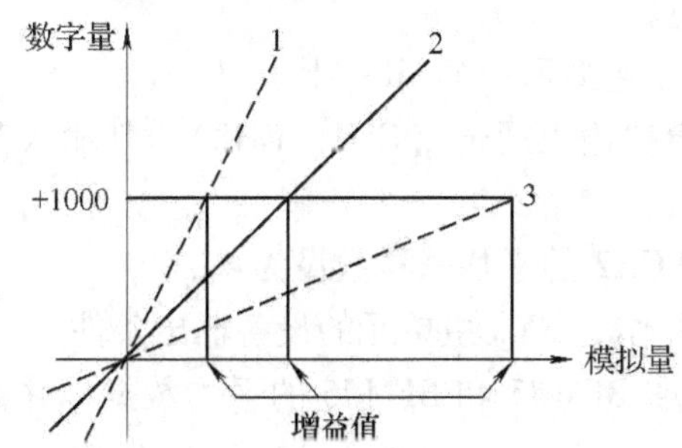


图 5-3　$FX_{2N}$-4AD 增益图

1—小增益，读取数字值间隔大

2—零增益，默认：5V 或 20mA

3—大增益，读取数字值间隔小

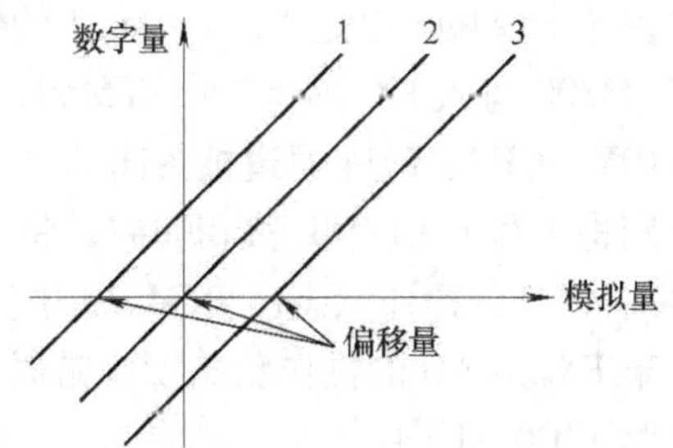


图 5-4　$FX_{2N}$-4AD 偏移图

1—负偏移，数字值为 0 时模拟值为负

2—零偏移，数字值等于 0 时模拟值等于 0

3—正偏移，数字值为 0 时模拟值为正

（3）说明　偏移/增益可以独立或一起设置。合理的偏移范围是 -5～5V 或 -20～20mA，而合理的增益是 1～15V 或 4～32mA。增益/偏移都可以用 $FX_{2N}$ 主单元的程序调整。

1）增益和偏移 BFM#21 的位设备 b1、b2 应该设置为（0，1），以允许调整。

2）一旦调整完毕，这些位元件应该设为（1，0），以防止进一步的变化。

3）通道初始化（BFM#0）应该设到最接近的范围。

**（五）实例程序**

（1）基本程序　$FX_{2N}$-4AD 模块连接在特殊功能模块的 0 号位置，通道 CH1 和 CH2 用做电压输入。平均数设为 4，并且用 PLC 的数据寄存器 D0 和 D1 接收输入的数字值。其基本程序如图 5-5 所示。

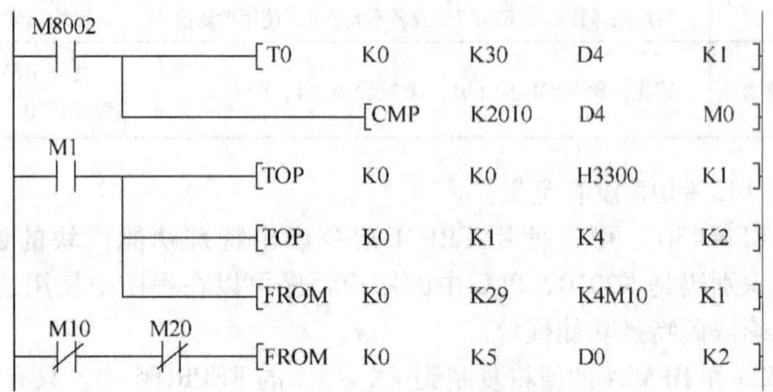


图 5-5　$FX_{2N}$-4AD 基本程序

程序说明：

PLC 将“0”位置的特殊功能模块的 ID 号由 BFM#30 中读出保存在主单元的 D4 中，并与 K2010 进行比较以检查模块是否是 $FX_{2N}$-4AD，若是，则 M1 变为 ON。这两个程序步对完成模拟量的读入来说不是必须的，但它们确实是有用的检查。在由 FROM/TO 指令控制的各种特殊模块，例如模拟输入模块、高速计数模块等，都可以连接到 $FX_{2N}$ 可编程控制器（MPU），或者连接到其他扩展模块或单元的右边。

最多 8 个模块可以是 No. 0～No. 7 的数字顺序连接到一个 MPU 上。

将 H3300 写入 $FX_{2N}$-4AD 的 BFM#0，建立模拟输入通道（CH1、CH2），其输入范围为 -10～10V，CH3、CH4 通道被关闭。

分别将 4 写入 BFM#1 和 BFM#2，将 CH1 和 CH2 的平均采样数设为 4。

$FX_{2N}$-4AD 的操作状态由 BFM#29 中读出，并作为 $FX_{2N}$ 主单元的设备输出条件。

如果 $FX_{2N}$-4AD 的操作状态没有错误，则读取 BFM#5 和 BFM#6 的平均数据，并保存在 $FX_{2N}$ 主单元 D0～D1 中。

（2）在程序中使用增益和偏移量　可以使用 PLC 输入终端上的下压按钮来调整 $FX_{2N}$-4AD 的增益和偏移。也可以通过 PC 中的软件设置来调整。只有 $FX_{2N}$-4AD 存储器中的增益/偏移值需要调整。模拟输入不需要电压表和电流表，但需要 PC 中的程序。

如图 5-6 所示程序，输入通道 CH1 的偏移和增益值被分别调整为 0V 和 2.5V。

$FX_{2N}$-4AD 模块在模块 No. 0 位置处（例中最靠近 $FX_{2N}$ 主单元的模块）。

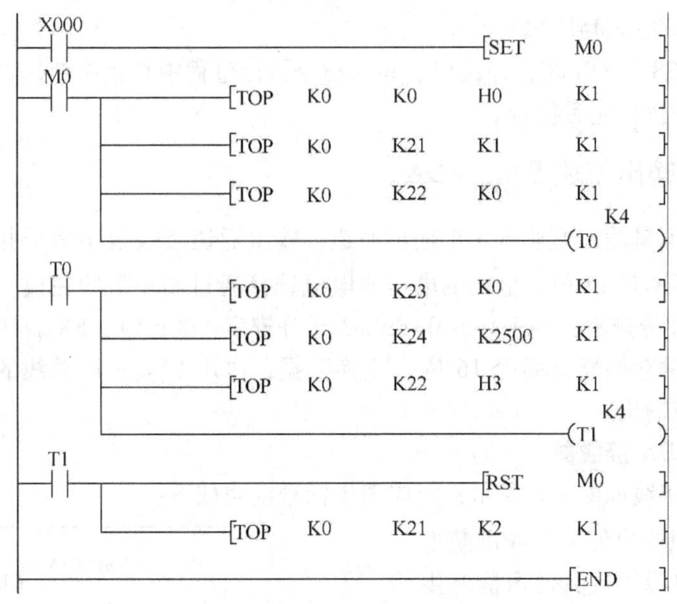

图 5-6　$FX_{2N}$-4AD 增益和偏移

**（六）FROM 和 TO 指令简介**

（1）指令组成要素　特殊功能模块与 PLC 主机的数据联系通信需要使用 FROM（读出）指令和 TO（写入）指令。FORM 指令用于将特殊功能模块的缓冲存储器（BFM）中的数据读入到 PLC。TO 指令可将数据从 PLC 写入特殊功能模块的缓冲存储器中。使用 FROM 和 TO 指令可以进行模块的配置、偏移及增益的调整、模拟量转换成数字量或转换为模拟量的数字量传送等。特殊功能模块的读出、写入指令的组成要素如表 5-5 所示。

表 5-5　特殊功能模块读出、写入指令的组成要素

| 指令名称 | 功能码、处理位数 | 助记符 | 操作数范围 | | | | 占用程序步数 |
|---|---|---|---|---|---|---|---|
| | | | M1 | M2 | [D·]、[S·] | N | |
| 特殊功能模块读出 | FNC78（16/32） | FROM<br>FROMP | K、H：0 ~ 7，特殊功能模块 | K、H：0 ~ 32767，BFM 号 | KnY、KnM、KnS、T、C、D、V、Z | K、H：1 ~ 32767 | FROM　9 步<br>FROMP　17 步 |
| 特殊功能模块写入 | FNC79（16/32） | TO<br>TOP | K、H：0 ~ 7，特殊功能模块编号 | K、H：0 ~ 32767，BFM 号 | KnY、KnM、KnS、T、C、D、V、Z | K、H：1 ~ 32767 | To　9 步<br>Top　17 步 |

（2）指令说明及事例　特殊功能模块的读出、写入指令的格式如图 5-7 所示。

在图 5-7 中，梯形图中第一行中的 X0 接通时，将 PLC 右侧编号为 0 的特殊功能模块内的第 26 数据缓存储器（BFM#26）开始的一个数据读入到 PLC 中的 M10 ~ M25（一个字）中。

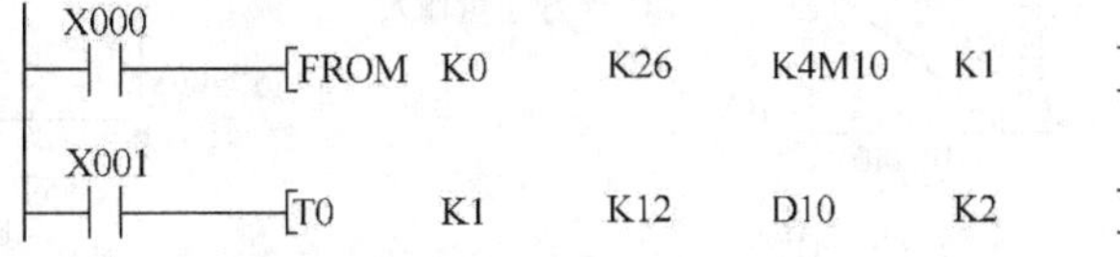

图 5-7　读出、写入指令的格式

在梯形图中的第二行中的 X1 接通时，将 PLC 基本单元中从 D10 开始的两个字的数据写入到编号为 1 的特殊功能模块内从编号 12 开始的 2 个数据缓冲存

储器中（BFM#12 和 BFM#13）。

应注意，M8028 为 ON 时，在读出、写入指令执行过程中禁止中断，在此期间发生的中断，在读、写指令执行完后执行。

## 二、模拟量输出模块 $FX_{2N}$-4DA

$FX_{2N}$-4DA 模拟量输出模块有 4 个输出通道，输出通道接收数字信号并转换成等价的模拟信号，最大分辨率是 12 位。输出的电压或电流选择通过用户配线完成，可选用的模拟值有 DC −10 ~ 10V（分辨率：5mV）或 0 ~ 20mA（分辨率：20μA）。$FX_{2N}$-4DA 和 $FX_{2N}$ 主单元之间通过 32 个缓冲存储器（每个 16 位）交换数据，占用 $FX_{2N}$ 扩展总线的 8 个点。这 8 点可以分配成输入或输出。

### （一）$FX_{2N}$-4DA 接线图

$FX_{2N}$-4DA 的接线如图 5-8 所示，对应图中标号说明如下：

①为对于模拟输出使用双绞屏蔽电缆，电缆应远离电源线或其他可能产生干扰的电线。

②为在输出电缆的负载端使用单点接地，（3 级接地，不大于 100Ω）。

③为输出存在电气噪声或电压波动时，可以连接一个平滑电容器（0.1 ~ 0.7μF，25V）。

④为将 $FX_{2N}$-4DA 的接地端和可编程控制器 MPU 的接地端连接在一起。

⑤为将电压输出端子短路或连接电流输出负载到电压输出端子可能会损坏 $FX_{2N}$-4DA。

⑥为 $FX_{2N}$-4DA 可以使用可编程控制器 24V 直流电源。

⑦为不要将任何单元连接未用端子。

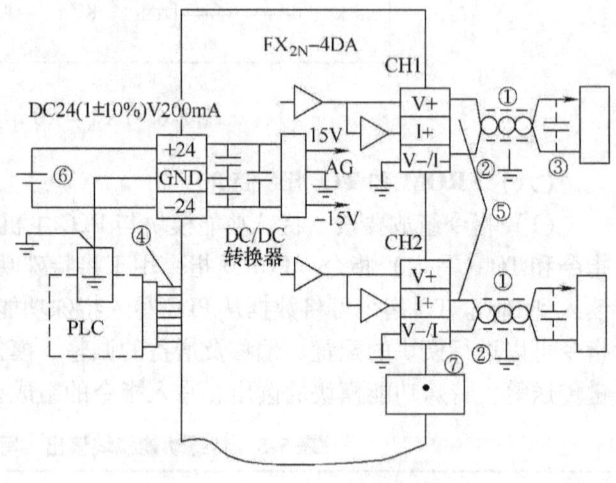


图 5-8　$FX_{2N}$-4DA 接线图

### （二）输入与输出的关系

输入与输出的关系如图 5-9 和表 5-6 所示。

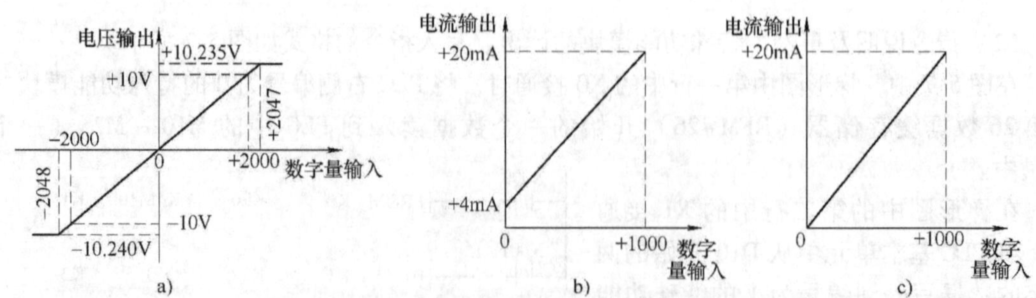


图 5-9　模拟量输入与输出的关系

a）−10 ~ 10V 电压输出 $R_L$ = 10kΩ　b）4 ~ 20mA 电流输出 $R_L$ = 250Ω　c）0 ~ 20mA 电流输出 $R_L$ = 250Ω

表 5-6 模拟量输入与输出的关系

| 项目 | 电压输出 | 电流输出 |
|---|---|---|
| 模拟输出范围 | DC -10 ~ 10V（外部负载阻抗：2kΩ ~ 1MΩ） | DC 0 ~ 20mA（外部负载阻抗：500Ω） |
| 数字输入 | 16 位，二进制，有符号（数值有效位：11 位和一个符号位（1 位）） | |
| 分辨率 | 5mV（10V × 1/2000） | 20μA（20mA × 1/1000） |
| 总体精度 | ±1%（对于 +10V 的全范围） | ±1%（对于 +20mA 的全范围） |
| 转换速度 | 4 个通道 2.1ms（改变使用的通道数不会改变转换速度） | |
| 隔离 | 模拟和数字电路之间用光电耦合器隔离，DC/DC 转换器用来隔离电源和 FX$_{2N}$单元，模拟通道之间没有隔离 | |
| 外部电源 | DC24V（1 ± 10%）200mA | |
| 占用 I/O 点数目 | 占用 FX$_{2N}$扩展总线 8 点 I/O（输入输出皆可） | |
| 功率消耗 | 5V，30mA（MPU 的内部电源或者有源扩展单元） | |

## （三）缓冲存储器（BFM）的分配

BFM 编号及意义如表 5-7 所示。

表 5-7 BFM 编号及意义

| | BFM | 内容 | | | BFM | 内容 | |
|---|---|---|---|---|---|---|---|
| W | #0（E） | 输出模式选择，出厂设置 H0000 | | W | #13 | 增益数据 CH2 *2 | 输出初始增益值：+5000 模式0 |
| | #1 | | | | #14 | 偏移数据 CH3 *1 | |
| | #2 | | | | #15 | 增益数据 CH3 *2 | |
| | #3 | | | | #16 | 偏移数据 CH4 *1 | |
| | #4 | | | | #17 | 偏移数据 CH4 *2 | |
| | #5E | 数据保持模式，出厂设置 H0000 | | | #18，#19 | 保留 | |
| | #6，#7 | 保留 | | W | #20（E） | 初始化，初始值 = 0 | |
| W | #8（E） | CH1、CH2 | 偏移/增益设定命令，初始值 H0000 | | #21E | 禁止调整 I/O 特性（初始值：1） | |
| | #9（E） | CH3、CH4 | | | #22 ~ #28 | 保留 | |
| | #10 | 偏移数据 CH1 *1 | 单位：mV 或 μA 初始偏移值：0 | | #29 | 错误状态 | |
| | #11 | 增益数据 CH1 *2 | | | #30 | K3020 识别码 | |
| | #12 | 偏移数据 CH2 *1 | | | #31 | 保留 | |

注：1. BFM#0、#5、#21 的值保存在 FX$_{2N}$-4DA 的 EEPROM。

2. 当使用增益/偏移设定命令 BFM#8、#9 时，BFM#10 到#17 的值将复制到 FX$_{2N}$-4DA 的 EEPROM 中。

3. BFM#20 会导致 EEPROM 复位。

4. EEPROM 的使用寿命大约是 10000 次，因此不要使用频繁修改这些 BFM 的程序。

5. BFM#0 的模式变化自动导致对应的偏移和增益值的变化。

6. 向内部 EEPROM 写入新值需要一定时间，在改变 BFM#0 的指令和写对应的 BFM#10 ~ BFM#17 的指令之间大约需要 3s 的延迟。因此，在向 BFM#10 ~ BFM#17 写入之前，必须使用延迟定时器。

7. 增益值：当数字输入为 +1000 时的模拟输出值。

8. 偏移值：当数字输入为 0 时的模拟输出值。

（1）BFM#0 输出模式选择 BFM#0 的值使每个通道的模拟输出在电压输出和电流输出

之间切换。采用4位十六进制的形式。右边第一位数字是通道1（CH1）的命令，而第二位数字则是通道2（CH2），以此类推。这四个数字的数字值分别代表下列项目：O=0：设置电压输出模式（-10~10V）；O=1：设置电流输出模式（4~20mA）；O=2：设置电流输出模式（0~20mA）。切换输出模式将复位I/O特性为出厂设置。

（2）BFM#1、#2、#3、#4　输出数据通道CH1，CH2，CH3和CH4。BFM#1：CH1的输出数据（初始值：0）；BFM#2：CH2的输出数据（初始值：0）；BFM#3：CH3的输出数据（初始值：0）；BFM#4：CH4的输出数据（初始值：0）。

（3）BFM#5 数据保持模式　当可编程控制器处于停止（STOP）模式，RUN模式下的最后输出值将被保持。要复位这些值以使其成为偏移值，可按下如下处理，例如，将十六进制值H0011写入BFM#5中，则CH1和CH2复位到偏移值，CH3和CH4保持输出。

（4）BFM#8 和#9 偏移/增益设置命令　在BFM#8或#9相应的十六进制数据中写入1，以改变通道CH1~CH4的偏移和增益值。只有此命令输出后，当前值才会有效。如图5-10所示，O=0：不作改变；O=1：改变数据的数值。

图5-10　通道偏移和增益

（5）BFM#10~#17 偏移/增益数据　将新数据写入BFM#10~#17，可以改变偏移和增益值，写入的单位是mV或μA。数据写入后BFM#8和#9作相应的设置。要注意的是数据可能被舍入成以5mV或20μA为单位的最近值。

（6）BFM#20 初始化　当K1写入BFM#20时，所有的值将被初始化成出厂设定。BFM#20的数据会覆盖BFM#21的数据。这个初始化功能提供了一种撤销错误调整的便捷方式。

（7）BFM#21 禁止调整I/O特性　设置BFM#21为2，会禁止用户对I/O特性的疏忽性调整。一旦设置了禁止调整功能，该功能将一直有效，直到设置允许命令（BFM#21=1）。初始值是1（允许）。所设定的值即使关闭电源也会得到保持。

（8）BFM#29 错误状态　当出现错误时，可以用FROM指令从这里读出错误的详细信息。

（9）BFM#30　特殊模块的标志码，可使用FROM命令读取。$FX_{2N}$-4DA单元的标志码是K3020。MPU与特殊功能模块交换任何数据之前，可以在程序中使用标志码来确定特殊功能模块。

**（四）基本程序**

$FX_{2N}$-4DA模块连接在特殊功能模块的1号位置，通道CH1和CH2用做电压输出通道（-10~10V），CH3作为电流输出通道（+4~+20mA），CH4也作为电流输出通道（0~20mA），在程序中使用状态信息作为输出的条件。其基本程序如图5-11所示。

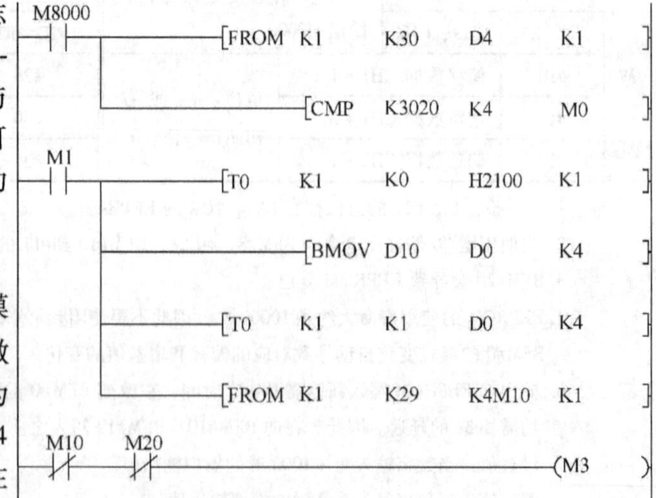


图5-11　$FX_{2N}$-4DA基本程序

程序说明：

1）模块 No. 1 的 BFM#30 数据（型号码）传到数据寄存器 D4。当型号码设为 K3020（FX$_{2N}$-4DA），M1 打开。

2）将 H2100 写入 FX$_{2N}$-4DA 的 BFM#0，建立电压输出通道 CH1 和 CH2，电流输出通道 CH3 和 CH4。

3）数据寄存器 D0 ~ D3 分别写入 BFM#1 ~ BFM#4（输出到 CH11 ~ CH4）。

4）FX$_{2N}$-4DA 的状态信息由 BFM#29 读出，并作为 FX$_{2N}$主单元的设备输出条件。

5）数据寄存器 D0 ~ D1 数据范围 -2000 ~ 2000，数据寄存器 D2 和 D3 数据范围 0 ~ 1000。

操作过程：

①关闭 MPU 的电源，连接 FX$_{2N}$-4DA。然后，配置 FX$_{2N}$-4DA 的 I/O 导线。

②设置 MPU 为 STOP，打开电源写入上面的程序，然后切换 MPU 到 RUN 状态。

③从 D0（BFM#1）、D1（BFM#2）、D2（BFM#3）和（BFM#4）将模拟值分别写入各自对应的 FX$_{2N}$-4DA 输出通道。当 MPU 处于 STOP 状态时，停止 MPU 之前的模拟值将保持在输出端。

④当 MPU 处于 STOP 状态，偏移值也可以输出。

**（五）操作注意事项**

1）特殊功能模块的数目不能超过 8 个，并且总的系统 I/O 点数不能超过 256 点。

2）确保应用中选择正确的输出模式。

3）检查在 5V 或 24V 电源上没有电源过载，记住：FX$_{2N}$-4DA 的 MPU 或者有源扩展单元的负载是根据所连接的扩展模块或特殊功能模块数目而变化的。

4）打开或关闭模拟信号的 DC24V 电源后，模拟输出将起伏大约 1s。这是由于 MPU 电源的延时或启动时刻的电压差异造成的。因此，确保采取预防性措施，以避免输出的波动影响外部单元。

**（六）调整 I/O 特性**

要调整 I/O 特性，既可以使用连接到可编程控制器输入端子上的下压按钮开关，也可以使用编程面板上的强制开/关功能，来设置 FX$_{2N}$-4DA 的偏移和增益。要改变偏移和增益，只要改变 FX$_{2N}$-4DA 的转换常数即可。无需用仪表测量模拟输出的方式来进行调整，不过，需要在 MPU 中创建的程序。下面是一个调整用的例子程序，在程序中将 FX$_{2N}$-4DA（模块 No. 1）的通道 CH2 的偏移值改变为 7mA，并且将增益值变为变为 20mA。CH1，CH3 和 CH4 设置为标准电压输出特性。其调整程序如图 5-12 所示。

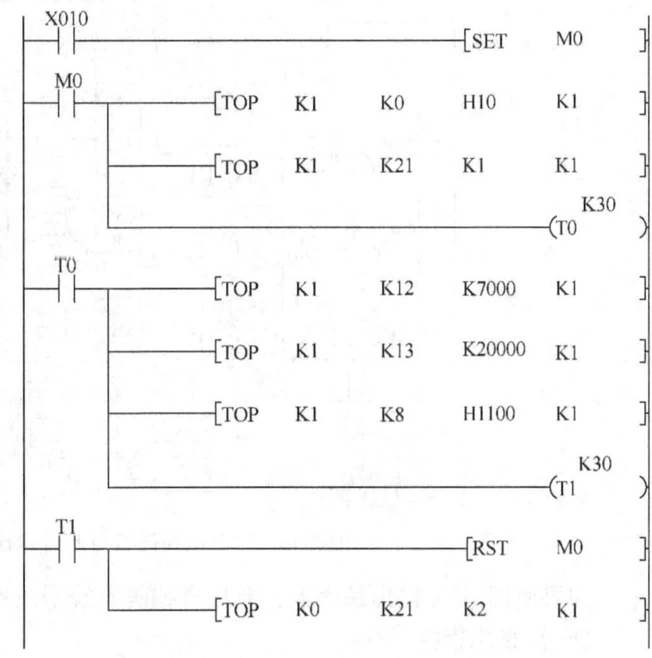


图 5-12　FX$_{2N}$-4DA I/O 特性调整程序

程序说明：

1）将 H0010 写入 $FX_{2N}$-4DA 的 BFM#0，设置输出通道模式。

2）将 K1 写入 $FX_{2N}$-4DA 的 BFM#21，允许 I/O 特性调整。

3）将 K7000 写入 $FX_{2N}$-4DA 的 BFM#12，设置偏移值为 7mA。

4）将 K20000 写入 $FX_{2N}$-4DA 的 BFM#13，设置增益值为 20mA。

5）将 H1100 写入 $FX_{2N}$-4DA 的 BFM#8，设置 CH2 偏移/增益命令。

6）将 K2 写入 $FX_{2N}$-4DA 的 BFM#21，禁止 I/O 特性调整。

## 三、高速计数模块 $FX_{2N}$-1HC

### （一）概述

$FX_{2N}$-1HC 模块是 $FX_{2N}$、$FX_{2NC}$ 系列 PLC 的一个特殊功能模块，它的计数速度比 PLC 的内置高速计数器（2 相 30Hz，1 相 60Hz）的计数速度快，而且它可直接进行比较和输出。

$FX_{2N}$-1HC 是 2 相 50Hz 的高速计数器，各种计数器模式可用 PLC 命令进行选择，如 2 相或 1 相，16 位或 32 位模式。只有这些模式参数设定之后，$FX_{2N}$-1HC 单元才能运行。它的输入信号源必须是 1 或 2 相编码器。可使用 5V、12V 或 24V 电源。也可使用初始值设置命令输入（PRESET）和计数禁止命令输入（DISABLE）。它有两个输出，当计数器值与输出比较值一致时，输出设置为 ON。输出晶体管被单独隔离，以允许泄漏或源连接方法。

$FX_{2N}$-1HC 和 $FX_{2N}$PLC 之间的数据传输是通过缓冲存储器交换进行的，$FX_{2N}$-1HC 有 32 个缓冲存储器（每个为 16 位）。它占用 $FX_{2N}$、$FX_{2NC}$ 扩展总线上的 8 个 I/O 点，这 8 个点可由输入或输出进行分配。

### （二）PNP 型编码器与 $FX_{2N}$-1HC 的电路连接

PNP 型编码器与 $FX_{2N}$-1HC 的电路连接如图 5-13 所示。

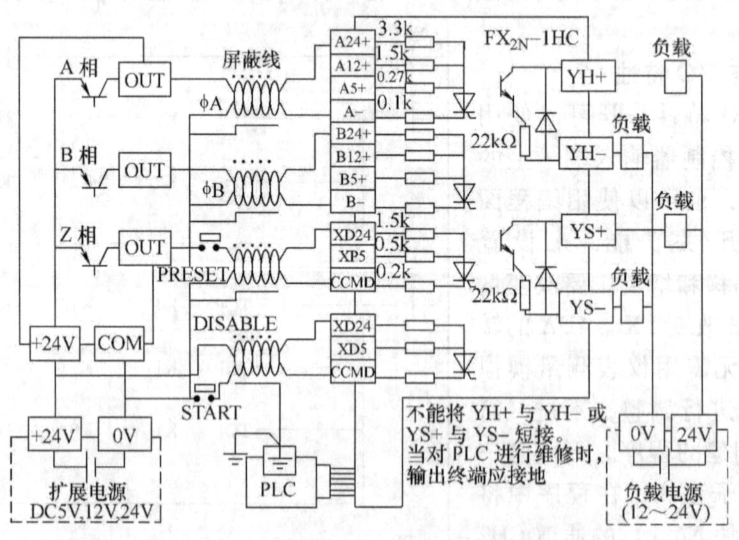


图 5-13　PNP 型编码器与 $FX_{2N}$-1HC 的电路连接

如果使用 NPN 输出编码器，要注意编码器端子极性和 $FX_{2N}$-1HC 端子极性的匹配。

### （三）技术指标

$FX_{2N}$-1HC 高速计数器模块技术指标如表 5-8 所示。

**表 5-8 FX$_{2N}$-1HC 高速计数器模块技术指标**

| 项目 | | 单相输入 | | 双相输入 | | |
|---|---|---|---|---|---|---|
| | | 单输入 | 双输入 | 单边缘计数 | 双边缘计数 | 四边缘计数 |
| 输入信号 | 信号水平 | A 相，B 相 [A24 +]，[B24 +]：DC24V（1 ±10%）7mA 或更小<br>[A12 +]，[B12 +]：DC12V（1 ±10%）7mA 或更小<br>[A5 +]，[B5 +]：DC 3. 5 ~5. 5V 10. 5mA 或更小<br>PRESET，DISABL [XP24]，[XD24]：DC 10. 8 ~26. 4V 15mA 或更小<br>注：由端子的连接进行选择 [XP24]，[XD24]：DC 5V（1 ±10%）8mA 或更小 | | | | |
| | 最大频率 | 50Hz | | | 25Hz | 12. 5Hz |
| | 脉冲形状 | $t_1$ $t_1$ $t_2$ $t_3$ $t_2$ $t_3$ ①<br>$t_1$：上升/下降时间为 3ms 或更小<br>$t_2$：ON/OFF 脉冲持续时间 10μs 或更多<br>$t_3$：相位 A 和相位 B 的相位差为 3. 5ms 或更多<br>PRESETZ（Z 相）输入 100μs 或更多<br>DISABLE（计数禁止）输入 100ms 或更多 | | | | |
| 计数特征 | 格式 | 自动递加/递减（单相双输入或双相双输入），当工作在单相单输入方式时，递加/递减由一个 PLC 命令或外部输入端子决定 | | | | |
| | 范围 | 32 位二进制计数器：-2147483648 ~2147483647；16 位二进制计数器：0 ~65535（上限可由用户指定） | | | | |
| | 比较类型 | 当计数器的当前值与比较值（由 PLC 传送）相匹配时，每个输出被设置，而且 PLC 的复位命令可将其转向 OFF 状态。YH：直接输出，通过硬件比较器处理。YS：软件比较器处理后输出，最大延迟时间 300μs。（因此，当输入频率为 50kHz 时，最大延迟为 15 个输入脉冲） | | | | |
| 输出信号 | 输出类型 | NPN YH+ YS+ YH− YS−<br>YH +：YH 的晶体管输出；YH -：YH 的晶体管输出；<br>YS +：YS 的晶体管输出；YS -：YS 的晶体管输出 | | | | |
| | 输出容量 | DC 5 ~24V，0. 5A | | | | |
| 占用 I/O | | FX$_{2N}$扩展总线的 8 个点被占用（可以是输入或输出） | | | | |
| 基单元供电 | | 5V 90mA（由主单元或有源扩展单元提供的内部电源供电） | | | | |

## （四）缓冲存储器（BFM）

BFM 编号及意义如表 5-9 所示。

**表 5-9 BFM 编号及意义**

| BFM 编号 | | 内容 | |
|---|---|---|---|
| 写 | #0 | 计数模式 K0 ~ K11 | 默认值为：K0 |
| | #1 | 单相单输入方式时软件控制的递加/递减命令 | 默认值为：K0 |
| | #3，#2 | 最大计数限定值的高/低 16 位 | 默认值为：K65536 |
| | #4 | 计数器控制字 | 默认值为：K0 |
| | #11，#10 | 计数器计数起始值的高/低 16 位 | 默认值为：K0 |
| | #13，#12 | 硬件比较时，计数器设定的高/低 16 位 | 默认值为：K32767 |
| | #15，#14 | 软件比较时，计数器设定的高/低 16 位 | 默认值为：K32767 |

（续）

| BFM 编号 | | 内容 | |
|---|---|---|---|
| 读/写 | #21，#20 | 计数器当前计数值的高/低 16 位 | 默认值为：K0 |
| | #23，#22 | 计数器最大当前计数值的高/低 16 位 | 默认值为：K0 |
| | #25，#24 | 计数器最小当前计数值的高/低 16 位 | 默认值为：K0 |
| 读 | #26 | 比较结果 | |
| | #27 | 端子状态 | |
| | #29 | 故障代码 | |
| | #30 | 模型辨识码 K4010 | |

注：#5，#9，#16，#19，#28，#31 保留。

（1）BFM#0 与 BFM#1　计数器的计数模式如表 5-10 所示。

计数器模式由 PLC 进行选择。如下所述，K0 ~ K11 之间的值由 PLC 写到缓冲存储器 BFM#0。当有数据写到 BFM#0 时，BFM#1 ~ BFM#31 的值重新复位为默认值。当设置这些值时，使用 TOP（脉冲）指令，使用 M8002（初始脉冲）来驱动 TO 指令。不允许有连续指令。

1）32 位计数器模式。当发生溢出时，进行 UP/DOWN 计数的 32 位二进制计数器由下限改变成上限，或由上限改变成下限。上限和下限都是固定值，上限值为 +2147483647，下限值为 -2147483648。如图 5-14 所示。

表 5-10　计数器的计数模式

| 计数模式 | | 32 位 | 16 位 |
|---|---|---|---|
| 双相输入（相位差脉冲） | 单边缘计数 | K0 | K1 |
| | 双边缘计数 | K2 | K3 |
| | 四边缘计数 | K4 | K5 |
| 单相双输入（由脉冲控制递加/递减） | | K6 | K7 |
| 单相单输入 | 由硬件控制递加/递减 | K8 | K9 |
| | 由软件控制递加/递减 | K10 | K11 |

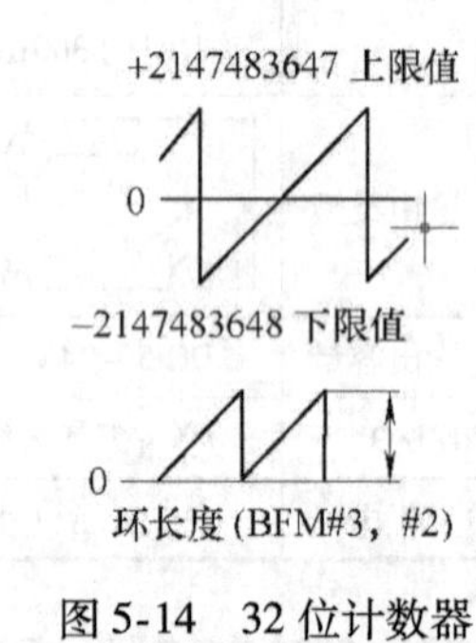

图 5-14　32 位计数器

2）16 为计数器模式。16 位二进制计数器只处理 0 ~ 65535 的整数值。当发生溢出时，它由上限改变成 0，或由 0 改变成上限。上限值由 BFM#3 和#2 决定。

3）单相单输入计数器：单相单输入计数器如图 5-15 所示。

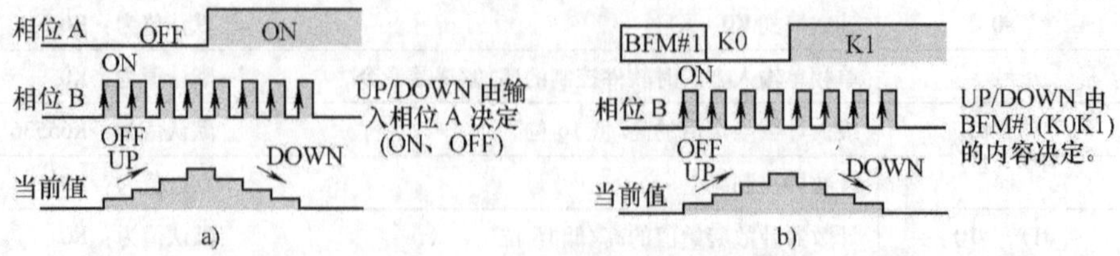


图 5-15　单相单输入计数器

a）硬件递加/递减（K8，K9）　b）软件递加/递减（K10，K11）

4）单相双输入计数器（K6，K7）：单相双输入计数器（K6，K7）如图5-16所示。

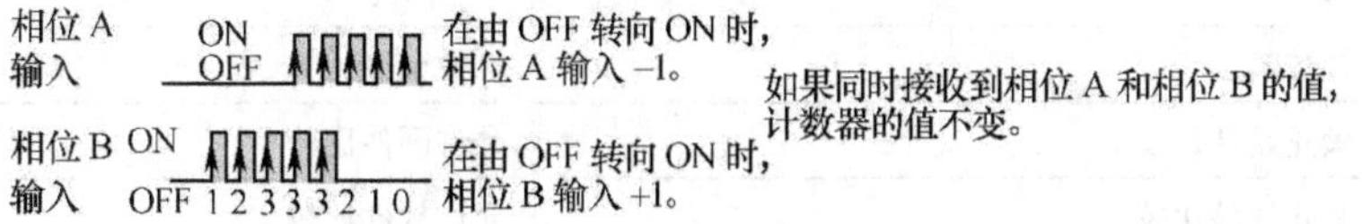

相位A
输入
ON
OFF
在由OFF转向ON时，
相位A输入−1。
如果同时接收到相位A和相位B的值，
计数器的值不变。
相位B
输入
ON
OFF 1 2 3 3 3 2 1 0
在由OFF转向ON时，
相位B输入+1。

图5-16　单相双输入计数器（K6，K7）

5）双相计数器：双相计数器如图5-17所示，四边缘计数器（K4，K5）如图5-18所示。

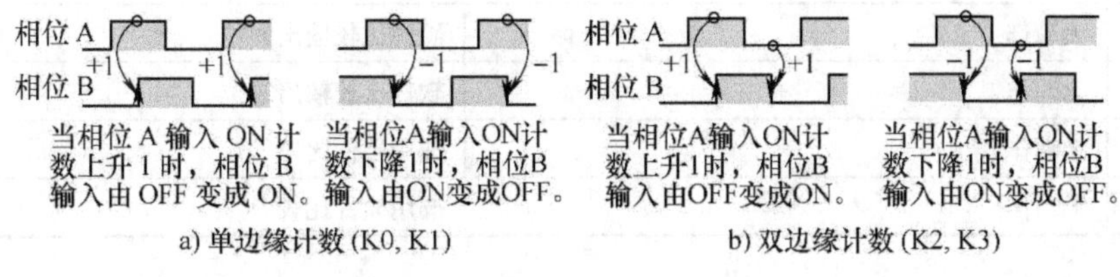

相位A
相位B
+1
+1
−1
−1
当相位A输入ON计数上升1时，相位B输入由OFF变成ON。
当相位A输入ON计数下降1时，相位B输入由ON变成OFF。
当相位A输入ON计数上升1时，相位B输入由OFF变成ON。
当相位A输入ON计数下降1时，相位B输入由ON变成OFF。

a) 单边缘计数 (K0, K1)　　b) 双边缘计数 (K2, K3)

图5-17　双相计数器

相位A输入
相位B输入
+1
−1
a)
b)

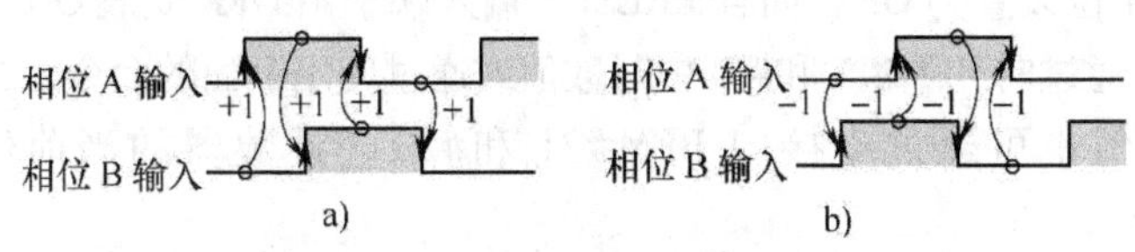

图5-18　四边缘计数器（K4，K5）

a）上升计数　b）下降计数

（2）BFM#3，#2 环长度　存储数据，此数据制定16位计数器的长度（默认：K65536）。

如图5-19所示，K100作为32位二进制值写入特殊功能模块No.2的BFM#3和#2。（BFM#3＝0，BFM#2＝100）。允许值为：K2～K65536。

当环长度为K100时，计数器的值的改变如图5-20所示。

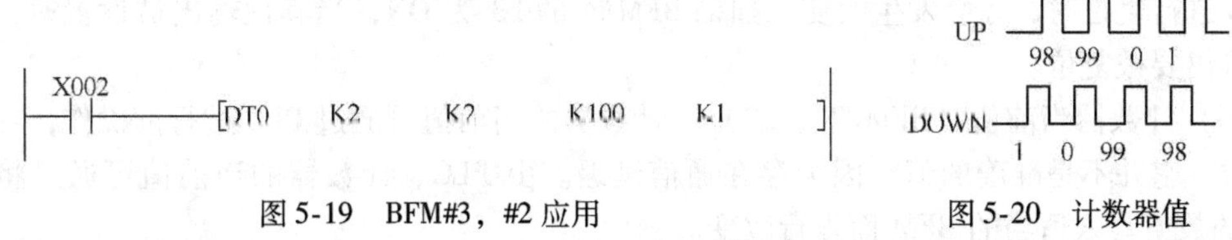

X002
DT0
K2
K2
K100
K1

图5-19　BFM#3，#2应用

UP
98 99 0 1
DOWN
1 0 99 98

图5-20　计数器值

用（D）TO指令写计数器数据应注意以下问题：

在这个特殊的功能模块中，计数器数据总是以两个16位值组成的对子的形式来处理的。存储在PLC寄存器总的两个16位的2个补码值不能使用。

在写一个K32768～K65535之间的一个正值时，这个数据将作为32值处理，即使用的是16位计数器。

当计数器数据传送到/来自于这个特殊功能模块时，总是使用FROM/TO指令的32位格式。

（3）BFM#4 命令　BFM#4各位的功能如表5-11所示。

**表 5-11　BFM#4 各位的功能**

| BFM#4 | "0" 状态 | "1" 状态 |
|---|---|---|
| B0 | 计数禁止 | 计数允许 |
| B1 | 禁止硬件比较 | 允许硬件比较 |
| B2 | 禁止软件比较 | 允许软件比较 |
| B3 | 硬件输出端和软件输出端单独工作 | 硬件输出端和软件输出端互为复位 |
| B4 | 输入 PRESET 无效 | 输入 PRESET 有效 |
| B5 ~ B7 | 未定义 | |
| B8 | 无动作 | 错误标志复位 |
| B9 | 无动作 | 硬件比较输出复位 |
| B10 | 无动作 | 软件比较输出复位 |
| B11 | 无动作 | 选用硬件比较 |
| B12 | 无动作 | 选用软件比较 |

（4）BFM#11、#10 预先设置数据　当计数器开始计数时，这个数据作为其初始值。

当 BFM#4 的 b4 位设置为 ON，而且 PRESET 输入端子由 OFF 变成 ON 时，此数据有效。计数器的默认值为 0。通过向 BFM#11 和#10 中写数值或通过使用下面的命令，这个值可被改变。

初始计数器的值也可通过直接向 BFM#21 和#20（计数器的当前值）中写数据进行设置。

（5）BFM#13、#12 YH 输出的比较值，BFM#15、#14 YS 输出的比较值　当对计数器的当前值和 BFM#13、#12，BFM#15、#14 中的值进行比较后，$FX_{2N}$-1HC 中的硬件和软件比较器输出比较结果。

如果使用 PRESET 或 TO 指令设置计数器的值等于比较值，YH、YS 输出将不变成 ON。只要当输入脉冲计数与比较值相匹配时，它才变成 ON。YS 比较操作需要大约 300μs 的时间，如果发生匹配时，输出变成 ON。当前值与比较值相等时进行输出，但是，只有在 BFM#4 的 b1 和 b2 为 ON 时才是如此。一旦有了输出，它将一直保持下去，直到它由 BFM#4 的 b9 和 b10 进行复位时，才会发生改变。如果 BFM#4 的 b3 为 ON，当其他输出被设置时，其中一个输出要被复位。

（6）计数器当前值（BFM#23，22）　计数器的当前值可通过 PLC 进行读操作，在高速运行时，它并不是准确的值，因为存在通信延迟。由 PLC、计数器的当前值可通过将一个 32 位的数值写入适当的 BFM 而强行改变。

（7）最大计数值（BFM#23，22）　它们存储计数器所能打到的最大值和最小值。如果掉电，存储的数据被清除。

（8）比较状态（BFM#26）　BFM#26 为只读，可编程控制器的写命令对其不起作用。比较状态如表 5-12 所示。

（9）端子状态（BFM#27）　端子状态如表 5-13 所示。

（10）BFM#29 错误状态　$FX_{2N}$-1HC 中的错误状态可通过将 BFM#29 的 b0 ~ b7 的内容读到 PLC 的辅助继电器中进行检查，错误状态如表 5-14 所示，错误标志可由 BFM#4 的 b8 进行复位。

**表 5-12　比较状态表**

| BFM#4 | | “0”（OFF） | “1”（ON） |
|---|---|---|---|
| YH | b0 | 设定值＜当前值 | 设定值＞当前值 |
| | b1 | 设定值≠当前值 | 设定值≠当前值 |
| | b2 | 设定值＞当前值 | 设定值＜当前值 |
| YS | b3 | 设定值＜当前值 | 设定值＞当前值 |
| | b4 | 设定值≠当前值 | 设定值≠当前值 |
| | b5 | 设定值＞当前值 | 设定值＜当前值 |

**表 5-13　端子状态表**

| BFM#4 | “0”（OFF） | “1”（ON） |
|---|---|---|
| b0 | 预先复位输入为 OFF | 预先复位输入为 ON |
| b1 | 失效输入为 OFF | 失效输入为 ON |
| b2 | YH 输出为 OFF | YH 输出为 ON |
| b3 | YS 输出为 OFF | YS 输出为 ON |
| b4 ~ b15 | 未定义 | |

**表 5-14　错误状态表**

| BFM#29 | 错误状态 | |
|---|---|---|
| b0 | 当 b1 ~ b7 中的任何一个为 ON 时，它被设置 | |
| b1 | 当环的长度值写错时（不是 K2 ~ K65536），它被设置 | |
| b2 | 当预先设置值写错时，它被设置 | 在 16 位计数器模式下，当值＞环长度时 |
| b3 | 当比较值写错时，它被设置 | |
| b4 | 当当前值写错时，它被设置 | |
| b5 | 当计数器超出上限时，它被设置 | 当超出 32 位计数器的上限 或下限时 |
| b6 | 当计数器超出下限时，它被设置 | |
| b7 | 当 FROM/TO 指令不准确使用时，它被设置 | |
| b8 | 当计数器模式（BFM#0）写错时，它被设置 | 当超出 K0 ~ K11 时 |
| b9 | 当 BFM 号写错时，它被设置 | 当超出 K0 ~ K31 时 |
| b10 ~ b15 | 未定义 | |

（11）模型标志代码号 BFM#30　特殊功能模块的标志码可用 FROM 指令进行读取。$FX_{2N}$-1HC 单元的标志码为 K4010。通过读这个标志码，用户可编写内置检测子程序，以检查 $FX_{2N}$-1HC 的物理位置是否与软件的位置相匹配。

**（五）实例程序**

某 $FX_{2N}$系列 PLC 控制系统的各模块连接如图 5-21 所示。其中，高速计数器模块 $FX_{2N}$-1HC 的序号为 2。将模块内的计数器设置为由软件控制递加/递减的单相单输入的 16 位计数器，并将其最大计数限定值设定为 K4444，采用硬件比较的方法，其设定值为 K4000，其用户程序编制如图 5-22 所示。

程序说明：

从 BFM#20 和 BFM#21 内读取当前计数值，并存入 D0 和 D1 中。

| $FX_{2N}$–48MR<br>X00～X27<br>Y00～Y27 | $FX_{2N}$–4AD | FX–8EX<br>X30～X37 | $FX_{2N}$–2DA | $FX_{2N}$–32EX<br>X40～X57<br>X30～X47 | $FX_{2N}$–1HC |
|---|---|---|---|---|---|
| | 0 号 | | 1 号 | | 2 号 |

图 5-21　$FX_{2N}$系列 PLC 控制系统的各模块的连接

1）设置计数方式，将K11装入BFM#0内。

2）设置最大计数限定值，将K4444装入BFM#2和#3。

3）设置设定值，将K4000装入BFM#12和#13。

4）设置递加计数方式，将K0装入BFM#1内。

5）允许计数的标志位。

6）允许硬件比较PRESET输入端有效。

7）故障标志复位。

8）硬件比较输出端复位。

9）将输入/输出控制字K4M10装入BFM#4内。

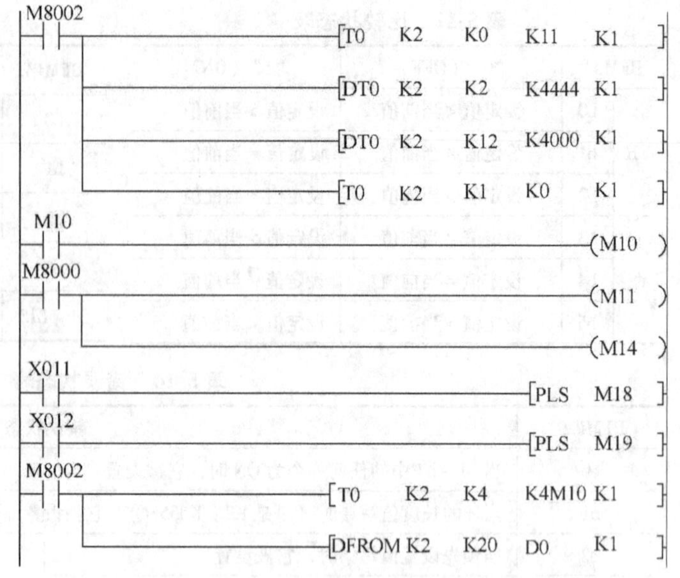


图5-22　使用高速计数模块的梯形图程序

# 第二节　定位控制模块

## 一、脉冲发生器模块$FX_{2N}$-1PG

在机械工作运行过程中工作的速度与精度往往存在矛盾，当为提高机械效率而提高速度时，有可能会在停车控制上出现问题。例如，电动机带动机械由起动位置返回原位，如以最快的速度返回，由于高速停车惯性大，则在返回原位时产生的偏差必然会较大，因此进行定位控制是十分必要的。三菱公司PLC的专用扩展功能模块$FX_{2N}$-1PG称为脉冲发生器单元PGU（Pulse Generation Unit），脉冲输出频率最大可达100kHz（或PLS/s，每秒脉冲数），可用于对步进电动机或伺服电动机的位置和速度进行精确控制。由PLC控制$FX_{2N}$-1PG向步进电动机或伺服电动机驱动器提供指定数量的脉冲，即可完成单轴定位。

### （一）概况

$FX_{2N}$-1PG脉冲发生单元可以完成对一个独立轴的定位。$FX_{2N}$-1PG能输出1相脉冲数和脉冲频率可调的定位脉冲，输出脉冲通过伺服驱动器、步进驱动器的控制或放大实现单轴简单定位控制。

$FX_{2N}$-1PG只用于$FX_{2N}$子系列，使用FROM/TO指令设定模块各种参数，读出定位值和运行速度，可实现单速定位、运动轴回原点等简单的位置控制功能。$FX_{2N}$-1PG脉冲发生单元的脉冲输出形式有“定位脉冲+方向”或“正反向运动脉冲”两种。该单元占用8个I/O点，可以输出最高频率为100kHz的脉冲串。

该模块具有以下特点：

1）具有便于定位控制的7种操作模式。

2）一个模块控制一个轴。最多8个模块可连接到$FX_{2N}$系列PLC上，最多4个模块可连接到$FX_{2NC}$系列PLC上。可以实现多轴单独控制。

3）定位目标的追踪、运行速度及各种参数通过 PLC 主机使用 FROM、TO 指令设定。

4）除脉冲序列输出外，还有各种高速响应的输出端子，而其他的输入输出通常需要通过 PLC 进行控制，如启动输入及正、反限位开关等。

FX$_{2N}$-1PG 脉冲发生单元组成的定位控制系统如图 5-23 所示。

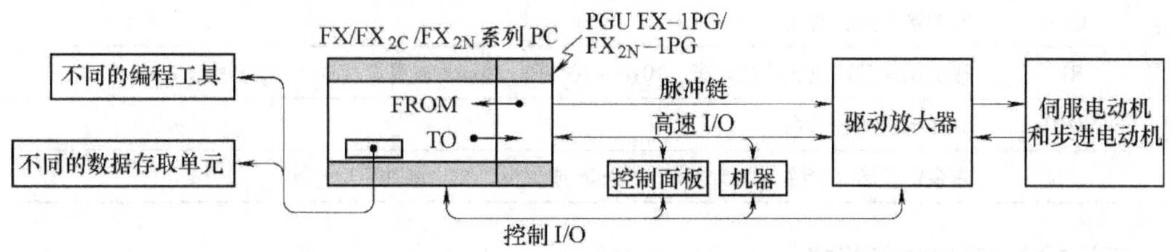


图 5-23 FX$_{2N}$-1PG 脉冲发生单元组成的定位控制系统

## （二）输入/输出端子和控制信号

FX$_{2N}$-1PG 脉冲发生单元的输入/输出端子分配如图 5-24 所示。

FX$_{2N}$-1PG 脉冲发生单元面板指示灯功能如表 5-15 所示。

FX$_{2N}$-1PG 脉冲发生单元的控制，需要 STOP、DOG、PG0 等控制输入信号，能够输出 FP、RP、CLR 等输出信号。FX$_{2N}$-1PG 的输入/输出信号及其功能如表 5-16 所示。

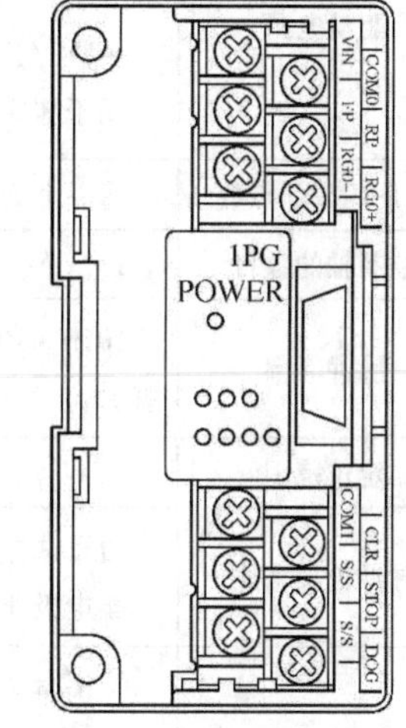


图 5-24 FX$_{2N}$-1PG 的输入/输出端子分配

**表 5-15 FX$_{2N}$-1PG 脉冲发生单元面板指示灯功能**

| LED | 功能 | |
|---|---|---|
| POWER | 显示 PGU 的供电状态，PC 提供 5V 电压时亮 | |
| STOP | 输入 STOP 命令时亮，由 STOP 端子或 BFM#2561 使用时亮 | |
| DOG | 由 DOG 输入时亮 | |
| PG0 | 输入 0 点信号时亮 | |
| FP | 输出前向脉冲或脉冲时，闪烁 | 可以使用 BFM#3b8 调整输出格式 |
| RP | 输出反向脉冲或方向时，闪烁 | |
| CLR | 输出 CLR 信号时亮 | |
| ERR | 发生错误时闪烁。当发生错误时不接受启示命令 | |

**表 5-16 FX$_{2N}$-1PG 输入/输出信号功能**

| 信号类型及代号 | | 功能 |
|---|---|---|
| 输入信号 | STOP | 减速停止输入，在外部命令操作模式可作为停止命令输入起作用 |
| | DOG | 根据操作模式提供以下不同功能：机器原位返回操作：近点 DOG 输入；中断单速操作：中断输入；外部命令操作：减速停止输入 |
| | S/S | DC24V 电源端子，用于 STOP 输入和 DOG 输入，连接到 PLC 的传感器电源或外部电源 |
| | PG0 + | 原点信号的电源端子，连接伺服放大器或外部电源（DC5～24V，20mA 或更小） |
| | PG0 - | 从驱动单元或伺服放大器输入原点信号，响应脉冲宽度：4ns 或更大 |

（续）

| 信号类型及代号 | | 功能 |
|---|---|---|
| 输出信号 | VIN | 脉冲输出的电源端子（由伺服放大器或外部单元供电），DC 5～24V，35mA 或更少 |
| | FP | 输出正向脉冲或方向的端子，10Hz～100kHz，20mA 或更少（DC5～24V） |
| | COMO | 脉冲输出的公共端 |
| | RP | 输出反向脉冲或脉冲的端子，10Hz～100kHz，20mA 或更少（DC5～24V） |
| | COMI | CLR 输出的公共端 |
| | CLR | 剩余定位脉冲清除。DC5～15V，20mA 或更少，输出脉冲宽度：20ms |

## （三）输入/输出性能规格

$FX_{2N}$-1PG 脉冲发生单元的输入/输出性能规格如表 5-17 所示。

表 5-17　$FX_{2N}$-1PG 输入/输出信号功能性能规格

| 项目 | 性能规格 |
|---|---|
| 驱动电源 | +24V（用于输入信号）：　DC24V（1±10%），消耗的电流：40mA 或更少，由外部电源或 PC 的 24+输出供电<br>+5V（用于内部控制）：　DC5V，55mA，由 PC 通过扩展电缆供电<br>用于脉冲输出：　DC5～24V 消耗的电流：35mA 或更少 |
| 占用的 I/O 点数 | 每一个 PGU 占用 8 点输入或输出 |
| 控制轴的数目 | 1 个（一个 PC 可以最多控制 8 个独立的轴） |
| 脉冲频率 | 10Hz～100kHz（指令单位可内部折算，单位可在 Hz、cm/min、10deg/min 和 inch/min 中选择） |
| 定位范围 | · 0～±999.999（指令单位可选） |
| 脉冲输出格式 | 可以选择前向（FP）和反向（RP）脉冲或带方向（DIR）的脉冲（PLS）<br>集电极开路的晶体管输出。DC5～24V，20mA 或更少 |
| 外部 I/O | · 为每一点提供光耦隔离和 LED 操作指示<br>· 3 点输入：（STOP/DOG）DC2V，7mA 和（PG0#1）DC24V，20mA<br>· 3 点输出（FP/RP/CLR）：DC5～24V，20mA 或更少 |
| 与 PC 的通信 | 在 PGV 中由 16 位 RAM（无备用电池）缓存（BFM）#0～#31<br>使用 FROM/TO 指令可以执行与 PC 间的数据通信<br>当两个 BFM 和在一起可以处理 32 位数据 |

当电源从 PG0+端子流到 PG0－端子时，输入一个 0 点信号 PG0。

## （四）缓冲存储器（BFM）和设定参数说明

PLC 使用 FROM（读取）、TO（写入）指令设定 $FX_{2N}$-1PG 单元的各种参数、读出定位值和运行速度等，这些都是通过读写 $FX_{2N}$-1PG 内部的缓冲存储器（BFM）实现的。$FX_{2N}$-1PG 脉冲发生单元内部的缓冲存储器分配及其功能含义如表 5-18 所示。

表 5-18　$FX_{2N}$-1PG 内部的缓冲存储器分配及其功能含义

| BFM 编号 | | 功能含义 | 备　注 |
|---|---|---|---|
| 高 16 位 | 低 16 位 | | |
| | #0 | 脉冲速率（每转脉冲数） | 1～32767PLS/REV，初始值：2000PLS/REV |
| #2 | #1 | 进给速率（每转对应的移动距离） | 1～999999，初始值：1000PLS/REV |
| | #3 | 以二进制码输入的基本参数 | 其各位含义详见后面参数说明 |
| #5 | #4 | 最高速度 $v_{max}$ | 10～100000Hz，初始值：100000Hz |
| | #6 | 基底速度（最低速度）$v_{bia}$ | 0～1000Hz，初始值：0Hz |
| #8 | #7 | 手动速度 $v_{JOG}$ | 10～10000Hz，初始值：10000Hz |
| #10 | #9 | 原点返回速度（高速）$v_{RT}$ | 10～10000Hz，初始值：50000Hz |
| | #11 | 原点返回速度（爬行速度）$v_{CR}$ | 10～1000Hz，初始值：1000Hz |
| | #12 | 用于原点返回的零点计数脉冲数 $N$ | 0～32767PLS，初始值：10PLS |
| #14 | #13 | 原点位置定义 HP | 电动机系统，0～999999PLS；机器系统/复合系统，0～±999999，初始值：0 |
| | #15 | 加减速时间 $T_a$ | 50～5000ms，初始值：100ms |
| | #16 | 内部保留 | |
| #18 | #17 | 定位位置（Ⅰ）定位点 1 的位置设定 P（Ⅰ） | 0～±999999，初始值：0 |
| #20 | #19 | 定位速度（Ⅰ）定位点 1 的运行速度设定 V（Ⅰ） | 10～10000Hz，初始值：10Hz |
| #22 | #21 | 定位位置（Ⅱ）定位点 2 的位置设定 P（Ⅱ） | 0～±999999，初始值 0 |
| #24 | #23 | 定位位置（Ⅱ）定位点 2 的运行速度设定 V（Ⅱ） | 10～10000Hz，初始值 10Hz |
| | #25 | 以二进制码输入的控制命令信号 | 其各位含义详见后面参数说明 |
| #27 | #26 | 当前位置 | 自动写入 -2147483648～2147483647 |
| | #28 | 以二进制码输入的内部状态信号 | 其各位含义详见后面参数说明 |
| | #29 | 错误代码 | 当错误发生时，错误代码被自动写入 |
| | #30 | 模块 ID 号 | ID 号“5110”被自动写入 |
| | #31 | 内部保留 | |

**1. BFM#3 基本参数中各位对应参数**

1）bit1，bit0：速度/位置系统单位（电动机系统、机器系统或复合系统）。“00”表示电动机系统，以脉冲为单位；“01”表示机器系统，速度单位为 cm/min 或 deg/min、inch/min，位置单位为 0.001mm；“10”表示复合系统，速度单位为脉冲频率（Hz），位置单位为 0.001mm 或 0.001deg、0.0001inch/min；“11”的含义同“10”。

2）bit3，bit2：无作用。

3）bit5，bit4：位置数据倍率设定。“00”表示倍率为 1；“01”表示倍率为 10；“10”表示倍率为 100；“11”表示倍率为 1000。

4）bit7，bit6：无作用。

5）bit8：定位输出脉冲形式设定。“0”表示正/反脉冲分别输出；“1”表示脉冲＋方向信号。

6）bit9：计数方向设定。“0”表示正向，输出一个正向脉冲，当前计数值加 1；“1”表示反向 1，输出一个正向脉冲，当前计数值减 1。

7）bit10：回原点方向设定。“0”表示回原点方向为当前计数值减少方向；“1”表示回原点方向为当前计数值增加方向。

8）bit11：无作用。

9）bit12：DOG 信号输入极性设定。“0”表示 DOG 信号“1（接通）”有效，即“1”时进行原点减速；“1”表示 DOG 信号“0（断开）”有效，即“0”时进行原点减速。

10）bit13：原点位置设定。“0”表示 DOG 信号有效，原点减速开始后，立即进行 PG0 的计数，当 PG0 的计数值达到设定值（BFM#12 设定）的数值后，该 PG0（第 N 个零点脉冲）的位置即作为原点位置；“1”表示 DOG 信号有效时进行原点减速，但是当 DOG 信号放开以后，才进行 PG0 的计数，当 PG0 的计数值达到设定值（BFM#12 设定）的数值后，该 PG0（第 N 个零点脉冲）的位置即作为原点位置。

11）bit14：STOP 信号输入极性设定。“0”表示 STOP 信号“1”有效，“1”时停止运行；“1”表示 STOP 信号“0”有效，“0”时停止运行。

12）bit15：STOP 信号输入模式。（停止后剩余行程处理设定）。“0”表示 STOP 信号有效，停止运行，重新启动后首先继续完成剩余的行程，然后再进行下一步定位；“1”表示 STOP 信号有效，停止运行，重新启动后，清除剩余的行程，直接进行下一步定位。

**2. BFM#25 基本参数中各位对应参数**

1）bit0：模块错误复位。

2）bit1：停止信号，上升沿有效。

3）bit2：正向极限到达。“0”表示正常运行；“1”表示正向极限到达，停止输出脉冲。

4）bit3：反向极限到达。“0”表示正常运行；“1”表示反向极限到达，停止输出脉冲。

5）bit4：正向手动信号。“0”表示不进行正向手动运行；“1”表示进行正向手动运行，连续输出正向脉冲。

6）bit5：负向手动信号。“0”表示不进行负向手动运行；“1”表示进行负向手动运行，连续输出负向脉冲。

7）bit6：回原点启动信号，上升沿有效。

8）bit7：位置值的给定形式。“0”表示绝对位置形式；“1”表示增量位置形式。

9）bit8：单速定位启动信号，上升沿有效。

10）bit9：单速定位中断信号，上升沿有效。

11）bit10：双速定位启动信号，上升沿有效。

12）bit11：外部定位启动信号，上升沿有效。

13）bit12：变速定位启动信号，“0”表示变速定位停止；“1”表示变速定位启动。

**3. BFM#28 基本参数中各位对应的参数**

1）bit0：模块状态信息，“1”表示模块准备好。

2）bit1：模块旋转方向，“0”表示反向旋转；“1”表示正向旋转。

3）bit2：回原点结束信号。

4）bit3：STOP 信号状态。

5）bit4：DOG 信号状态。

6）bit5：PG0 信号状态。

7）bit6：当前位置计数值溢出。

8）bit7：模块错误标志。

9）bit8：定位完成标志。

说明：①在 BFM#25 的 b6 ~ b4 和 b12 ~ b8 中只有一位可以置位，如果其中由两位或更多被置位，不会由操作执行。②当数据写入 BFM#0、#1、#2、#3、#4、#5、#5、#6 和#15 时，在第一个定位操作过程中，数据在 PGU 内计算这样可以节省这个处理时间（最大500ms）。③当 PGU 的电源被切断时，BFM 数据被清除；当 PGU 的电源被打开时，初始值被输入 BFM。④当每一个 BFM 被读或写时，16 位数据应以 16 位为单位被读/写，32 位数据应以 32 位为单位被读/写。⑤在 BFM#1 和#20，变速操作和外部命令定位操作可以设为负值（ - 100000 ~ - 10Hz）。

### （五）各种操作模式简介

$FX_{2N}$-1PG 模块的定位控制模式有手动、回原点、单速定位、中断单速定位、双速定位、变速定位和外部控制定位等 7 种操作模式。各种操作模式与需要设定的 BFM 参数（基本参数和控制命令信号）的关系简要介绍如下。

（1）手动（JOG，或称为寸动）操作　手动操作是 $FX_{2N}$-1PG 最常用、最基本的操作方式。为了实现手动操作，需要设定 BFM 基本参数和相关控制信号。

1）设定参数包括：

BFM#5，BFM#4：最高运行速度。

BFM#6：基底速度。

BFM#8，BFM#7：手动运行速度。

BFM#15：加减速时间。

2）控制命令信号包括：

BFM#25 中的 bit4：正向手动启动信号。

BFM#25 中的 bit5：反向手动启动信号。

手动操作模式下的运行过程如图 5-25 所示。

（2）回原点操作　回原点操作为 $FX_{2N}$-1PG 的常用操作模式之一。与回原点有关的 BFM 基本参数和相关控制信号如下：

1）设定参数包括：

BFM#10，BFM#9：回原点高速。

BFM#11：回原点爬行速度。

BFM#12：回原点零点信号脉冲计数。

BFM#14，BFM#13：原点位置设定。

BFM#3 中的 bit12：DOG 信号极性设定。

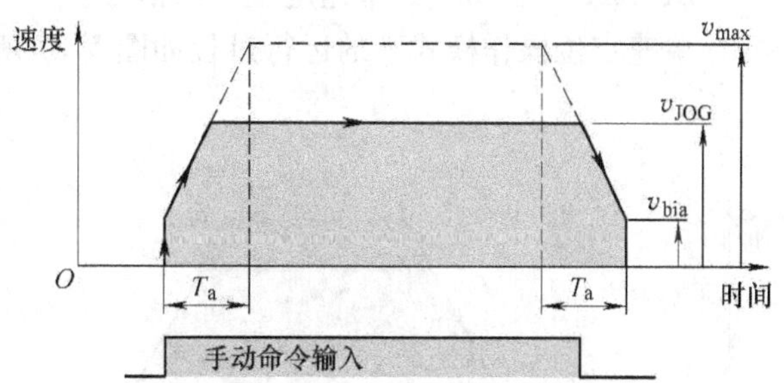


图 5-25　手动操作模式下的运行过程

2）控制命令信号包括：

BFM#3 中的 bit10：回原点方向设定。

BFM#25 中的 bit6：回原点启动信号。

另外与原点有关的外部输入信号还有 DOG（原点检测近点信号）、PG0（零点脉冲计数信号）等。

例如，要求当减速开关 DOG 放开后进行 PG0 计数，零点脉冲计数信号为 1 次，回原点方向为增加方向（正向），则需要设定的参数如下：

BFM#3 中的 bit13 = "1"；

BFM#12 = "1"；BFM#3 中的 bit10 = "1"。

回原点操作模式下的运行过程如图 5-26 所示。

当回原点启动信号 BFM#25 中的 bit6 = "1"（上升沿有效）时，运动轴启动并以（BFM#10，BFM#9）中定义的回原点高速正向运行。

在运动过程中，如果外部减速开关 DOG"合上"（DOG 信号为 ON），DOG 信号有效的极性取决于 BFM#3 中的 bit12 的设定，运动轴立即减速到 BFM#11（回原点爬行速度）设定的速度运行搜索原点位置。

在外部减速开关 DOG"放开"（DOG 信号为 OFF）后，开始计算输入的 PG0 零点脉冲数量，当 PG0 零点脉冲计数值到达 BFM#12 定义的设定值时，将该 PG0 脉冲到达设定值发生时刻对应的位置作为原点位置。

应注意的是，当设定 BFM#3 中的 bit3 = "0" 时，在外部减速开关 DOG"合上"即开始计算输入 PG0 零点计数脉冲数值，当 PG0 脉冲计数数值达到 BFM#12 设定的数值时，就将该 PG0 脉冲对应的位置作为原点位置。

运动轴原点到达后，模块立即停止输出脉冲，并将当前位置的计数值自动变为（BFM#14，BFM#13）中设定的数值。同时，BFM#28 中的 bit2 即回原点结束信号自动设置为"1"，并输出计数清楚信号 CLR。

（3）单速定位操作　与单速定位操作有关的 BFM 基本参数和相关控制信号如下：

1）设定参数包括图

BFM#18，BFM#17：定位位置设定 1；

BFM#20，BFM#19：定位运行速度 1；

BFM#25 中的 bit7：位置给定形式。

2）控制命令信号包括：

BFM#25 中的 bit8：单速定位启动信号。

BFM#25 中的 bit9：单速定位中断信号。

单速定位操作模式下的运行过程如图 5-27 所示。

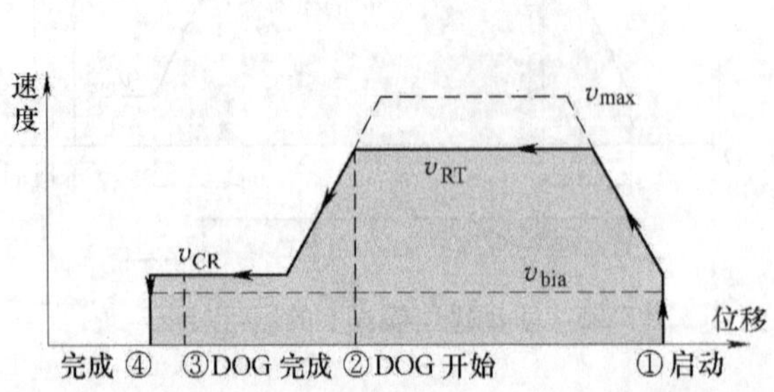


图 5-26　回原点操作模式下的运行过程

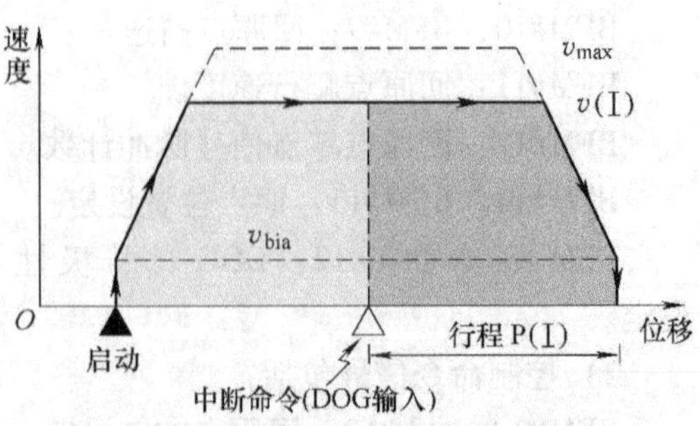


图 5-27　单速定位操作模式下的运行过程

单速定位的位置给定形式可以通过 BFM#25 中 bit7（位置给定形式）的设定选择“绝对位置形式”或是“增量位置形式”。绝对位置形式是指目标位置以坐标原点（坐标原点位是由回原点操作自动设定的）为基准点给定的定位位置形式，定位目标位置与定位起点位置无关；增量位置形式是指目标位置以实际运动距离的形式进行给定，即目标位置相对当前位置的运动距离数值，目标位置预定为起点位置有关。

单速定位可以通过控制信号 BFM#25 中 bit9（单速定位中断）中断或 STOP（停止）信号停止。单速定位被 STOP 信号停止后，可以通过 BFM#25 中 bit8（单速定位启动信号）再次行动。启动后是否继续完成上次剩余的行程，取决于 BFm#3 中 bit15（停止后剩余行程处理设定）中的设定。

（4）中断单速定位操作　与中断单速定位操作有关的 BFM 基本参数和相关控制信号如下：

1）设定参数包括：

BFM#20，BFM#19：定位运行速度 1。

BFM#18，BFM#17：定位位置设定 1。

BFM#25 中的 bit7：位置值的给定形式。

2）控制命令信号是 BFM#3 中的 bit13，即单速定位中断信号。

中断单速定位操作模式下的运行过程如图 5-28 所示。

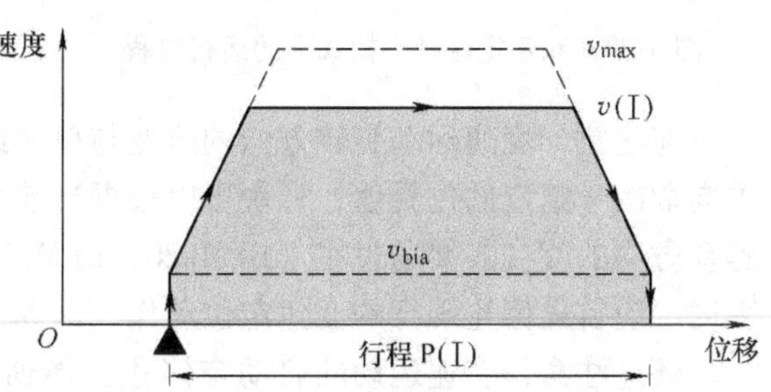

图 5-28　中断单速定位操作模式下的运行过程

当启动条件由 OFF 变成 ON 时，电动机以定位运行速度 1（BFM#20，BFM#19）开始运转，在中断条件变为 ON 后，继续移动目标到由定位位置设定 1（BFM#18，BFM#17）设定的移动距离（只可指定相对位置形式）。

当启动是当前位置计数器将被清为 0，直到中断条件变为 ON 后，当前位置计数器才会变化，当停止时当前位置与定位位置设定 1 的内容将会相同。

当与绝对位置形式指定动作一起使用时，应当特别注意轴实际运动的距离和方向。

中断信号是通过检测 DOG 信号输入信号的变化产生的（DOG 信号由 OFF 变为 ON 或者由 ON 变为 OFF）。

（5）双速定位操作　与双速定位操作有关的 BFM 基本参数和相关控制信号如下：

1）设定参数包括：

BFM#18，BFM#17：定位位置 1 设定。

BFM#20，BFM#19：定位运行速度 1 设定。

BFM#22，BFM#21：定位位置 2 设定。

BFM#24，BFM#23：定位运行速度 2 设定。

BFM#25 中的 bit7：位置值的给定形式。

双速定位的位置给定形式也可以通过 BFM#25 中的 bit7 在“绝对位置形式”与“增量位置形式”中选择其中一种，定位完成后模块定位完成信号 BFM#28 中的 bit8 自动置

“1”。

2）控制命令信号 BFM#25 中的 bit10，即双速定位启动信号。双速定位操控模式下的运行过程如图 5-29 所示。

（6）变速定位操作　变速定位操作是一种模块不进行位置控制的定位模式。变速运动需要设定参数定位速度 1，即（BFM#20，BFM#19）中的内容；相关控制信号“变速定位启动信号”，即 BFM#25 中的 bit12。当变速定位启动信号 BFM#25 中的 bit12 变为“1”时，运动轴以（BFM#20，BFM#19）中定义的速度运动。在运动过程中通过不断改写（BFM#20，BFM#19）中的数值，就可以达到改变速度的目的。变速定位操作模式下的运行过程如图 5-30所示。

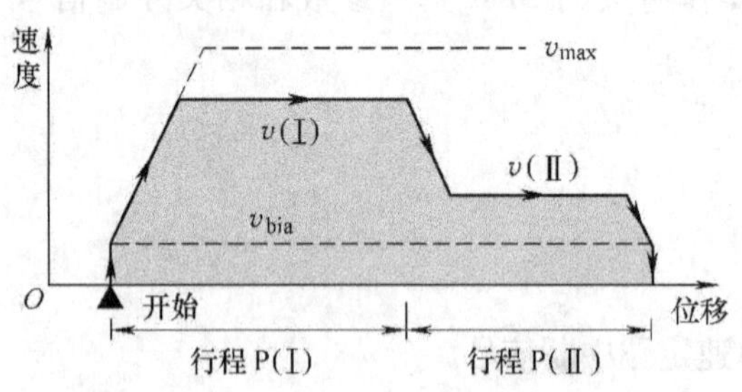


图 5-29　双速定位操作模式下的运行过程

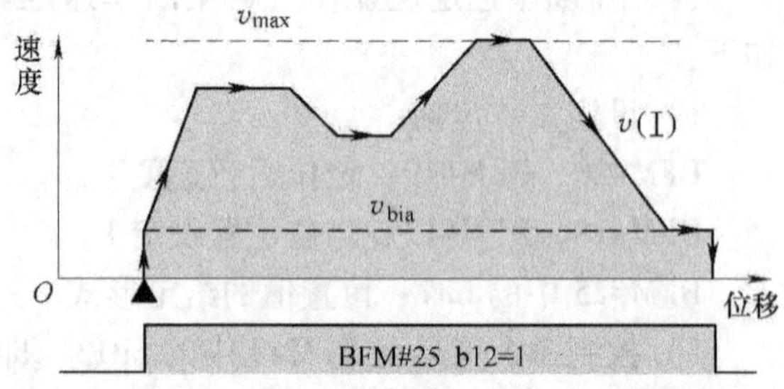


图 5-30　变速定位操作模式下的运行过程

应注意，变速运动旋转方向的改变与单速或双速定位是不同的。单速或双速定位的运动方向取决于给定的位置值，模块可以根据当前位置与目标位置的关系决定运动方向；而变速运动方向的改变需要通过在（BFM#20，BFM#19）中给定负的速度值实现，而且方向需要改变时，应首先停止现行的变速定位动作，即令 BFM#25 中的 bit12 为“0”。

还应注意，变速运动的启动与停止只能通过改变变速定位启动信号，即 BFM#25 中的 bit12 进行控制，而不能通过在定位速度即（BFM#20，BFM#19）中写入“0”进行停止变速运动。

（7）外部定位操作　外部定位操作是一种模块不进行位置控制，而由外部信号决定定位点的双速定位模式。

当外部定位启动信号 BFM#25 中的 bit11 为“1”时，运动轴以（BFM#20，BFM#19）给定的速度运动。

在运动过程中，如果外部减速信号 DOG 有效，运动轴减速到（BFM#24，BFM#23）定义的速度继续运动。

停止外部定位操作需要通过模块的 STOP 信号控制。外部定位运动的旋转方向改变与变速运动的方向改变相同，需要通过在（BFM#20，BFM#19）中给定负的速度值进行，而且减速速度（BFM#24，BFM#23）中的数值始终为绝对值，其运动方向与（BFM#20，BFM#19）中定义方向保持一致。外部定位的启动由 BFM#25 中的 bit11 进行控制，减速与停止只能通过外部输入 DOG 和 STOP 控制。

外部定位需要设定的参数包括：

1）BFM#20，BFM#19：定位速度。

2）BFM#24，BFM#23：减速速度。

有关的控制信号是 BFM#25 中的 bit11（外部定位启动信号）和外部输入信号 DOG 和 STOP 等。

外部定位操作模式下的运行过程如图 5-31 所示。

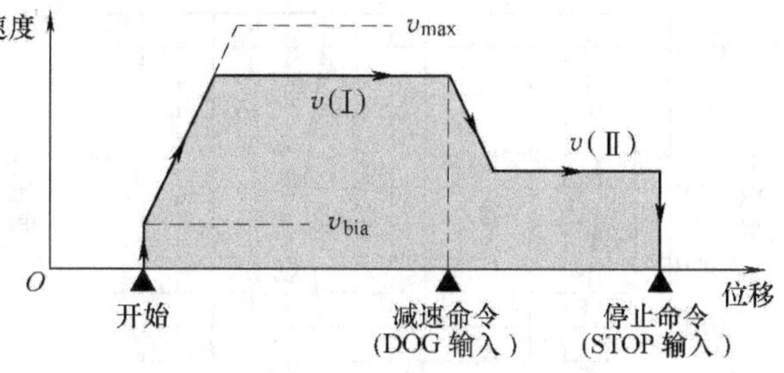


图 5-31　外部定位操作模式下的运行过程

**（六）编程示例**

（1）定位控制要求　某定位系统由 FX$_{2N}$基本单元扩展 FX$_{2N}$-1PG、驱动伺服驱动器 MR-J2S 实现工作台的单速定位功能。该定位系统设有回原点、手动、单速定位 3 种操作模式，具体要求如下：

1）回原点操作。按下“回原点”操作按钮时启动回原点操作，电动机运行，带动工作台回到机器的原点位置。

2）手动操作。当按下并且保持“正向手动”或“反向手动”（JOG + 或 JOG - ）按钮时，电动机带动工作台执行，“正向”或“反向”的手动运动。

3）定位操作。按下自动运行按钮，电动机带动工作台以正向增量位置形式前进 10000mm，到达指定位置指示灯点亮，暂停 2s 后再后退 10000mm。

（2）各操作模式驱动示意图　各种运行模式说明如下：

1）回原点操作。回原点操作过程如图 5-32 所示。

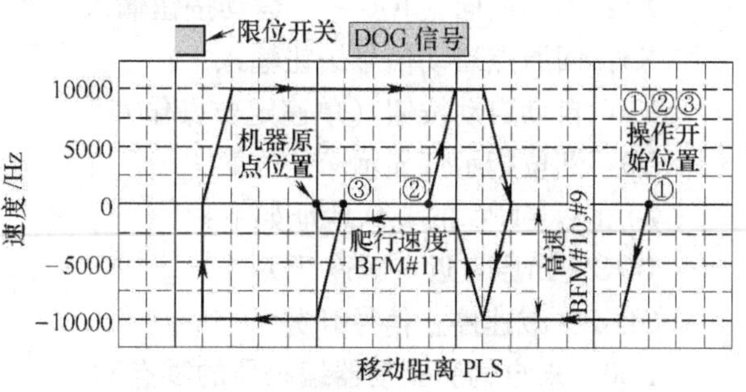


图 5-32　回原点操作过程

回原点运行时，按照电动机拖动运动部件所在位置的不同有不同的运动路径。

①电动机拖动的运动部件在通过 DOG 开关之前 DOG 近点信号为 OFF 状态，此时运动路径为图 5-32 中①指示的路径。在运动部件启动或按照回原点高速（BFM #10，BFM #9）运行，压下 DOG 开关后转换为爬行速度（BFM#11），在接收到指定的零点技术脉冲后即认为当前位置为原点位置。

②电动机拖动的运动部件已经压下了 DOG 开关使 DOG 近点信号为 ON，此时的运动路径为图 5-32 中②指示的路径。运动部件首先要向右（计数器增大方向）运动是 DOG 释放为 OFF，然后再向左（计数器减少方向）高速运行，压下 DOG 开关转为爬行速度，在接收到指定的零点计数脉冲后即认为当前位置为原点位置。

③电动机拖动的运动部件在通过 DOG 开关后 DOG 近点信号为 OFF 状态，此时的运动路径为图 5-32 中③指示的路径。运动部件首先向左（计数器减少方向）运行撞压限位开关，然后向右运行 DOG 开关使 DOG 信号变为 OFF 后，在马上向左高速运行，压下 DOG 开关转为爬行速度，在接收到指定的零点计数脉冲后即认为当前位置为原点位置。

2）手动操作　手动操作过程如图 5-33 所示。

3）单速定位操作　单速定位操作过程如图 5-34 所示。

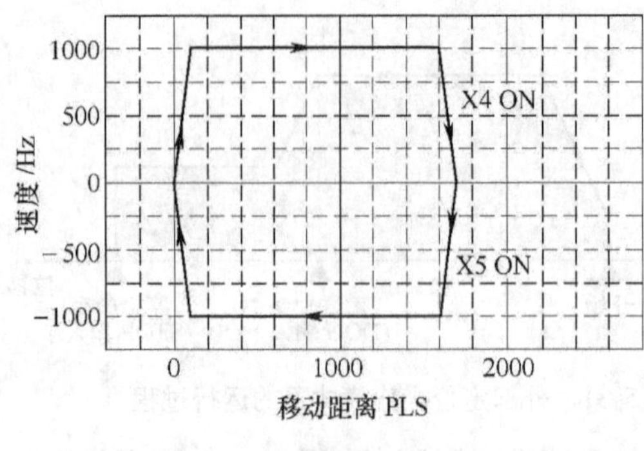


图 5-33　手动操作过程

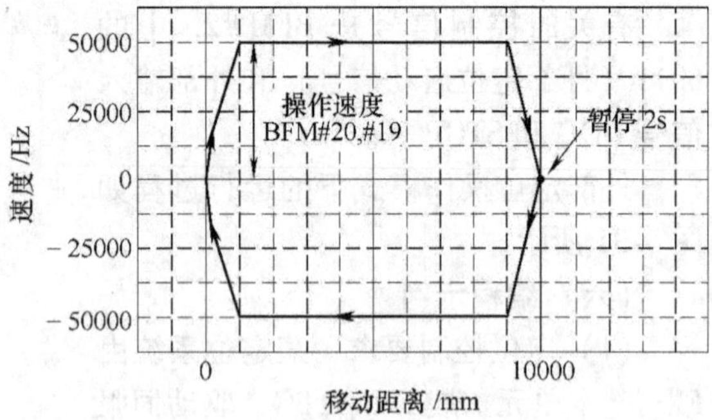

图 5-34　单速定位操作过程

（3）系统 I/O 地址的分配　PLC 的 I/O 分配说明如下：

1）$FX_{2N}$系列 PLC 的 I/O 地址如下：

X0：错误复位信号，X0 为“1”则进行 1PG 模块的错误复位

X1：外部停止输入

X2：正向脉冲停止输入（正向限位，常闭信号）

X3：反向脉冲停止输入（反向限位，常闭信号）

X4：手动正向（JOG +）运动按钮输入

X5：手动反向（JOG −）运动按钮输入

X6：回原点启动信号按钮输入

X7：自动启动按钮（单速定位操作）

Y0：到位指示灯显示

2）$FX_{2N}$-1PG 的 I/O 地址如下：

DOG：回原点近点减速开关

STOP：减速停止信号开关

PG0：来自伺服驱动器编码器的零点脉冲

FP：前向脉冲信号，输出至伺服放大器的 PP 端子

RP：反向脉冲信号，输出至伺服放大器的 NP 端子

CLR：清除滞留脉冲计数器的输出信号，输出至伺服放大器的 CR 端子

（4）定位系统硬件接线　定位系统硬件接线如图 5-35 所示。

（5）BFM 设置　脉冲发生单元 $FX_{2N}$-1PG 内部需设置的 BFM 单元如下：

1）BFM#0：设为 8192，即脉冲速率为 8192PLS/r（这里是以 MR-J2 为例，该数值随连接的伺服驱动器型号不同而有所不同）。

2）BFM#2，BFM#1：设为 1000，仅给速率为 1000mm/r。

3）BFM#3 中的 bl（即 bitl）和 b0（即 bit0）：分别设为 1 和 0，及系统单位设为复合系统，其中的速度单位为 PLS，位置单位为 0.001mm。

4）BFM#3 中的 b5 和 b4：分别为 1 和 1，即位置数据倍数为 $10^3$。

5）BFM#3 中的 b8：设为 0，即前向脉冲。

6）BFM#3 中的 b9：设为 0，即计数方向为使当前计数器值增大。

7）BFM#3 中的 b10：即回原点方向为使当前计数器值减少。

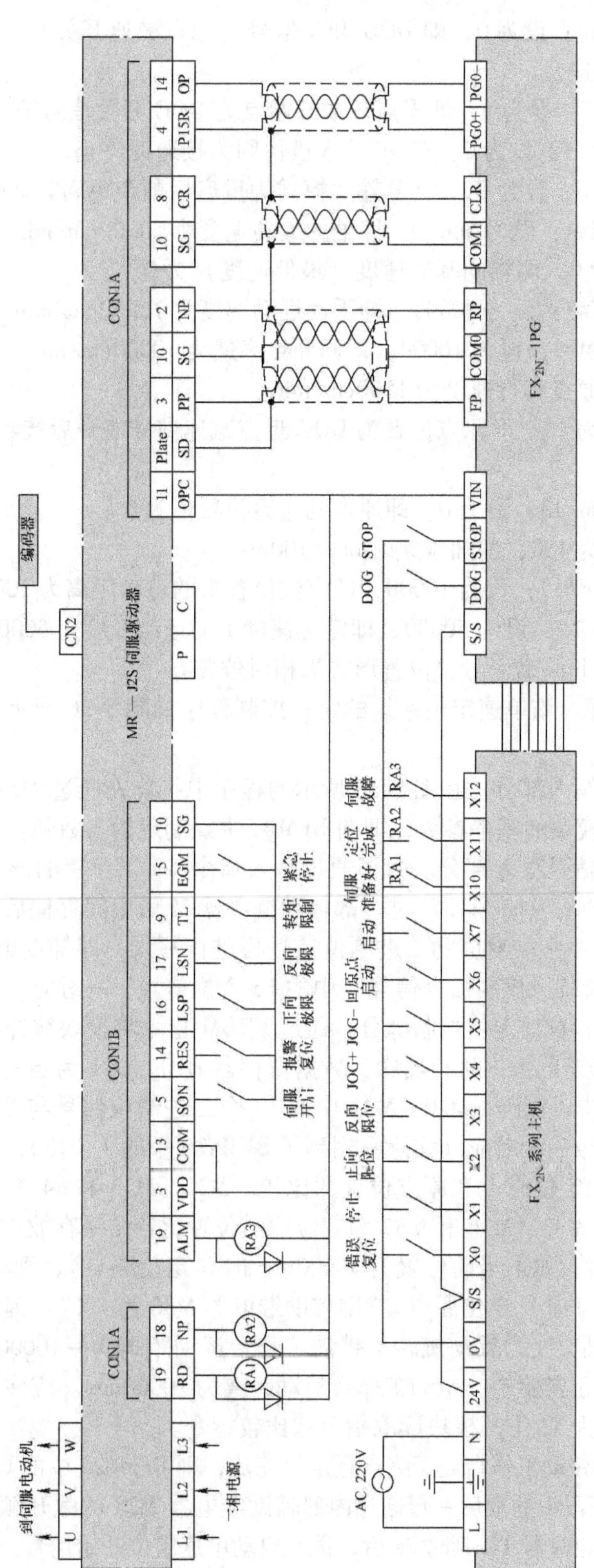


图 5-35 定位系统硬件接线图

8）BFM#3 中的 b12：设为 0，即 DOG 开关信号（原点减速开关）输入极性为“1”有效（为“1”时进行减速）。

9）BFM#3 中的 bl3：设为 1，即零点计数开始点为 DOG 开关信号输入放开后。

10）BFM#3 中的 b14：设为 0，STOP 输入极性因为接通而停止。

11）BFM#3 中的 15：设为 0，STOP 输入模式为重启后剩余距离驱动模式。

12）BFM#5，BFM#4：设为 50000，即轴的最高速度为 50000cm/min。

13）BFM#6：设为 0，即轴的基底速度（最低速度）为 0。

14）BFM#8，BFM#7：设为 10000，即手动运动速度为 10000cm/min。

15）BFM#10，BFM#9：设为 10000，即回原点高速为 10000cm/min。

16）BFM#11：回原点爬行速度为 1500cm/min。

17）BFM#12：设为 10，即原点位置为 DOG 近点减速信号放开后接收到第 10 个 PG0 信号的位置。

18）BFM#14，BFM#13：设为 0，即原点到达后位置值为 0。

19）BFM#15：设为 100，即加减速时间为 100ms。

20）BFM#18，BFM#17：设为 10000，即定位位置 1 的移动距离为 10000mm。

21）BFM#20 BFM#19：设为 50000，即定位速度 1 的运动速度为 50000Hz。

22）BFM#25 中的 bit：设为 1，位置形式为相对位置。

（6）定位控制程序　该单速定位系统的定位控制程序如图 5-36 所示。定位控制程序说明如下：

1）模块基本参数写入部分。在图 5-36 所示的程序中，首先通过 TO 指令利用初始化脉冲 M8002 向 1PG 写入模块的基本参数，即向 BFM#3 中赋制定的参数值。

2）模块控制命令信号写入部分。为了通过写入指令 TO 以单字的形式集中地写入模块控制信号，这里 PLC 的输入信号 X 经过内部辅助继电器 M 做中间存储后，转换成与模块基本参数控制字 BFM#25 中一一对应的二进制位信号再进行写入，即辅助继电器 M0 ~ M15 中的 16 个位信号与 BFM#25（控制命令信号）中的 16 个位信号一一对应。

3）模块信息读取和自动定位控制部分。通过 FROM 指令将模块缓冲存储器中的当前位置和状态信息读取到指定的数据寄存器中，数据寄存器 D10、D11 为当前位置值、D12 为模块 ID 号，D13 为模块错误代码。M20 ~ M31 中的 12 个二进制位信号与 BFM#26（模块状态信号）中的 12 个位信号一一对应（实际只用到了 BFM#26 中的 9 个位）。在程序的最后，使用两条 DCMP 指令实现定位终点和原点位置的比较。M32、M33 和 34 为定位终点位置比较结果存放中间存储位。M35、M36 和 M37 为定位原点位置比较结果存放中间存储位；当执行第一比较指令 DCMP 时，如果当前位置为 10000mm 时（定位终点），则辅助继电器 M33 为“1”；如果当前位置为 0 时（定位原点），则辅助继电器 M36 为“1”。因此可以得到，只要 M33 为“1”，电动机轴应变为反向旋转，带动工作台运动距离为 -10000mm；只要 M36 为“1”，电动机轴应变为正向旋转，带动工作台运动距离为 10000mm。应注意的是，程序中的 DFROM 和 DCMP 指令为 32 位的模块读取指令和比较指令。

而且，当电动机轴带动工作台处于终点且定位完成，则 BFM#28 中的 bit8（定位完成标志位）将变为“1”，程序段中的最后一行通过内部辅助继电器 M28 的敞开触点接通，驱动定位终点指示灯 YO 亮，经定时器 TO 延时 2s 后，再次启动单速定位开始信号，即单速定位启动信号 M8 的线圈是由单速定位自动开始按钮信号 X7 的常开触点和 M8 的常开触点并联后驱动的。

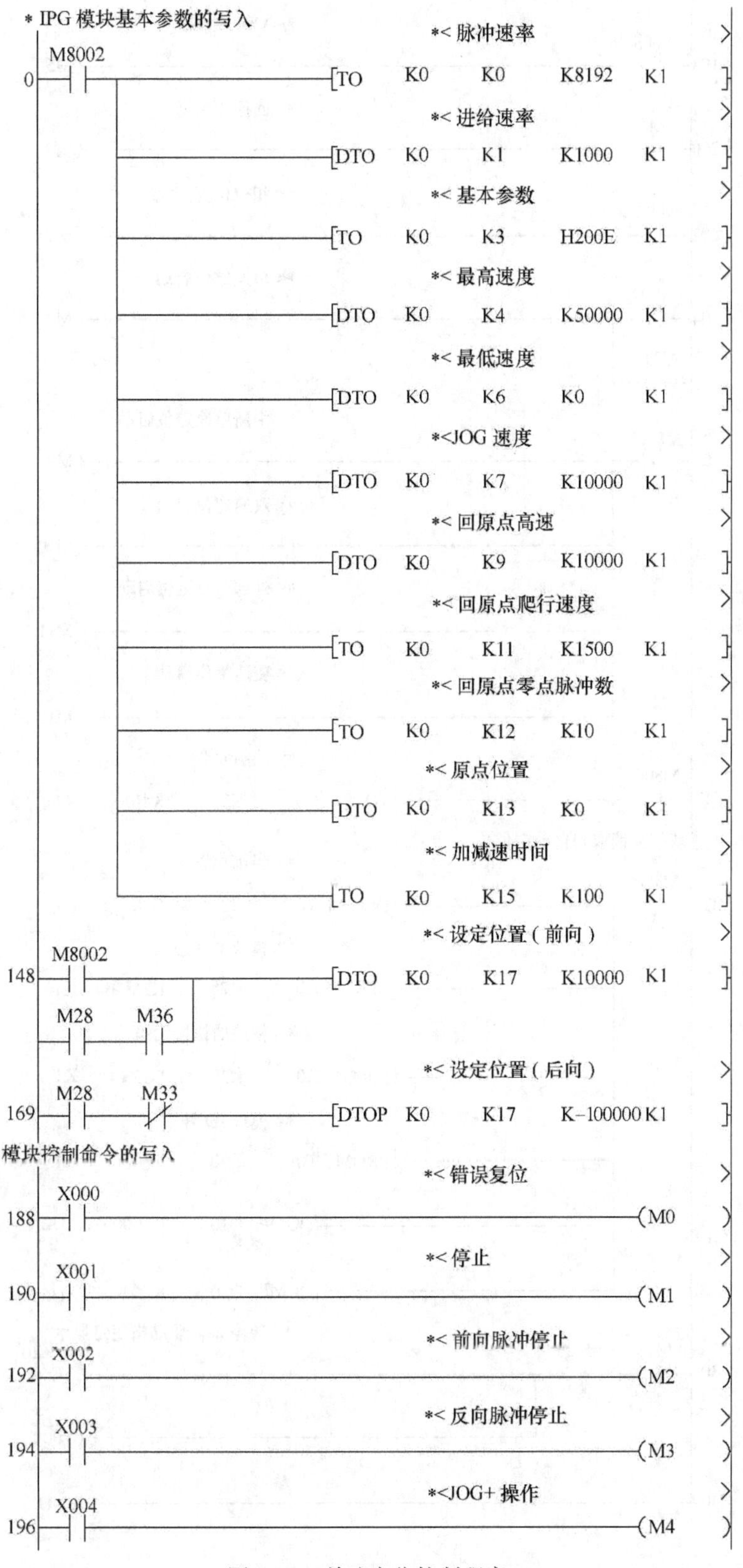


图 5-36 单速定位控制程序

```
                                         *<JOG- 操纵                >
     X005
198──┤├────────────────────────────────────────────────(M5         )
                                         *< 回原点启动              >
     M6
200──┤├────────────────────────────────────────────────(M6         )
                                         *< 相位位置形式            >
     M8002
202──┤├────────────────────────────────────────────────(M7         )
                                         *< 单速定位启动            >
     X007
204──┤├────┬───────────────────────────────────────────(M8         )
     T0    │
   ──┤├────┘
                                         *< 中断单速定位启动        >
     M8000
207──┤/├───┬───────────────────────────────────────────(M9         )
           │                             *< 双速定位启动            >
           ├───────────────────────────────────────────(M10        )
           │                             *< 外部命令定位启动        >
           ├───────────────────────────────────────────(M11        )
           │                             *< 变速操作启动            >
           └───────────────────────────────────────────(M12        )
                                         *< 控制命令                >
     M8000
212──┤├──────────────────────[TO     K0    K25    K4M0    K1       ]
* 模块信息读取和自动定位
                                         *< 当前位置                >
     M8000
222──┤├────┬─────────────────[DFROM  K0    K26    D10     K1       ]
           │                             *< 模块的状态              >
           ├─────────────────[DFROM  K0    K28    K3M20   K1       ]
           │                             *< 模块的错误代码          >
           ├─────────────────[FROM   K0    K29    D12     K1       ]
           │                             *< 模块 ID 号              >
           ├─────────────────[FROM   K0    K30    D13     K1       ]
           │
           ├───────────────────────────[DCMP  D10   K10000  M32    ]
           │
           └───────────────────────────[DCMP  D10   K0      M35    ]
                                         *< 暂停 2s，驱动指定灯显示 >
     M28      M33                                          K20
301──┤├───────┤├───┬───────────────────────────────────(T0         )
                   │
                   └───────────────────────────────────(Y000       )

307────────────────────────────────────────────────────[END        ]
```

图 5-36　单速定位控制程序（续）

## 二、定位控制单元 $FX_{2N}$-20GM

### （一）三菱 FX 系列定位控制模块简介

（1）概述　$FX_{2N}$-10GM（可简称为 10GM）为脉冲序列输出、单轴定位控制模块（也可称为数控单元），不仅能处理单速定位和中断定位，而且能处理复杂的控制，如过速操作。最后可有 8 个 $FX_{2N}$-10GM 连接在 $FX_{2N}$系列 PLC 上。其最大输出脉冲频率为 200kHz。一个 $FX_{2N}$-20GM（可简称为 20GM）可以控制 2 个轴，执行直线插补、圆弧插补或独立的两轴定位控制，最大输出脉冲串为 200kHz（在插补期间，最大为 100kHz）。$FX_{2N}$-10GM 和 $FX_{2N}$-20GM 均可使用流程图形式的编程软件，使程序的开发具有可视性。

$FX_{2N}$-10GM 和 $FX_{2N}$-20GM 的定位可以使用相对坐标（增量方式），也可使用绝对坐标，命令单位有 mm、deg（度）、inch（英寸）和 PLS（脉冲）等几种形式。采用自动梯形模式加速/减速，速度可达 15300cm/min。回零点操作，既可以自动也可以手动；通过电气启动点设置可以进行自动电气零点的返回；如果采用具有 ABS 检测功能的 MR-J2 和 MR-H 型伺服电动机时，还可以进行绝对位置检测。

这两个定位控制模块的主要特点如下：

1）利用 1 台 $FX_{2N}$-10GM 可以控制 1 轴，$FX_{2N}$-20GM 可以控制独立的 2 轴或者实现同时 2 轴的直线插补、圆弧插补。

2）应用定位专用指令（cod 指令）和顺序控制指令，定位模块可以和 $FX_{2N}$系列 PLC 总线连接配合使用，也可以单独运转。

3）定位程序可用专用手提式示教编程板（E-20TP）编写。

4）如果将 $FX_{2N}$-10GM、$FX_{2N}$-20GM 安装在 $FX_{2N}$系列 PLC 上，需要和 $FX_{2N}$-CNV-IF 一起使用。

（2）定位模块输入/输出规格　$FX_{2N}$-10GM 和 $FX_{2N}$-20GM 定位控制模块的输入/输出规格如表 5-19 所示。

**表 5-19　$FX_{2N}$-10GM 和 $FX_{2N}$-20GM 定位控制模块的输入/输出规格**

| 项目 | 内　容 | |
|---|---|---|
| | $FX_{2N}$-10GM | $FX_{2N}$-20GM |
| 控制轴数 | 1 轴 | 最大 2 轴或独立 2 轴 |
| 输出点占有数 | 每一台模块占用 PLC 的 8 个输入/输出点 | |
| 脉冲输出形式 | 开式连接器晶体输出 DC5～24V | |
| 控制输入 | 操作系统：MANU、FWD、RVS、ZRN、START、STOP、手摇脉冲发生器、步进运转输入<br>机械系统：DOG、LSF、LSR、中断 7 点<br>伺服系统：SVRDY、SVEND、PG0 | |
| | 通用：X0～X3 | 通用：基本单元 X0～X7，利用扩展模块可输入 X10～X67 |
| 控制输出 | 伺服系统：FR、RP、CLR | |
| | 通用：Y0～Y5 | 通用：基本单元 Y0～Y7，利用扩展模块可输出 Y10～Y67 |

## （二）定位控制模块 $FX_{2N}$-10GM

$FX_{2N}$-10GM 是三菱 FX 系列的单轴定位控制专用模块，可作为特殊单元连接至 $FX_{2N}$ 或 $FX_{2Nc}$ 系列 PLC。该模块采用脉冲形式输出位置值（可以认为是一种建议的数控单元），在数控机床中需要简易定位时经常会用到。它的脉冲输出形式可以是“定位脉冲 + 方向”或“正/反运动脉冲”，最高输出脉冲频率为 200kHz，最低输出脉冲频率为 1Hz。一台 $FX_{2N}$-10GM 控制一根轴，$FX_{2N}$ 系列 PLC 最多可以连接 8 台 $FX_{2N}$-10GM，$FX_{2Nc}$ 系列 PLC 最多可以连接 4 台。

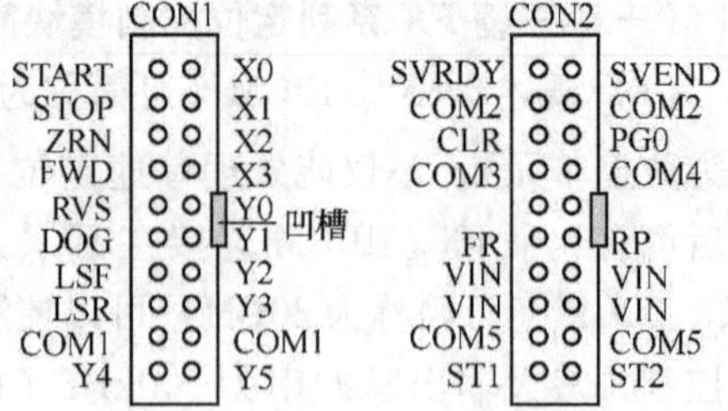


图 5-37　$FX_{2N}$-10GM 的 I/O 连接器信号端子

（1）I/O 连接器信号分配及功能　$FX_{2N}$-10GM 的 I/O 连接器信号端子如图 5-37 所示。$FX_{2N}$-10GM 的 I/O 连接器信号端子分配及功能如表 5-20 所示。

**表 5-20　$FX_{2N}$-10GM 的 I/O 连接器信号端子分配及功能**

| 信号类型及连接器针脚号 | | 代号 | 功能说明 |
|---|---|---|---|
| 控制输入信号 | CON1：1 脚 | START | 自动操作开始输入。在自动模式的准备状态（当脉冲无输出时）下，当 START 信号从 ON 变为 OFF 时，开始命令被置位且运行开始，此信号被停止命令 m00 或 m02 复位 |
| | CON1：2 脚 | STOP | 停止输入。当停止信号从 OFF 变为 ON 时，停止命令被置位且操作停止，STOP 信号的优先级高于 START、FWD 和 RVS 信号停止操作，根据参数 23 的设置(0 ~ 7）不同而不同 |
| | CON1：3 脚 | ZRN | 机械回零点（原点）开始输入手动。当 ZRN 信号从 OFF 变为 ON 时，回零点命令被置位，机械开始回到零点。当回零结束或发出停止命令时，ZRN 信号被复位 |
| | CON1：4 脚 | FWD | 正向旋转输入（手动）。当 FWD 信号变为 ON 时，定位单元发出一个最小命令单位的前向脉冲。当 FWD 信号保持 ON 状态 0.1s 以上时，定位单元将发出持续的正向脉冲 |
| | CON1：5 脚 | RVS | 反向旋转输入（手动）。当 FWD 信号变为 ON 时，定位单元发出一个最小命令单位的反向脉冲。当 RVS 信号保持 ON 状态 0.1s 以上时，定位单元将发出持续的反向脉冲 |
| | CON1：6 脚 | DOG | DOG 近点信号输入 |
| | CON1：7 脚 | LSF | 正向行程限位 |
| | CON1：8 脚 | LSR | 反向行程限位 |
| | CON1：9，19 脚 | | COM1 | 公共端 |
| 通用输入信号 | CON1：11 脚 | X0 | 通用输入。通过设定参数，这些针脚可被分配给数字开关的输入 m 代码 OFF 命令、手摇 |
| | CON1：12 脚 | X1 | 脉冲发生器、绝对位置 ABS 检测数据、步进模式等。当被一个参数设置的 STEP 输入打开时就选择了步进模式程序的执行，根据开始命令的 OFF 或 ON 继续到下一行，直到当前行命令结束步进操作才无效 |
| | CON1：13 脚 | X2 | |
| | CON1：14 脚 | X3 | |

（续）

| 信号类型及连接器针脚号 | | 代号 | 功能说明 |
|---|---|---|---|
| 驱动器输入和脉冲输出信号 | CON2：1 脚 | SVRDY | 从伺服放大器接受到的 READY 信号，这表明伺服放大器已经准备好 |
| | CON2：2，12 脚 | COM2 | SVRDY 和 SVEND 信号 X 轴的公共端 |
| | CON2：3 脚 | CLR | 输出偏差计数器清除信号 |
| | CON2：4 脚 | COM3 | CLR 信号（X 轴）公共端 |
| | CON2：6 脚 | FP | 正向脉冲输出 |
| | CON2：7，8，17，18 脚 | VIN | FP 和 RP 的电源输入（DC5～24V，20mA） |
| | CON2：9，19 脚 | COM5 | FP 和 FR 的信号（X 轴）公共端 |
| | CON2：10 脚 | ST1 | 当连接到 PG0 为 DC5V 电源时，应短路 ST1 和 ST2 |
| | CON2：11 脚 | SVEND | 从伺服放大器接收到的 INP 信号，表明定位完成 |
| | CON2：13 脚 | PG0 | 零点接收信号 |
| | CON2：14 脚 | COM4 | FG0（X 轴）公共端 |
| | CON2：16 脚 | RP | 反向脉冲输入 |
| | CON2：20 脚 | ST2 | 当连接到 PG0 为 DC5V 电源时，应短路 ST1 和 ST2 |
| 通用输出信号 | CON2：10 脚 | Y0 | 通用输出。通过设定参数，这些针脚可被分配到数字开关、数字变换的输出、准备信号、m 代码、绝对位置（ABS）检测控制信号等 |
| | CON2：15 脚 | Y1 | |
| | CON1：16 脚 | Y2 | |
| | CON1：17 脚 | Y3 | |
| | CON1：18 脚 | Y4 | |
| | CON1：20 脚 | Y5 | |

（2）$FX_{2N}$-10GM（$FX_{2N}$-20GM）的主要参数 $FX_{2N}$-10GM 内部使用的参数较多，主要分为定位参数、I/O 控制参数和系统参数三种、因为 $FX_{2N}$-10GM 的内部参数与 $FX_{2N}$-20GM 的基本相同，所以这里对它们的内部参数一并进行介绍和说明，有关 $FX_{2N}$-20GM 的具体使用方法和编程方法后面还会介绍。

应特别注意的是，在 $FX_{2N}$-10GM 中模块的内部参数具有独立的存储器，每一参数都有单独的存储区和参数编号（10GM 的内部参数就像通用变频器内部参数一样）。这些参数编号和设定内容与 PLC 传送所需要的缓冲存储器（BFM）的地址和内容（模块中的 BFM 可以看成是特殊功能模块与 PLC 主机交互数据的专用存储区）是不同的，但模块内部参数和 BFM 中的内容存在着密切的对应联动关系。上述特点使 $FX_{2N}$-10GM（$FX_{2N}$-20GM）与前面的 $FX_{2N}$-1PG 等脉冲发生单元有着明显的区别。

$FX_{2N}$-10GM（$FX_{2N}$-20GM）的主要参数如表 5-21 所示。

**表 5-21 $FX_{2N}$-10GM（$FX_{2N}$-20GM）主要参数表**

| 参数编号 | 参数功能及设定内容 | 备 注 |
|---|---|---|
| 0 | 速度、位置单位体系选择：<br>0 表示单位体系为机械系统，速度单位为 cm/min 或 deg/min、inch/min，位置单位为 mm、Deg 和 0.1 inch<br>1 表示单位体系为电动机系统，速度单位和脉冲频率（Hz），位置单位为脉冲数（PLS）<br>2 表示单位体系为复合系统，速度单位为脉冲频率（Hz），位置单位为 mm、deg 或 0.1 inch | |

（续）

| 参数编号 | 参数功能及设定内容 | 备　注 |
|---|---|---|
| 1 | 脉冲率，电动机每转对应脉冲数 | 设定范围1～65535PLS/r（脉冲/转） |
| 2 | 进给率，电动机每转对应的运动距离 | 设定范围1～999999 |
| 3 | 最小指令单位：<br>0表示倍率为$10^0$（mm），$10^0$（deg），$10^{-1}$（inch）$10^3$（PLS）；<br>1表示倍率为$10^{-1}$（mm），$10^{-1}$（deg），$10^{-2}$（inch）$10^2$（PLS）<br>2表示倍率为$10^{-2}$（mm），$10^{-2}$（deg），$10^{-3}$（inch）$10^1$（PLS）<br>3表示倍率为$10^{-3}$（mm），$10^{-3}$（deg），$10^{-4}$（inch）$10^0$（PLS） | |
| 4 | 最大运行速度 | 单位为cm/min、deg/min、inch/min时，设定范围1～153000；单位为Hz时，设定范围为1～200000 |
| 5 | 手动运行速度 | |
| 6 | 最小运行速度 | |
| 7 | 漂移矫正 | 0～65535PLS |
| 8 | 快速定位加速时间 | 1～5000ms |
| 9 | 快速定位减速时间 | 1～5000ms |
| 10 | 插补运动加减时间常数 | 1～5000ms |
| 11 | 脉冲输出类型：<br>0表示FP为正向旋转脉冲，RP为反向旋转脉冲<br>1表示FP为旋转脉冲，RP为旋转方向规定 | |
| 12 | 旋转计数方向设定：<br>0表示通过正向旋转脉冲（FP）增加计数当前值<br>1表示通过正向旋转脉冲（FP）减少计数当前值 | |
| 13 | 回原点速度设定 | 单位为cm/min、deg/min、inch/min时，设定范围为1～153000；单位为Hz时，设定范围为1～200000 |
| 14 | 回原点爬行速度设定 | |
| 15 | 回原点方向设定：<br>0表示回原点方向为当前计数值增加方向<br>1表示回原点方向为当前计数值减少方向 | |
| 16 | 机械原点位置设定（原点到达的当前位置值设定） | －999999～＋999999PLS |
| 17 | 原点信号计数次数（PG0计数值） | 0～65535 |
| 18 | 原点信号计数开始点：<br>0表示DOG信号有效，原点减速开始后立即进行PG0的计数，当PG0的计数到达设定值（由参数17设定）的数量后，该PG0（第N个零点脉冲）的位置即作为原点位置<br>1表示DOG信号有效时进行原点减速，当DOG信号释放后（从ON到OFF）才进行PG0的计数，当PG0的计数到达设定值（由参数17设定）的数量后，该PG0（第N个零点脉冲）的位置即作为原点位置：<br>2表示无近点开关DOG信号 | |

（续）

| 参数编号 | 参数功能及设定内容 | 备　注 |
| --- | --- | --- |
| 19 | DOG 信号极性设定：<br>0 表示 DOG 信号为 1（常开触点）进行原点减速<br>1 表示 DOG 信号为 0（常闭触点）进行原点减速 | |
| 20 | 极限信号极性设定：<br>0 表示 LSR/LSF 信号为 1（常开触点）有效<br>1 表示 LSR/LSF 信号为 0（常闭触点）有效 | |
| 21 | 伺服定位完成检查时间 | 0～5000ms（当设为 0 时，伺服检查无效） |
| 22 | 伺服准备好检查：0 表示有效；1 表示无效 | |
| 23 | 停止模式：<br>0，4 表示使停止命令无效；<br>1 表示使能剩余距离驱动（在插补操作中跳到 END 指令）<br>2 表示忽略剩余距离（但在插补操作中跳到 END 指令）<br>3，7 表示忽略剩余距离并直接跳到 END 指令<br>5 表示进行剩余距离驱动（包括插补操作）<br>6 表示忽略剩余距离（在插补操作中跳到 NEXT 指令） | |
| 24 | 电气原点 | －999999～＋999999PLS |
| 25 | 正向软件限位 | －2147483648～＋2147483647 |
| 26 | 反向软件限位 | |
| 30 | 程序编号规定方法：<br>0 表示规定程序号为 0<br>1 表示数字开关的 1 位（范围 0～9）<br>2 表示数字开关的 2 位（范围 00～99）<br>3 表示由专用数据寄存器给定（D9000，D9001） | 设定 1、2 时，必须同时设定参数 31～33 |
| 31 | 数字开关分时读通用输入信号地址（连续 4 点） | |
| 32 | 数字开关分时读通用输出信号地址（1 点或 2 点） | |
| 33 | 数字开关读间隔 | 7～100ms，增量为 1ms |
| 34 | 伺服准备好（RDY）信号输出有效性：0 表示无效；1 表示有效 | |
| 35 | 伺服准备好（RDY）信号输出地址号（需参数 34 预先设定为 1，占 1 点输出） | FX$_{2N}$-20GM：Y0～Y7<br>FX$_{2N}$-10GM：Y0～Y5 |
| 36 | m 代码外部输出有效性：0 表示无效；1 表示有效 | |
| 37 | m 代码外部输出地址设定（需参数 36 预先设定为 1，占 1 点输出） | FX$_{2N}$-20GM：Y0～Y57（占 9 点）<br>FX$_{2N}$-10GM：Y0（占 6 点） |
| 38 | M 代码关闭命令输入地址设定 | FX$_{2N}$-20GM：X0～X67，X372～X377<br>FX$_{2N}$-10GM：X0～X3，X375～X377 |
| 39 | 手摇脉冲发生器有效性：0 表示无效；1 表示有效（1 个手摇脉冲发生器）；2 表示有效（2 个手摇脉冲发生器） | 在 FX$_{2N}$-10GM 中，仅可设定 0 或 1 |

（续）

| 参数编号 | 参数功能及设定内容 | 备　注 |
| --- | --- | --- |
| 40 | 手摇脉冲发生器倍乘系数 | 放大倍数 1~255 |
| 41 | 手摇脉冲发生器分频系数 | 1~128（仅 20GM，10GM 不可设定） |
| 42 | 手摇脉冲发生的输入地址设定 | $FX_{2N}$-20GM：X2~X67（一个手摇脉冲发生器占一点）；$FX_{2N}$-10GM：X2~X3（占 9 点） |
| 50 | 绝对值编码器（ABS）生效设定：0 表示无效，1 表示有效 | 必须同时设定参数 51 和 52 |
| 51 | 绝对值编码器（ABS）数据输入首地址设定，占 2 点输出，第 1 点为 ABS 数据位，第 2 点为发送准备信号位 | $FX_{2N}$-20GM：X0~X66（占 2 点）$FX_{2N}$-10GM：X0~X2，X375~X376（占 2 点） |
| 52 | 绝对值编码器（ABS）数据输出首地址设定，占 3 点输出，第 1 点为 ABS 数据传送方式输出位，第 2 点为数据发送位，第 3 点为伺服 ON 信号位 | $FX_{2N}$-20GM：Y0~Y65（占 3 点）<br>$FX_{2N}$-10GM：Y0~Y3（占 3 点） |
| 53 | 单步操作模式生效设定：0 表示无效，1 表示有效 | |
| 54 | 单步操作模式输入地址设定 | $FX_{2N}$-20GM：X0~X67，X372~X377（占 1 点）<br>$FX_{2N}$-10GM：X0~X3，X375~X377（占 1 点） |
| 56 | FWD/RVS/ZRN 通用输入信号定义：<br>0 表示使通用信号无效<br>1 表示在自动（AUTO）模式下使能（特殊 m 代码指令无效）<br>2 表示通用输入总有效（特殊 m 代码指令无效）<br>3 表示在自动（AUTO）模式下使能（特殊 m 代码指令有效）<br>4 表示通用输入总有效（特殊 m 代码指令有效） | |
| 100 | 存储器容量：0 表示 8K 步，1 表示 4K 步 | 在 $FX_{2N}$-10GM 中，仅有 1（4K 步） |
| 101 | 文件寄存器容量设定：0~3000 点 | 通过 D4000~D6999 分配 |
| 102 | 电池电压报警状态设定：<br>0 表示 LED 亮，不使模块有输出（M9127 为 OFF）<br>1 表示 LED 暗，不使模块有输出（M9127 为 ON）<br>2 表示 LED 暗，使模块有输出（M9127 为 OFF） | $FX_{2N}$-10GM 中不可设定 |
| 103 | 电池状态输出地址 | $FX_{2N}$-20GM：Y0~Y67，$FX_{2N}$-10GM：中不可设定 |
| 104 | 子任务开始方式设定：<br>0 表示当从模式手动（MANU）转为自动（AUTO）时，开始执行子任务<br>1 表示当通过参数 105 设置的输入接通时，开始执行子任务<br>2 表示当从模式手动（MANU）转为自动（AUTO）或者通过参数 105 设置的输入接通时，开始执行子任务 | 子任务开始输入由参数 105 定义 |

（续）

| 参数编号 | 参数功能及设定内容 | 备注 |
|---|---|---|
| 105 | 子任务开始输入地址 | $FX_{2N}$-20GM：X0 ~ X67，X372 ~ X377<br>$FX_{2N}$-10GM：X0 ~ X3，X375 ~ X377 |
| 106 | 子任务停止：<br>0 表示当从自动（AUTO）转为手动（MANU）<br>1 表示当通过参数 107 设置的输入接通或者从自动（AUTO）转换为手动（MANU） | 子任务开始输入由参数 107 定义 |
| 107 | 子任务停止输入地址 | $FX_{2N}$-20GM：X0 ~ X67，X372 ~ X377<br>$FX_{2N}$-10GM：X0 ~ X3，X375 ~ X377 |
| 108 | 子任务有错误输出方式设定：<br>0 表示当错误发生时，定位模块给予输出；<br>1 表示当错误发生时，定位模块不输出 | $FX_{2N}$-20GM：Y0 ~ Y67 |
| 109 | 子任务错误输出地址 | $FX_{2N}$-20GM：Y0 ~ Y67<br>$FX_{2N}$-10GM：Y0 ~ Y5 |
| 110 | 子任务操作模式转换：<br>0 表示通用输入无效，当 M9112 被程序置位时，机器进行单步操作，当 M9112 被程序复位时，机器进行连续操作<br>1 表示使能通用输入，单步操作和连续操作通过参数 111 设定的输入或者 M9112 来改变 | |
| 111 | 子任务执行控制信号输入地址设定：0 表示连续执行；1 表示单步执行 | $FX_{2N}$-20GM：X0 ~ X67，X372 ~ X377<br>$FX_{2N}$-10GM：X0 ~ X3，X375 ~ X377 |

（3）$FX_{2N}$-10GM（$FX_{2N}$-20GM）内部缓冲存储器（BFM）　$FX_{2N}$-10GM 和 $FX_{2N}$-20GM 定位控制模块作为 PLC 的特殊功能模块使用时，为了便于与 PLC 之间的协调运作，一般不使用模块的外部输入控制信号。在这种情况下，模块的控制信号、参数等，需要通过 PLC 的 TO（写入）指令向指定的缓冲存储器（BFM）进行传送；同时 PLC 也可以通过 FROM（读出）指令从缓冲存储器（BFM）中读出定位模块的内部参数和工作状态信息。$FX_{2N}$-10GM 和 $FX_{2N}$-20GM 模块用于控制信号、参数设置的主要缓冲存储器（BFM）的编号与功能含义如表 5-22 所示。定位模块控制信号、状态信号还与定位模块内部的特殊辅助继电器一一对应（见表后的说明）。前面说过缓冲存储器（BFM）的地址和存储内容与定位模块内部存储器的参数地址和设定内部是不同的区域，应特别注意两者的区别。

**表 5-22　$FX_{2N}$-10GM（$FX_{2N}$-20GM）的主要缓冲存储器（BFM）的编号与功能含义**

| BFM 编号 | | 功能含义 | 备注 |
|---|---|---|---|
| X 轴 | Y 轴 | | |
| BFM#0 | BFM#10 | 定位程序编号设定 | 10GM 为单轴模块，无 Y 轴 BFM，下同 |
| BFM#1 | BFM#11 | 当前执行定位程序编号 | |

（续）

| BFM 编号 | | 功能含义 | 备注 |
|---|---|---|---|
| X 轴 | Y 轴 | | |
| BFM#2 | BFM#12 | 当前执行的程序型号 | |
| BFM#3 | BFM#13 | 当前 m 代码 | |
| BFM#4/5 | BFM#14/15 | 当前位置值 | |
| BFM#6/7 | BFM#16/17 | 无定义 | |
| BFM#8/9 | BFM#18/19 | 无定义 | |
| BFM#20 | BFM#21 | 以二进制位设定的模块控制命令（定位程序） | 各位含义见说明 |
| BFM#23 | BFM#25 | 以二进制位显示的模块工作状态（定位程序） | 各位含义见说明 |
| BFM#24 | BFM#26 | 以二进制位显示的模块输入端子状态信号 | 各位含义见说明 |
| BFM#27 | | 以二进制位设定的模块控制信号（顺序控制） | 各位含义见说明 |
| BFM#28 | | 以二进制位现实的模块工作状态（顺序控制程序） | 各位含义见说明 |
| BFM#32 | | bit0 ~ bit7：通用输入端子 X0 ~ X7 | 10GM 仅 X0 ~ X3 |
| BFM#47 | | bit0 ~ bit7：通用输入端子 X370 ~ X377 | 10GM 仅 X375 ~ X377 |
| BFM#48 | | bit0 ~ bit7：通用输出端子 Y0 ~ Y7 | 10GM 仅 Y0 ~ Y5 |
| BFM#64 ~ BFM#95 | | 对应内部辅助继电器 M0 ~ M511 状态设定及显示 | |
| BFM#100 ~ BFM#3999 | | 对应数据寄存器 D100 ~ D3999 状态设定及显示 | D0 ~ D99 无对应的缓冲存储器 |
| BFM#4000 ~ BFM#6999 | | 对应数据寄存器 D4000 ~ D6999 状态设定及显示 | |
| BFM#7000 ~ BFM#8999 | | 无定义 | |
| BFM#9000 ~ BFM#9019 | | 对应数据寄存器 D9000 ~ D9019 状态设定及显示 | |
| BFM#9020 | | 存储器容量 | |
| BFM#9201 | | 存储器类型 | |
| BFM#9022 | | 电池电压 | |
| BFM#9023 | | 电池电压低报警设定值 | |
| BFM#9025 | | 瞬时电压中断检测时间设定值 | |
| BFM#9026 | | 模块 ID 号 | 20GM：ID 号为 5310<br>10GM：ID 号为 5210 |
| BFM#9200 ~ BFM#9313 | BFM#9400 ~ BFM#9513 | 对应模块内部参数 0 ~ 56，每一参数占用连续的 2 个字的缓冲器，每轴占用 114 个字的缓冲存储器。例如，X 轴参数 0 对应为 BFM#9200（低）/BFM#9201（高）；Y 轴参数 0 对应为 BFM#9400（低）/#9401（高） | |

1）BFM#20（BFM#21）中的参数使用写入指令（TO）进行写入，其各位含义说明如下：

bit0：单步模式执行信号。

bit1：定位程序启动信号。

bit2：定位程序停止信号。

bit3：m 代码关闭信号。

bit4：机械回零点（原点）信号。

bit5：正向手动（FWD）信号。

bit6：正向手动（RVS）信号。

bit7：错误复位信号。

bit8：回零轴零点信号。

bit9～bit13：无定义。

bit14：16 位写入/读出模式。通过开启 BFM#20 的 bit14（即特殊辅助继电器的 M9014）可以把 32 位（双字）缓冲存储器作为独立的 16 位数据类型（单字）对待，这样就可以允许使用带 D 的 TO 指令（16 位数据操作）将 16 位数据分别发送到各 BFM 中。

bit15：连续路径模式。

BFM#20（BFM#21）为定位模块控制命令，是定位程序（主任务）执行控制信号。该控制信号对应的定位模块内部特殊辅助继电器（Ms）为 M9000～M9015（X 轴控制，BFM#20 的 bit0～bit15）和 M9016～M9031（Y 轴控制，BFM#21 的 bit0～bit15）。

例如，BFM#20 中的 bit3 和 BFM21 中的 bit3 为 m 代码关闭信号，它们分别对应模块内部的特殊辅助继电器 M9003（X 轴）或 M9019（Y 轴）。

2）BFM#23（BFM#25）中的参数也要使用读出指令（FROM）进行读取，其各位含义说明：

bit0：定位模块准备好信号。

bit1：定位完成信号。

bit2：错误检测信号。

bit3：m 代码开启信号。

bit4：m 代码关闭信号。

bit5：m00 代码信号。

bit6：m02 代码信号。

bit7：脉冲输出停止信号。

bit8：定位程序执行中。

bit9：原点到达信号。

bit10～bit11：无定义。

bit12：定位操作错误。

bit13：零点脉冲信号。

bit14：借位标志。

bit15：进位标志。

BFM#23（BFM#25）为定位模块执行状态信号，是定位程序（主任务）执行状态信号。该控制信号对应的定位模块内部特殊辅助继电器（Ms）为 M9048～M9063（X 轴状态，BFM#23 的 bit0～bit15）和 M9080～M9095（Y 轴状态，BFM#25 的 bit0～bit15）。

例如，BFM#23 中 bit3 和 BFM#25 中的 bit3 为 m 代码开启信号，它们分别对应着模块内部的特殊辅助继电器（Ms）的 M9051（X 轴）或 M9083（Y 轴）。

3）BFM#24（BFM#26）中各位含义说明如下：

bit0：DOG 输入端子状态。

bit1：START（启动）输入端子状态。

bit2：STOP（停止）输入端子状态。

bit3：ZRN（回原点）输入端子状态。

bit4：FWD（手动正向）输入端子状态。

bit5：RVS（手动反向）输入端子状态。

bit6 ~ bit7：无定义。

bit8：SVEND（伺服装备好）输入端子状态。

bit9：SVEND（伺服定位完成）输入端子状态。

bit10 ~ bit15：无定义。

BFM#24（BFM#26）状态信号对应的定位模块内部特殊辅助继电器（Ms）为 M9064 ~ M9079（X 轴状态，BFM#24 的 bit0 ~ bit15）和 M9096 ~ M9111（Y 轴状态，BFM#26 的 bit0 ~ bit15）。

4）BFM#27 中各位含义说明如下：

bit0：顺序控制程度单步执行信号。

bit1：顺序控制程序启动信号。

bit2：顺序控制程序停止信号。

bit3：顺序控制程序错误复位信号。

bit4 ~ bit5：无定义。

bit6：子任务操作错误（状态信号）。

bit7 ~ bit15：无定义。

BFM#27 为顺序控制（子任务）执行控制信号，该控制信号对应的定位模块内部特殊辅助继电器为 M9112 ~ M9127。

5）BFM#28 中各位含义说明如下：

bit0：定位模块准备好信号。

bit1：错误检测信号。

bit2：m100 代码信号。

bit3：m102 代码信号。

bit4：顺序控制程序执行中信号。

bit5：零点脉冲标志。

bit6：借位标志。

bit7：进位标志。

bit8 ~ bit10：无定义。

bit11：2 轴同步控制。

bit12：手动控制状态。

bit13 ~ bit14：无定义。

bit15：电池电压低。

BFM#27 为顺序控制（子任务）执行控制信号，该控制信号对应的定位模块内部特殊辅助继电器（Ms）为 M9128～M9143。

**（三）定位控制模块 $FX_{2N}$-20GM**

**1. $FX_{2N}$-20GM 的基本性能及特点**

$FX_{2N}$-20GM 定位控制模块配有电源、CPU、操作系统输入、机械系统输出和 I/O 驱动单元等，它能够不与 PLC 基本单元连接而独立地运行。该单位模块（数控单元）有 8 个输入点和 8 个输出点作为通用 I/O，他们能够连接外部的 I/O 设备。如果 20GM 的 I/O 点不足，FX 系列 PLC 的扩展模块可作为 20GM 的扩展模块与其连接；20GM 还可以与 FX 系列 PLC 基本单元一起配合使用，此时，20GM 定位控制模块作为 PLC 一个专用的特殊功能模块。一个 FX 系列 PLC 最多可连接 8 个特殊功能模块（包括 20GM、模拟量输入/输出模块和高速计数器模块等）。

20GM 定位模块的 LED 能够显示模块的工作状态。它包含 7 个 LED 灯，可分别表示电源、X 轴准备、Y 轴准备、X 轴错误、Y 轴错误、电池电压低、CPU-E 等。通过不同 LED 灯的状态，用户便可判断该模块的工作状态。

$FX_{2N}$-20GM 主要特点如下：

1）20GM 能同时执行两轴控制，可执行直线插补和圆弧插补的连续轮廓轨迹控制。

2）20GM 即可以不连接到 PLC 上独立操作，也可以多个定位控制模块连接到一个 PLC 进行多轴定位操作。

3）20GM 定位控制模块（可视为简易数控单元）具有一种专用的定位语言（cod 代码）和顺序控制指令（包括基本指令及应用指令）同时，采用具有流程图的编程软件，可使程序开发可视化。

4）最大脉冲串输出频率可达 200kHz。

5）配备有绝对位置检测功能和手摇脉冲发生器连接功能。

6）具有高速启动时间（10ms）和 8 个中断输入点，能实行多个高速、多个位置的定位。

**2. I/O 分配和 I/O 扩展连接器**

当独立使用 $FX_{2N}$-20GM 时，除了 $FX_{2N}$-20GM 内部的 16 个 I/O 点（8 个输入点和 8 个输出点）外，还可增加 48 个 I/O 点，也就是总共可以有 64 个输入/输出点。扩展输入和扩展输出点独立地从距离 $FX_{2N}$-20GM 单元最近的地方分配。当连接 $FX_{2N}$-20GM 到 PLC 的基本单元时，$FX_{2N}$-20GM 单元被视为 PLC 的功能模块，从离 PLC 最近的位置算起功能模块的编号 0～7 被自动地分配到所连接的功能模块上。此功能模块编号在 FROM/TO 指令中使用 $FX_{2N}$-20GM 中的通用 I/O 点，与 PLC 中的 I/O 点相隔离，并像 $FX_{2N}$-10GM 中的 I/O 点一样占用一台 PLC 的 8 个 I/O 点，其 I/O 的分配细节参见 $FX_{2N}$/$FX_{2NC}$系列硬件手册。

$FX_{2N}$-20GM 能连接到 $FX_{2N}$系列扩展模块（不包括继电器输出型）上来扩展通用 I/O 点。$FX_{2N}$-20GM 通过 $FX_{2N}$-CNV－IF 可连接到 $FX_{2N}$晶体管或三端双向晶闸输出型的扩展模块上来扩展通用 I/O 点，扩展点数最大为 48 点。同步 ON 比例为 50%或更小。

从 $FX_{2N}$-20GM 右侧移去扩展连接器盖板，拉起挂钩把扩展模块上的卡爪塞进 $FX_{2N}$-20GM 上的装配孔中来进行连接，然后，拉下挂钩以固定扩展模块。连接一个扩展模块和另一扩展模块也按同样方式进行。

**3. 输入/输出控制信号**

$FX_{2N}$-20GM 得主要控制输入信号有 FWD（手动正转）、RVS（手动反转）、ZRN（机械零点回归）、START（自动开始）、STOP（停止）、DOG（回原点近点信号）、LSF（正向旋转极限）、LSR（反向旋转极限）、SVRDY（伺服准备）、SVEND（伺服结束）、PG0（零点信号）等；控制输出信号有 FR（正向旋转脉冲）、RP（反向旋转脉冲）、CLR（偏差信号清除计数器）等。

该定位控制模块具有 4 个信号连接口，分别为 CON1 ~ CON4。各连接口功能如下：CON1 为 I/O 指定的连接口，16 点输入/输出接口；CON2 也是 I/O 指定的连接口，进行外部开关信号及启动/停止信号等的连接；CON3 为 X 轴驱动器接口，进行 X 轴控制信号的连接；CON4 为 Y 轴驱动器接口，进行 Y 轴控制信号的连接。

**4. 定位模块内部参数**

在 20GM 定位控制模块内部的参数主要分为定位参数、I/O 控制参数和系统参数三种。该定位模块有 12 种系统参数设置、27 种定位参数设置和 19 种 110 个控制参数设置，可通过特殊数据寄存器来更改程序设置（系统设置除外）。在参数设定中，要实现独立的 2 轴操作必须分别对 2 轴（X 轴或 Y 轴）的定位参数和 I/O 控制参数进行设定。20GM 定位控制模块系统中较为常用和重要的内部参数有几十个，它们与 10GM 定位模块的内部参数基本相同，参见表 5-21。

**（四）定位控制模块的使用和编程**

**1. 定位模块通信过程和内部软元件**

1）定位模块和 PLC 之间的通信过程：利用定位控制模块 10GM 和 20GM 内部的缓冲存储器（BFM），通过使用 PLC 的应用指令 FROM、TO 就可以实现定位模块与 PLC 之间的通信交互。PLC 和定位控制模块（10GM 及 20GM）之间的通信过程如图 5-38 所示。

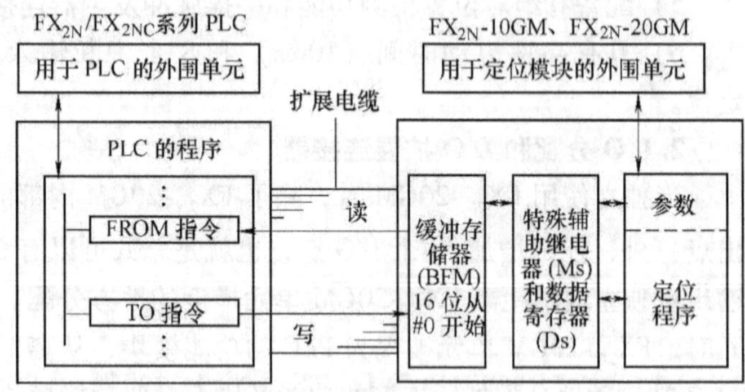


图 5-38　PLC 与定位控制模块之间的通信过程

2）20GM 定位模块内部软元件：20GM 定位模块与 PLC 相似，在其内部设置了辅助继电器（M）和数据寄存器（D）。其中，M0 ~ M511 为通用辅助继电器，M9000 ~ M9175 为特殊辅助继电器；D0 ~ D3999 为通用数据寄存器，D4000 ~ D6999 为文件数据寄存器，D9000 ~ D9599 为特殊数据寄存器。从 M9000 开始的专用辅助继电器称为特殊辅助继电器（Ms），从 D9000 开始的专用数据寄存器称为特殊数据寄存器（Ds）。它们被作为专用软元件（位元件和字元件），主要用于存储命令、状态信息、参数设置值等。

每个特殊 Ms 和特殊 Ds 都分配有对应的缓冲存储器（BFM）。缓冲存储器用“#”加编号表现，如一个缓冲存储器 BFM#20 由 16 位数据组成，特殊辅助继电器为位元件，从 M9000 开始，每 16 位被分配给 BFM 编号为 BFM#20 开始的一个缓冲存储器，这种缓冲存储器每一位都有特定的含义。而对于字元件的特殊数据寄存器，每个都被分配给一个编号相同的 BFM，如特殊数据寄存器 D9000 分配给 BFM#9000，一个缓冲存储器就是一个二进制 16 位字数据，不按位操作。

应用指令 FROM（特殊功能模块读出）指令把缓冲存储器（BFM）中的内容读到 PLC 中，而 TO（特殊功能模块写入）指令把 PLC 的内容写入 BFM 中。当执行顺序控制程序中的 FROM 或 TO 指令时，就会在 PLC 和定位控制之间进行通信。这是定时控制模块可能处于 MANU（手动）模式或 AUTO（自动）模式下。

20GM 中的 Ms 和 Ds 可以通过 PLC 程序 FROM 和 TO 指令进行读写，用于发送命令、读取状态信息、设置系统参数等。但应注意的是，进行读出、写入操作时，是对 20GM 中的缓冲存储器（BFM）进行操作，不是直接对特殊 Ms 和特殊 Ds 进行操作。但是，在 20GM 中缓冲存储器（BFM）与定位控制模块中的特殊辅助继电器（Ms）和特殊数据寄存器（Ds）互锁联动，当缓冲存储器中（BFM）的内容改变时，特殊辅助继电器（Ms）和特殊数据寄存器（Ds）中的内容也会随之同时改变，定位控制模块自动在它们之间进行数据传送。PLC 通过这两条应用指令即可实现对 20GM 的控制。

**2. 定位指令和顺序控制指令**

20GM 数据单元具有一种专用的定位指令（cod 代码）和顺序控制指令（包括基本顺序指令及应用指令）。在 20GM 模块定位程序开发中，可以使用三种指令；①定位指令，即 cod 代码，这是 20GM 指令的主体部分，它们是实现两轴定位操作的指令，如直线插补、圆弧插补等，用定位指令编写的程序为定位程序或主程序、主任务；②基本顺序指令，它们类似于 PLC 的基本逻辑指令，如 LD、LDI 指令等；③应用指令（或功能指令），如条件跳转、算术运算、数值转换指令等，用顺序控制指令编写的程序称为顺序控制程序或子程序、子任务。

1）定位控制指令——cod 代码和 m 代码：定位模块的 cod 代码与计算机数控系统（CNC）标准准备功能 G 代码和 M 代码较为相似，另外，模块定位程序中的 m 代码指令可以完成定位操作的辅助功能，通过它们用以驱动定位操作以外的一些辅助操作或者对 20GM 之外的其他设备进行操作。m 代码有 m00 ~ m99 共计 100 条指令。另外有几个特殊的 m 代码指令规定了专门用途，如 m02 为主任务结束用，m102 为子任务结束用（它是每个程序的 END 指令），其他都是通过通用的 m 代码指令。

$FX_{2N}$-20GM（$FX_{2N}$-10GM）定位控制指令 cod 代码、m 代码的指令代码、助记符和功能含义如表 5-23 所示。

**表 5-23　$FX_{2N}$-20GM（$FX_{2N}$-10GM）定位控制指令表**

| 指令代码 | 助记符 | 功能含义 | 备　注 |
|---|---|---|---|
| cod00 | DRV | 高速定位 | |
| cod01 | LIN | 直线插补定位 | 仅 20GM 模块具有该指令，10GM 模块无该指令 |
| cod02 | CW | 顺时针圆弧插补定位 | 仅 20GM 模块具有该指令，10GM 模块无该指令 |
| cod03 | CCW | 逆时针圆弧插补定位 | 仅 20GM 模块具有该指令，10GM 模块无该指令 |
| cod04 | TIM | 可以指定时间的程序暂停 | |
| cod09 | CHK | 伺服定位结束检查 | |
| cod28 | DRVZ | 返回机械原点位置 | |

（续）

| 指令代码 | 助记符 | 功能含义 | 备　注 |
|---|---|---|---|
| cod29 | SETR | 设置电气原点位置 | |
| cod30 | DRVR | 返回电气原点位置 | |
| cod31 | INT | 中断停止忽略剩下距离 | |
| cod71 | SINT | 指定中断停止距离的中断1 | 以1种速度中断停止 |
| cod72 | DINT | 指定中断停止距离的中断2 | 以两种速度中断停止 |
| cod73 | MOVC | 位置偏移补偿 | |
| cod74 | CNTC | 中心位置补偿 | |
| cod75 | RADC | 半径补偿 | |
| cod76 | CANC | 取消补偿 | |
| cod90 | ABS | 指定绝对坐标方式编程 | |
| cod91 | INC | 指定增量坐标方式编程 | |
| cod92 | SET | 设定当前位置值 | |
| m00 | WAIT | 主程序暂停 | |
| m02 | END | 定位程序（主任务）结束 | |
| m100 | WAIT | 子任务暂停 | |
| m102 | END | 子任务结束 | |

2）顺序控制指令：定位控制模块的顺序控制指令中的基本顺序指令与三菱FX系列PLC中的基本逻辑指令非常相似，但是模块的应用指令与三菱FX系列PLC的应用指令有所区别，使用时应注意。$FX_{2N}$-10GM（$FX_{2N}$-20GM）的基本顺序控制指令如表5-24所示。

**表5-24　$FX_{2N}$-10GM（$FX_{2N}$-20GM）的基本顺序控制指令表**

| 指令代码 | 助记符 | 功能指令 | 备　注 |
|---|---|---|---|
| – | LD | 开始运算，取常开触点与左母线相连 | |
| – | LDI | 开始运算，取常闭触点与左母线相连 | |
| – | AND | 常开触点串联连接 | |
| – | ANI | 常闭触点串联连接 | |
| – | OR | 常开触点并联连接 | |
| – | ORI | 常闭触点并联连接 | |
| – | ANB | 电路块串联连接 | |
| – | ORB | 电路块并联连接 | |
| – | SET | 置位，驱动目标软元件自保持 | |
| – | RST | 复位，目标软元件自保持解除 | |
| – | NOP | 空操作指令 | |
| FNC00 | CJ | 条件转换 | |
| FNC01 | CJN | 否定条件转移 | |
| FNC02 | CALL | 子程序调用 | |

（续）

| 指令代码 | 助记符 | 功能指令 | 备　注 |
|---|---|---|---|
| FNC03 | RET | 子程序返回 | |
| FNC04 | JMP | 无条件跳转转移 | |
| FNC05 | BRET | 返回母线 | |
| FNC08 | RPT | 循环开始 | |
| FNC09 | RPE | 循环结束 | |
| FNC10 | CMP | 比较 | |
| FNC11 | ZCP | 区间比较 | |
| FNC 12 | MOV | 16 位数据传送 | |
| FNC13 | MMOV | 带符号扩展的 16 ~ 32 位传送 | 其中 bit31 ~ bit16 的内容与 bit15 中的内容相同 |
| FNC14 | RMOV | 带符号锁定缩小 32 ~ 16 位传送 | 其中 bit30 ~ bit16 的内容被忽略，bit 内容传送到 bit15 |
| FNC18 | BCD | 二进制转换为 BCD 码 | |
| FNC19 | BIN | BCD 码转换为二进制 | |
| FNC20 | ADD | 二进制加法运算 | |
| FNC21 | SUB | 二进制减法运算 | |
| FNC22 | MUL | 二进制乘法运算 | |
| FNC23 | DIV | 二进制除法运算 | |
| FNC24 | INC | 二进制加 1 运算 | |
| FNC25 | DEC | 二进制减 1 运算 | |
| FNC26 | WAND | 字逻辑“与”运算 | |
| FNC27 | WOR | 字逻辑“或”运算 | |
| FNC28 | WXOR | 字逻辑“异或”运算 | |
| FNC29 | NEG | 求补运算 | |
| FNC72 | EXT | 分时读取数字开关 | |
| FNC74 | SEGL | 带锁存的 7 段显示 | |
| FNC90 | OUT | 驱动输出 | |
| FNC92 | XAB | X 轴绝对位置检测 | |
| FNC93 | YAB | Y 轴绝对位置检测 | |

### 3. 定位程序的组成和指令代码格式

习惯上将以专用指令 cod 代码为主编写的定位程序直接称为“定位程序”或者“主任务”，将以基本顺序控制指令和应用指令为主编写的程序称为“顺序控制程序”或者“子任务”。每个 FX-10GM 定位模块（包括 $FX_{2N}$-20GM 定位模块）允许使用多个不同程序编号的定位程序（或主任务），但只能使用一个顺序控制程序（子任务）。

（1）定位程序（主任务）　定位模块定位程序表达形式包括行号、程序号和具体定位程序。

程序号

↓

Ox10

```
行号
↓
N0000  cod28 (DRVZ);
N0001  m00 (WAIT);
N0002  cod00 (DRV) x100  f500;
N0003  m00 (WAIT);
⋮
N0100  m02 (END)
```

定位程序中的最后 1 行“m02（END）”为程序结束标记，代表定位程序（主任务）O00～O99、Ox00～Ox99、Oy00～Oy99 结束。

由上面的这一小段定位程序可见：程序中间部分的每一行称为一个“程序段”，代表具体定位要求与控制动作。程序段是程序的主体部分，程序段的数量受定位模块内部存储器容量的限制。

程序段开头部分的 N□□□□（□代表数字 0～9）称为“行号”或“程序段号”。行号仅作为程序段起始的标记，不占用存储器的容量。行号编排可以任意，且同一行号可以在不同的定位程序中重复使用。

程序段的结尾应以“;”标记，代表一个程序段结束。当单步模式执行定位程序时，每次执行一个程序段。

程序段中的 cod□□、m□□为指令代码，括号内的英文大写（如 DRV）为指令助记符。

指令代码后面的 x□□□□、f□□□□为指令所需要的定位位置、移动速度等操作数。

为了与其内部的辅助继电器 M、输入继电器 X、输出继电器 Y 等软元件区别，规定在定位程序中的英文字符（指令助记符除外）一律采用小写格式。

编程定位程序时有以下注意事项：

1）关于行号说明：

①每一条指令都指派了行号，从 N0～N9999，这样就能很容易地把指令代码分隔开来。首行号从外部单元输入，然后每次输入分隔符时下一个行号就会自动赋给下一条指令，通过使用行号来读入指令。

②任何 4 位或以下的数字都可以用作首行号，相同的行号可以分配给程序不一样的其他程序，首行号不一定必须为 N000。

③程序的容量是由步数控制的。每一行使用的步数根据指令代码的不同而变化，行号不包括在步数内。

2）关于程序号的说明。程序号被赋给每一个定位程序操作，目的不同的程序所分配的程序号也不相同。程序号最前附有符号“O”。程序号的格式分成 2 轴同步操作格式（用于 $FX_{2N}$-20GM）、2 轴独立操作格式（用在 $FX_{2N}$-10GM 上时为 1 轴操作）和子任务格式，如下所示：

| 2 轴同步运行 | 2 轴独立运行 | | 子任务 |
|---|---|---|---|
| | X 轴 | Y 轴 | |
| O00 | Ox00 | Oy00 | O100 |
| … | … | … | … |

m02（END）　　m02（END）　m02（END）　　m102（END）

① 在 $FX_{2N}$-10GM 中只能给 X 轴和子任务分配程序编号。

② 每个程序的结尾必须有 END 指令。对于 2 轴同步操作、X 轴运行和 Y 轴运行是 m02 代码，而对于子任务则是 m102 代码。

③ 程序号 00 ~ 99（共计 100 个）可以按照下面方式使用，例如：O00 ~ O99 或者 Ox00 ~ Ox99 或者 Oy00 ~ Oy99，而 O100 仅用于子任务。

④ 应注意，在 $FX_{2N}$-20GM 中不能混合使用 2 轴同步运行程序和 2 轴独立运行程序，只能使用两者中的一种。如果同时存在两种类型的程序，则会出现程序错误（错误代码 3010）。

⑤ 根据定位模块内部参数 30 程序编号指定方法的设定值不同，可以通过一个数字开关或 PLC 来指定要执行的程序号。

3）关于定位程序的编写和说明。当输入启动是，制定程序编号所代表的那个程序就从头开始一步一步地执行指定程序。根据程序编制号的顺序执行。当一条指令执行结束后，接着执行下一行指令。例如：

```
Ox20（Ox20 位 X 轴程序编号）
N0000  cod28（DRVZ）;
N0001  cod00（DRV）;
       x1000  f1000;
N0002  cod04（TIM）;
       K100;
N0003  m02（END）;
```

在上面所示的定位程序中：N0001 行表示当 X 轴方向移动到达“1000”定位单位位置时，继续执行下一行的指令；在 N0002 行表示当定时器到达定时时间后，继续执行下一行指令的执行。

（2）顺序控制程序（子任务）　子任务主要用来处理 PLC 的程序。主任务是一个由 O、Ox、Oy 表示的定位程序，其任务是在 2 轴同步模式和 2 轴独立模式下执行定位操作，在 $FX_{2N}$-10GM 中只能使用 Ox。子任务是一个主要由顺序指令组成的程序，它不执行定位控制。当主程序有 2 个以上时，可以用参数 30 程序编号指定来选择要执行的程序。子任务只能创建一个，这时选定的主任务和子任务同步执行。

编制顺序控制程序应注意以下几点：

1）任何一个子任务的程序号都是 O100，该程序号必须包含在程序的第一行中。在程序的最后增加“m102（END）”，用 m100（WAIT）暂停程序的执行。m102 和 m100 在子程序都是固定用法，应注意在子程序中结束和暂停不能使用“m02”、“m00”。

2）子任务可以在定位单元程序区（第 0 ~ 3799 步或第 0 ~ 7799 步）的任何位置创建。但是为了容易识别，推荐在定位程序的后面创建子任务。

3）子任务的开始、停止和单步不操作等是由相应定位模块内部参数设定的。子任务有自己专用的特殊辅助继电器（Ms）和特殊数据寄存器（Ds）。

4）顺序控制程序（子任务）的执行和定位程序（主任务）的执行方式不一样，也是每次执行一行指令。当输入 START（启动）信号后，子任务从第一行程序开始执行，当遇到指令 m102（END）后结束，然后等待下一个 START 信号。

例如，如果要实现循环操作，可使用一条向下面程序所示的 FNC04（JMP）跳转指令。但是，应注意不能从子任务中跳转到定位程序（主程序）中。如果子任务需要重复执行，建议程序的行数应限制在 100 行以内，以免运行时间过长。

```
O100、N0;
P0;
LD   X00;
AND  X01;
SET  Y0;
FNC  04 (JMP) P0;
M102
```

5）在自任务的内部，所有顺序指令、应用指令和像 cod04（TIM）指定时间的程序暂停、cod73（MOVC）位置偏移补偿、cod74（CNTC）中点位置补偿、cod75（RADC）半径补偿、cod76（CANC）取消补偿和 cod92（SET）设置当前位置等这些 cod 代码指令时可以使用的。

但是，不能使用 m 代码进行输出控制，只有 m100（WAIT）和 m102（END）这两条特殊的 m 代码可以在子任务中使用。

（3）子任务变成示例　下面是两个子任务程序编程的例子。应注意，如果一个程序在定位程序和除了定位控制以外其他控制中的执行需要较长时间，那么最好将该程序编成子任务程序来处理。

1）获取数字开关数据：

```
O100、N0
N00    P255;
N01    FNC  74 (【D】SEGL)
D9004  Y00  K4  K0;
N02  FNC  04 (JMP)    P225;
N03  m102 (END)
```

这个例子，显示了 X 轴当前位置的低 4 位。同样，任何定位操作没有直接联系的代码都可以放到子任务程序中进行处理。

2）实现错误检测输出：

```
O100、N0;
N00  P255
N01  LDI  M9050;          //M9050 为 X 轴错误检测信号、即 BFM#23 中的 bit2
N02  ANI  M9082;          //M9082 为 Y 轴错误检测信号、即 BFM#25 中的 bit2
N03  FNC  90 (OUT) Y00; //当 X 轴和 Y 轴都没有错误时、会驱动 Y0 输出
N04  FNC  04 (JMP) P255; //无条件跳转到标号 P255 处、因为有跳转指令、END 指令并不会被执行
N05  M102 (END);
```

在这个例子中，当检测到有 X 轴或 Y 轴的错误时，程序会禁止正常输出 Y0。

（4）程序中 m 代码的驱动　m 代码有两种驱动方式，用不同的指令书写格式表示。

AFTER 模式：m 代码单独另起一行书写，m 码指令是在前面的定位控制指令执行完后执行。

例如：

N0000 cod01（LIN）x100 y200 f500； //直线插补执行

N0001 m10； //之后、m10 被驱动、m 代码开启信号打开

在上面的任一况下，当 m 代码驱动时 m 代码开启信号就会打开，并且 m 代码编号被存入特殊的数据寄存器（Ds）中。m 代码开启信号始终保持“ON”状态，直到 m 代码关闭信号打开。m 代码的分配如表 5-25 所示。

**表 5-25 m 代码的分配**

| m 代码类型 | X 轴 | | Y 轴 | |
|---|---|---|---|---|
| | 特殊 Ms/Ds | 缓冲存储器（BFM） | 特殊 Ms/Ds | 缓冲存储器（BFM） |
| m 代码开启信号 | M9051 | #23 的 bit3 | M9083 | #25 的 bit3 |
| m 代码关闭命令 | M9003 | #20 的 bit3 | M9019 | #21 的 bit3 |
| m 代码编号 | M9003 | #9003 | D9013 | #9013 |

在 $FX_{2N}$-20GM 或 $FX_{2N}$-10GM 定位控制模块中，可以利用其内部缓冲存储器（BFM）通过 $FX_{2N}$/ $FX_{2C}$系列 PLC 使用读出或写入来传输 m 代码。可以使用内部参数 36 ~ 38（见表 5-21）将与 m 代码有关的信号输出至外部单元。在连续使用 m 代码时应该延长 m 代码开启信号的关闭时间，使它比 PLC 的扫描周期更长一些。

### （五）定位控制模块编程示例

### 1. $FX_{2N}$-10GM 定位模块编程示例

（1）系统控制要求　系统控制要求采用 $FX_{2N}$-10GM 定位控制模块进行简易定位控制，且将其作为 PLC 基本单元扩展的特殊功能模块使用，具体控制要求如下：

1）当控制系统启动后，第一次按下“启动”按钮，系统自动回原点，原点位置值设为 0。

2）在系统回原点完成后，再次按下“启动”按钮，系统可自动地实现如下动作循环：

①X 轴快速运动到 300mm 处停止；

②在 300mm 处，执行第 1 特定的顺序控制动作（如钻孔）；

③第 1 动作完成后，X 轴快速运动到 800m 处停止；

④在位置 800mm 处，执行第 2 特定的顺序控制动作（如裁断）；

⑤第 2 动作完成后，X 轴快速返回到原点处停止。

3）以上动作均可以通过操作面板上的“停止”按钮进行暂停。

（2）定位控制系统配置和实现方法

1）定位系统的启动和停止由 PLC 基本单元进行控制。

2）PLC 与定位模块之间的动作协调通过传送 m 代码进行控制。在位置 300mm 处的第 1 特定的顺序控制动作，由定位模块输出 m10 代码进行启动控制；在位置 800mm 处的第 2 特定的顺序控制动作，由定位模块输出 m11 代码进行启动控制，并通过 PLC 基本单元的输出点作为外部动作的启动信号。

3）定位控制模块定位程序的编写。系统回原点、原点设置、自动定位控制，可通过 $FX_{2N}$-10GM 模块的定位控制指令，如 cod28（DRVZ，返回机械原点）、cod29（SETR，设定电气原点）、cod00（DRV，快速定位）实现。

4）当第1、2特定的顺序控制动作完成后，通过PLC的输入点返回完成信号，并且启动下一步操作。

通过上述分析，可确定PLC基本单元的输入/输出点（I/O点）、内部辅助继电器（M）和数据寄存器（D）的地址分配，如表5-26所示。

表5-26 10GM编程示例中的PLC地址分配

| 地址 | | 功能含义 | 备　注 |
|---|---|---|---|
| I点 | X1 | 定位启动按钮 | |
| | X2 | 定位停止按钮 | |
| | X3 | 在300mm位置处第1数序控制动作完成输入信号 | |
| | X4 | 在800mm位置处第2数序控制动作完成输入信号 | |
| O点 | Y0 | 在300mm位置处第1数序控制动作完成输入信号 | |
| | Y1 | 在800mm位置处第2数序控制动作完成输入信号 | |
| M和D | M1 | 定位控制模块定位启动信号 | |
| | M2 | 定位控制模块停止启动信号 | |
| | M3 | 第1、第2顺序控制动作完成信号 | |
| | M51 | 第1、第2顺序控制动作启动信号 | |
| | M210 | m10代码输出 | |
| | M211 | m11代码输出 | |
| | D0 | m代码编号储存单元 | |

为了实现上面的控制动作（包括定位模块进行定位控制和PLC基本单元进行顺序控制动作），需要对定位模块和PLC分别编写两种不同的控制程序。在PLC中主要进行输入、输出的运算逻辑和与定位控制模块信息交互的控制；在定位控制模块中主要进行定位功能的控制。

同时，必须对定位模块设置相应的控制参数。定位控制模块10GM的参数较多，进行参数设定时只需要通过TO指令写入定位控制模块的缓冲存储器（BFM）中即可，写入方法与前面介绍的$FX_{2N}$-1PG/$FX_{2N}$-10PG参数的写入方法非常相似，在下面的控制程序中不再给出PLC程序详细的运行说明。

**2. $FX_{2N}$-20GM定位模块编程实例**

（1）控制要求　采用基于$FX_{2N}$-20GM定位控制模块组成的PLC数控机床系统，加工一个梅花图形，如图5-39所示。在图中以A点为起点，连续加工出4个半圆形后成为梅花，并在图形的中心钻一个孔。图中标出了相对坐标值，整个图形的加工需要20GM控制的X、Z两轴联动（X、Z轴对应20GM定位模块控制的同步两轴X轴和Y轴）和PLC基本单元控制的Y轴进行伺服系统的进刀、退刀配合完成加工。其具体加工工序如下：

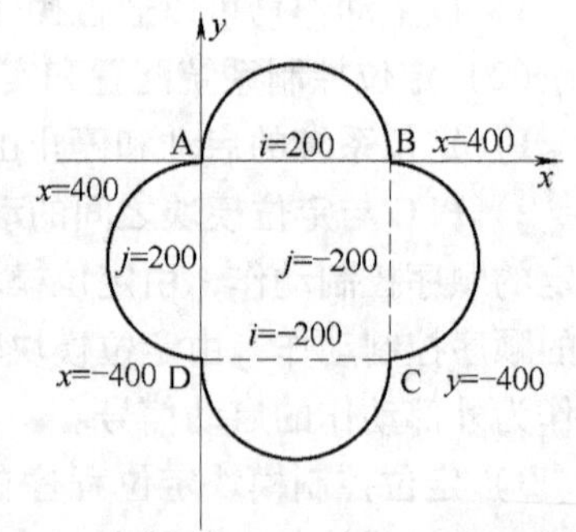

图5-39 $FX_{2N}$-20GM模块加工梅花图形

PLC控制Y轴进刀后，启动20GM加工。

20GM加工程序从A点开始同步控制2轴用顺圆弧插补连续路径加工4个半圆，回到A点。

PLC 控制 Y 轴退刀并换刀，然后 20GM 模块控制 X 轴和 Z 轴快速走刀到中心。

PLC 控制 Y 轴进刀钻孔，钻孔后退刀，最后 20GM 控制高速返回到电气原点。

（2）定位控制系统配置和实现方法　方法如下：

1）定位系统的启动和停止输入信号由 PLC 基本单元进行控制。

2）$FX_{2N}$-20GM 定位模块运行定位程序完成梅花图形的加工，PLC 与定位模块之间的动作协调通过传送 m 代码进行控制。顺圆弧加工完成梅花图形后，由 $FX_{2N}$-20GM 定位模块定位输出 m10 代码进行退刀和换刀；之后高速定位至梅花图形的中心，再由 $FX_{2N}$-20GM 定位模块输出 m11 代码进行退刀和钻孔，通过 PLC 基本单元的输出点完成退刀、换刀、进刀和钻孔等动作。

3）定位控制模块定位程序的编写。系统回原点、圆点设定、顺圆弧加工、自动定位控制和回电气原点动作，可通过 $FX_{2N}$-20GM 模块的定位控制指令，如 cod28（DRVZ，返回机械原点）、cod29（SETR，设定电气原点）、cod02（CW，顺圆弧插补）、cod00（DRV，快速定位）和 cod30（DRVR，回电气原点）等实现。

通过上述分析，可确定 PLC 基本单元的输入/输出点（I/O 点）、内部辅助继电器（M）和数据寄存器（D）的地址分配，如表 5-27 所示。

**表 5-27　PLC 地址分配**

| 地址 | | 功能含义 | 备　注 |
|---|---|---|---|
| I 点 | X1 | 定位启动按钮 | |
| | X2 | 定位停止按钮 | |
| | X10 | 退刀完成接近开关输入信号 | |
| | X11 | 换刀完成接近开关输入信号 | |
| | X12 | 进刀完成接近开关输入信号 | |
| | X13 | 钻孔完成接近开关输入信号 | |
| O 点 | Y0 | 退刀输出信号 | |
| | Y1 | 换刀输出信号 | |
| | Y2 | 进刀输出信号 | |
| | Y3 | 钻孔输出信号 | |
| M 和 D | M1 | 定位控制模块定位启动信号 | PLC→10GM |
| | M2 | 定位控制模块停止启动信号 | PLC→10GM |
| | M3 | m 代码关闭控制信号 | PLC→10GM |
| | M121 | 退刀换刀完成记忆位 | |
| | M122 | 进刀钻孔完成记忆位 | |
| | M123 | 退刀换刀输出记忆位 | |
| | M124 | 进刀换刀输出记忆位 | |
| | M51 | m 代码开启控制信号 | 10GM→PLC |
| | M210 | m10 代码输出 | 10GM→PLC |
| | M211 | m11 代码输出 | 10GM→PLC |
| | D100 | m 代码编号存储单元 | 10GM→PLC |

（3）控制程序　程序的编制说明如下：

1）定位控制模块定位程序。在VPS可视化软件中，新建一个20GM两轴加工定位程序，采用流程符号Flow Symbols中的Program in Text编写出的定位程序如下：

```
O01, N1                                    //定义程序编号为O01
N00  LD  M9057;                            //读取回原点到达标志位M9057
N01  FNC00 (CJ)    P0;                     //如已经回到原点（M9057=1）则跳转到P0标号处
N02  cod28 (DRVZ);                         //回机械原点指令
N03  COD29 (SETR);                         //设置电气原点
N04  P0;                                   //N01程序行跳转目的地
N05  COD02 (CW)   x400  y0  i200  j0  f300;    //顺圆弧插补加工第1个半圆
N06  COD02 (CW)   x0  y-400  i0  j-200  f300;  //顺圆弧插补加工第2个半圆
N07  COD02 (CW)   x-400  y0  i-200  j0  f300;  //顺圆弧插补加工第3个半圆
N08  COD02 (CW)   x0  y400  i0  j200  f300;    //顺圆弧插补加工第4个半圆
N09  m10;                                  //顺圆弧加工完梅花图形后输出m10代码
N10  COD00 (DRV)   x200000  y-200000;      //高速定位至梅花图形的中心
N11  m11;                                  //输出m11代码进行换刀和钻孔
N12  cod30 (DRVR);                         //返回电气原点处
N13  m02 (END);                            //定位程序结束
```

在上面的定位程序中20GM定位模块定位程序先控制数控系统机械回原点，然后应用顺圆弧插补指令加工图形。cod02（CW）连续加工出梅花的4个半圆形后，驱动编号为m10的m代码，然后将控制权交给PLC基本单元，20GM定位模块此时处于等待状态。此时，PLC获得编号m10代码的开启状态信号，控制Y轴退刀，随后发送m代码关闭命令。20GM定位模块得到m代码命令，立即高速移动到图形中心，接着驱动m11并等待。PLC获得编号为m11代码开启信号，控制Y轴钻孔，钻孔后退刀并发送m代码关闭命令。20GM定位模块得到m代码关闭命令后，高速返回零点结束整个加工。在cod02（CW）顺圆弧插补指令中，x、y为2轴的终点坐标，i、j为圆心坐标，f为进给速度。注意，定位程序的编写采用以原点（加工坐标的起点）为坐标基准的增量方式（相对坐标方式）编程。

2）PLC基本单元控制程序。20GM编程示例的PLC控制程序如图5-40所示。

在图5-40所示的PLC控制程序中，20GM定位控制模块启动信号为X1，停止信号为X2，退刀换刀操作完成信号辅助记忆位为M121，进刀钻孔操作完成信号辅助记忆位为M122，退刀和换刀操作辅助记忆位为M123，进刀和钻孔操作辅助记忆位为M124。PLC用两条FROM指令实时读取m代码开启信号和当前m代码的编号。定位模块状态信号（含m代码开启信号）从BFM#23中被读到PLC的M48～M63中，因此与m代码开启信号对应的特殊辅助继电器M9051中状态的被读到PLC的M51中。m代码编号从BFM#3（即定位模块的D9003或BFM# 9003）中读到PLC的数据寄存器D100。一旦m代码被驱动，PLC立即读到m代码开启信号和m代码的编号，使M51接通。在PLC程序中应用解码指令（DECO）对读到m代码编号进行解码，定位模块的m10代码驱动时经解码后可使PLC的M210接通，可驱动M123控制退刀并换刀。定位模块的m11代码驱动时，经解码后可使PLC的M211接通，可驱动M124控制进刀和钻孔。程序中的“DECO D100 M200 K4”这一行对D100中的二进制数值进行解码，可使连续16位目标原件M200～M215中的某一点接通。

```
                                         *<定位模块启动信号输入                  >
     X001
0 ──┤ ├──────────────────────────────────────────────────────────(M1          )
                                         *<定位模块停止信号输入                  >
     X002
2 ──┤ ├──────────────────────────────────────────────────────────(M2          )
                                  *<读模块状态信息到 PLC 的 m48–m63            >
     M8000
4 ──┤ ├──┬─────────────────────────[FROM  K0      K23     K4M48    K1        ]
         │                   *<读模块当前 m 代码编号到 PLC 的 D100          >
         ├─────────────────────────[FROM  K0      K3      D100     K1        ]
         │                        *<PLC 控制命令 M0–M15 写入模块            >
         └─────────────────────────[TO    K0      K20     K4M0     K1        ]
                              *<D100 中 m 代码编号解码到 M200–M215          >
     M5
32 ─┤ ├──┬─────────────────────────────────[DECO  D100    M200     K4        ]
         │                               *<Y 轴退刀并换刀                      >
         │    M210      M121
         ├───┤ ├───────┤/├───────────────────────────────────(M123        )
         │                               *<进刀并钻孔                          >
         │    M211      M122
         └───┤ ├───────┤/├───────────────────────────────────(M124        )
                                         *<m 代码关闭命令                      >
     M210      M121
48 ─┤ ├───────┤ ├──┬─────────────────────────────────────────(M3          )
     M211      M122 │
  ──┤ ├───────┤ ├──┘
                                         *<退刀换刀完成                        >
     X010      X011
54 ─┤ ├───────┤ ├────────────────────────────────────────────(M121        )
                                         *<进刀钻孔完成                        >
     X012      X013
57 ─┤ ├───────┤ ├────────────────────────────────────────────(M122        )
                                         *<退刀并换刀                          >
     M123
60 ─┤ ├──┬───────────────────────────────────────────────────(Y000        )
         └───────────────────────────────────────────────────(Y001        )
                                         *<进刀并钻孔                          >
     M124
63 ─┤ ├──┬───────────────────────────────────────────────────(Y002        )
         └───────────────────────────────────────────────────(Y003        )
66 ──────────────────────────────────────────────────────────[END         ]
```

图 5-40　FX$_{2N}$-20GM 基本单元控制程序

由上面的 PLC 控制程序可知，退刀和换刀动作结束后 M121 将接通，会驱动 M3 输出。钻孔和换刀过程结束后 M122 将接通，也会驱动 M3 输出，M3 信号用以实现 m 代码的关闭，通过 PLC 的 TO 指令写入到 20GM 定位模块的 BFM#20 的 bit3 位（即 M9003），实现了 m 代码的关闭。实际上 TO 指令传送了 M0 ~ M15，程序中用到了 M1、M2 和 M3 传送定位模块启动命令、停止命令和 m 代码关闭命令。

# 第六章　触摸屏、组态软件功能及应用

## 第一节　触　摸　屏

随着自动化控制程度越来越智能化，人与系统交流信息也越来越多。传统的指令按钮与指示无法满足现在的控制要求，触摸屏可以很好地解决上述问题。触摸屏具有易于使用、坚固耐用、反应速度快、节省空间、工作可靠等优点，是一个使控制系统更人性化、人机交互更方便快捷的设备。触摸屏极大地简化了控制系统硬件，也简化了操作员的操作，即使是对计算机一无所知的人，也照样能够很容易地操作，给系统调试人员与用户带来极大的方便。

触摸屏作为一种最新的控制设备，是目前最简单、方便、自然的一种人机交互平台。触摸屏的应用范围非常广阔，主要是公共信息的查询，如电信局、税务局、银行、电力等部门的业务查询、城市街头的信息查询，此外还应用于办公、工业控制、军事指挥、电子游戏、点歌点菜、多媒体教学、房地产预售等。本节主要介绍三菱的 GT1050 触摸屏如何在行走机械手中进行数据监视与控制。

### 一、触摸屏的特点及功能

触摸屏是代替鼠标或键盘作为输入设备，在工作时，首先用手指或其他物体触摸安装在显示器前端的触摸屏，然后系统根据触摸的图标或菜单位置来定位选择信息的输入。

触摸屏主要由触摸检测部件和触摸屏控制器组成。触摸检测部件安装在显示器屏幕前面，用于检测用户触摸位置，接收后送触摸屏控制器。而触摸屏控制器的主要作用是从触摸点检测装置上接收触摸信息，并将它转换成触点坐标，再送给信息处理单元，同时执行信息处理单元的指令。

按照触摸屏的工作原理和传输信息的介质，可把触摸屏分为电阻式触摸屏、红外线式触摸屏、电容感应式触摸屏和表面声波式触摸屏。

触摸屏的基本技术特性如下：

**1. 透明性能**

触摸屏是由多层的复合薄膜构成，透明性能的好坏直接影响到触摸屏的视觉效果。衡量触摸屏透明性能不仅要从视觉效果来衡量，还应该包括透明度、色彩失真度、反光性和清晰度这几个特性来综合衡量。

**2. 绝对坐标系统**

触摸屏选用绝对坐标系统，特点是：定位坐标与历史动作没有关系，每次触摸的数据通过校准转为屏幕上的坐标，不管在什么情况下，触摸屏同一点的输出数据是稳定的。不过由于技术的原因，并不能保证每次在同一点触摸的采样数据相同，不能保证绝对坐标定位，触摸屏最大的问题是漂移。对于性能质量好的触摸屏来说，漂移的情况出现得并不是很严重。

### 3. 检测与定位

各种触摸屏技术都是依靠传感器来工作的，甚至有的触摸屏本身就是一套传感器。各自的定位原理和各自所用的传感器决定了触摸屏的反应速度、可靠性、稳定性和寿命。

## 二、触摸屏的硬件

### （一）GT1050 触摸屏的正视图

GT1050 触摸屏的正视图如图 6-1 所示，图 6-1 中的示屏是 5. 7in320 ×240 点的单色液晶，16 阶灰度调节。正视图没有按键，用手轻轻地在显示屏上触动就可以完成操作。电源指示灯显示绿色时说明电源正常供电，显示橙色时屏幕在保护中，显示绿色与橙色交替闪烁时背光灯熄灭。

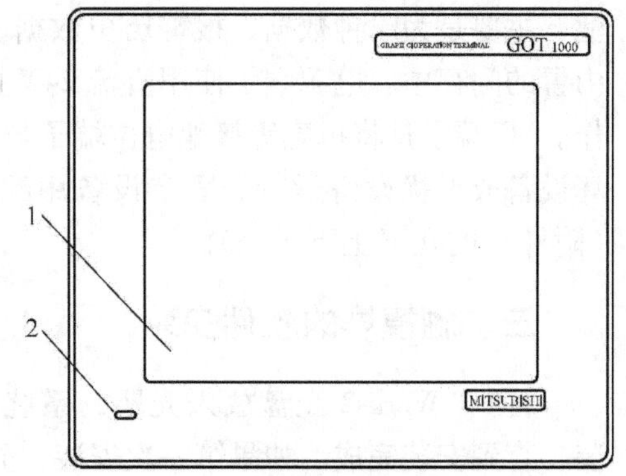


图 6-1　GT1050 触摸屏的正视图
1—示屏　2—电源指示灯

### （二）GT1050 的背面面板的各部位名称

触摸屏的面板后视图如图 6-2 所示，RS-232C 接口通过 SC-09 通信电缆可以与 PLC 连接，进行 PLC 读写的数据；也可以与计算机的 COM 口连接，把计算机编写好的触摸屏程序下载到触摸屏中。RS-422C 接口通过 GT01 C10R4 8P 电缆可以与 PLC 连接，进行 PLC 数据的读写，

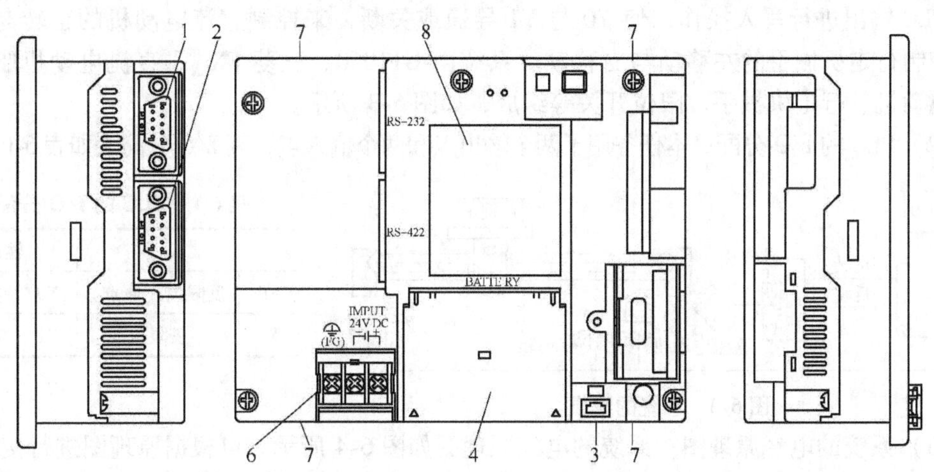


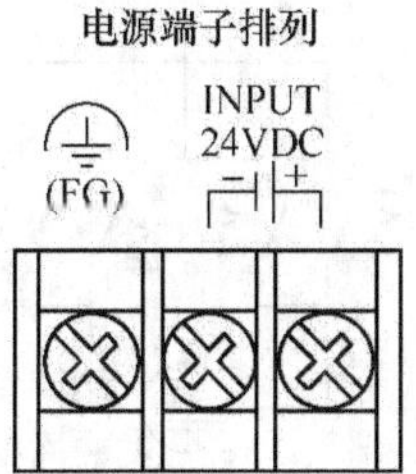


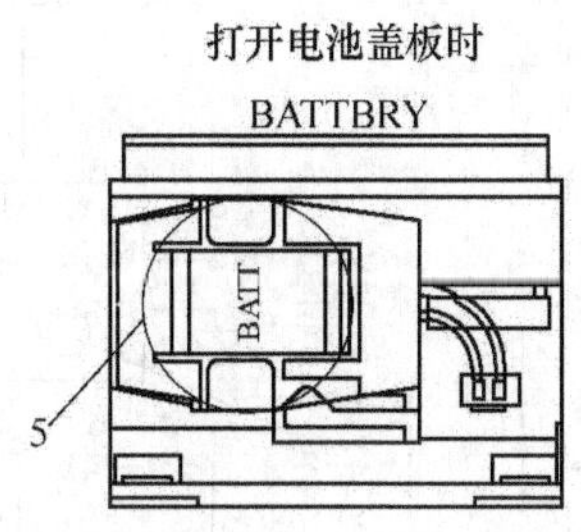


图 6-2　触摸屏的面板后视图
1—RS-232C 接口　2—RS-422C 接口　3—USB 接口　4—电池盖板
5—电池　6—电源端子　7—固定设备用配件孔　8—额定铭牌

也可以与计算机连接，把计算机编写好的触摸屏程序下载到触摸屏中。USB 接口通过 Mini-B 线与计算机连接，把计算机编写好的触摸屏程序下载到触摸屏中。打开电池盖板可以看到电池，主要是为时钟数据、报警历史数据、配方数据保存用。工程数据（用户程序）保存在内置的闪存中。电源端子使用直流 24V 的电源，按接口的标志正确接正负极，否则无法工作。FG 端子是将机壳等接地电位端子与其他设备的机壳相连，避免设备之间产生静电而损坏设备或干扰设备运行。固定设备用配件孔，将 GOT 安装到面板上时，插入安装用配件（附件）的孔（上下 4 个）。

## 三、触摸屏的软件安装

将 GT Works2 光盘放入光驱，系统自动弹出对话框，单击“GT Designer2”项进行安装，直到安装完成。如果第一次安装，先到“EnvMEL”目录下单击“SETUP”文件安装完成再安装 GT Designer2。

## 四、触摸屏的应用实例

### （一）制作两个按钮控制行走机械手的左移动与右移动

（1）控制要求　在触摸屏上制作两个按钮控制行走机械手的左移动与右移动，触摸屏通过通信电缆 SC-09 与 FX$_{2N}$的编程口连接的，以通信方式与 PLC 进行数据交换。触摸屏直接对 PLC 输出进行写入操作，使 Y0 与 Y1 导通或关断，来控制直流电动机的正转与反转，从而控制行走机械手的左移动与右移动。系统由 GT1050、三菱 FX$_{2N}$、直流电动机驱动器、直流电动机、行走机械手、限位开关等组成，如图 6-3 所示。

（2）PLC 的 I/O 分配　本任务用了两个输出点和两个输入点，其 I/O 分配表如表 6-1 所示。

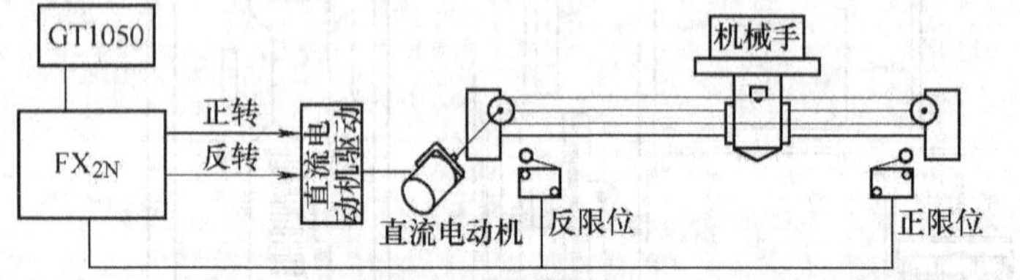

图 6-3　系统的组成

表 6-1　PLC 的 I/O 分配表

| 输入 | | 输出 | |
|---|---|---|---|
| X0 | 反限位（原点） | Y0 | 左移动 |
| X1 | 正限位 | Y1 | 右移动 |

（3）系统的电气原理图　系统的电气原理图如图 6-4 所示。可根据原理图进行接线。

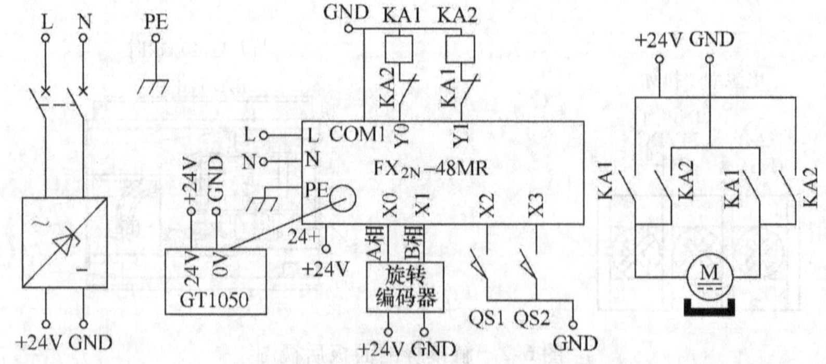

图 6-4　电气原理图

（4）PLC 程序编写　本控制要求是通过触摸屏直接驱动 PLC 的输出口 Y0 与 Y1，PLC 可以不要编写任何程序。注意要把 PLC 内存里的程序清除。

（5）创建一个新项目　按下面的要求进行。

1）配置触摸屏的型号。编程软件设置的信号必须与实际的触摸屏信号一致，如型号：GT1050-QBBD-C 为单色 16 级灰度的触摸屏，编程前先设置 GOT 的型号，具体方法如下：

打开“GT Designer2”软件，选择“新建”，在“显示新建工程向导”打“√”，单击“下一步”按钮，在“GOT 类型”选择“GT10 ＊ ＊-Q（320 ＊240）”，在“颜色设置”中选择“单色 16 级灰度”，如图 6-5 所示。单击“下一步”按钮进入如图 6-6 所示界面。检测是否与所需的触摸屏系列一致。

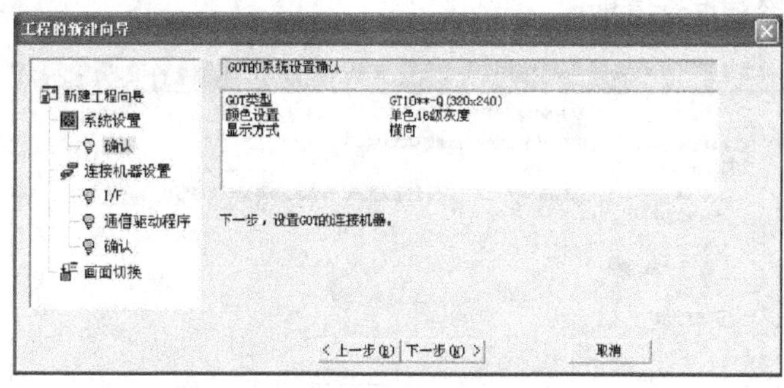


图 6-5　GOT 的系统设置

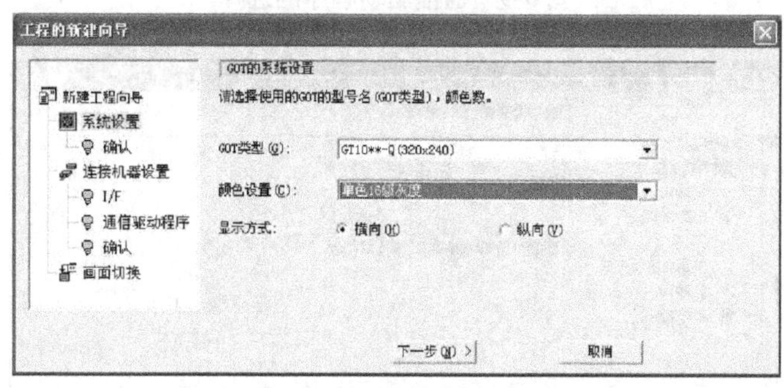


图 6-6　GOT 的系统信息

2）配置与触摸屏连接的智能终端设备（连接机器）。GOT 触摸屏只是人机设备，它不能直接输出去驱动执行器件，只能与智能终端设备（连接机器）连接，如 PLC、伺服电动机，变频器等设备。本课题需要与三菱 $FX_{2N}$-48MR 型 PLC 连接，具体步骤如下：

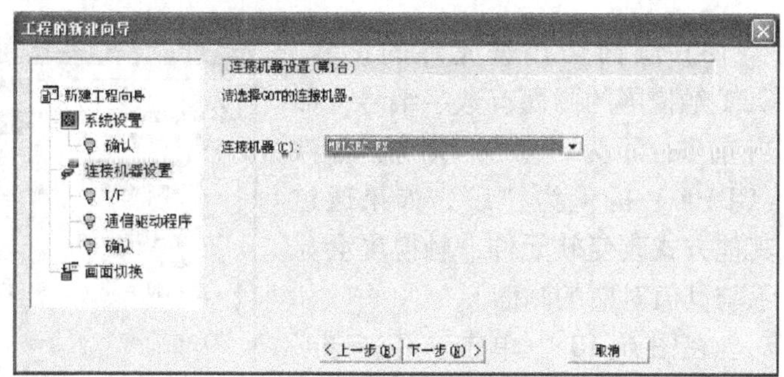


图 6-7　连接机器的选择

在图 6-6 中单击“下一步”按

钮进入图 6-7 所示的界面，选择“MELSEC-FX”系列的 PLC，然后单击“下一步”按钮进入图 6-8，GOT1050 触摸屏有两个通信口与智能终端设备连接，选择“标准 I/F（标准 RS－232）”接口，SC-09 通信线直接连接，这样就可以与 $FX_{2N}$-48MR PLC 连接上了。单击“下一步”按钮进入图 6-9 所示的界面，选择“MELSEC-FX”并单击“下一步”按钮进入如图 6-10 所示的界面，最后配置与触摸屏连接的智能终端设备信息。

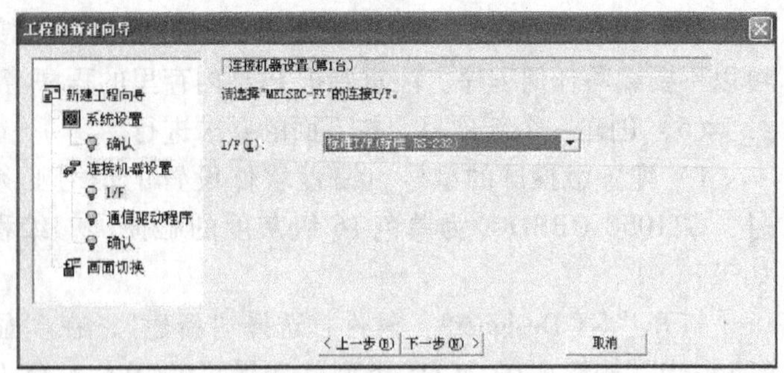


图 6-8　I/F 的选择

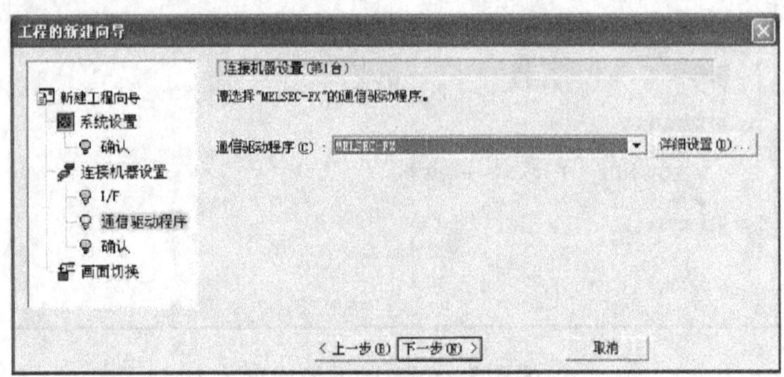


图 6-9　通信驱动程序的选择

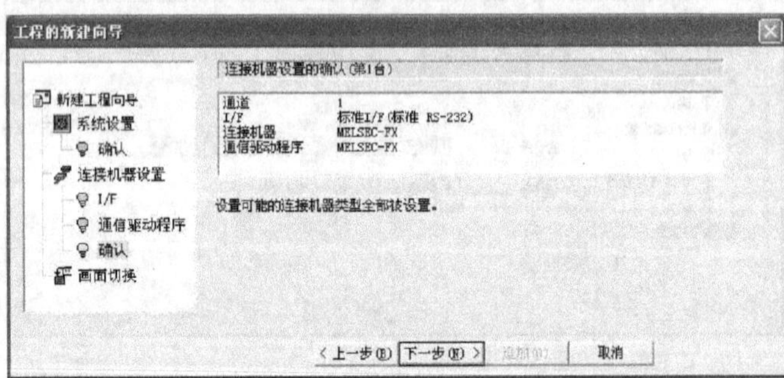


图 6-10　配置与触摸屏连接的智能终端设备信息

3）画面切换软元件的设置。GOT 触摸屏的画面有数字编号，如当前画面为“1”，则软元件（GD100）的值为“1”，如果通过其他方式改变软元件，触摸屏会显示与其值对应的画面。

在图 6-10 中单击“下一步”按钮进入如图 6-11 所示的界面，基本画面默认为 GT100，然后单击

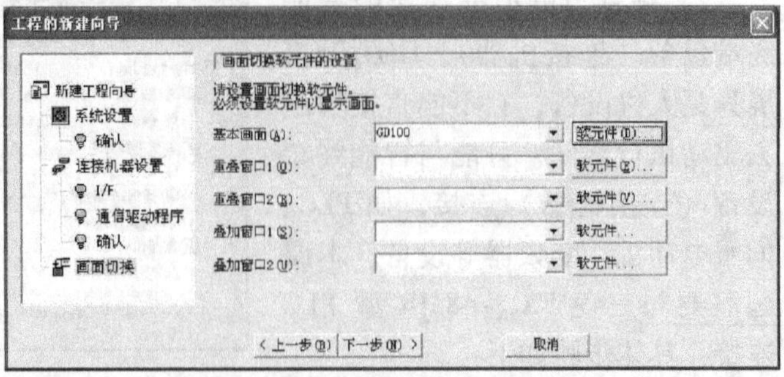

图 6-11　软元件的设置

“下一步”按钮进入如图6-12所示的界面，单击“结束”按钮，弹出画面属性，最后单击“确定”按钮，完成向导进入主画面，如图6-13所示。

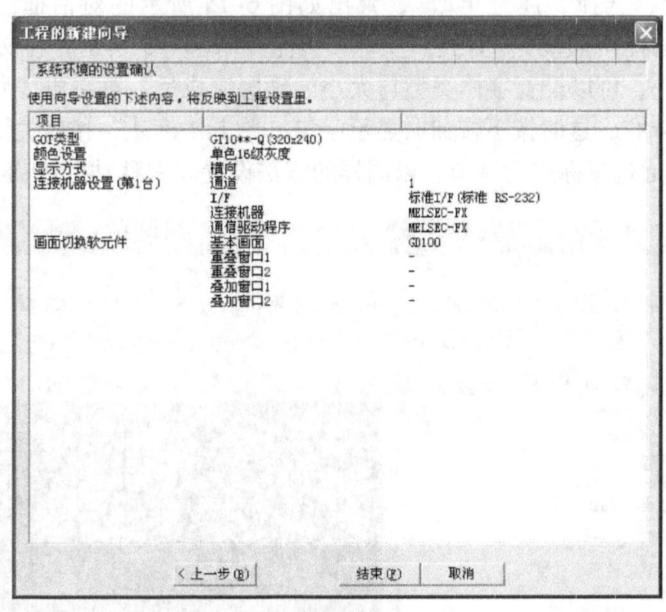


图6-12　触摸屏配置总信息

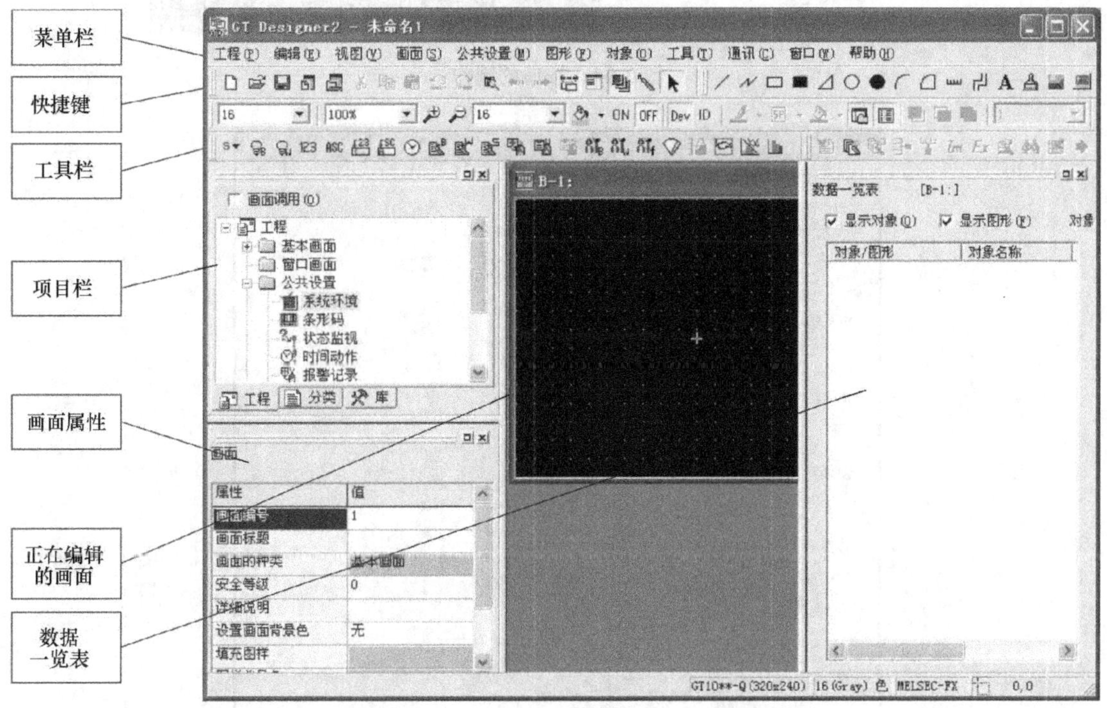


图6-13　主界面

（6）触摸屏按钮的制作　单击“工具栏”中的“S”，弹出菜单选择“B”，再在当前正在编辑的画面中单击一下，按钮就添加到画面中，如图 6-14 所示。鼠标移到按钮上，单击右键弹出下拉菜单，选择“属性更改”，弹出如图 6-15 所示的对话框，在软元件项输入“Y0”，在动作项选择“点动”。打开“文本”项，如图 6-16 所示，在文本中写入“左移动”，如果字体太小，可以设置字体类型与大小。设置完成后，再单击“状态”中的“ON”同样的输入“左移动”，这时按下按钮时显示字符，单击“确认”按钮关闭对话框，如果按钮大小不合适可以通过鼠标进行调节。以同样的方法设置“右移动”按钮。

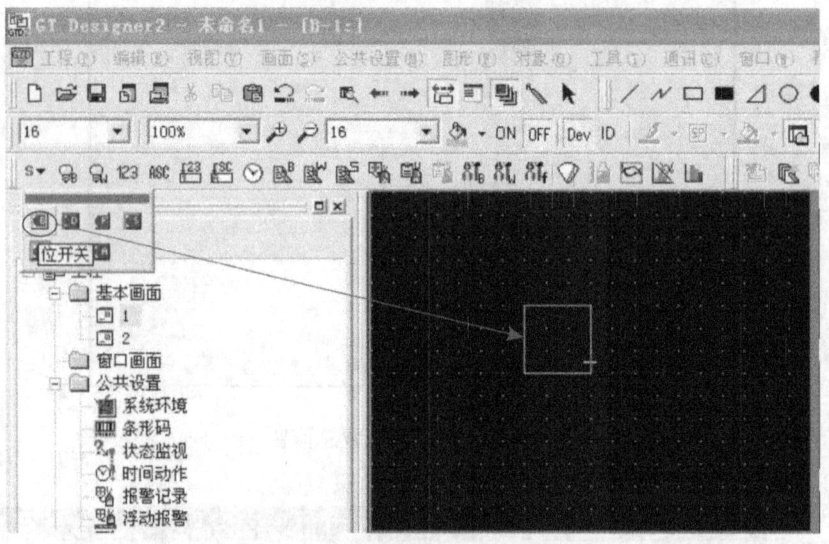


图 6-14　按钮的制作

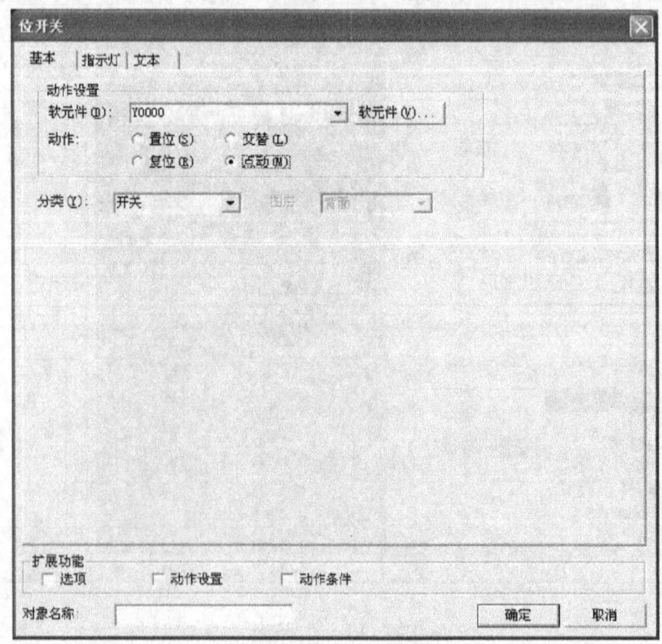


图 6-15　按钮属性框

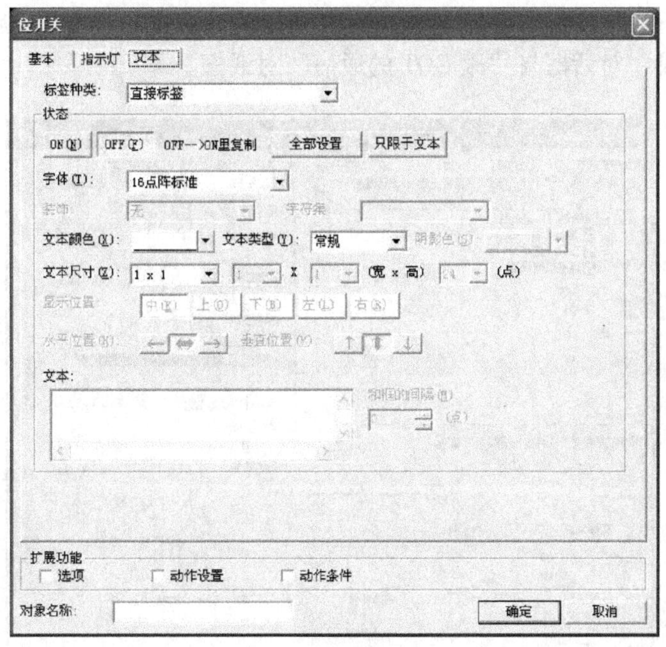


图 6-16　按钮的字体选择

(7) 触摸屏程序的下载　通过 USB mini 线下载触摸屏程序，具体步骤如下：

选择“菜单/通信/通信设置”，弹出如图 6-17 所示的对话框。选择“USB”，单击“测试”按钮，如果硬件就绪会弹出“与 GOT 的连接成功”。关闭对话框。

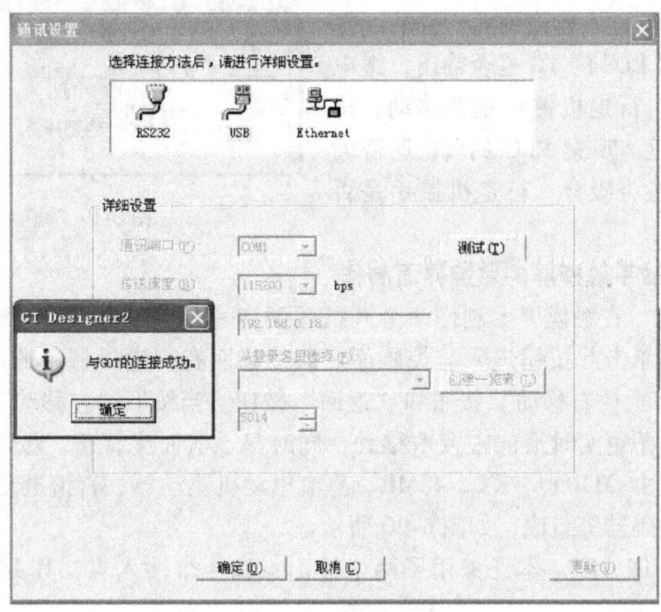


图 6-17　USB 连接测试

选择“菜单/通信/跟 GOT 的通信”，弹出如图 6-18 所示的对话框。单击“全部选择”按钮，再单击“下载”按钮，会弹出如图 6-19 所示的对话框，下载完成后弹出“完成”对话框，关闭“完成”对话框与“跟 GOT 的通信”对话框。

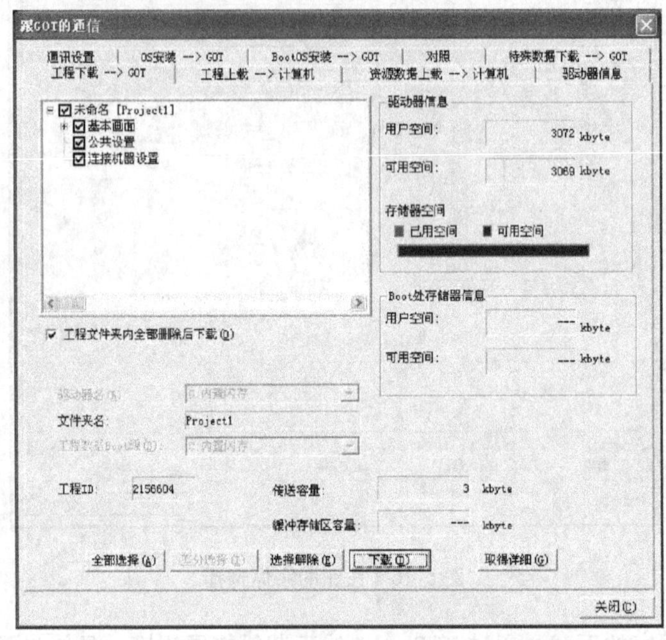

图 6-18 跟 GOT 的通信

(8) 调试 下载完成后，GT1050 触摸屏自动重启，约 15s 后进入监控画面，按下“左移动”按钮，观察 PLC 的 Y0 是否输出，继电器 KA1 是否吸合，行走机械手是否移动。按下“右移动”按钮，观察 PLC 的 Y1 是否输出，继电器 KA2 是否吸合，行走机械手是否移动。

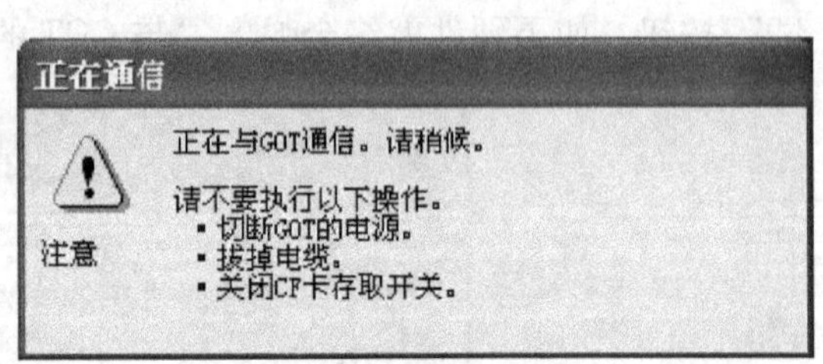


图 6-19 通信监视

**(二) 行走机械手触摸屏的监控界面制作**

(1) 控制要求 在触摸屏上制作一个开机画面和一个监控画面。开机画面有一个按钮和控制要求名称，单击此按钮进入监控画面。监控画面有行走机械手的示意图、坐标值显示、“左移动”按钮、“右移动”按钮和“返回”按钮。当按下“左移动”或“右移动”按钮时，机械手示意图也实时地向左或右移动，同时显示实时坐标值。按下“返回”按钮回到开机画面。系统由 GT1050、$FX_{2N}$-48MR、直流电动机驱动器、直流电动机、行走机械手、限位开关和旋转编码器等组成，如图 6-20 所示。

(2) PLC 的 I/O 分配 本任务用了两个输出点和 4 个输入点，其 I/O 分配表如表 6-2 所示。

(3) 系统的电气原理图 系统的电气原理图如图 6-21 所示。根据原理图进行接线。

(4) PLC 程序 系统梯形图程序如图 6-22 所示。

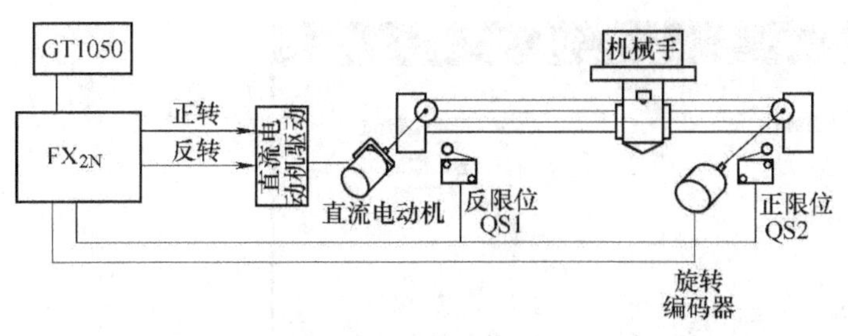


图 6-20　系统的组成

表 6-2　PLC 的 I/O 分配表

| 输入 | | 输出 | |
|---|---|---|---|
| X0 | 旋转编码器 A 相 | Y0 | 正转 |
| X1 | 旋转编码器 B 相 | Y1 | 反转 |
| X2 | 反限位（原点） | | |
| X3 | 正限位 | | |

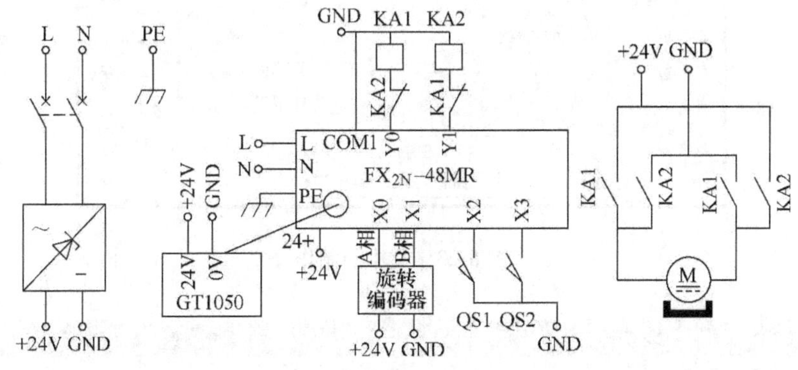


图 6-21　系统的电气原理图

(5) 创建一个新项目　参见上节中的介绍。

(6) 通信参数设置　参见上节中的介绍。

(7) 触摸屏界面制作 按下面要求进行触摸屏界面制作。

1) 开机画面的制作

①标题的输入。单击一下快捷键栏中的“A”，再在当前正在编辑的画面中单击一下，弹出“文本”对话框，如图 6-23 所示，输入“行走机械手触摸屏的监控界面制作”，单击“确定”按钮关闭对话框，调整文字在画面的位置。

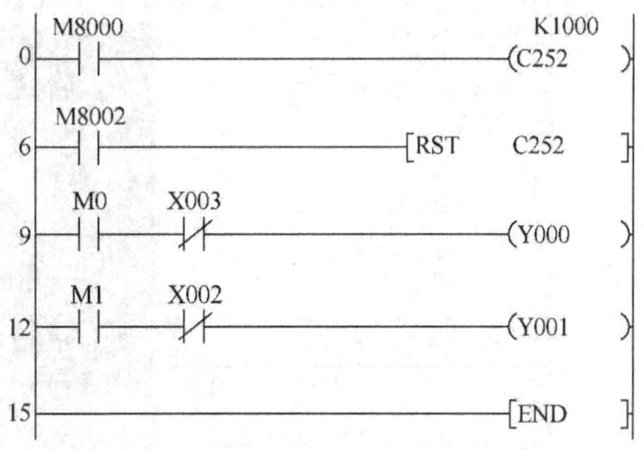


图 6-22　系统梯形图程序

②按钮的制作。单击“工具栏”中的“S”，弹出菜单选择“S”再在当前正在编辑的画面中单击一下，切换画面按钮就添加到画面中，如图 6-24 所示。鼠标移到按钮上单击右键弹出下拉菜单，选择“属性更改”，弹出如图 6-25 所示的对话框，在“固定画面”选择“2”。打开“文本”选项卡，在文本中输入“单击进入监控页”，如图 6-26 所示。如果字体太小，可以设置字体类型与大小。设置完成后，再单击“状态”中的“ON”，同样的输入“单击进入监控页”，这时按下按钮时显示字符，单击“确定”按钮关闭对话框，调整按钮的位置。

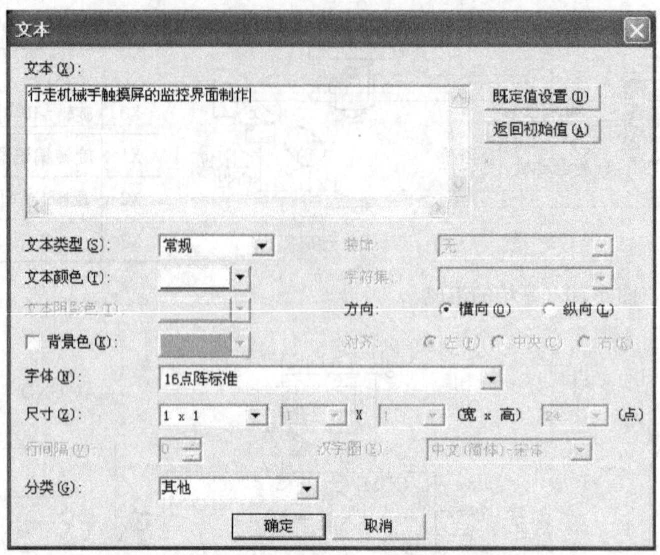


图 6-23　文本的制作

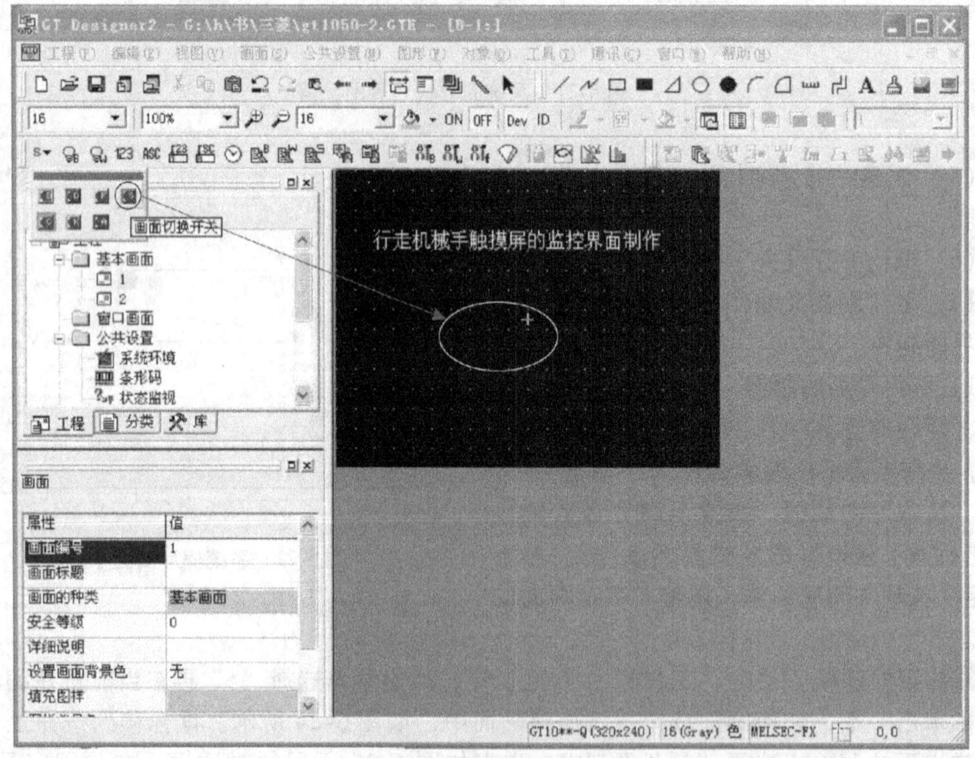


图 6-24　切换画面按钮的添加

2）监控画面的制作

①新建一个画面。鼠标移到在“项目栏”中的“基本画面”，单击右键弹出对话框，选择“新建”，弹出“画面的属性”对话框，“画面编号”设为“2”。

②左移动与右移动按钮的制作。打开“2”画面，制作左移动与右移动按钮参看上节介绍，注意软元件应设为“M0”与“M1”。

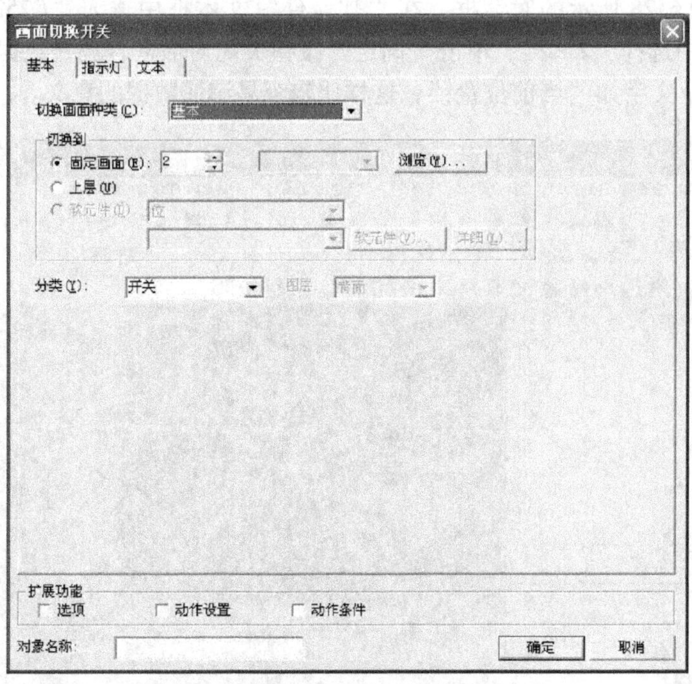


图 6-25　画面切换页的设置

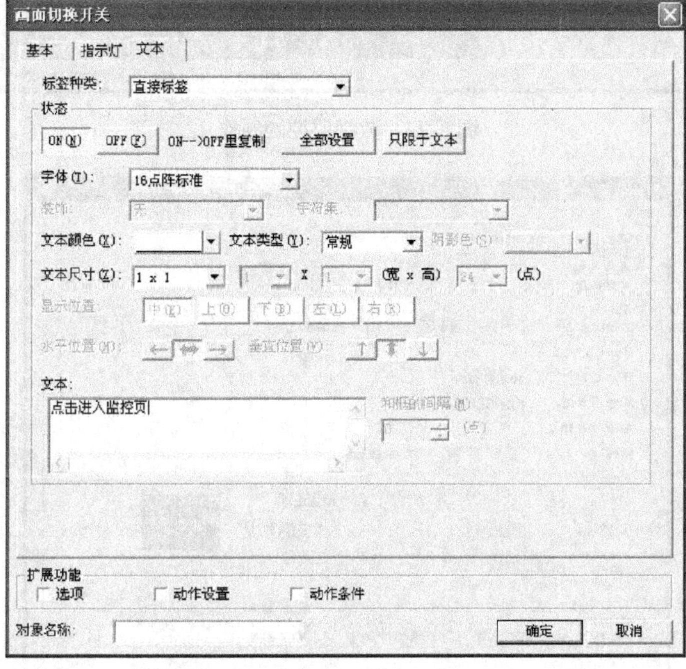


图 6-26　切换画面按钮的文本输入

③数据监控的制作。在工具栏上单击“123”，再在当前正在编辑的画面中单击一下，数据监控就添加到画面中，如图 6-27 所示。在数据上单击右键弹出下拉菜单，选择“属性更改”，弹出如图 6-28 所示的对话框，在“软元件”文本框中输入“C252”，在“数值尺寸”下拉列表框中选择“2 ×2”，单击“确定”按钮关闭对话框，调整数据显示的位置。在数据前面添加一个文字如“当前位置:”，这样比较容易读懂数据的意义。

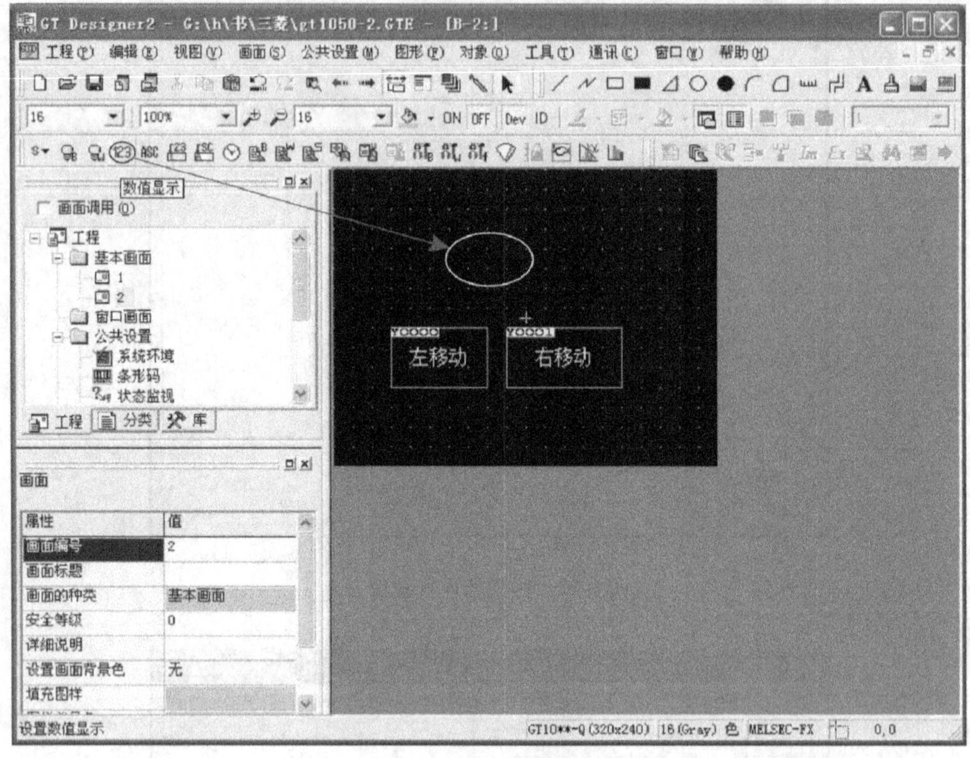


图 6-27　数据监控的制作

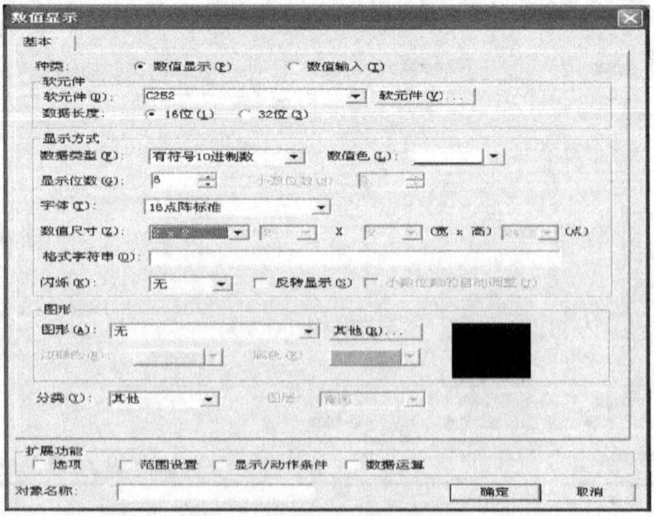

数值显示
基本
种类: 数值显示(P) 数值输入(I)
软元件
软元件(D): C252 软元件(V)...
数据长度: 16位(L) 32位(3)
显示方式
数据类型(F): 有符号10进制数 数值色(L):
显示位数(G): 8 小数位数(U)
字体(T): 16点阵标准
数值尺寸(Z): X (宽 x 高) (点)
格式字符串(Q):
闪烁(K): 无 反转显示(S)
图形
图形(A): 无 其他(R)...
分类(Y): 其他 图层
扩展功能
选项 范围设置 显示/动作条件 数据运算
对象名称: 确定 取消

图 6-28　数据监控属性框

④图形视图的制作。在制作动画前，先用制图软件（如画笔）制作两个部件位图，如图6-29所示，图形的大小不要超过320×240像素，即触摸屏的分辨率。保存并命名文件为“jxs01. bmp”。

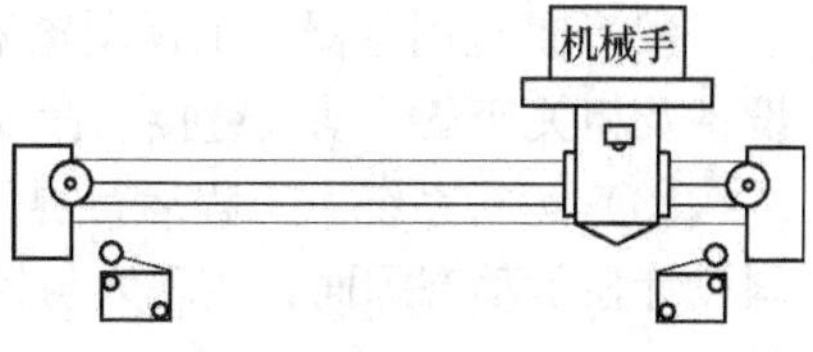


图6-29　行走机械手的部件

单击“快捷栏”中的“▪”按钮，弹出“打开文件”对话框，选择“jxs01”，单击“打开”后把图形放到合适的位置。

⑤返回按钮的制作。同“单击进入监控页”的画面切换开关一样，把“单击进入监控页”属性里的“固定画面”选择为“1”。

（8）触摸屏程序的下载　参见前面的介绍。

（9）调试　下载完成后，GT1050触摸屏自动重启，约15s后进入“开机画面”，如图6-30所示。按下“单击进入监控页”按钮，进入“监控画面”，如图6-31所示，按下“左移动”按钮观察PLC的Y0是否输出，继电器KA1是否吸合，行走机械手是否移动，“当前位置”的数字是否增加，如果数据是减小，旋转编码器的A相与B相接反，调换一下即可。按下“右移动”按钮观察PLC的Y1是否输出，继电器KA2是否吸合，行走机械手是否移动，“当前位置”的数字是否减小。按下“返回”按钮是否退回到“开机画面”。

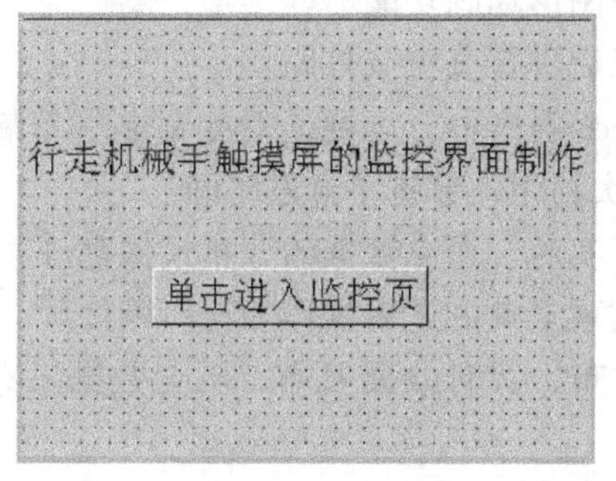


图6-30　开机画面

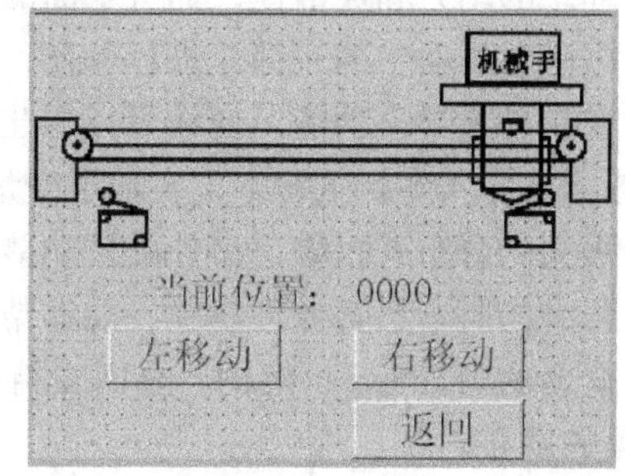


图6-31　监控画面

# 第二节　组态王软件应用

组态王软件是一种通用的工业监控软件，集过程控制设计、现场操作以及工厂资源管理于一体，将一个企业内部的各种生产系统和应用以及信息交流汇集在一起，实现最优化管理。它基于Microsoft Windows XP/NT/2000”操作系统，用户在企业网络的所有层次的各个位置上都可以及时获得系统的实时信息。采用组态王软件开发工业监控工程，可以极大地增强用户生产控制能力、提高工厂的生产力和效率、提高产品的质量、减少成本及原材料的消耗。它适用于从单一设备的生产运营管理和故障诊断，到网络结构分布式大型集中监控管理系统的开发。

组态王软件结构由工程管理器、工程浏览器及运行系统三部分构成。

（1）工程管理器　工程管理器用于新工程的创建和已有工程的管理，对已有工程进行搜索、添加、备份、恢复以及实现数据词典的导入和导出等功能。

(2) 工程浏览器　工程浏览器是一个工程开发设计工具，用于创建监控画面、监控的设备及相关变量、动画链接、命令语言以及设定运行系统配置等的系统组态工具。

(3) 运行系统　工程运行界面，从采集设备中获得通信数据，并依据工程浏览器的动画设计显示动态画面，实现人与控制设备的交互操作。

## 一、组态王软件的特点

组态王软件作为一个开放型的通用工业监控软件，支持与国内外常见的 PLC、智能模块、智能仪表、变频器、数据采集板卡等（如：西门子 PLC、莫迪康 PLC、欧姆龙 PLC、三菱 PLC、研华模块等）通过常规通信接口（如串口方式、USB 接口方式、以太网、总线、GPRS 等）进行数据通信。

组态王软件与 I/O 设备进行通信一般是通过调用 *.dll 动态库来实现的，不同的设备、协议对应不同的动态库。工程开发人员无须关心复杂的动态库代码及设备通信协议，只需使用组态王提供的设备定义向导，即可定义工程中使用的 I/O 设备，并通过变量的定义实现与 I/O 设备的关联，对用户来说既简单又方便。

主要功能特性：

1) 可视化操作界面，真彩显示图形、支持渐进色、丰富的图库、动画连接。

2) 理想的动力和灵活性，拥有全面的脚本与图形动画功能。

3) 可以对画面中的一部分进行保存，以便以后进行分析或打印。

4) 变量导入导出功能，变量可以导出到 Excel 表格中，方便地对变量名称等属性进行修改，然后再导入到新工程中，实现了变量的二次利用，节省了开发时间。

5) 强大的分布式报警、事件处理功能，支持实时、历史数据的分布式保存。

6) 强大的脚本语言处理功能，能够帮助你实现复杂的逻辑操作和与决策处理。

7) 全新的 WebServer 架构，全面支持画面发布、实时数据发布、历史数据发布以及数据库数据的发布。

8) 方便的配方处理功能。

9) 丰富的设备支持库，支持常见的 PLC 设备、智能仪表、智能模块。

## 二、组态王软件的功能

组态软件具有监控和数据采集系统，优点之一就是能大大缩短开发时间，并能保证系统的质量。能快速便捷地进行图形维护和数据采集。组态王提供了丰富的快速应用设计的工具。

1) 快速便捷的应用设计。

2) 丰富的可扩充的图形库。

3) 对多媒体的支持。

4) 灵活简便的变量定义和管理。

5) 强大的控制语言。

6) 采集和显示历史数据。

7) 全新的灵活多样、操作简单的内嵌式报表。

8) 配方管理。

9) 温控曲线控件。

## 三、组态王软件的安装

如果是从网站下载的，把压缩文件解压在本地的硬盘里，进入该目录，双击“install. EXE”进行安装。如果是光盘，插入光盘后出现安装对话框，单击“安装组态王程序”，开始安装组态王。

安装结束后，选择是否安装组态王驱动程序和加密锁的驱动程序。单击“是”按钮便进行安装，安装结束后重新启动计算机，快捷桌面上出现“组态王 6. 53”。

左键双击桌面的“组态王 6. 53”图标，出现“组态王工程管理器”对话框，如图 6-32 所示的组态王工程管理器，单击工具条上的“搜索”按钮，可以在项目列表中添加已有的项目。单击“新建”按钮，可以新建工程项目。

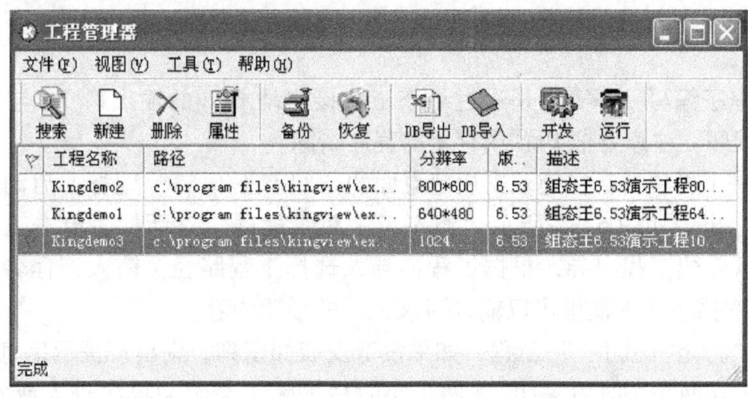


图 6-32 组态王工程管理器

## 四、组态王软件的应用实例

### (一) 制作两个按钮控制行走机械手的左移动与右移动

(1) 控制要求 在组态王上制作两个按钮控制行走机械手的左移动与右移动，组态王通过通信电缆 SC-09 与 $FX_{2N}$-48MT 连接，以通信方式与 PLC 进行数据交换。组态王直接对 PLC 输出进行写入操作，控制 Y0 与 Y1 导通或关断，来控制直流电动机的正转与反转。从而控制行走机械手的左移动与右移动。系统由计算机、$FX_{2N}$-48MT、直流电动机驱动器、直流电动机、行走机械手、限位开关等组成，如图 6-33 所示。

(2) PLC 的 I/O 分配 本任务用了两个输出点和两个输入点，其 I/O 分配表如表 6-3 所示。

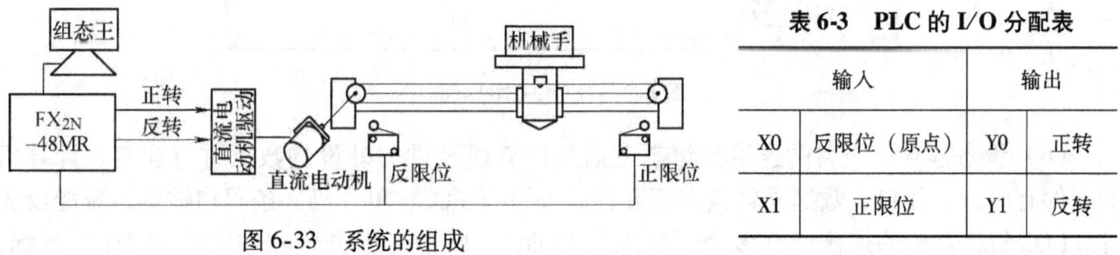


图 6-33 系统的组成

表 6-3 PLC 的 I/O 分配表

| 输入 | | 输出 | |
|---|---|---|---|
| X0 | 反限位（原点） | Y0 | 正转 |
| X1 | 正限位 | Y1 | 反转 |

(3) 系统的电气原理图 系统的电气原理图如图 6-34 所示。根据原理图进行接线。

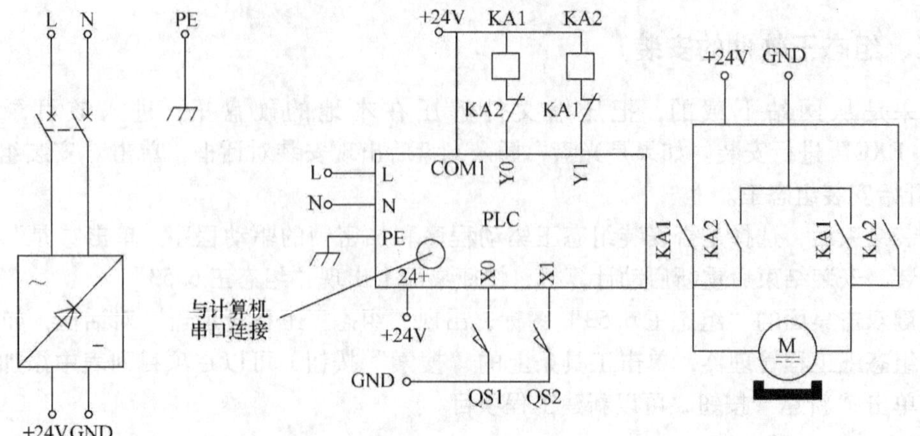


图 6-34　系统的电气原理图

（4）PLC 程序编写　本实训是通过组态王直接驱动 PLC 的输出口 Y0 与 Y1，PLC 可以不要编写任何程序。注意要把 PLC 内存里的程序清除。

（5）创建一个新项目　左键双击快捷桌面的“组态王 6.53”图标，启动“组态王”的“工程管理器”，出现如图 6-32 所示“组态王工程管理器”对话框，单击工具条上的“新建”按钮，出现新建工程向导，根据工程向导，选择工程路径，输入工程名称为“行走机械手 1”，在工程描述文本框里可以输入对该工程的描述内容。

左键双击“行走机械手 1”工程，如果没有安装加密狗，则出现提示信息“您将进入演示方式，程序将在两个小时后关闭”。两个小时后关闭不会影响再次进入或发生其他问题。单击“确认”按钮后打开组态王工程浏览器界面，如图 6-35 所示。

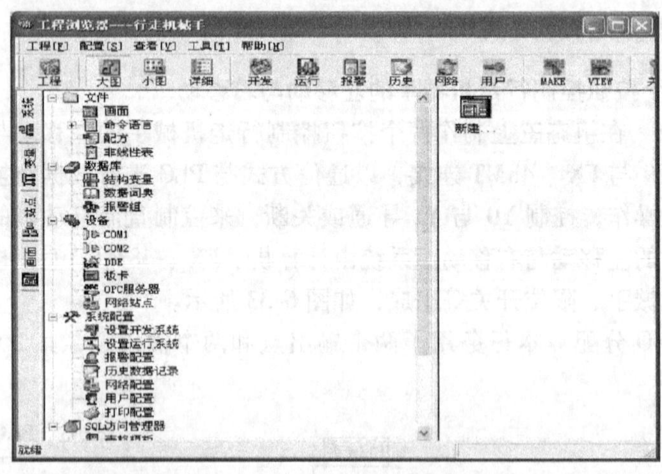


图 6-35　组态王主界面

（6）设备连接　设备的连接是组态王通过计算机硬件与外设的数据进行连接。计算机的硬件有串口、并口、数据采集板卡等硬件，外设有 PLC、单片机、条码扫描器、智能仪表等。PLC 与计算机的连接口有多个，如果是 COM1，单击工程浏览器中的“COM1”图标，出现如图 6-36 所示的窗口。

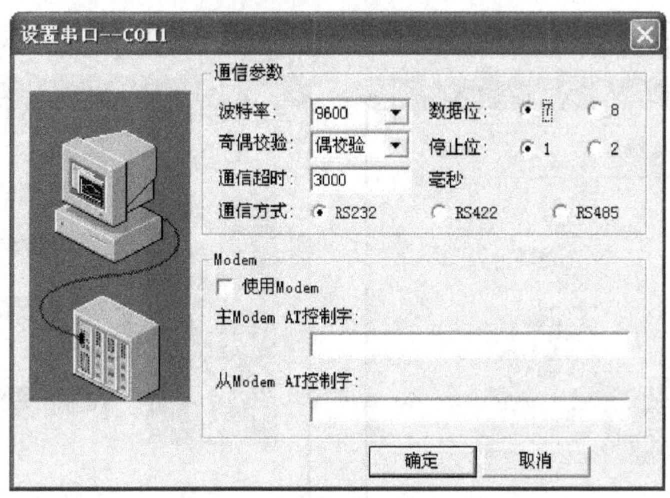


图 6-36　COM1 通信口的设置

在工作区双击“新建…”图标就会弹出如图 6-37 所示的对话框。

单击“PLC”打开各种厂家的 PLC，单击“三菱”打开三菱的各种 PLC，单击“FX2”，选择“编程口”，如图 6-38 所示。单击“下一步”按钮，输入设备名称如“$FX_{2N}$-48MT”，然后单击“下一步”按钮，出现图 6-39 所示的窗口。根据计算机的串口地址选择，单击“下一步”按钮，填上 PLC 通信的地址，PLC 如果没有更改过，地址默认为 0，在这个对话框输入“0”单击“下一步”按钮，此时出现的对话框为恢复时间，就设为“默认”。然后单击“下一步”按钮，再单击“完成”按钮，硬件配置完成。

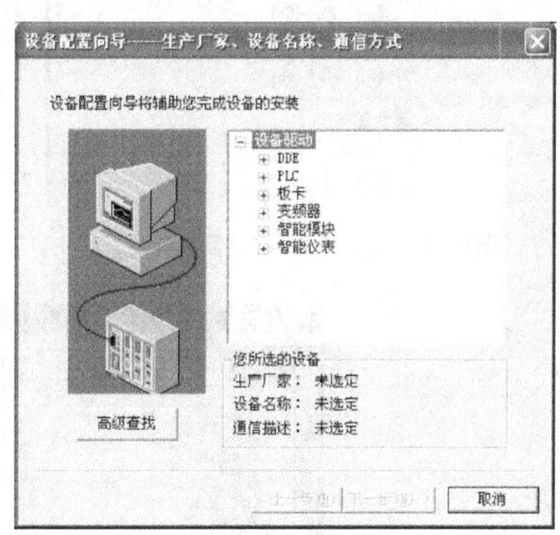


图 6-37　设备配置向导

配置完之后在工作区多了一个“$FX_{2N}$-48MT”，用于测试设备是否与计算机正常通信。在“$FX_{2N}$-48MT”上单击右键，弹出如图 6-40 所示对话框，单击“测试 $FX_{2N}$-48MT”，弹出对话框后再单击“设备测试”，如图 6-41 所示。在“寄存器:”中输入“D0”，在“数据类型”中选择“SHORT”，单击“添加”按钮后，就将“D0”添加至“采集列表”中，单击“读取”按钮，读取按钮显示“停止”，在寄存器名“D0”的变量值显示“0”或其他值，说明计算机与 PLC 已经连接正常，否则会有出错的信息。如果通信出错，可以进入 GX Developer 检查是否正常上传、下载程序，如果正常上传、下载程序，检查组态王的 COM 口的参数是否设置正确，COM 口的地址是否正确。如果不能上传、下载程序，则有可能通信线与计算机的 COM 口接触不良或其他原因（如 PLC 的通信口损坏、通信电缆损坏、COM 口的地址选择不正确等）。

（7）组态变量　数据库是“组态王”软件的核心部分，数据变量的集合称为“数据词典”。单击工程浏览器中的“数据词典”图标，显示如图 6-42 所示的界面。右边的工作区将出现系统自带的 17 个内存变量，这个内存变量不算点数，用户可以直接使用。

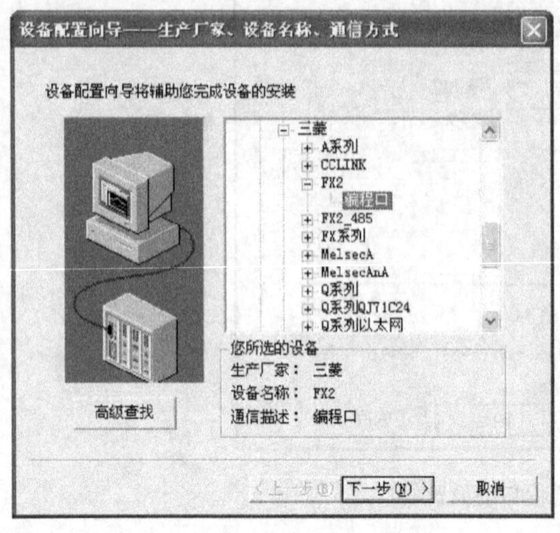


图 6-38　选择编程口

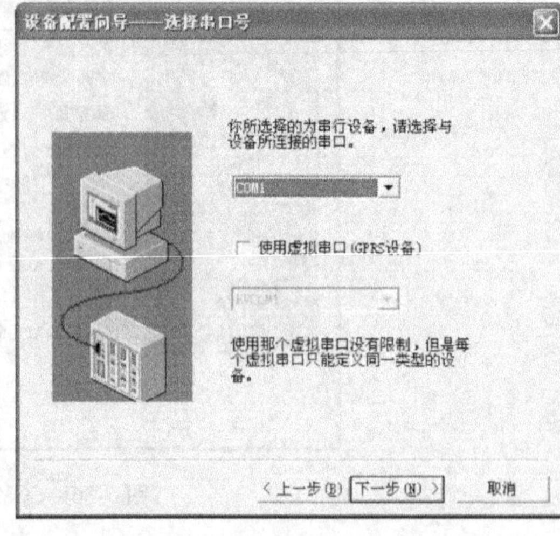


图 6-39　选择 COM 口

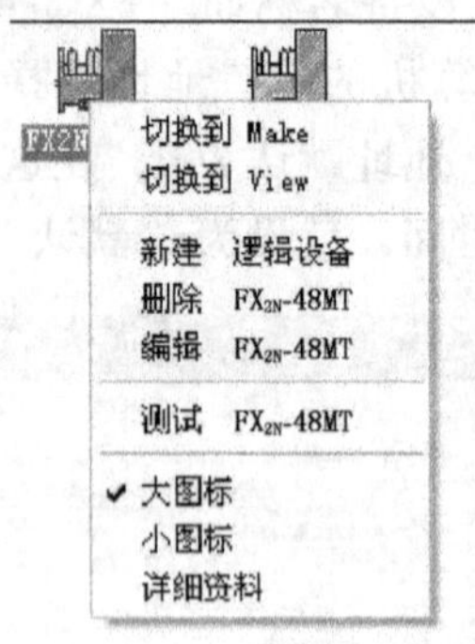


图 6-40　$FX_{2N}$-48MT 的设备菜单

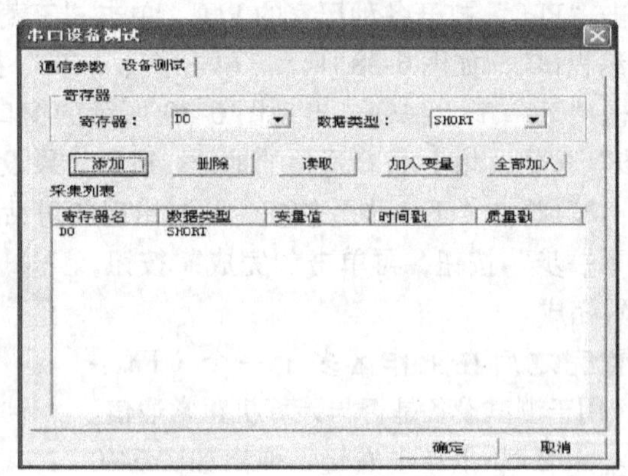


图 6-41　串口设备测试

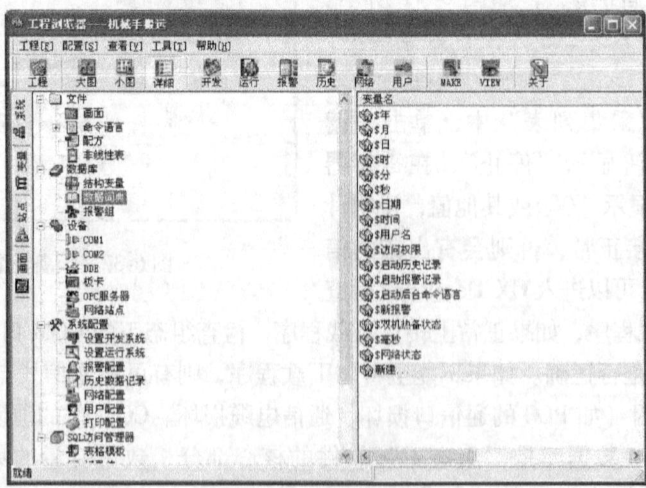


图 6-42　数据词典

双击工作区最下面的“新建…”图标，弹出如图6-43所示“定义变量”对话框。设置变量名为“左移动”，选择变量类型为“I/O离散”，I/O离散是指PLC中的数字量，初始值采用默认的“关”（OFF状态），连接设备选择“$FX_{2N}$-48MT”，寄存器选择“Y0”，数据类型选择“Bit”，采集频率设置为“100”ms，读写属性设置为“只写”。用同样的方法组态“右移动”的变量，寄存器选择“Y1”。参照图6-44所示数据词典中的变量列表设置变量的读写属性。在定义变量描述文本框里可以输入对该变量的描述内容。

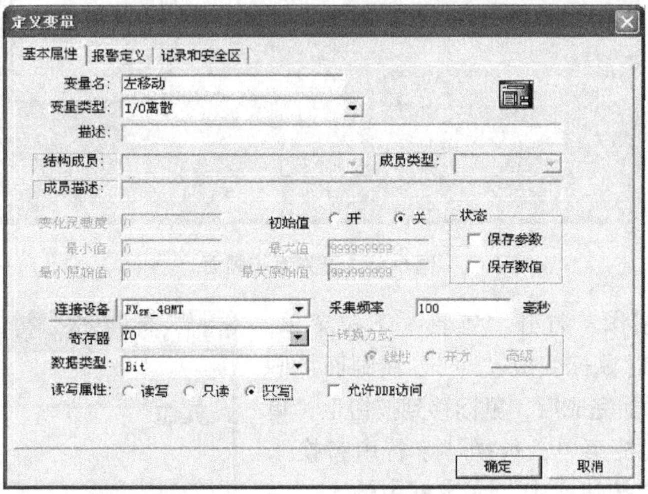

图6-43　“定义变量”对话框

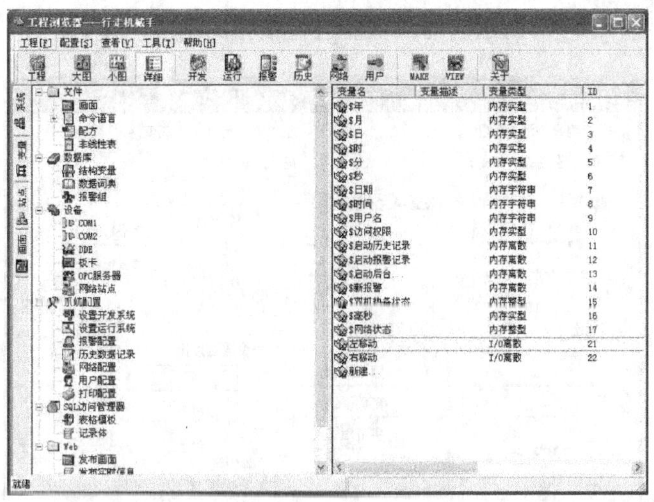

图6-44　数据词典中的变量列表

（8）建立新建画面　单击工程浏览器左侧的“画面”图标，双击右边窗口中的“新建…”图标，就会弹出“新画面”对话框，输入新画面的名称，输入完名称后一经确认后就不能修改。可以修改画面的位置和大小。单击“确定”按钮，进入组态王的开发系统，如图6-45所示。

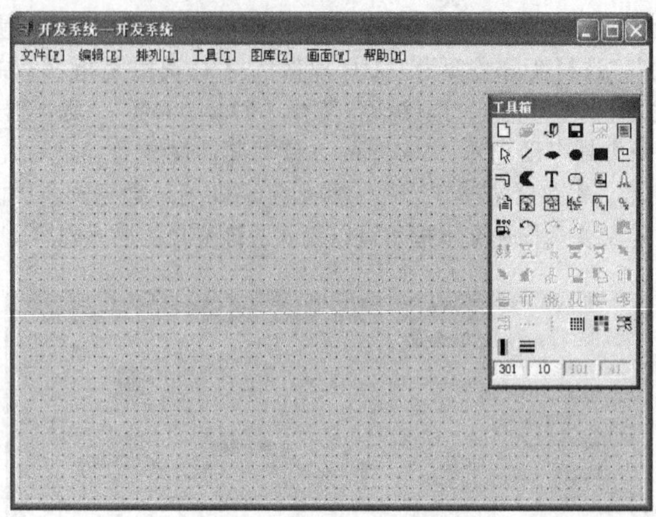


图 6-45　开发系统画面

(9) 按钮的制作　打开“工具”下拉菜单，单击“按钮”，此时鼠标变成“+”，在画面上画出按钮的大小。添加完成后，鼠标移到按钮上，单击鼠标右键弹出快捷菜单，选择“字符串替换”，弹出对话框后在“按钮文本”文本框中输入“左移动”，如图 6-46 所示，单击“确定”按钮，关闭对话框。

图 6-46　按钮文本

双击按钮弹出如图 6-47 所示的对话框。进行按钮的动画连接。

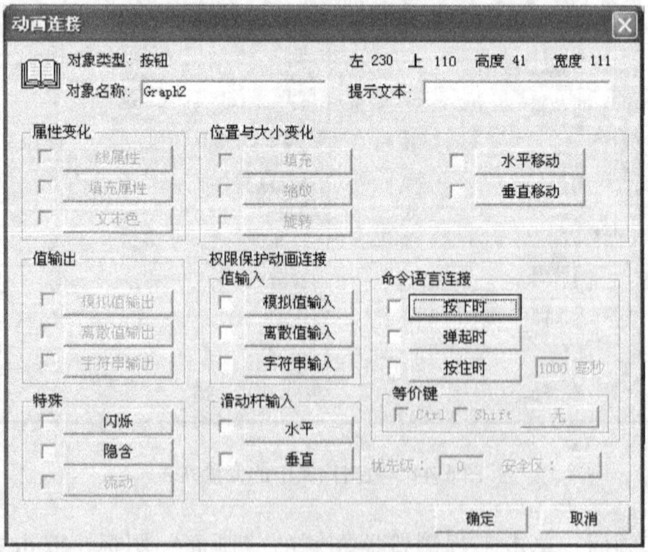

图 6-47　按钮的动画连接

单击“按下时”按钮，弹出如图 6-48 所示对话框，单击“变量［域］”按钮，选择

“左移动”，在变量后面输入“=1;”，单击“确定”按钮，关闭对话框，返回到图6-47所示的窗口。单击“弹起时”按钮弹出对话框，单击“变量[域]”按钮，选择“左移动”，在变量后面输入“=0;”，单击“确定”按钮，关闭对话框，“左移动”按钮设置完成，用同样的方法制作“右移动”按钮。都制作完成后存盘。

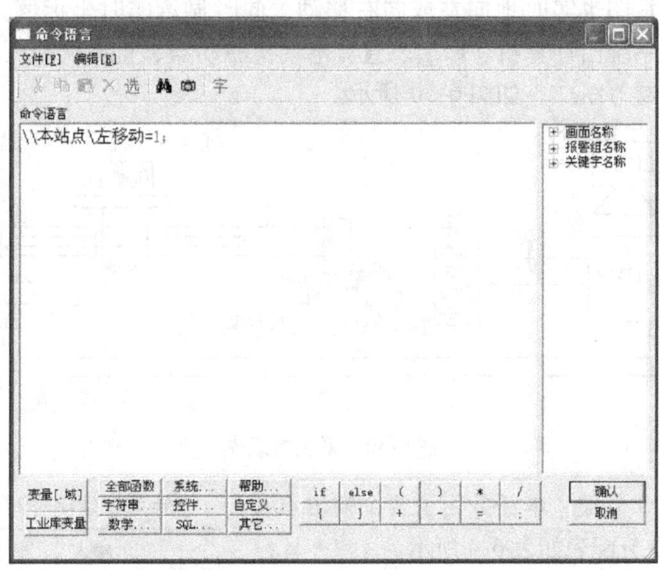


图6-48　命令语言编辑框

（10）主画面配置　进入“工程浏览器”打开“配置”下拉菜单，单击“运行系统”弹出对话框，单击“主画面配置”，如图6-49所示，选中“主页”，单击“确定”按钮弹出对话框，然后进行相关参数的设置。

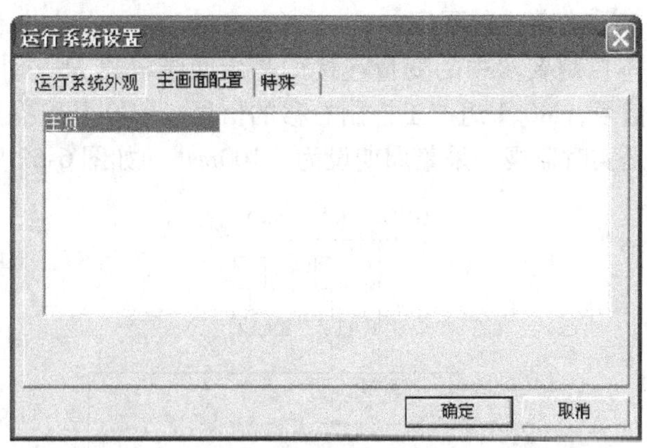


图6-49　运行系统配置

（11）调试　在“工程浏览器”的快捷菜单里，单击“VIEW”进入监控画面。按下“左移动”按钮，观察PLC的Y0是否输出，继电器KA1是否吸合，检查行走机械手是否移动。按下“右移动”按钮，观察PLC的Y1是否输出，继电器KA2是否吸合，检查行走机械手是否移动。

### （二）行走机械手组态王的监控界面制作

（1）控制要求　在组态王上制作一个开机画面和一个监控画面。开机画面有一个按钮和控制要求名称，单击此按钮进入监控画面。监控画面有行走机械手的示意图、坐标值显示、“左移动”按钮、“右移动”按钮和“返回”按钮。当按下“左移动”或“右移动”按钮时，机械手的示意图也实时地向左或向右移动，同时显示实时坐标值。按下“返回”按钮回到开机画面。系统由计算机、$FX_{2N}$、直流电动机驱动器、直流电动机、行走机械手、限位开关、旋转编码器等组成，如图 6-50 所示。

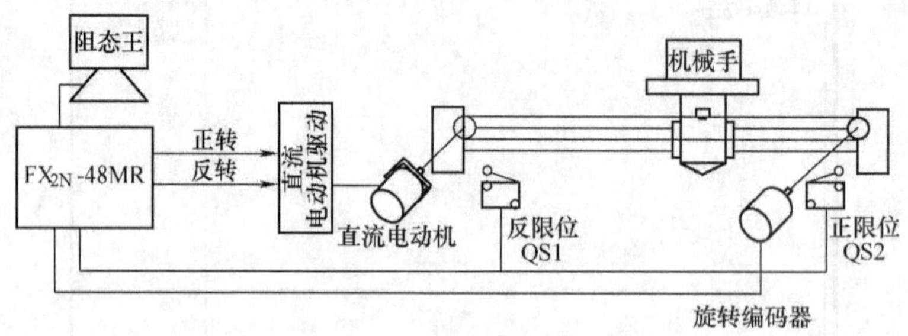


图 6-50　系统的组成

（2）PLC 的 I/O 分配　本任务用了两个输出点和 4 个输入点，其 I/O 分配表如表 6-4 所示。

表 6-4　PLC 的 I/O 分配表

| 输入 | | 输出 | |
|---|---|---|---|
| X0 | 旋转编码器 A 相 | Y0 | 正转 |
| X1 | 旋转编码器 B 相 | Y1 | 反转 |
| X2 | 反限位（原点） | | |
| X3 | 正限位 | | |

（3）系统的电气原理图　系统的电气原理图如图 6-51 所示。根据原理图进行接线。

（4）PLC 程序　参看前面的 PLC 程序。

（5）创建一个新项目　参看上节中的介绍，工程名称写为“行走机械手 2”。

（6）设备连接　参看上节中的程序。

（7）组态变量　本控制要求中的变量连接的是中间继电器 M 与计数器 C＊252，M0.0 是组态王控制左移的信号，M0.1 组态王控制右移的信号。VD0 是组态王读取高速计数器的经过值，由于经过值是实时监视，采集周期设为“100ms”，如图 6-52 所示。

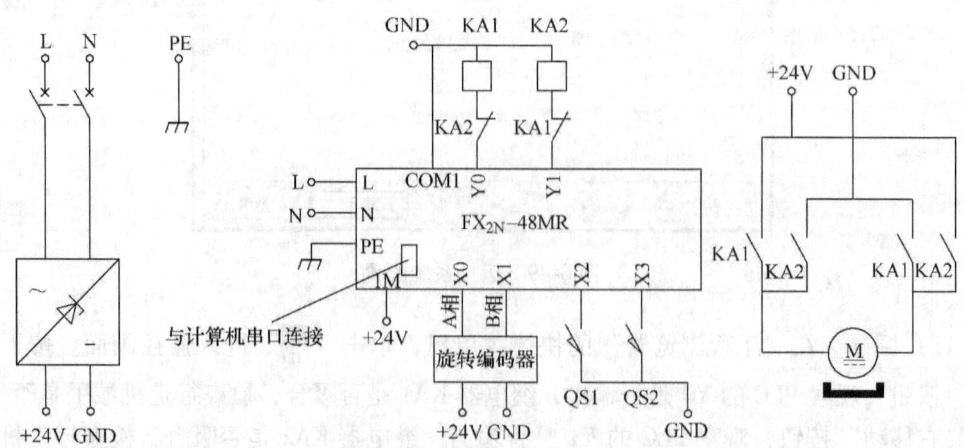


图 6-51　电气原理图

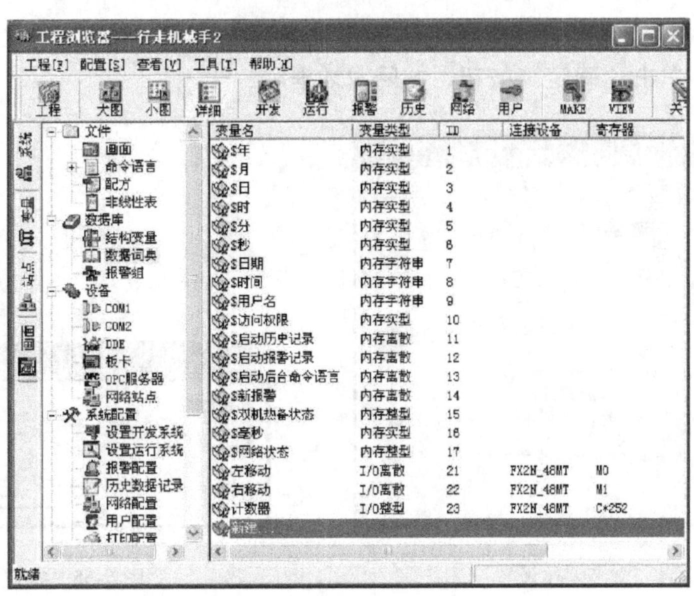


图 6-52　变量界面

（8）组态王界面制作　按下面要求进行组态王界面制作。

1）建立新建画面　单击工程浏览器左侧的“画面”图标，双击右边窗口中的“新建…”图标，就会弹出“新画面”对话框，输入新画面的名称“开机画面”，输入名称后一经确认后就不能修改，但可以修改画面的位置和大小，单击“确定”按钮，进入组态王的开发系统如图 6-45 所示的开发系统界面。

用同样的方法再建一个画面名称为“监控”画面。

2）开机画面的制作

①标题的输入。在“开发系统”打开“画面”下拉菜单，检查一下当前编辑画面是不是“开机画面”，如果“开机画面”前面有“√”就是当前画面；如果不是，切换到“开机画面”。

在工具箱中单击“T”，再在当前画面中单击一下，光标在画面中闪烁，如图 6-53 所示，输入字符串“行走机械手组态王的监控界面制作”。单击工具箱中“ ”字体的图标弹出如图 6-54 所示的对话框，选择适合的字体大小。

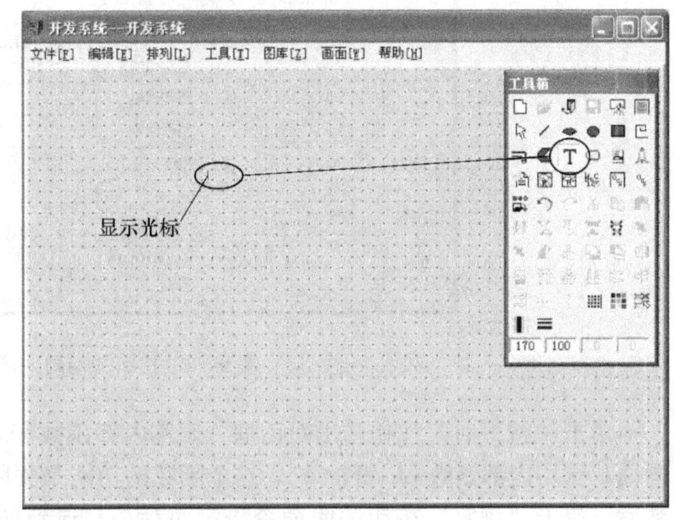


图 6-53　文字输入

②按钮的制作。打开“工具”下拉菜单，单击“按钮”，此时鼠标变成“+”，在画面上画出按钮的大小。添加完成后，鼠标移到按钮上，单击鼠标的右键弹出快捷菜单，

选择“字符串替换”，弹出对话框后在“按钮文本”文本框中输入“单击进入监控页”，如图 6-55 所示，单击“确定”按钮，关闭对话框。

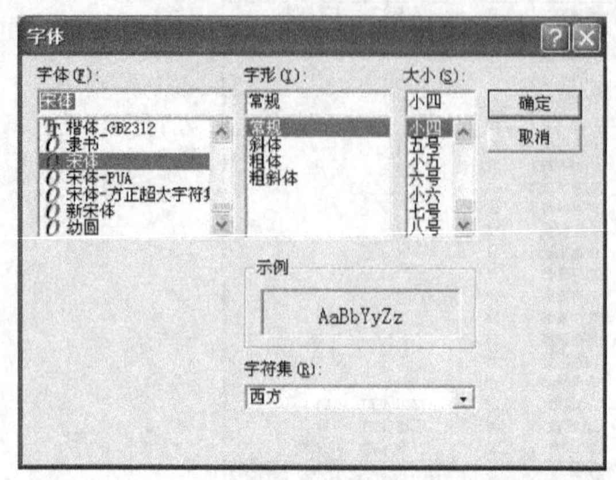


图 6-54　文字字体设置

图 6-55　按钮文本

双击按钮，弹出如图 6-56 所示的对话框，进行按钮的动画连接。

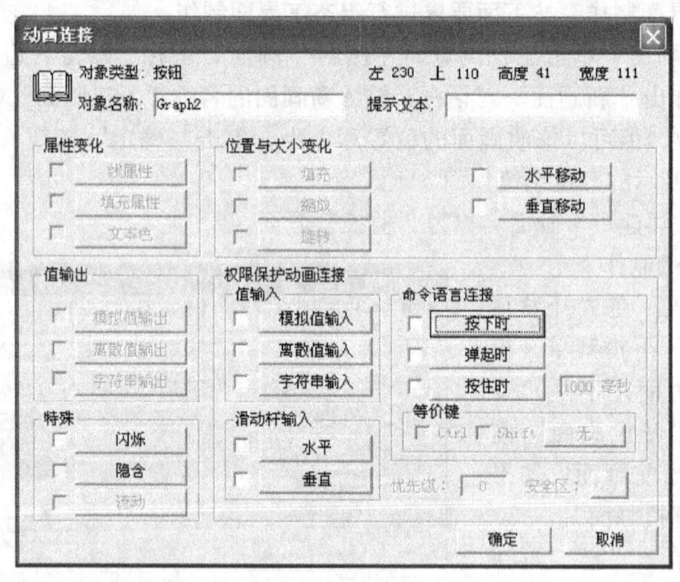


图 6-56　按钮的动画连接

单击“按下时”按钮弹出对话框，调用内部函数 ShowPicture，这个函数的功能是打开画面，调用内部函数 ClosePicture，这个函数的功能是关闭画面，如图 6-57 所示。输入完参数后，单击“确定”按钮关闭命令语言对话框，退到如图 6-56 所示的动画对话框，单击“确定”按钮关闭对话框。

3）监控画面的制作

①左移动与右移动按钮的制作。打开或切换到“监控”画面，制作左移动与右移动按钮，见上节介绍。

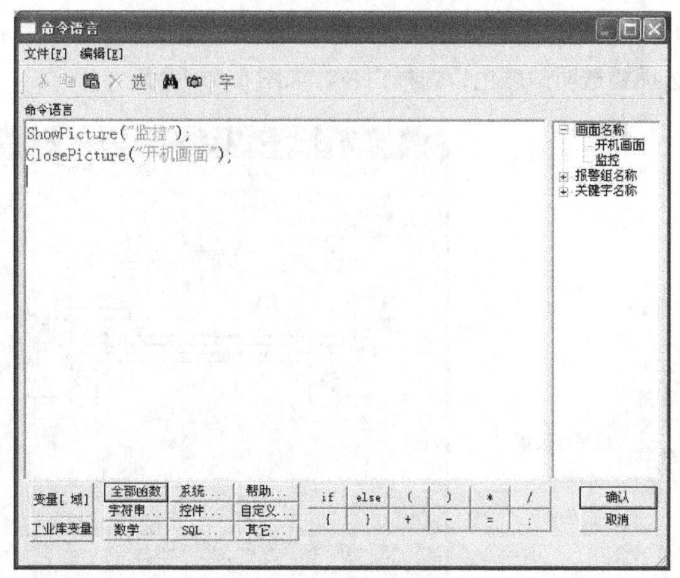


图6-57　命令语言编辑框

②数据监控的制作。在工具箱中单击一下“T”，再在当前画面中单击一下，光标在画面中闪烁，输入字符串“＊＊＊＊＊”。单击工具箱中“”字体的图标，弹出对话框，选择适合的字体大小。双击字符串“＊＊＊＊＊”，弹出“动画连接”对话框，单击“模拟量输出”按钮弹出对话框。单击“?”按钮弹出变量表，在变量表中选择“计数器”变量，设置“整数位数”填入“4”，设置完成后如图6-58所示。单击“确定”按钮关闭对话框，再单击“确定”按钮关闭“动画连接”对话框，数据监控设置完成。在数据前面添加一个字符串，如“当前位置:”，这样比较容易读懂数据的意义。

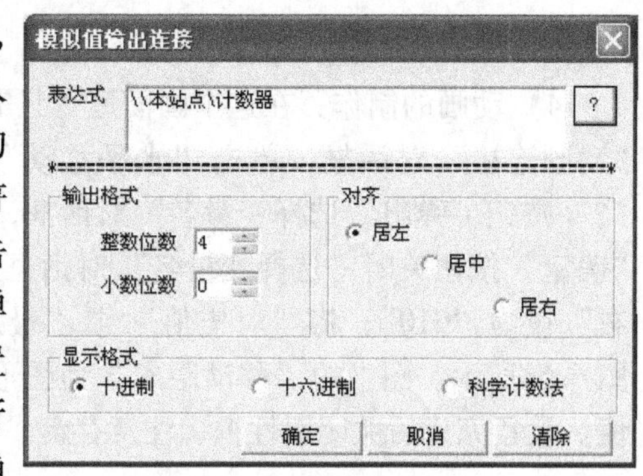


图6-58　模拟量输出连接

③图形视图的制作。在制作动画前，先用制图软件（如画笔）制作两个部件位图，如图6-59所示，图形的像素大小最好不要超过计算机显示器分辨率。分别存成两个文件，如文件名为“jxs11. bmp”与“jxs12. bmp”。

图形装载。在“工具箱”栏中单击“”，此时鼠标变成“+”，在画面上画出图像块。添加完成后，鼠标移到图像块上单击鼠标右键弹出快捷菜单，选择“从文件中加载”，弹出“图像文件”对话框，选择“jxs11. bmp”，此时图像块显示部件1的图形。将光标移到图形上，单击鼠标右键弹出快捷菜，选择“恢复原始大小”，图形就恢复原始大小尺寸。用同样的方法，把图形2（部件2）添加进来。

图形背景透明化。将鼠标移到图形上单击鼠标右键，弹出快捷菜单，选择“透明化”，如果此时没有透明，透明色与默认的颜色不一致，设置透明色的颜色。在“工具箱”栏中单

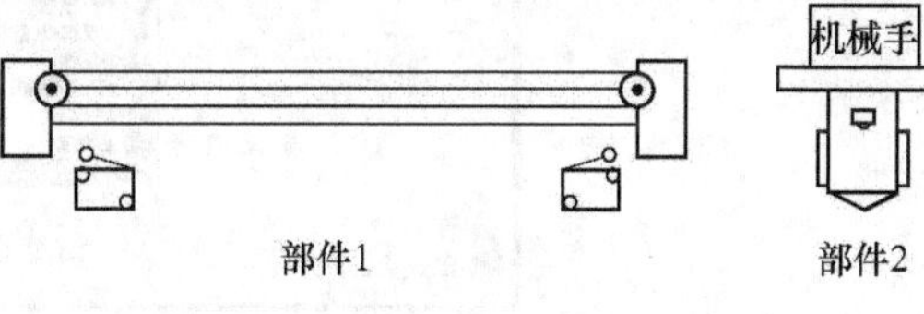


图6-59　行走机械手的部件

击“■”显示调色板弹出如图 6-60 所示对话框，单击“透明色”图标，再单击“吸色管”图标，在图形中选择要透明的颜色，选择白色，如图 6-61 所示。

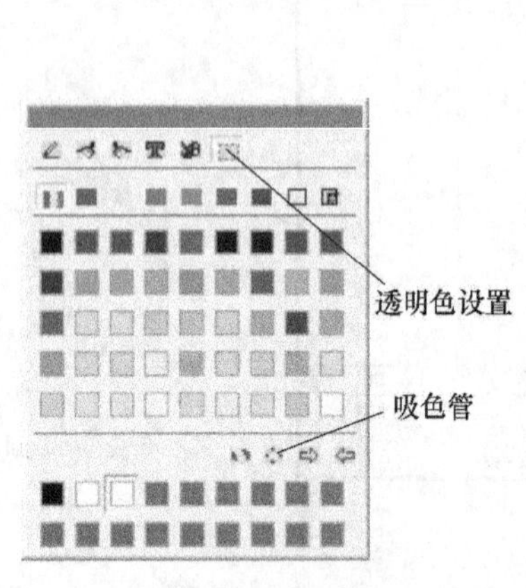

图 6-60　调色板

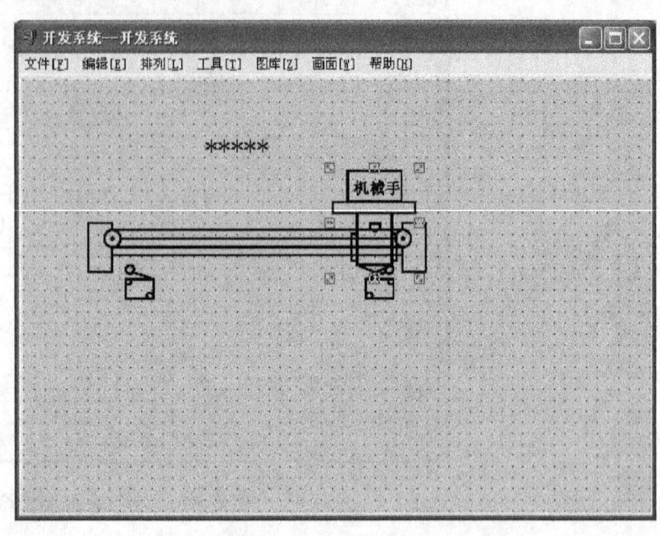


图 6-61　透明化后图形

4）动画的制作：在这个画面里，只需要图形 2（部件 2）动画起来。双击图形 2 弹出“动画连接”对话框，单击“水平移动”按钮弹出“水平移动连接”对话框，然后单击“?”按钮，弹出“选择变量名”对话框，如图 6-62 所示。选择变量名为“计数器”。单击“确定”按钮关闭“选择变量名”对话框。将“移动距离”中的“向左”设为“0”，“向右”设为“210”；将“对应值”中“最左边”设为“0”，“最右边”设为“2700”，如图 6-63所示。图中的“移动距离”为图形在画面的移动距离，对应值为高速计数器的经过值。设置完成后关闭属性框，注意存盘。

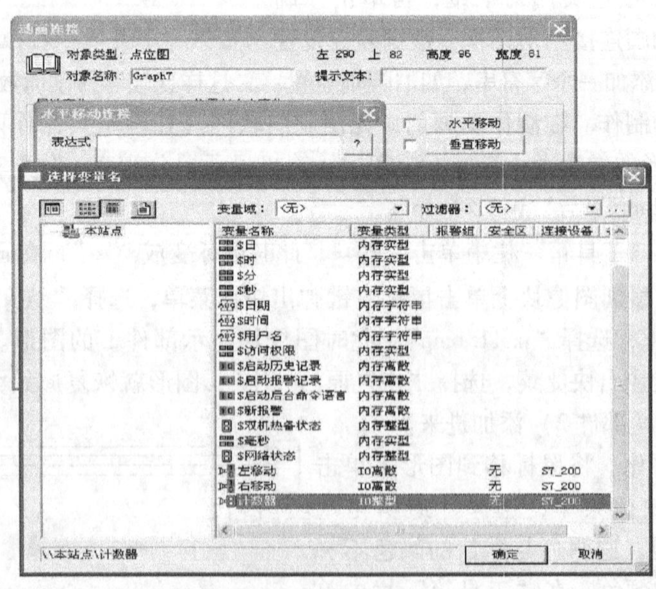


图 6-62　变量选择

5）返回按钮的制作。与“开机画面”的“单击进入监控页”按钮相似，修改函数参数后的对话框如图 6-64 所示。

（9）主画面配置　进入“工程浏览器”打开“配置”下拉菜单，单击“运行系统”弹出“运行系统配置”对话框，单击“主画面配置”项，选中“开机画面”单击“确定”按钮关闭对话框。

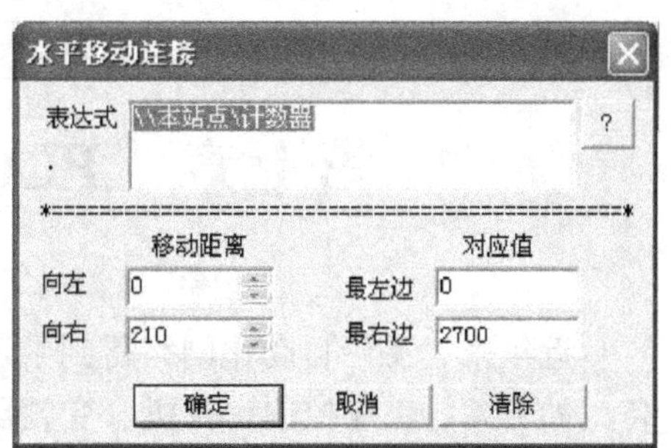

图 6-63　水平移动连接的设置

（10）调试　在“工程浏览器”的快捷菜单里单击“VIEW”，进入图 6-65 所示的监控画面。按下“单击进入监控页”按钮，进入“监控画面”，如图 6-66 所示。按下“左移动”按钮观察 PLC 的 Y0 是否输出，继电器 KA1 是否吸合，行走机械手是否移动，“当前位置”的数字是否增加，如果数据是减小，旋转编码器的 A 相与 B 相接反，调换一下即可。按下“右移动”按钮观察 PLC 的 Y1 是否输出，继电器 KA2 是否吸合，行走机械手是否移动，“当前位置”的数字是否减小。按下“返回”按钮观察是否退回到“开机画面”。

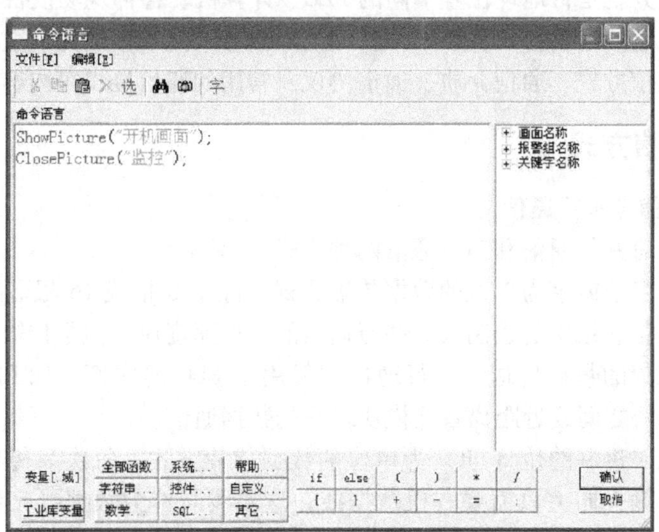

图 6-64　命令语言

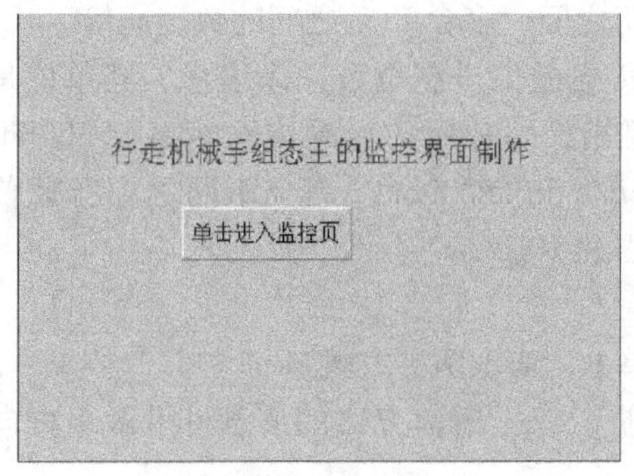

图 6-65　开机画面

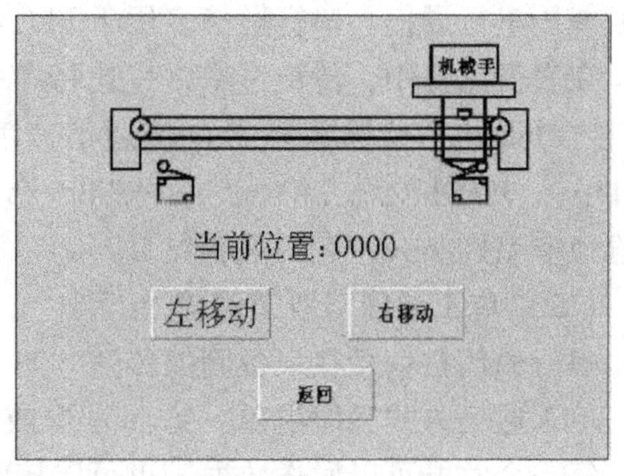

图 6-66　监控画面

# 第七章　PLC 通信网络功能及应用

近年来，工厂自动化网络得到了迅速的发展，相当多的企业已经在大量地使用可编程设备，如 PLC、工业控制计算机、变频器、机器人以及柔性制造系统等。将不同厂家生产的这些设备连在一个网络中，相互之间进行数据通信，由企业集中管理，是很多企业必须考虑的问题。本章主要介绍有关 PLC 的通信与工厂自动化通信网络方面的知识。

## 第一节　通信网络的基础知识

当任意两台设备之间有信息交换时，它们之间就产生了通信。PLC 通信是指 PLC 与 PLC、PLC 与计算机、PLC 与现场设备或远程 I/O 之间的信息交换。

PLC 通信的任务就是将地理位置不同的 PLC、计算机、各种现场设备等，通过通信介质连接起来，按照规定的通信协议，以某种特定的通信方式高效率地完成数据的传送、交换和处理。本节介绍通信方式、通信介质、通信协议及常用的通信接口等内容。

### 一、数据通信方式

#### （一）并行通信与串行通信

数据通信主要有并行通信和串行通信两种方式。

并行通信是以字节或字为单位的数据传输方式，除了 8 根或 16 根数据线、一根公共线外，还需要数据通信联络用的控制线。并行通信的传送速度快，但是传输线的根数多，成本高，一般用于近距离的数据传送。并行通信一般用于 PLC 的内部，如 PLC 内部元件之间、PLC 主机与扩展模块之间或近距离智能模块之间的数据通信。

串行通信是以二进制的位（bit）为单位的数据传输方式，每次只传送一位，除了地线外，在一个数据传输方向上只需要一根数据线，这根线既作为数据线又作为通信联络控制线，数据和联络信号在这根线上按位进行传送。串行通信需要的信号线少，最少的只需要两三根线，适用于距离较远的场合。计算机和 PLC 都备有通用的串行通信接口，工业控制中一般使用串行通信。串行通信多用于 PLC 与计算机之间、多台 PLC 之间的数据通信。

在串行通信中，传输速率常用比特率（每秒传送的二进制位数）来表示，其单位是比特/秒（bit/s）。传输速率是评价通信速度的重要指标。常用的标准传输速率有 300bit/s、600bit/s、1200bit/s、2400bit/s、4800bit/s、9600bit/s 和 19200bit/s 等。不同的串行通信的传输速率差别极大，有的只有数百 bit/s，有的则可达 100Mbit/s。

#### （二）单工通信与双工通信

串行通信按信息在设备间的传送方向又分为单工、双工两种方式。

单工通信方式只能沿单一方向发送或接收数据。双工通信方式的信息可沿两个方向传送，每一个站既可以发送数据，也可以接收数据。

双工方式又分为全双工和半双工两种方式。数据的发送和接收分别由两根或两组不同的数据线传送，通信的双方都能在同一时刻接收和发送信息，这种传送方式称为全双工方式；用同一根线或同一组线接收和发送数据，通信的双方在同一时刻只能发送数据或接收数据，这种传送方式称为半双工方式。在 PLC 通信中常采用半双工和全双工通信。

### （三）异步通信与同步通信

在串行通信中，通信的速率与时钟脉冲有关，接收方和发送方的传送速率应相同，但是实际的发送速率与接收速率之间总是有一些微小的差别，如果不采取一定的措施，在连续传送大量的信息时，将会因积累误差造成错位，使接收方收到错误的信息。为了解决这一问题，需要使发送和接收同步。按同步方式的不同，可将串行通信分为异步通信和同步通信。

异步串行通信的数据传送格式如图 7-1 所示，发送的数据字符由一个起始位、7 ~ 8 个数据位、1 个奇偶校验位（可以没有）和停止位（1 位、1.5 位或 2 位）组成。通信双方需要对所采用的信息格式和数据的传输速率作相同的约定。接收方检测到停止位和起始位之间的下降沿后，将它作为接收的起始点，在每一位的中点接收信息。由于一个字符中包含的位数不多，即使发送方和接收方的收发频率略有不同，也不会因两台机器之间的时钟周期的误差积累而导致错位。异步通信传送附加的非有效信息较多，它的传输效率较低，一般用于低速通信，PLC 一般使用异步通信。

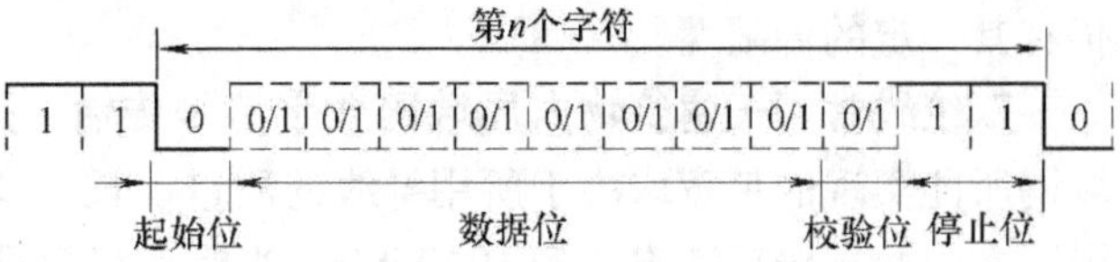

图 7-1 异步串行通信的数据传送格式

同步通信以字节为单位（一个字节由 8 位二进制数组成），每次传送 1 ~ 2 个同步字符、若干个数据字节和校验字符。同步字符起联络作用，用它来通知接收方开始接收数据。在同步通信中，发送方和接收方要保持完全的同步，这意味着发送方和接收方应使用同一时钟脉冲。在近距离通信时，可以在传输线中设置一根时钟信号线。在远距离通信时，可以在数据流中提取出同步信号，使接收方得到与发送方完全相同的接收时钟信号。由于同步通信方式不需要在每个数据字符中加起始位、停止位和奇偶校验位，只需要在数据块（往往很长）之前加一两个同步字符，所以传输效率高，但是对硬件的要求较高，一般用于高速通信。

### （四）基带传输与频带传输

基带传输是按照数字信号原有的波形（以脉冲形式）在信道上直接传输，它要求信道具有较宽的通频带。基带传输不需要调制解调，设备花费少，适用于较小范围的数据传输。基带传输时，通常对数字信号进行一定的编码。常用的数据编码方法有非归零码 NRZ、曼彻斯特编码和差动曼彻斯特编码等。后两种编码不含直流分量、包含时钟脉冲，便于双方自同步，所以应用广泛。

频带传输是一种采用调制解调技术的传输形式。发送端采用调制手段，对数字信号进行某种变换，将代表数据的二进制“1”和“0”，变换成具有一定频带范围的模拟信号，以适应在模拟信道上传输；接收端通过解调手段进行相反变换，把模拟的调制信号复原为“1”或“0”。常用的调制方法有频率调制、振幅调制和相位调制。具有调制、解调功能的装置称为调制解调器，即 Modem。频带传输较复杂，传送距离较远，若通过市话系统配备 Modem，则传送距离可不受限制。

PLC 通信中，基带传输和频带传输两种传输形式都有采用，但多采用基带传输。

## 二、线路通信介质

通信介质就是在通信系统中位于发送端与接收端之间的物理通路。通信介质一般可分为导向性和非导向性介质两种。导向性介质有双绞线、同轴电缆和光纤等，这种介质将引导信号的传播方向；非导向性介质一般通过空气传播信号，它不为信号引导传播方向，如短波、微波和红外线通信等。

以下仅简单介绍几种常用的导向性通信介质。

### （一）双绞线

双绞线是一种廉价而又广为使用的通信介质，它由两根彼此绝缘的导线按照一定规则以螺旋状绞合在一起的，如图 7-2 所示。这种结构能在一定程度上减弱来自外部的电磁干扰及相邻双绞线引起的串音干扰。但双绞线在传输距离、带宽和数据传输速率等方面仍有其一定的局限性。

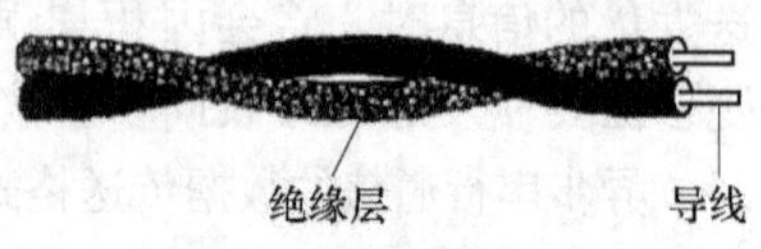


图 7-2　双绞线示意图

双绞线常用于建筑物内局域网数字信号传输。这种局域网所能实现的带宽取决于所用导线的质量、长度及传输技术。只要选择、安装得当，在有限距离内数据传输速率达到 10Mbit/s。当距离很短且采用特殊的电子传输技术时，传输速率可达 100Mbit/s。

在实际应用中，通常将许多对双绞线捆扎在一起，用起保护作用的塑料外皮将其包裹起来制成电缆。采用上述方法制成的电缆就是非屏蔽双绞线电缆，如图 7-3 所示。为了便于识别导线和导线间的配对关系，双绞线电缆中每根导线使用不同颜色的绝缘层。为了减少双绞线间的相互串扰，电缆中相邻双绞线一般采用不同的绞合长度。非屏蔽双绞线电缆价格便宜、直径小节省空间、使用方便灵活、易于安装，是目前最常用的通信介质。

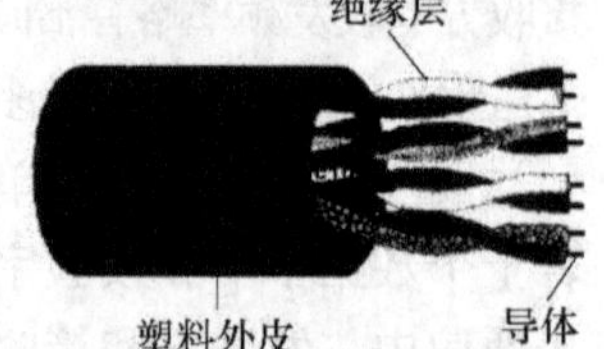


图 7-3　双绞线电缆

美国电器工业协会（EIA）规定了 6 种质量级别的双绞线电缆，其中 1 类线档次最低，只适于传输语音；6 类线档次最高，传输频率可达到 250MHz。网络综合布线一般使用 3、4、5 类线。3 类线传输频率为 16MHz，数据传输速率可达 10Mbit/s；4 类线传输频率为 20MHz，数据传输速率可达 16Mbit/s；5 类线传输频率为 100MHz，数据传输速率可达 100Mbit/s。

非屏蔽双绞线易受干扰，缺乏安全性。因此，往往采用金属包皮或金属网包裹以进行屏蔽，这种双绞线就是屏蔽双绞线。屏蔽双绞线抗干扰能力强，有较高的传输速率，100m 内可达到 155Mbit/s。但其价格相对较贵，需要配置相应的连接器，使用时不是很方便。

### （二）同轴电缆

如图 7-4 所示，同轴电缆由内、外层两层导体组成。内层导体是由一层绝缘体包裹的单股实心线或绞合线（通常是铜制的），位于外层导体的中轴上；外层导体是由绝缘层包裹的金属包皮或金属网。同轴电缆的最外层是能够起保护作用的塑料外皮。同轴电缆的外层导体不仅能够充当导体的一部分，而且还起到屏蔽作用。这种屏蔽层一方面能防止外部环境造成的干扰，另一方面能阻止内层导体的辐射能量干扰其他导线。

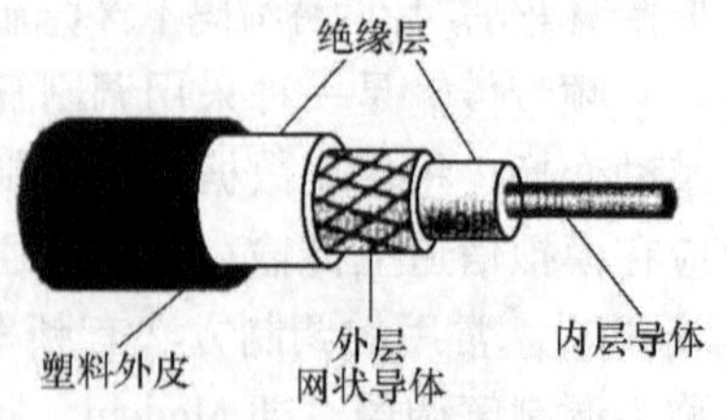


图 7-4　同轴电缆

与双绞线相比，同轴电线抗干扰能力强，能够应用于频率更高、数据传输速率更快的情况。对其性能造成影响的主要因素来自衰损和热噪声，采用频分复用技术时还会受到交调噪声的影响。虽然目前同轴电缆大量被光纤取代，但它仍广泛应用于有线电视和某些局域网中。

目前得到广泛应用的同轴电缆主要有 50Ω 电缆和 75Ω 电缆这两类。50Ω 电缆用于基带数字信号传输，又称基带同轴电缆。电缆中只有一个信道，数据信号采用曼彻斯特编码方式，数据传输速率可达 10Mbit/s，这种电缆主要用于局域以太网。75Ω 电缆是 CATV 系统使用的标准电缆，它既可用于传输宽带模拟信号，也可用于传输数字信号。对于模拟信号而言，其工作频率可达 400MHz。若在这种电缆上使用频分复用技术，则可以使其同时具有大量的信道，每个信道都能传输模拟信号。

### （三）光纤

光纤是一种传输光信号的传输媒介。光纤的结构如图 7-5 所示，处于光纤最内层的纤芯是一种横截面积很小、质地脆、易断裂的光导纤维，制造这种纤维的材料可以是玻璃也可以是塑料。纤芯的外层裹有一个包层，它由折射率比纤芯小的材料制成。正是由于在纤芯与包层之间存在着折射率的差异，光信号才得以通过全反射在纤芯中不断向前传播。在光纤的最外层则是起保护作用的外套。通常都是将多根光纤扎成束并裹以保护层制成多芯光缆。

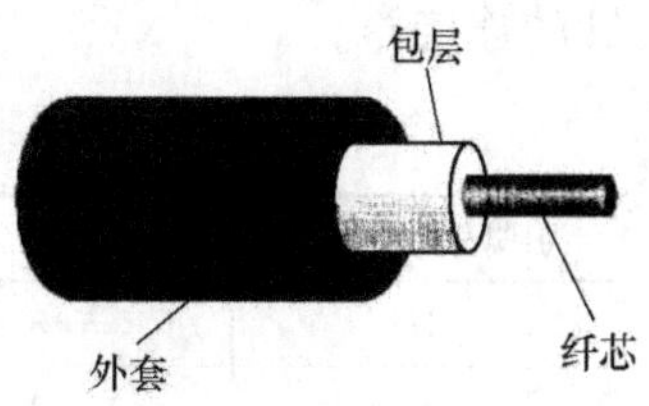


图 7-5　光纤的结构

从不同的角度考虑，光纤有多种分类方式。根据制作材料的不同，光纤可分为石英光纤、塑料光纤、玻璃光纤等；根据传输模式不同，光纤可分为多模光纤和单模光纤；根据纤芯折射率的分布不同，光纤可以分为突变型光纤和渐变型光纤；根据工作波长的不同，光纤可分为短波长光纤、长波长光纤和超长波长光纤。

单模光纤的带宽最宽，多模渐变光纤次之，多模突变光纤的带宽最窄；单模光纤适于大容量远距离通信，多模渐变光纤适于中等容量中等距离的通信，而多模突变光纤只适于小容量的短距离通信。

在实际光纤传输系统中，还应配置与光纤配套的光源发生器件和光检测器件。目前最常见的光源发生器件是发光二极管（LED）和注入激光二极管（ILD）。光检测器件是在接收端能够将光信号转化成电信号的器件，目前使用的光检测器件有光敏二极管（PIN）和雪崩光敏二极管（APD），光敏二极管的价格较便宜，然而雪崩光敏二极管却具有较高的灵敏度。

与一般的导向性通信介质相比，光纤具有很多优点：

1）光纤支持很宽的带宽，其范围在 $10^{14} \sim 10^{15}$ Hz 之间，这个范围覆盖了红外线和可见光的频谱。

2）具有很快的传输速率，当前限制其所能实现的传输速率的因素来自信号生成技术。

3）光纤抗电磁干扰能力强，由于光纤中传输的是不受外界电磁干扰的光束，而光束本身又不向外辐射，因此它适用于长距离的信息传输及安全性要求较高的场合。

4）光纤衰减较小，中继器的间距较大。采用光纤传输信号时，在较长距离内可以不设置信号放大设备，从而减少了整个系统中继器的数目。

当然光纤也存在一些缺点，如系统成本较高、不易安装与维护、质地脆易断裂等。

## 三、串行通信接口标准

PLC 通信主要采用串行异步通信，其常用的串行通信接口标准有 RS-232C、RS-422A 和 RS-485 等。

## （一）RS-232C

RS-232C 是美国电子工业协会 EIA 于 1969 年公布的通信协议，它的全称是“数据终端设备（DTE）和数据通信设备（DCE）之间串行二进制数据交换接口技术标准”。RS-232C 接口标准是目前计算机和 PLC 中最常用的一种串行通信接口。

RS-232C 采用负逻辑，用 -5 ~ -15V 表示逻辑1，用 +5 ~ +15V 表示逻辑0。噪声容限为2V，即要求接收器能识别低至 +3V 的信号作为逻辑“0”，高到 -3V 的信号作为逻辑“1”。RS-232C 只能进行一对一的通信，RS-232C 可使用9 针或25 针的 D 形连接器，表 7-1 列出了 RS-232C 接口各引脚信号的定义以及 9 针与 25 针引脚的对应关系。PLC 一般使用 9 针的连接器。

**表 7-1　RS-232C 接口各引脚信号的定义**

| 引脚号（9 针） | 引脚号（25 针） | 信号 | 方向 | 功能 |
|---|---|---|---|---|
| 1 | 8 | DCD | IN | 数据载波检测 |
| 2 | 3 | RxD | IN | 接收数据 |
| 3 | 2 | TxD | OUT | 发送数据 |
| 4 | 20 | DTR | OUT | 数据终端装置（DTE）准备就绪 |
| 5 | 7 | GND |  | 信号公共参考地 |
| 6 | 6 | DSR | IN | 数据通信装置（DCE）准备就绪 |
| 7 | 4 | RTS | OUT | 请求传送 |
| 8 | 5 | CTS | IN | 清除传送 |
| 9 | 22 | CI（RI） | IN | 振铃指示 |

图 7-6a 所示为两台计算机都使用 RS-232C 直接进行连接的典型连接；图 7-6b 所示为通信距离较近时只需 3 根连接线。

如图 7-7 所示，RS-232C 的电气接口采用单端驱动、单端接收的电路，容易受到公共地线上的电位差和外部引入的干扰信号的影响，同时还存在以下不足之处：

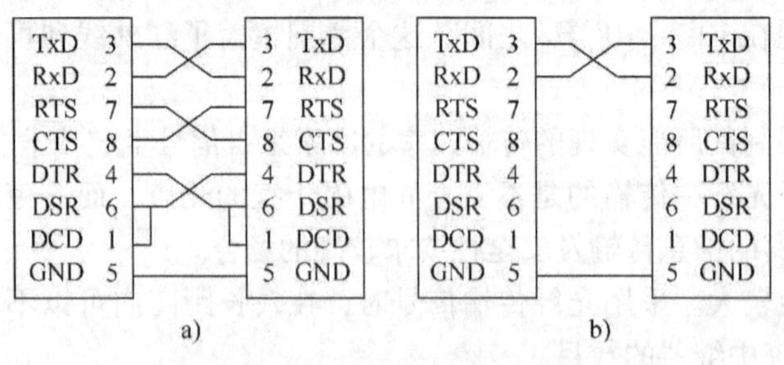


图 7-6　两个 RS-232C 数据终端设备的连接
a）两台计算机使用 RS-232C 连接　b）近距离通信接线

MC1488　MC1489

图 7-7　单端驱动单端接收的电路

1）传输速率较低，最高传输速度速率为 20Kbit/s。

2）传输距离短，最大通信距离为 15m。

3）接口的信号电平值较高，易损坏接口电路的芯片，又因为与 TTL 电平不兼容故需使用电平转换电路方能与 TTL 电路连接。

（二）RS-422A

针对 RS-232C 的不足，EIA 于 1977 年推出了串行通信标准 RS-499，对 RS-232C 的电气特性做了改进，RS-422A 是 RS-499 的子集。

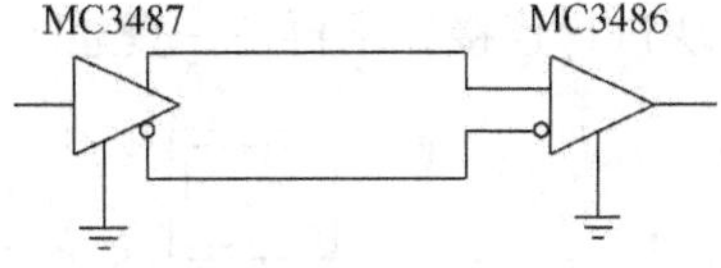

图 7-8　平衡驱动差分接收的电路

如图 7-8 所示，由于 RS-422A 采用平衡驱动、差分接收电路，从根本上取消了信号地线，大大减少了地电平所带来的共模干扰。平衡驱动器相当于两个单端驱动器，其输入信号相同，两个输出信号互为反相信号，图中的小圆圈表示反相。外部输入的干扰信号是以共模方式出现的，两传输线上的共模干扰信号相同，因接收器是差分输入，共模信号可以互相抵消。只要接收器有足够的抗共模干扰能力，就能从干扰信号中识别出驱动器输出的有用信号，从而克服外部干扰的影响。

RS-422 在最大传输速率 10Mbit/s 时，允许的最大通信距离为 12m。传输速率为 100Kbit/s 时，最大通信距离为 1200m。一台驱动器可以连接 10 台接收器。

（三）RS-485

RS-485 是 RS-422A 的变形，RS-422A 是全双工，两对平衡差分信号线分别用于发送和接收，所以采用 RS-422A 接口通信时最少需要 4 根线。RS-485 为半双工，只有一对平衡差分信号线，不能同时发送和接收，最少只需两根连线。

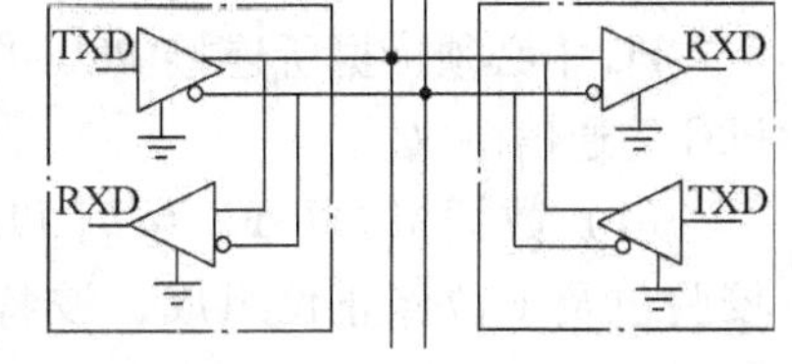

图 7-9　采用 RS-485 的网络

如图 7-9 所示，使用 RS-485 通信接口和双绞线可组成串行通信网络，构成分布式系统，系统最多可连接 128 个站。

RS-485 的逻辑“1”以两线间的电压差为 +（2 ~ 6）V表示，逻辑“0”以两线间的电压差为 -（2 ~ 6）V 表示。接口信号电平比 RS-232C 降低了，就不易损坏接口电路的芯片，且该电平与 TTL 电平兼容，可方便与 TTL 电路连接。由于 RS-485 接口具有良好的抗噪声干扰性、高传输速率（10Mbit/s）、长的传输距离（1200m）和多站能力（最多 128 站）等优点，所以在工业控制中广泛应用。

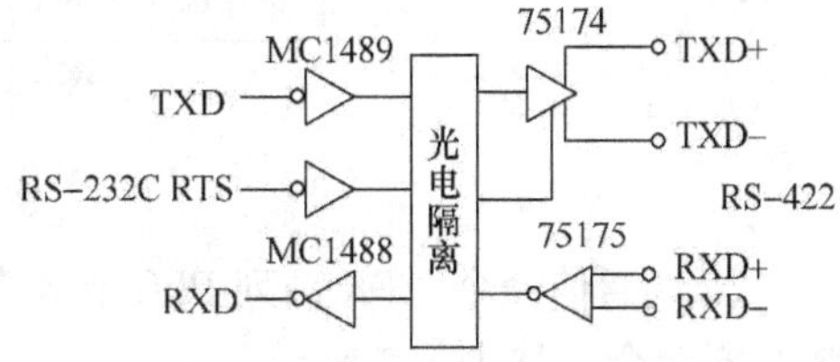

图 7-10　RS-232C/RS-422 转换器的电路原理图

RS-422/RS-485 接口一般采用使用 9 针的 D 形连接器。普通微机一般不配备 RS-422 和 RS-485 接口，但工业控制微机基本上都有配置。图 7-10 所示为 RS-232C/RS-422 转换器的电路原理图。

## 第二节　$FX_{2N}$的通信与网络

### 一、PC 与 FX 系列 PLC 通信的实现

（一）硬件连接

一台 PC 可与一台或最多 16 台 FX 系列 PLC 通信，PC 与 PLC 之间不能直接连接。如图 7-11a、b 为点对点结构的连接，图 a 中是通过 FX-232AW 单元进行 RS-232C/RS-422 转换与 PLC 编程口连接；图 7-11b 中通过在 PLC 内部安装的通信功能扩展板 FX-232-BD 与 PC

连接；如图 7-11c 所示为多点结构的连接，FX-485-BD 为安装在 PLC 内部的通信功能扩展板，FX-485PC-IF 为 RS-232C 和 RS-485 的转换接口。除此之外当然还可以通过其他通信模块进行连接，不再一一赘述。下面以 PC 与 PLC 之间点对点通信为例。

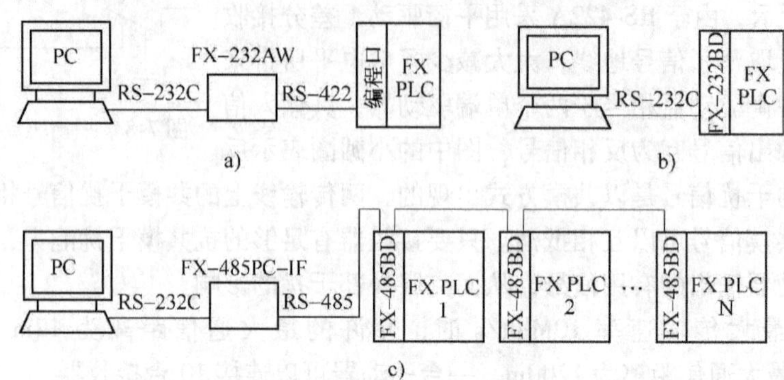


图 7-11　PC 与 FX 的硬件连接图

a）计算机与 PLC 编程的连接　b）通信连接　c）多点连接

## （二）FX 系列 PLC 通信协议

PC 中必须依据所连接 PLC 的通信规程来编写通信协议，所以我们先要熟悉 FX 系列 PLC 的通信协议。

（1）数据格式　FX 系列 PLC 采用异步格式，由 1 位起始位、7 位数据位、1 位偶校验位及 1 位停止位组成，波特率为 9600bit/s，字符为 ASCⅡ码。数据格式如图 7-12 所示。

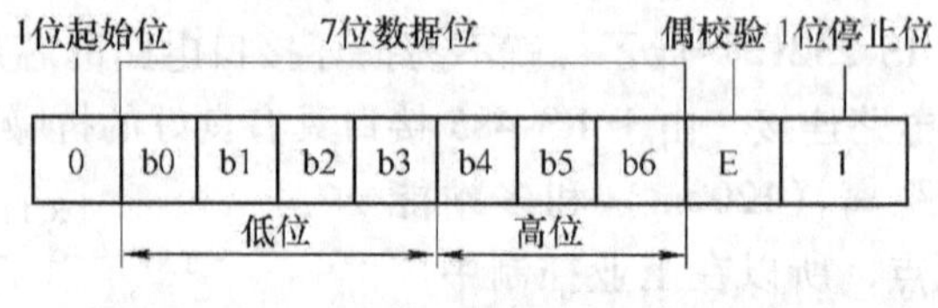


图 7-12　数据格式

（2）通信命令　FX 系列 PLC 有 4 条通信命令，分别是读命令、写命令、强制通命令、强制断命令，如表 7-2 所示。

表 7-2　FX 系列 PLC 的通信命令表

| 命令 | 命令代码 | 目标软继电器 | 功能 |
|---|---|---|---|
| 读命令 | ‘0’即 ASCⅡ码‘30H’ | X，Y，M，S，T，C，D | 读取软继电器状态、数据 |
| 写命令 | ‘1’即 ASCⅡ码‘31H’ | X，Y，M，S，T，C，D | 把数据写入软继电器 |
| 强制通命令 | ‘7’即 ASCⅡ码‘37H’ | X，Y，M，S，T，C | 强制某位 ON |
| 强制断命令 | ‘8’即 ASCⅡ码‘38H’ | X，Y，M，S，T，C | 强制某位 OFF |

（3）通信控制字符　FX 系列 PLC 采用面向字符的传输规程，用到 5 个通信控制字符，如表 7-3 所示。

表 7-3 FX 系列 PLC 通信控制字符表

| 控制字符 | ASCⅡ码 | 功能说明 | 控制字符 | ASCⅡ码 | 功能说明 |
|---|---|---|---|---|---|
| ENQ | 05H | PC 发出请求 | STX | 02H | 信息帧开始标志 |
| ACK | 06H | PLC 对 ENQ 的确认回答 | ETX | 03H | 信息帧结束标志 |
| NAK | 15H | PLC 对 ENQ 的否认回答 | | | |

当 PLC 对计算机发来的 ENQ 不理解时，用 NAK 回答。

(4) 报文格式　计算机向 PLC 发送的报文格式如下：

| STX | CMD | 数据段 | ETX | SUMH | SUML |
|---|---|---|---|---|---|

其中，STX 为开始标志：02H；ETX 为结束标志：03H；CMD 为命令的 ASCⅡ码；SUMH、SUML 为按字节求累加和，溢出不计。由于每字节十六进制数变为两字节的 ASCⅡ码，故校验和为 SUMH 与 SUML。

数据段格式与含义如下：

| 字节 1 ~ 字节 4 | 字节 5/字节 6 | 第 1 数据 | 第 2 数据 | | 第 3 数据 | | … | 第 $N$ 数据 | |
|---|---|---|---|---|---|---|---|---|---|
| 软继电器首址 | | 读/写字节数 | 上位 | 下位 | 上位 | 下位 | … | 上位 | 正位 |

写命令的数据段有数据，读命令数据段则无数据。

PLC 向 PC 发的应答报文格式如下：

| STX | 数据段 | ETX | SUMH | SUML |
|---|---|---|---|---|

对读命令的应答报文数据段为要读取的数据，一个数据占两字节，分上位下位：

数据段：

| 第 1 数据 | | 第 2 数据 | | … | 第 $N$ 数据 | |
|---|---|---|---|---|---|---|
| 上位 | 正位 | 上位 | 正位 | … | 上位 | 正位 |

对写命令的应答报文无数据段，而用 ACK 及 NAK 作应答内容。

(5) 传输过程　PC 与 FX 系列 PLC 间采用应答方式通信，传输出错，则组织重发。其传输过程如图 7-13 所示。

PLC 根据 PC 的命令，在每个循环扫描结束处的 END 语句后组织自动应答，无需用户在 PLC 一方编写程序。

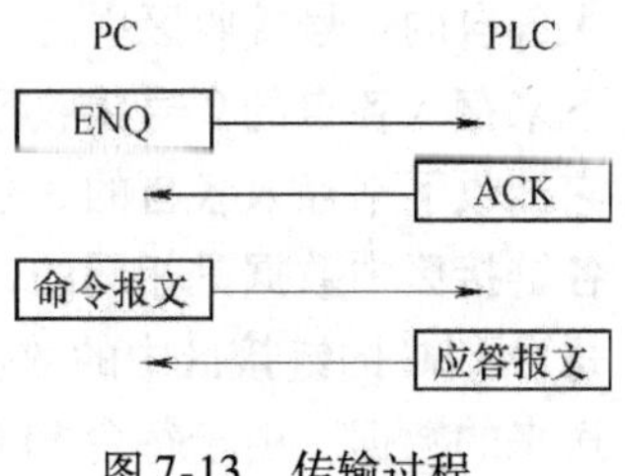


图 7-13　传输过程

## 二、PLC 网络中常用的通信方式

PLC 网络是由几级子网复合而成，各级子网的通信过程是由通信协议决定的，而通信方式是通信协议最核心的内容。通信方式包括存取控制方式和数据传送方式。所谓存取控制（也称访问控制）方式是指如何获得共享通信介质使用权的问题，而数据传送方式是指一个站取得了通信介质使用权后如何传送数据的问题。

**（一）周期 I/O 通信方式**

周期 I/O 通信方式常用于 PLC 的远程 I/O 链路中。远程 I/O 链路按主从方式工作，PLC 远程 I/O 主单元为主站，其他远程 I/O 单元皆为从站。在主站中设立一个“远程 I/O 缓冲区”，采用信箱结构，划分为几个分箱与每个从站一一对应，每个分箱再分为两格：一格管发送，一格管接收。主站中通信处理器采用周期扫描方式，按顺序与各从站交换数据，把与其对应的分箱中发送分格的数据送给从站，从从站中读取数据放入与其对应的分箱的接收分格中。这样周而复始，使主站中的“远程 I/O 缓冲区”得到周期性的刷新。

在主站中 PLC 的 CPU 单元负责用户程序的扫描，它按照循环扫描方式进行处理，每个周期都有一段时间集中进行 I/O 处理，这时它对本地 I/O 单元及远程 I/O 缓冲区进行读写操作。PLC 的 CPU 单元对用户程序的周期性循环扫描，与 PLC 通信处理器对各远程 I/O 单元的周期性扫描是异步进行的。尽管 PLC 的 CPU 单元没有直接对远程 I/O 单元进行操作，但是由于远程 I/O 缓冲区获得周期性刷新，PLC 的 CPU 单元对远程 I/O 缓冲区的读写操作，就相当于直接访问了远程 I/O 单元。这种通信方式简单、方便，但要占用 PLC 的 I/O 区，因此只适用于少量数据的通信。

**（二）全局 I/O 通信方式**

全局 I/O 通信方式是一种串行共享存储区的通信方式，它主要用于带有链接区的 PLC 之间的通信。

全局 I/O 方式的通信原理如图 7-14 所示。在 PLC 网络的每台 PLC 的 I/O 区中各划出一块来作为链接区，每个链接区都采用邮箱结构。相同编号的发送区与接收区大小相同，占用相同的地址段，一个为发送区，其他皆为接收区。采用广播方式通信。PLC1 把 1 号发送区的数据在 PLC 网络上广播，PLC2、PLC3 收听到后把它接收下来存入各自的 1 号接收区中。PLC2 把 2 号发送区数据在 PLC 网上广播，PLC1、PLC3 把它接收下来存入各自的 2 号接收区中。PLC3 把 3 号发送区数据在 PLC 网上广播，PLC1、PLC2 把它接收下来存入各自的 3 号接收区中。显然通过上述广播通信过程，PLC1、PLC2、PLC3 的各链接区中数据是相同的，这个过程称为等值化过程。通过等值化通信使得 PLC 网络中的每台 PLC 的链接区中的数据保持一致。它既包含着自己送出去的数据，也包含着其他 PLC 送来的数据。由于每台 PLC 的链接区大小一样，占用的地址段相同，每台 PLC 只要访问自己的链接区，就等于访问了其他 PLC 的链接区，也就相当于与其他 PLC 交换了数据。这样链接区就变成了名副其实的共享存储区，共享区成为各 PLC 交换数据的中介。

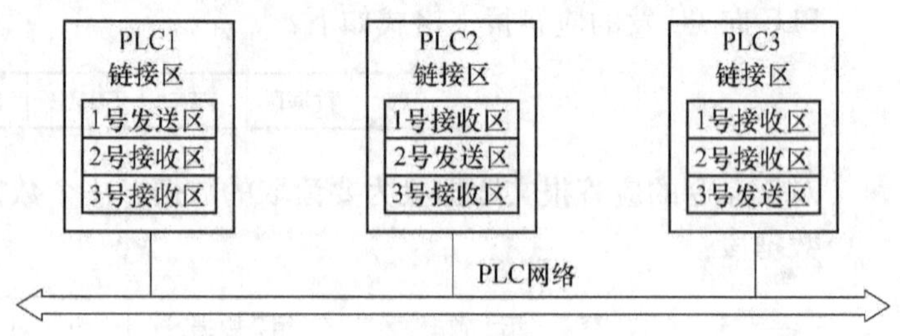

图 7-14　全局 I/O 方式的通信原理

链接区可以采用异步方式刷新（等值化），也可以采用同步方式刷新。异步方式刷新与 PLC 中用户程序无关，由各 PLC 的通信处理器按顺序进行广播通信，周而复始，使其所有链接区保持等值化；同步方式刷新是由用户程序中对链接区的发送指令启动一次刷新，这种方式只有当链接区的发送区数据变化时才刷新。

全局 I/O 通信方式中，PLC 直接用读写指令对链接区进行读写操作，简单、方便、快速，但应注意在一台 PLC 中对某地址的写操作在其他 PLC 中对同一地址只能进行读操作。与周期 I/O 方式一样，全局 I/O 方式也要占用 PLC 的 I/O 区，因而只适用于少量数据的通信。

### （三）主从总线通信方式

主从总线通信方式又称为 1:N 通信方式，是指在总线结构的 PLC 子网上有 N 个站，其中只有 1 个主站，其他皆是从站。

1:N 通信方式采用集中式存取控制技术分配总线使用权，通常采用轮询表法。所谓轮询表是一张从机号排列顺序表，该表配置在主站中，主站按照轮询表的排列顺序对从站进行询问，看它是否要使用总线，从而达到分配总线使用权的目的。

对于实时性要求比较高的站，可以在轮询表中让其从机号多出现几次，赋予该站较高的通信优先权。在有些 1:N 通信中把轮询表法与中断法结合使用，紧急任务可以打断正常的周期轮询，获得优先权。

1:N 通信方式中当从站获得总线使用权后有两种数据传送方式：一种是只允许主从通信，不允许从从通信，从站与从站要交换数据，必须经主站中转；另一种是既允许主从通信也允许从从通信，从站获得总线使用权后先安排主从通信，再安排自己与其他从站之间的通信。

### （四）令牌总线通信方式

令牌总线通信方式又称为 N:N 通信方式是指在总线结构的 PLC 子网上有 N 个站，它们地位平等，没有主站与从站之分，也可以说 N 个站都是主站。

N:N 通信方式采用令牌总线存取控制技术。在物理总线上组成一个逻辑环，让一个令牌在逻辑环中按一定方向依次流动，获得令牌的站就取得了总线使用权。令牌总线存取控制方式限定每个站的令牌持有时间，保证在令牌循环一周时每个站都有机会获得总线使用权，并提供优先级服务，因此令牌总线存取控制方式具有较好的实时性。

取得令牌的站有两种数据传送方式，即无应答数据传送方式和有应答数据传送方式。采用无应答数据传送方式时，取得令牌的站可以立即向目的站发送数据，发送结束，通信过程也就完成了；而采用有应答数据传送方式时，取得令牌的站向目的站发送完数据后并不算通信完成，必须等目的站获得令牌并把应答帧发给发送站后，整个通信过程才结束。后者比前者的响应时间明显增长，实时性下降。

### （五）浮动主站通信方式

浮动主站通信方式又称 N:M 通信方式，适用于总线结构的 PLC 网络，是指在总线上有 M 个站，其中 N（N < M）个为主站，其余为从站。

N:M 通信方式采用令牌总线与主从总线相结合的存取控制技术。首先把 N 个主站组成逻辑环，通过令牌在逻辑环中依次流动，在 N 个主站之间分配总线使用权，这就是浮动主站的含义。获得总线使用权的主站再按照主从方式来确定在自己的令牌持有时间内与哪些站通信。一般在主站中配置有一张轮询表，可按轮询表上排列的其他主站号及从站号进行轮询。获得令牌的主站对于用户随机提出的通信任务可按优先级安排在轮询之前或之后进行。

获得总线使用权的主站可以采用多种数据传送方式与目的站通信，其中以无应答无连接方式速度最快。

**(六) CSMA/CD 通信方式**

CSMA/CD 通信方式是一种随机通信方式，适用于总线结构的 PLC 网络，总线上各站地位平等，没有主从之分，采用 CSMA/CD 存取控制方式，即“先听后讲，边讲边听”。

CSMA/CD 存取控制方式不能保证在一定时间周期内，PLC 网络上每个站都可获得总线使用权，因此是一种不能保证实时性的存取控制方式。但是它采用随机方式，方法简单，而且见缝插针，只要总线空闲就抢着上网，通信资源利用率高，因而在 PLC 网络中 CSMA/CD 通信法适用于上层生产管理子网。

CSMA/CD 通信方式的数据传送方式可以选用有连接、无连接、有应答、无应答及广播通信中的每一种，可按对通信速度及可靠性的要求进行选择。

以上是 PLC 网络中常用的通信方式，此外还有少量的 PLC 网络采用其他通信方式，如令牌环的通信方式等。另外，在新近推出的 PLC 网络中，常常把多种通信方式集成配置在某一级子网上，这也是今后技术发展的趋势。

## 三、三菱公司的 PLC 网络

三菱公司 PLC 网络继承了传统使用的 MELSEC 网络，并使其在性能、功能、使用简便等方面更胜一筹。Q 系列 PLC 提供层次清晰的三层网络，针对各种用途提供最合适的网络产品，如图 7-15所示。

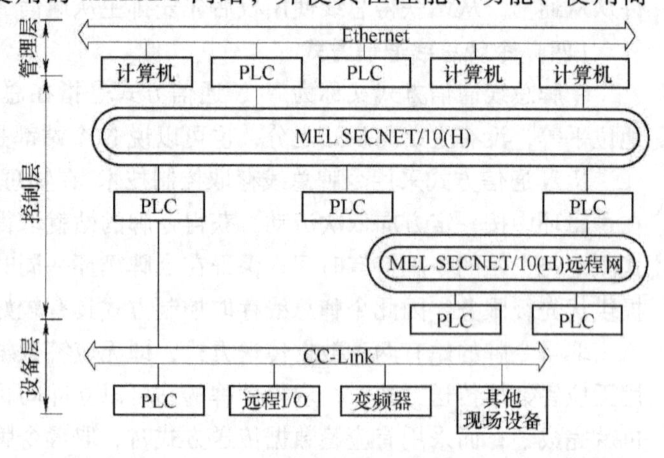


图 7-15　三菱公司的 PLC 网络

(1) 管理层/Ethernet（以太网）管理层为网络系统中最高层，主要是在 PLC、设备控制器以及生产管理用 PC 之间传输生产管理信息、质量管理信息及设备的运转情况等数据，信息层使用最普遍的 Ethernet。它不仅能够连接 Windows 系统的 PC、UNIX 系统的工作站等，而且还能连接各种 FA 设备。Q 系列 PLC 系列的 Ethernet 模块具有了日益普及的因特网电子邮件收发功能，使用户无论在世界的任何地方都可以方便地收发生产信息邮件，构筑远程监视管理系统。同时，利用因特网的 FTP 服务器功能及 MELSEC 专用协议可以很容易地实现程序的上传/下载和信息的传输。

(2) 控制层/MELSECNET/10（H）　它是整个网络系统的中间层，在 PLC、CNC 等控制设备之间方便且高速地进行处理数据互传的控制网络。作为 MELSEC 控制网络的 MELSECNET/10，以它良好的实时性、简单的网络设定、无程序的网络数据共享概念，以及冗余回路等特点获得了很高的市场评价，被采用的设备台数在日本达到最高，在世界上也是屈指可数的。而 MELSECNET/H 不仅继承了 MELSECNET/10 优秀的特点，还使网络的实时性更好，数据容量更大，进一步适应市场的需要。但目前 MELSECNET/H 只有 Q 系列 PLC 才可使用。

(3) 设备层/现场总线 CC-LINK　设备层是把 PLC 等控制设备和传感器以及驱动设备连

接起来的现场网络，为整个网络系统最底层的网络。采用 CC-LINK 现场总线连接，布线数量大大减少，提高了系统可维护性。而且，不只是 ON/OFF 等开关量的数据，还可连接 ID 系统、条形码阅读器、变频器、人机界面等智能化设备，从完成各种数据的通信，到终端生产信息的管理均可实现，加上对机器动作状态的集中管理，使维修保养的工作效率也大有提高。在 Q 系列 PLC 中使用，CC-LINK 的功能更好，而且使用更简便。

在三菱的 PLC 网络中进行通信时，不会感觉到有网络种类的差别和间断，可进行跨网络间的数据通信和程序的远程监控、修改、调试等工作，而无需考虑网络的层次和类型。

MELSECNET/H 和 CC-LINK 使用循环通信的方式，周期性自动地收发信息，不需要专门的数据通信程序，只需简单的参数设定即可。MELSECNET/H 和 CC-LINK 是使用广播方式进行循环通信发送和接收的，这样就可做到网络上的数据共享。

对于 Q 系列 PLC 使用的 Ethernet、MELSECNET/H、CC-LINK 网络，可以在 GX Developer 软件界面上设定网络参数以及各种功能，简单方便。

另外，Q 系列 PLC 除了拥有上面所提到的网络之外，还可支持 PROFIBUS、Modbus、DeviceNet、ASi 等其他厂商的网络，还可进行 RS-232/RS-422/RS-485 等串行通信，通过数据专线、电话线进行数据传送等多种通信方式。

## 第三节　$FX_{2N}$通信网络的应用

随着企业对工业自动化程度要求的提高，自动控制系统也由传统的集中式向多级分布式控制的方向发展，这就对各级控制机构之间数据的传输提出了更高的要求。在大型运动控制系统中，多个 PLC 之间常常需要传递很多控制信息。传统的信息传递，是利用一个 PLC 的输出信号作为另一个 PLC 的输入信号，来实现信息的传递，这需占用大量的 I/O 点，并且传递的数据量较少。PLC 工业网络出现以后，使 PLC 之间数据的传递变得简便、快捷，并能传输大量数据。本节将结合实例，介绍几种常见的三菱 PLC 网络对货物传输与搬运系统的控制。

### 一、N:N 通信网络的应用

#### （一）货物传输与搬运系统的 N:N 网络控制

**1. 控制要求**

1 号 PLC 控制传输带单元和井式供料单元，2 号 PLC 控制行走机械手单元和仓库单元。系统通电后按起动按钮 SB1，如果行走机械手不在原点，则返回原点，返回原点后，推料气缸将货物推出，变频器以 30Hz 的速率运行，当货物到达位置 2 时，变频器停止运行。行走机械手将货物运送到 1 号库位后返回原点。在运行中按下急停按钮 SB7，则设备立即停止运行。

**2. 系统组成**

$FX_{2N}$-48MR 继电器型 PLC 两台、485BD 卡两个、N: N 网络线一条、SC-09 三菱编程电缆一条、松下 VFO 变频器一台、指示与主令控制单元一台、METS3 主体一台。其主要元器件位置图如图 7-16 所示。

**3. 系统的 I/O 分配与流程**

1 号 PLC 和 2 号 PLC 的 I/O 分配表如表 7-4 和表 7-5 所示，系统的流程图如图 7-17 所示。

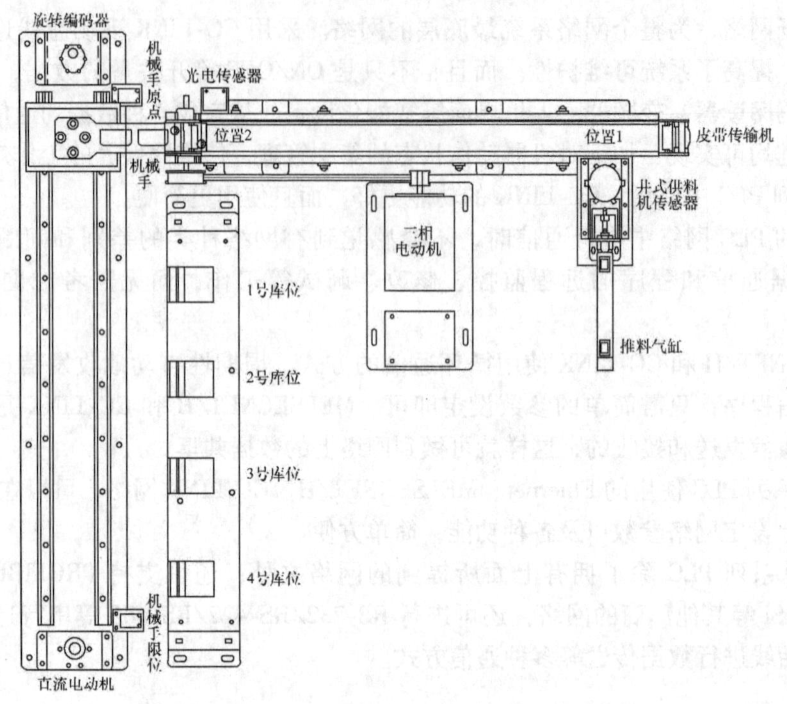


图 7-16　主要元器件位置图

**表 7-4　1 号 PLC 的 I/O 分配表**

| 地址 | 符号 |
|---|---|
| X0.0 | 急停 |
| X0.1 | 启动 |
| X0.2 | 停止 |
| X0.4 | 推料气缸原点 |
| X0.5 | 推料气缸动作到位 |
| X0.6 | 料块有无检测 |
| X0.7 | 带式传输机位置 2 |
| Y0.0 | 推料块气缸 |
| Y0.1 | 变频器启动 |
| Y0.2 | 30Hz |

**表 7-5　2 号 PLC 的 I/O 分配表**

| 地址 | 符号 |
|---|---|
| X0.0 | A 相 |
| X0.1 | B 相 |
| X0.2 | 机械手原点 |
| X0.3 | 机械手限位 |
| X0.4 | 旋转缸右限位 |
| X0.5 | 旋转缸左限位 |
| X0.6 | 1 号库位有无货物检测 |
| X0.7 | 2 号库位有无货物检测 |
| Y0.2 | 机械手行走 CCW（－） |
| Y0.3 | 机械手行走 CW（＋） |
| Y0.4 | 抓手动作 |
| Y0.5 | 机械手旋转 CW |
| Y0.6 | 机械手旋转 CCW |
| Y0.7 | 机械手下降 |

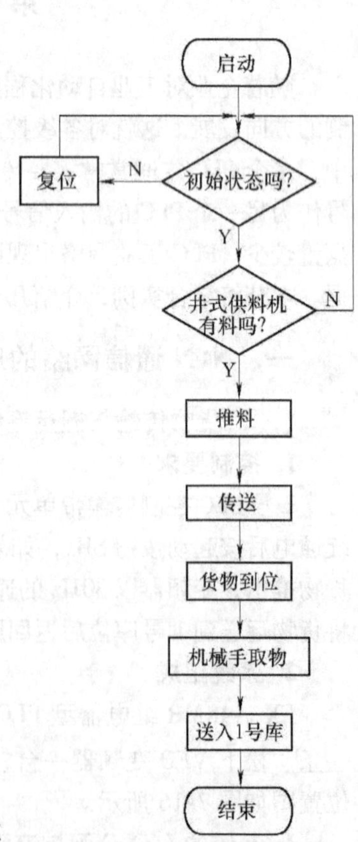


图 7-17　系统的流程图

**4. 电气原理及变频器参数设置**

系统的电气原理如图 7-18 所示，变频器相关参数的设置表如表 7-6 所示。

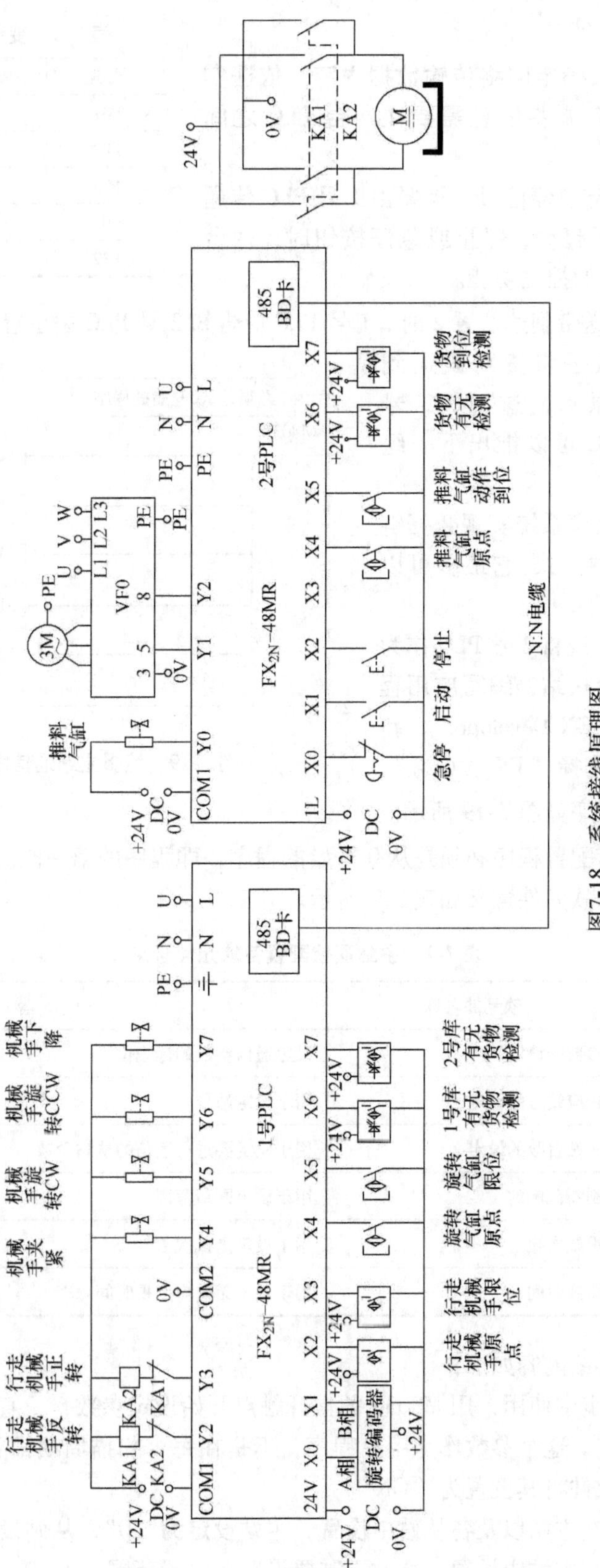


图7-18　系统接线原理图

**5. 系统编程**

表 7-6 变频器参数设置表

| 参数 | 默认值 | 应设值 |
|---|---|---|
| P01 | 5 | 1 |
| P02 | 5 | 1 |
| P08 | 0 | 5 |
| P09 | 0 | 2 |
| P32 | 20 | 30 |

（1）编程思路 确定网络传输数据内容：依据实训任务要求，确定有哪些信息需要在两台 PLC 之间传递。

1）起动、停止与急停信号，需要由 1 号 PLC 传递给 2 号 PLC，当按下起动、停止或急停按钮时，两台 PLC 都能执行相对应的控制功能。

2）当货物由传送带到达位置 2 时，1 号 PLC 应告知 2 号 PLC 去位置 2 取货。

3）当行走机械手将货物搬运到仓库后，运动到原点，这时，2 号 PLC 应告知一号 PLC 可以推出下一组货物。

N: N 网络是小规模系统实现数据链接和信息交换的一种方式，它最多可以连接 8 台 PLC。

（2）配置主站 现将 2 号 PLC 作为主站，1 号 PLC 作为从站，编写应用程序。打开编程软件“GX Developer”，新建工程，主机型号选择“$FX_{2N}$（C）”，编辑主站通信配置程序如图 7-19 所示。

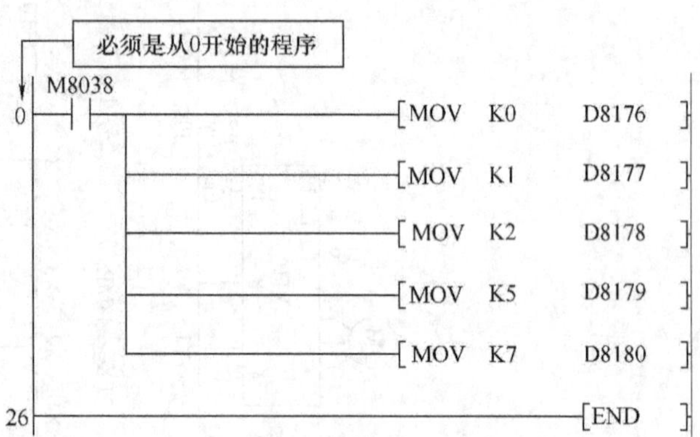


图 7-19 编辑主站通信配置程序

注意：主站通信配置程序必须是从 0 开始的程序，即程序的第一段。

主站通信配置各软元件含义如表 7-7 所示。

表 7-7 主站通信配置各软元件含义

| 软元件编号 | 软元件名称 | 内 容 |
|---|---|---|
| M8038 | 参数的设定 | 设定通信参数的标志位 |
| D8176 | 相应站号的设定 | 用于设定站号 |
| D8177 | 从站台数的设定 | 用于设定要进行通信的从站台数 |
| D8178 | 刷新范围的设定 | 用于设定刷新范围 |
| D8179 | 重试次数 | 用于设定重试次数 |
| D8180 | 监视时间 | 用于设定无响应监视时间 |

相关软元件的详细内容如下：

1）M8038 在 0 步中使用，用 M8038 的常开触点开始设定参数，一直到该回路块最后的指令处结束参数设定。这个参数作为用户程序，不是在每个扫描周期都要进行处理。注意：不要用程序或编程软件将其设置为“ON”。

2）M8176 需要在主站以及各从站中设置，主站设定为“0”，从站设定范围为 1 ~ 7。

3）M8177 需要在主站中设置，从站不需要设置，设置范围为 1 ~ 7，代表从站个数。

4）M8178 需要在主站中设置，从站不需要设置，设置范围为 0～2，选择不同的参数（即模式），对应的链接软元件的点数也会有变化，但是起始软元件的编号相同，链接软元件与刷新模式的对应关系表如表 7-8 所示。

**表 7-8　链接软元件与刷新模式对应关系表**

| 站号 | 模式 0 | | 模式 1 | | 模式 2 | |
|---|---|---|---|---|---|---|
| | 位软元件（M） | 字软元件（D） | 位软元件（M） | 字软元件（D） | 位软元件（M） | 字软元件（D） |
| | 0 点 | 各站 4 点 | 各站 32 点 | 各站 4 点 | 各站 64 点 | 各站 8 点 |
| 站号 0 | — | D0～D3 | M1000～M1031 | D0～D3 | M1000～M1063 | D0～D7 |
| 站号 1 | — | D10～D13 | M1064～M1195 | D10～D13 | M1064～M1127 | D10～D17 |
| 站号 2 | — | D20～D23 | M1128～M1159 | D20～D23 | M1128～M1191 | D20～D27 |
| 站号 3 | — | D30～D33 | M1192～M1223 | D30～D33 | M1192～M1255 | D30～D37 |
| 站号 4 | — | D40～D43 | M1256～M1287 | D40～D43 | M1256～M1319 | D40～D47 |
| 站号 5 | — | D50～D53 | M1320～M1351 | D50～D53 | M1320～M1383 | D50～D57 |
| 站号 6 | — | D60～D63 | M1384～M1415 | D60～D63 | M1384～M1447 | D60～D67 |
| 站号 7 | — | D70～D73 | M1448～M1479 | D70～D73 | M1448～M1511 | D70～D77 |

注意：各模式中使用的软元件，在所有的站中都被 N: N 网络占用，请不要用做其他用途。站号之间的数据链接方式如图 7-20 所示。

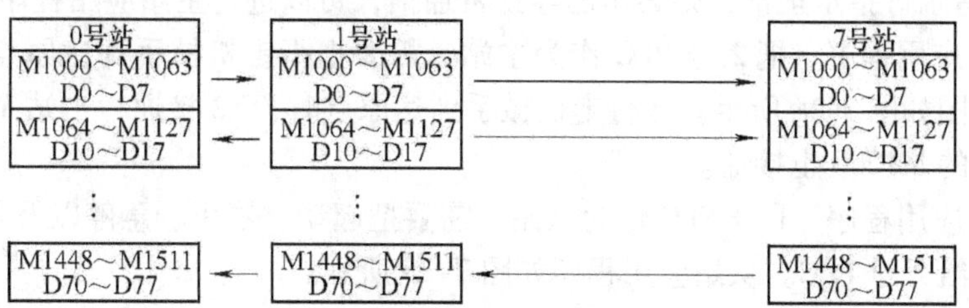


图 7-20　站号之间的数据链接方式

每个站负责对其相应的软元件进行写操作，并把它传输到其他站上去，注意，对其他站控制的软元件，本地站只能进行读的操作，不要进行写的操作，避免发生错误。

5）D8178 设置范围为 0～10，从站点不需设置此参数。

6）D8179 设置范围为 0～10，从站不需设置此参数。

7）D8180 设置范围为 5～255，默认为 5，此值乘以 10ms 就是通信超时的持续时间，监视时间是指当主站和从站之间的数据传送时间超出持续时间时，判断主站或从站异常的时间。

（3）配置从站　将从站设置为 1 号站，从站通信配置程序图如图 7-21 所示。

正确配置通信程序后，主站和从站间的数据关系如图 7-22 所示。

（4）调试通信程序　程序的调试说明如下：

1）将两台 PLC 电源接通。

2）用网络线将两台PLC连接，其连接方式如图7-23所示。

3）观察485BD卡上面的指示灯，判断是否正确通信，指示灯状态表示含义如表7-9所示。

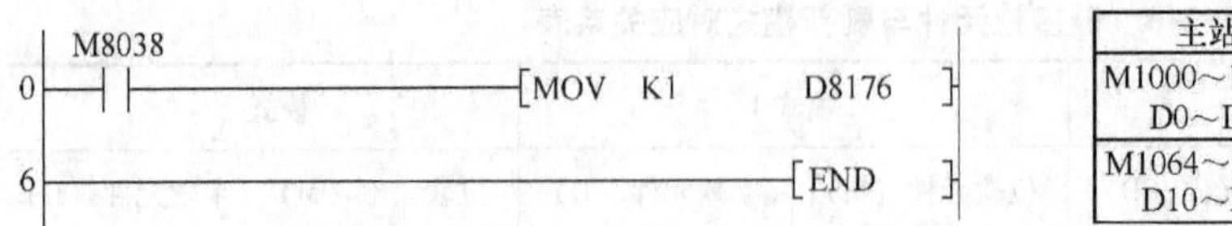


图7-21　从站通信配置程序图

| 主站 | | 从站 |
|---|---|---|
| M1000~M1063 D0~D7 | → | M1000~M1063 D0~D7 |
| M1064~M1127 D10~D17 | ← | M1064~M1127 D10~D17 |

图7-22　主站和从站之间的数据关系

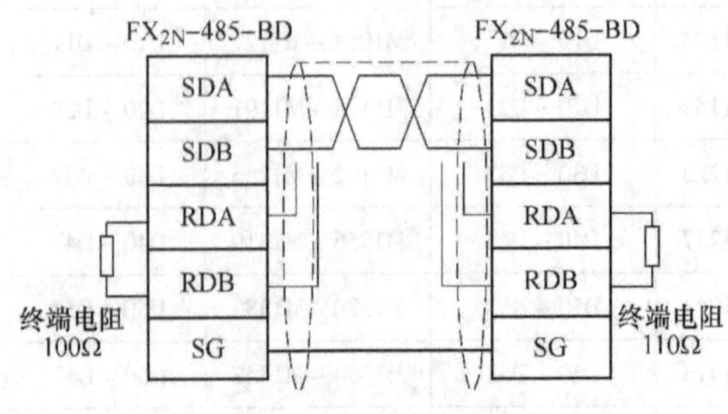


图7-23　N: N网络接线图

**表7-9　指示灯状态表示含义**

| LED显示状态 | | 运行状态 |
|---|---|---|
| RD | SD | |
| 闪烁 | 闪烁 | 正在执行数据的发送接收 |
| 闪烁 | 灯灭 | 正在执行数据的接收，但是发送不成功 |
| 灯灭 | 闪烁 | 正在执行数据的发送，但是接收不成功 |
| 灯灭 | 灯灭 | 数据的发送和接收都没有成功 |

正常地执行N: N网络时，两个LED都应该清晰的闪烁，当LED不闪烁时，请确认接线或者主站及各从站的设置情况。

4）如果指示灯指示正常，则表示已经正常通信，可以进行主站应用程序的编写。

（5）主站应用程序　把2号PLC作为主站，需要把行走机械手到达原点的信号传送到从站，其程序图如图7-24所示。当行走机械手到达原点时，X2接通，主站M1000接通，通过网络，从站的M1000也接通。

（6）从站应用程序　1号PLC作为从站，需要把起动、停止、急停以及货物到达位置2时的信号传递给2号PLC。从站应用程序如图7-25所示。

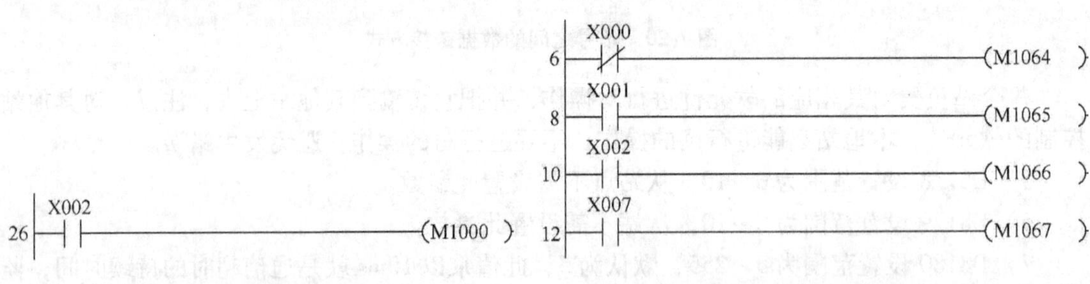


图7-24　主站应用程序图

图7-25　从站应用程序图

（7）调试步骤　编写系统整体运行程序，1号PLC程序如图7-26所示，2号PLC程序如图7-27所示，程序编写完毕后，可以进行设备调试。

1）按照系统电气原理图（见图7-18）和I/O分配表（见表7-4、表7-5）进行线路连接。

2）用网络通信电缆将两台 PLC 的 485-BD 卡相连接。注意不要带电插拔电缆。

3）用万用表测试所连接线路有无短路情况，如有则进行排查。

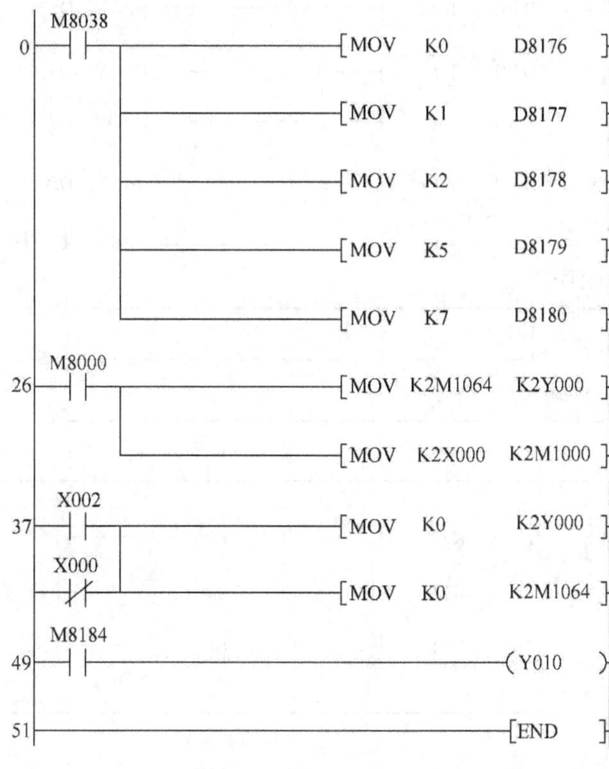

M8038
0
MOV K0 D8176
MOV K1 D8177
MOV K2 D8178
MOV K5 D8179
MOV K7 D8180
M8000
26
MOV K2M1064 K2Y000
MOV K2X000 K2M1000
X002
37
MOV K0 K2Y000
X000
MOV K0 K2M1064
M8184
49
Y010
51
END


图 7-26　1 号 PLC 程序

M8038
0
MOV K1 D8176
M8000
6
K10000
C252
MOV C252 D516
X002
17
MOV K0 D402
MOV K13 D401
M8000
29
MOV K5 D500
MOV K220 D502
MOV K365 D504
MOV K513 D506
MOV K660 D508


图 7-27　2 号 PLC 程序

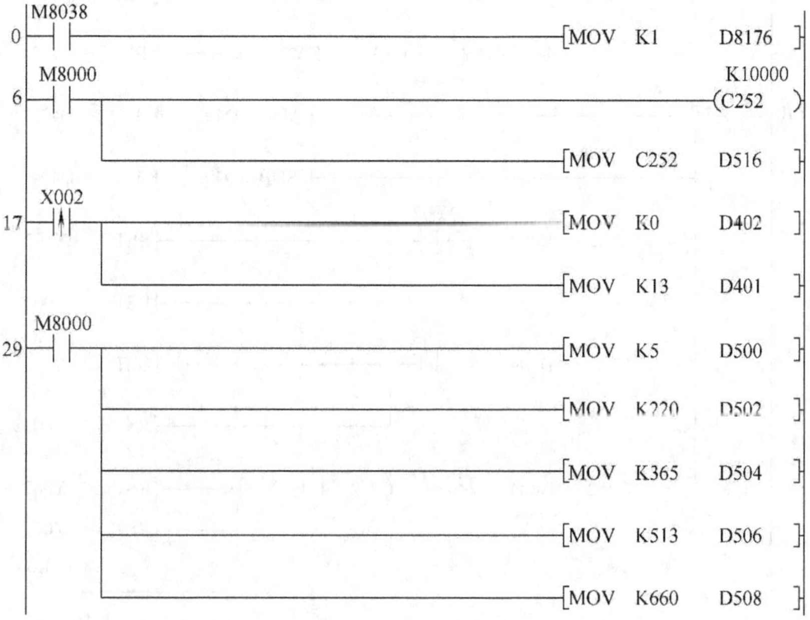

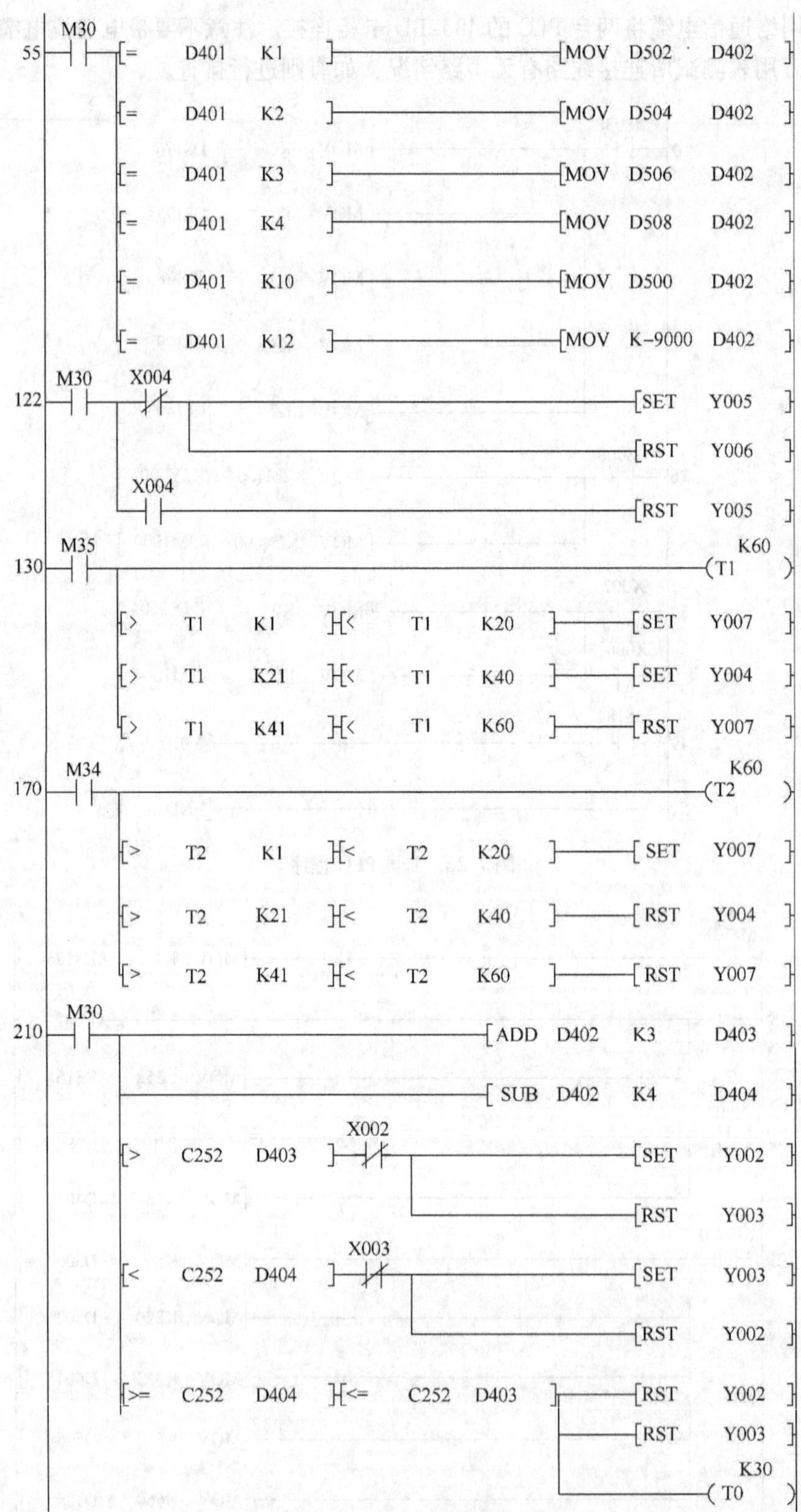


图 7-27 2 号 PLC 程序（续）

```
     M8000    X002
259──┤ ├──┬──┤ ├──────────────────────────────[RST      Y002 ]
          │  X003
          └──┤ ├──────────────────────────────[RST      Y003 ]
     M8001
266──┤ ├──────────────────────────────────[MOV  K13     D401 ]
     M1001    M1002  M1000
272──┤ ├──┬──┤/├────┤ ├──────────────────────────────(M30   )
     M30  │
     ┤ ├──┘
     M30
277──┤↑├──────────────────────────────────[MOV   K9     D400 ]
                            X002   M1004  M1006
284─[=   D400   K1   ]──┤ ├────┤ ├────┤ ├──┬──────────[ SET   M1064 ]
                                           └──────[ MOV   K2   D400 ]
                         M1005
298─[=   D400   K2   ]──┤ ├──┬──────────────────────[RST    M1064 ]
                             ├──────────────────────[SET    M1065 ]
                             ├──────────────────────[SET    M1066 ]
                             └──────────────────[MOV   K3    D400 ]
                         M1007
312─[=   D400   K3   ]──┤ ├──┬──────────────────────[RST    M1065 ]
                             ├──────────────────────[RST    M1066 ]
                             └──────────────────[MOV   K5    D400 ]
                         X002
325─[=   D400   K5   ]──┤ ├──┬──────────────────[MOV   K10   D401 ]
                             └──────────────────[MOV   K6    D400 ]
                         T0       T3
341─[=   D400   K6   ]─┬┤ ├─────┤ ├────────────────[SET    M35   ]
                       │ T1
                       ├┤ ├─────────────────────[MOV   K7    D400 ]
                       │                                    K10
                       └──────────────────────────────────(T3    )
361─[=   D400   K7   ]─┬─────────────────────────────[RST    M35   ]
                       │ M46
                       ├┤/├─────────────────────[MOV   K4    D401 ]
                       │ M45
                       ├┤/├─────────────────────[MOV   K3    D401 ]
                       │ X007
                       ├┤/├─────────────────────[MOV   K2    D401 ]
                       │ X006
                       ├┤/├─────────────────────[MOV   K1    D401 ]
                       │                   M8013
                       └[=   D401   K10  ]──┤ ├──────────────(Y001  )
```

图 7-27 2 号 PLC 程序（续）

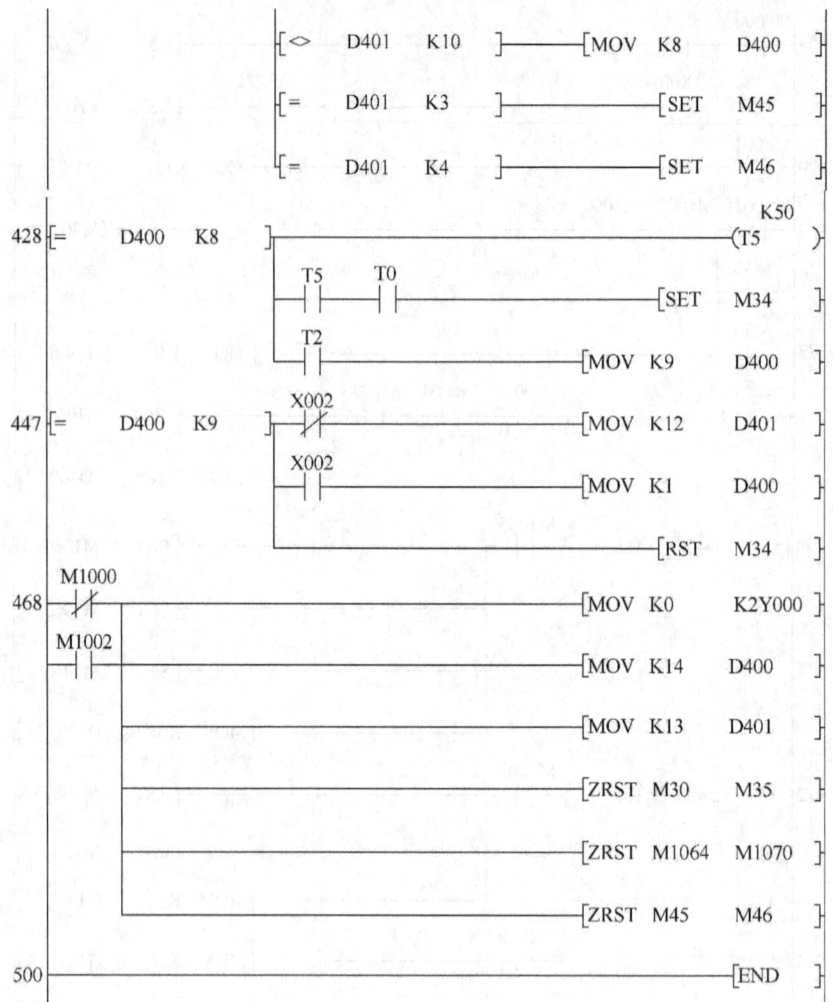


图 7-27　2 号 PLC 程序（续）

4）接通气源，并检查有无漏气和气压是否达到规定值。

5）把程序分别下载到 1 号 PLC 和 2 号 PLC 中。

6）按照表 7-6 进行变频器参数设置。

7）使 PLC 均处于运行状态，急停按钮处于复位状态，按下起动按钮 SB1，系统如不在原点，则开始回到原点。行走机械手回到原点后，如果出料塔内有货物，则将货物推出，如果没有货物，则等待货物放入，货物被推出后，变频器以 30Hz 的速度运行到位置 2 后停下，由行走机械手将其搬运到仓库。在运行的过程中按下急停或停止按钮，系统立即停止运行。

8）可以通过观察 LED 灯的状态来判断 PLC 是否正常通信，也可以通过程序来判断 PLC 是否正常通信。如果网络数据传送序列出错，即不能正常通信，可以通过监控特殊继电器来判断。网络数据传送出错软元件和站点之间的对应关系如表 7-10 所示。

**表 7-10　网络数据传送出错软元件和站点之间的对应关系**

| 主站 | 1 号站 | 2 号站 | 3 号站 | 4 号站 | 5 号站 | 6 号站 | 7 号站 |
|---|---|---|---|---|---|---|---|
| M8183 | M8184 | M8185 | M8186 | M8187 | M8188 | M8189 | M8190 |

通信出错显示程序如图 7-28 所示。

注意：本站的出错自己是无法识别的，所以不需要对本站的出错编写程序，所以主站不能监测 M8183 的错误，从站（1 号站）不能监测 M8184 的错误。

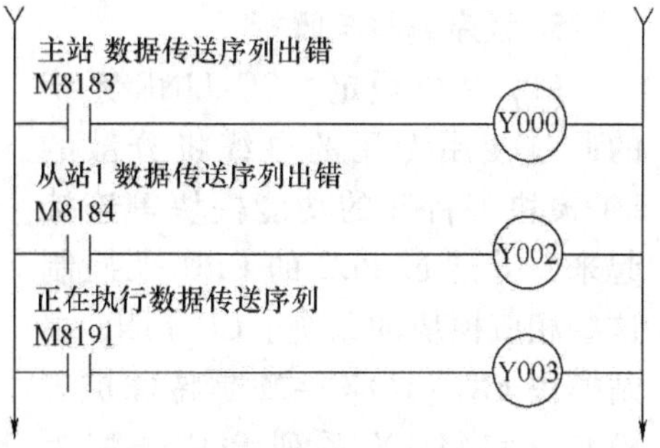

主站 数据传送序列出错
M8183　Y000
从站1 数据传送序列出错
M8184　Y002
正在执行数据传送序列
M8191　Y003

图 7-28　出错显示程序图

## 二、CC-LINK 通信网络的应用

### （一）应用 $FX_{2N}$-16CCL-M 的 CC-LINK 网络实现对货物传输与搬运的控制

**1. 控制要求**

1 号 PLC 控制传输带单元和井式供料单元，2 号 PLC 控制行走机械手单元和仓库单元。系统通电后按起动按钮 SB1，如果行走机械手不在原点，则返回原点，返回原点后，推料气缸将货物推出，变频器以 30Hz 的速率运行，当货物到达位置 2 时，变频器停止运行。行走机械手将货物运送到 1 号库位后返回原点。在运行中按下急停按钮 SB7，则设备立即停止运行。

**2. 系统组成**

$FX_{2N}$-48MR 继电器型 PLC 两台、$FX_{2N}$-16CCL-M 一台、$FX_{2N}$-32CCL 一台、CC-LINK 网络线一条、SC-09 三菱编程电缆一条、松下 VF0 变频器一台、指示与主令控制单元一台、METS3 主体一台。其主要的元器件摆放位置见图 7-16。CC-LINK 网络系统配置图如图 7-29 所示。

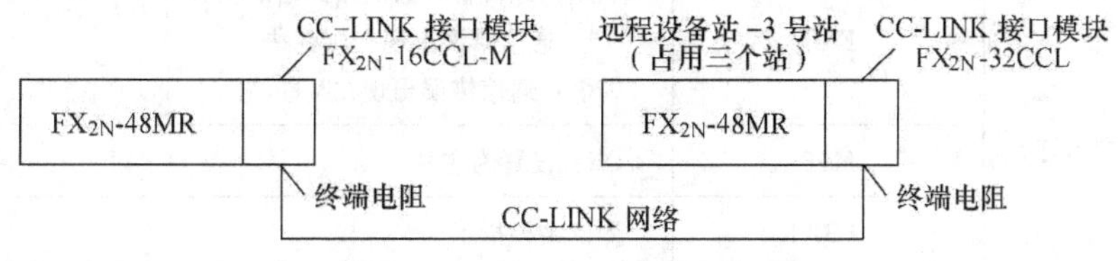


图 7-29　CC-LINK 网络系统配置图

**3. I/O 分配表与流程图**

系统的 I/O 分配见表 7-4 和表 7-5，系统的流程图见图 7-17。

**4. 电气原理图以及变频器参数设置**

网络系统的电气原理图如图 7-30 所示，变频器相关参数设置见表 7-6。

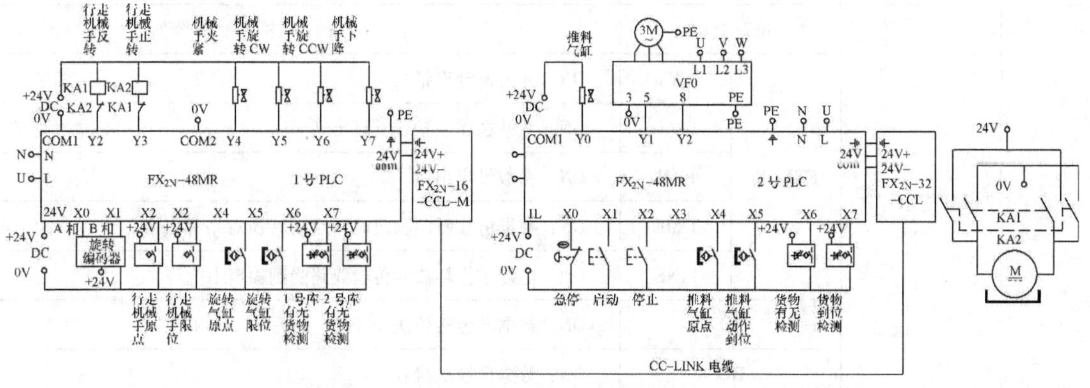


图 7-30　网络系统的电气原理图

**5. 程序编写与解析**

(1) 主站设定　CC-LINK系统的通过使用专用的电缆将分散的I/O模块和特殊的功能模块等连接起来，并通过 PLC 的 CPU 来控制这些相应模块的系统。CC-LINK 主站模块 $FX_{2N}$-16CCL-M 是特殊扩展模块，它将 FX 系列 PLC 分配为 CC-LINK 系统中的主站，其结构简图如图 7-31 所示。

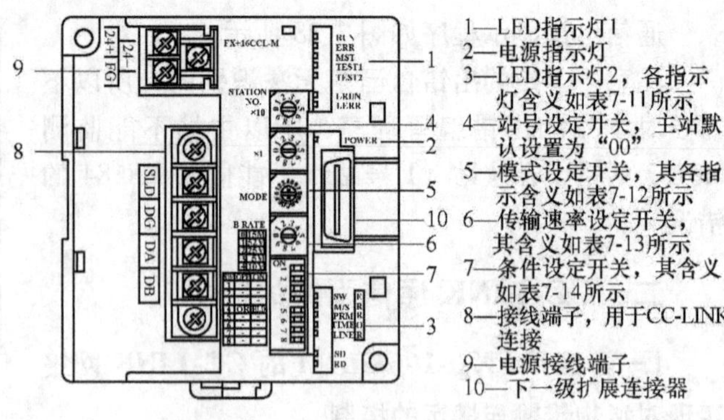


图 7-31　$FX_{2N}$-16CCL-M 结构简图

将 $FX_{2N}$-16CCL-M 的站地址开关设置为“00”，模式开关选择“0”，通信速率开关选择“0”，条件开关全为“OFF”。主站硬件设置完毕。

**表 7-11　各指示灯含义**

| 序号 | 名称 | 描　述 | | |
|---|---|---|---|---|
| 1 | LED 指示灯 1 | LED 名称 | | 描　述 |
| | | RUN | | ON：模块正常工作<br>OFF：看门狗定时器出错 |
| | | ERR | | 表示已经设置参数的站的通信状态<br>ON：通信错误出现在所有站<br>闪烁：通信错误出现在某些站 |
| | | MST | | ON：设置为主站 |
| | | TEST 1 | | 测试结果指示 |
| | | TEST 2 | | 测试结果指示 |
| | | L RUN | | ON：数据链接开始执行（主站） |
| | | L ERR | | ON：出现通信错误（主站）<br>闪烁：开关 4 ~7 的设置在电源为 ON 的时候被更改 |
| 2 | 电源指示灯 | POWER | | ON：外界 DC 24 V 供电 |
| 3 | LED 指示灯 2 | LED 名称 | | 描　述 |
| | | ERROR | SW | ON：开关设定出错 |
| | | | M/S | ON：主站在同一条线上已出现 |
| | | | PRM | ON：参数设定出错 |
| | | | TIME | ON：数据链接看门狗定时器启动（所有站都出错） |
| | | | LINE | ON：电缆被损坏或者传输线路受到噪声干扰等 |
| | | SD | | ON：数据已经被传送 |
| | | RD | | ON：数据已经被接收 |

表7-12　模式开关含义表

| | 设置模块运行状态。（出厂默认设置为0） | | |
|---|---|---|---|
| | 序号 | 名称 | 描　　述 |
| 模式设定开关<br>MODE | 0 | 在线 | 建立连接到数据链接 |
| | 1 | （不可用） | |
| | 2 | 离线 | 设置数据链接的断开 |
| | 3 | 线测试1 | |
| | 4 | 线测试2 | |
| | 5 | 参数确认测试 | |
| | 6 | 硬件测试 | |
| | 7 | （不可用） | 设定出错（SW　LED指示灯变为ON） |
| | 8 | （不可用） | 不可设置，内部已经使用 |
| | 9 | （不可用） | 不可设置，内部已经使用 |
| | A | （不可用） | 不可设置，内部已经使用 |
| | B | （不可用） | 设定出错（SW　LED指示灯变为ON） |
| | C | （不可用） | 设定出错（SW　LED指示灯变为ON） |
| | D | （不可用） | 设定出错（SW　LED指示灯变为ON） |
| | E | （不可用） | 设定出错（SW　LED指示灯变为ON） |
| | F | （不可用） | 设定出错（SW　LED指示灯变为ON） |

表7-13　速率开关含义表

| | 序号 | 设定内容 |
|---|---|---|
| 传输速率设定<br>B RATE | 0 | 156Kbit/s |
| | 1 | 625Kbit/s |
| | 2 | 2.5Mbit/s |
| | 3 | 5Mbit/s |
| | 4 | 10Mbit/s |
| | 5 | 设定出错（SW和L EER. LED指示灯变为ON） |
| | 6 | 设定出错（SW和L EER. LED指示灯变为ON） |
| | 7 | 设定出错（SW和L EER. LED指示灯变为ON） |
| | 8 | 设定出错（SW和L EER. LED指示灯变为ON） |
| | 9 | 设定出错（SW和L EER. LED指示灯变为ON） |

表7-14　条件开关含义表

| 序号 | 描　　述 | 开关状态 | | 设　　定 |
|---|---|---|---|---|
| | | OFF | ON | |
| SW1 | （不使用） | — | | 常OFF |
| SW2 | （不使用） | — | | 常OFF |
| SW3 | （不使用） | — | | 常OFF |

（续）

| 序号 | 描　述 | 开关状态 | | 设　定 | |
|---|---|---|---|---|---|
| | | OFF | ON | | |
| SW4 | 数据链接故障站的输入数据状态 | 清除 | 保持 | OFF | 对于所有来自数据链接故障站的数据设置为 OFF |
| | | | | ON | 在出错前保持来自数据链接故障站的数据状态 |
| SW5 | （不使用） | — | | 常 OFF | |
| SW6 | （不使用） | — | | 常 OFF | |
| SW7 | （不使用） | — | | 常 OFF | |
| SW8 | （不使用） | — | | 常 OFF | |

（2）远程设备站设定　$FX_{2N}$-32CCL 是用来将 $FX_{2N}$ 连接到 CC-LINK 的接口模块，在 CC-LINK 系统中作为一个远程设备站。其端子盖内结构如图 7-32 所示，站号设置开关的设置范围为 1 ~64，65 ~69 为错误设置，占用站数设置开关的设置范围为 0 ~3，分别代表 1 ~4 个站，即 0 代表 1 个站，1 代表 2 个站，2 代表 3 个站，3 代表 4 个站，4 ~9 不存在。波特率设置开关 0 代表 156Kbit/s，1 代表 652Kbit/s，2 代表 2.5Mbit/s，3 代表 5Mbit/s，4 代表 10Mbit/s，5 ~9 为错误设置。

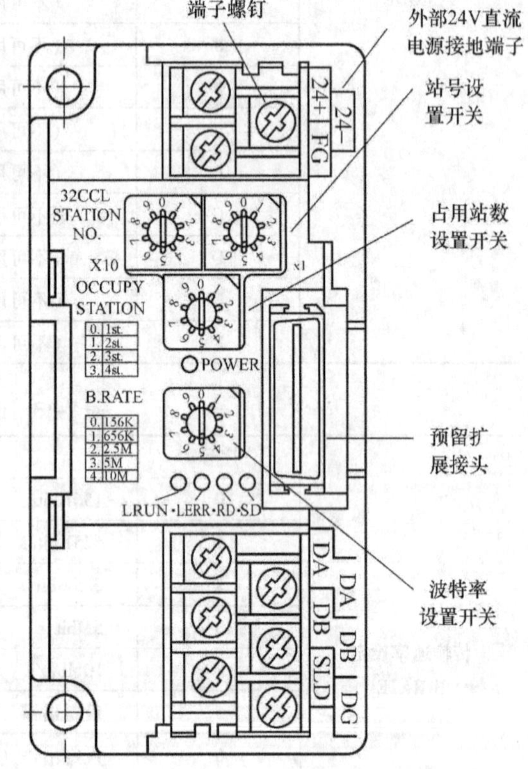


图 7-32　$FX_{2N}$-32CCL 端子盖内结构

盖上指示灯指示状态如下：

POWER LED：当 PLC 主单元供给 DC 5V 时点亮。

L RUN LED：当通信正常时点亮。

L ERR LED：当发生通信故障时点亮。当旋转开关设置不正确时点亮。带电情况下改变旋转开关设置会闪烁。

RD LED：当数据接收到时点亮。

SD LED：当数据发出时点亮。

我们将从站的站号设置开关设置为 1、占用站数开关设置为 2、将波特率开关设置为 0，从站硬件设置完毕。

（3）编写主站调试用程序　主站调试用程序如图 7-33 所示。

调试程序就是对 CC-LINK 参数初始化的一个过程，初始化要完成的调试程序流程如图 7-34所示。

参数设定是调试程序的第一个步骤，在进行 CC-LINK 通信时，有一些参数是必须设置的，具体需要设置的参数如表 7-15 所示。表中 BFM#是 $FX_{2N}$-16CCL-M 的缓冲存储器区域。用 TO 指令可以对这些缓冲存储器进行设置工作。

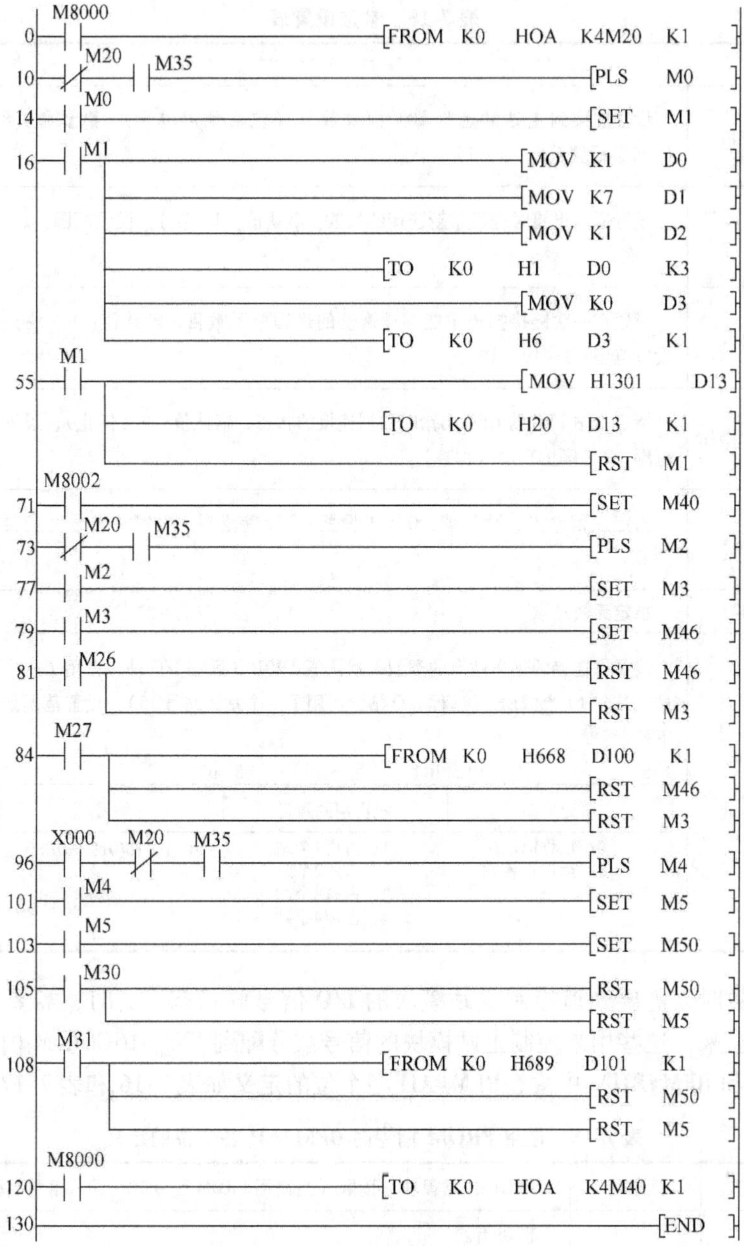

M8000
0 FROM K0 HOA K4M20 K1
10 M20 M35 PLS M0
14 M0 SET M1
16 M1 MOV K1 D0
MOV K7 D1
MOV K1 D2
TO K0 H1 D0 K3
MOV K0 D3
TO K0 H6 D3 K1
55 M1 MOV H1301 D13
TO K0 H20 D13 K1
RST M1
71 M8002 SET M40
73 M20 M35 PLS M2
77 M2 SET M3
79 M3 SET M46
81 M26 RST M46
RST M3
84 M27 FROM K0 H668 D100 K1
RST M46
RST M3
96 X000 M20 M35 PLS M4
101 M4 SET M5
103 M5 SET M50
105 M30 RST M50
RST M5
108 M31 FROM K0 H689 D101 K1
RST M50
RST M5
120 M8000 TO K0 HOA K4M40 K1
130 END

图7-33　主站调试用程序

参数设定
刷新指令
……BFM#AH b0
仅调试用
通过缓冲存储器参数启动数据链接
……BFM#AH b6
参数写入EEPROM
……BFM#AH b10

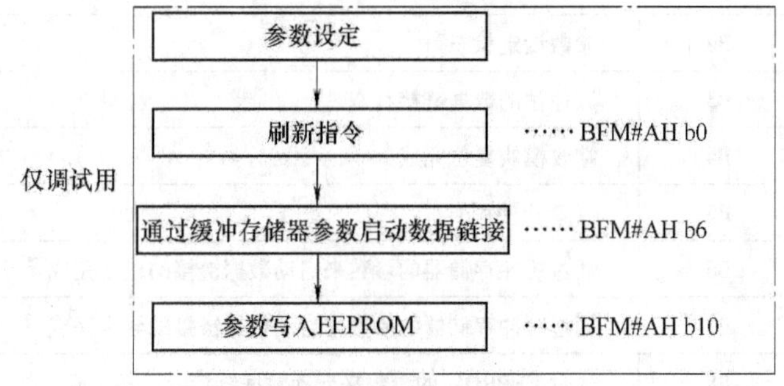

图7-34　主站调试程序流程

**表 7-15　参数设置表**

| 设置项目 | 描　述 | BFM# Hex |
|---|---|---|
| 已连接的模块数目 | 设置连接到主站的远程单元模块数目（包括预留单元），默认值：8（个），设置范围：1 ~ 15（个） | 1H |
| 重试次数 | 设置通信出错时进行重新连接的次数。默认值：3（次），设置范围：1 ~ 7（次） | 2H |
| 自动恢复的模块数 | 设置在一次链接扫描中能够被恢复的远程单元数目，默认值：1（块），设置范围：1 ~ 10（块） | 3H |
| CPU 出错时的指定操作 | 指定主站 PLC 的 CPU 出错时数据连接的状态，默认值：0（停止），设置范围：0（停止），1（保持） | 6H |
| 预留站点的指定 | 指定预留站点，默认值：0（未设置），设置范围：设置站点号对应位为 ON | 10H |
| 无效站点的指定 | 指定无效站点 | 14H |
| 站点信息 | 设置以连接的远程站点的类型，默认值：20H（远程 I/O 站，占用了一个站，站号 1）到 2EH（远程 I/O 站，占用了一个站，站号 15），设置范围如下所示：<br>b15～b12：单元类型（0：远程I/O站；1：远程设备站）<br>b11～b8：已占用站数目（1：占用1个站；2：占用2个站；3：占有3个站；4：占用4个站）<br>b7～b0：站号（1～15(01H～0EH)） | 20H（第一个站点）到 2EH（第 15 个站点） |

在设定参数时，需要知道控制主站模块的 I/O 信号的状态，这时，需要用 FROM 指令把这些状态读上来，这些用来控制主站模块的信号被分配到 $FX_{2N}$-16CCL-M 内部的缓冲存储器（BFM#AH 和 BFM#BH）中去，BFM#AH 各个位的定义如表 7-16 和表 7-17 所示。

**表 7-16　使用 FROM 指令时 BFM#AH 各个位的定义**

| BMF 号 | 读取位 | PLC←主站模块　读取（当使用 FROM 指令时）输入信号名称 |
|---|---|---|
| BFM#AH（#10） | B0 | 模块错误 |
| | B1 | 上位站的数据链接状态 |
| | B2 | 参数设定状态 |
| | B3 | 其他站的数据链接状态 |
| | B4 | 接收模块复位完成 |
| | B5 | （禁止使用） |
| | B6 | 通过缓冲存储器的参数来启动数据链接的正常完成 |
| | B7 | 通过缓冲存储器的参数来启动数据链接的异常完成 |
| | B8 | 通过 EEPROM 的参数来启动数据链接的正常完成 |

（续）

| BMF 号 | 读取位 | PLC←主站模块　读取（当使用 FROM 指令时）输入信号名称 |
|---|---|---|
| BFM#AH（#10） | B9 | 通过 EEPROM 的参数来启动数据链接的异常完成 |
| | B10 | 将参数记录到 EEPROM 中去的正常完成 |
| | B11 | 将数据记录到 EEPROM 中去的异常完成 |
| | B12 | （禁止使用） |
| | B13 | |
| | B14 | |
| | B15 | 模块准备就绪 |

**表 7-17　当使用 TO 指令时 BFM#AH 各个位定义**

| BMF 号 | 写入位 | PLC→主站模块　写入（当使用 TO 指令时）输出信号名称 |
|---|---|---|
| BFM#AH（#10） | b0 | 刷新指令 |
| | B1 | （禁止使用） |
| | B2 | |
| | B3 | |
| | B4 | 要求模块复位 |
| | B5 | （禁止使用） |
| | B6 | 要求通过缓冲存储器的参数来启动数据链接 |
| | B7 | （禁止使用） |
| | B8 | 要求通过 EEPROM 的参数来启动数据链接 |
| | B9 | （禁止使用） |
| | B10 | 要其参数记录到 EEPROM 中 |
| | B11 | （禁止使用） |
| | B12 | |
| | B13 | |
| | B14 | |
| | B1 | |

（4）调试程序　将主站调试程序下载到主站中，给远程设备站接通电源，再接通主站电源，然后数据链接开始执行，观察主站和从站的指示灯，在设备链接正常后，使主站的 X0 接通，将设定参数等保存到 EEPROM 中去。

（5）编写主站应用程序　首先编写操作程序，即由 EEPROM 启动数据链接如图 7-35 所示。

编写数据交换用程序，如图 7-36 所示。在链接正常的情况下我们调用 P10，对主站的 BFM 进行读写操作。

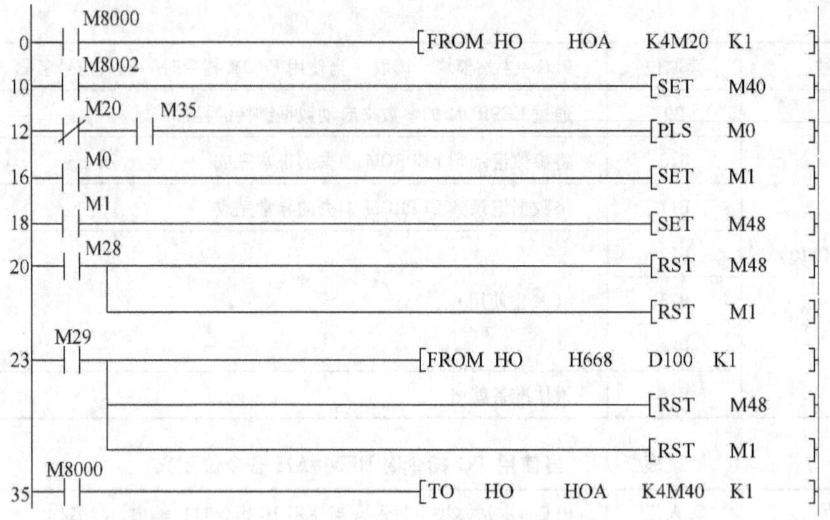

M8000
0
FROM HO HOA K4M20 K1
M8002
10
SET M40
M20 M35
12
PLS M0
M0
16
SET M1
M1
18
SET M48
M28
20
RST M48
RST M1
M29
23
FROM HO H668 D100 K1
RST M48
RST M1
M8000
35
TO HO HOA K4M40 K1


图 7-35　操作用程序图

M20 M35 M21
45
FROM K0 H680 K4MF501 K1
M501
CALL P10
65
FEND
P10 M8000
66
FROM K0 H0E0 K4M132 K6
TO K0 H160 K4M332 K6
FROM K0 H2E0 D208 K12
TO K0 H1E0 D108 K12
120
SRET


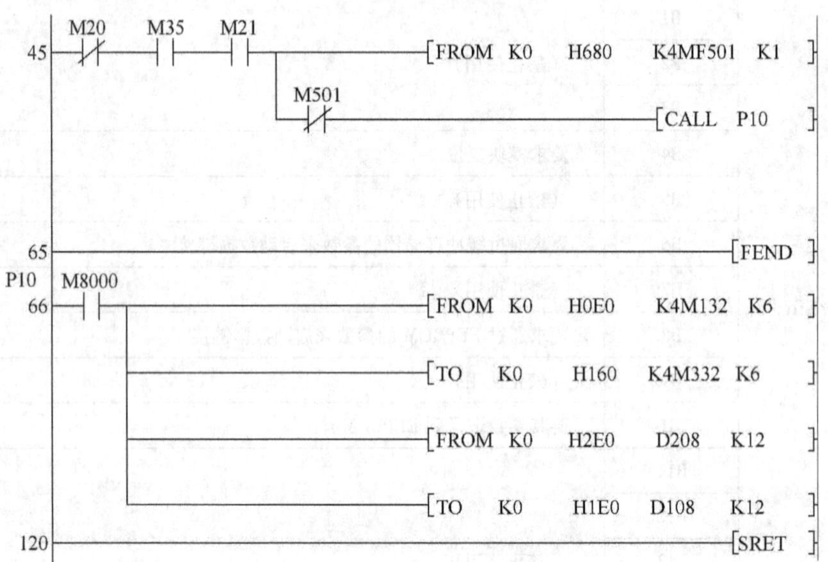

图 7-36　主站数据交换通信程序图

通过 P10，用 FROM 指令把主站 BFM#0E0H ~ BFM#0E5H 中的数据读出放到 M132 ~ M227 中，把主站 BFM#2E0H ~ BFM#2EBH 中的数据读出放到 D208 ~ D219 中。同理，用 TO 指令把 M332 ~ M427 写到主站 BFM#160H ~ BFM#165H 中，把 D108 ~ D119 写到 BFM#1E0H ~ BFM#IEAH 中。

主站中缓冲存储器号码、站号码和远程输入 RX 之间的对应关系如图 7-37 所示。

主站中缓冲存储器号码、站号码和远程输出 RY 之间的对应关系如图 7-38 所示。

被传送到远程设备站的远程寄存器 RWw 中的数据按表 7-18 进行保存。

被传送到远程设备站的远程寄存器 RWr 中的数据按表 7-19 进行保存。

（6）编写从站通信用程序　从站通信程序如图 7-39 所示。

主站

| | 地址 | 远程输入(RX) |
|---|---|---|
| 对于1号站 | E0H | RXF～RX0 |
| | E1H | RX1F～RX10 |
| 对于2号站 | E2H | RX2F～RX20 |
| | E3H | RX3F～RX30 |
| 对于3号站 | E4H | RX4F～RX40 |
| | E5H | RX5F～RX50 |
| 对于4号站 | E6H | RX6F～RX60 |
| | E7H | RX7F～RX70 |
| 对于5号站 | E8H | RX8F～RX80 |
| | E9H | RX9F～RX90 |
| 对于6号站 | EAH | RXAF～RXA0 |
| | EBH | RXBF～RXB0 |
| 对于7号站 | ECH | RXCF～RXC0 |
| | EDH | RXDF～RXD0 |
| 对于8号站 | EEH | RXEF～RXE0 |
| | EFH | RXFF～RXF0 |
| 对于9号站 | F0H | RX10F～RX100 |
| | F1H | RX11F～RX110 |
| ⋮ | F2H | ⋮ |
| | ⋮ | |
| | FBH | |
| 对于15号站 | FCH | RX1CF～RX1C0 |
| | FDH | RX1DF～RX1D0 |

图7-37　主站中缓冲存储器号码、站号码和远程输入RX之间的对应关系

主站

| | 地址 | 远程输出(RY) |
|---|---|---|
| 对于1号站 | 160H | RYF～RY0 |
| | 161H | RY1F～RY10 |
| 对于2号站 | 162H | RY2F～RY20 |
| | 163H | RY3F～RY30 |
| 对于3号站 | 164H | RY4F～RY40 |
| | 165H | RX5F～RX50 |
| 对于4号站 | 166H | RY6F～RY60 |
| | 167H | RY7F～RY70 |
| 对于5号站 | 168H | RY8F～RY80 |
| | 169H | RY9F～RY90 |
| 对于6号站 | 16AH | RYAF～RYA0 |
| | 16BH | RYBF～RYB0 |
| 对于7号站 | 16CH | RYCF～RYC0 |
| | 16DH | RYDF～RYD0 |
| 对于8号站 | 16EH | RYEF～RYE0 |
| | 16FH | RYFF～RYF0 |
| 对于9号站 | 170H | RY10F～RY100 |
| | 171H | RY11F～RY110 |
| ⋮ | 172H | ⋮ |
| | ⋮ | |
| | 17BH | |
| 对于15号站 | 17CH | RY1CF～RY1C0 |
| | 17DH | RY1DF～RY1D0 |

图7-38　主站中缓冲存储器号码、站号码和远程输出RY之间的对应关系

**表7-18　主站中缓冲存储器号码、站号码和远程寄存器RWw之间的对应关系**

| 站号码 | BFM号码 | 远程寄存器号码 | 站号码 | BFM号码 | 远程寄存器号码 |
|---|---|---|---|---|---|
| 1 | 1E0H | RWw0 | 5 | 1F2H | RWw12 |
| | 1E1H | RWw1 | | 1F3H | RWw13 |
| | 1E2H | RWw2 | 6 | 1F4H | RWw14 |
| | 1E3H | RWw3 | | 1F5H | RWw15 |
| 2 | 1E4H | RWw4 | | 1F6H | RWw16 |
| | 1E5H | RWw5 | | 1F7H | RWw17 |
| | 1E6H | RWw6 | 7 | 1F8H | RWw18 |
| | 1E7H | RWw7 | | 1F9H | RWw19 |
| 3 | 1E8H | RWw8 | | 1FAH | RWw1A |
| | 1E9H | RWw9 | | 1FBH | RWw1B |
| | 1EAH | RWwA | 8 | 1FCH | RWw1C |
| | 1EBH | RWwB | | 1FDH | RWw1D |
| 4 | 1ECH | RWwC | | 1FEH | RWw1E |
| | 1EDH | RWwD | | 1FFH | RWw1F |
| | 1EEH | RWwE | 9 | 200H | RWw20 |
| | 1EFH | RWwF | | 201H | RWw21 |
| 5 | 1F0H | RWw10 | | 202H | RWw22 |
| | 1F1H | RWw11 | | 203H | RWw23 |

（续）

| 站号码 | BFM 号码 | 远程寄存器号码 | 站号码 | BFM 号码 | 远程寄存器号码 |
|---|---|---|---|---|---|
| 10 | 204H | RWw24 | 13 | 210H | RWw30 |
| | 205H | RWw25 | | 211H | RWw31 |
| | 206H | RWw26 | | 212H | RWw32 |
| | 207H | RWw27 | | 213H | RWw33 |
| 11 | 208H | RWw28 | 14 | 244H | RWw34 |
| | 209H | RWw29 | | 215H | RWw35 |
| | 20AH | RWw2A | | 216H | RWw36 |
| | 20BH | RWw2B | | 217H | RWw37 |
| 12 | 20CH | RWw2C | 15 | 218H | RWw38 |
| | 20DH | RWw2D | | 219H | RWw39 |
| | 20EH | RWw2E | | 21AH | RWw3A |
| | 20FH | RWw2F | | 21BH | RWw3B |

**表 7-19　主站中缓冲存储器号码、站号码和远程寄存器 RWr 之间的对应关系**

| 站号码 | BFM 号码 | 远程寄存器号码 | 站号码 | BFM 号码 | 远程寄存器号码 |
|---|---|---|---|---|---|
| 1 | 2E0H | RWr0 | 6 | 2F6H | RWr16 |
| | 2E1H | RWr1 | | 2F7H | RWr17 |
| | 2E2H | RWr2 | 7 | 2F8H | RWr18 |
| | 2E3H | RWr3 | | 2F9H | RWr19 |
| 2 | 2E4H | RWr4 | | 2FAH | RWr1A |
| | 2E5H | RWr5 | | 2FBH | RWr1B |
| | 2E6H | RWr6 | 8 | 2FCH | RWr1C |
| | 2E7H | RWr7 | | 2FDH | RWr1D |
| 3 | 2E8H | RWr8 | | 2FEH | RWr1E |
| | 2E9H | RWr9 | | 2FFH | RWr1F |
| | 2EAH | RWrA | 9 | 300H | RWr20 |
| | 2EBH | RWrB | | 301H | RWr21 |
| 4 | 2ECH | RWrC | | 302H | RWr22 |
| | 2EDH | RWrD | | 303H | RWr23 |
| | 2EEH | RWrE | 10 | 304H | RWr24 |
| | 2EFH | RWrF | | 305H | RWr25 |
| 5 | 2F0H | RWr10 | | 306H | RWr26 |
| | 2F1H | RWr11 | | 307H | RWr27 |
| | 2F2H | RWr12 | 11 | 308H | RWr28 |
| | 2F3H | RWr13 | | 309H | RWr29 |
| 6 | 2F4H | RWr14 | | 30AH | RWr2A |
| | 2F5H | RWr15 | | 30BH | RWr2B |

（续）

| 站号码 | BFM 号码 | 远程寄存器号码 | 站号码 | BFM 号码 | 远程寄存器号码 |
|---|---|---|---|---|---|
| 12 | 30CH | RWr2C | 14 | 314H | RWr34 |
| | 30DH | RWr2D | | 315H | RWr35 |
| | 30EH | RWr2E | | 316H | RWr36 |
| | 30FH | RWr2F | | 317H | RWr37 |
| 13 | 310H | RWr30 | 15 | 318H | RWr38 |
| | 311H | RWr31 | | 319H | RWr39 |
| | 312H | RWr32 | | 31AH | RWr3A |
| | 313H | RWr33 | | 31BH | RWr3B |

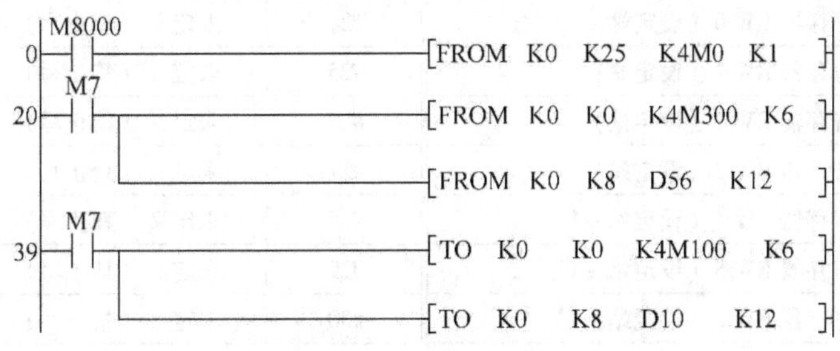


图 7-39　从站通信用程序

从站模块 $FX_{2N}$-32CCL 也有自己的读、写专用缓冲寄存器，如表 7-20、表 7-21 所示。

**表 7-20　读专用缓冲寄存器**

| BFM 编号 | 说　明 | BFM 编号 | 说　明 |
|---|---|---|---|
| #0 | 远程输出 RY00 ~ RYOF（设定站） | #16 | 远程寄存器 RWw8（设定站 +2） |
| #1 | 远程输出 RY10 ~ RY1F（设定站） | #17 | 远程寄存器 RWw9（设定站 +2） |
| #2 | 远程输出 RY20 ~ RY2F（设定站 +1） | #18 | 远程寄存器 RWwA（设定站 +2） |
| #3 | 远程输出 RY30 ~ RY3F（设定站 +1） | #19 | 远程寄存器 RWwB（设定站 +3） |
| #4 | 远程输出 RY40 ~ RY4F（设定站 +2） | #20 | 远程寄存器 RWwC（设定站 +3） |
| #5 | 远程输出 RY50 ~ RY5F（设定站 +2） | #21 | 远程寄存器 RWwD（设定站 +3） |
| #6 | 远程输出 RY60 ~ RY6F（设定站 +3） | #22 | 远程寄存器 RWwE（设定站 +3） |
| #7 | 远程输出 RY70 ~ RY7F（设定站 +3） | #23 | 远程寄存器 RWwF（设定站 +3） |
| #8 | 远程寄存器 RWw0（设定站） | #24 | 波特率设定值 |
| #9 | 远程寄存器 RWw1（设定站） | #25 | 通信状态 |
| #10 | 远程寄存器 RWw2（设定站） | #26 | CC-LINK 模块代码 |
| #11 | 远程寄存器 RWw3（设定站） | #27 | 本站的编号 |
| #12 | 远程寄存器 RWw4（设定站 +1） | #28 | 占用站数 |
| #13 | 远程寄存器 RWw5（设定站 +1） | #29 | 出错代码 |
| #14 | 远程寄存器 RWw6（设定站 +1） | #30 | FX 系列模块代码（K7040） |
| #15 | 远程寄存器 RWw7（设定站 +1） | #31 | 保留 |

在读专用缓冲寄存器中，CC-LINK 系统站 PLC 的信息通信状态以及主站 PLC 信息是以 ON/OFF 的形式保存在 BFM#25 的 b15 ~ b0 位，b0 接通表示 CRC 出错，b1 接通表示超时出错，b7 接通表示链接正在执行，b8 接通表示主站 PLC 正在运行，b9 接通表示 PLC 出错。

表7-21　写专用缓冲寄存器

| BFM编号 | 说　明 | BFM编号 | 说　明 |
|---|---|---|---|
| #0 | 远程输入RX00~RX0F（设定站） | #16 | 远程寄存器RWr8（设定站+2） |
| #1 | 远程输入RX10~RX1F（设定站） | #17 | 远程寄存器RWr9（设定站+2） |
| #2 | 远程输入RX20~RX2F（设定站+1） | #18 | 远程寄存器RWrA（设定站+2） |
| #3 | 远程输入RX30~RX3F（设定站+1） | #19 | 远程寄存器RWrB（设定站+2） |
| #4 | 远程输入RX40~RX4F（设定站+2） | #20 | 远程寄存器RWrC（设定站+3） |
| #5 | 远程输入RX50~RX5F（设定站+2） | #21 | 远程寄存器RWrD（设定站+3） |
| #6 | 远程输入RX60~RX6F（设定站+3） | #22 | 远程寄存器RWrE（设定站+3） |
| #7 | 远程输入RX70~RX7F（设定站+3） | #23 | 远程寄存器RWrF（设定站+3） |
| #8 | 远程寄存器RWr0（设定站+3） | #24 | 未定义（禁止写） |
| #9 | 远程寄存器RWr1（设定站） | #25 | 未定义（禁止写） |
| #10 | 远程寄存器RWr2（设定站） | #26 | 未定义（禁止写） |
| #11 | 远程寄存器RWr3（设定站） | #27 | 未定义（禁止写） |
| #12 | 远程寄存器RWr4（设定站+1） | #28 | 未定义（禁止写） |
| #13 | 远程寄存器RWr5（设定站+1） | #29 | 未定义（禁止写） |
| #14 | 远程寄存器RWr6（设定站+1） | #30 | 未定义（禁止写） |
| #15 | 远程寄存器RWr7（设定站+1） | #31 | 保留 |

在$FX_{2N}$-32CCL中，远程点数由所选的站数（1~4）决定。每站远程点数包括远程输入点（32个）和远程输出点（32个）。并且，最终站的高16点作为系统区由CC-LINK系统专用。每站的远程寄存器包括4个读入点的RWw写区域和4个写出点的RWr读区域。远程点数和远程编号表如表7-22所示。

表7-22　远程点数和远程编号表

| 站数 | 类型 | 远程输入 | 远程输出 | 写远程寄存器 | 读远程寄存器 |
|---|---|---|---|---|---|
| 1 | 用户区 | RX00~RX0F（16个点） | RY00~RY0F（16个点） | RWr0~RWr3（4个点） | RWw0~RWw3（4个点） |
| | 系统区 | RX10~RX1F（16个点） | RY10~RY1F（16个点） | — | — |
| 2 | 用户区 | RX00~RX2F（48个点） | RY00~RY2F（48个点） | RW0r~RWr7（8个点） | RWw0~RWw7（8个点） |
| | 系统区 | RX30~RX4F（80个点） | RY30~RY3F（16个点） | — | — |
| 3 | 用户区 | RX00~RX4F（80个点） | RY00~RY4F（80个点） | RWr0~RWrB（12个点） | RWw0~RWwB（12个点） |
| | 系统区 | RX50~RX6F（112个点） | RY50~RY5F（16个点） | — | — |
| 4 | 用户区 | RX00~RX6F（112个点） | RY00~RY6F（112个点） | RWr0~RWrF（16个点） | RWw0~RWwF（16个点） |
| | 系统区 | RX70~RX7F（16个点） | RY70~RY7F（16个点） | — | — |

在这个例子中选用了3个站点，所以在编写程序的时候用FROM指令把读专用BFM#0~BFM#5读到M300~M395中来，把读专用BFM#8~BFM#19读到D56~D67中来。同理，用TO指令把M100~M195写到写专用BFM#0~BFM#5中去，把D10~D21写到写专用BFM#8~BFM#19中去。

主站和从站的对应关系为：主站把M332~M427写到从站M300~M395中去，把D108~D119写到从站D56~D67中去，从站把M100~M195写到主站M132~M229中去，把D10~D21写到主站D208~D219中。

（7）调试　将程序分别下载到PLC中，调试运行。主站程序如图7-40所示，从站程序如图 7-41 所示。如果系统通信不上，则按下起动按钮 SB1，若行走机械手不能回到原点，井式出料塔不能将货物推出，这时，需要检查通信的组态设置，检查通信的站地址和波特率，检查组态参数是否正确下载。

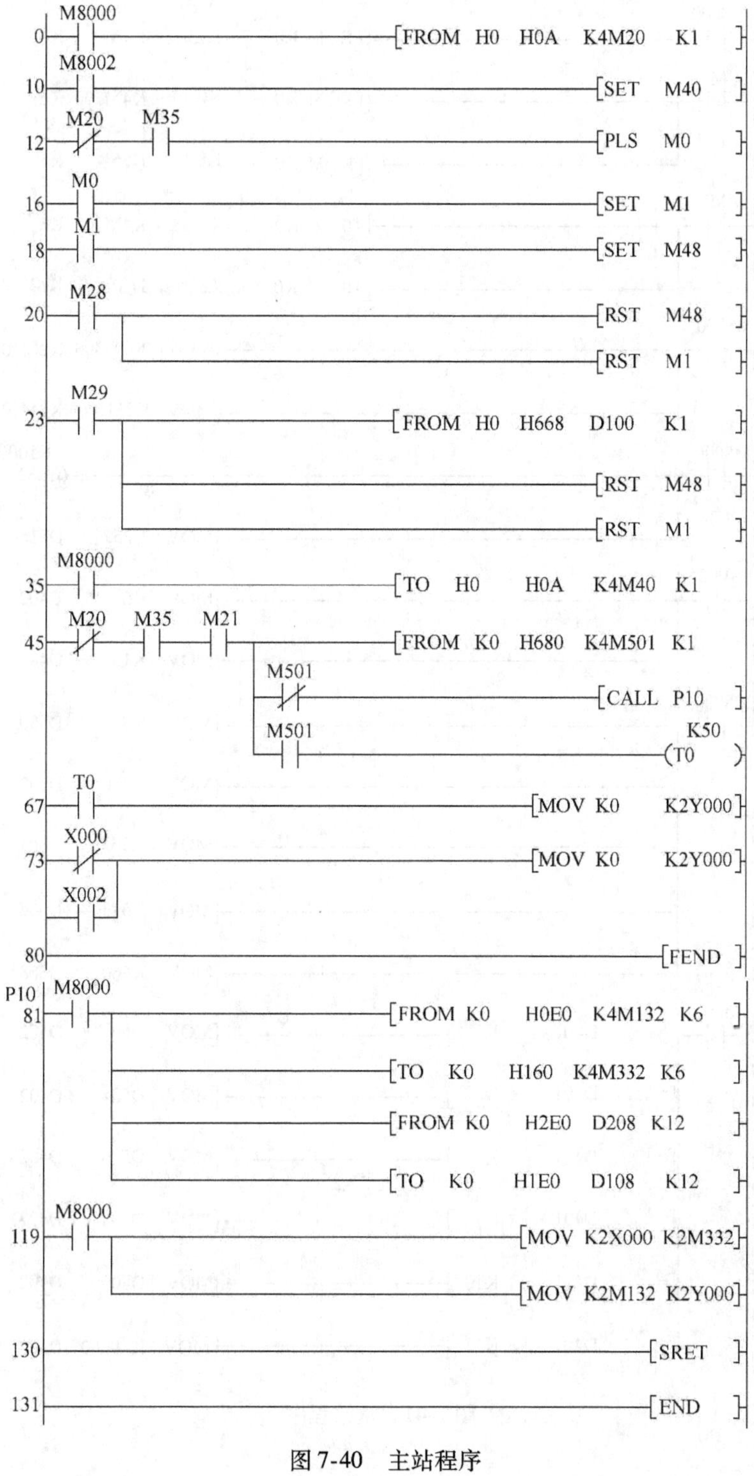

```
     M8000
0  ──┤ ├──────────────────[FROM H0 H0A K4M20 K1]
     M8002
10 ──┤ ├──────────────────[SET M40]
     M20    M35
12 ──┤/├────┤ ├───────────[PLS M0]
     M0
16 ──┤ ├──────────────────[SET M1]
     M1
18 ──┤ ├──────────────────[SET M48]
     M28
20 ──┤ ├──┬───────────────[RST M48]
          └───────────────[RST M1]
     M29
23 ──┤ ├──┬───────────────[FROM H0 H668 D100 K1]
          ├───────────────[RST M48]
          └───────────────[RST M1]
     M8000
35 ──┤ ├──────────────────[TO H0 H0A K4M40 K1]
     M20    M35    M21
45 ──┤/├────┤ ├────┤ ├──┬─[FROM K0 H680 K4M501 K1]
                        │  M501
                        ├──┤/├───────[CALL P10]
                        │  M501                K50
                        └──┤ ├───────(T0)
     T0
67 ──┤ ├──────────────────[MOV K0 K2Y000]
     X000
73 ──┬─┤/├─┬──────────────[MOV K0 K2Y000]
     │ X002│
     └─┤ ├─┘
80 ───────────────────────[FEND]
P10  M8000
81 ──┤ ├──┬───────────────[FROM K0 H0E0 K4M132 K6]
          ├───────────────[TO K0 H160 K4M332 K6]
          ├───────────────[FROM K0 H2E0 D208 K12]
          └───────────────[TO K0 H1E0 D108 K12]
     M8000
119──┤ ├──┬───────────────[MOV K2X000 K2M332]
          └───────────────[MOV K2M132 K2Y000]
130───────────────────────[SRET]
131───────────────────────[END]
```

图 7-40 主站程序

在实现 CC-LINK 的过程中，在 BFM 中有很多错误返回信息，可以用 FROM 指令把其读出来，来帮助我们判断出错的原因，具体错误代码代表的含义请参阅三菱 PLC 相关手册。CC-LINK 在 $FX_{2N}$ 中还有其他的扩展应用，如后备站功能、出错站功能等。

```
     M8000
0    ─┤├──────────────────────[FROM  K0     K25     K4M0     K1      ]
     M7
10   ─┤├──┬───────────────────[FROM  K0     K0      K4M300   K6      ]
          └───────────────────[FROM  K0     K8      D56      K12     ]
     M7
29   ─┤├──┬───────────────────[T0    K0     K0      K4M100   K6      ]
          └───────────────────[T0    K0     K8      D10      K12     ]
     M8000
48   ─┤├──┬───────────────────────────[MOV    K2M300   K2M1000]
          └───────────────────────────[MOV    K2M1064  K2M100 ]
     M8000                                             K10000
59   ─┤├──┬──────────────────────────────────────────(C252    )
          └───────────────────────────[MOV    C252     D516   ]
     X002
70   ─┤↑├─┬───────────────────────────[MOV    K0       D402   ]
          └───────────────────────────[MOV    K13      D401   ]
     M8000
82   ─┤├──┬───────────────────────────[MOV    K5       D500   ]
          ├───────────────────────────[MOV    K220     D502   ]
          ├───────────────────────────[MOV    K365     D504   ]
          ├───────────────────────────[MOV    K513     D506   ]
          └───────────────────────────[MOV    K660     D508   ]
     M30
108  ─┤├──┬[=   D401   K1 ]───────────[MOV    D502     D402   ]
          ├[=   D401   K2 ]───────────[MOV    D504     D402   ]
          ├[=   D401   K3 ]───────────[MOV    D506     D402   ]
          ├[=   D401   K4 ]───────────[MOV    D508     D402   ]
          ├[=   D401   K10]───────────[MOV    D500     D402   ]
          └[=   D401   K12]───────────[MOV    K-9000   D402   ]
```

图 7-41　从站程序

175
M30
X004
SET Y005
RET Y006
X004
RET Y005
183
M35
K60
T1
> T1 K1 < T1 K20 SET Y007
> T1 K21 < T1 K40 SET Y004
> T1 K41 < T1 K60 RET Y007
223
M34
K60
T2
> T2 K1 < T2 K20 SET Y007
> T2 K21 < T2 K40 RST Y004
> T2 K41 < T2 K60 RST Y007
263
M30
ADD D402 K3 D403
SUB D402 K4 D404
> C252 D403
X002
SET Y002
RET Y003
< C252 D404
X003
SET Y003
RST Y002
>= C252 D404 <= C252 D403
RST Y002
RST Y003
K30
T0
312
M8000
X002
RST Y002
X003
RST Y003
319
M8001
MOV K13 D401
325
M1001 M1002 M1000
M30
M30
330
M30
MOV K9 D400
337
= D400 K1
X002 M1004 M1006
SET M1064
MOV K2 D400

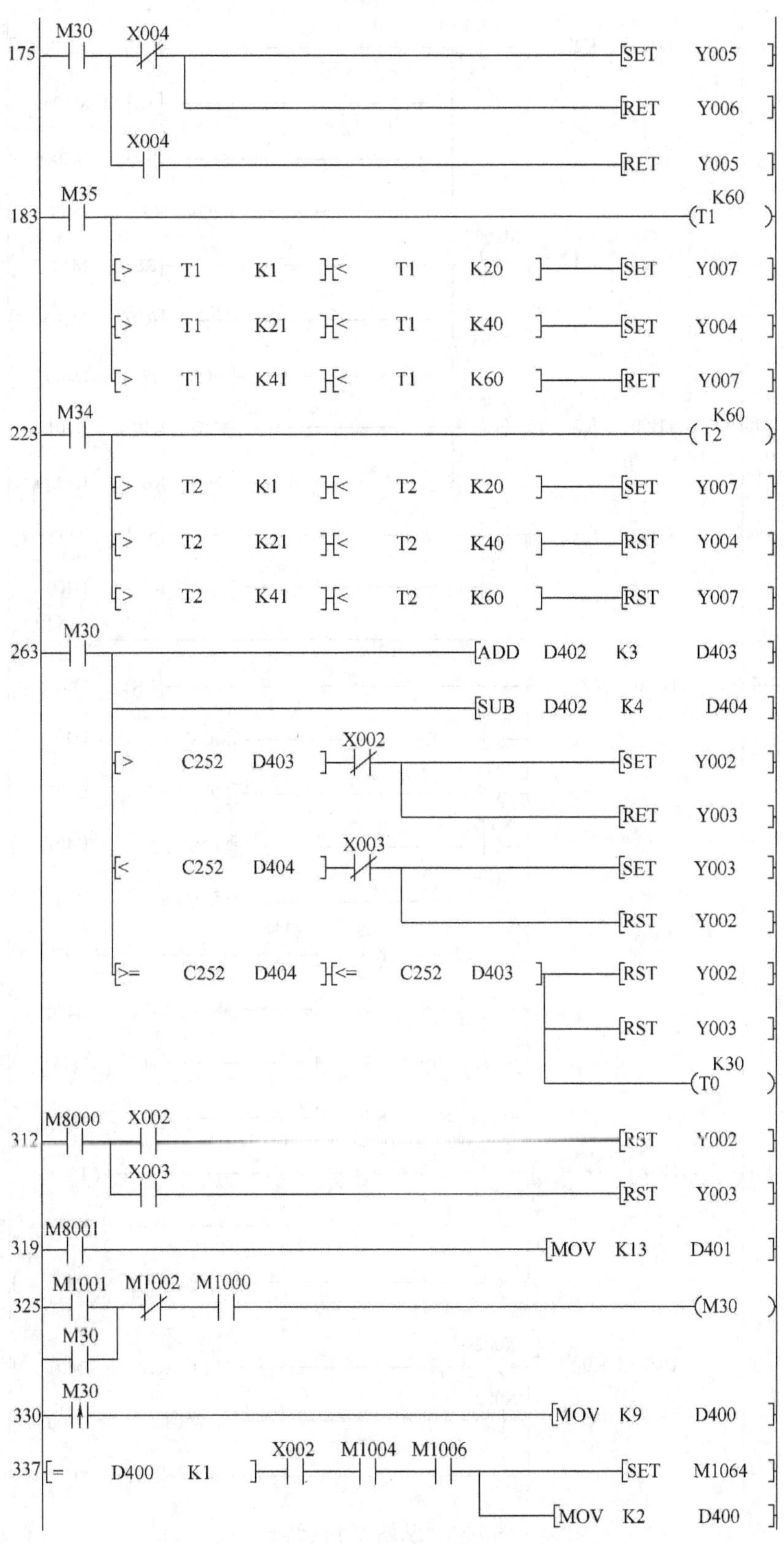

图 7-41　从站程序（续）

351 = D400 K2 M1005 RET M1064
SET M1065
SET M1066
MOV K3 D400
365 = D400 K3 M1007 RST M1065
RST M1066
MOV K5 D400
378 = D400 K5 X002 MOV K10 D401
MOV K6 D400
394 = D400 K6 T0 T3 SET M35
T1 MOV K7 D400
K10 T3
414 = D400 K7 RST M35
M46 MOV K4 D401
M45 MOV K3 D401
X007 MOV K2 D401
X006 MOV K1 D401
= D401 K10 M8013 Y001
<> D401 K10 MOV K8 D400
= D401 K3 SET M45
= D401 K4 SET M46
481 = D400 K8 K50 T5
T5 T0 SET M34
T2 MOV K9 D400
500 = D400 K9 X002 MOV K12 D401
X002 MOV K1 D400
RST M34

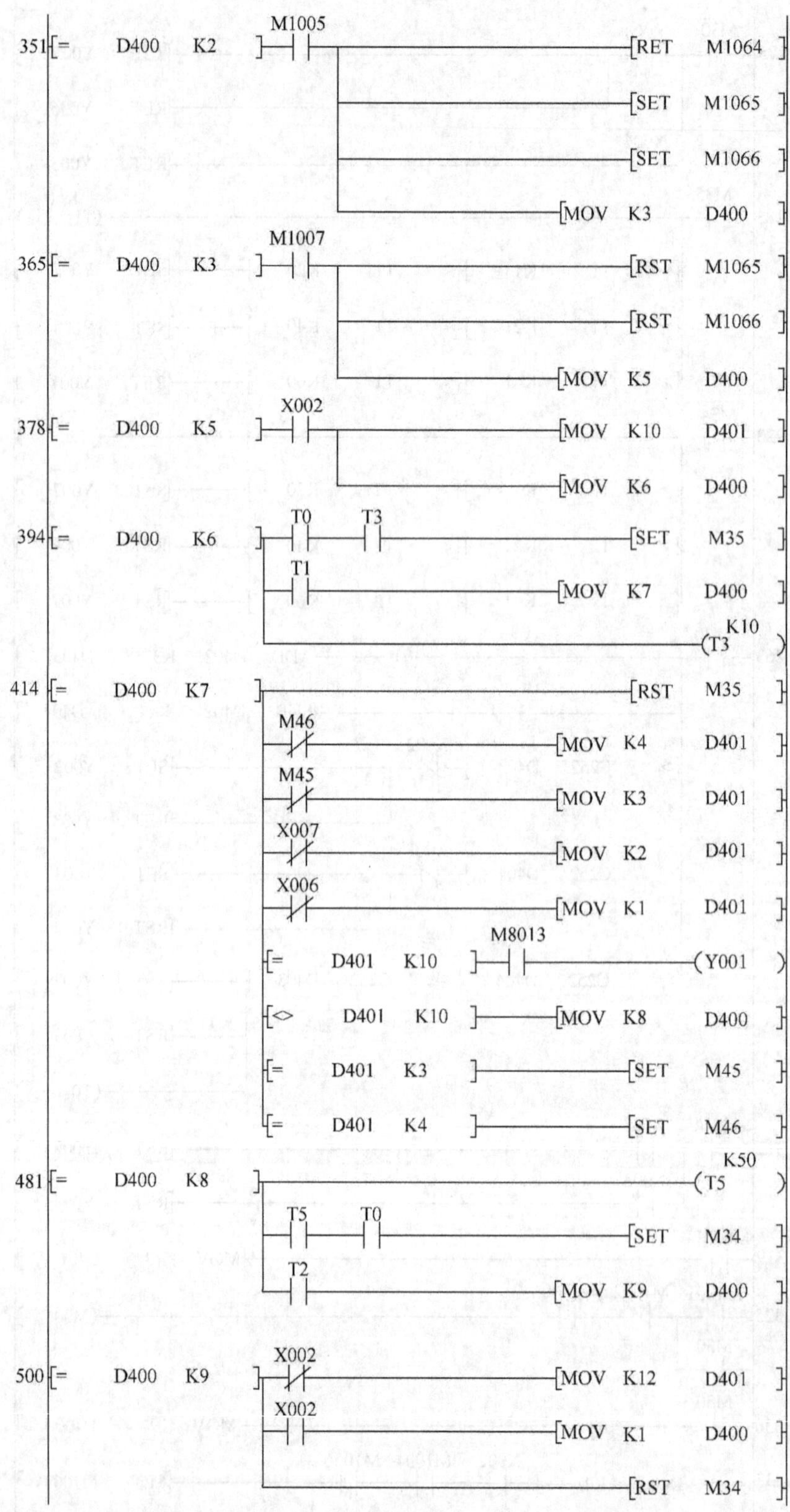

图 7-41　从站程序（续）

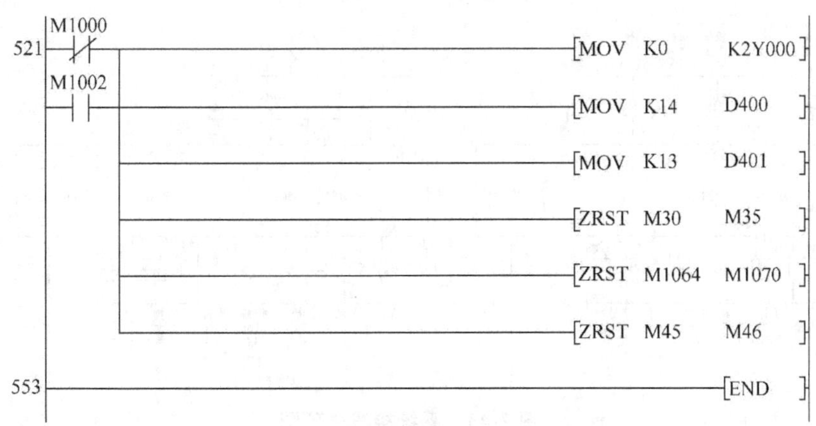


图 7-41　从站程序（续）

### （二）应用 Q 机的 CC-LINK 网络实现对货物传输与搬运的控制

（1）控制任务　1 号 PLC 控制传输带单元和井式供料单元，2 号 PLC 控制行走机械手单元和仓库单元。系统通电后按起动按钮 SB1，如果行走机械手不在原点，则返回原点，到达原点后，推料气缸将货物推出，变频器以 30Hz 运行，当货物到达位置 2 时，变频器停止运行。行走机械手将货物运送到一号库位后返回原点。在运行中按下急停按钮 SB7，则设备立即停止运行。

（2）系统组成　$FX_{2N}$-48MR 继电器型 PLC 一台、Q00JCPU 一台、QX40 一块、QY40P 一块、QJ61BT11N 一块、$FX_{2N}$-32CCL 一台、CC-LINK 网络线一条、SC-09 三菱编程电缆一条、Q 机编程电缆一条、松下 VF0 变频器一台、指示与主令控制单元一台、METS3 主体一台。其主要的元器件摆放位置见图 7-16。CC-LINK 网络系统配置图如图 7-42 所示。

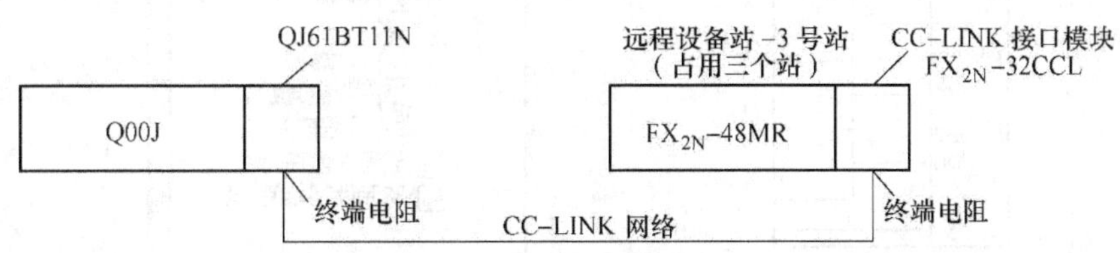


图 7-42　CC-LINK 网络配置图

（3）I/O 分配表与流程图　系统的 I/O 分配如表 7-4、表 7-5 所示，系统的流程图见图 7-17。

（4）电气原理图以及变频器参数设置　系统接线原理图如图 7-43 所示，变频器相关参数设置见表 7-6。

（5）参数设定与解析　主站与从站的设定说明如下：

1）主站设定。CC-LINK 系统是通过使用专用的电缆将分散的 I/O 模块和特殊高功能模块等连接起来，并通过 PLC 的 CPU 来控制这些相应模块的系统。QJ61BT11N 是特殊扩展模块，它将 Q 系列 PLC 链接到 CC-LINK 系统中，其结构简图如图 7-44 所示。

将 QJ61BT11N 设备主站，STATION 设为 00，MODE 选择“0”，打开编程软件，选择 Q00J 机型，双击“参数”里的网络参数，出现一个新的小对话框，如图 7-45 所示。

在出现的对话框里选择 CC-LINK，出现如图 7-46 所示的对话框。

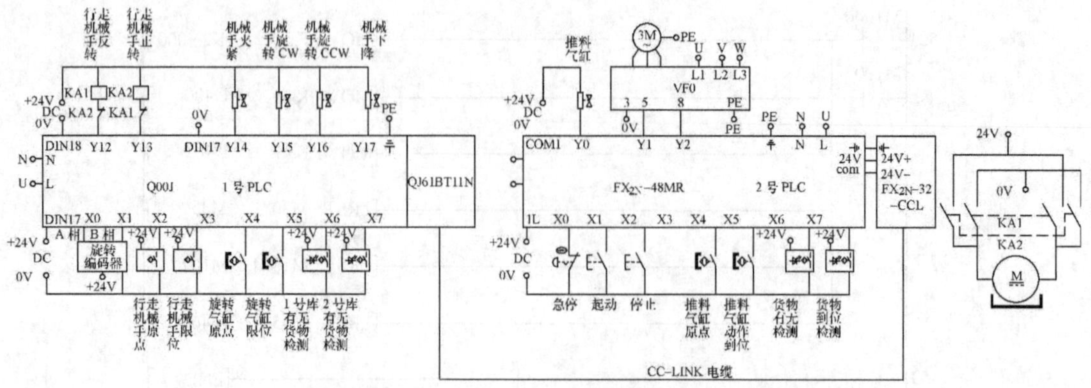


图 7-43　系统接线原理图

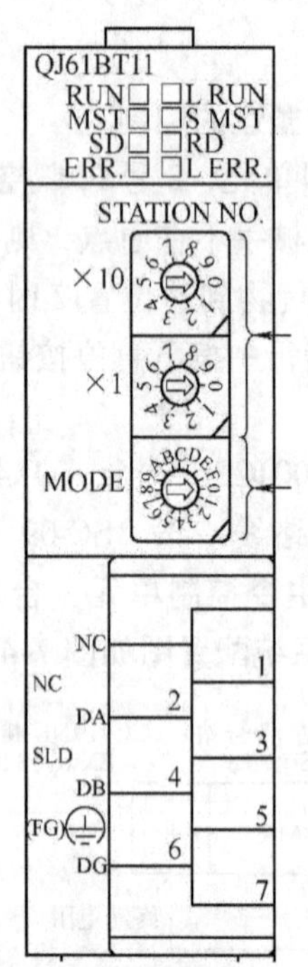


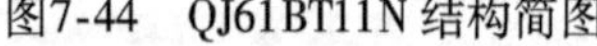

图7-44　QJ61BT11N 结构简图

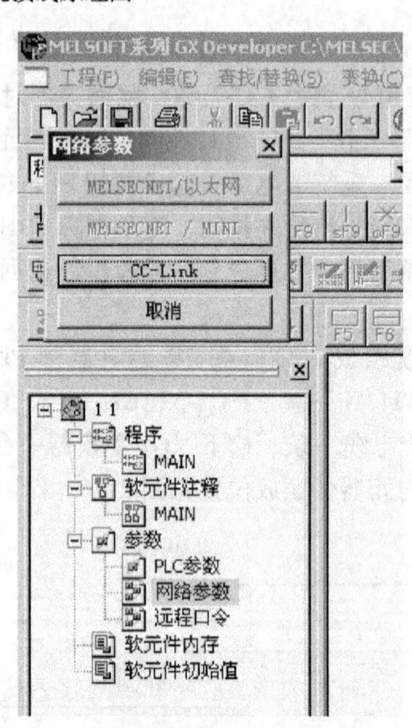


图 7-45　选择网络参数设置

按照下列步骤设置网络参数：

①设置要设置的网络参数中的“模块数”。默认值：无，设置范围：0 ~ 4（模块）。例如设置为“1”（模块）。

②设置主站的“起始 I/O 地址”：默认值：无，设置范围：0000 ~ 0FE0。例如设置为“0020”。

③用“类型”设置站类型。默认值：主站，设置范围：主站/主站（双工功能）/本地站/备用主站。例如设置为“主站”。

④用“模式”设置 CC-LINK 模式。默认值：在线（远程网络模式），设置范围：在线（远程网络模式）/在线（远程 I/O 网络模式）/离线。例如设置为“在线（远程网络模式）”。

⑤用“总连接个数”设置包括保留站在内的 CC-LINK 系统中连接的站的总数。默认值：64（模块），设置范围：1 ~ 64（模块）。例如设置为“1（模块）”。

模块数 1 块 空白:未设置

| | 1 | 2 | 3 | 4 |
|---|---|---|---|---|
| 起始I/O号 | 00A0 | | | |
| 动作设置 | 操作设置 | | | |
| 类型 | 主站 | | | |
| 数据链接类型 | 主站CPU参数自动启动 | | | |
| 模式设置 | 远程网络-Ver.2模式 | | | |
| 总连接个数 | 1 | | | |
| 远程输入(RX)刷新软元件 | X100 | | | |
| 远程输出(RY)刷新软元件 | Y100 | | | |
| 远程寄存器(RWr)刷新软元件 | D100 | | | |
| 远程寄存器(RWw)刷新软元件 | D200 | | | |
| Ver.2远程输入(RX)刷新软元件 | | | | |
| Ver.2远程输出(RY)刷新软元件 | | | | |
| Ver.2远程寄存器(RWr)刷新软元件 | | | | |
| Ver.2远程寄存器(RWw)刷新软元件 | | | | |
| 特殊继电器(SB)刷新软元件 | SB100 | | | |
| 特殊寄存器(SW)刷新软元件 | SW200 | | | |
| 重试次数 | 5 | | | |
| 自动恢复个数 | 1 | | | |
| 待机主站号 | | | | |
| CPU宕机指定 | 停止 | | | |
| 扫描模式指定 | 异步 | | | |
| 延迟时间设置 | 3 | | | |
| 站信息设置 | 站信息 | | | |
| 远程设备站初始设置 | 初始设置 | | | |
| 中断设置 | 中断设置 | | | |

图 7-46 CC-LINK 参数设置对话框

⑥用“重试次数”设置发生通信错误时的重试次数。默认值：3（次），设置范围：1～7（次）。例如设置为“5（次）”。

⑦用“自动恢复个数”设置通过一次链接扫描可以回复到系统运行的模块数。默认值：1（模块），设置范围：1～10（模块）。例如设置为“1（模块）”。

⑧用“待机主站号”设置备用主站的站号。默认值：空白（未指定备用主站），设置范围：空白，1～64（空白：未指定备用主站）。例如设置为“空白（未指定备用主站）”。

⑨用“CPU 宕机指定”设置主站 PLC 的 CPU 发生错误时的数据连接状态。默认值：停止，设置范围：停止、继续。例如设置为“停止”。

⑩用“扫描模式指定”设置顺控扫描的链接扫描是同步的还是异步的。默认值：异步，设置范围：异步/同步。例如设置为“异步”。

⑪用“延迟信息设置”设置链接扫描间隔。默认值：0（未指定），设置范围：0～100（单位 50μs）。例如设置为 10（500μs）。

2）用“站信息设置”设置站数据。默认值：远程 I/O 站，专有站 1，或者不设置保留站/出错尢效站，站信息设置如图 7-47 所示。

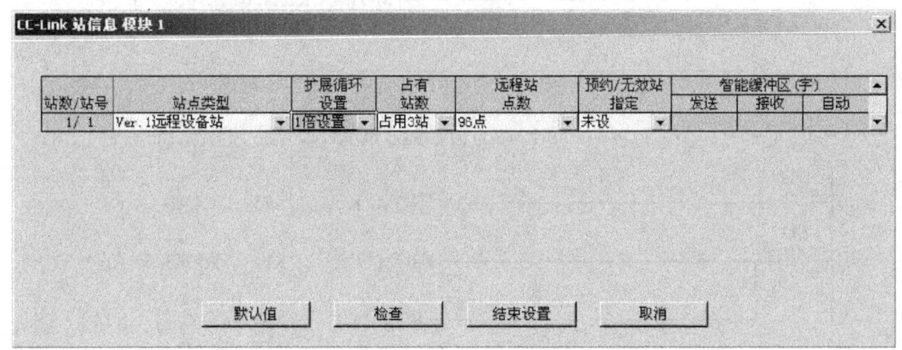
CC-Link 站信息 模块1

| 站数/站号 | 站点类型 | 扩展循环设置 | 占有站数 | 远程站点数 | 预约/无效站指定 | 智能缓冲区(字) 发送 | 接收 | 自动 |
|---|---|---|---|---|---|---|---|---|
| 1/ 1 | Ver.1远程设备站 | 1倍设置 | 占用3站 | 96点 | 未设 | | | |

默认值 检查 结束设置 取消

图 7-47 站信息设置

主站自动刷新参数设置：

①用“远程输入（RX）”设置远程输入（RX）刷新软元件。默认值：无，设置范围：软元件名称从 X、M、L、B、D、W、R 或 ZR 中选择。软元件地址号应在 CPU 拥有的软元件点范围内。例如设置为“X100”。

②用“远程输出（RY）”设置远程输出（RY）刷新软元件。默认值：无，设置范围：软元件名称 - 从 Y、M、L、B、T、C、ST、D、W、R 或 ZR 中选择。软元件地址号应在 CPU 拥有的软元件点范围内。例如设置为“Y100”。

③用“远程寄存器（RWr）”设置远程寄存器（RWr）刷新软元件。默认值：无，设置范围：软元件名称从 M、L、B、D、W、R 或 ZR 中选择。软元件地址号在 CPU 拥有的软元件点范围内。例如设置为“D100”。

④用“远程寄存器（RWw）”设置远程寄存器（RWw）刷新软元件。默认值：无，设置范围：软元件名称从 M、L、B、T、C、ST、D、W、R 或 ZR 中选择。软元件地址号在 CPU 拥有的软元件点范围内。例如设置为“D200”。

⑤用“特殊继电器（SB）”设置特殊继电器（SB）刷新软元件。默认值：无，设置范围：软元件名称从 M、L、B、D、W、R、SB 或 ZR 中选择。软元件地址号在 CPU 拥有的软元件点范围内。例如设置为“SB0”。

⑥用“特殊寄存器（SW）”设置特殊寄存器（SW）刷新软元件。默认值：无，设置范围：软元件名称从 M、L、B、D、W、R、SW 或 ZR 中选择。软元件地址号在 CPU 拥有的软元件点范围内。例如设置为“SW0”。

从站的设置请参照上节的从站设置。

主站和从站的对应关系为：主站把 Y100 ~ Y195 写到从站 M300 ~ M395 中去，把 D200 ~ D211 写到从站 D56 ~ D67 中去；从站把 M100 ~ M195 写到主站 X100 ~ X195 中去，把 D10 ~ D21 写到主站 D100 ~ D111 中。

（6）调试步骤　调试步骤与上节基本相同，其参考程序如图 7-48 和图 7-49 所示。在调试中，如果发现行走机械手取放货物的位置精度不够，可以修改 2 号 PLC 里的位置参数，提高精度。

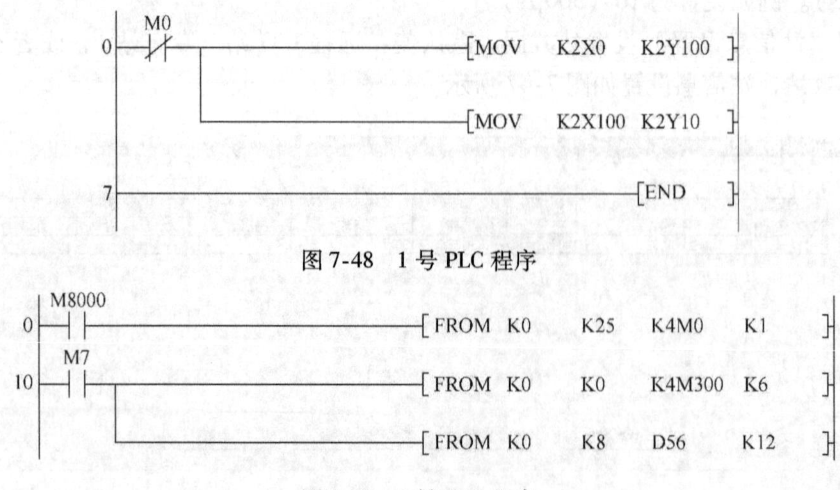


图 7-48　1 号 PLC 程序



图 7-49　2 号 PLC 程序

```
      M7
 29 ──┤ ├──┬──────────────────[ TO    K0     K0     K4M100   K6    ]
           │
           └──────────────────[ TO    K0     K8     D10      K12   ]
      M8000
 48 ──┤ ├──┬──────────────────[ MOV   K2M300   K2M1000 ]
           │
           └──────────────────[ MOV   K2M1064  K2M100  ]
      M8000                                   K10000
 59 ──┤ ├──┬──────────────────────────────────( C252   )
           │
           └──────────────────[ MOV   C252     D516    ]
      X002
 70 ──┤↑├──┬──────────────────[ MOV   K0       D402    ]
           │
           └──────────────────[ MOV   K13      D401    ]
      M8000
 82 ──┤ ├──┬──────────────────[ MOV   K5       D500    ]
           │
           ├──────────────────[ MOV   K220     D502    ]
           │
           ├──────────────────[ MOV   K365     D504    ]
           │
           ├──────────────────[ MOV   K513     D506    ]
           │
           └──────────────────[ MOV   K660     D508    ]
      M30
108 ──┤ ├──┬─[=  D401  K1  ]──[ MOV   D502     D402    ]
           │
           ├─[=  D401  K2  ]──[ MOV   D504     D402    ]
           │
           ├─[=  D401  K3  ]──[ MOV   D506     D402    ]
           │
           ├─[=  D401  K4  ]──[ MOV   D508     D402    ]
           │
           ├─[=  D401  K10 ]──[ MOV   D500     D402    ]
           │
           └─[=  D401  K12 ]──[ MOV   K-9000   D402    ]
      M30     X004
175 ──┤ ├──┬──┤/├──┬──────────[ SET   Y005    ]
           │       │
           │       └──────────[ RST   Y006    ]
           │  X004
           └──┤ ├─────────────[ RST   Y005    ]
      M35                                     K60
183 ──┤ ├──┬──────────────────────────────────( T1     )
           │
           ├─[>  T1  K1  ]─[<  T1  K20 ]──[ SET   Y007 ]
           │
           ├─[>  T1  K21 ]─[<  T1  K40 ]──[ SET   Y004 ]
           │
           └─[>  T1  K41 ]─[<  T1  K60 ]──[ RST   Y007 ]
```

图7-49　2号PLC程序（续）

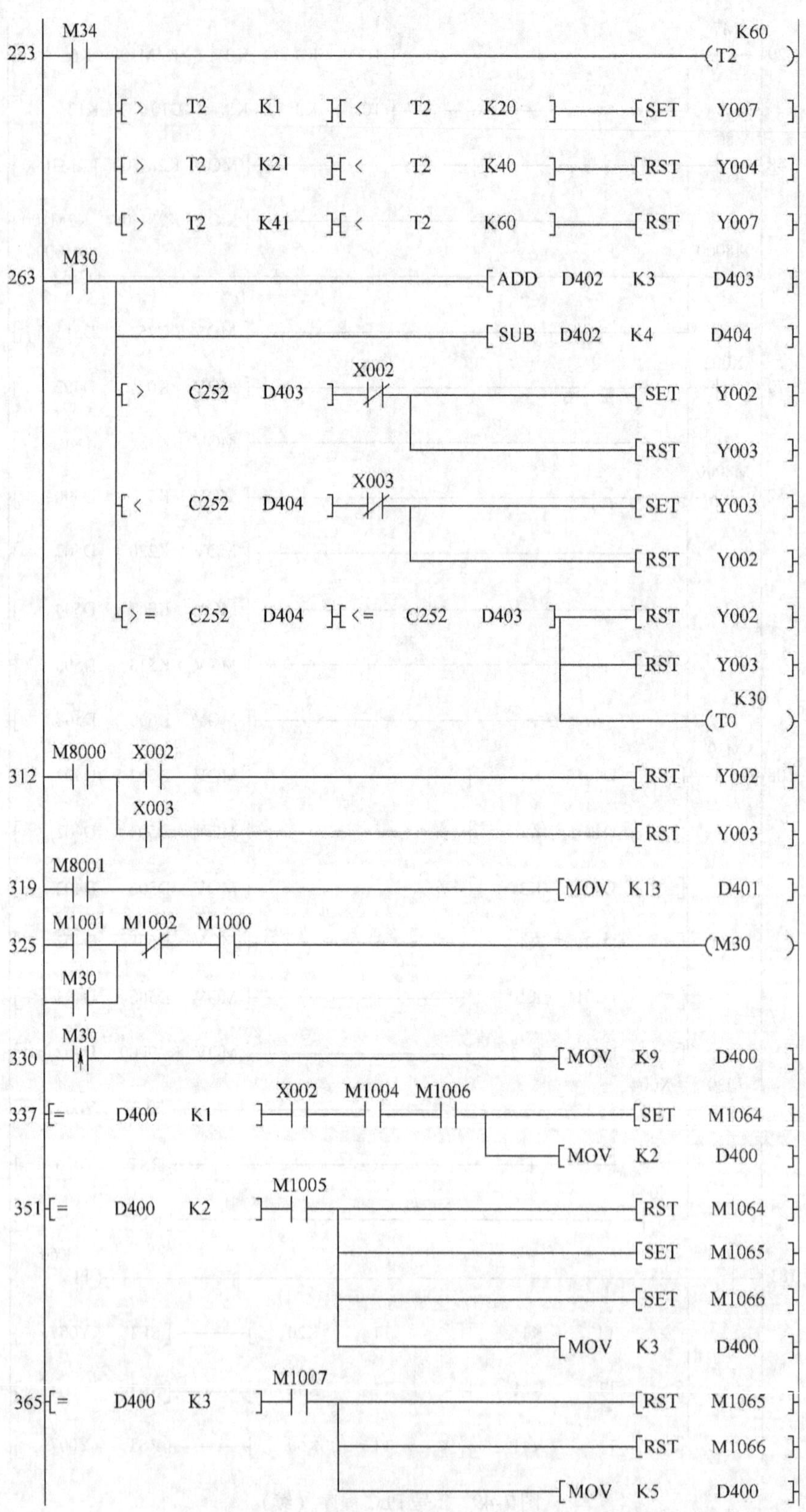


图 7-49　2 号 PLC 程序（续）

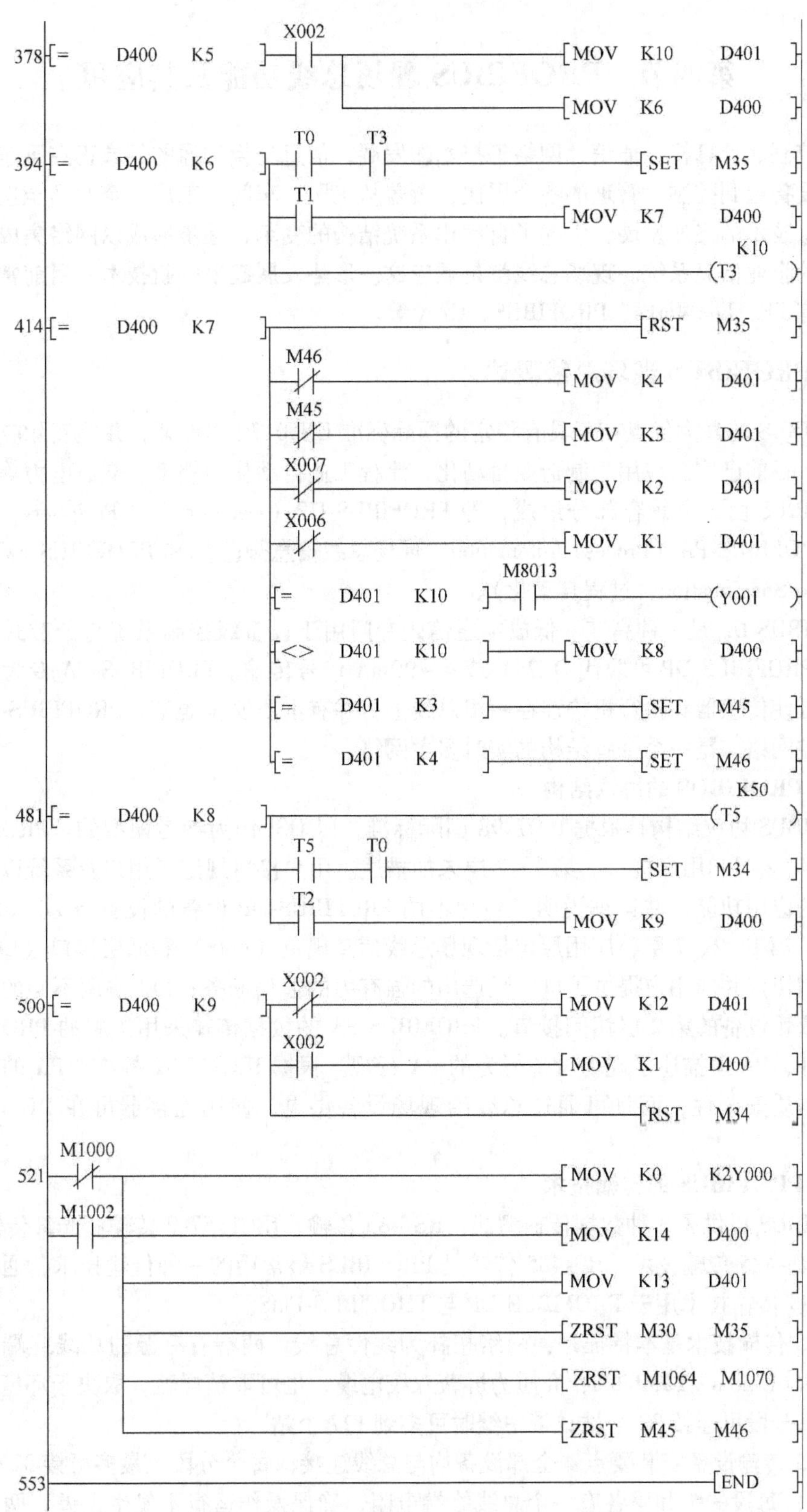

图 7-49　2 号 PLC 程序（续）

# 第四节 PROFIBUS现场总线功能及其应用

随着控制、计算机、通信、网络等技术的发展，信息交换沟通的领域正在迅速覆盖从工厂的现场设备层到控制、管理的各个层次，覆盖从工段、车间、工厂、企业乃至世界各地的市场。信息技术的飞速发展，引起了自动化系统结构的变革，逐步形成以网络集成自动化系统为基础的企业信息系统。现场总线就是顺应这一形势发展起来的新技术。目前常用的几种现场总线有FF、LonWorks、PROFIBUS、CAN等。

## 一、PROFIBUS现场总线概述

PROFIBUS的最大优点在于具有稳定的国际标准EN50170作保证，并经实际应用验证具有普遍性。目前已广泛应用于制造业自动化、流程工业自动化和楼宇、交通电力等领域。

PROFIBUS由3个兼容部分组成，即PROFIBUS-DP（Decentralized Periphery，分布I/O系统）、PROFIBUS-PA（Process Automation，现场总线信息规范）和PROFIBUS-FMS（Fieldbus Message Specification，过程自动化）。

PROFIBUS-DP是一种高速、低成本通信，专门用于设备级控制系统与分散式I/O的通信。使用PROFIBUS-DP可取代DC24V或4~20mA信号传输。PROFIBUS-PA专为过程自动化设计，可使传感器和执行机构连在一根总线上，并有本质安全规范。PROFIBUS-FMS用于车间级监控网络，是一个令牌结构的实时多主网络。

### （一）PROFIBUS的协议结构

PROFIBUS协议结构是根据ISO7498国际标准，以OSI作为参考模型的。PROFIBUS-DP定义了第1、2层和用户接口。第3~7层未加描述。用户接口规定了用户及系统以及不同设备可调用的应用功能，并详细说明了各种不同PROFIBUS-DP设备的设备行为。PROFIBUS-FMS定义了第1、2、7层，应用层包括现场总线信息规范（FMS）和低层接口（LLI）。FMS包括了应用协议并向用户提供了可广泛选用的强有力的通信服务；LLI协调不同的通信关系并提供不依赖设备的第2层访问接口。PROFIBUS-PA的数据传输采用扩展的PROFIBUS-DP协议。另外，PA还描述了现场设备行为的PA行规。根据IEC1157-2标准，PA的传输技术可确保其本质安全性，而且可通过总线给现场设备供电。使用连接器可在DP上扩展PA网络。

### （二）PROFIBUS的传输技术

PROFIBUS提供了3种数据传输型式：RS-485传输、IEC1157-2传输和光纤传输。

（1）RS-485传输技术　RS-485传输是PROFIBUS最常用的一种传输技术，通常称之为H2。RS-485传输技术用于PROFIBUS-DP与PROFIBUS-FMS。

RS-485传输技术基本特征是：网络拓扑为线性总线，两端有有源的总线终端电阻；传输速率为9.6Kbit/s~12Mbit/s；介质为屏蔽双绞电缆，也可取消屏蔽，取决于环境条件；不带中继时每分段可连接32个站，带中继时可多到127个站。

RS-485传输设备安装要点：全部设备均与总线连接；每个分段上最多可接32个站（主站或从站）；每段的头和尾各有一个总线终端电阻，确保操作运行不发生误差；两个总线终端电阻必须一直有电源；当分段站超过32个时，必须使用中继器用以连接各总线段，串联的中继器一般不超过 4 个；传输速率可选用 9.6Kbit/s ~ 12Mbit/s，一旦设备投入运行，全部设备均需选用同一传输速率。电缆最大长度取决于传输速率。

采用 RS-485 传输技术的 PROFIBUS 网络最好使用 9 针 D 型插头。当连接各站时，应确保数据线不要拧绞，系统在高电磁发射环境下运行应使用带屏蔽的电缆，屏蔽可提高电磁兼容性（EMC）。如用屏蔽编织线和屏蔽箔，应在两端与保护接地连接，并通过尽可能的大面积屏蔽接线来覆盖，以保持良好的传导性。

（2）IEC1157-2 传输技术　IEC1157-2 的传输技术用于 PROFIBUS-PA，能满足化工和石油化工工业的要求。它可保持其本质安全性，并通过总线对现场设备供电。IEC1157-2 是一种位同步协议，可进行无电流的连续传输，通常称为 H1。

（3）光纤传输技术　PROFIBUS 系统在电磁干扰很大的环境下应用时，可使用光纤导体，以增加高速传输的距离。可使用两种光纤导体：一种是价格低廉的塑料纤维导体，供距离小于 50m 情况下使用；另一种是玻璃纤维导体，供距离小于 1km 情况下使用。

许多厂商提供专用总线插头可将 RS-485 信号转换成光纤导体信号或将光纤导体信号转换成 RS-485 信号。

**（三）PROFIBUS 总线存取控制技术**

PROFIBUS-DP、FMS、PA 均采用一样的总线存取控制技术，它是通过 OSI 参考模型第 2 层（数据链路层）来实现的，它包括保证数据可靠性技术及传输协议和报文处理。在 PROFIBUS 中，第 2 层称之为现场总线数据链路层（Fieldbus Data Link，FDL）。介质存取控制（Medium Access Control，MAC）具体控制数据传输的程序，MAC 必须确保在任何一个时刻只有一个站点发送数据。PROFIBUS 协议的设计要满足介质存取控制的两个基本要求：

1）在复杂的自动化系统（主站）间的通信，必须保证在确切限定的时间间隔中，任何一个站点要有足够的时间来完成通信任务。

2）在复杂的程序控制器和简单的 I/O 设备（从站）间通信，应尽可能快速又简单地完成数据的实时传输。

因此 PROFIBUS 主站之间采用令牌传送方式，主站与从站之间采用主从方式。令牌传递程序保证每个主站在一个确切规定的时间内得到总线存取权（令牌），令牌在所有主站中循环一周的最长时间是事先规定的。在 PROFIBUS 中，令牌传递仅在各主站之间进行。主站得到总线存取令牌时可依照主-从通信关系表与所有从站通信，向从站发送或读取信息，也可依照主-主通信关系表与所有主站通信。所以可能有 3 种系统配置：纯主-从系统、纯主-主系统和混合系统。

在总线系统初建时，主站介质存取控制 MAC 的任务是制定总线上的站点分配并建立逻辑环。在总线运行期间，断电或损坏的主站必须从环中排除，新上电的主站必须加入逻辑环。

第 2 层的另一重要工作任务是保证数据的高度完整性。PROFIBUS 在第 2 层按照非连接的模式操作，除提供点对点逻辑数据传输外，还提供多点通信，包括广播和选择广播功能。

**（四）PROFIBUS-DP 基本功能**

PROFIBUS-DP 用于现场设备级的高速数据传送，主站周期地读取从站的输入信息并周期地向从站发送输出信息。总线循环时间必须要比主站（PLC）程序循环时间短。除周期性用户数据传输外，PROFIBUS-DP 还提供智能化设备所需的非周期性通信以进行组态、诊断和报警处理。

（1）PROFIBUS-DP基本特征　采用RS-485双绞线、双线电缆或光缆传输，传输速率从9.6Kbit/s到12Mbit/s。各主站间令牌传递，主站与从站间为主-从传送。支持单主或多主系统，总线上最多站点（主-从设备）数为126。采用点对点（用户数据传送）或广播（控制指令）通信。循环主-从用户数据传送和非循环主-主数据传送。控制指令允许输入和输出同步。同步模式为输出同步；锁定模式为输入同步。

DP主站和DP从站间的循环用户有数据传送。各DP从站的动态激活和可激活。DP从站组态的检查。强大的诊断功能，三级诊断信息。输入或输出的同步。通过总线给DP从站赋予地址。通过总线对DP主站（DPM1）进行配置，每DP从站的输入和输出数据最大为246字节。所有信息的传输按海明距离HD=4进行。DP从站带看门狗定时器（Watchdog Timer）。对DP从站的输入/输出进行存取保护。DP主站上带可变定时器的用户数据传送监视。

每个PROFIBUS-DP系统包括3种类型设备：第一类DP主站（DPM1）、第二类DP主站（DPM2）和DP从站。DPM1是中央控制器，它在预定的周期内与分散的站（如DP从站）交换信息。典型的DPM1如PLC、PC等；DPM2是编程器、组态设备或操作面板，在DP系统组态操作时使用，完成系统操作和监视目的；DP从站是进行输入和输出信息采集和发送的外围设备，是带二进制值或模拟量输入输出的I/O设备、驱动器、阀门等。

经过扩展的PROFIBUS-DP诊断能对故障进行快速定位。诊断信息在总线上传输并由主站采集。诊断信息分3级：本站诊断操作，即本站设备的一般操作状态，如温度过高、压力过低；模块诊断操作，即一个站点的某具体I/O模块故障；通道诊断操作，即一个单独输入/输出位的故障。

（2）PROFIBUS-DP允许构成单主站或多主站系统　在同一总线上最多可连接126个站点。系统配置的描述包括：站数、站地址、输入/输出地址、输入/输出数据格式、诊断信息格式及所使用的总线参数。

PROFIBUS-DP单主站系统中，在总线系统运行阶段，只有一个活动主站。如图7-50所示为PROFIBUS-DP单主站系统，PLC作为主站。

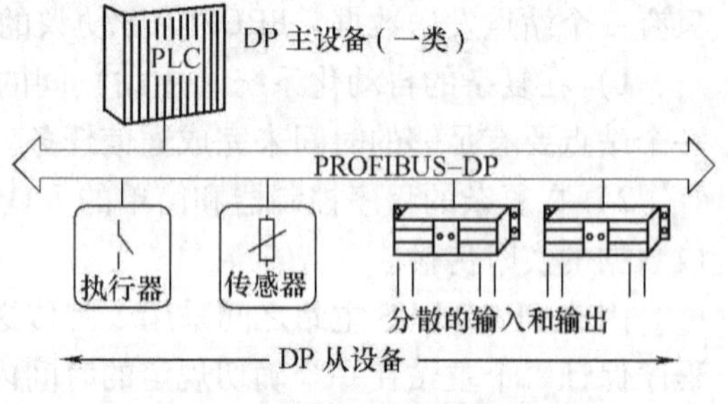

图7-50　PROFIBUS-DP单主站系统

PROFIBUS-DP多主站系统中总线上连有多个主站。总线上的主站与各自从站构成相互独立的子系统。如图7-51所示，任何一个主站均可读取DP从站的输入/输出映像，但只有一个DP主站允许对DP从站写入数据。

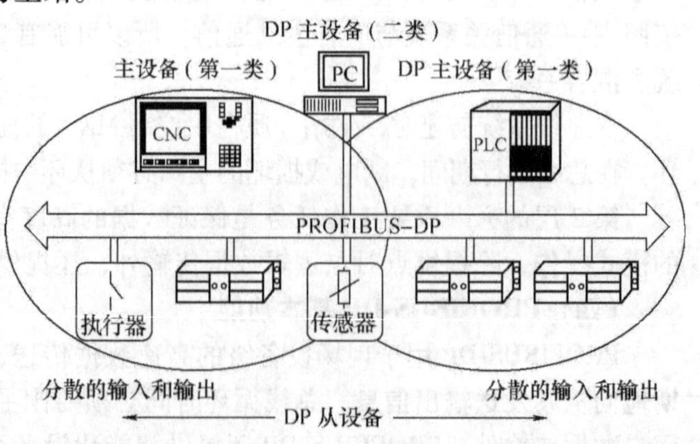

图7-51　PROFIBUS-DP多主站系统

（3）PROFIBUS-DP系统行为　PROFIBUS-DP系统行为主要取决于DPM1的操作状态，这些状态由本地或总线的配置设备所控制，主要有运行、清除和停止 3 种状态。在运行状态下，DPM1 处于输入和输出数据的循环传输，DPM1 从 DP 从站读取输入信息并向 DP 从站写入输出信息；在清除状态下，DPM1 读取 DP 从站的输入信息并使输出信息保持在故障安全状态；在停止状态下，DPM1 和 DP 从站之间没有数据传输。

DPM1 设备在一个预先设定的时间间隔内，以有选择的广播方式将其本地状态周期性地发送到每一个有关的 DP 从站。如果在 DPM1 的数据传输阶段中发生错误，DPM1 将所有相关的 DP 从站的输出数据立即转入清除状态，而 DP 从站将不再发送用户数据。在此之后，DPM1 转入清除状态。

（4）DPM1 和 DP 从站间的循环数据传输　DPM1 和相关 DP 从站之间的用户数据传输是由 DPM1 按照确定的递归顺序自动进行。在对总线系统进行组态时，用户对 DP 从站与 DPM1 的关系做出规定，确定哪些 DP 从站被纳入信息交换的循环周期，哪些被排斥在外。

DMPI 和 DP 从站之间的数据传送分为参数设定、组态和数据交换 3 个阶段。在参数设定阶段，每个从站将自己的实际组态数据与从 DPM1 接受到的组态数据进行比较。只有当实际数据与所需的组态数据相匹配时，DP 从站才进入用户数据传输阶段。因此，设备类型、数据格式、长度以及输入/输出数量必须与实际组态一致。

（5）DPM1 和系统组态设备间的循环数据传输　除主-从功能外，PROFIBUS-DP 允许主-主之间的数据通信，这些功能使组态和诊断设备通过总线对系统进行组态。

（6）同步和锁定模式　除 DPM1 设备自动执行的用户数据循环传输外，DP 主站设备也可向单独的 DP 从站、一组从站或全体从站同时发送控制命令。这些命令通过有选择的广播命令发送的。使用这一功能将打开 DP 从站的同级锁定模式，用于 DP 从站的事件控制同步。

主站发送同步命令后，所选的从站进入同步模式。在这种模式中，所编址的从站输出数据锁定在当前状态下。在这之后的用户数据传输周期中，从站存储接收到输出的数据，但它的输出状态保持不变；当接收到下一同步命令时，所存储的输出数据才发送到外围设备上。用户可通过非同步命令退出同步模式。

锁定控制命令使得编址的从站进入锁定模式。锁定模式将从站的输入数据锁定在当前状态下，直到主站发送下一个锁定命令时才可以更新。用户可以通过非锁定命令退出锁定模式。

（7）保护机制　对 DP 主站 DPM1 使用数据控制定时器对从站的数据传输进行监视。每个从站都采用独立的控制定时器，在规定的监视间隔时间中，如数据传输发生差错，定时器就会超时，一旦发生超时，用户就会得到这个信息。如果错误自动反应功能“使能”，DPM1 将脱离操作状态，并将所有关联从站的输出置于故障安全状态，并进入清除状态。

### （五）PROFIBUS 控制系统的几种形式

根据现场设备是否具备 PROFIBUS 接口，控制系统的配置有总线接口型、单一总线型、混合型 3 种形式。

（1）总线接口型　现场设备不具备 PROFIBUS 接口，采用分散式 I/O 作为总线接口与现场设备连接。这种形式在应用现场总线技术初期容易推广。如果现场设备能分组，组内设备相对集中，这种模式会更好地发挥现场总线技术的优点。

（2）单一总线型　现场设备都具备 PROFIBUS 接口，这是一种理想情况。可使用现场总线技术，实现完全的分布式结构，可充分获得这一先进技术所带来的利益。新建项目若能具有这种条件，就目前来看，这种方案设备成本会较高。

(3) 混合型　现场设备部分具备 PROFIBUS 接口，这将是一种相当普遍的情况。这时应采用 PROFIBUS 现场设备加分散式 I/O 混合使用的办法。无论是旧设备改造还是新建项目，希望全部使用具备 PROFIBUS 接口现场设备的场合可能不多，分散式 I/O 可作为通用的现场总线接口，是一种灵活的集成方案。

## 二、PROFIBUS 现场总线的应用

### (一) 简介

我们知道，三菱 $FX_{2N}$系列 PLC 本身是不支持西门子的 PROFIBUS 总线的，可是在有些项目、有些场合我们需要把 $FX_{2N}$ 连接到 PROFIBUS 总线上，此时，创捷公司的 PROFIBUS 通用型 RS-232/RS-485 桥接模块 CZP1-PQ20-T10ZL2-1A 就能实现此功能。

### (二) 实现方法

如图 7-52 所示，桥接模块作为中间转接模块，一方面将 PROFIBUS 协议转化成 RS-232/RS-485 协议，使主站的信息下发给 $FX_{2N}$从站，另一方面将 RS-232/RS-485 协议转化成 PROFIBUS 协议，使 $FX_{2N}$从站的信息上传给主站，以确保 $FX_{2N}$通过 PROFIBUS-DP 总线和主站进行数据交换。

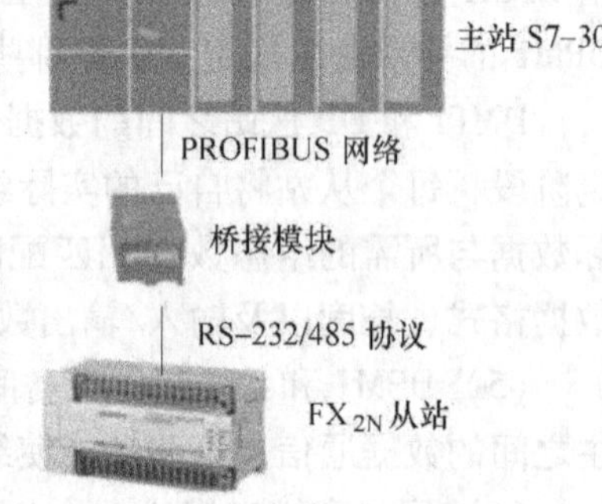


图 7-52　$FX_{2N}$接入 PROFIBUS 网络

具体实现方法可采用以下三种：

1）直接连接 $FX_{2N}$编程口，采用三菱内置的 $FX_{2N}$编程口协议，此方法不需要在 $FX_{2N}$上作任何设置和编程，只需在 PROFIBUS 主站上依此协议编程不断读写从站数据即可，$FX_{2N}$从站会自己响应主站回应数据。

2）通过 $FX_{2N}$通信模块（$FX_{2N}$232BD/$FX_{2N}$485BD 或 $FX_{0N}$232ADP/$FX_{0N}$485ADP），采用三菱协议格式一或协议格式四（具体协议内容在三菱 FX 通信用户手册上有详细说明），除了在 PROFIBUS 主站上需要依此协议编程不断读写从站数据外，$FX_{2N}$从站需要基本的通信格式设置，但不需编写通信回应程序，$FX_{2N}$会自动回应。

3）通过 $FX_{2N}$通信模块（$FX_{2N}$232BD/$FX_{2N}$485BD 或 $FX_{0N}$232ADP/$FX_{0N}$485ADP），自己编写通信协议，该方法既需要在 PROFIBUS 主站上依协议编程不断读写从站数据，还需要在 $FX_{2N}$从站上编写通信程序不断响应主站的呼叫。该方法尽管编程较麻烦，但协议灵活，适应性很广。其实该方法不光可应用在 $FX_{2N}$系列 PLC 上，也可应用在别的 PLC 或智能仪表上，只要两边协议设置一致，都可用此方法，通过创捷公司的 PROFIBUS 通用型 RS-232/RS-485 桥接模块 CZP1-PQ20-T10ZL2-1A，来实现把设备联上 PROFIBUS 网络的功能。

# 第五节　以太网网络功能及应用

## 一、工业以太网

工业以太网是基于 IEEE802.3 的强大区域和单元网络。企业内部互联网、外部互联网

以及国际互联网的广泛应用不但已经进入今天的办公室领域，而且还可以应用于生产和过程自动化。继10Mbit/s以太网成功运行以后，具有交换功能、全双工和自适应的100Mbit/s快速以太网也已经成功运行多年。采用何种性能的以太网取决于用户的需要。

众所周知，在企业信息系统中，以太网已经成为事实上的标准网络，工业实时控制是传统以太网的延伸，帮助用户构建更加开放集成的工业自动化和信息化网络。

### （一）工业以太网简介

工业以太网是应用于工业控制领域的以太网技术，在技术上与商用以太网兼容，但两者的应用却又完全不同。这主要表现普通商用以太网的产品设计时，在材质的选用、产品的强度、适用性以及实时性、可互操作性、可靠性、抗干扰性、本质安全性等方面不能满足工业现场的需要。故在工业现场控制应用的是与商用以太网不同的工业以太网。

### （二）工业以太网的技术关键

#### 1. 通信实时性的解决

（1）采用快速以太网加大网络带宽　Ethernet的通信速率从10Mbit/s、100Mbit/s增大到如今的1Gbit/s、10Gbit/s。在数据吞吐量相同的情况下，通信速率的提高意味着网络负荷的减轻和网络传输延时的减小，即网络碰撞概率大大下降，从而提高其实时性。

（2）采用全双工交换式以太网　用交换技术代替原有的总线型CSMA/CD技术，避免了由于多个站点共享并竞争信道导致发生的碰撞，减少了信道带宽的浪费，同时还可以实现全双工通信，提高信道的利用率。

（3）降低网络负载　工业控制网络与商业控制网络不同，每个节点传送的实时数据量很少，一般为几个位或几个字节，而且突发性的大量数据传输也发生很少，因此可以通过限制网段站点数目，降低网络流量，进一步提高网络传输实时性。

（4）应用报文优先级技术　在智能交换机或集线器中，通过设计报文的优先级来提高传输的实时性。

#### 2. 稳定性与可靠性的解决措施

为了解决在不间断的工业应用领域，在极端条件下网络也能稳定工作的问题，美国Synergetic微系统公司和德国Hirschmann，Jetter AG等公司专门开发和生产了导轨式集线器、交换机产品，安装在标准DIN导航上，并有冗余电源供电，接插件采用牢固的DB-9结构。此外，在实际应用中，主干网可采用光纤传输，现场设备的连接则可采用屏蔽双绞线，对于重要的网段还可采用冗余网络技术，以此提高网络的抗干扰能力和可靠性。

#### 3. 安全性问题

一般情况下，可以采用网关或防火墙等对工业网络与外部网络进行隔离，还可以通过权限控制、数据加密等多种安全机制加强网络的安全管理。

#### 4. 总线供电问题

对于现场设备供电可以采取以下方法：

1）在目前以太网标准的基础上适当地修改物理层的技术规范，将以太网的曼彻斯特信号调到一个直流或低频交流电源上，在现场设备端再将这两路信号分离开来。

2）不改变目前物理层的结构，而通过连接电缆中的空闲线缆为现场设备提供电源。

### （三）工业以太网的优势

（1）应用广泛　以太网是应用最广泛的计算机网络技术，几乎所有的编程语言如Visual

C++、Java、VisualBasic 等都支持以太网的应用开发。

（2）通信速率高　目前，10Mbit/s、100Mbit/s 的快速以太网已开始广泛应用，1Gbit/s 以太网技术也逐渐成熟，而传统的现场总线最高速率只有 10Mbit/s（如西门子 Profibus-dp）。显然，以太网的速率要比传统现场总线快得多，完全可以满足工业控制网络不断增长的宽带要求。

（3）资源共享能力强　随着 Internet/Intranet 的发展，以太网已渗透到各个领域，网络上的用户已解除了地理位置上的束缚，在接入互联网的任何一台计算机上就能浏览工业控制现场的数据，实现"控管一体化"，这是其他任何一种现场总线都无法比拟的。

（4）可持续发展潜力大　以太网的引入将为控制系统的后续发展提供可能性，用户在技术升级方面无需独自地研究投入，对于这一点，任何现有的现场总线技术都是无法比拟的。同时，机器人技术、智能技术的发展都要求通信网络具有更高的宽带和性能，通信协议有更高的灵活性，这些要求以太网都能很好地满足。

### （四）工业以太网的应用现状与展望

虽然工业以太网在一些行业的应用上已经真正实现了一网到底，但对于有些行业，现场总线和工业以太网将会并存多年。现场总线和工业以太网是当前工业控制应用中普遍采用的两种技术。虽然多种现场技术之间存在互不相容，不同公司的控制器之间不能实现高速实时数据传输，以及信息网络存在协议上的鸿沟等导致的"自动化孤岛"等问题，但在控制网络中，网络故障的快速恢复、本质安全等问题依然是制约以太网全面应用的主要障碍。因此，一般在设备层仍然广泛地采用了现场总线技术，而工业以太网应用主要集中在制造执行层与设备层之间。这样既减少了用户的投资风险，又保护了用户的已有设备和技术投资。可以预计，现场总线与工业以太网混存的状态还会持续相当长的时间。不过，可以肯定的是，以太网已经成为工业现场不可逆转的"存在"。从目前国际、国内工业以太网技术的发展来看，目前工业以太网在制造执行层已得到广泛应用，并成为事实上的标准。未来工业以太网将在工业企业综合自动化系统中的现场设备之间的互连和信息集成中发挥越来越重要的作用。

## 二、以太网的应用

在工业自动化领域中，每个工业设备的连接在整个工业系统中都扮演着非常重要的角色。不像一般办公室应用一样，当其中的以太网络设备连接失败时，仅是出现 PC 在数分钟内无法传递资讯，但在工业应用中，联机中断却可能造成重大的经济损失。因此，在选择工业以太网设备以满足工业应用需求时，为了确保整体工业系统运作的流畅性，必须采取合理的网络方案。下面以以太网模块 QJ71E71-100 来介绍其网络方案的实施。

### （一）该模块的特殊功能

（1）发送/接收电子邮件功能　通过 Internet 把 CPU 信息（PLC 的 CPU 状态和软元件值）发送到个人计算机或远处的 PLC 的 CPU，及从个人计算机或远处的 PLC 的 CPU 接收 CPU 信息。电子邮件流程示意图如图 7-53 所示。发送/接收电子邮件的方法有：

1）使用 PLC 的 CPU 发送/接收电子邮件：由顺控程序使用专用指令执行。

2）使用以太网模块的 PLC 的 CPU 监视功能发送电子邮件：由以太网模块按照 GX Developer 设置的以太网模块参数执行。

（2）通过 MSLSECNET/H、MELSECNET/10 和以太网模块与其他站的 PLC 的 CPU 通信　使用该功能，通过 MSLSECNET/H、MELSECNET/10 和以太网网络系统可以访问另外站的 PLC，如图 7-54 所示。

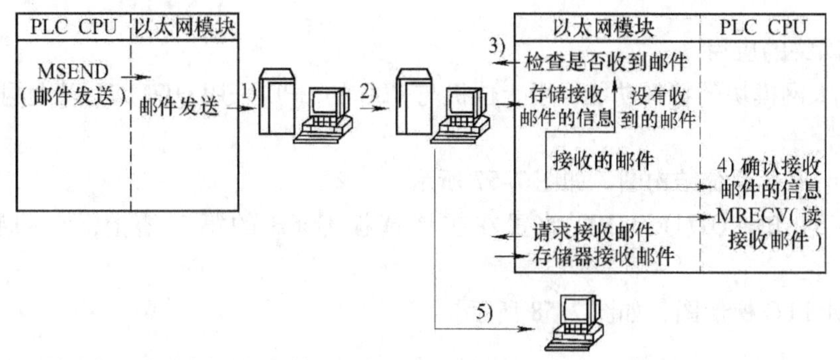


图 7-53　电子邮件流程示意图

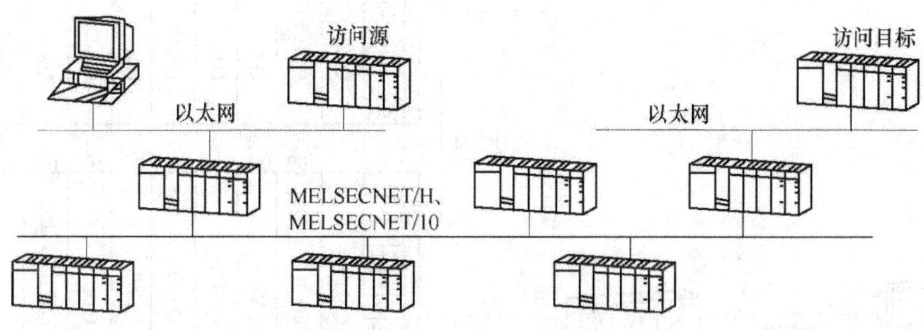


图 7-54　通过 MELSECNET/H、MELSECNET/10 和以太网网络系统访问外站的 PLC

（3）执行 PLC 的 CPU 之间的数据通信　本功能通过以太网使用数据连接指令把数据发送到另外站的 PLC 的 CPU 及从另外站 PLC 的 CPU 接收数据。也可通过 MELSECNET/H、MELSECNET/10 网络系统把数据发送到另外站的 PLC 的 CPU 及从另外站的 PLC 的 CPU 接收数据，如图 7-55 所示。

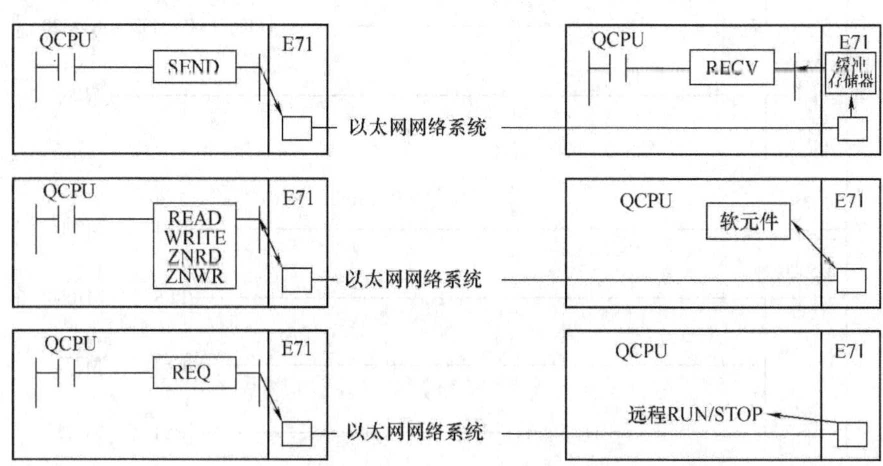


图 7-55　PLC 的 CPU 之间的数据通信

（4）使用文件传送（FTP）功能　以太网模块支持 TCP/IP 标准协议［FTP（文件传送协议）］的服务性功能。使用 FTP 的命令，可以以文件为单位读/写 QCPU 文件。因此，能够按照需要通过计算机等管理 QCPU 文件、传送文件和浏览文件表。其文件传输功能如图 7-56 所示。

**（二）网络的应用**

根据以太网模块的特殊功能，以上位机与 PLC 的 CPU 采用 QJ71E71 以太网模块通信为例进行讨论。

1）设计 PLC 系统结构图，如图 7-57 所示。

从图 7-54 知，QJ71E71-100 放置在扩展基板 Q68B 的第 7 槽上，它的起始 I/O 号为 0110。

2）设计 PLC 梯形图，如图 7-58 所示。

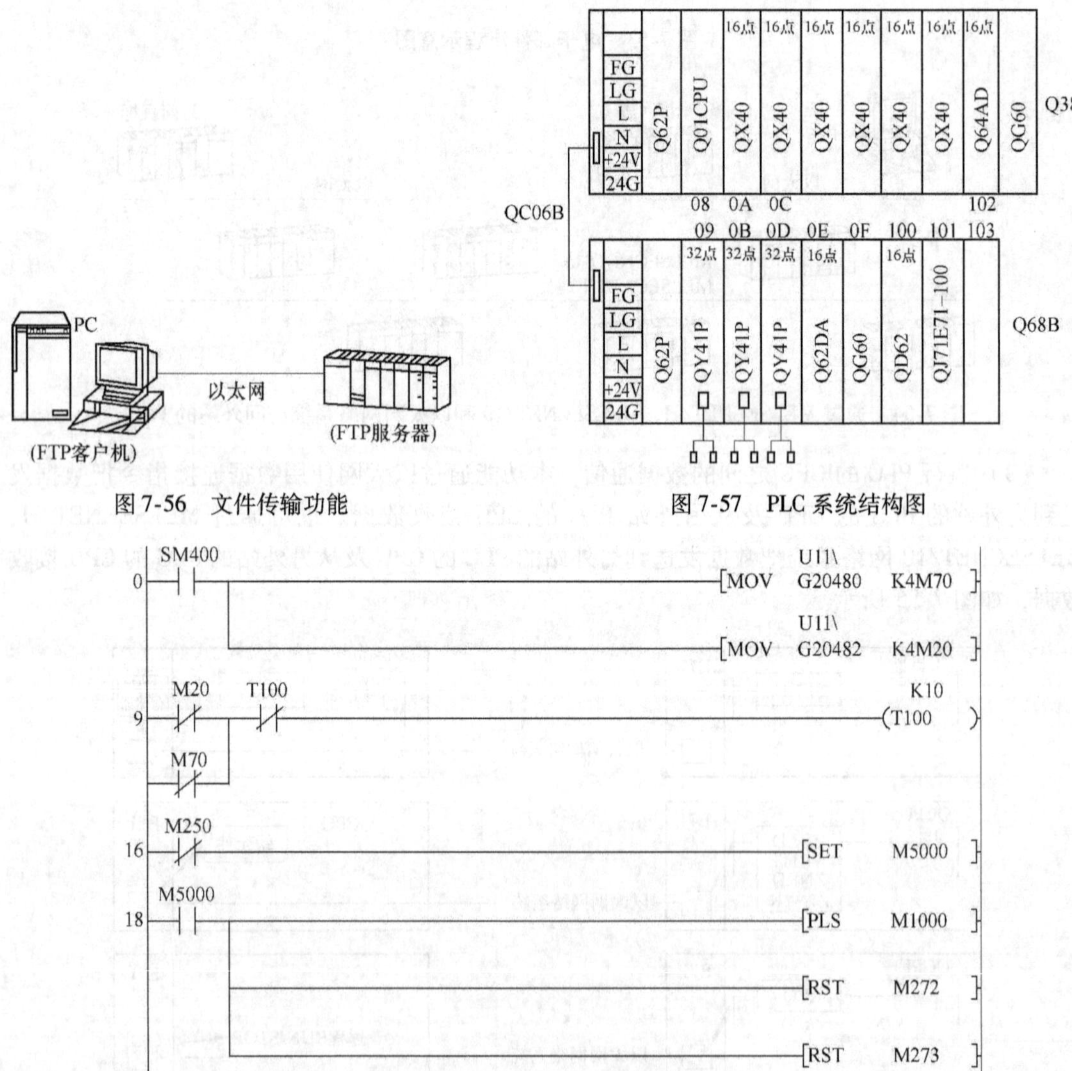


图 7-56　文件传输功能　　图 7-57　PLC 系统结构图

图 7-58　梯形图设计

```
      M5000   M20
23 ───┤ ├───┬──┤/├──┬────────────────────────[MOVP  H0   D100  ]
      T100  │  M70  │
   ───┤ ├───┘──┤/├──┴──────[ZP.OPEN "U11"  K1  D100  M700  ]

      M70     T18                                      K60
41 ───┤ ├─────┤/├────────────────────────────────────(T18    )

      SM400
47 ───┤ ├───┬────────────────────────────────[MOV   K25  D927  ]
            │
            └────────────────────────────────[MOV   K1   D928  ]

      T18
52 ───┤ ├──────────[ZP. BUFSND  "U11"  K1  D240  D927  M240  ]

      M700    M701
66 ───┤ ├───┬──┤/├───────────────────────────────[SET   M250  ]
            │  M701   M1000
            └──┤/├────┤ ├────────────────────────[SET   M251  ]

      M70
74 ───┤ ├────────────────────────────────────────[PLF   M460  ]

      M250    M460
77 ───┤ ├─────┤ ├────────────────────────────────[PLF   M461  ]

      M6000
81 ───┤ ├───┬────────────────────────────────────[PLS   M2000 ]
      M506  │
   ───┤ ├───┘

      M2000   M70
85 ───┤ ├───┬──┤ ├──┬──────[ZP.CLOSE   "U11"  K1  D220  M270  ]
      M461  │  M710 │
   ───┤ ├───┘──┤/├──┴────────────────────────────[SET   M710  ]

      M270    M271
103───┤ ├───┬──┤/├───────────────────────────────[SET   M272  ]
            │  M271
            ├──┤ ├───────────────────────────────[SET   M273  ]
            │
            ├────────────────────────────────────[RST   M250  ]
            │
            ├────────────────────────────────────[RST   M710  ]
            │
            └────────────────────────────────────[RST   M5000 ]

      M700    M701
114───┤ ├─────┤/├────────────────────────────────[RST   M251  ]

      SM400
117───┤ ├────────────────────────────────────────[RST   M5000 ]

      SM400
119───┤ ├───┬────────────────────────────────[MOVP  H1   D12   ]
            │
            └────────────────────────────────[MOVP  H0   D13   ]
```

图 7-58　梯形图设计（续）

```
      M701
124 ──┤ ├──┬──────────────────[ZP.EPRCLR  "U11"   D10    M90 ]
      M241 │
    ──┤ ├──┤
      M271 │
    ──┤ ├──┘

137 ─────────────────────────────────────────────────[END ]
```

图 7-58　梯形图设计（续）

该以太网参数的设置如图 7-59 所示。

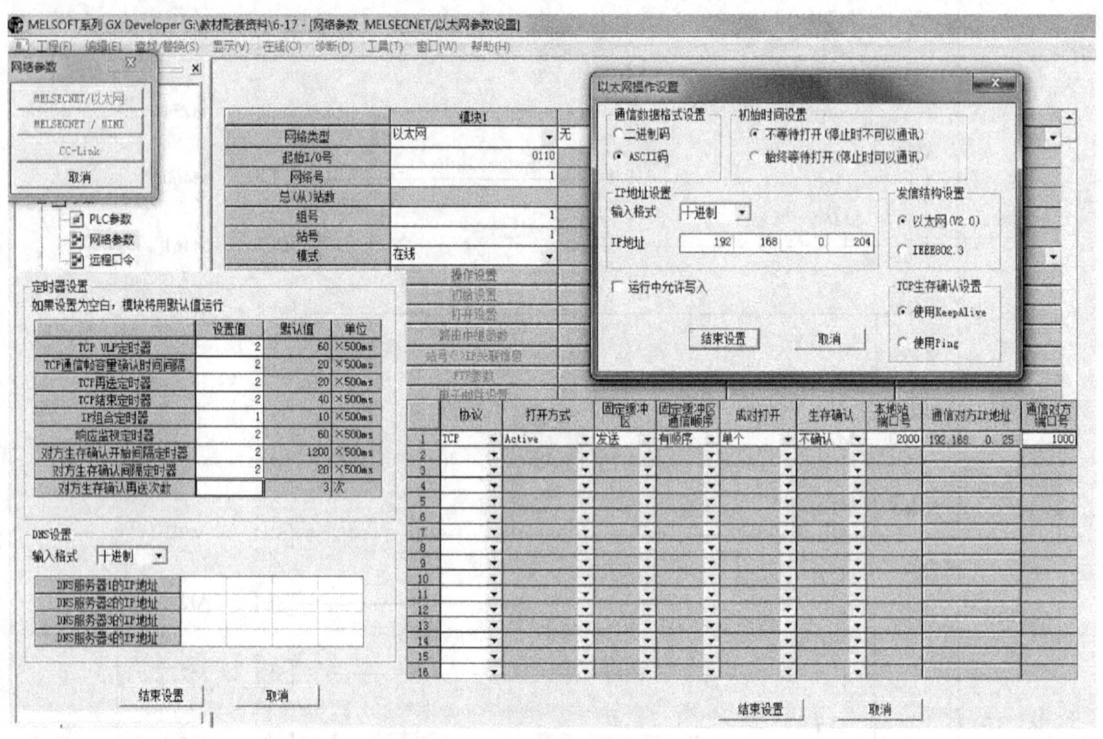


图 7-59　以太网参数的设置

[MOV　U11\G20480　K4M70] M70：一号连接建立连接完成的信号

[MOV　U11\G20482　K4M20] M20：一号连接建立连接请求信号

梯形图中所用的指令：ZP. OPEN、ZP. BUFSND、ZP. CLOSE、ZP. ERRCLR 等为以太网模块的专用指令。

# 第八章　$FX_{2N}$ 系列 PLC 控制系统综合应用实例

## 第一节　PLC 运动控制系统应用实例

### 一、PLC 运动控制系统的组成

PLC 运动控制系统的控制目标一般为位置控制、速度控制、加速度控制和转矩控制等。

位置控制是将一负载从某一确定的空间位置按一定的轨迹移动到另一确定的空间位置，例如机械手或机器人就是典型的位置控制系统。

速度控制和加速度控制是使负载按某一确定的速度曲线进行运动，例如电梯就是通过速度和加速度调节来实现平稳升降和平层，当然电梯运动控制系统的控制目标也包括位置控制，因为这些控制目标一般是互相配合进行工作的。

转矩控制是要通过转矩的反馈来维持转矩的恒定或遵循某一规律的变化，例如轧钢机械、造纸机械和传送带的张力控制等。

典型的运动控制系统的组成框图如图 8-1 所示。

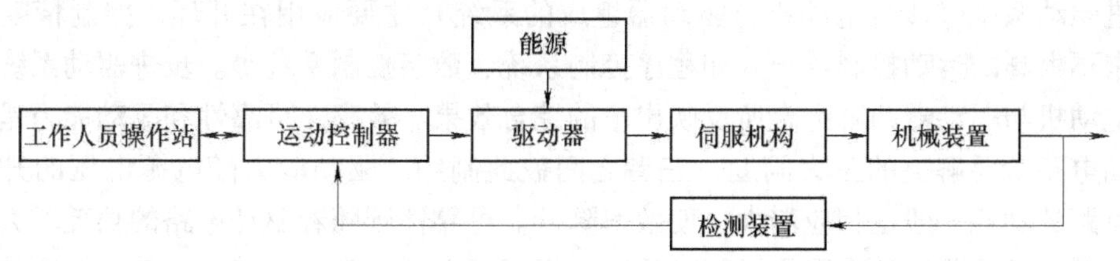


图 8-1　典型运动控制系统的组成框图

在 PLC 运动控制系统中，运动控制器采用 PLC，它是系统的“大脑”，检测装置相当于系统的“眼”、“鼻”等感觉器官，而驱动器和电动机则是运动控制系统的“四肢”，负责控制的执行。在运动控制系统中，需要检测的量主要是位置、速度和加速度等参数，执行元件可根据实际需要选取步进驱动系统、伺服驱动系统以及变频器驱动的传动系统。

#### （一）工作人员操作站

工业现场操作的工作人员使用的设备就称为工作人员操作站，它提供运动控制系统与工作人员的完整接口，通过操作人员的操作来实现各种控制调节和管理功能。

操作站一般采用 PC 装载组态元件，工作人员通过专用键盘、鼠标进行各种操作。在小型运动控制系统中可以采用触摸屏作为工作人员操作站。

运动控制系统还可以通过工作人员操作站与企业信息网络连接，以便实现系统的网络通信。

#### （二）运动控制器

运动控制器是运动控制系统的核心，可以是专用控制器，但一般都是采用具有通信能力的智能装置，如工业控制计算机（IPC）或可编程序控制器（PLC）等。对于 PLC 运动控制系统都是选用 PLC 作为运动控制器。

运动控制器的控制目标值是由上一级工作人员操作站提供的，在恒速系统中速度是给定的，在伺服系统中是速度与时间的关系曲线，即一条运动轨迹。

运动控制器可实现控制算法，如 PID 算法、模糊控制算法及各类校正算法等。总之，现代运动控制器可实现各种先进的控制算法。

PLC 作为通用控制装置，以其高可靠性、功能强、体积小、可以在线修改程序、易于与计算机连接、能对模拟量进行控制等优异性能，在工业控制领域中得到广泛应用，现已成为现代工业三大支柱之首。PLC 已在流水线、包装线、机械手、立体仓库等设备上得到广泛的应用，这些应用都属于运动控制的范畴。

**（三）驱动器**

驱动器的作用是将运动控制器输出的小信号放大以驱动伺服机构。对于不同类别的伺服机构，驱动器有电动、液动、气动等类型。

PLC 运动控制系统采用 PLC 作为运动控制器，通常使用的驱动器为变频器、伺服电动机驱动器，步进电动机环形驱动器等。

在一些对速度、位置的控制精度要求不高的场合，在运动控制系统中可以采用变频器控制交流电动机的方式来完成。在交流异步电动机的诸多调速方法中，变频调速的性能最好、调速范围大、静态稳定性好、运行效率高。采用通用变频器对交流异步电动机进行调速控制，由于使用方便，可靠性高，并且经济效益显著，所以这种方案逐步得到了推广。

步进驱动系统（步进电动机与驱动器组成的系统）主要应用在开环、控制精度及响应速度要求不太高的运动控制场合，如程序控制系统、数字控制系统等。步进驱动系统的运行性能是电动机与驱动器两者配合所反映出来的综合效果。效率、可靠性和驱动能力是步进电动机驱动电路所要解决的三大问题，三者之间彼此制约。驱动能力随电源电压的升高而增大，但电路的功耗一般也相应增大，使效率降低。可靠性则随着驱动电路的功耗增大、温度升高而降低。恒流驱动技术采用了能量反馈，提高了电源效率，改善了电动机矩频特性，国内外步进电动机驱动器大多都采用这种驱动方式。

交流伺服电动机的驱动装置采用了全数字式驱动控制技术后，使得驱动装置硬件结构简单，参数调速方便，输出的一致性，可靠性增加。同时，驱动装置可以集成复杂的电动机控制算法和智能控制功能，如增益自动调整、网络通信等功能，大大提高了交流伺服系统的适用范围。

**（四）伺服机构**

伺服机构是 PLC 运动控制系统的重要组成部分，选择运动控制系统的伺服机构首先应该确保在整个工作过程中都能拖运负载，其次是考虑它的性能对控制系统的影响，最后要考虑的就是在低速运行时必须平衡而且转矩脉动小，在高速运行时振动噪声应该小。

运动控制系统伺服机构按工作介质，可分为电动伺服机构、液压伺服机构和气动伺服机构。在中、小功率的运动控制系统中，电动伺服机构的应用比较广泛。电动伺服机构即控制电动机，与一般电动机相比有如下优点：

高可靠性：执行元件是控制系统的重要组成部分，所以它的可靠性显得十分重要。

高精度：系统的机械运动要精确满足控制要求，这就要求执行元件具有高精度。

快速性：在有些系统中，控制指令经常变化，其系统的动作要求反映非常迅速，这就要求执行元件能作出快速响应。高转矩、低惯量是控制电动机的基本特性。

经济性：控制电动机在系统中所占经济价值的比例较大，控制电动机的经济性显得尤为重要。

环境适应性：控制电动机应具有良好的环境适应性，往往比一般电动机的环境要求高许多。

目前控制电动机大多采用步进电动机或全数字化交流伺服电动机。

### （五）检测装置

在运动控制系统中是通过传感器获取系统中的几何量和物理量的信息，再将这些信息提供给运动控制器，为实现控制策略提供依据。

运动控制系统中的测量和反馈部分的核心是传感器。以传感器为核心的检测装置向操作人员或运动控制器反映系统状况，同时也可以在闭环控制系统中形成反馈回路，将指定的输出量馈送给运动控制器，而控制器则根据这些信息进行控制决策。运动控制系统中的传感器用于测量运动参数（如位置、速度和加速度等）和力学参数（如力和转矩等），也可以用于测量电气参数（如电压和电流等）。传感器是利用各种物理学原理，如电磁感应、光电效应、光栅效应、霍尔效应等，实现对各物理量的检测。

运动控制系统中的传感器在采用新原理、新工艺、新材料，并与先进的电子技术结合的基础上，朝着高精度、高可靠性和高速的方向发展。没有信息反馈的控制是盲目的，而错误的信息反馈也会导致控制的失误。检测装置的测量反馈部分与电动机、驱动器、运动控制器一样，是运动控制系统的主要组成部分。准确性和实时性是控制系统对测量反馈部分的基本性能要求，前者在一定程度上由传感器和以传感器为核心的测量静态特性进行描述，而后者则取决于其动态特性。

### （六）机械装置

机械装置是指电动机的负载，如工业系统中的风机、水泵及流体，轧机中的传送机构、轧辊和轧制中的钢材，机床中的主轴、刀架和工件，机械手和机器人的手臂，行走机构和施力对象等。机械装置作为电动机的负载，不仅包括机械系统的工作部分，如刀具和工件等，也包括机械系统中的机械传动链，如齿轮箱、传送带和滚珠丝杠等。运动控制系统中的机械装置由于其力学特性对系统施加影响，对整个运动控制系统进行分析时，机械装置是不可忽略的组成部分。

## 二、应用 $FX_{2N}$系列 PLC 与变频器实现系统无级调速的应用实例

### （一）带式传送机的 PWM 调速控制

（1）控制要求　利用 PLC 及变频器实现传送机的 PWM 调速控制。传送带由三个按钮控制，分别控制电动机的起动、停止和运行速度，当电动机起动后，可以通过转速按钮控制电动机的速度，按住增速按钮不放时转速将会以 0.5Hz/s 的加速变化，反之按住减速按钮不放转速将会以 0.5Hz/s 减速变化。

（2）系统组成　由传送带、交流电动机、变频器、指示与主令单元及 PLC 主机单元组成带式传送机的 PWM 调速控制系统，其系统组成如图 8-2 所示。

（3）带式传送机的 PWM 调速控制系统的变频器参数设置及其步骤　该系统涉及的变频器参数有 P66、P08、P09、P22、P23、P24，具体步骤如下：

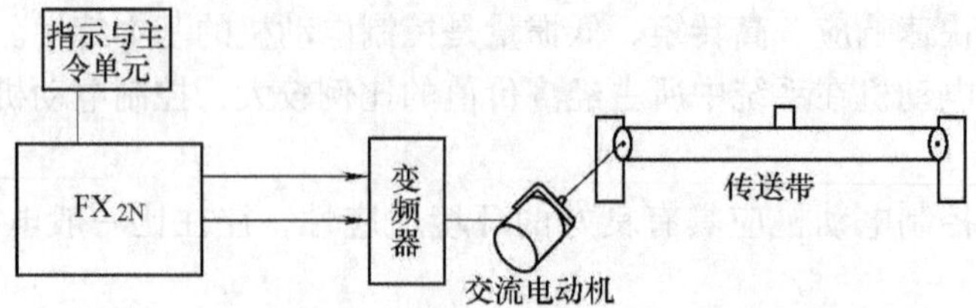


图 8-2　带式传送机用 PWM 控制的系统组成示意图

1）按图 8-3 及表 8-1 进行接线。

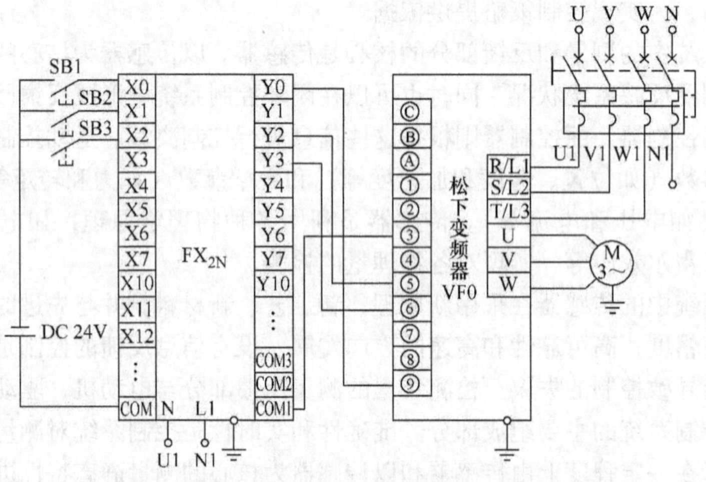


图 8-3　带式传送机的 PWM 调速控制系统原理接线图

**表 8-1　带式传送机的 PWM 调速控制系统分配表**

| 电源端子 | 变频器 | 电动机 | 指示与主令单元 | PLC 主机单元 |
|---|---|---|---|---|
| U | L1 | — | — | — |
| V | L2 | — | — | — |
| W | L3 | — | — | — |
| PE | PE | PE | — | — |
| — | U | U | — | — |
| — | V | V | — | — |
| — | W | W | — | — |
| 0V | 3 | — | SB1-1，SB2-1，SB3-1 | DC 电源输入“－” |
| — | 5 | — | — | Y2 |
| — | 6 | — | — | Y3 |
| — | 9 | — | — | Y0 |
| — | — | — | SB1-2 | X0 |
| — | — | — | SB2-2 | X1 |
| — | — | — | SB3-2 | X3 |
| 24V | — | — | — | DC 电源输入“＋”，数字量输入“COM” |

2）变频器参数初始化：将“P66”设置为“1”。

3）设定频率：将参数 P09 设定为“1”。

4）设定变频器运行方式：将“P08”设定为“2”。

5）将 P22 置为“1”。

6）将 P23 置为“1”。

7）将 P24 置为“100”。

8）将写好的 PLC 程序下载到 PLC 中，其梯形图程序如图 8-4 所示。

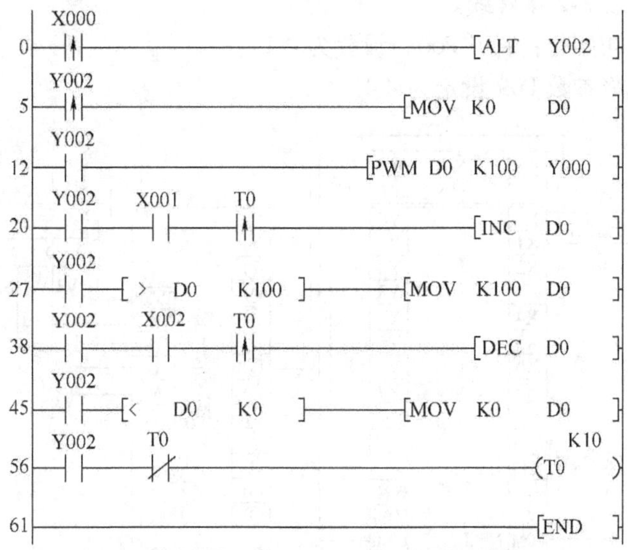


图 8-4　带式传送机的 PWM 调速控制系统梯形图程序

9）调试运行：SB1 是起动/停止按钮，在停止状态下，按下 SB1 将起动电动机。在运行状态下，按下 SB1 电动机就会停止运行，SB2 加速控制，SB3 减速控制。

脉冲宽度调制（PWM）是英文“Pulse Width Modulation”的缩写，简称脉宽调制。它是利用控制器的数字输出来对模拟电路进行控制的一种非常有效的技术，广泛应用于测量、通信、功率控制与变换等许多领域。采用 PWM 进行电压和频率的控制，该信号由 PLC 提供，PWM 指令可以直接与变频器一起使用，以控制电动机的运行及速度，变频器的频率输出与 PWM 的关系式如下：

$$频率指令值 = \frac{\text{ON 时间}}{\text{PWM 周期}} \times 最大输出频率$$

设置变频器参数时要特别注意：变频器的周期单位要与 PLC 的周期单位一致，如 PLC 输出 PWM 的周期为 1ms，对应变频器的周期也应该设置为 1ms。

**（二）采用模拟量模块实现带式传送机的无级调速控制**

（1）控制要求　利用 PLC 及变频器实现传送机的模拟量调速控制。传送带由两个按钮控制，分别控制电动机的起动与停止。按下起动按钮，电动机起动并以每秒增加 0.1Hz 的速度运行，直到最大输出频率 50Hz 后停止运行。在电动机运行期间按下停止按钮，电动机将会停止。

（2）系统组成　由传送带、交流电动机、变频器、指示与主令单元、PLC 主机及模拟量单元组成带式传送机的无级调速控制系统，如图 8-5 所示。

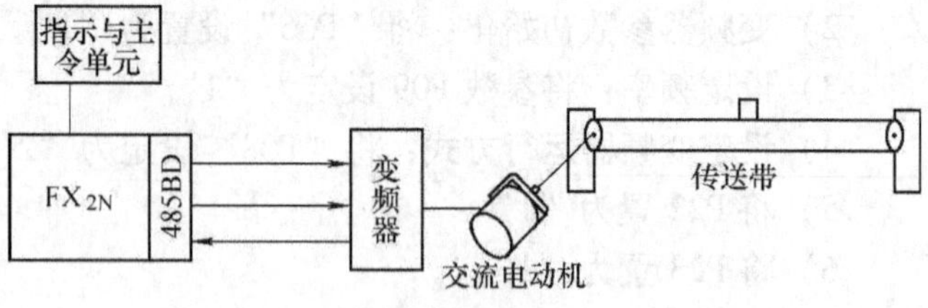


图 8-5　调速控制系统组成示意图

（3）模拟量模块实现带式传送机的无级调速控制系统的变频器参数设置及其步骤　该系统涉及的变频器参数有 P66、P08、P09，具体步骤如下：

1）按图 8-6 及表 8-2 接好线。

2）变频器参数初始化：将“P66”设置为“1”。

3）设定频率：将参数 P09 设定为“4”。

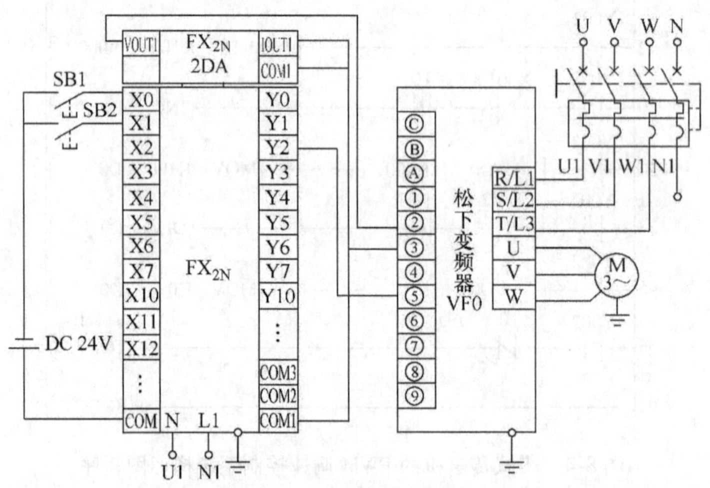


图 8-6　带式传送机的无级调速控制系统原理接线图

**表 8-2　带式传送机的无级调速控制系统分配表**

| 电源端子 | 变频器 | 电动机 | 指示与主令单元 | PLC 主机单元 |
|---|---|---|---|---|
| U | L1 | — | — | — |
| V | L2 | — | — | — |
| W | L3 | — | — | — |
| PE | PE | PE | — | — |
| — | U | U | — | — |
| — | V | V | — | — |
| — | W | W | — | — |
| 0V | 3 | — | SB1-1，SB2-1 | DC 电源输入“－”，数字量输出 COM1，模拟量 COM1、IOUT1 |
| — | 5 | — | — | Y2 |
| — | 2 | — | — | VOUT1 |
| — | — | — | SB1-2 | I0.0 |
| — | — | — | SB2-2 | I0.1 |
| 24V | — | — | — | DC 电源输入“＋”，数字量输入“COM” |

4）设定变频器运行方式：将“P08”设定为“2”。

5）编写 PLC 程序下载到 PLC 中，其梯形程序如图 8-7 所示。

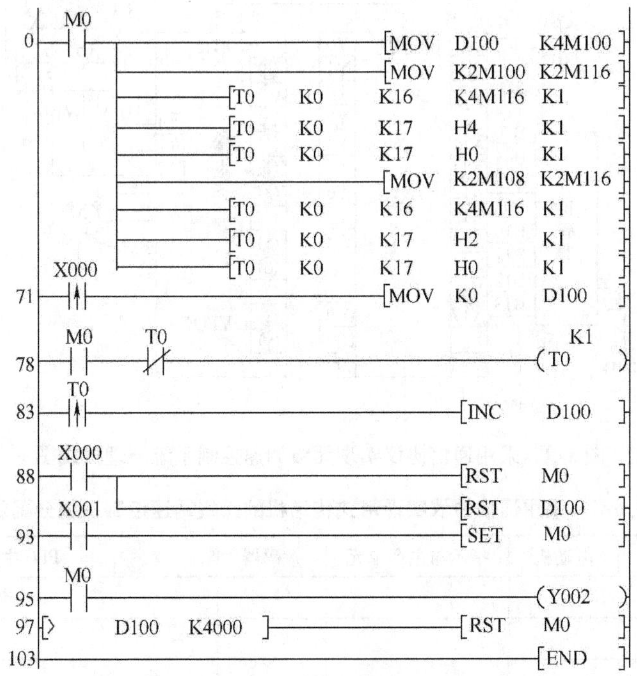


图 8-7　带式传送机的无级调速控制系统梯形图程序

6）起动：按下 SB1，电动机起动并以每秒增加 0.1Hz 的速度运行，直到最大输出频率 50Hz 后停止增加。

7）在运行过程中，按下 SB2，电动机将停止运行。

**（三）采用通信协议实现带式传送机的无级调速控制**

（1）控制要求　系统由两个按钮和一个两位的拨码器控制，按钮分别控制传送带的起动和停止，拨码器作为信号的输入控制变频器的输出频率，变频器输出可以在 0 ~ 50Hz 之间整数变化。

（2）系统组成　系统由指示与主令单元、PLC、变频器、交流电动机及传送带组成，其系统构成示意图如图 8-8 所示。

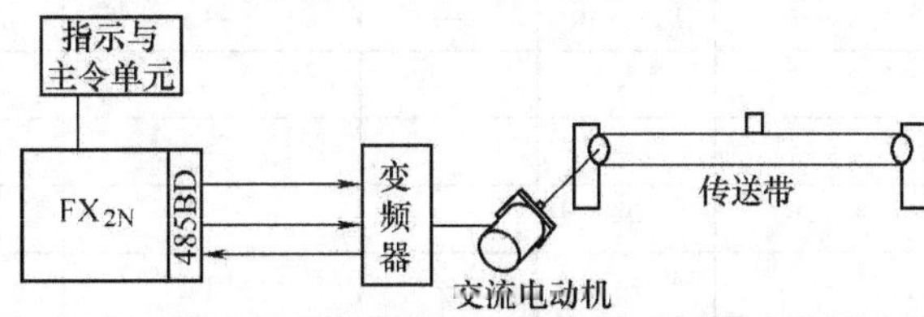


图 8-8　采用通信协议实现无级调速控制系统构成示意图

（3）具体步骤　系统设置及编程具体步骤如下：

1）按图 8-9 及表 8-3 接好线。

2）变频器参数初始化：将“P93”设置为“1”。

3）设定频率：将参数 P08 设定为“6”。

4）设定变频器运行方式：将“P09”设定为“6”。

5）编写 PLC 程序并编译、下载到 PLC 中，程序如图 8-10 所示。

6）SB1 是停止按钮，SB2 是起动按钮，变频器起动后将按照拨码器的数值运行。

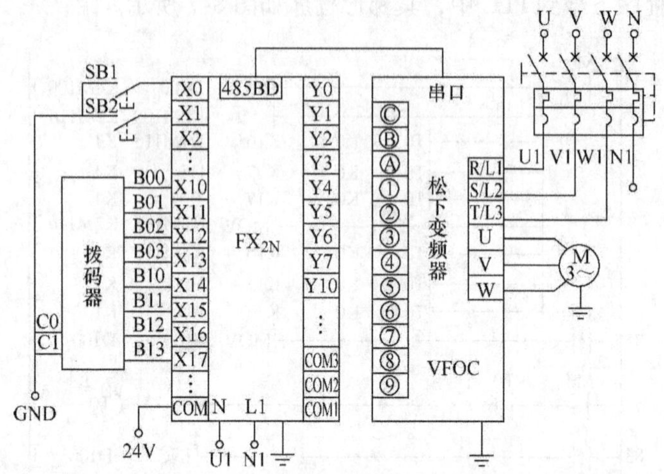


图 8-9　采用通信协议实现无级调速控制系统原理接线图

**表 8-3　采用通信协议实现带式传送机的无级调速控制系统分配表**

| 电源端子 | 变频器 | 电动机 | 指示与主令单元 | 拨码器 | PLC 主机单元 |
|---|---|---|---|---|---|
| U | L1 | — | — | — | — |
| V | L2 | — | — | — | — |
| W | L3 | — | — | — | — |
| PE | PE | — | — | — | — |
| — | U | U | — | — | — |
| — | V | V | — | — | — |
| — | W | W | — | — | — |
| 0V | 3 | — | SB1-1，SB2-1 | C0，C1 | DC 电源输入“－” |
| — | — | — | — | B00 | X10 |
| — | — | — | — | B01 | X11 |
| — | — | — | — | B02 | X12 |
| — | — | — | — | B03 | X13 |
| — | — | — | — | B10 | X14 |
| — | — | — | — | B11 | X15 |
| — | — | — | — | B12 | X16 |
| — | — | — | — | B13 | X17 |
| — | — | — | SB1-2 | — | X0 |
| — | — | — | SB2-2 | — | X1 |
| — | D＋ | — | — | — | SDA |
| — | D－ | — | — | — | SDB |
| — | SG | — | — | — | V－ |
| — | D－、E | — | — | — | — |
| 24V | — | — | — | — | DC 电源输入“＋”，数字量输入“COM” |

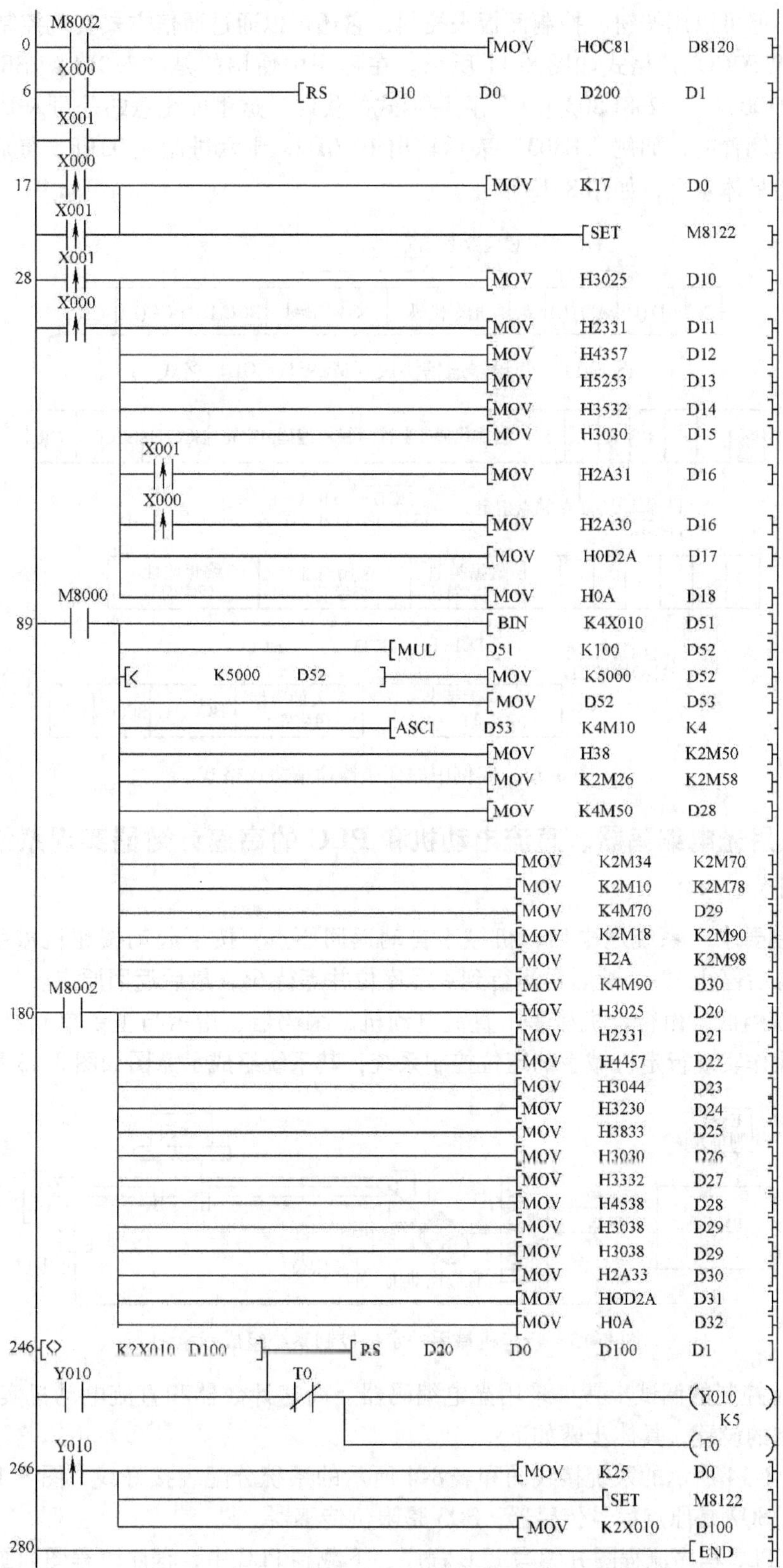


图 8-10　带式传送机的无级调速控制系统梯形图程序

变频器不但可以用按钮、控制面板来控制，它还可以通过通信方式实现控制，变频器通信协议（MEWTOCOL）格式如图8-11所示。在程序中使用的是“%01#WCSR25001＊＊”和“%01#WDD0023800238E803＊＊”两种形式的代码，这里要注意的是写入DT238寄存器时，其数据是倒置的，如例“E803”表示输出10.0Hz，十六进制是03E8，最后两个“＊”表示没有校验具体意义，如图8-12所示。

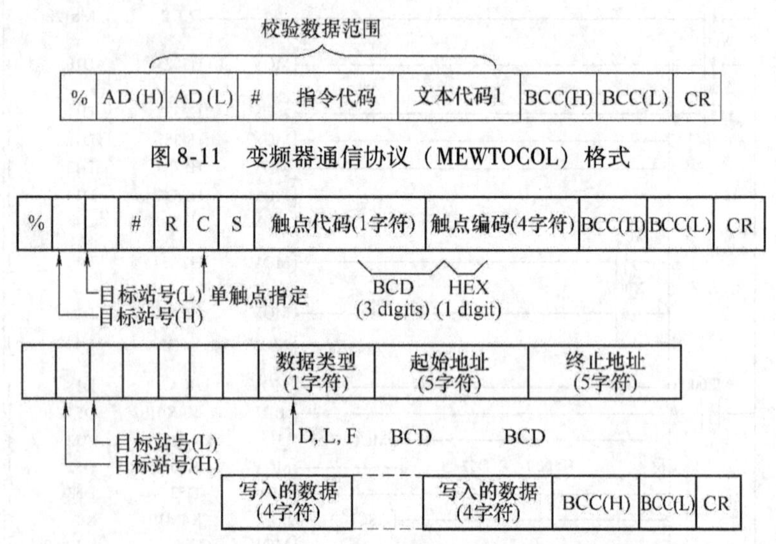


图8-11　变频器通信协议（MEWTOCOL）格式



图8-12　实例中的变频器通信协议格式

## 三、应用光电编码器、直流电动机和PLC的高速计数器实现系统定位控制的应用实例

（1）控制要求　系统通电后，机械手自动返回原点，按下起动按钮机械手开始运动，到达一号库位后停止10s，然后再运行到4号库位并等待6s，最后返回原点。

（2）系统组成　由行走机械手、直流电动机、编码器、指示与主令单元及PLC主机单元组成手动操作实现行走机械手的定位控制系统，其系统组成示意图如图8-13所示。

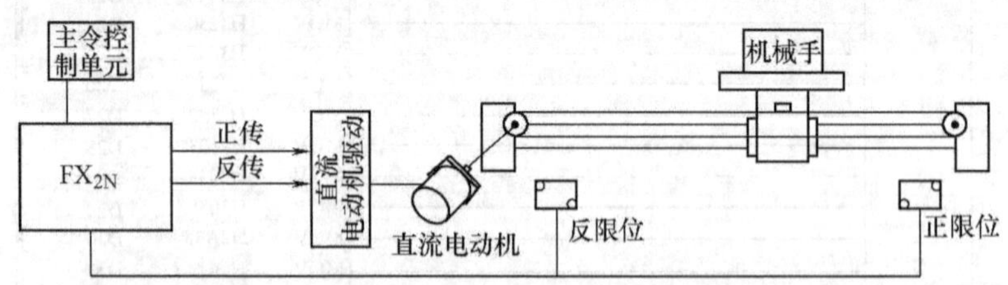


图8-13　行走机械手的定位控制系统组成示意图

（3）定位控制的调试步骤　采用光电编码器、高速计数器和直流电动机实现行走机械手的定位控制的设置，具体步骤如下：

1）按图8-14所示的系统接线图和表8-4所示的系统分配表接好线，图8-14中SQ1是旋转编码器，SQ2是原点信号传感器，SQ3是限位传感器。

2）设计PLC程序流程图并编写PLC程序，下载到PLC中，程序流程图如图8-15所示，PLC梯形图程序如图8-16所示。

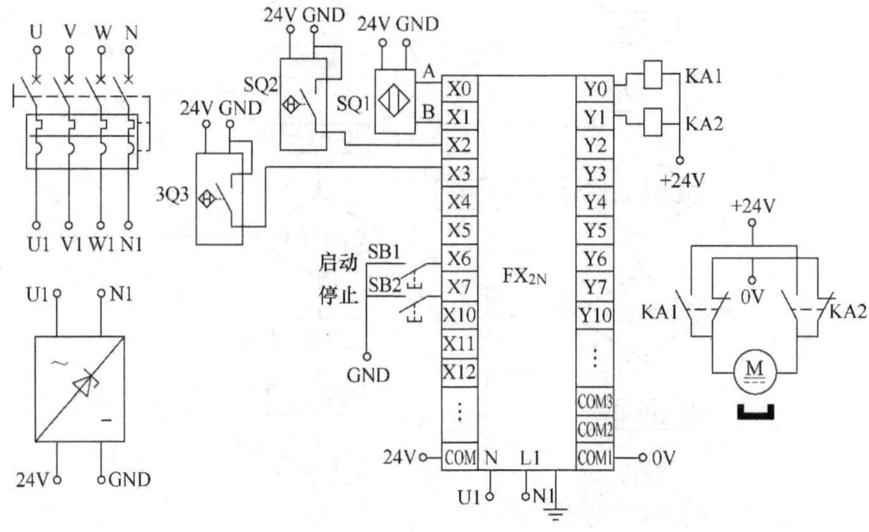


图 8-14　行走机械手的定位控制系统原理接线图

**表 8-4　行走机械手的定位控制系统分配表**

| 电源端子 | 指示与主令单元 | 传感器 | PLC 主机单元 |
|---|---|---|---|
| 24V | — | SQ1 SQ2 SQ3 | DC 电源输入“+”，数字量输入“COM” |
| 0V | SB1-1，SB2-1 | SQ1 SQ2 SQ3 | DC 电源输入“-”，数字量输出“COM1” |
| — | — | SQ1-A | X0 |
| — | — | SQ1-B | X1 |
| — | — | SQ2 | X2 |
| — | — | SQ3 | X3 |
| — | SB1-2 | — | X6 |
| — | SB2-2 | — | X7 |
| — | KA1 | — | Y0 |
| — | KA2 | — | Y1 |

3）调试：按下 SB1 机械手开始运动，到达 1 号库位后停止 10s，然后再运行到 4 号库位并等待 6s，最后返回原点，如果通电后机械手不返回原点，而是往原点的反方向运行，这时调换一下直流电动机的电源线即可。

本节使用了光电编码器，并使用了 PLC 的高速计数器功能，下面具体介绍其相关知识。

（1）FX$_{2N}$系列 PLC 高速计数器的功能　FX$_{2N}$有多个高速计数器，可以选择三种不同的操作模式，分别是 1 相 1 计数输入、1 相 2 计数输入和 2 相 2 计数输入。其主要功能是接收外部（如来自传感器或编码器）的信号进行计数。当计数值达到目标值时，使指定的输出接通或断开。应用 PLC 的高速计数器功能就可以实现精确的速度与位置控制，因此高速计数器这种功能在实际工程中应用极为广泛。

（2）位置控制系统中的检测元件　在位置控制系统中，必须使用检测元件来检测位置、速度等参数。在半闭环控制系统中，检测元件安装在电动机轴的非负载侧，通过检测电动机轴的转角来间接反映运动部件的运动参数。在闭环控制系统中，检测元件直接检测运动部件

开始
初始化
是否在原点?
N
返回原点
Y
是否起动?
N
Y
电动机正转
是否已到位?
N
Y
电动机停转
延时
电动机正转
是否已到位?
N
Y
延时
返回原点
结束

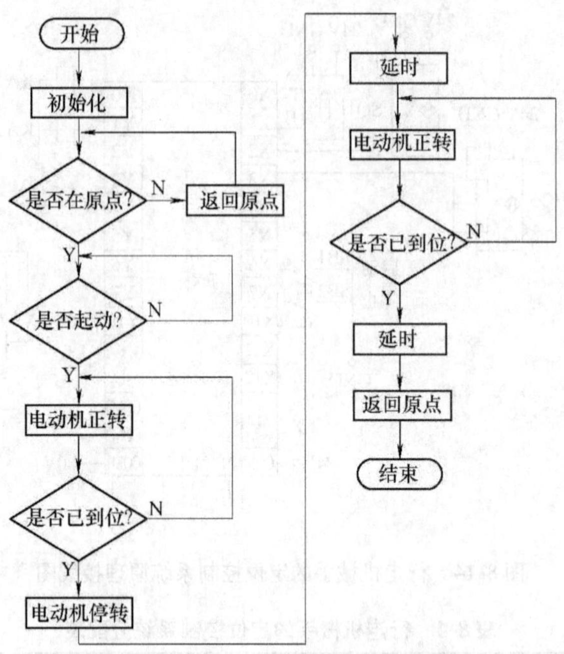

图 8-15　行走机械手的定位控制系统流程图

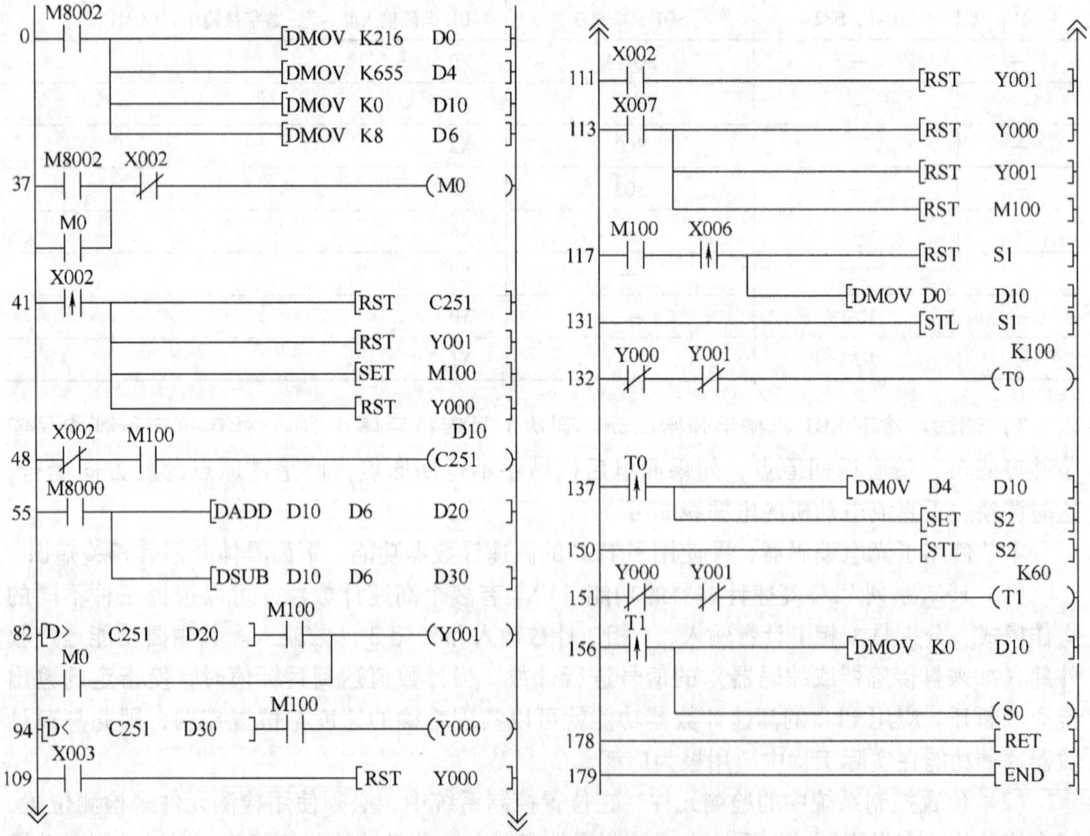

0 M8002 [DMOV K216 D0]
[DMOV K655 D4]
[DMOV K0 D10]
[DMOV K8 D6]
37 M8002 X002 (M0)
M0
41 X002 [RST C251]
[RST Y001]
[SET M100]
[RST Y000]
48 X002 M100 D10 (C251)
55 M8000 [DADD D10 D6 D20]
[DSUB D10 D6 D30]
82 [D> C251 D20] M100 (Y001)
M0
94 [D< C251 D30] M100 (Y000)
109 X003 [RST Y000]
111 X002 [RST Y001]
113 X007 [RST Y000]
[RST Y001]
[RST M100]
117 M100 X006 [RST S1]
[DMOV D0 D10]
131 [STL S1]
132 Y000 Y001 K100 (T0)
137 T0 [DM0V D4 D10]
[SET S2]
150 [STL S2]
151 Y000 Y001 K60 (T1)
156 T1 [DMOV K0 D10]
(S0)
178 [RET]
179 [END]

图 8-16　行走机械手定位控制的梯形图程序

的运动参数。在位置控制系统中，传感器不但要完成位置检测，同时还要完成速度测量和电动机转子位置的检测。目前，并不是所有的检测元件都能同时完成这三种参数的检测，必须针对具体的控制对象来选择合适的检测元件。

位置控制系统中常用的检测元件有光电式传感器和电磁式传感器等。下面介绍常用的光电编码器器的特点、结构及其工作原理。

1）光电编码器的特点：光电编码器电路简单，容易实现高分辨率检测；其缺点是不耐冲击与振动，容易受温度影响，环境适应能力较差。由于光电编码器具有体积小、重量轻、使用方便的优点，能实现机器与仪器的自动测量、数显及数控，因而发展迅猛，其应用已深入到机械工业、农业、水力、气象、医学、建筑和邮电等行业中，并在数控机床、机器人、伺服传动、自动控制等技术领域中也得到了广泛的应用。光电编码器根据其结构形式可以分为旋转式和直线式。旋转光电编码器用于检测角度位置，也可通过机械传动转换成直线运动来检测线性位置。随着光刻技术的飞速发展以及大批量的生产，旋转编码器的价格大幅下降，同时精度，以及其他技术指标也获得大幅度的提高。按脉冲与对应位置（角度）的关系，旋转光电编码器通常分为增量式光电旋转编码器、绝对式光电旋转编码器以及将上述两者结合为一体的混合式光电编码器。光电编码器常见的类型主要有单相输出、正交 AB 相增量脉冲输出、绝对值格雷码输出、原点输出等。光电旋转编码器与以前使用的检测旋转角度产品（如凸轮开关、旋转变压器、测速机等）相比，在性能、价格、体积、重量、数字化方面旋转编码器都具有较大的优势，它已成为检测旋转角度和线性位置最为重要的工具。随着工业自动化事业发展，光电编码器的应用领域不断扩大。

2）光电式旋转编码器的结构及其工作原理：增量式光电编码器的特点是：每产生一个输出脉冲信号就对应一个增量位移角，即能产生与轴角位移增量等值的电脉冲。这种编码器的作用是：提供一种对连续轴角位移量离散化或增量化以及角位移变化（角速度）的传感方法，但它不能直接检测电动机轴的绝对角度。图 8-17 所示为增量式光电编码器的构造。光电编码器由光源、转盘（动光栅）、遮光板（定光栅）以及光栅元件 4 个基本部分组成。转动圆盘上刻有均匀的透光缝隙，相邻两个透光缝隙之间代表一个增量周期。遮光板上刻有与转盘相应的透光缝隙，用来通过或阻挡光源与位于遮光板后面的光敏元件之间的光线，通常遮光板上所刻制的两条缝隙使输出信号的电角度相差 90°，即所谓两路输出信号正交。同时，在增量式光源光电编码器中还有用作参考零位的标志脉冲。因此，在转动圆盘和遮光板相同半径的对应位置上刻有一道透光缝隙。标志脉冲通常与数据通道有着特定的关系，用来表示机械位置或对累积量清零。

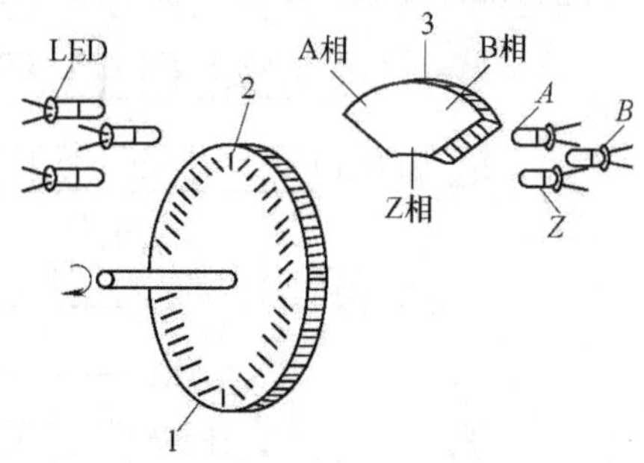


图 8-17　增量式光电编码器的构造
1—转盘（动光栅）　2—光缝隙
3—遮光板（定光栅）

光电旋转编码器的关键技术和主要技术难点都集中在光栅的制造上，因为光栅直接影响检测的精度、检测信号的可靠性以及抗冲击性。旋转编码器的光栅一般有金属和玻璃两种，若用金属制造，则在转盘上开通光槽（孔），若用玻璃制造，则在玻璃表面涂一层遮光膜，再加工形成透明线条。在槽数少的场合下（一般小于 1000P/r），可以在金属圆盘使用冲压或腐蚀的方法开槽，当槽数较多时，腐蚀加工也是很困难的，光刻技术几乎成了唯一的手段。

下面，就使用增量式光电旋转编码器应该了解的几个基本问题说明如下：

①增量式光电旋转编码器的分辨率。光电编码器的分辨能力是以电动机轴转动一周编码器所产生的输出信号的基本周期数来表示的，并以此定义编码器的分辨率。因此光栅盘上的槽或窗口就等于编码器的分辨率。在工业电气传动中，根据不同的应用对象，可选择分辨率为 500～5000P/r 的增量式光电编码器。

②增量式光电编码器的精度。通常精度用角度、角分或角秒来表示。编码器精度与光栅缝隙的加工质量、转盘的机械旋转情况等制造精度因素有关，也与安装技术有关。

③增量式光电编码器输出的稳定性。编码器输出的稳定性是指在实际运行条件下，保持规定精度的能力。影响编码器输出性能稳定性的主要因素是温度对电子器件造成的漂移、外界加于编码器的变形力以及光源特性的变化。由于受到温度和电源变化的影响，编码器的电子电路不能保持规定的输出特性，在设计和使用时都要充分考虑到这一点。

④增量式光电旋转编码器的响应频率。光电编码器的响应频率取决于光敏元件、电子处理电路的响应速度。当编码器高速旋转时，如果其分辨率很高，那么编码器输出的信号频率将会很高。如果光敏元件和电子电路元件的工作速度不能与之相适应，就有可能使输出波形严重畸变，甚至会产生丢失脉冲的现象。这样，输出信号就不能准确反映转角位移。所以，每一种编码器在其分辨率确定的条件下，它的最高转速也是一定的，也就是说它的响应频率是受限制的。

⑤编码器内输出信号的处理。在大多数情况下，直接从编码器光电元件获取的信号电平较低，波形也不规则，还不能适用于控制、信息处理和远距离传输的要求。所以，在编码器内还必须将此信号放大与整形，经过处理的信号容易进行数字处理，所以这种输出信号在运动控制系统中应用十分广泛，光电编码器脉冲输出形式如图 8-18 所示。将编码器输出的信号进行硬件和软件处理，就可以对运动控制的各种参数进行检测。

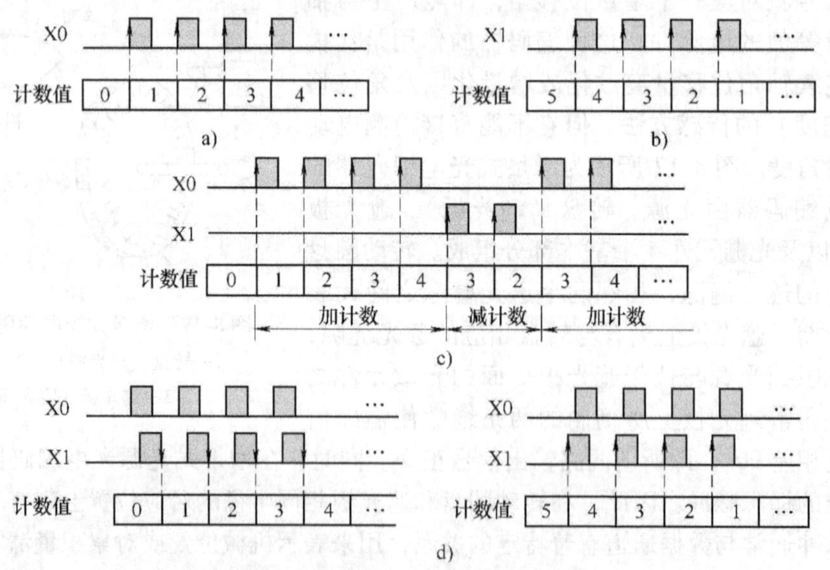


图 8-18　光电编码器脉冲输出形式

a）单路脉冲增序计数　b）单路脉冲降序计数　c）双路脉冲输出　d）双路正交输出

• 位置检测。以运动机械的某一设定点为原点，机械运动过程中带动光电编码器的输入轴旋转，从而在旋转编码器的输出端产生脉冲序列，其脉冲的个数与机械运动的路程成正比。由此，对光电编码器输出脉冲进行计数就可计算出运动机械到设定原点的距离。

• 运动速度检测。光电编码器的输出脉冲频率正比于其输入轴转速（即运动机械的速度）。在需要检测瞬时运动速度时，可用检测脉冲周期的方法来换算。当需要检测机械的平均速度时，则用定时法检测脉冲的频率，然后用频率来计算平均速度。

• 运动加速度的检测。可以用测量两个相邻脉冲的周期来换算机械运动的加速度。若两个相邻脉冲的周期分别为 $T_1$ 和 $T_2$，则其换算公式为

$$\alpha = \frac{2k\ (T_1 - T_2)}{T_1 T_2\ (T_1 + T_2)} \tag{8-1}$$

式（8-1）中的 $k$ 为传递系数。由于光电编码器受制造工艺的限制，即是在理想匀速转动下也很难保证 A 相和 B 相的输出脉冲宽度完全相等，因此在检测 $T_1$ 和 $T_2$ 时最好采用 Z 信号或检测多个 A（或 B）相信号的周期以减少不均匀误差。

• 方向检测。光电编码器的输入轴旋转方向不同，则 A、B 和 Z 信号的相位就不同。由此可通过检测 AB 或 AZ 的相位来判别其方向。

3）E6A2-CW5C 型光电码盘：本例所使用的 E6A2-CW5C 型旋转码盘属于脉冲盘式编码器。它的工作原理如下：

脉冲盘式编码器的圆盘上等角距地开有两道缝隙，内外圈的相邻两缝距离错开半条缝，另外，在某一径向位置，一般在内外圈之外，开有一狭缝，表示盘码的零位。在它们的相对两侧分别安装光源和光电接收元件，如图 8-19 所示。当转动码盘行进时，光线经过透光和不透光的区域，每个码道将有一系列光电脉冲输出。通过对光电脉冲计数、显示和处理，就可以测量出码盘的转动角度。

（3）利用高速计数器与光电编码器配合的定位控制方法　利用高速计数器将光电编码器输入的脉冲计数后进行相应的程序处理，最后用处理的结果控制执行机构，从而达到定位的目的。目前常用的定位控制方法有两种：

1）利用 PLC 比较指令定位的方法：这种方法是初学者最常用，也是最容易理解和掌握的方法，其工作原理是：利用 PLC 高速计数器中的计数值与预设的目标值相比较，如果 PLC 中的高速计数器计数值与目标值相匹配则执行相应的动作，其程序流程图如图 8-20 所示。从图 8-20 可以看出，利用 PLC 比较指令定位的方法其定位响应速度（及时性）取决于 PLC 的扫描周期，如果 PLC 的程序很大，相应的扫描周期就长，影响了定位的响应速度。这种方法适用于系统定位响应速度要求不高的场合。

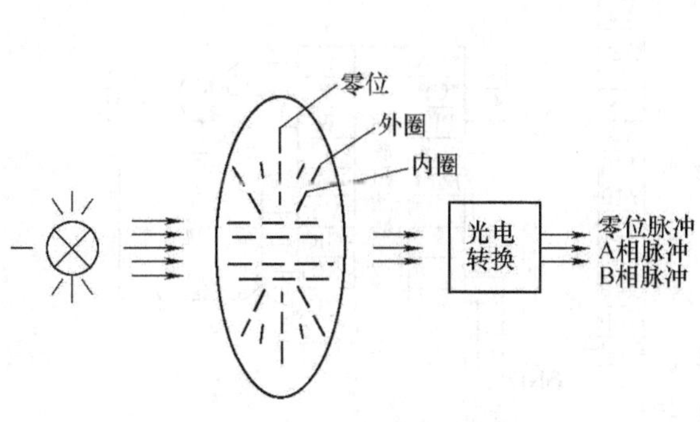


图 8-19　脉冲盘式编码器

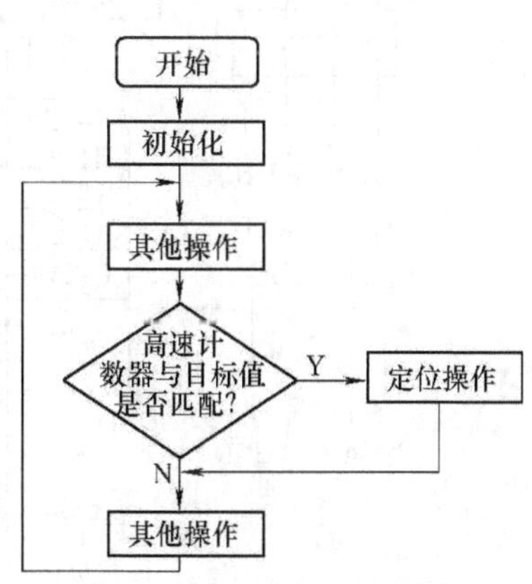


图 8-20　利用 PLC 比较指令定位的程序流程图

2）利用高速计数器中断程序定位的方法：利用 PLC 高速计数器中断程序定位是一种最有效、最及时、占用 PLC 扫描时间最短的方法，它不需要 PLC 主程序时刻去查询高速计数器是否与目标值匹配，因此它的动作不会受到 PLC 扫描时间的影响，其程序流程图如图 8-21 所示。在设置高速计数器时，设定好产生中断的条件，当高速计数器计数值达到匹配值时自动调用中断程序。这种方法适用于系统定位响应速度要求高的场合。

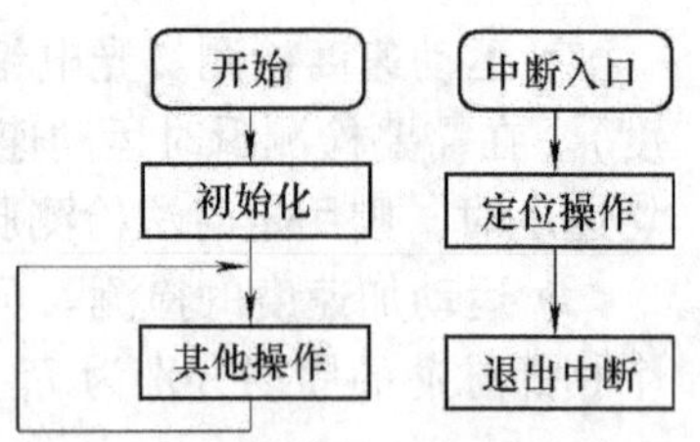

图 8-21　利用 PLC 高速计数器中断程序定位的程序流程图

## 四、应用伺服驱动系统实现机械手速度与位置控制的应用实例

### （一）采用伺服驱动系统实现机械手的手动多速控制

（1）控制要求　系统设有 5 个控制按钮：一个起动按钮、一个停止按钮和三个速度按钮，三个速度按钮分别控制不同的速度。按下起动按钮后，机械手返回原点；按下速度按钮 1，机械手将会以 100Hz 的频率运行到极限位置，然后以 500Hz 的频率返回原点；按下速度按钮 2，机械手将会以 400Hz 的频率运行到极限位置，然后以 600Hz 的频率返回原点；按下速度按钮 3，机械手将会以 800Hz 的频率运行到极限位置，然后以 1000Hz 的频率返回原点；在机械手运行的过程中按下停止按钮，机械手立即停止运动。

（2）系统组成　行走机械手的速度控制系统构成示意图如图 8-22 所示，该系统由行走机构、伺服电动机、伺服电机驱动器、指示与主令单元及 PLC 主机单元组成。

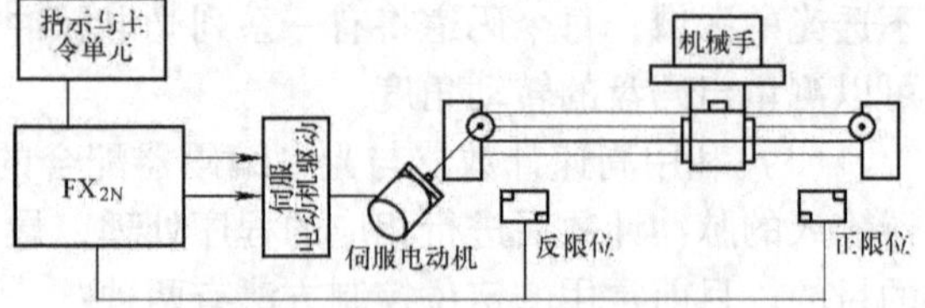

图 8-22　行走机械手的速度控制系统构成示意图

（3）调试步骤　伺服电动机驱动器设置及具体步骤如下：

1）按图 8-23 所示的系统原理接线图进行接线。

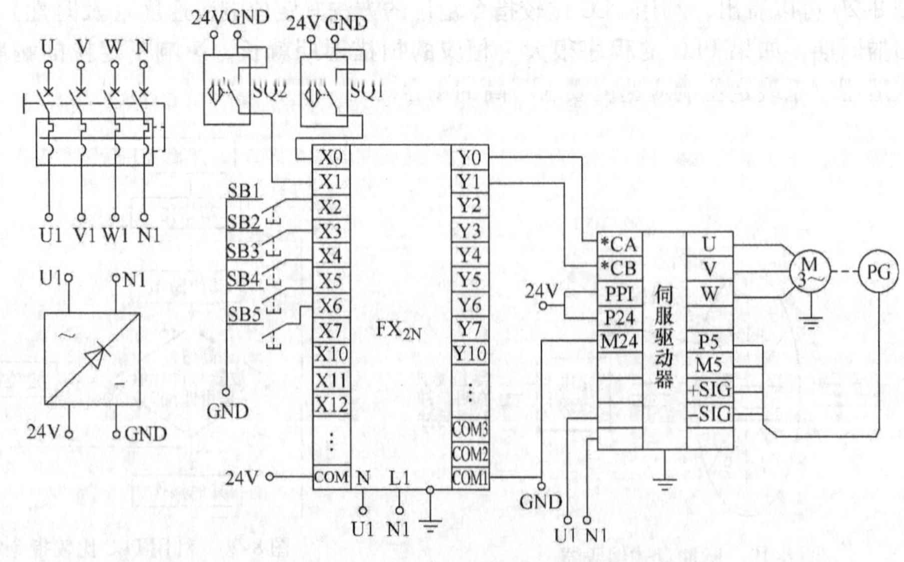

图 8-23　行走机械手的速度控制系统原理接线图

2）打开伺服驱动器编程软件，按图 8-24 所示设置参数，然后下载到驱动器中。

| No | 设定项目 | 设定值 | 设定范围 | 初始值 |
|---|---|---|---|---|
| 1 | 指令脉冲修正 α | 16 | 1～32767 | 16 |
| 2 | 指令脉冲修正 β | 1 | 1～32767 | 1 |
| 3 | *脉冲列输入形态 | 0 | 0…指令脉冲/指令符号　1…正转脉冲/反转 | 1 |
| 4 | *回转方向/输出脉冲相位切换 | 0 | 正方向指令时回转方向/CCW回转时输出脉冲 | 0 |
| 5 | 调节模式 | 0 | 0…自动调节　1…半自动调节　2…手动调节 | 0 |
| 6 | 负荷惯性比 | 5.0 | 0.0～100.0 | 5.0 |
| 7 | 自动调节增益 | 10 | 1～20 | 10 |
| 8 | 自动向前增益 | 5 | 1～20 | 5 |
| 9 | *控制模式切换 | 0 | 0…位置　1…速度　2…转矩　3…位置<=> | 0 |
| 10 | *CONT1信号分配 | 1 | 0…无指定 1…RUN 2…RST 3…+OT 4…-OT | 1 |

图 8-24　伺服驱动器参数设置

3）行走机械手速度控制程序设计流程图如图 8-25 所示，编写 PLC 程序并下载到 PLC 中，其梯形程序如图 8-26 所示。

4）SB1 是停止按钮，SB2 是起动按钮，SB3、SB4、SB5 分别是三个速度的控制按钮。

（4）伺服电动机简介

1）伺服电动机的特点　伺服电动机在自动控制系统中作为执行元件，又称为执行电动机。其接收到的控制信号转换为轴的角位移或角速度输出。改变控制信号的极性和大小，便可改变伺服电动机的转向和转速。这种电动机有信号时就动作，没有信号时就立即停止。伺服电动机具有无自转现象、机械特性和调节特性线性度好、响应速度快等特点。伺服电动机分为交流伺服电动机和直流伺服电动机。

2）交流伺服电动机的工作原理　交流伺服电动机的结构与原理说明如下：

①交流伺服电动机的结构。交流伺服电动机在结构上类似于单相异步电动机。它的定子铁心是用硅钢片或铁铝合金或铁镍合金片叠压而成，在其槽内嵌放空间相差 90°电角度的两个定子绕组，一个是励磁绕组，另一个是控制绕组。

交流伺服电动机的转子结构有两种形式：一种是笼型转子，与普通三相异步电动机笼型转子相似，只是外形上细而长，以利于减小转动惯量；另一种是非磁性空心杯形转子。

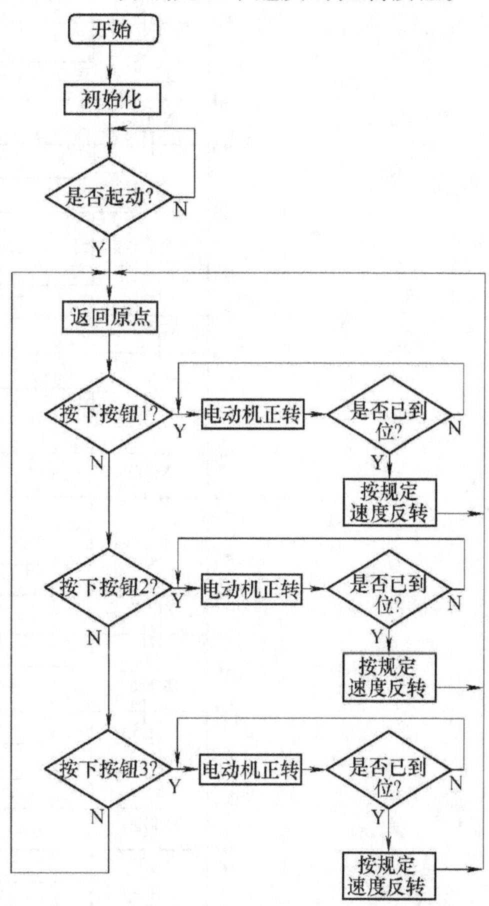


图 8-25　行走机械手速度控制程序设计流程图

②交流伺服电动机工作原理。交流伺服电动机励磁绕组接单相交流电，在气隙产生脉振磁场，转子绕组不产生电磁转矩，电动机不转。当控制绕组接上相位与励磁绕组相差 90°电角度的交流电时，电动机的气隙便有旋转磁场产生，转子便产生电磁转矩并转动。当控制绕组的控制电压信号撤除后，如果是普通电动机，由于转子电阻较小，脉振磁场分解的两个旋转

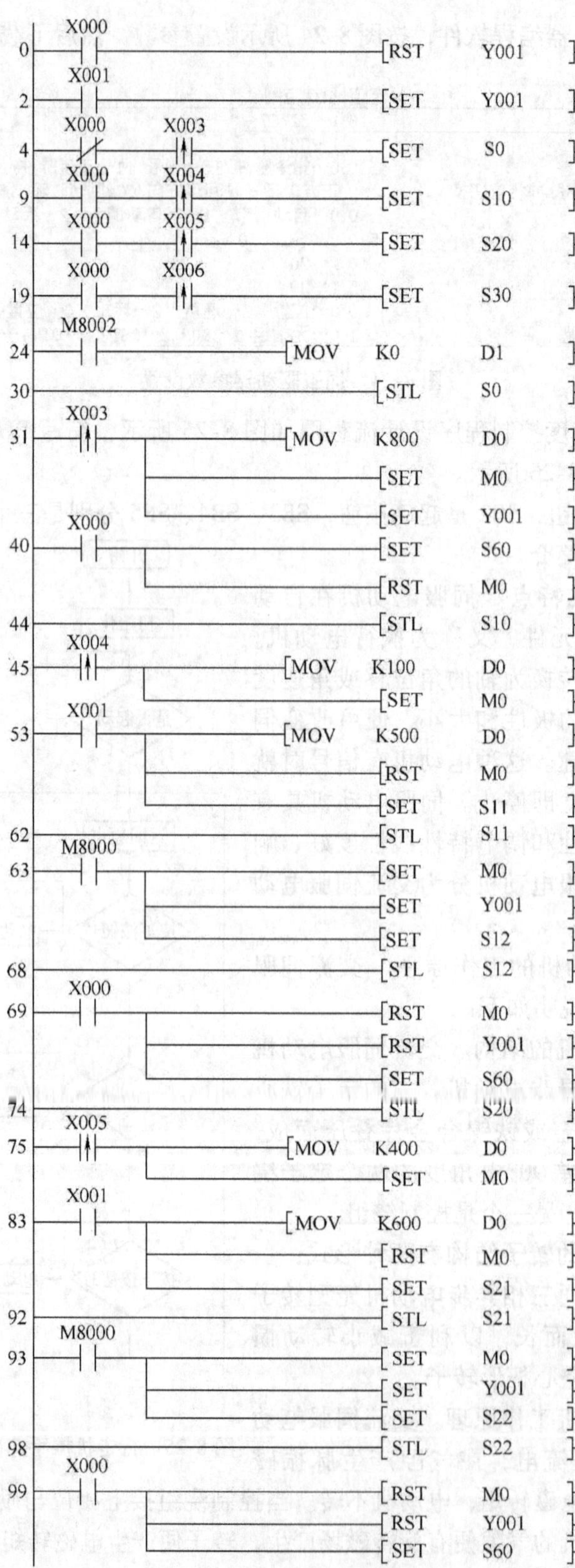


图 8-26　行走机械手速度控制系统梯形图程序

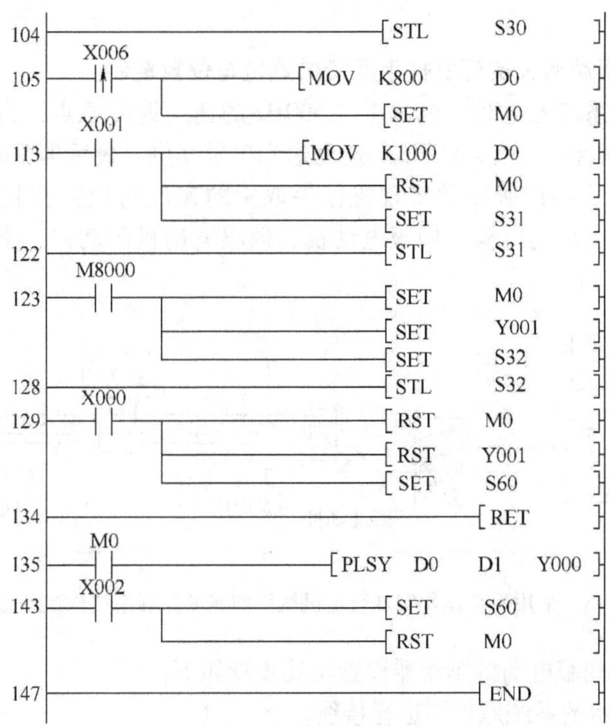


图 8-26　行走机械手速度控制系统梯形图程序（续）

磁场各自产生的转矩的合成结果使总的合成电磁转矩大于零。因此，电动机转子仍然保持转动，不能停止。而伺服电动机，由于转子电阻大，且大到使发生最大电磁转矩的转差率$s_m$ > 1。脉振磁场分解的两个旋转磁场各自产生的转矩的合成结果使总的合成电磁转矩小于零，也就是产生的电磁转矩是制动转矩，电动机在这个制动转矩的作用下立即停止转动。伺服系统中，通常伺服电动机的输出轴上直接连接一个编码器，该编码器将伺服电动机的转动角位移的信号传送给伺服驱动器，从而构成闭环控制。

3）速度与位置控制的伺服驱动系统构成　速度与位置控制的伺服驱动系统主要由伺服电动机、伺服驱动器、PLC 控制单元、光电编码器及指示与主令控制单元等构成，其系统框图如图 8-27 所示。

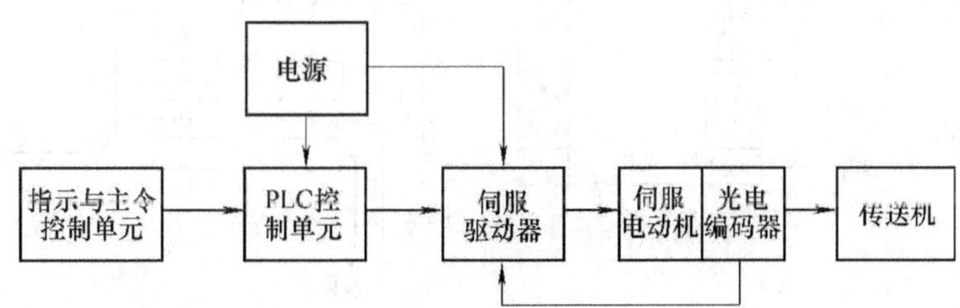


图 8-27　伺服驱动系统的速度与位置控制的构成系统框图

4）伺服驱动系统的速度与位置控制　伺服驱动系统的速度、位置控制与步进驱动系统的速度、位置控制类似，两者都是利用 PLC 的输出脉冲的数量及频率来控制运动机构的位移大小和运动速度。

**（二）采用伺服驱动系统实现机械手取货的速度与位置控制**

（1）控制要求　系统通电时，机械手以 500Hz 的速度返回原点，当按下起动按钮后机械手移动到一号库位取料，并以 600Hz 的速度送到 3 号库位，最后再返回到原点。

（2）系统组成　采用伺服驱动实现机械手取货的速度与位置控制系统构成示意图如图 8-28所示，该系统由行走机构、伺服电动机、伺服电动机驱动器、指示与主令控制单元及 PLC 主机单元组成。

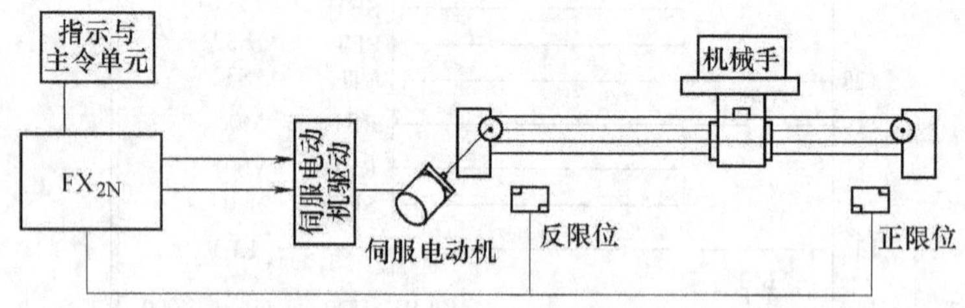


图 8-28　采用手动操作实现行走机械手的速度控制系统构成示意图

（3）调试步骤　伺服电动机驱动器设置及其步骤如下：

1）按图 8-29 所示的系统原理图进行接线。

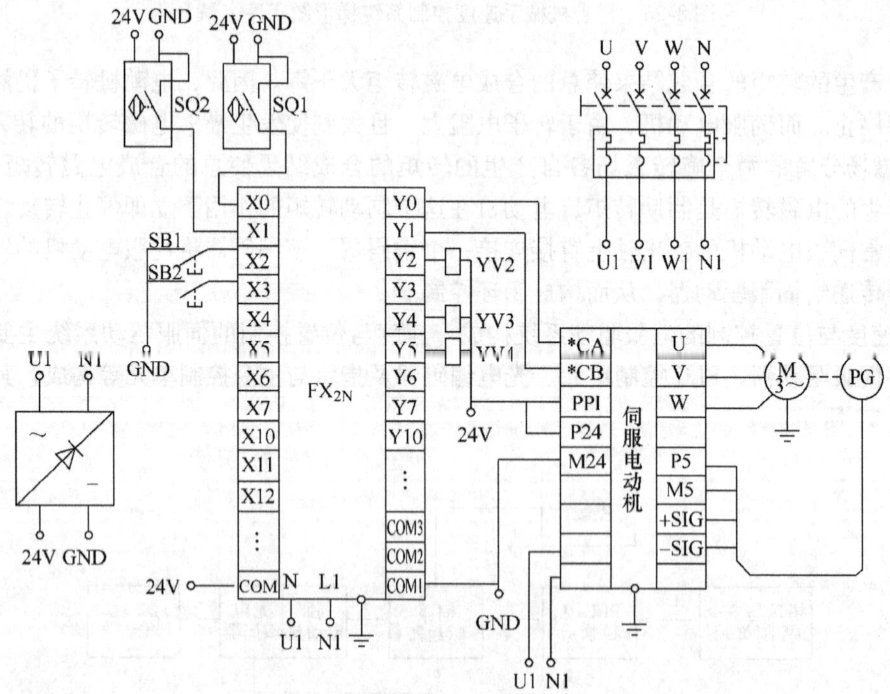


图 8-29　机械手的速度控制系统原理接线图

2）打开伺服驱动器编程软件并按图 8-30 所示设置参数，然后下载到驱动器中。

3）机械手取货的速度与位置控制系统程序流程图如图 8-31 所示，编写 PLC 程序并下载到 PLC 中，其梯形图程序如图 8-32 所示。

4）按下 SB1 机械手移动到 1 号库位取料并以 600Hz 的速度送到 3 号库位，最后再返回到原点；机械手运行过程中按下 SB2，机械手将停止当前任务。

| No | 设定项目 | 设定值 | 设定范围 | 初始值 |
|---|---|---|---|---|
| 1 | 指令脉冲修正 α | 16 | 1～32767 | 16 |
| 2 | 指令脉冲修正 β | 1 | 1～32767 | 1 |
| 3 | *脉冲列输入形态 | 0 | 0…指令脉冲/指令符号　1…正转脉冲/反转脉 | 1 |
| 4 | *回转方向/输出脉冲相位切换 | 0 | 正方向指令时回转方向/CCW回转时输出脉冲前 | 0 |
| 5 | 调节模式 | 0 | 0…自动调节　1…半自动调节　2…手动调节 | 0 |
| 6 | 负荷惯性比 | 5.0 | 0.0～100.0 | 5.0 |
| 7 | 自动调节增益 | 10 | 1～20 | 10 |
| 8 | 自动向前增益 | 5 | 1～20 | 5 |
| 9 | *控制模式切换 | 0 | 0…位置　1…速度　2…转矩　3…位置<=>速 | 0 |
| 10 | *CONT1信号分配 | 1 | 0…无指定 1…RUN 2…RST 3…+OT 4…-OT | 1 |

图 8-30　伺服驱动器参数设置

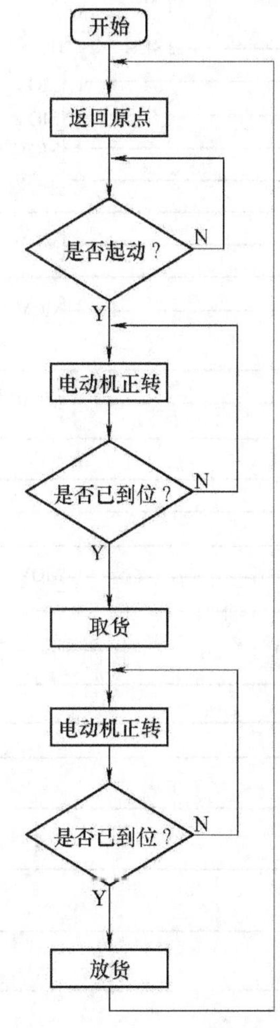


图 8-31　机械手取货的速度与位置控制系统程序设计流程图

X000
RET Y001
X001
SET Y001
X000 M8002
MOV K500 D0
MOV K0 D1
SET M0
SET Y001
X002
RST M0
MOV K0 K2Y002
X000
RST M0
MOV K0 D10
MOV K0 D8140
M0
PLAY D0 D1 Y000
M8029
RST M0
Y001
ADD D10 D8140 D10
Y001
SUB D10 D8140 D10
MOV K0 D8140
M8002
MOV K1800 D11
MOV K4157 D13
X004
MOV D11 D100
CALLP P0
X005
MOV D13 D100
CALLP P0
M8000
MOV D8140 D22
M0 X003
SET S0
MOV K500 D0
STL S0
SET Y002
RST Y004
RST Y005
MOV D11 D100
CALLP P0
= D11 D10
SET S1
SET S1
M8000
RET Y003
SET Y002
Y002
K10
T0
T0
SET Y004
Y004
K10
T1
T1
SET Y005
Y005
K10
T2
T2
SET S2

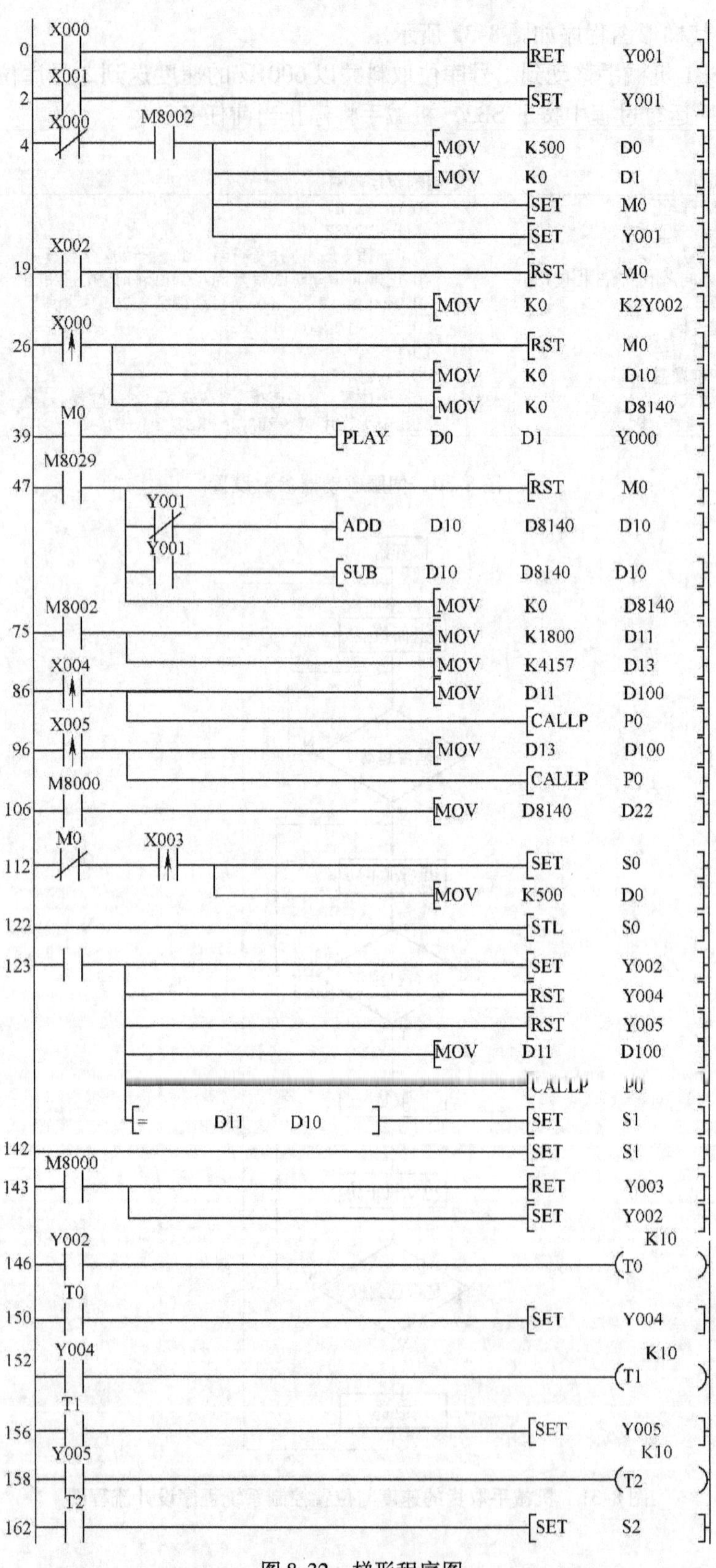

图 8-32　梯形程序图

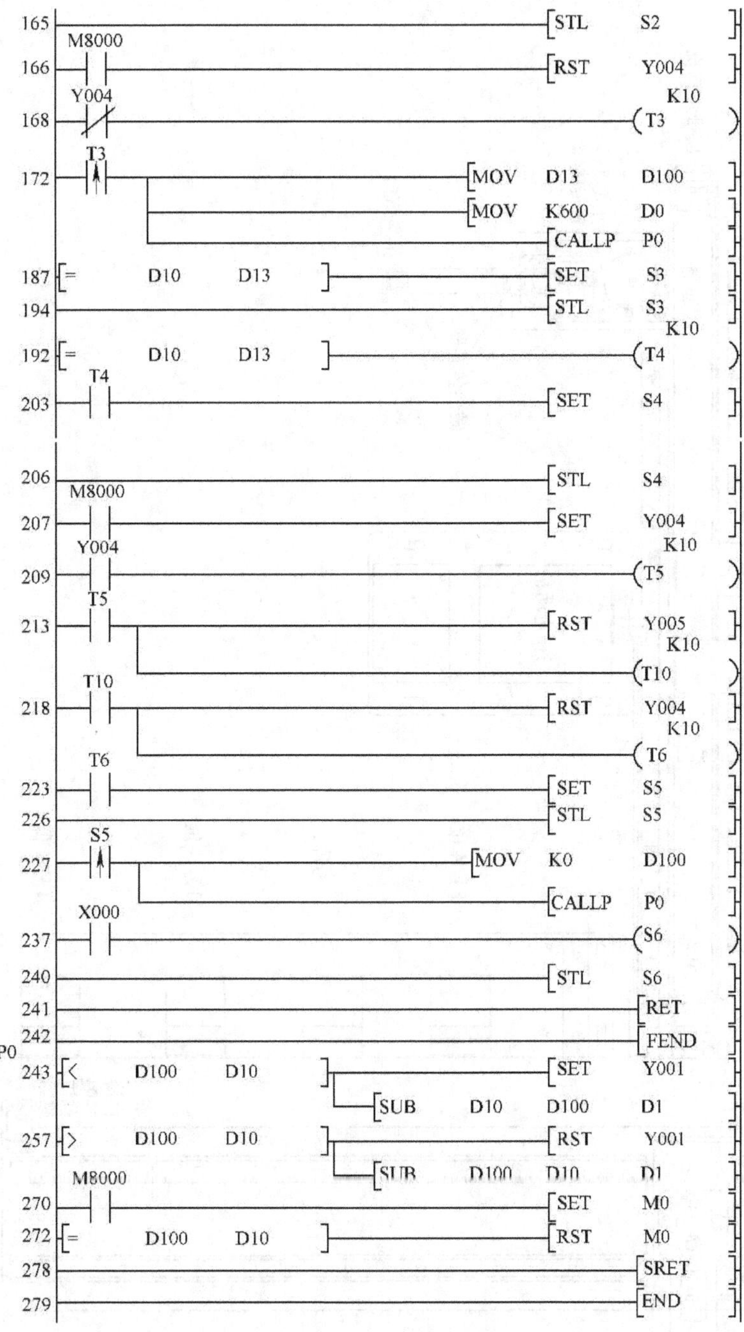

图8-32　梯形程序图（续）

## 五、仓储控制系统的PLC应用实例（载货台与库位间货物的传送）

（1）控制任务　机械手能自动将载货台上的工件放入仓库1~4号库位（载货台只提供正确的工件且每个库位只放一个工件），或将1~4号库位里的工件放到载货台上。

（2）仓储系统（TVT-METS3）设备主要部件及其名称　设备各部件、器件的名称和安装位置如图8-33所示。

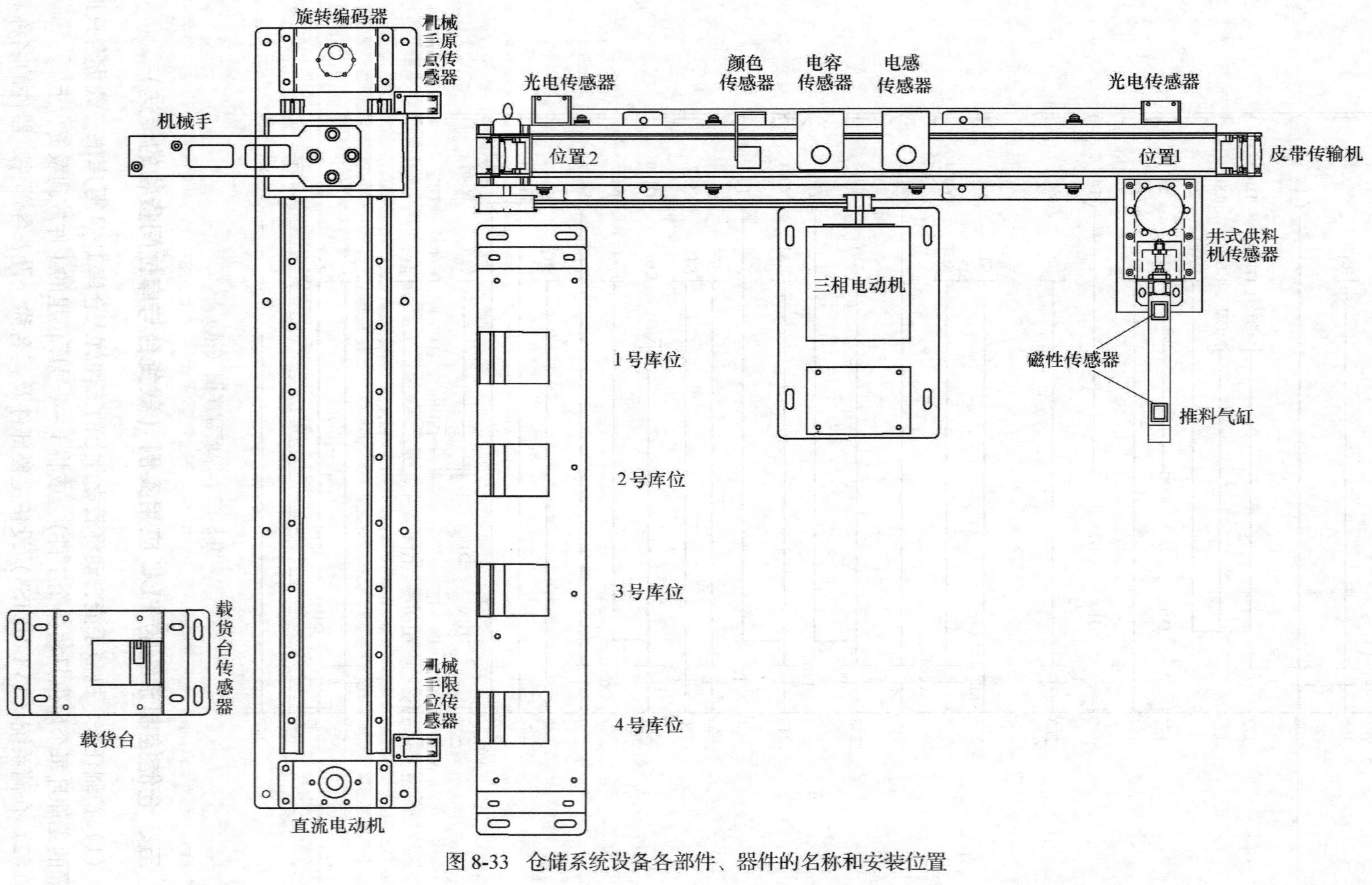


图 8-33　仓储系统设备各部件、器件的名称和安装位置

（3）控制要求　系统的控制要求如下：

1）运行前，设备应满足一种初始状态。

2）入库流程。启动后，指示灯提示进入工作状态，若库位有空，供料指示灯发光提示向载货台放工件，机械手将工件取下后送到位置 2，由皮带传输机运送到位置 1，然后反转送回到位置 2，同时进行检测，机械手根据检测结果将工件送到相应的库位；若载货台没有工件，机械手在载货台附近等待；当仓库满时，对应指示灯进行提示，机械手自动回原点，若此时载货台上有工件，则蜂鸣器报警提示，直到取走工件。

3）出库流程。启动后，指示灯提示进入工作状态，若库位有工件，出货指示灯发光提示，机械手按 1～4 号库位的顺序出货至载货台，并由数码管显示库位号，库位全空时，机械手回原点，出货指示灯提示库位已空。

4）停止后，停机指示灯点亮提示，机械手运送完成当前工件后，系统回到初始状态。

（4）系统控制流程图　系统控制流程图如图 8-34 所示。

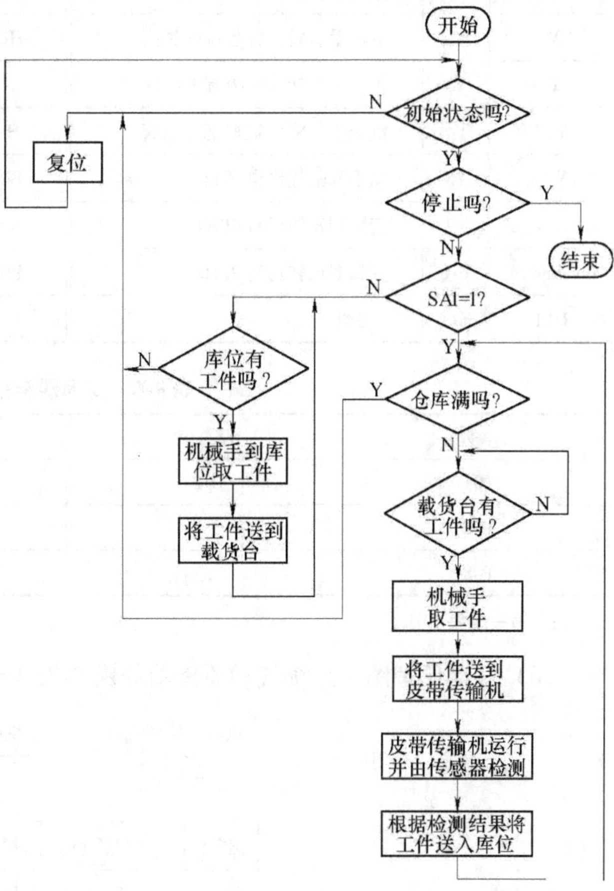


图 8-34　系统控制流程图

（5）系统的 I/O 分配表与变频器参数的设置　PLC 的 I/O 分配表如表 8-5 所示，变频器参数设置如表 8-6 所示。

**表 8-5　PLC 的 I/O 分配表**

| 符号 | 地址 | 注　释 | 符号 | 地址 | 注　释 |
|---|---|---|---|---|---|
| SQ1　A 相 | X0 | 旋转编码器 A 相 | SQ10 | X12 | 颜色传感器 |
| SQ1　B 相 | X1 | 旋转编码器 B 相 | SQ11 | X13 | 机械手右转限位传感器 |
| SQ2 | X2 | 机械手原点检测传感器 | SQ12 | X14 | 机械手左转限位传感器 |
| SQ3 | X3 | 机械手限位检测传感器 | SQ19 | X17 | 载货台检测传感器 |
| SQ20 | X6 | 皮带传输机位置 1 检测传感器 | SA1 | X20 | 工作状态选择开关 |
| SQ7 | X7 | 皮带传输机位置 2 检测传感器 | SB1 | X26 | 起动按钮 |
| SQ8 | X10 | 电感传感器 | SB2 | X27 | 停止按钮 |
| SQ9 | X11 | 电容传感器 | CW | Y0 | 机械手行走信号 CW（+） |

（续）

| 符号 | 地址 | 注　释 | 符号 | 地址 | 注　释 |
|---|---|---|---|---|---|
| CCW | Y1 | 机械手行走信号 CCW（－） | HL2 | Y12 | 2号灯 |
| YV22 | Y2 | 机械手右转气缸控制电磁阀 | HL3 | Y13 | 3号灯 |
| YV21 | Y3 | 机械手左转气缸控制电磁阀 | HL4 | Y14 | 4号灯 |
| YV3 | Y4 | 机械手下降气缸控制电磁阀 | HA | Y15 | 蜂鸣器报警 |
| YV4 | Y5 | 抓手气缸控制电磁阀 | B00 | Y20 | LED数码管显示 |
| Inverter_ Z | Y7 | 变频器正转运行40Hz | B01 | Y21 | LED数码管显示 |
| Inverter_ F | Y10 | 变频器反转运行20Hz | B02 | Y22 | LED数码管显示 |
| HL1 | Y11 | 1号灯 | B03 | Y23 | LED数码管显示 |

**表8-6　变频器参数设置**

| 参数 | 设置值 | 参数 | 设置值 |
|---|---|---|---|
| P01 | 0.2 | P09 | 1 |
| P02 | 0.2 | P32 | 20.0 |
| P08 | 5 | | |

注：第一速为40Hz。

（6）气动原理图　系统气动原理图如图8-35所示。

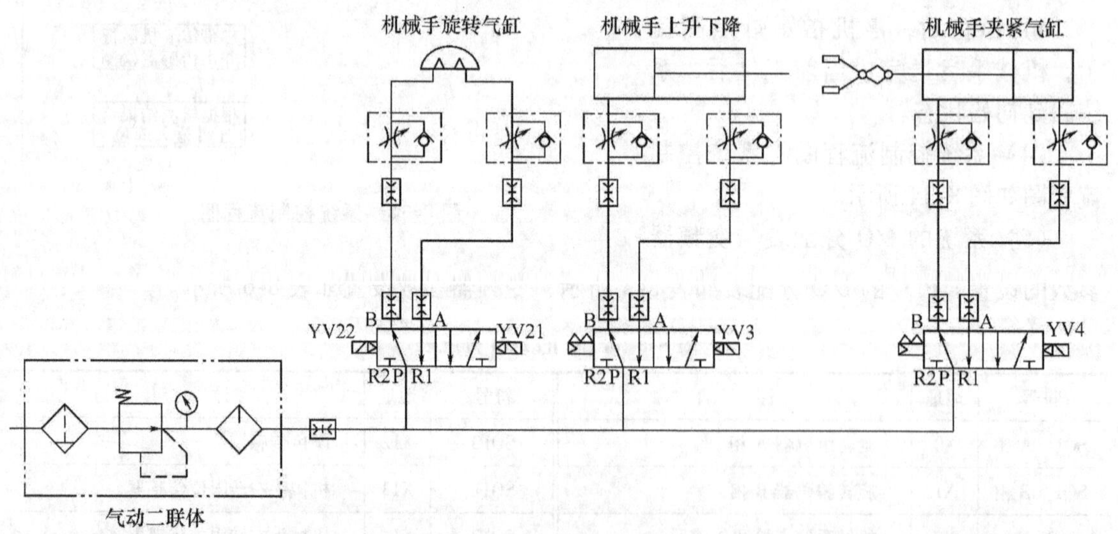


图8-35　系统气动原理图

（7）电气原理图　系统的电气原理图如图8-36所示。

（8）梯形图程序　系统的梯形图程序如图8-37所示。

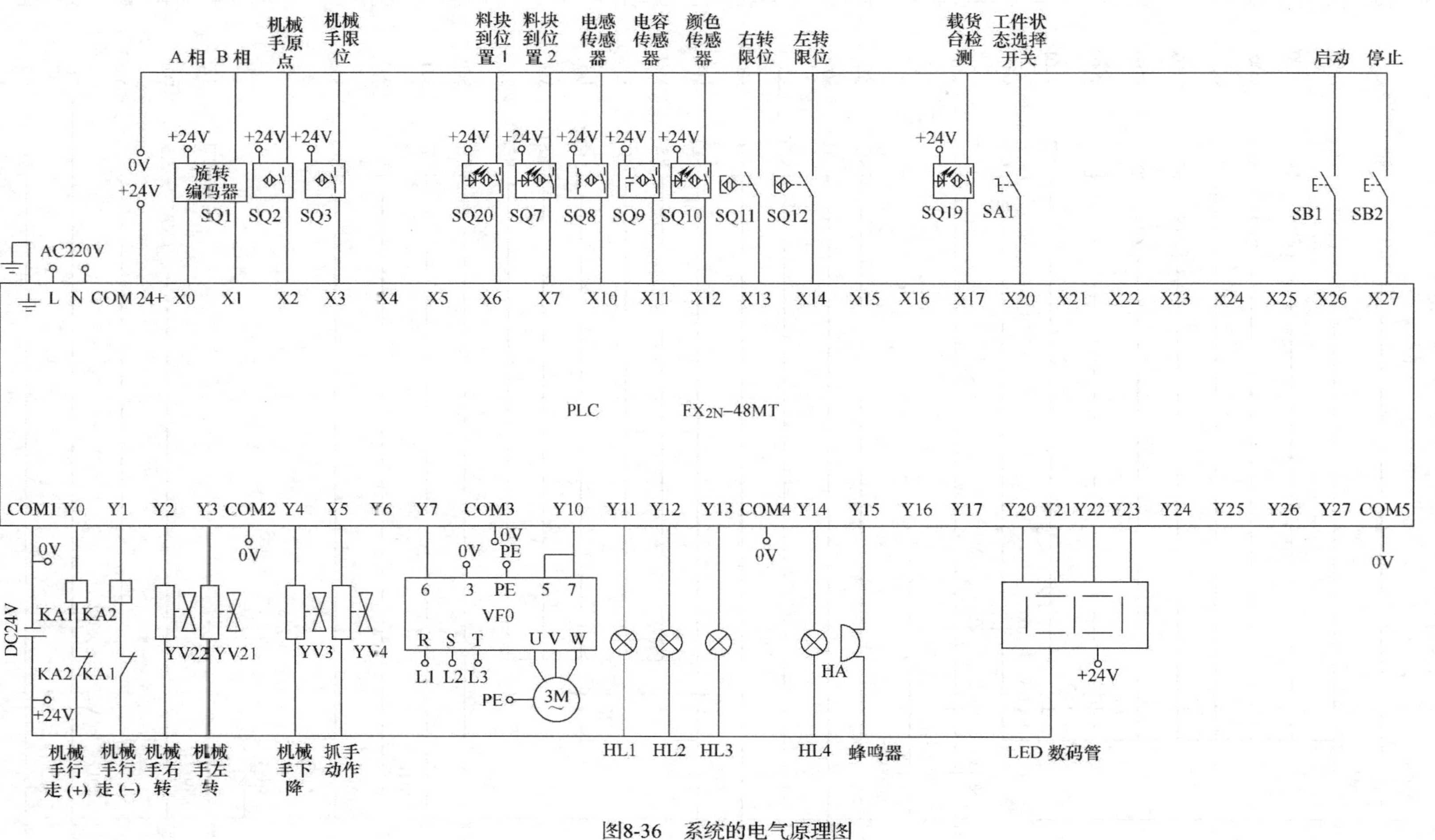


图8-36　系统的电气原理图

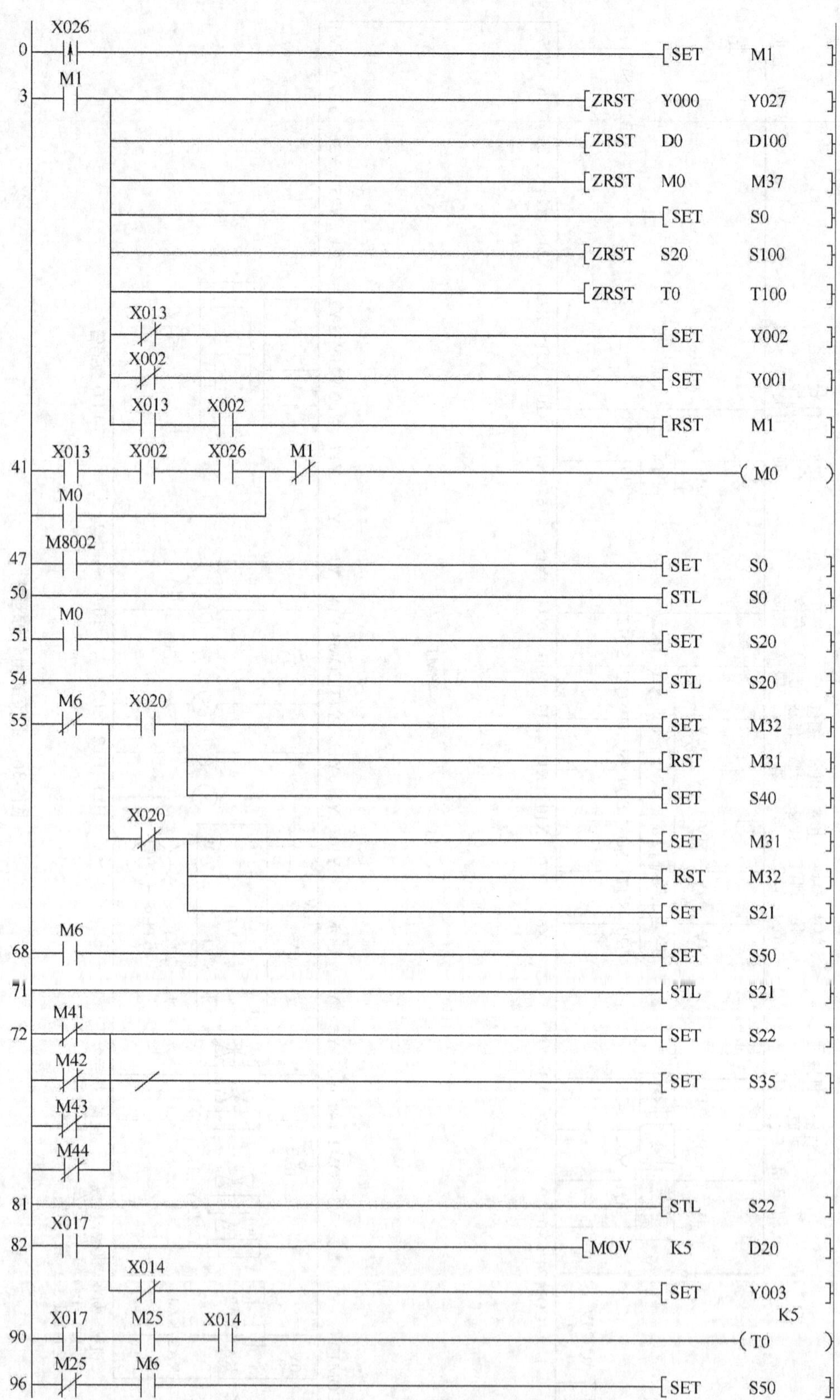

图 8-37　系统的梯形图程序

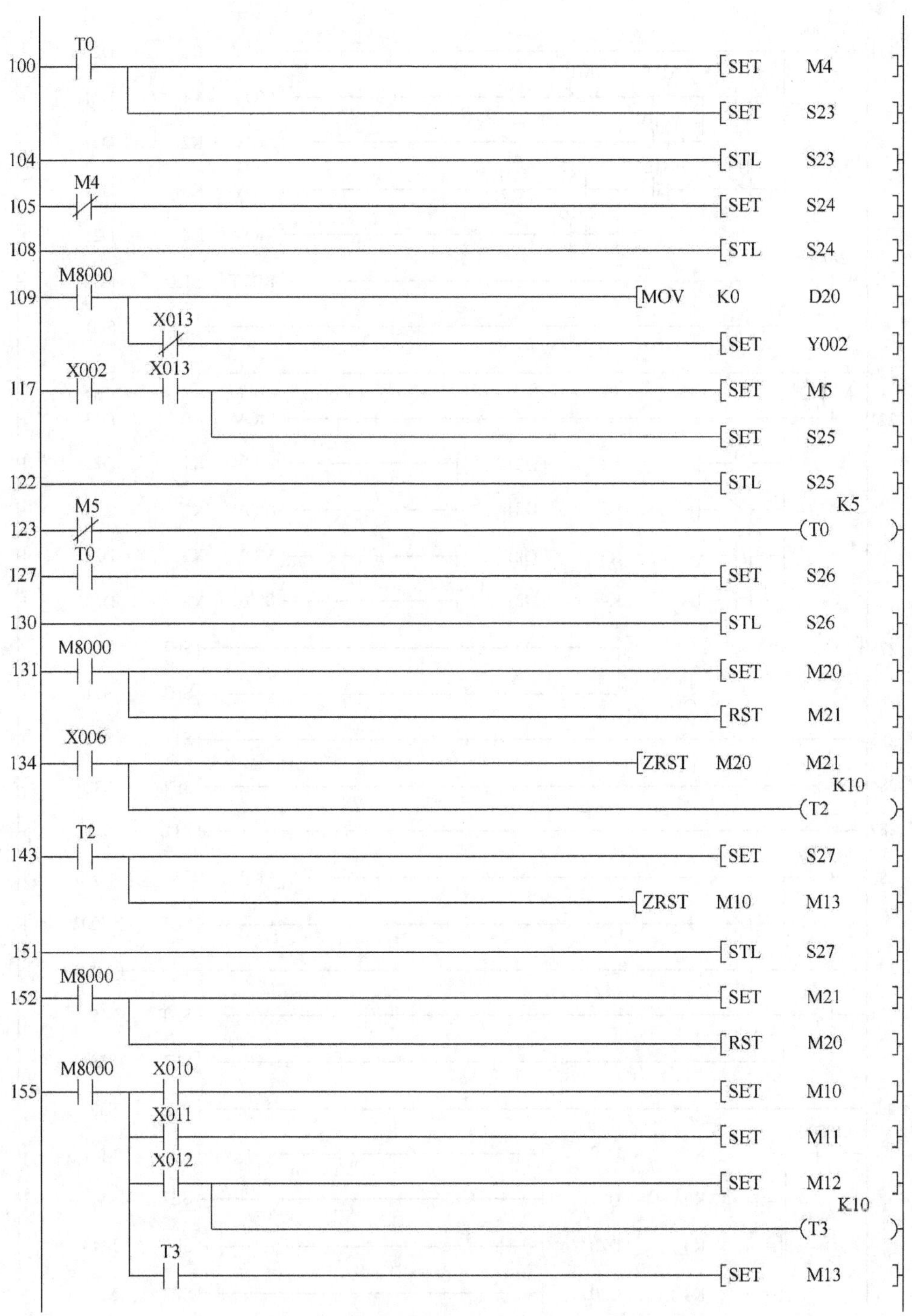


图 8-37　系统的梯形图程序（续）

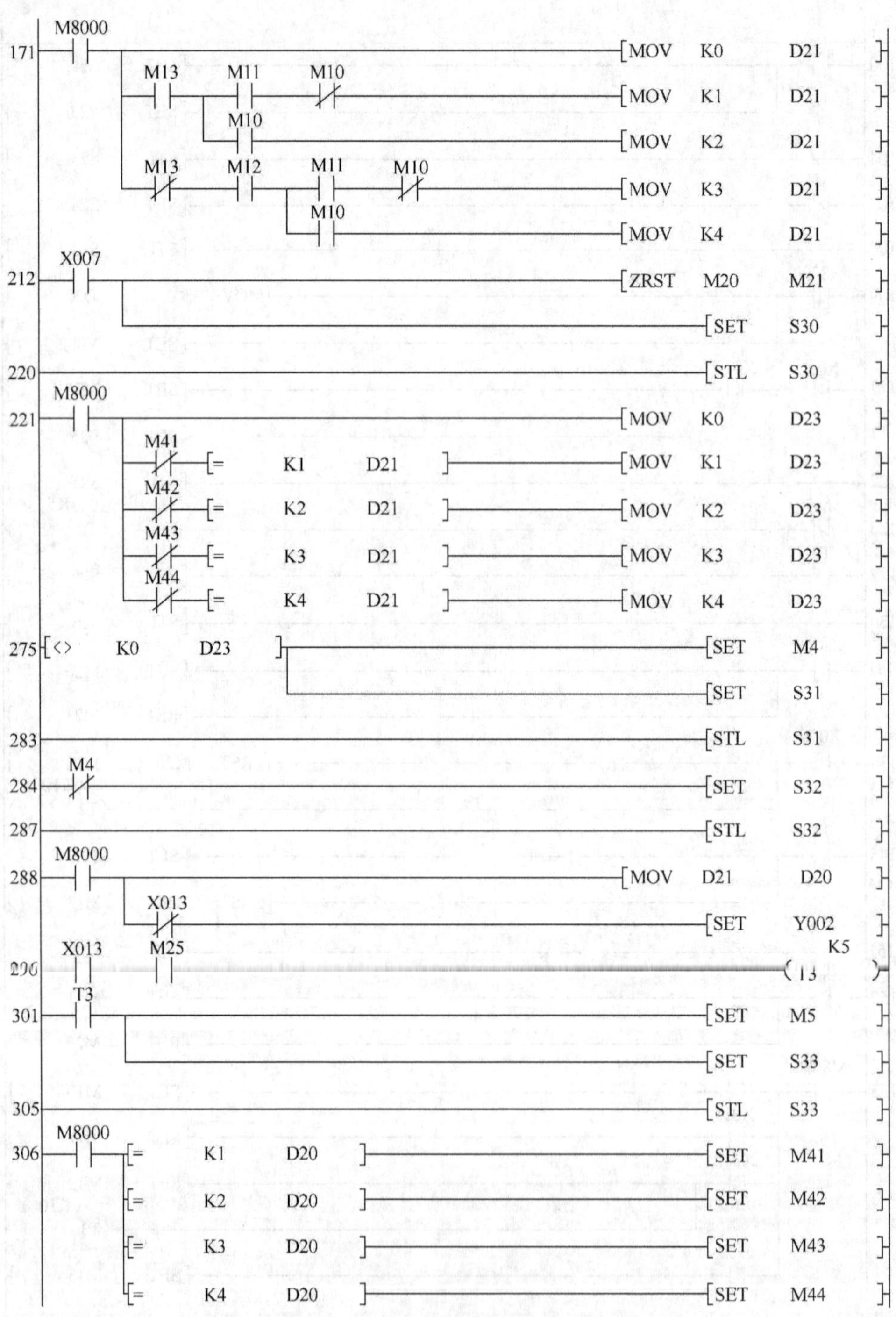


图 8-37　系统的梯形图程序（续）

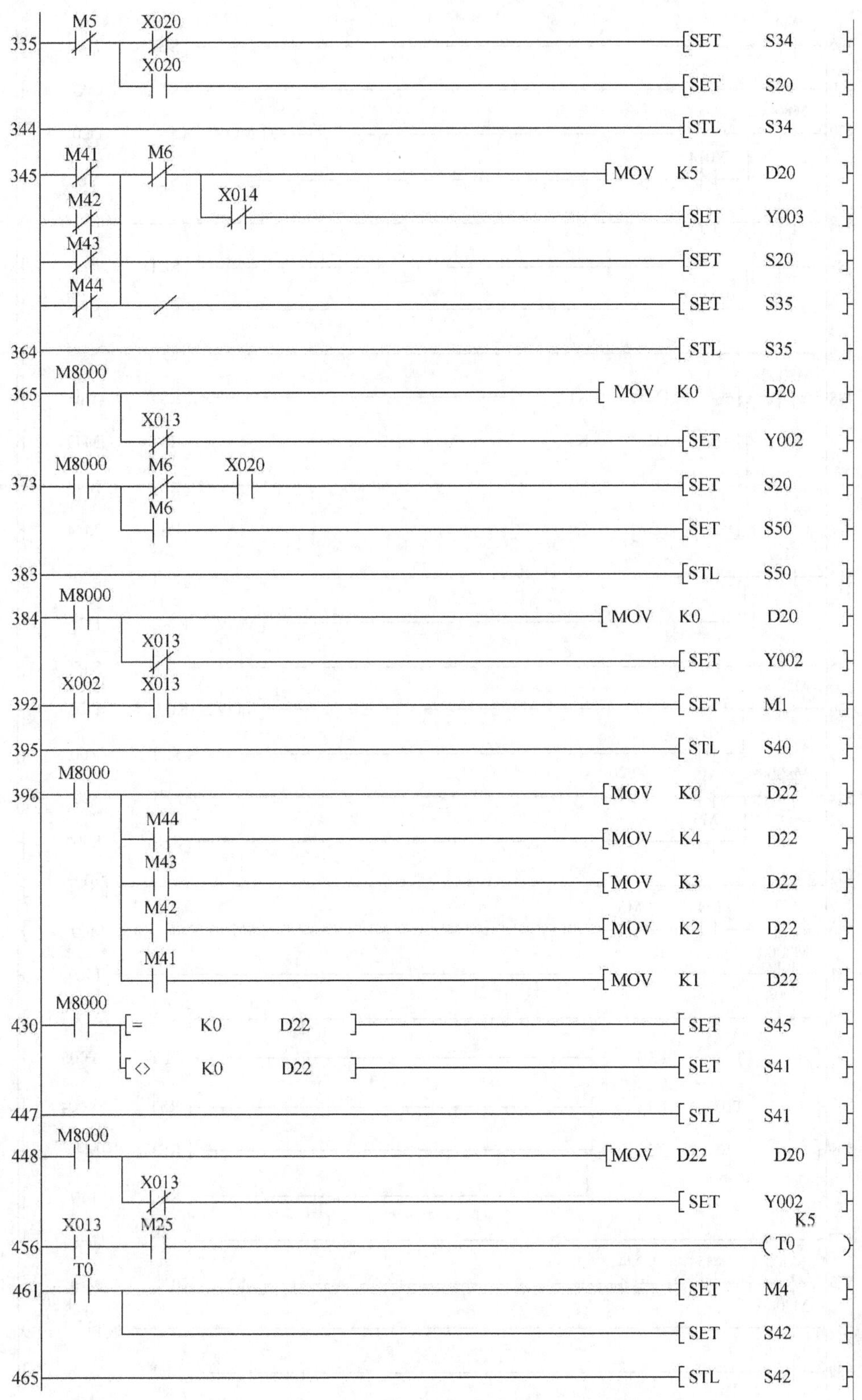


图 8-37　系统的梯形图程序（续）

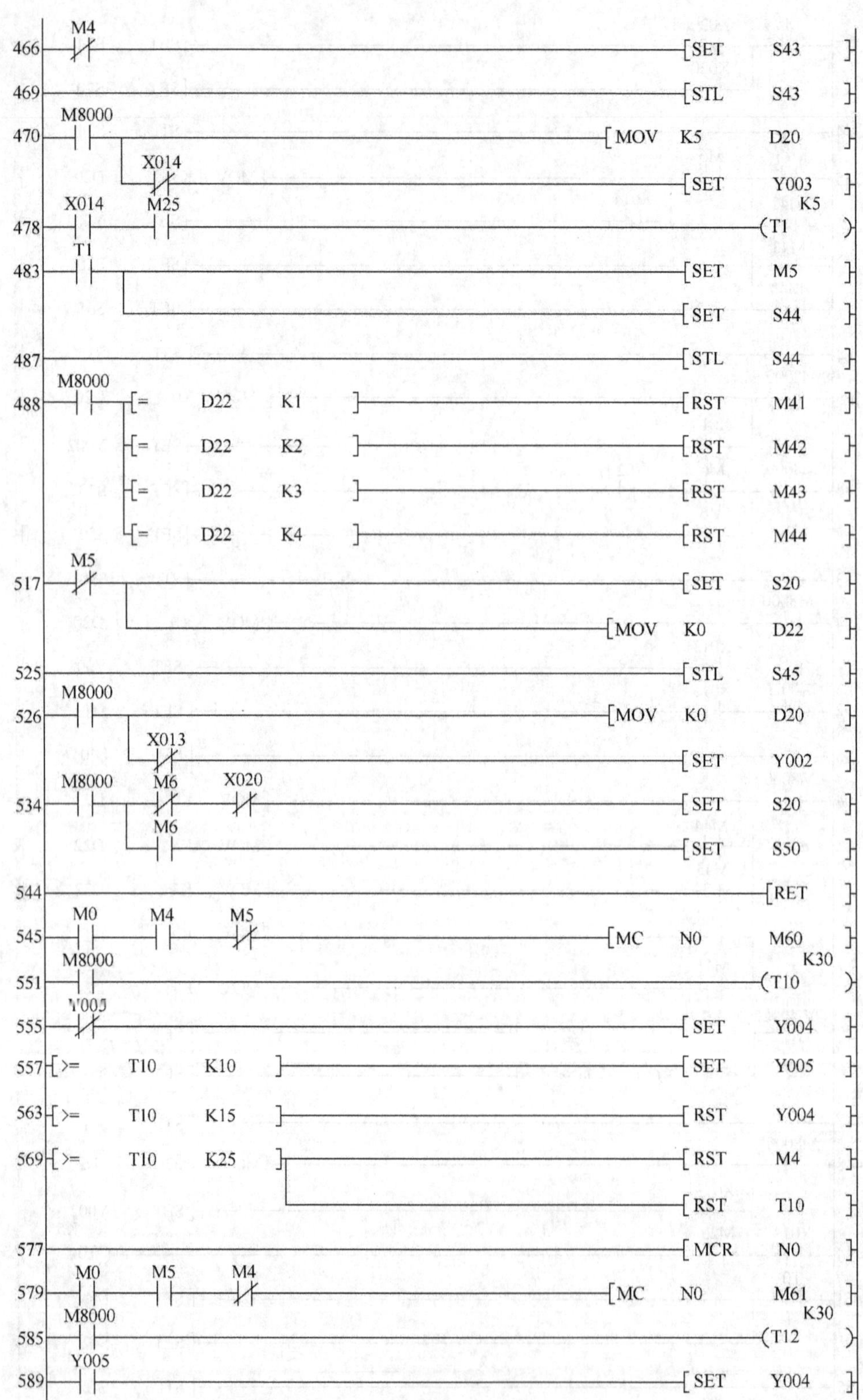


图 8-37　系统的梯形图程序（续）

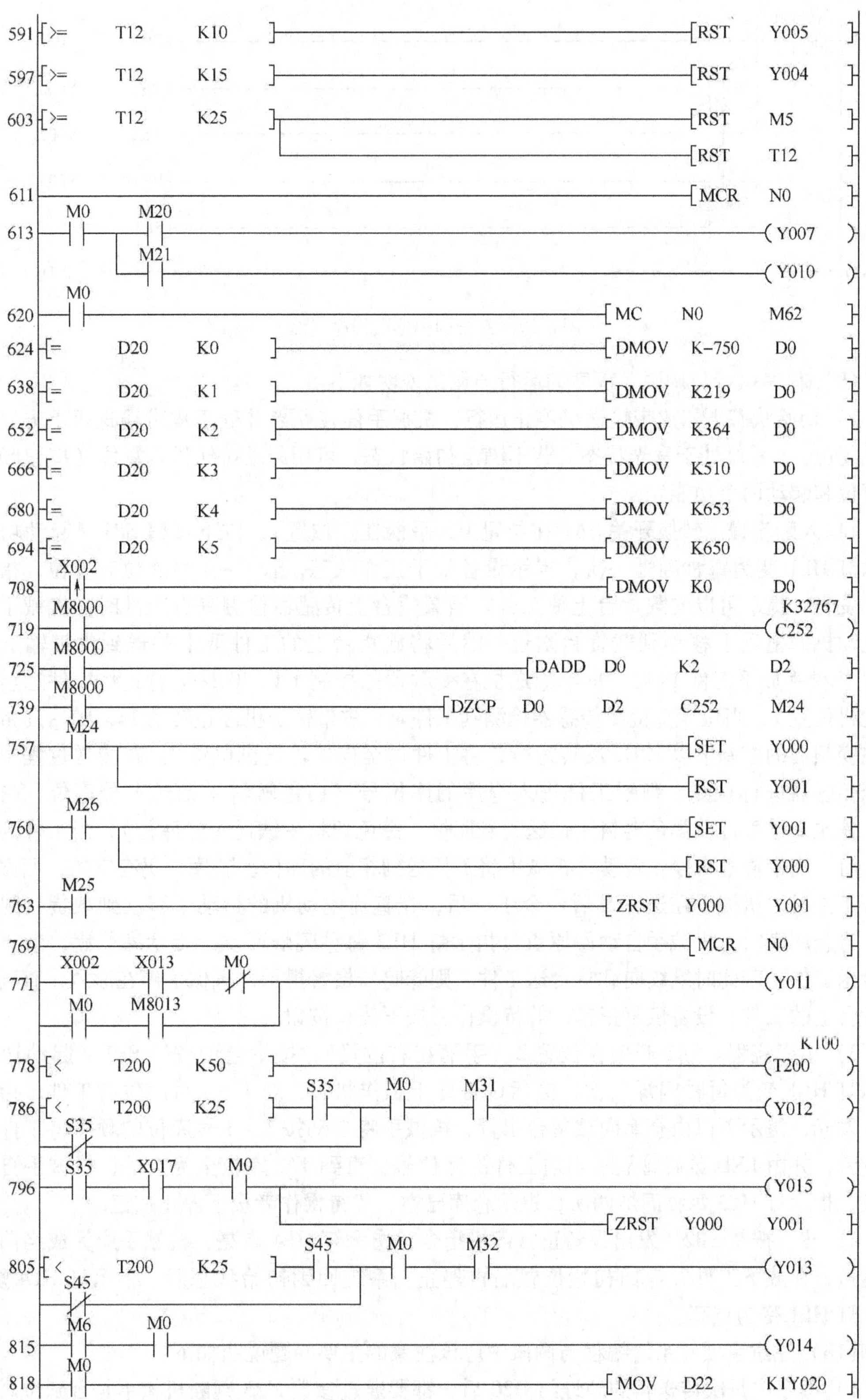


图 8-37 系统的梯形图程序（续）

图8-37　系统的梯形图程序（续）

(9) 程序执行与调试　程序的运行与调试说明如下：

1）初始状态下，皮带输送机停止运行，机械手停在原点并处于皮带输送机上方，推料气缸复位，1号灯处于发光状态。若不满足初始状态，可用起动按钮进行复位（按钮SB1兼有复位和起动两个功能）。

2）入库流程。转换开关SA1在位置1（手柄在左位置），按下按钮SB1（起动功能），指示灯HL1变为每秒闪烁一次，提示设备处于工作状态，若1~4号库位有空位，指示灯HL2发光，提示可以向载货台上放工件。当载货台上传感器检测到有工件时，机械手在直流电动机的拖动下移动到载货台附近，然后将载货台上的工件取下并送到皮带输送机位置2,机械手放下工件1s后，皮带输送机在变频器的控制下以40Hz运行，将工件送至皮带输送机位置1，当位置1检测传感器检测到工件时，皮带输送机停止转动1s，随后皮带输送机在变频器的控制下以20Hz反转运行，将工件送至皮带输送机位置2。在传送过程中经过三个传感器进行检测，判断工件进入仓库的库位号（白色塑料+铝送1号库位，白色塑料+铁送2号库位，黑色塑料+铝送3号库位，黑色塑料+铁送4号库位），当工件到达位置2时，皮带输送机停止转动，机械手将工件送到相应的库位。若库位仍有空的，而载货台没有工件时，机械手在送完最后一个工件后，在直流电动机的拖动下移动到载货台附近等待。当仓库满时，机械手自动回原点，指示灯HL2每秒闪烁两次，提示库位满，禁止向载货台送工件，若此时继续向载货台送工件，则蜂鸣器报警提示，机械手停在原位，直到取走载货台上的工件，设备恢复正常，等待操作者按下停止按钮。

3）出库流程。SA1开关在位置2（手柄在右位置），按下起动按钮SB1（起动功能），指示灯HL1变为每秒闪烁一次，提示设备处于工作状态，若1~4号库位有工件，指示灯HL3发光，提示可以由仓库向载货台出货，机械手将自动按1~4号库位的顺序将工件送到载货台，并由LED数码管显示当前工件的库位号，直到4个库位全为空的，机械手自动回原点，指示灯HL3每秒闪烁两次，提示仓库已空，等待操作者按下停止按钮。

4）按下按钮SB2。发出设备正常停机指令，指示灯HL4点亮；机械手应完成当前工件的运送，在放下工件并返回初始位置后再停止。系统回到初始状态后，指示灯HL4熄灭，指示灯HL1变为点亮。

(10) 注意事项　系统编程与调试中应该注意的主要问题说明如下：

1）程序中每次传送新的地址给D20后，都要通过参数M25判断机械手是否到位。因为扫描周期过快，所以会出现机械手还没有移动（参数M25还没有被刷新），却已经判断到位的错误结果。因此，在判断是否到位时，本程序使用了定时器，适当增加延时，以达到机械手必须移动到位后才能继续向下运行的目的。此外，延时还可消除机械手的惯性的影响，保证机械手在停止后进行下一个动作时不会出现偏差。

2）传感器的位置应尽可能保证当工件经过传感器下方时，传感器与工件同轴。调整颜色传感器时应保证对金属和白色塑料检测有效，对黑色塑料检测无效。

3）为使每一次检测数据准确，对于公用的标志位在使用后应及时进行复位。

4）数码管采用 4 位 BCD 码输入，程序中使用的数制为十进制，为能够正确显示结果，程序中使用了整数转换为 BCD 码指令。

5）设备上用于库位检测的传感器偏少，因此，程序中使用标志位来记忆库位内有无工件。

## 六、现代生产线 PLC 控制系统的应用实例（定量加工系统）

（1）控制任务　生产线可根据用户需要定量生产所需数量的产品。首先操作者用拨位开关选择 4 种产品（SW1 白色塑料圆柱内装配金属铁、SW2 黑色塑料圆柱内装配金属铁、SW3 白色塑料圆柱内装配金属铝、SW4 黑色塑料圆柱内装配金属铝）中的一种并由拨码器确定生产数量，生产线运行后将根据产品的不同，从 1 号或 2 号库位中取出毛坯件，在 1 号台或 2 号台进行加工，然后送到皮带传输机上进行检测，如果产品合格则在包装台上进行包装并送入 3 号或 4 号库位（装配铁件的送入 3 号库位，装配铝件的送入 4 号库位），如果产品不合格则将废品送入废品箱。

（2）生产线系统（TVT-METS3）设备主要部件及其名称　设备各部件、器件的名称和安装位置如图 8-38 所示。

（3）控制要求　系统的控制要求如下：

1）运行前，设备应满足一种初始状态。

2）启动前，操作者可选择要生产的产品（假设选择 SW1），并确定生产数量。

3）启动后，运行指示灯发光提示，机械手从 1 号库位夹取毛坯件，送到 1 号台进行铁件装配。装配后机械手将工件送到皮带传输机进行检测。如果产品为合格产品，皮带传输机将产品送到包装台进行 3s 包装，包装结束后，机械手将产品送入 3 号库位。然后进行下一产品的生产。如果产品为不合格产品，检测结束后，皮带传输机向右运行 3s，将废品送下皮带传输机落入废品箱内。

4）生产过程中可进行已经生产产品的数量的监视。机械手在运行过程中，对应指示灯闪烁提示。

5）停止后，停机指示灯闪烁提示，机械手在完成当前产品的生产后，返回初始位置停止，系统进入初始状态。

6）设备应具有掉电保护功能。

7）设备应具有三相交流电动机过载保护功能。

8）设备应具有急停保护功能。

（4）系统控制流程图　系统控制流程图如图 8-39 所示。

（5）系统的 I/O 分配表　1 号 PLC（主机）的 I/O 分配如表 8-7 所示，2 号 PLC（从机）的 I/O 分配如表 8-8 所示，变频器参数的设置如表 8-9 所示。

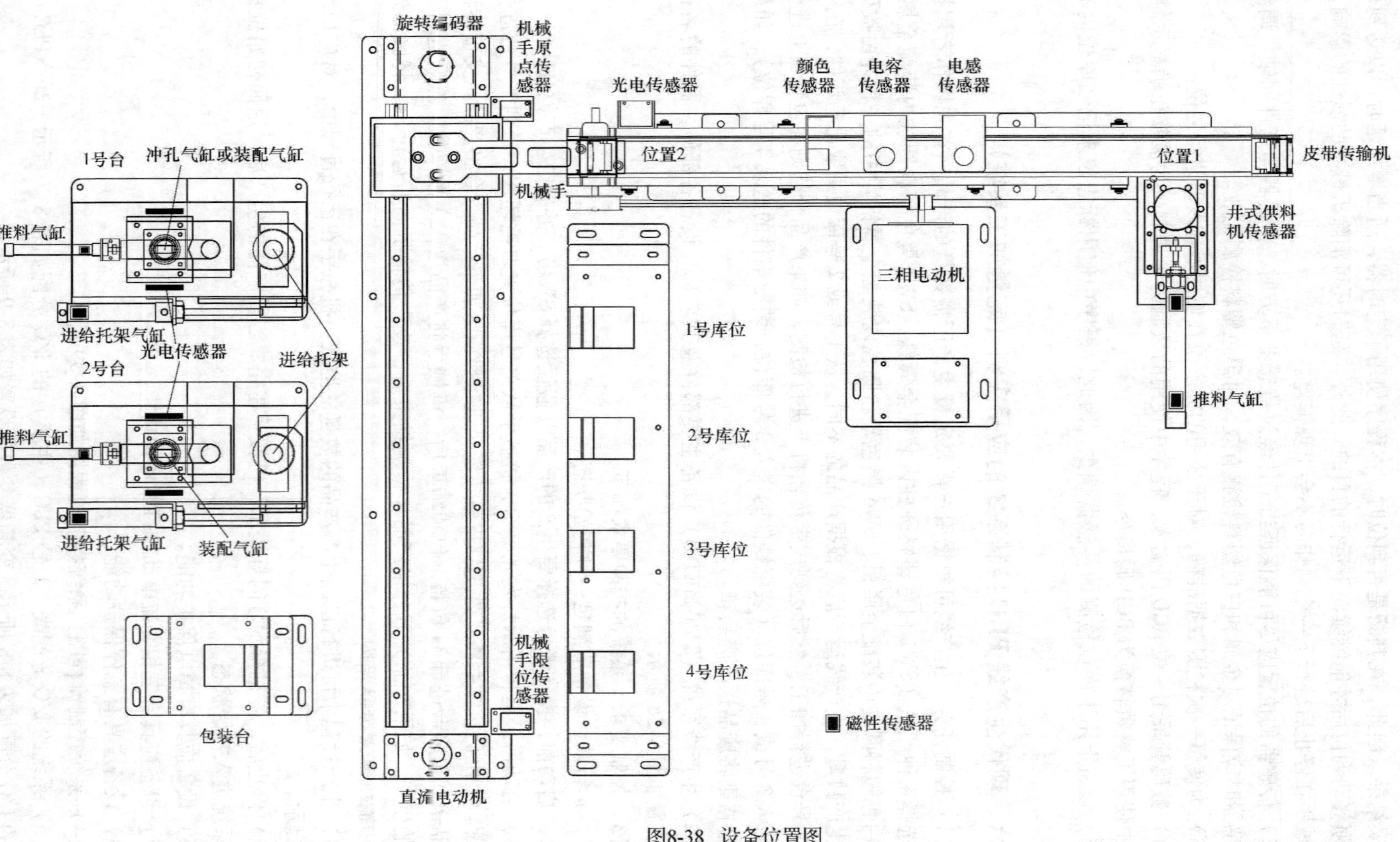


旋转编码器
机械手原点传感器
光电传感器
颜色传感器
电容传感器
电感传感器
1号台
冲孔气缸或装配气缸
位置2
位置1
皮带传输机
机械手
推料气缸
井式供料机传感器
三相电动机
进给托架气缸
光电传感器
进给托架
1号库位
2号台
推料气缸
推料气缸
2号库位
进给托架气缸
装配气缸
3号库位
机械手限位传感器
4号库位
包装台
磁性传感器
直流电动机

图8-38　设备位置图

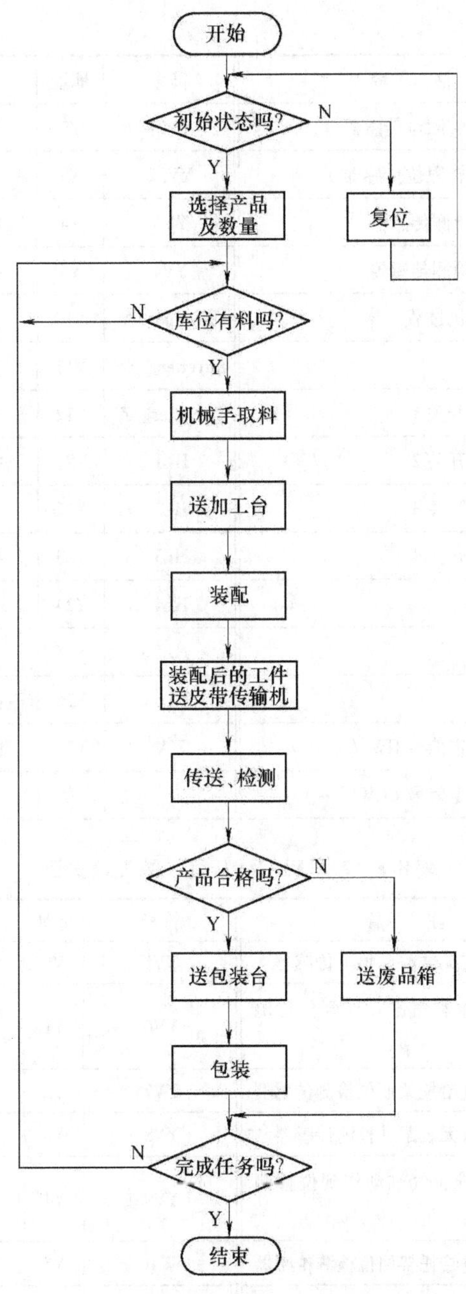


图 8-39　系统控制流程图

表 8-7　1 号 PLC（主机）的 I/O 分配

| 符号 | 地址 | 注　释 | 符号 | 地址 | 注　释 |
|---|---|---|---|---|---|
| SQ1　A 相 | X0 | 旋转编码器 A 相 | SQ7 | X7 | 皮带传输机位置 2 检测传感器 |
| SQ1　B 相 | X1 | 旋转编码器 B 相 | SQ8 | X10 | 电感传感器 |
| SQ2 | X2 | 机械手原点检测传感器 | SQ9 | X11 | 电容传感器 |
| SQ3 | X3 | 机械手限位检测传感器 | SQ10 | X12 | 颜色传感器 |

（续）

| 符号 | 地址 | 注　释 | 符号 | 地址 | 注　释 |
|---|---|---|---|---|---|
| SQ11 | X13 | 机械手右转限位传感器 | YV21 | Y2 | 机械手右转气缸控制电磁阀 |
| SQ12 | X14 | 机械手左转限位传感器 | YV22 | Y3 | 机械手左转气缸控制电磁阀 |
| SQ20 | X15 | 1 号库位检测传感器 | YV3 | Y4 | 机械手下降气缸控制电磁阀 |
| SQ21 | X16 | 2 号库位检测传感器 | YV4 | Y5 | 抓手气缸控制电磁阀 |
| SB5 | X17 | 皮带传输机过载 | Xnverter_ Y | Y10 | 变频器向右 50Hz |
| SB4 | X20 | 复位按钮 | Xnverter_ YE | Y11 | 变频器向右 35Hz |
| SW1 | X21 | 工件选择开关 1 | Xnverter_ Z | Y12 | 变频器向左 50Hz |
| SW2 | X22 | 工件选择开关 2 | HL1 | Y21 | 指示灯 HL1 |
| SW3 | X23 | 工件选择开关 3 | HL2 | Y22 | 指示灯 HL2 |
| SW4 | X24 | 工件选择开关 4 | HL3 | Y23 | 指示灯 HL3 |
| SB7 | X25 | 急停按钮 | HL4 | Y24 | 指示灯 HL4 |
| SB1 | X26 | 起动按钮 | HL5 | Y25 | 指示灯 HL5 |
| SB2 | X27 | 停止按钮 | HL6 | Y26 | 指示灯 HL6 |
| CW | Y0 | 机械手行走信号 CW（+） | HA | Y27 | 蜂鸣器 |
| CCW | Y1 | 机械手行走信号 CCW（-） | | | |

**表 8-8　2 号 PLC（从机）的 I/O 分配**

| 符号 | 地址 | 注　释 | 符号 | 地址 | 注　释 |
|---|---|---|---|---|---|
| SQ13 | X0 | 1 号台有无装配件检测传感器 | YV5 | Y0 | 1 号台装配气缸控制电磁阀 |
| SQ14 | X1 | 1 号台推料气缸动作到位检测传感器 | YV6 | Y1 | 1 号台推料气缸控制电磁阀 |
| SQ15 | X2 | 1 号台进给托架回位检测传感器 | YV7 | Y2 | 1 号台进给托架气缸控制电磁阀 |
| SQ16 | X3 | 2 号台有无装配件检测传感器 | YV8 | Y3 | 2 号台装配控制电磁阀 |
| SQ17 | X4 | 2 号台推料气缸动作到位检测传感器 | YV9 | Y4 | 2 号台上料控制电磁阀 |
| SQ18 | X5 | 2 号台进给托架回位检测传感器 | YV10 | Y5 | 2 号台进给托架气缸控制电磁阀 |
| BCD 码 01 | X20 | 低位拨码器的设置 | LED 数码管 00 | Y10 | 低位 LED 数码管显示 |
| BCD 码 02 | X21 | 低位拨码器的设置 | LED 数码管 01 | Y11 | 低位 LED 数码管显示 |
| BCD 码 03 | X22 | 低位拨码器的设置 | LED 数码管 02 | Y12 | 低位 LED 数码管显示 |
| BCD 码 04 | X23 | 低位拨码器的设置 | LED 数码管 03 | Y13 | 低位 LED 数码管显示 |
| BCD 码 11 | X24 | 高位拨码器的设置 | LED 数码管 10 | Y14 | 高位 LED 数码管显示 |
| BCD 码 12 | X25 | 高位拨码器的设置 | LED 数码管 11 | Y15 | 高位 LED 数码管显示 |
| BCD 码 13 | X26 | 高位拨码器的设置 | LED 数码管 12 | Y16 | 高位 LED 数码管显示 |
| BCD 码 14 | X27 | 高位拨码器的设置 | LED 数码管 13 | Y17 | 高位 LED 数码管显示 |

表 8-9　变频器参数的设置

| 参数 | 设置值 | 参数 | 设置值 | 参数 | 设置值 | 参数 | 设置值 | 参数 | 设置值 |
|---|---|---|---|---|---|---|---|---|---|
| P01 | 0.2 | P02 | 0.2 | P08 | 5 | P09 | 1 | P32 | 35.0 |

注：第一速为 50Hz。

（6）气动原理图　系统气动原理图如图 8-40 所示。

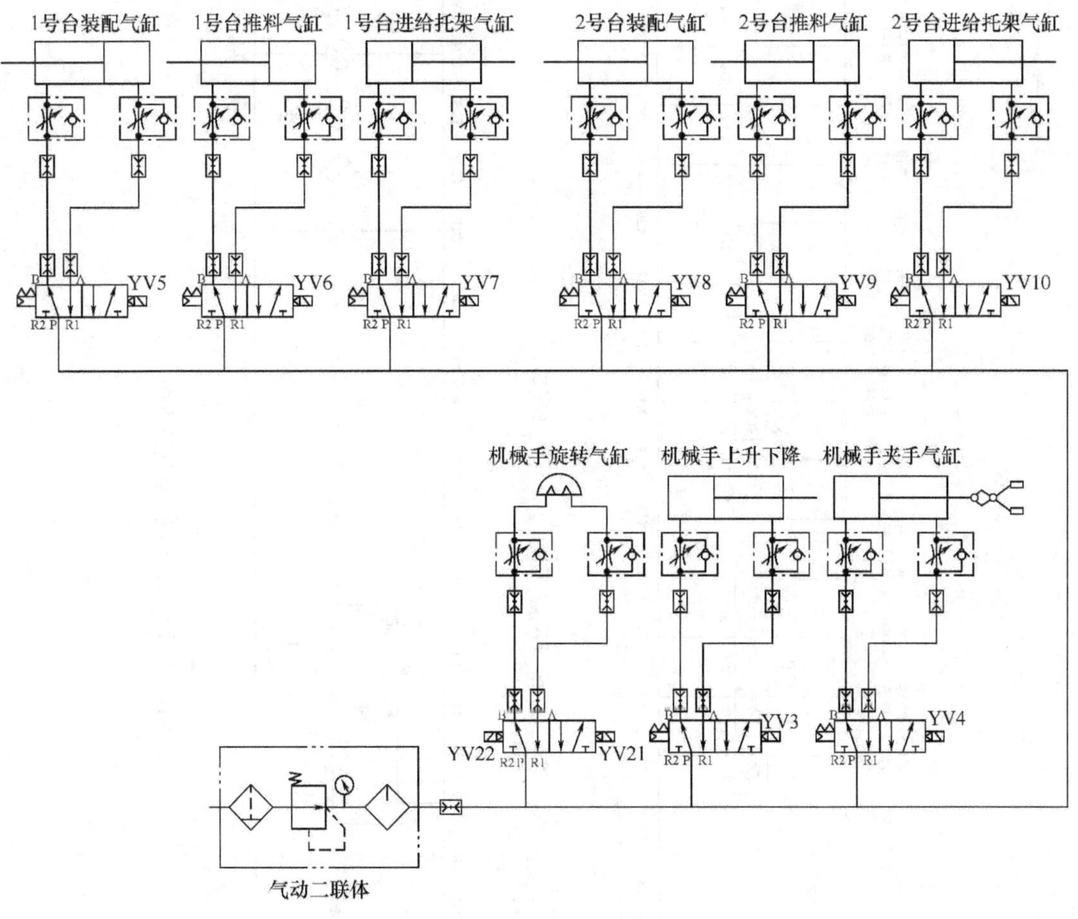


图 8-40　系统气动原理图

（7）电气原理图　1 号 PLC（主机）电气原理图如图 8-41 所示，2 号 PLC（从机）电气原理图如图 8-42 所示。

（8）梯形图程序　梯形图程序编制的主机程序如图 8-43 所示，从机程序如图 8-44 所示。

（9）程序执行与调试　系统的程序运行和调试说明如下：

1）设备的初始状态。通电后，指示灯 HL1 ~ HL6 熄灭，LED 数码管显示为零，急停按钮 SB7 复位，机械手停在原点并处于皮带输送机上方，机械手上升下降气缸的活塞杆伸出，手指处于松开状态。两个加工台的推料气缸和装配气缸均处于缩回状态，进给托架气缸的活塞杆均处于伸出状态，进给托架上均无工件。1 号台的上料井内为金属铁，2 号台的上料井内为金属铝，皮带输送机停止运行，1 号库位为白色塑料毛坯，2 号库位为黑色塑料毛坯。上电不满足初始要求时，设备不能动。需按 SB4 进行复位。

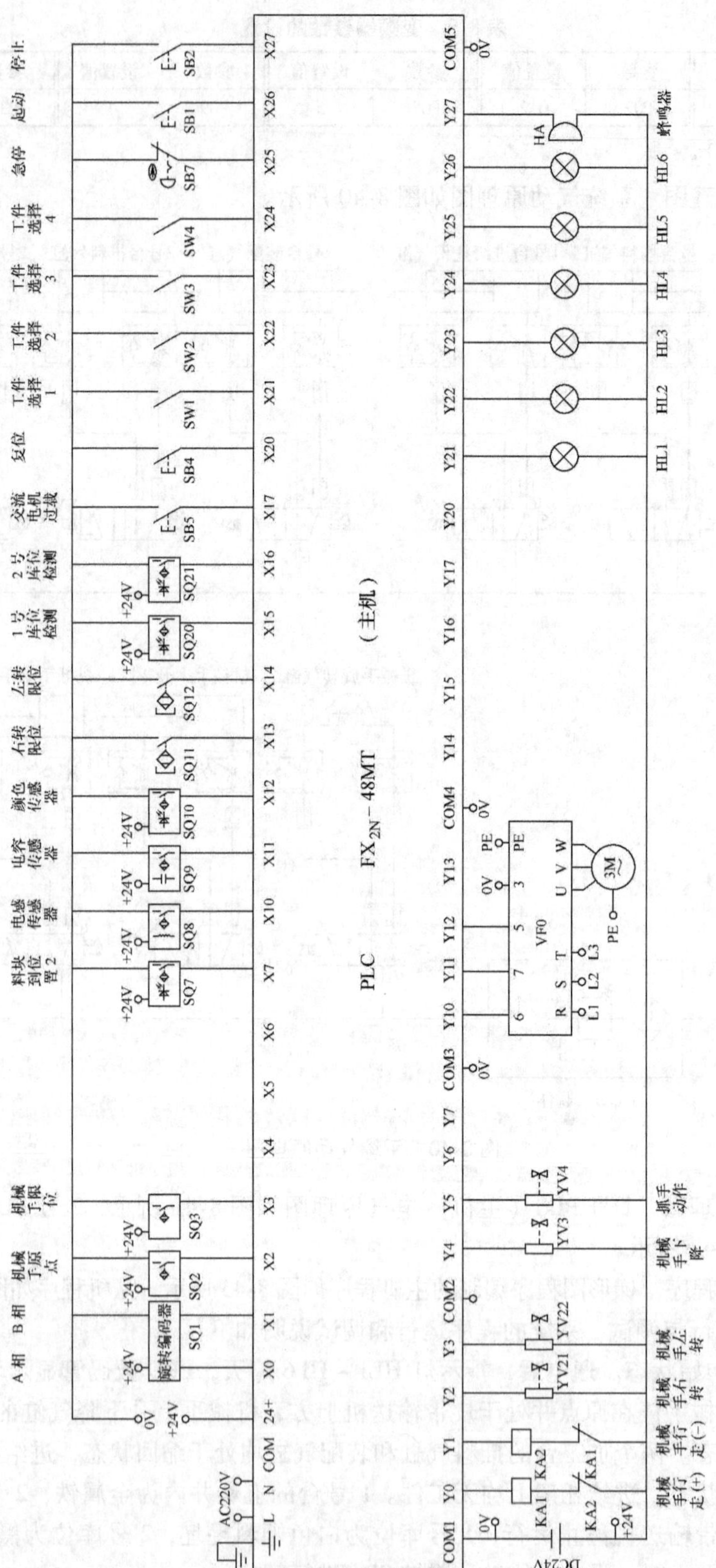


图8-41 1号PLC(主机)电气原理图

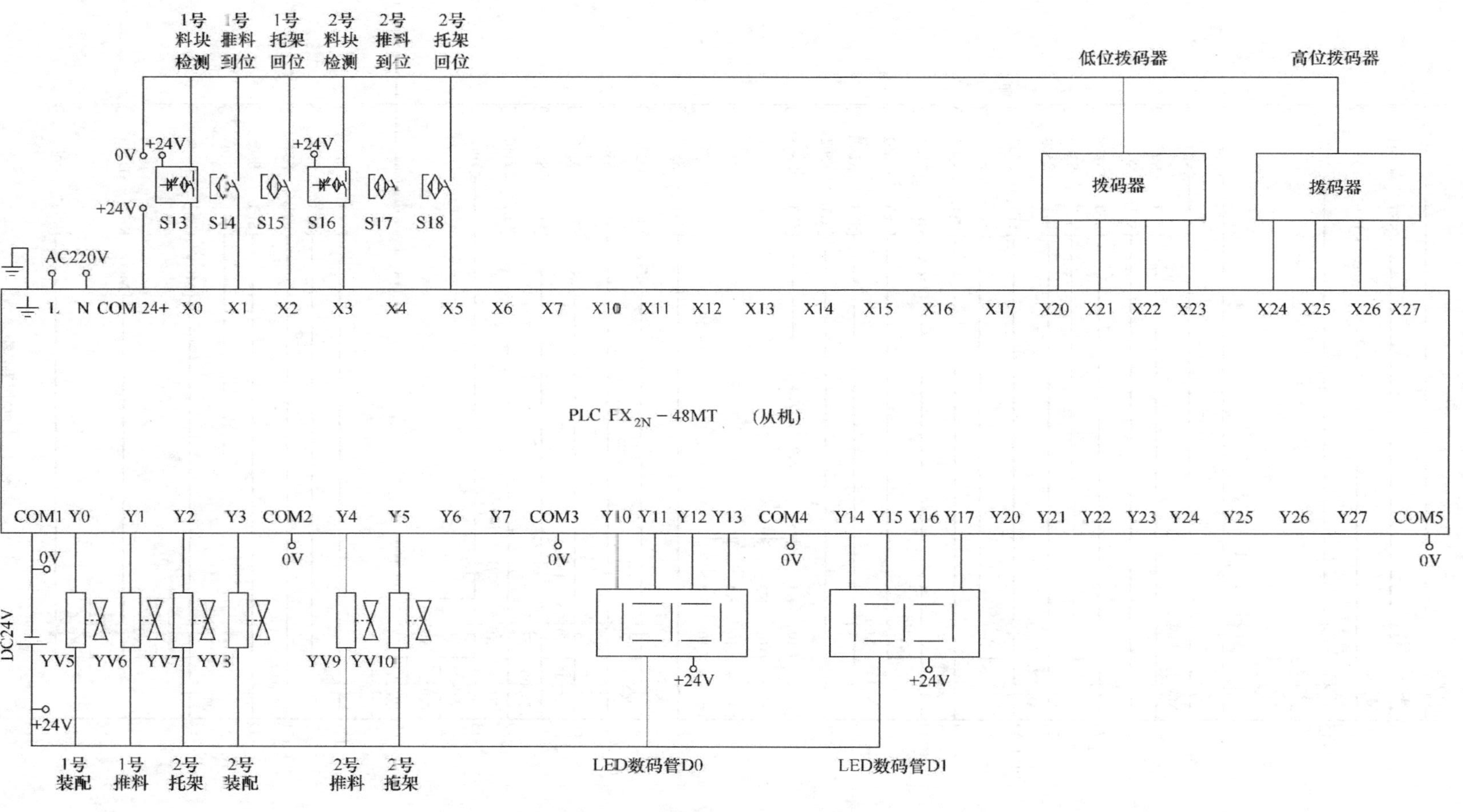


图8-42　2号PLC(从机)电气原理图

0 X8000 M8070
3 M8002 M903 SET M803
6 M8000 MOV K1X021 D10
12 X002 M500 M2
M902
X013
17 M2 X026 M801 X025 M0
M0 M800
24 M8002 M500 SET S0
28 STL S0
29 M0 SET M500
SET S500
33 STL S500
34 M8000 M506 SET S502
M506 SET S501
43 STL S501
44 M8000 MOV K0 D200
X013 SET Y002
52 X013 X002 SET M801
55 STL S502
56 = D10 K1 < D490 D500 SET S503
= D10 K2
= D10 K4
= D10 K8
83 STL S503
84 X021 X015 MOV K1 D200
X023 X015 M506 SET S501
X022 X016
98 MOV K2 D200
X024 X016 M506 SET S501
112 M8000 X013 SET Y002
115 X021 X015 X013 M516 K5 T0
X023
X022 X016
X024
127 T0 SET M504
SET S504
131 STL S504
132 M504 SET S505
135 STL S505
136 M8000 X021 MOV K7 D200
X022
X023 MOV K6 D200
X024
X014 SET Y003
K5

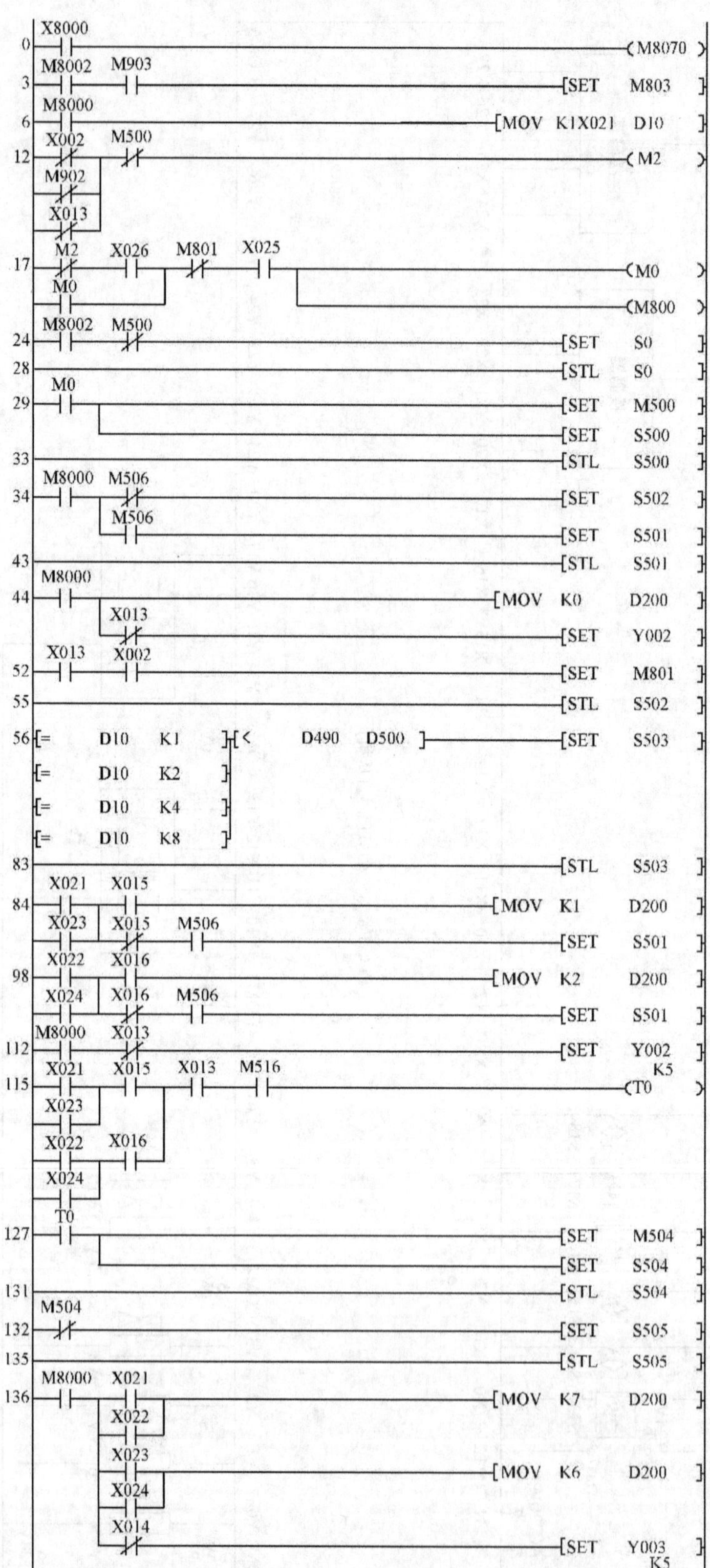

图 8-43 主机程序

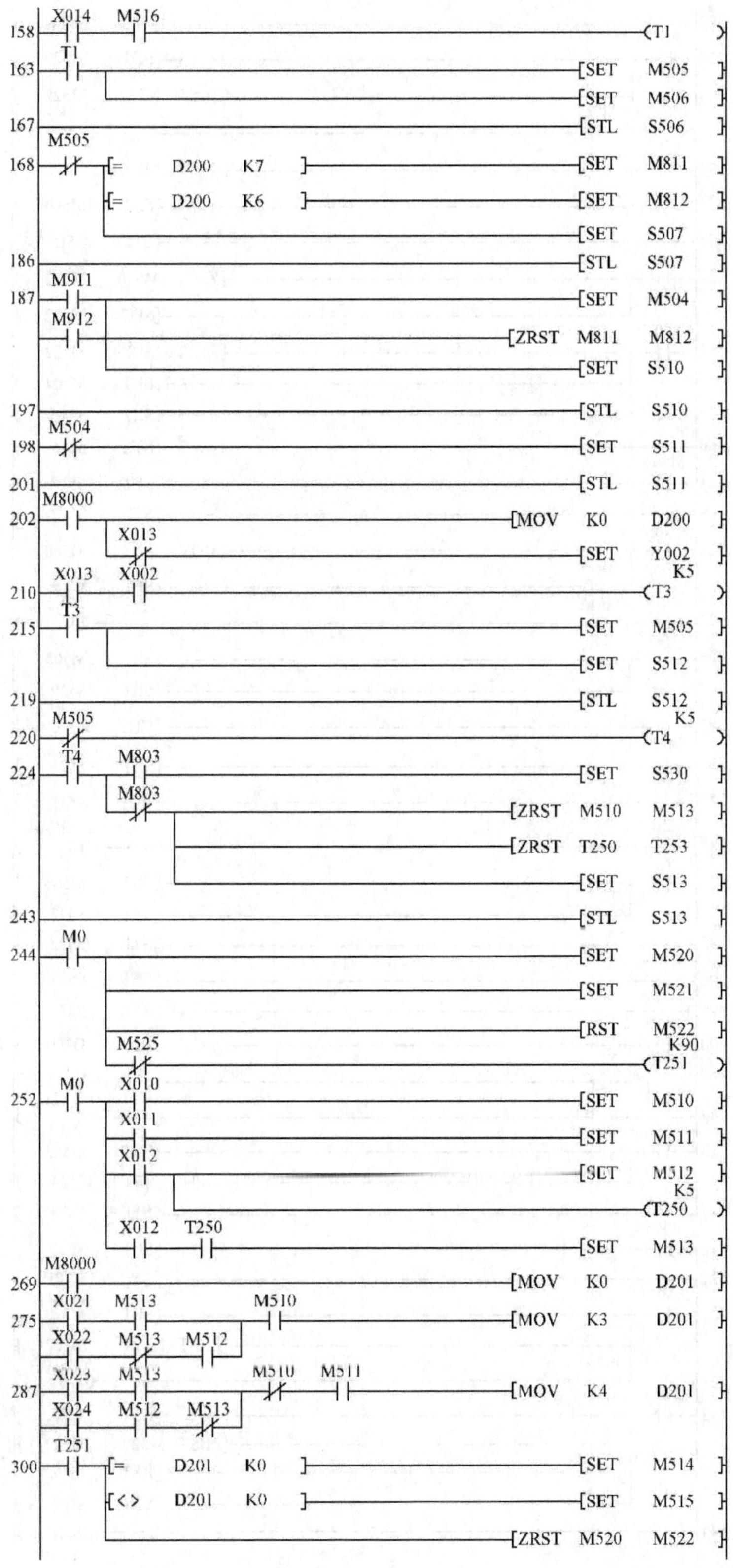

图8-43　主机程序（续）

323 [STL S514]
324 M0 [SET M520]
[ZRST M521 M522]
M525 K30 (T252)
335 T252 [ZRST M520 M522]
[SET M500]
343 [STL S515]
344 M0 [ZRST M520 M521]
[SET M522]
351 X007 [ZRST M520 M522]
[SET M504]
[SET S516]
360 [STL S516]
361 M504 [SET S517]
364 [STL S517]
365 M8000 [MOV K5 D200]
X014 [SET Y003]
373 X014 M516 K5 (T5)
378 T5 [SET M505]
[SET S520]
382 [STL S520]
383 M505 [SET S521]
386 [STL S521]
387 M0 K30 (T6)
391 T6 [SET M504]
[SET S522]
395 [STL S522]
396 M504 [SET S523]
399 [STL S523]
400 M8000 [MOV D201 D200]
X013 [SET Y002]
408 X013 M516 K5 (T7)
413 T7 [SET M505]
[SET S524]
417 [STL S524]
418 M505 [SET S500]
421 [STL S530]
422 M0 [SET M520]
[ZRST M521 M522]
M525 K100 (T255)
433 T255 [RST T255]
[ZRST M520 M522]
[RST M803]
[SET S500]
444 [RET]

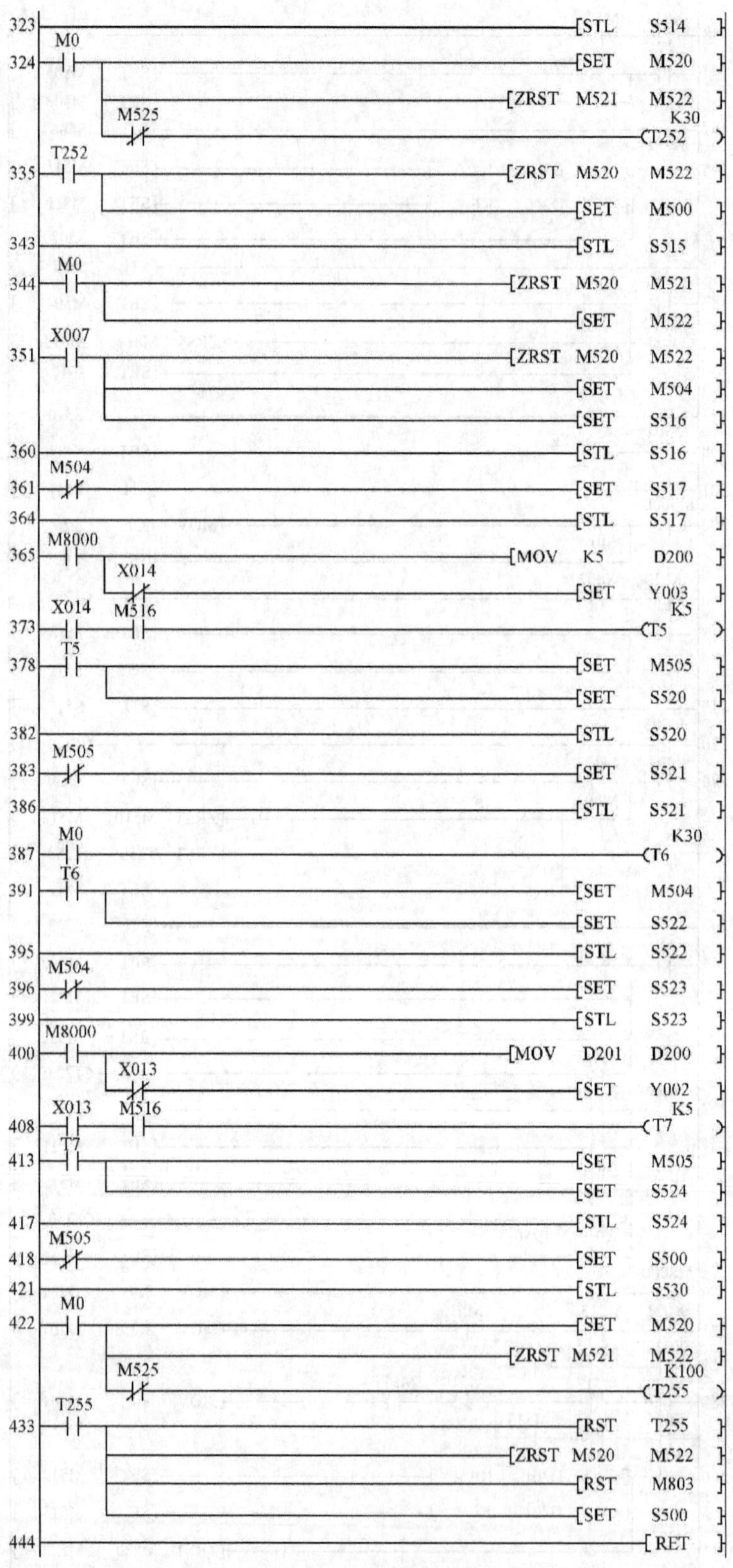

图 8-43　主机程序（续）

445 M0 M504 M505 [MC N0 M60]
451 M8000 K30 (T10)
455 M503 [SET Y004]
457 [>= T10 K10] [SET M503]
463 [>= T10 K15] [RST Y004]
469 [>= T10 K25] [RST M504] [RST T10]
477 [MCR N0]
479 M0 M505 M504 [MC N0 M61]
485 M8000 K30 (T12)
489 M503 [SET Y004]
491 [>= T12 K10] [RST M503]
497 [>= T12 K15] [RST Y004]
503 [>= T12 K25] [RST M505] [RST T12]
511 [MCR N0]
513 M0 [MC N0 M62]
517 [= D200 K0] X002 [DMOV K-750 D0]
532 [= D200 K1] [DMOV K219 D0]
546 [= D200 K2] [DMOV K364 D0]
560 [= D200 K3] [DMOV K510 D0]
574 [= D200 K4] [DMOV K653 D0]
588 [= D200 K5] [DMOV K650 D0]
602 [= D200 K6] [DMOV K400 D0]
616 [= D200 K7] [DMOV K152 D0]
630 X002 [DMOV K0 D0]
641 M8000 K32767 (C252)
647 M8000 [DADD D0 K2 D2]
661 M8000 [DZCP D0 D2 C252 M515]
679 M515 [SET Y000] [RST Y001]
682 M517 [SET Y001] [RST Y000]
685 M516 [ZRST Y000 Y001]
691 [MCR N0]
693 M525 M0 M520 (Y010) M521 (Y011) M522 (Y012)
704 M0 (Y022)
706 S521 M8013 M0 (Y021)
710 S514 M0 (Y027)
713 Y000 M8013 Y001 (Y024)
717 M506 M0 M8013 (Y025)
721 [< T200 K33] K100 (T200)

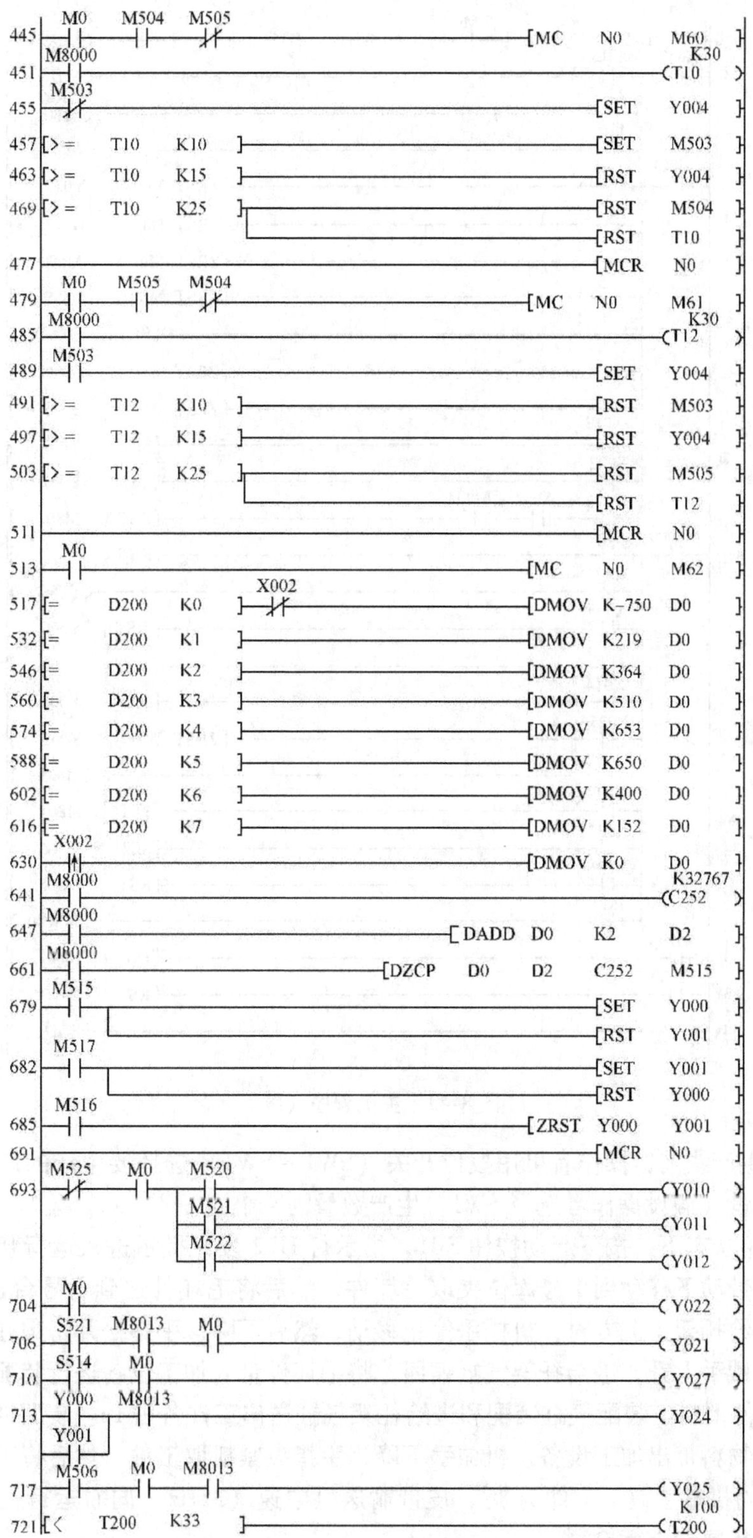

图 8-43　主机程序（续）

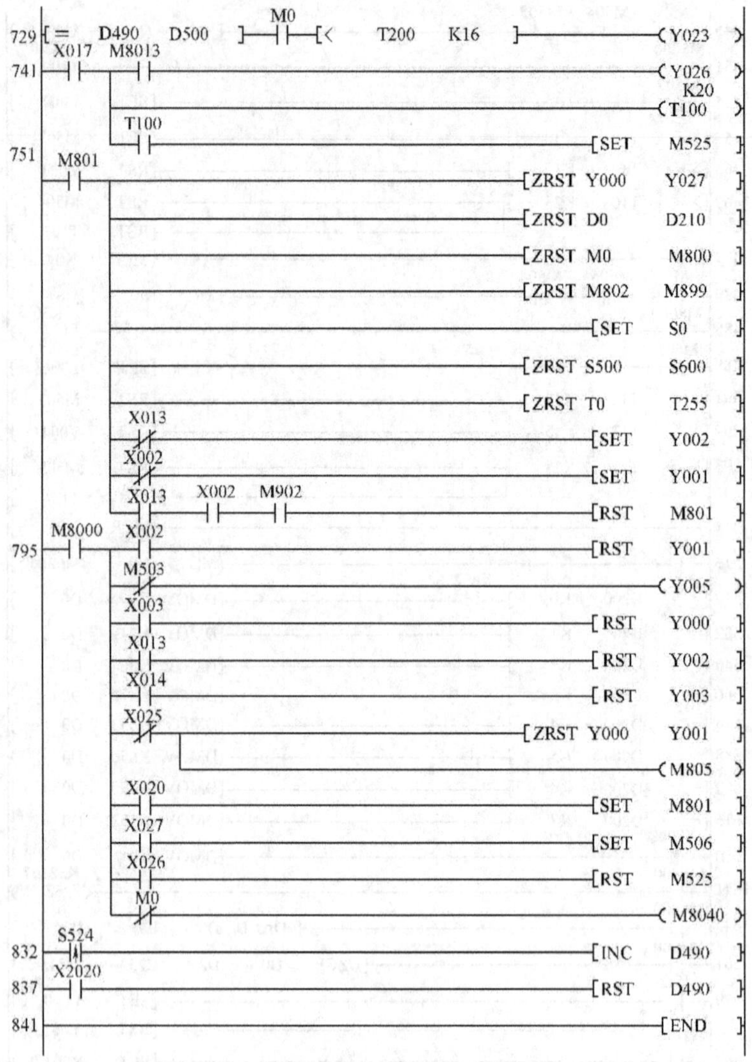

图 8-43　主机程序（续）

2）启动生产线前，操作者可用拨位开关（SW1 ~ SW4）选择要生产的产品，并由拨码器确定生产数量（假设操作者选择 SW1，生产数量为 4 个）。

3）在初始状态下，按下起动按钮 SB1，指示灯 HL2 发光提示进入运行状态。机械手在直流电动机的带动下移动到 1 号库位夹取毛坯件，然后将毛坯件送到 1 号台进行铁件装配。当工件处于进给托架正上方时，机械手停止移动，然后下降，手指松开将圆柱形工件放在进给托架上，机械手上升，进给托架气缸缩回，将毛坯件带入加工设备进行装配，装配时间为 3s，其中装配件上料、装配气缸装配和进给托架气缸送出工件各占 1s。装配结束后进给托架气缸伸出，将物料带出加工设备。机械手下降，手指夹紧抓取工件。然后将工件送到皮带输送机位置 2。当机械手放下工件 1s 后，皮带输送机中速（35Hz）向右运行，工件在皮带输送机上经三个传感器进行检测。

4）如果产品为合格产品（白色塑料圆柱内装配金属铁），三个传感器都检测结束后，皮带输送机高速向左运行，将产品送回位置 2，皮带输送机停止运行，机械手下降抓取产品，将产品送到包装台，机械手到达包装台正上方时，机械手停止移动，然后下降，手指松开，机械手上升，指示灯 HL1 闪烁（1Hz），提示产品进入包装，产品在包装台上进行 3s 包装，包装结束后，指示灯 HL1 熄灭，机械手下降抓取产品，将产品送入 3 号库位，然后进行下一产品的生产。

5）如果产品为不合格产品（不是规定的组装方式），三个传感器都检测结束后，蜂鸣器鸣叫报警，皮带输送机高速向右运行 3s，将废品送下皮带输送机落入废品箱内，3s 后皮带输送机停止运行，蜂鸣器停止鸣叫，系统进入下一产品的生产。

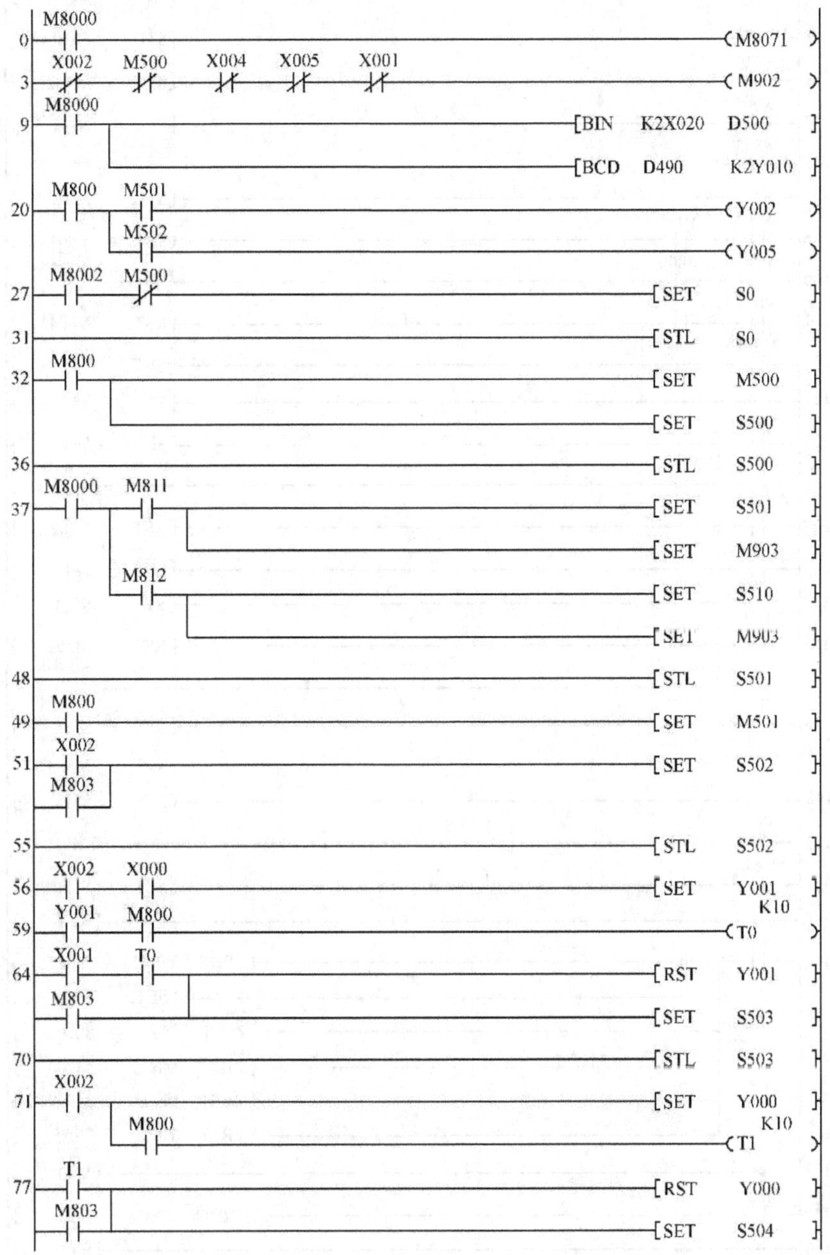


图 8-44　从机程序

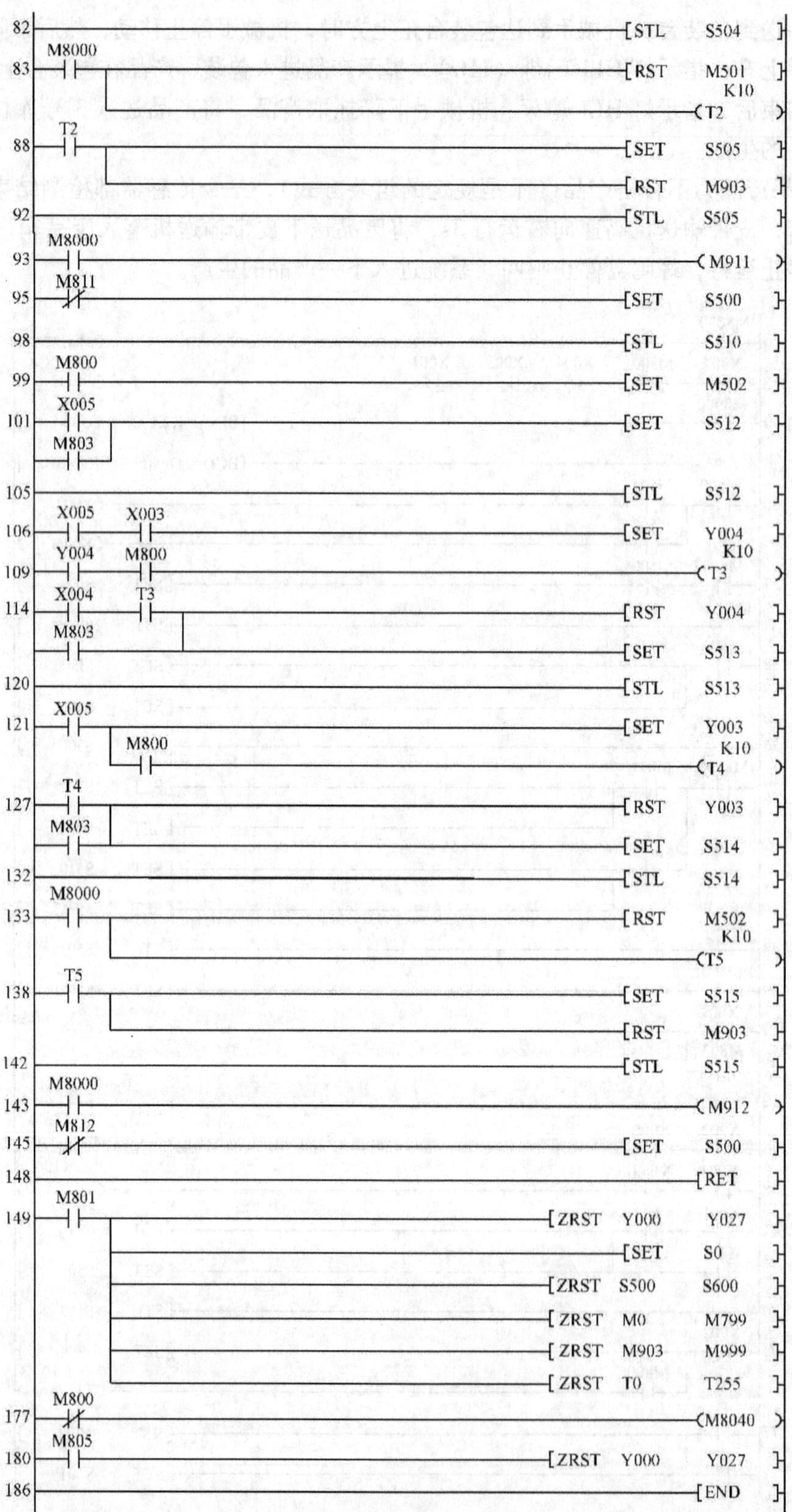

82 STL S504
83 M8000 RST M501
K10 T2
88 T2 SET S505
RST M903
92 STL S505
93 M8000 M911
95 M811 SET S500
98 STL S510
99 M800 SET M502
101 X005 M803 SET S512
105 STL S512
106 X005 X003 SET Y004
109 Y004 M800 K10 T3
114 X004 T3 M803 RST Y004
SET S513
120 STL S513
121 X005 SET Y003
M800 K10 T4
127 T4 M803 RST Y003
SET S514
132 STL S514
133 M8000 RST M502
K10 T5
138 T5 SET S515
RST M903
142 STL S515
143 M8000 M912
145 M812 SET S500
148 RET
149 M801 ZRST Y000 Y027
SET S0
ZRST S500 S600
ZRST M0 M799
ZRST M903 M999
ZRST T0 T255
177 M800 M8040
180 M805 ZRST Y000 Y027
186 END

图 8-44　从机程序（续）

6）在产品的生产过程中由 LED 数码管显示已经生产产品的数量。当数量达到规定数量时，指示灯 HL3 快速闪烁（3Hz）提示已经完成任务。按下复位按钮 SB4，指示灯 HL3 熄灭，系统恢复初始状态。

7）系统在运行过程中，只要机械手移动，指示灯 HL4 就闪烁（1Hz），机械手停止移动，指示灯 HL4 熄灭。

8）按下按钮 SB2，发出设备正常停机指令，指示灯 HL5（1Hz）闪烁，机械手在完成当前产品的生产后，返回初始位置停止，系统进入初始状态，指示灯 HL5 熄灭。

9）停机后可按起动按钮 SB1 重新启动。

10）设备应有停电保持能力，在遇到突然停电时，设备应能保持当前状态，当重新送电后，设备应按下 SB1 才能在停电状态上恢复运行。但如果工件进行装配时发生断电，该工件将报废。即电源恢复后，按下起动按钮 SB1，该工件直接由机械手送到皮带输送机，由皮带输送机以 50Hz 的速度送到末端的废品箱内。

11）当皮带输送机发生过载时，过载触点动作（SB5 接通），此时指示灯 HL6 闪烁（1Hz），提示发生过载。若过 2s 后过载仍未消除，则皮带输送机停止运行。当过载消除（SB5 复位）后，指示灯 HL6 熄灭。按下起动按钮 SB1，皮带输送机重新按停止的状态继续运行，系统恢复正常。

12）若因突发故障需要进行急停，可按下急停按钮 SB7（按下后锁死），此时设备应立刻停止运行。若机械手夹持有物料，手指应保持抓取状态，以防止物料在急停时掉下发生事故，松开急停按钮，按下起动按钮 SB1，设备应继续工作。

（10）注意事项　系统编程与调试中应注意的主要问题说明如下：

1）本题使用了两位拨码器设置数量，两位数码管显示已完成数量，为方便程序的运算和控制，分配 I/O 表时，应各将一个字节的 I/O 口分配给它们使用。

2）使用传感器进行检测时，应仔细分析每种工件在三个传感器下检测的不同，特别是工件以相同速度通过传感器时，传感器检测到信号时间的长短。利用检测信号和信号有效时间的组合可以实现不同工件的鉴别。

## 第二节　PLC 过程控制系统应用实例

目前，PID 控制及其控制器或智能 PID 控制器（仪表）已经很多，产品已在工程实际中得到了广泛的应用，有各种各样的 PID 控制器产品，各大公司均开发了具有 PID 参数自整定功能的智能调节器（Intelligent Regulator），其中 PID 控制器参数的自动调整是通过智能化调整或自校正、自适应算法来实现。有利用 PID 控制实现的压力、温度、流量、液位控制器，能实现 PID 控制功能的可编程序控制器（PLC），还有可实现 PID 控制的 PC 系统等。

### 一、数字 PID 控制器

PID 控制器是应用最广的闭环控制器，有人估计现在 90% 以上的闭环控制采用 PID 控制器。这是因为 PID 控制器具有不需要被控对象的数学模型、结构简单容易实现、有较强的灵活性和实用性、使用方便等特点。

（1）PID 控制器的优点　其优点可用“稳、准、快”来描述。“稳”是指系统的稳定性（Stability），一个系统要能正常工作，首先必须是稳定，从阶跃响应上看应该是收敛的；“准”

是指控制系统的准确性、控制精度，通常用稳态误差（Steady-state Error）来描述，它表示系统输出稳态值与期望值之差；"快"是指控制系统响应的快速性，通常用上升时间来定量描述。

（2）PID 控制器的数字化　众所周知，PID 控制器的理想化方程如式（8-2）所示。

$$u(t) = K_{p}\left[e(t) + \frac{1}{T_{i}}\int_{0}^{t}e(t)\,dt + T_{d}\frac{de(t)}{dt}\right] \tag{8-2}$$

式中　$e(t)$——控制器输入信号，一般为输入信号与反馈信号之差；

$u(t)$——控制器输出信号，一般为给予受控对象的控制信号；

$K_p$——控制器放大系数；

$T_i$——控制器积分时间常数；

$T_d$——控制器微分时间常数。

理想曲线如图 8-45 所示。

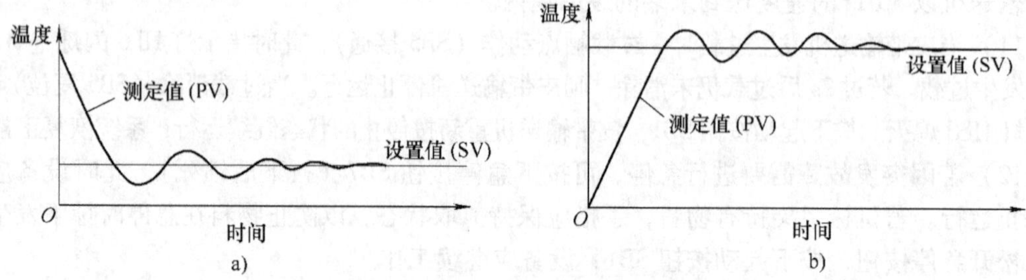


图 8-45　理想曲线
a）正向动作（制冷时）　b）逆向动作（制热时）

在 PLC 中，我们是采用编写相关程序来改变 PID 三个参数，使被调节的参数值（如温度）在很短的时间内达到设置值，并趋于平稳。

## 二、模拟量闭环控制方法

在三菱 Q 系列 PLC 中，可以使用 PLC 编程软件编写程序将 AD、DA 模块初始化和该软件自带的控制软件包两种方式来实现数字式模拟量闭环控制。

## 三、Q 系列 PID 控制器的示例程序

### 1. 程序示例的系统配置

系统的详细配置示例如图 8-46 所示。

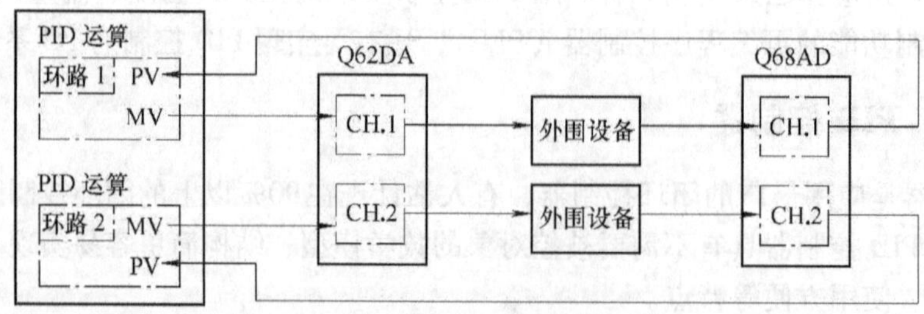


图 8-46　系统详细配置示例

Q68AD 的 I/O 地址：X/Y80～X/Y8F；

Q62DA 的 I/O 地址：X/YA0 ~ X/YAF。

**2. 程序设计**

（1）程序条件　系统的有关配置及参数设置说明如下：

1）有关系统配置的详细内容，请参阅图 8-46。

2）执行 PID 运算的环路数为 2。

3）采样周期为 1s。

4）将 PID 控制用数据设置到下列软元件中。公共数据：D500、D501；环路 1 用数据：D502 ~ D511；环路 2 用数据：D512 ~ D521。

5）将 I/O 数据设置到下列软元件中。公共数据：D600 ~ D609；环路 1 用数据：D610 ~ D627；环路 2 用数据：D628 ~ D645。

6）在顺控程序中将环路 1 和环路 2 的设定值（即 SV 值）设置为以下值（也可用 D 区来代替）。环路 1 ~ 600；环路 2 ~ 1000。

7）下列软元件用作 PID 控制开始/终止指令。PID 控制开始指令 – X0；PID 控制停止指令 – X1。

8）在 0 ~ 2000 的范围内设置 Q68AD 和 Q62DA 的数字值。

（2）梯形图程序　具体执行的梯形图程序如图 8-47 所示。

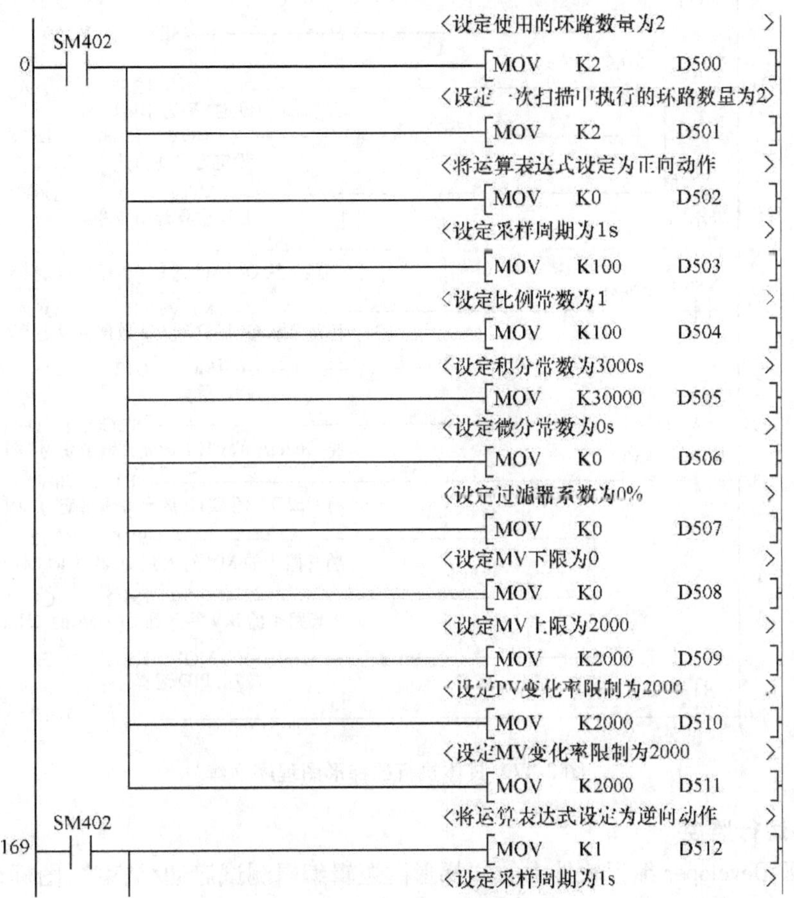


图 8-47　具体执行的梯形图程序

```
                                   [MOV  K100    D513  ]
                                   <设定比例常数为1     >
                                   [MOV  K100    D514  ]
                                   <设定积分常数为3000s >
                                   [MOV  K30000  D515  ]
                                   <设定微分常数为0s    >
                                   [MOV  K0      D516  ]
                                   <设定过滤器系数为0%  >
                                   [MOV  K0      D517  ]
                                   <设定MV下限为0       >
                                   [MOV  K0      D518  ]
                                   <设定MV上限为2000    >
                                   [MOV  K2000   D519  ]
                                   <设定MV变化率限制为2000>
                                   [MOV  K2000   D520  ]
                                   <设定PV变化率限制为2000>
                                   [MOV  K2000   D521  ]
                                   <将PID控制数据设定在D500~D521>
     SM402
303 ─┤ ├──────────────────────────────[PIDINIT  D500  ]
                                   <设定允许Q82DA输出   >
     X0A0                                         U0A\
323 ─┤↑├──────────────────────────[MOV  K0        G0  ]
          └───────────────────────────[SET       Y0A9 ]
     X0A0   X0A9   Y0A9
340 ─┤ ├──┬──┤/├────┤ ├────────────────[RST      Y0A9 ]
          │                          <设定 SV 为 1000  >
          ├────────────────────────[MOV  K1000   D628 ]
          │                          <设定为自动模式    >
          └────────────────────────[MOV  K0      D633 ]
                                   <PID 运算开始命令   >
     X0
367 ─┤ ├──────────────────────────────[SET      M0    ]
                    环路 1 从 Q64AD 到 I/O 数据区设定 PV>
     X80    M0                           U0E\
379 ─┤ ├────┤ ├──┬─────────────────[MOV  G11     D611 ]
                 │  环路 2 从 Q64AD 到 I/O 数据区设定 PV>
                 │                       U0E\
                 └─────────────────[MOV  G12     D629 ]
                                   <PID 运算           >
     M0
423 ─┤ ├──────────────────────────────[PIDCONT  D600  ]
                    <将 Q62DA 的 CH.1 的允许输出变为 ON>
     X0A0   M0
432 ─┤ ├────┤ ├──┬────────────────────[SET      Y0A1  ]
                 │  <将 Q62DA 的 CH.2 的允许输出变为 ON>
                 ├────────────────────[SET      Y0A2  ]
                 │  <将环路 1 的 MV 写入到 Q62DA 的 CH.1>
                 │                                U0A\
                 ├─────────────────[MOV  D612      G1  ]
                 │  <将环路 1 的 MV 写入到 Q62DA 的 CH.2>
                 │                                U0A\
                 └─────────────────[MOV  D630      G2  ]
                                   <停止 PID 运算      >
     X1
510 ─┤ ├──────────────────────────────[RST      M0    ]
```

图 8-47　具体执行的梯形图程序（续）

### 3. 程序运行监控

打开 GX-Developer 编程软件中的“梯形图逻辑编辑测试启动/结束”图标，将所编写的程序下载到虚拟的 CPU 中进行仿真调试及监控。

## 四、PID 控制器的参数整定方法

PID 控制器的参数整定是控制系统设计的核心内容。它是根据被控过程的特性确定 PID 控制器的比例系数、积分时间和微分时间的大小。

PID 控制器参数整定的方法很多，概括起来有两大类：

一是理论计算整定法。它主要是依据系统的数学模型，经过理论计算确定控制器参数。这种方法所得到的计算数据未必可以直接用，还必须通过工程实际进行调整和修改。

二是工程整定方法，它主要依赖工程经验，直接在控制系统的试验中进行，且方法简单、易于掌握，在工程实际中被广泛采用。

**1. PID 参数与系统动静态性能的关系**

所谓 PID 指的是 Proportion-Integral-Differential。翻译成中文是比例-积分-微分。可以把 PID 理解为误差控制。

例如：对液压泵转速进行控制还要：变频器——作为电动机驱动；差动变压器——作为输出反馈。

PID 如何对误差控制？所谓“误差”就是命令与输出的差值。比如你希望控制液压泵转速为 1500r（“命令电压” =6V），而事实上控制液压泵转速只有 1000r（“输出电压” = 4V），则误差：$e=500$r（对应电压 2V）。如果泵实际转速为 2000r，则误差：$e=500$r（对应电压 2V）。如果泵实际转速为 2000r，则误差 $e=-500$r（注意正负号）。

该误差值送到 PID 控制器，作为 PID 控制器的输入。PID 控制器的输出为：$K_p$ 误差 $+K_i$ 误差积分 $+K_d$ 误差微分。

$$K_p e + K_i\int e\mathrm{d}t + K_d(\mathrm{d}e/\mathrm{d}t)$$

式中　$t$——时间。

上式为三项求和，PID 结果后送入电动机变频器或驱动器。

从上式看出，如果没有误差，即 $e=0$，则 $K_p e=0$；$K_d$（$\mathrm{d}e/\mathrm{d}t$）$=0$；而 $K_i\int e\mathrm{d}t$ 不一定为 0。三项之和不一定为 0。

总之，如果“误差”存在，PID 就会对变频器作调整，直到误差 =0。

评价一个控制系统是否优越，有三个指标：快、稳、、准。所谓快，就是要使输出快速地达到“命令值”；所谓稳，就是要使输出稳定不波动或波动量小；所谓准，就是要求“命令值”与“输出值”之间的误差 $e$ 小。

对于系统来说，要求“快”的话，可以增大 $K_p$、$K_i$ 值；要求“准”的话，可以增大 $K_i$ 值；要求“稳”的话，可以增大 $K_d$ 值，可以减少输出波动。

仔细分析可以得知：这三个指标是相互矛盾的。如果太“快”，可能导致不“稳”；如果太“稳”，可能导致不“快”；只要系统稳定且存在积分 $K_i$，该系统在静态是没有误差的（会存在动态误差）。

所谓动态误差，是指当“命令值”不为恒值时，“输出值”跟不上“命令值”而存在的误差。不管是谁设计的，再好的系统都存在动态误差，动态误差体现的是系统的跟踪特性，比如说，有的音响功放对高频声音不敏感，就说明功放跟踪性能不好。

**2. 确定 PID 控制器参数初值的工程方法**

在实际调试过程中，PID 参数的设定是靠经验及对工艺的熟悉，参考测量值跟踪与设定值曲线，从而调整 P、I、D 的大小。

下面简单介绍调试 PID 参数的一般步骤：

（1）负反馈　自动控制理论也被称为负反馈控制理论，首先检查系统接线，确定系统的反馈为负反馈。例如电动机调速系统，输入信号为正，要求电动机正转时，反馈信号也为正（PID 算法时，误差 = 输入 - 反馈），同时电动机转速越高，反馈信号越大。其余系统同此方法。

（2）PID 调试　PID 调试的一般原则如下：

1）在输出不振荡时，增大比例增益 $P$。

2）在输出不振荡时，减小积分时间常数 $T_i$。

3）在输出不振荡时，增大微分时间常数 $T_d$。

（3）调试步骤　具体步骤如下：

1）确定比例增益 $P$。确定比例增益 $P$ 时，首先去掉 PID 的积分项和微分项，一般是令 $T_i=0$、$T_d=0$（具体见 PID 的参数设定说明），使 PID 为纯比例调节。输入设定为系统允许的最大值的 60% ~70%，由 0 逐渐加大比例增益 $P$，直至系统出现振荡；再反过来，从此时的比例增益 $P$ 逐渐减小，直至系统振荡消失，记录此时的比例增益 $P$，设定 PID 的比例增益 $P$ 为当前的 60% ~70%。比例增益 $P$ 调试完成。

2）确定积分时间常数 $T_i$。比例增益 $P$ 确定后，设定一个较大的积分时间常数 $T_i$ 为初值，然后逐渐减小 $T_i$，直至系统出现振荡，之后再反过来，逐渐加大 $T_i$，直至系统振荡消失。记录此时的 $T_i$，设定 PID 的积分时间常数 $T_i$ 为当前值的 150% ~180%。积分时间常数 $T_i$ 调试完成。

3）确定积分时间常数 $T_d$。积分时间常数 $T_d$ 一般不用定，为 0 即可。若要设定，与确定 $P$ 和 $T_i$ 的方法相同，取不振荡时的 30%。

4）系统空载、带载联调，再对 PID 参数进行微调，直至满足要求。

PID 控制器参数的工程整定，各种调节系统中 P、I、D 参数经验数据以下可参照：

温度 T：P = 20% ~60%，I = 180 ~600s，D = 3 ~180s；

压力 P：P = 30% ~70%，I = 24 ~180s；

液位 L：P = 20% ~80%，I = 60 ~300s；

流量 L：P = 40% ~100%，I = 6 ~60s。

## 五、过程控制指令 PID

$FX_{2N}$的 PID 指令的编号为 FNC88，其 PID 指令格式如图 8-48 所示，源操作数［S1］、［S2］、［S3］和目标操作数［D］均为数据寄存器 D，16 位指令，占 9 个程序步。［S1］和［S2］分别用来存放给定值 $SV$ 和当前测量到的反馈值 $PV$，［S3］~［S3］+6 用来存放控制参数的值，运算结果 MV 存放在［D］中。源操作数［S3］占用从［S3］开始的 25 个数据寄存器。

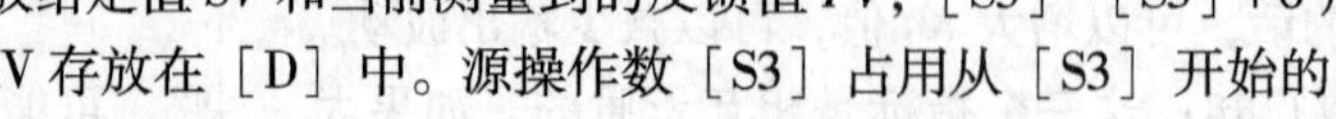

```
        X000                         (S1)  (S2)  (S3)   (D)
0 ──┤ ├──────────────────────[PID  D0    D1    D100   D150 ]
```

图 8-48　PID 指令格式

说明：

1）图 8-50 中源（S1）为设定目标值（SV），源（S2）为测定现在值（PV），源(S3)·

(S3)+6 为设定控制参数，目标（D）为 PID 运算后存入的数据存储器，（D）要用非断电保持型的。

2）源（S3）的参数设定值由连续编号的 25 个数据寄存器组成，这些软元件有些是要用 MOV 指令输入数据的，有些内部操作运算用的，有些是从 PID 运算返回输出数据的，如表 8-10 所示。

**表　8-10**

| 参数（S3） | 名称、功能 | 说明 | 数值设置范围 |
|---|---|---|---|
| （S3） | 采样时间 T | 读取系统的当前值（S2）的时间间隔 | 1～32767ms |
| （S3）+1 | 动作方向（ACT） | bit0：(0)，正动作；(1)，逆动作<br>bit1：(0)，当前值（S2）变化不报警；(1)，（S2）变成报警<br>bit2：(0)，输出（D）变化不报警；(1)，（D）变化报警<br>bit3：不可使用<br>bit4：(0)，自动调节不动作；(1) 执行自动调节<br>bit5：(0)，无输出值上下限设定；(1) 输出值上下限设定<br>bit6：～bit15：不可使用，(且 bit5 与 bit2 不能同为 ON) | |
| （S3）+2 | 输入滤波常数 a | 改变滤波器效果 | 0～99% |
| （S3）+3 | 比例增益（$K_p$） | 产生一比例输出因子 | 0～32767% |
| （S3）+4 | 积分时间（$T_i$） | 积分校正值达到比例校正值的时间，0 为无积分 | 0～32767<br>(×100ms) |
| （S3）+5 | 微分增益（$K_d$） | 在当前值（S2）变化时，产生一已知比例的微分输出因子 | 0～100% |
| （S3）+6 | 微分时间（$T_d$） | 微分校正值达到比例校正值的时间，0 为无积分 | 0～32767<br>(×100ms) |
| （S3）+7～<br>（S3）+19 | PID 运算内部占用 | | |
| （S3）+20 | 当前值上限，报警 | 用户定义的上限，一旦当前值超过此值，报警 | 当(S3)+1 的b1 =1 有效,0～32767 |
| （S3）+21 | 当前值下限，报警 | 用户定义的下限，一旦当前值超过此值，报警 | |
| （S3）+22 | 输出值上限，报警 | 用户定义的上限，一旦当前值超过此值，报警<br>输出上限设定（S3+1 的 b2=0，b5=1 有效），0～32767 | 当（S3）+1 的 b2=1、b5=0 有效 |
| （S3）+23 | 输出值下限，报警 | 用户定义下限，一旦当前值超过此值，报警<br>输出下限设定（S3+1 的 b2=0，b5=1 有效），0～32767 | |
| （S3）+24 | 报警输出（只读） | b0=(1)，当前值（S2）超过上限<br>b1=(1)，当前值（S2）超过下限<br>b2=(1)，输出值（S2）超过上限<br>b3=(1)，输出值（S2）超过下限 | 当（S3）+1 的 b1=1、b2=1 有效 |

3）采样时间（$T_S$）不能太小，$T_S$ 必须大于 PLC 的运行周期。如果采样时间（$T_S$）小于等于 PLC 的运行周期，则会发生 PID 运算错误。一般的 PID 控制 $T_S$。取 0.5～1s，自动调节取大于 1s。

4）PID 指令可同时多次执行，但每次使用的源（S3）及目标（D）不要相同。PID 指令也可用于定时器中断（如 16□□～18□□）、子程序步进梯形图、跳转指令中，但在这种情况下，要令（S3）+7 复位，如图 8-49 所示。

5）PID 比例增益（$K_p$），积分时间（$T_i$）及微分时间（$T_d$）的确定请参阅 $FX_{2N}$变成手册。

6）为了得到最佳的 PID 控制效果，最好使用自动调节功能。当（S3）+1 的 b4 为 ON 时，自动调节开始。系统通过自动调节，使系统达到最佳状态。当自动调节开始时的测定值到目标值的变化量变化 1/3 以上时，自动调节结束。

7）当控制参数的设定值或 PID 运算中的数据发生错误时，则特殊辅助继电器 M8067 变为 ON 状态。

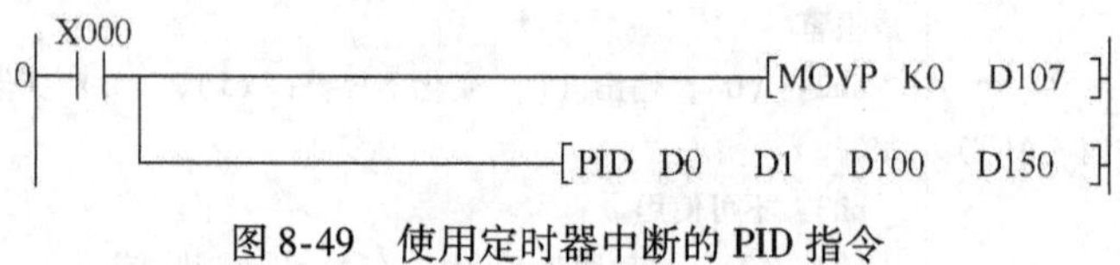


图 8-49　使用定时器中断的 PID 指令

## 六、$FX_{2N}$过程控制系统应用实例

**1. 控制要求**

1）共有两台水泵，按设计要求一台运行，一台备用，自动运行时泵运行累计 100h 轮换一次，手动时不切换。

2）两台水泵分别由 M1、M2 电动机拖动，电动机同步同步转速为 3000r/min，由 KM1，KM2 控制。

3）切换后启动和停电后启动需 5s 报警，运行完可自动切换到备用泵，并报警。

4）PLC 采用 PID 调节指令。

5）变频器（使用三菱 FR-A540）采用 PLC 的特殊功能单元 $FX_{ON}$-3A 的模拟输出，调节电动机的转速。

6）水压在 0～100N 可调，通过触摸屏（使用三菱 F940）输入调节。

7）触摸屏可以显示设定水压、实际水压、水泵的运行时间、转速、报警信号等。

8）变频器的其余参数自行设定。

**2. 软件设计**

（1）I/O 分配　系统 I/O 分配说明如下：

1）触摸屏输入，M500：自动启动；M100：手动 1 号泵；M101：手动 2 号泵；M102：停止；M103：运行时间复位；M104：清除报警；D500：水压设定。

2）触摸屏输出，Y0：1 号泵运行指示；Y1：2 号泵运行指示，T20：1 号泵故障；T21：2 号泵故障；D101：当前水压；D502：泵累计运行的时间；D102：电动机的转速。

3）PLC 输入，X1：1 号泵水流开关；X2：2 号泵水流开关；X3：过电压保护。

4）PLC 输出，Y1：KM1；Y2：KM2；Y4：报警器；Y10：变频器 STF。

（2）触摸屏换面设计　根据控制要求及 I/O 分配，按图 8-50 制作触摸屏画面。

（3）PLC 程序　根据控制要求，编制的 PLC 程序，如图 8-51 所示。

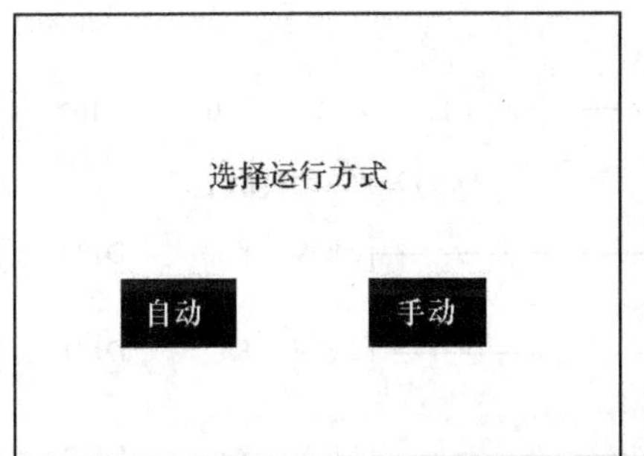


| 泵运行时间 0123h | 故障报警 1号/2号 | 管道压力 01.3 | 电动机转速 1234 |
|---|---|---|---|
| 手动运行模式<br>1号起动<br>2号起动　停止 | | | 水压设定 01.3<br>系统时间: 06/5/20 9:30:35 |
| 清除报警 | 清除运行时间 | | 返回 |

| 泵运行时间 0123h | 故障报警 1号/2号 | 管道压力 01.3 | 电动机转速 1234 |
|---|---|---|---|
| 自动运行模式<br>起动 | | | 水压设定 01.3<br>系统时间: 06/5/20 9:30:35 |
| 清除报警 | 清除运行时间 | | 返回 |

图 8-50　触摸屏画面

```
                                        * 初始化或停电后再起动标志 >
    M8002
 0 ─┤├─┬──────────────────────────────[SET   M50 ]
       │                                * 设定时间参数 >
       └──────────────────────────────[MOV   K5    D10 ]
                                        * 设定起动报警时间 >
    M50                                               K50
 7 ─┤├─┬──────────────────────────────(T1 )
       │  T1
       └─┤├───────────────────────────[RST   M50 ]
                                        * <起动报警或过压执行 P20 程序 >
    M50
13 ─┤├─┬──────────────────────────────[CJ    P20 ]
    X003│
   ─┤├─┘
                                        * 读模拟量<  >
    M8000
18 ─┤├─┬──────────[T0     K0    K17    K0     K1 ]
       ├──────────[T0     K0    K17    K2     K1 ]
       └──────────[FROM   K0    K0     D160   K1 ]
                                        * 写模拟量<  >
    M8000
46 ─┤├─┬──────────[T0     K0    K16    K17    K1 ]
       ├──────────[T0     K0    K17    K4     K1 ]
       └──────────[T0     K0    K17    K0     K1 ]
                                        * 将读入的压力值校正 >
    M8000
74 ─┤├─┬──────────[DIV    D160   K25    D101 ]
       │                                * 将转速值校正 >
```

图 8-51　PLC 程序

```
                                              [DIV   D150   K50    D102 ]
                                              *<写入 PID 参数单元        >
     M8000
89   --| |--+---------------------------------[MOV   K30    D120 ]
            +---------------------------------[MOV   K1     D121 ]
            +---------------------------------[MOV   K10    D122 ]
            +---------------------------------[MOV   K70    D123 ]
            +---------------------------------[MOV   K10    D124 ]
            +---------------------------------[MOV   K10    D125 ]
                                              *<PID 运算                 >
     M8000
120  --| |--------------------------[PID   D500   D160   D120   D150 ]
                                              *<运行时间统计              >
     M501      M8014
130  --| |--+---| |-------------------------------[INCP   D501 ]
     M502   |
     --| |--+
                                              *<时间换算                  >
     M8000
136  --| |-------------------------------[DIV   D501   K60    D502 ]
                                              *<运行时间复位              >
     M503
144  --|↑|--+---------------------------------[RST    D501 ]
     M503   |
     --|↓|--+
     M103   |
     --|↑|--+
                                              *<手动跳转到 P10            >
     M100      M500    M102
153  --| |--+---|/|-----|/|----+--------------------(M501 )
     M101   |                  |
     --| |--+                  +---------------[CJ     P10 ]
     M501   |
     --| |--+
                                              *<自动运行标志              >
     M500
162  --| |--------------------------------------[ALTP   M502 ]
                                              *<没有启动命令跳到结束      >
     M502
166  --|/|--------------------------------------[CJ     P63 ]
```

图 8-51 PLC 程序（续）

```
                                          *< 运行时间到或故障时切换 >
170 [=  D502  K6000 ]──────────────────────[ALTP   M603 ]
     Y004
    ─| |───────────────────────────────────[MOV  K10  D10 ]
                                          *< 无水流指示延时 >
     Y000   X001                                          K30
184 ─| |────|/|────────────────────────────────────────(T20   )
     Y001   X002                                          K30
189 ─| |────|/|────────────────────────────────────────(T21   )
                                          *< 时间到报警 >
     T20
194 ─|↑|───────────────────────────────────[SET    Y004 ]
                                          *< 两台同时故障计数 >
     T21                                                   K2
    ─|↑|───────────────────────────────────────────────(C100  )
                                          *< 清除故障报警 >
     M104
202 ─| |───────────────────────────────────[RST    Y004 ]
                                        ───[RST    C100 ]
                                          *< 1 号泵运行 >
     M503   T20    C100
206 ─|/|────|/|────|/|─────────────────────────────────(Y000  )
                                          *<2 号泵运行 >
     M503   T21    C100
210 ─| |────|/|────|/|─────────────────────────────────(Y001  )
                                          *<延时 >
     Y000                                                  D10
214 ─| |───────────────────────────────────────────────(T10   )
     Y001
    ─| |─
                                          *< 变频器 STF >
     T10
219 ─| |───────────────────────────────────────────────(Y010  )
221 ───────────────────────────────────────────────────[FEND  ]
     M100   M102   Y001
222 ─| |────|/|────|/|─────────────────────────────────(Y000  )
     M504
    ─| |─                                           ───(M504  )
     M101   M102   Y000
228 ─| |────|/|────|/|─────────────────────────────────(Y001  )
     M505
    ─| |─                                           ───(M505  )
     Y000                                                  K10
234 ─| |───────────────────────────────────────────────(T30   )
     Y001
    ─| |─
     T30
239 ─| |───────────────────────────────────────────────(Y010  )
241 ───────────────────────────────────────────────────[FEND  ]
     M50
242 ─| |───────────────────────────────────────────────(Y004  )
244 ───────────────────────────────────────────────────[END   ]
```

图 8-51　PLC 程序（续）

（4）变频器设置　其参数设置如下：

1）上限频率 Pr1 = 50Hz；

2）下线频率 Pr2 = 30Hz；

3）基底频率 Pr3 = 50Hz；

4）加速时间 Pr7 = 3s；

5）加速时间 Pr8 = 3s；

6）电子过电流保护 Pr9 = 电动机的额定电流；

7）启动频率 Pr13 = 10Hz；

8）DU 面板的第三监视功能为变频器的输出功率 Pr52 = 14；

9）模式选择只能为节能模式 Pr60 = 4；

10）设定端子 2 ~ 5 间的频率设定为电压信号 0 ~ 10V，Pr73 = 0；

11）允许所有参数的读/写 Pr160 = 0；

12）操作模式选择（外部运行）Pr79 = 2；

13）其他设置为默认值。

（5）系统接线　根据控制要求及 I/O 分配，其系统接线如图 8-52 所示。

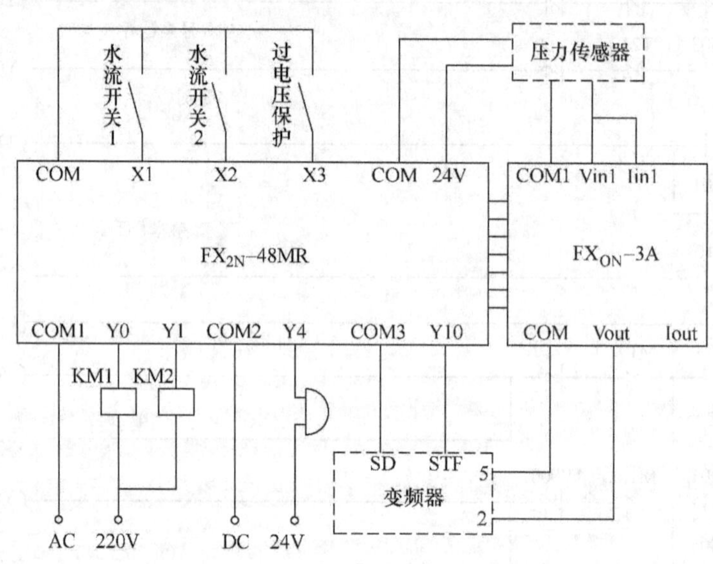


图 8-52　系统接线

（6）系统调试　其调试步骤如下：

1）将触摸屏 RS-232 接口与计算机连接，将触摸屏 RS-422 接口与 PLC 变成接口连接，编写好 $FX_{ON}$-3A 偏移/增益调整程序，连接好 $FX_{ON}$-3A I/O 电路，通过 GAIN 和 OFFSET 调整偏移/增益。

2）按图 8-50 设计好触摸屏画面，并设置好各控件的属性，按图 8-51 编写好 PLC 程序，并传送到触摸屏和 PLC。

3）将 PLC 运行开关保持 OFF，程序设定为监视状态，按触摸屏上的按钮，观察程序触电动作情况，如动作不正确，检查触摸屏属性设置和程序是否对应。

4）系统时间应正确显示。

5）改变触摸屏输入寄存器值，观察程序对应寄存器的值变化。

6）按图 8-52 连接好 PLC 的 I/O 线路和变频器的控制电路及主电路。

7）将 PLC 运行开关保持 ON，设定水压调整为 30N。

8）按手动启动，设备应正常启动，观察各设备运行是否正常，变频器输出频率是否相对平稳，实际水压与设定的偏差。

9）如果水压在设定值上下有剧烈的抖动，则应该调节 PID 指令的微分参数，将值设定小一些，同时适当增加积分参数值。如果调整过于缓慢，水压的上下偏差很大，则系统比例常数太大，应适当减小。

10）测试其他功能，是否跟控制要求相符。

# 第三节　PLC 网络通信系统的应用实例

## 一、利用触摸屏实现仓储系统自动控制的应用实例

（1）控制任务　在生产线的终端安装了一台工件分拣设备和一套仓储系统。生产线加工相同的工件，分拣设备的任务是根据触摸屏设置的库位号完成入/出库，同时利用触摸屏可完成：①根据仓库位置调整行走机械手坐标值；②在线监控设备动作；③手动控制机械手及皮带传输机。当某个库位内有工件时，库位对应指示灯点亮（1～4 号库位分别对应指示灯 HL1～HL4），当数量达到两个时，对应指示灯闪烁。

（2）仓储系统（TVT-METS3）设备主要部件及其名称　设备各部件、器件的名称和安装位置如图 8-53 所示。

本例直流电动机可用步进电动机替换，实现快速运转。

（3）控制要求　系统的控制要求说明如下：

1）运行前，设备应满足一种初始状态。

2）启动后，指示灯提示进入运行状态，利用触摸屏设置入/出库状态及库位号。

3）入库时，入/出库指示灯点亮，井式供料机将工件送到皮带传输机位置 1，由皮带传输机将工件送到位置 2，然后机械手将工件送到触摸屏设定的库位内，并由指示灯和数码管提示库位内有两个工件的库位号。当井式供料机内无工件时，机械手处理完最后一个工件后，回到原点，同时蜂鸣器报警提示，直到井式供料机内有工件时，报警停止。

4）出库时，入/出库指示灯闪烁，皮带传输机向左运行做好出库准备，机械手按触摸屏设置的库位号取出工件并送到皮带传输机位置 2，由皮带传输机将工件送到末端，并由指示灯提示库位内工件的数量。工件全部出库后，机械手回到原点，皮带输送机停止运行。

5）停止后，系统在完成当前工作任务后回到初始状态。

（4）系统控制流程图　系统控制流程图如图 8-54 所示。

（5）系统的 I/O 分配表　PLC 的 I/O 分配如表 8-11 所示，变频器参数的设置如表 8-12 所示。

（6）气动原理图　系统气动原理图，如图 8-55 所示。

（7）电气原理图　PLC 电气原理图，如图 8-56 所示。

（8）梯形图程序　编制的 PLC 梯形图程序如图 8-57 所示。

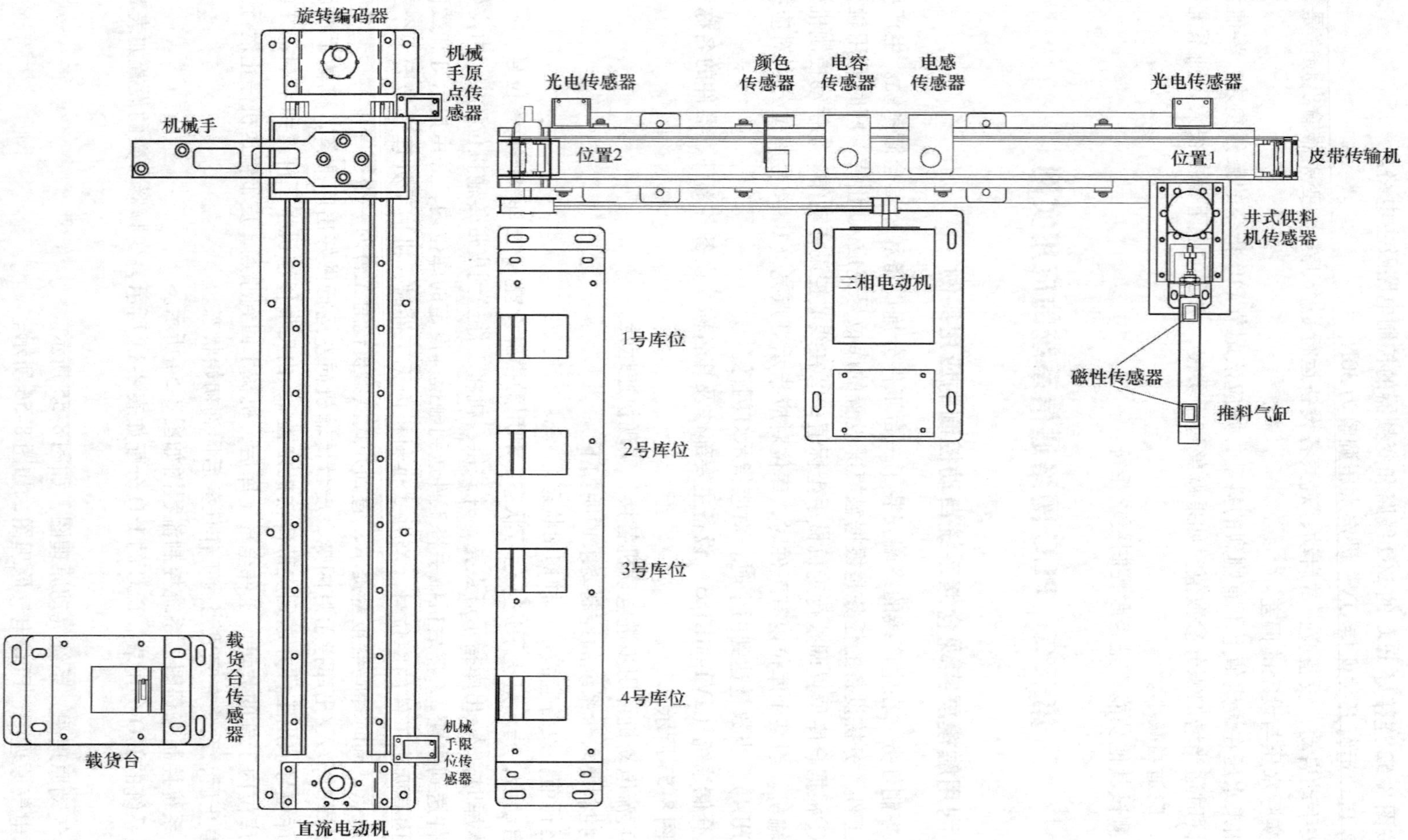


图8-53　设备各部件、器件的名称和安装位置

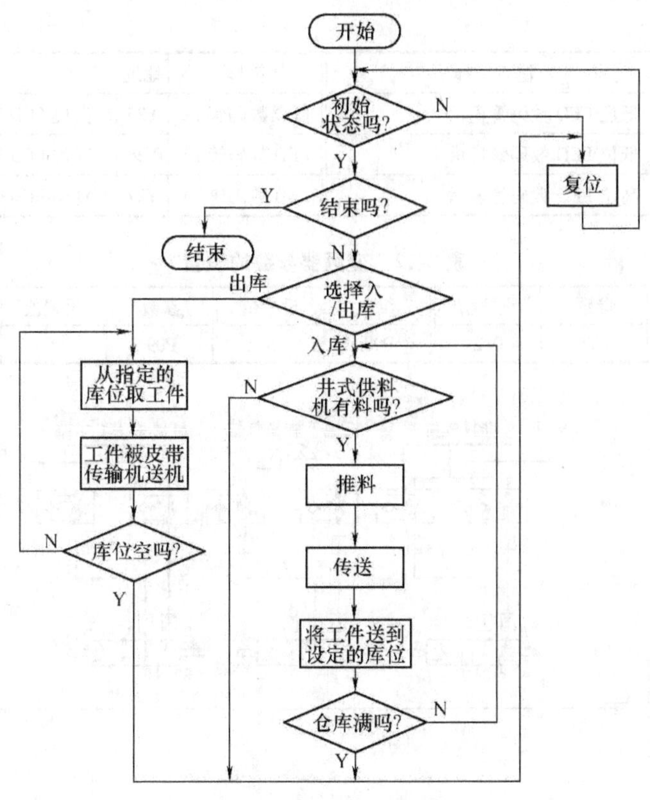


图 8-54 系统控制流程图

**表 8-11 PLC 的 I/O 分配表**

| 符号 | 地址 | 注 释 | 符号 | 地址 | 注 释 |
|---|---|---|---|---|---|
| SQ1 A 相 | X0 | 旋转编码器 A 相 | HL1 | Y3 | 指示灯 HL1 |
| SQ1 B 相 | X1 | 旋转编码器 B 相 | YV3 | Y4 | 机械手下降气缸控制电磁阀 |
| SQ2 | X2 | 机械手原点检测传感器 | YV4 | Y5 | 抓手气缸控制电磁阀 |
| SQ3 | X3 | 机械手限位检测传感器 | YV1 | Y6 | 井式供料机推料气缸控制电磁阀 |
| SQ4 | X4 | 井式供料机推料气缸原点检测传感器 | Inverter_ D | Y7 | 变频器低速运行 20Hz |
| SQ5 | X5 | 井式供料机推料气缸限位检测传感器 | Inverter_ Z | Y10 | 变频器向左运行 40Hz |
| SQ6 | X6 | 井式供料机料块检测传感器 | Inverter_ Y | Y11 | 变频器向右运行 40Hz |
| SQ7 | X7 | 皮带传输机位置 2 检测传感器 | HL2 | Y12 | 指示灯 HL2 |
| SQ11 | X13 | 机械手右转限位传感器 | HL3 | Y13 | 指示灯 HL3 |
| SB6 | X24 | 复位按钮 | HL4 | Y14 | 指示灯 HL4 |
| SB1 | X26 | 起动按钮 | HL5 | Y15 | 指示灯 HL5 |
| SB2 | X27 | 停止按钮 | HL6 | Y16 | 指示灯 HL6 |
| CW | Y0 | 机械手行走信号 CW（+） | HA | Y17 | 蜂鸣器 |
| CCW | Y1 | 机械手行走信号 CCW（-） | LED 数码管 00 | Y20 | 低位 LED 数码管显示 |
| YV21 | Y2 | 机械手右转气缸控制电磁阀 | LED 数码管 01 | Y21 | 低位 LED 数码管显示 |

（续）

| 符号 | 地址 | 注　释 | 符号 | 地址 | 注　释 |
|---|---|---|---|---|---|
| LED 数码管 02 | Y22 | 低位 LED 数码管显示 | LED 数码管 12 | Y25 | 高位 LED 数码管显示 |
| LED 数码管 03 | Y23 | 低位 LED 数码管显示 | LED 数码管 13 | Y26 | 高位 LED 数码管显示 |
| LED 数码管 11 | Y24 | 高位 LED 数码管显示 | LED 数码管 14 | Y27 | 高位 LED 数码管显示 |

**表 8-12　变频器参数的设置**

| 参数 | 设置值 | 参数 | 设置值 | 参数 | 设置值 | 参数 | 设置值 | 参数 | 设置值 |
|---|---|---|---|---|---|---|---|---|---|
| P01 | 0.2 | P02 | 0.2 | P08 | 5 | P09 | 1 | P32 | 20.0 |

注：第一速为 40Hz。

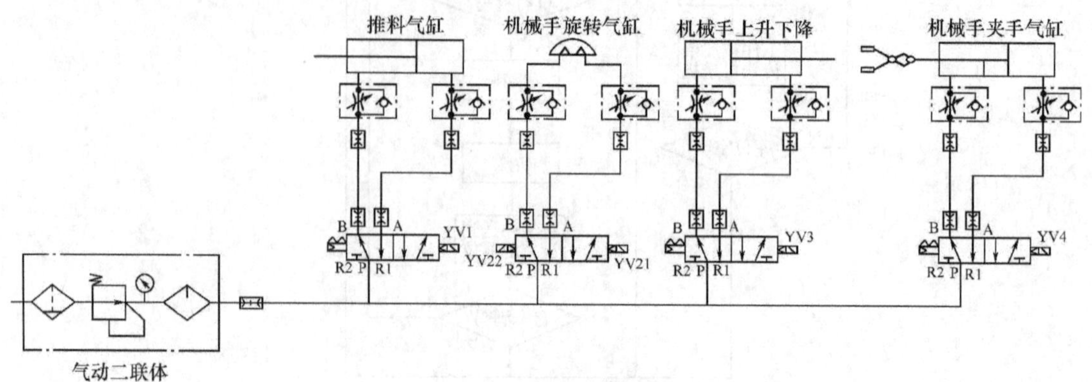


图 8-55　系统气动原理图

（9）程序执行与调试　系统程序运行与调试说明如下：

1）初始状态下，皮带输送机停止运行，机械手停在原点并处于皮带输送机上方，推料气缸复位。若不在初始状态，则需通过 SB6 进行手动复位，当设备处在初始状态后指示灯 HL5 发光作系统待机指示。

2）按下起动按钮 SB1，HL5 闪烁（1Hz），指示系统进入运行状态，利用触摸屏设置入/出库状态及库位号。

3）触摸屏设置为入库时，允许入出库指示灯 HL6 点亮，指示入库，皮带输送机在变频器的控制下以 20Hz 向左运行，当井式供料机传感器检测到有工件时，推料气缸伸出将已加工的工件送到皮带输送机位置 1，推料气缸复位以后，皮带输送机在变频器的控制下以 40Hz 运行，工件由皮带输送机送到位置 2 时，皮带输送机停止转动，等待机械手搬运，机械手将工件送到触摸屏设定的库位内，此时对应库位的指示灯发光，提示库位内已有工件，机械手取走工件后皮带输送机在变频器的控制下以 20Hz 运行。当某个库位内工件数量达到两个时，由 LED 数码管提示库位号（D0 对应 1 号和 2 号库位，D1 对应 3 号和 4 号库位，当一个数码管对应两个库位均达到两个时，数码管交替显示库位号），同时对应指示灯闪烁（1Hz），机械手回到原点，皮带输送机停止运行，等待触摸屏的下一步指令。

4）入库时，当井式供料机无工件，机械手处理完最后一个工件后，回到原点，同时蜂鸣器报警提示，直到井式供料机传感器检测到有工件时，蜂鸣器停止鸣叫，系统继续运行。

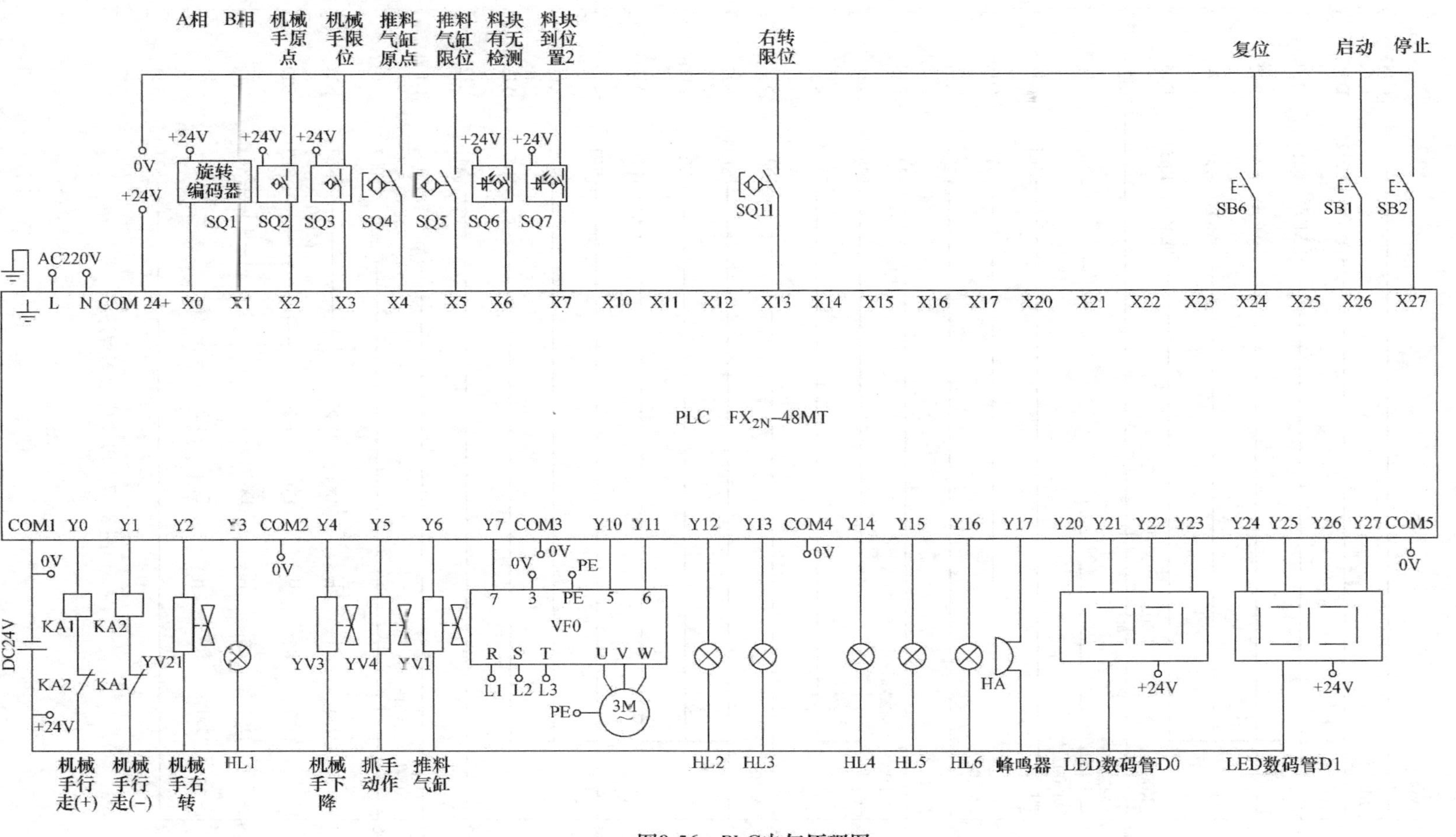


图8-56　PLC电气原理图

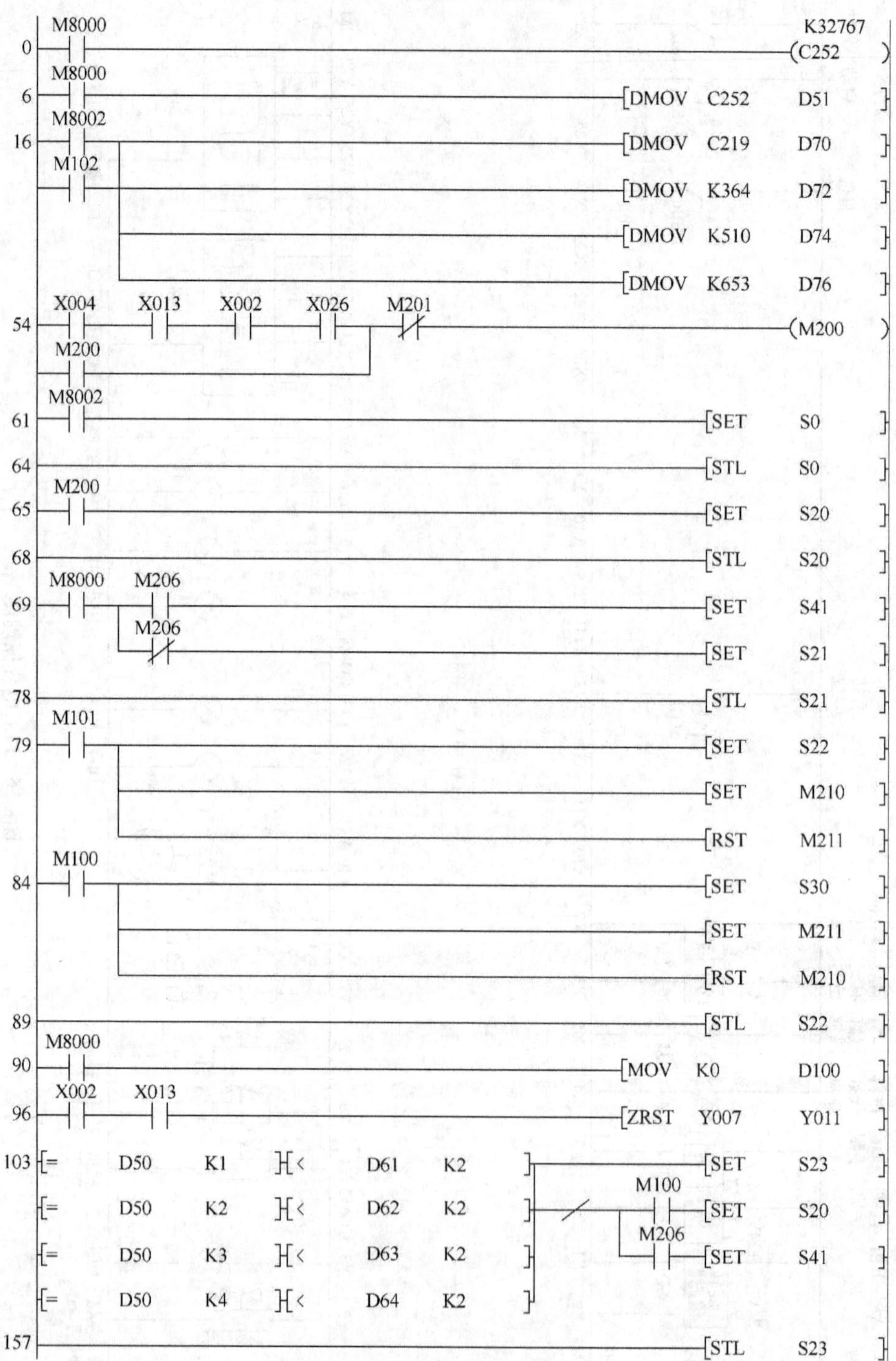


图 8-57　PLC 梯形图程序

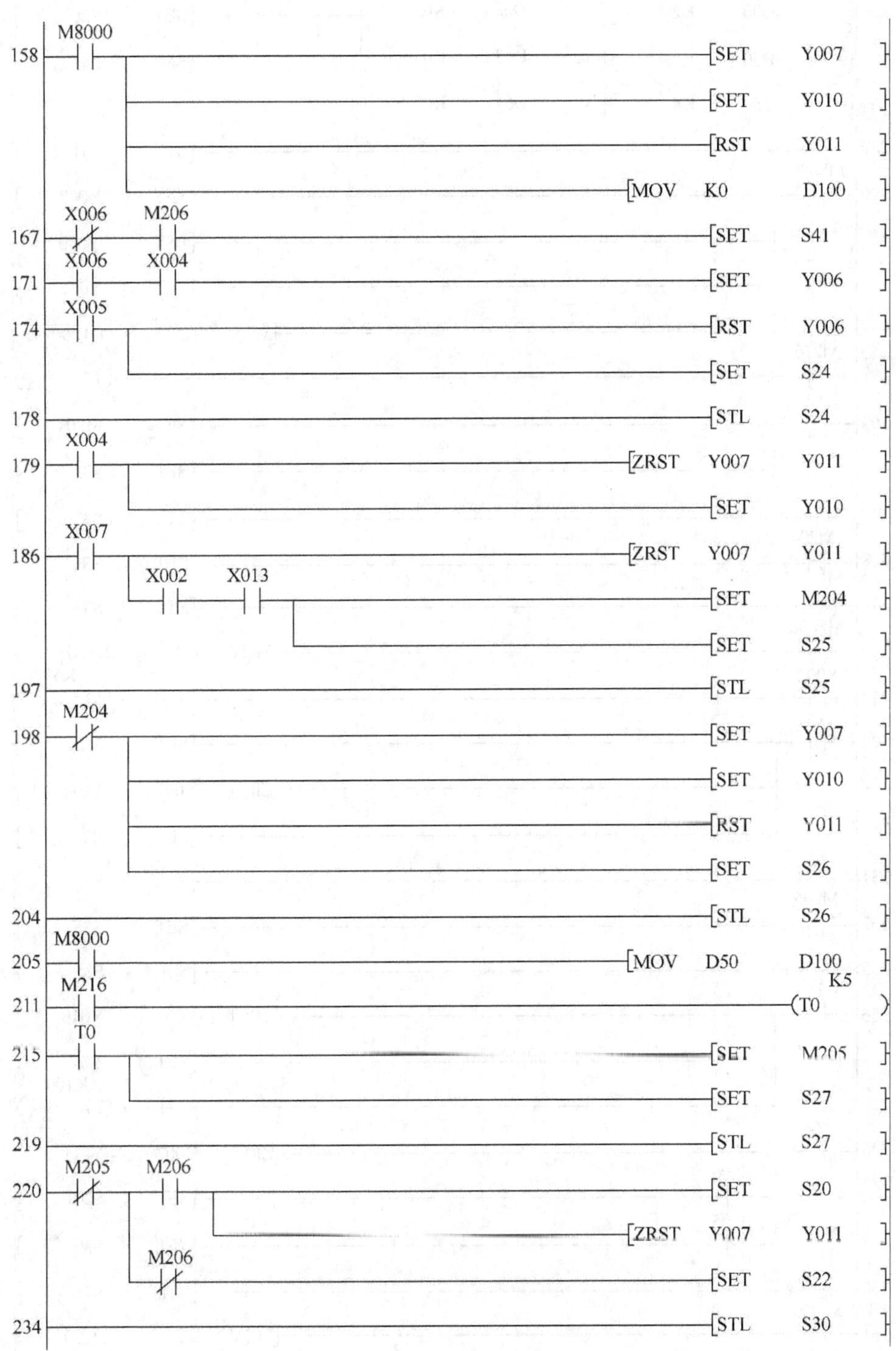


图 8-57　PLC 梯形图程序（续）

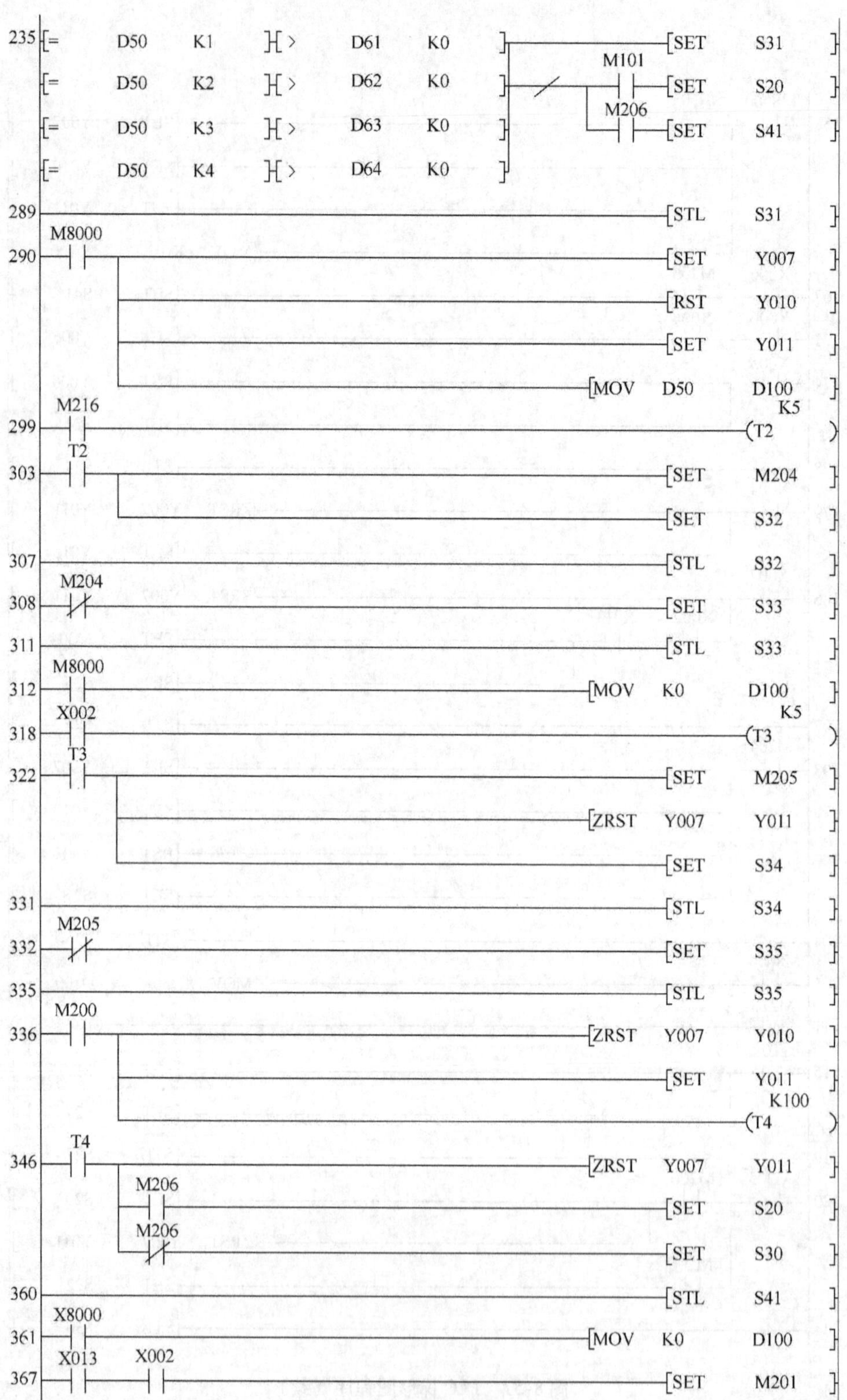


图 8-57　PLC 梯形图程序（续）

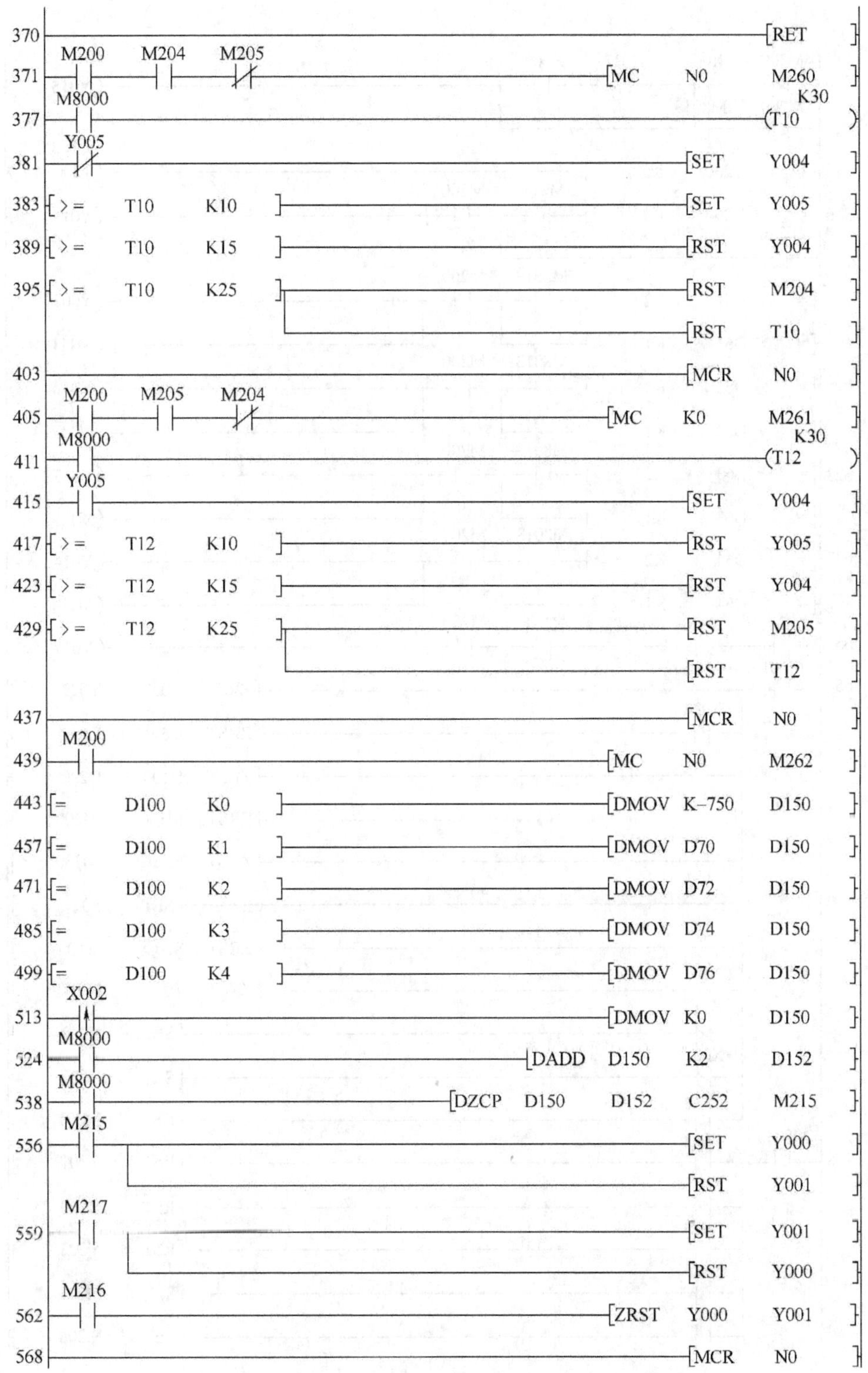


图8-57　PLC梯形图程序（续）

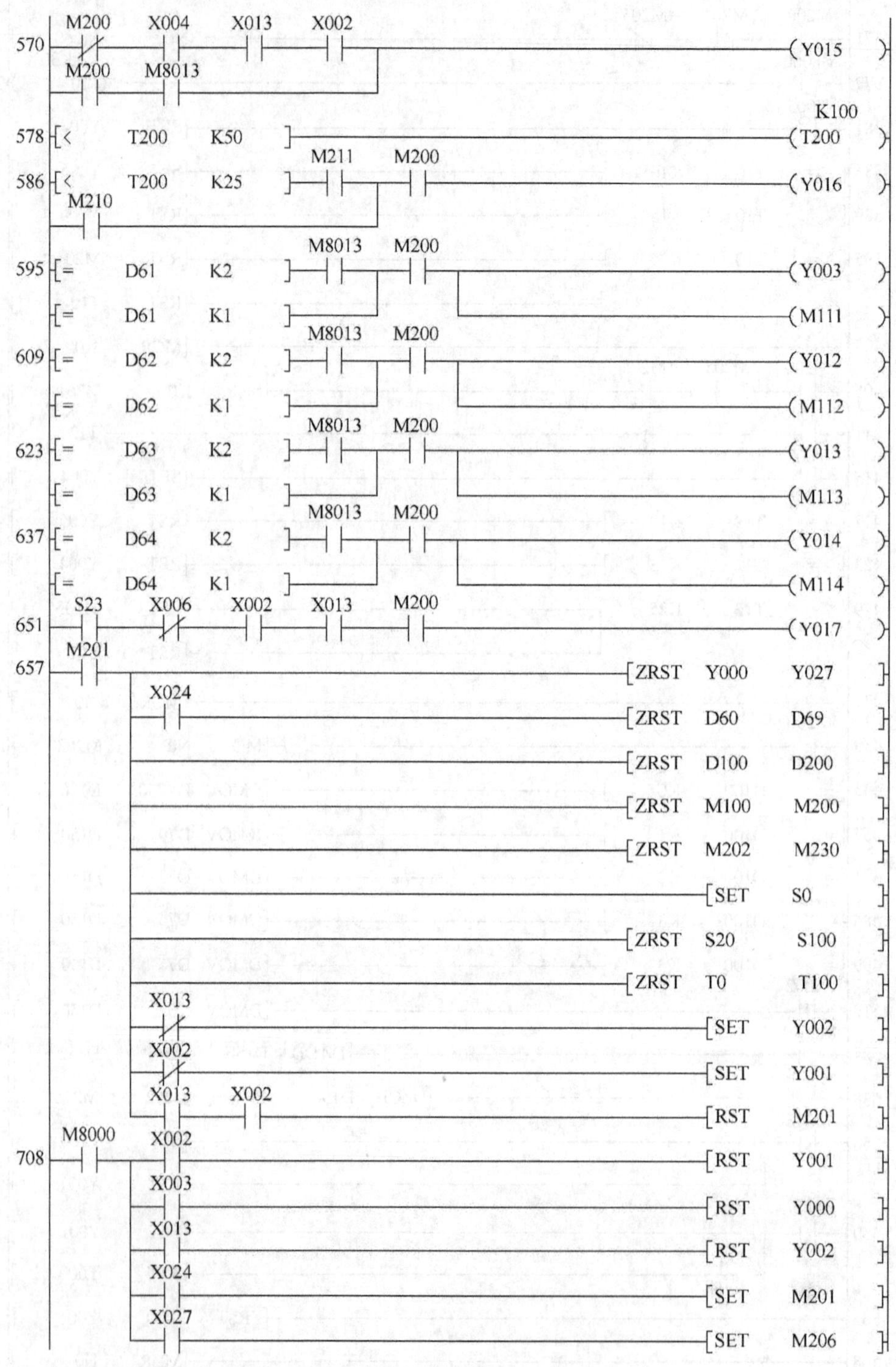


图 8-57　PLC 梯形图程序（续）

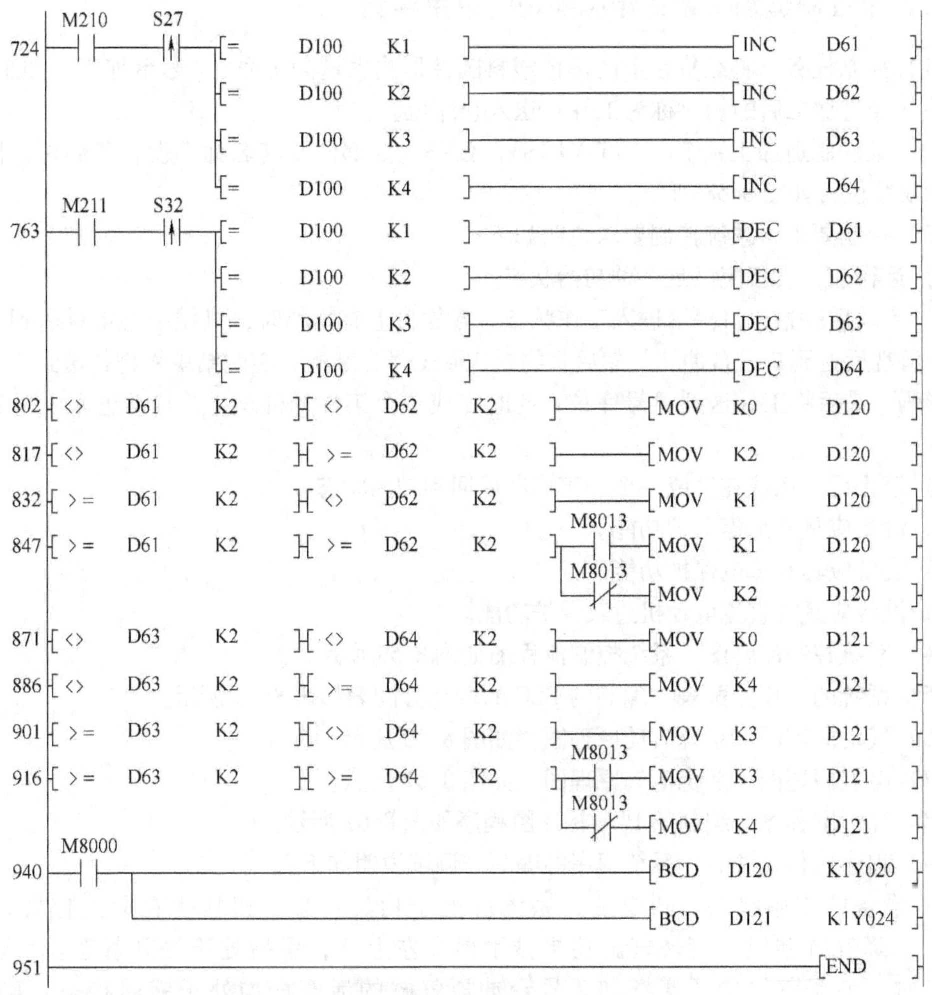

图 8-57　PLC 梯形图程序（续）

5）触摸屏设置为出库时，允许入出库指示灯 HL6 闪烁（2Hz），提示出库，皮带输送机在变频器的控制下以 20Hz 反向运行，机械手按触摸屏设置的库位号取出工件，然后送到皮带输送机位置 2，机械手放下工件后，皮带输送机在变频器的控制下以 40Hz 运行 10s，将工件送到皮带输送机末端，10s 后皮带输送机在变频器的控制下以 20Hz 运行。当库位内工件数量变为一个时，对应指示灯变为点亮，当库位内没有工件时，对应指示灯熄灭，此时机械手回到原点，皮带输送机停止运行，等待触摸屏的下一步指令。

6）按下按钮 SB2。发出设备正常停机指令，系统在完成当前工作任务后回到初始状态。

（10）注意事项　系统编程与调试中应注意的主要问题如下：

1）记忆库位工件个数时，必须使用上升沿或下降沿，否则会因 PLC 扫描周期过快而导致计数不准确。

2）为实现 PLC 与触摸屏间的通信，程序中使用了许多变量和标志位，要想更好地理解程序，必须将触摸屏程序与 PLC 程序一起阅读。

## 二、柔性制造加工系统组态实现的应用实例

（1）控制任务　将载货台上的黑色塑料圆柱形物料送到 1 号、2 号台加工，加工完后，将工件（经过加工后的物料称为工件）送入仓库位。

（2）柔性制造加工系统（TVT-METS3）设备主要部件及其名称　设备各部件、器件的名称和安装位置如图 8-58 所示。

（3）控制要求　系统控制要求说明如下：

1）运行前，设备应满足一种初始状态。

2）启动后，指示灯提示进入工作状态。载货台上有物料时，机械手将物料送到 1 号台清洗，清洗后送到 2 号台冲孔，然后将物料送到 1 号台装配，装配结束将物料送到 2 号台喷涂条形码，最后将工件送到 4 号库位。此时完成一个工件的处理，并自动进入下一工件的处理。

3）停止后，系统在完成一个加工周期后回到初始状态。

4）设备应具有急停保护功能。

5）设备应具有掉电保护功能。

6）设备应具有直流电动机过载保护功能。

（4）系统控制流程图　系统控制流程图如图 8-59 所示。

（5）系统的 I/O 分配表　编制的 PLC 的 I/O 分配表如表 8-13 所示。

（6）气动原理图　系统气动原理图，如图 8-60 所示。

（7）电气原理图　系统电气原理图，如图 8-61 所示。

（8）梯形图程序　编制的 PLC 梯形图程序如图 8-62 所示。

（9）程序执行与调试　系统程序的编写与调试说明如下：

1）设备的初始状态。通电后，系统应处于初始状态。机械手在原点位置，机械手上升下降气缸伸出、旋转气缸使机械手停在左上方，手指处于松开状态。1 号台的推料气缸、装配气缸的活塞杆和 2 号台冲压气缸的活塞杆均处于缩回状态，1 号台、2 号台的进给托架气缸的活塞杆均处于伸出状态，若系统未能满足初始状态要求，则需按下按钮 SB3 进行系统复位。当系统处在初始状态后，指示灯 HL1、HL2 将以 0.5s 时间交替闪烁。

2）设备在初始状态下，按下起动按钮 SB1。系统启动后，指示灯 HL1 熄灭，指示灯 HL2 发光，载货台上的光电传感器检测到圆柱形物料时，机械手在直流电动机的拖动下移动到载货台，机械手下降，手指夹紧，抓取一个圆柱形物料。然后由直流电动机拖动到达 1 号台，当物料处于 1 号台进给托架正上方时，机械手停止移动，然后下降，手指松开将圆柱形物料放在进给托架上，机械手上升。

3）进给托架气缸缩回，将物料带入加工设备进行清洗，指示灯 HL3 点亮（代表清洗喷头打开），清洗 3s 后，指示灯 HL3 熄灭，进给托架气缸伸出，将物料带出加工设备。机械手下降，手指夹紧抓取物料。然后将物料送到 2 号台，并处于 2 号台进给托架正上方，机械手下降，手指松开将圆柱形物料放在进给托架上，机械手上升。

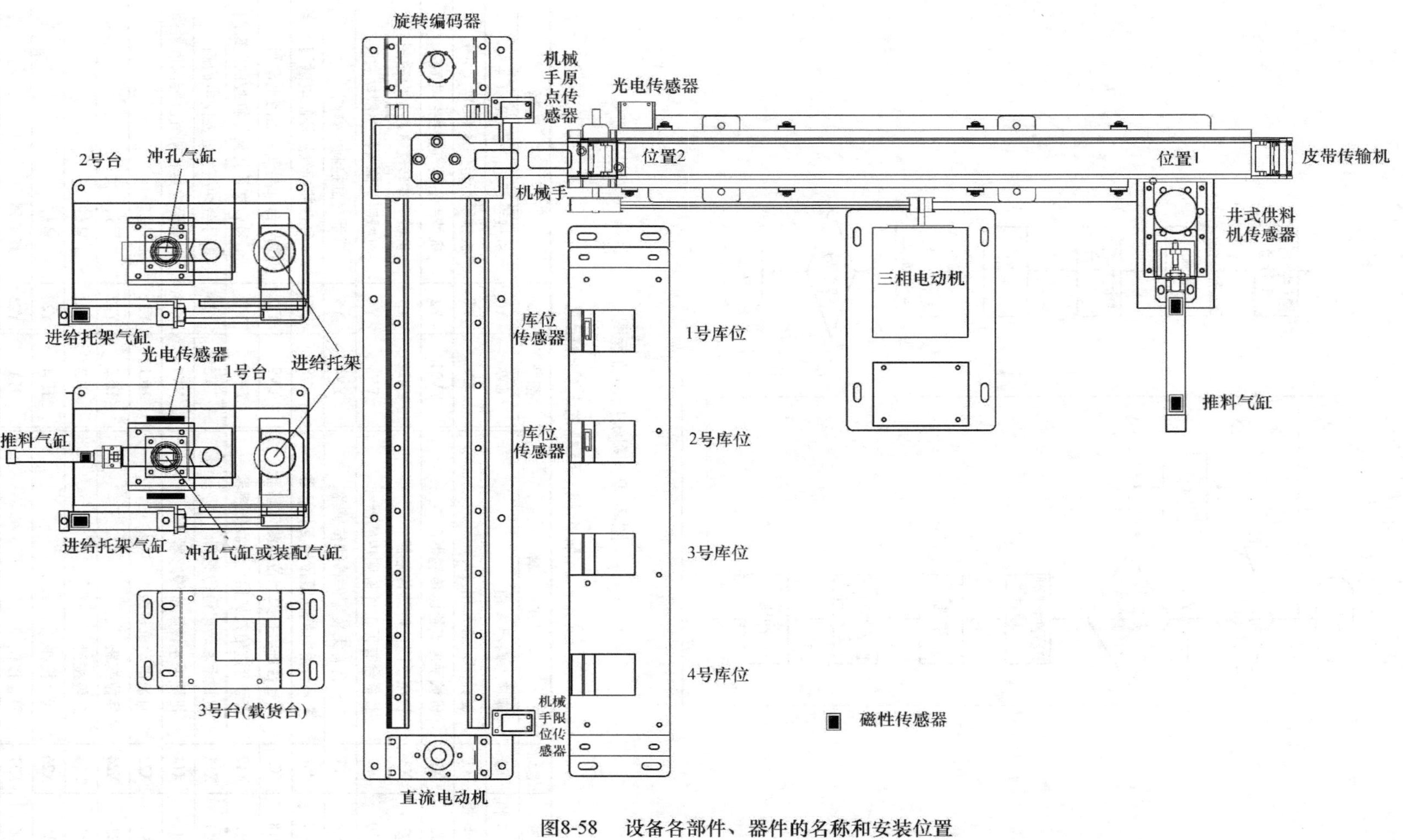


图8-58　设备各部件、器件的名称和安装位置

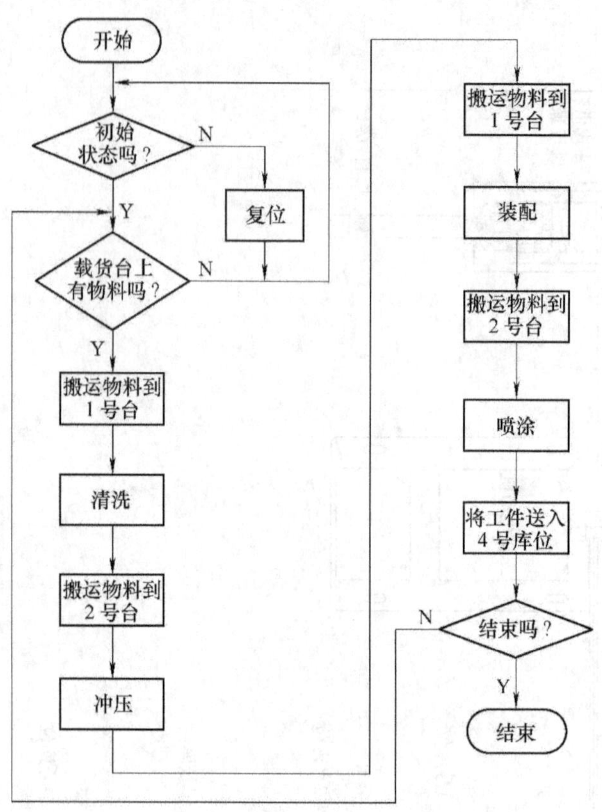


图 8-59　系统控制流程图

**表 8-13　PLC 的 I/O 分配表**

| 符号 | 地址 | 注　释 | 符号 | 地址 | 注　释 |
|---|---|---|---|---|---|
| SQ1　A 相 | X0 | 旋转编码器 A 相 | CW | Y0 | 机械手行走信号 CW（+） |
| SQ1　B 相 | X1 | 旋转编码器 B 相 | CCW | Y1 | 机械手行走信号 CCW（-） |
| SQ2 | X2 | 机械手原点检测传感器 | YV21 | Y2 | 机械手右转气缸控制电磁阀 |
| SQ3 | X3 | 机械手限位检测传感器 | YV22 | Y3 | 机械手左转气缸控制电磁阀 |
| SQ19 | X4 | 载货台有无工件检测传感器 | YV3 | Y4 | 机械手下降气缸控制电磁阀 |
| SQ16 | X5 | 1 号台有无装配件检测传感器 | YV4 | Y5 | 抓手气缸控制电磁阀 |
| SQ17 | X6 | 1 号台推料气缸限位检测传感器 | YV8 | Y10 | 1 号台装配气缸控制电磁阀 |
| SQ18 | X7 | 1 号台进给托架回位检测传感器 | YV9 | Y11 | 1 号台推料气缸控制电磁阀 |
| SQ15 | X12 | 2 号台进给托架回位检测传感器 | YV10 | Y12 | 1 号台进给托架气缸控制电磁阀 |
| SQ11 | X13 | 机械手右转限位传感器 | YV5 | Y13 | 2 号台冲压气缸控制电磁阀 |
| SQ12 | X14 | 机械手左转限位传感器 | YV7 | Y14 | 2 号台进给托架气缸控制电磁阀 |
| SW1 | X22 | 直流电动机过载 | HL1 | Y21 | 1 号灯 |
| SB3 | X24 | 复位按钮 | HL2 | Y22 | 2 号灯 |
| SB7 | X25 | 急停按钮 | HL3 | Y23 | 3 号灯 |
| SB1 | X26 | 起动按钮 | HL4 | Y24 | 4 号灯 |
| SB6 | X27 | 停止按钮 | HA | Y25 | 蜂鸣器 |

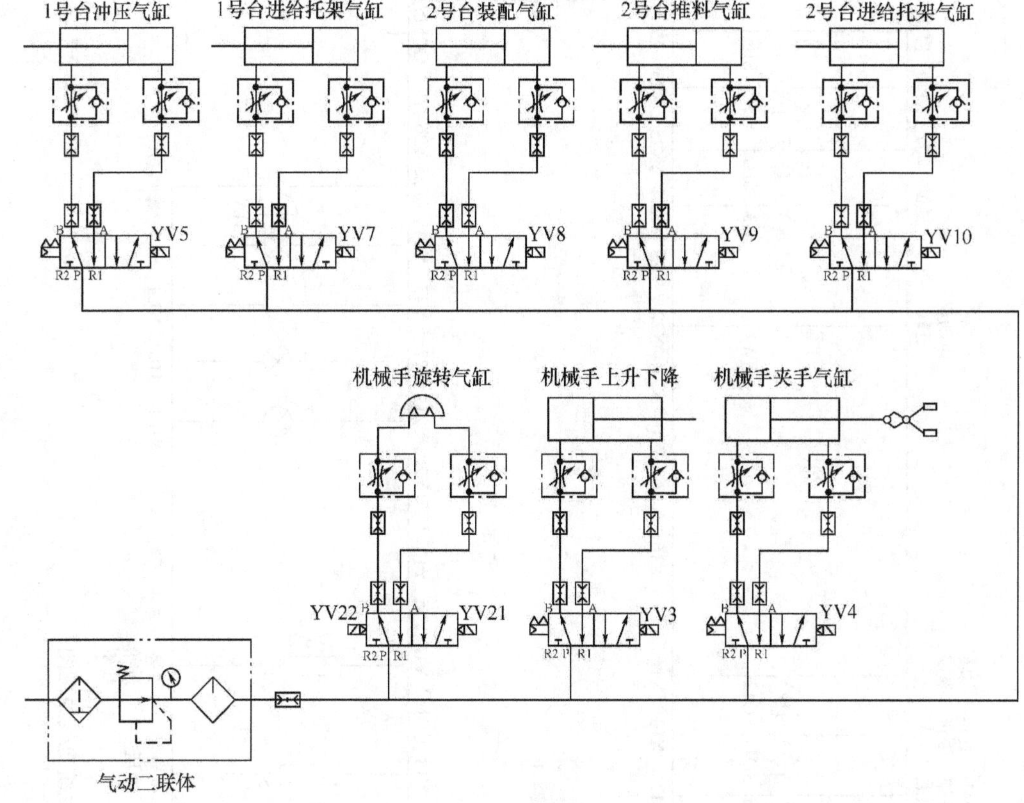


图 8-60 系统气动原理图

4）进给托架气缸缩回，将物料带入加工设备进行冲孔，冲压气缸动作 2s 后复位，完成冲压动作。进给托架气缸伸出，将物料带出加工设备。机械手下降，手指夹紧抓取物料。然后将物料送到 1 号台，并处于 1 号台进给托架正上方，机械手下降，手指松开将圆柱形物料放在进给托架上，机械手上升。

5）进给托架气缸缩回，将物料带入加工设备进行装配，1s 后，1 号台上的推料气缸伸出将塑料装配件送出，推料气缸缩回后，装配气缸动作对物料进行装配，装配结束后，装配气缸缩回，进给托架气缸伸出，将工件带出装配设备。机械手下降，手指夹紧抓取物料。然后将物料送到 2 号台，并处于进给托架正上方，机械手下降，手指松开将圆柱形物料放在进给托架上，机械手上升。

6）进给托架气缸缩回，将物料带入加工设备进行喷涂条形码，指示灯 HL4 点亮（代表喷涂进行中），4s 后喷涂结束，指示灯 HL4 熄灭，进给托架气缸伸出，将物料带出加工设备。机械手下降，手指夹紧抓取工件，然后将工件送到 4 号库位。此时完成一个工件的处理，并自动进入下一工件的处理。

7）如果在运行状态中尚未按下过停止按钮 SB6，则系统继续循环运行。

8）如果在运行状态下按下停止按钮 SB6，系统在完成当前物料一个加工周期后，机械手复位，系统停止运行。HL1、HL2 以 0.5s 时间交替闪烁。

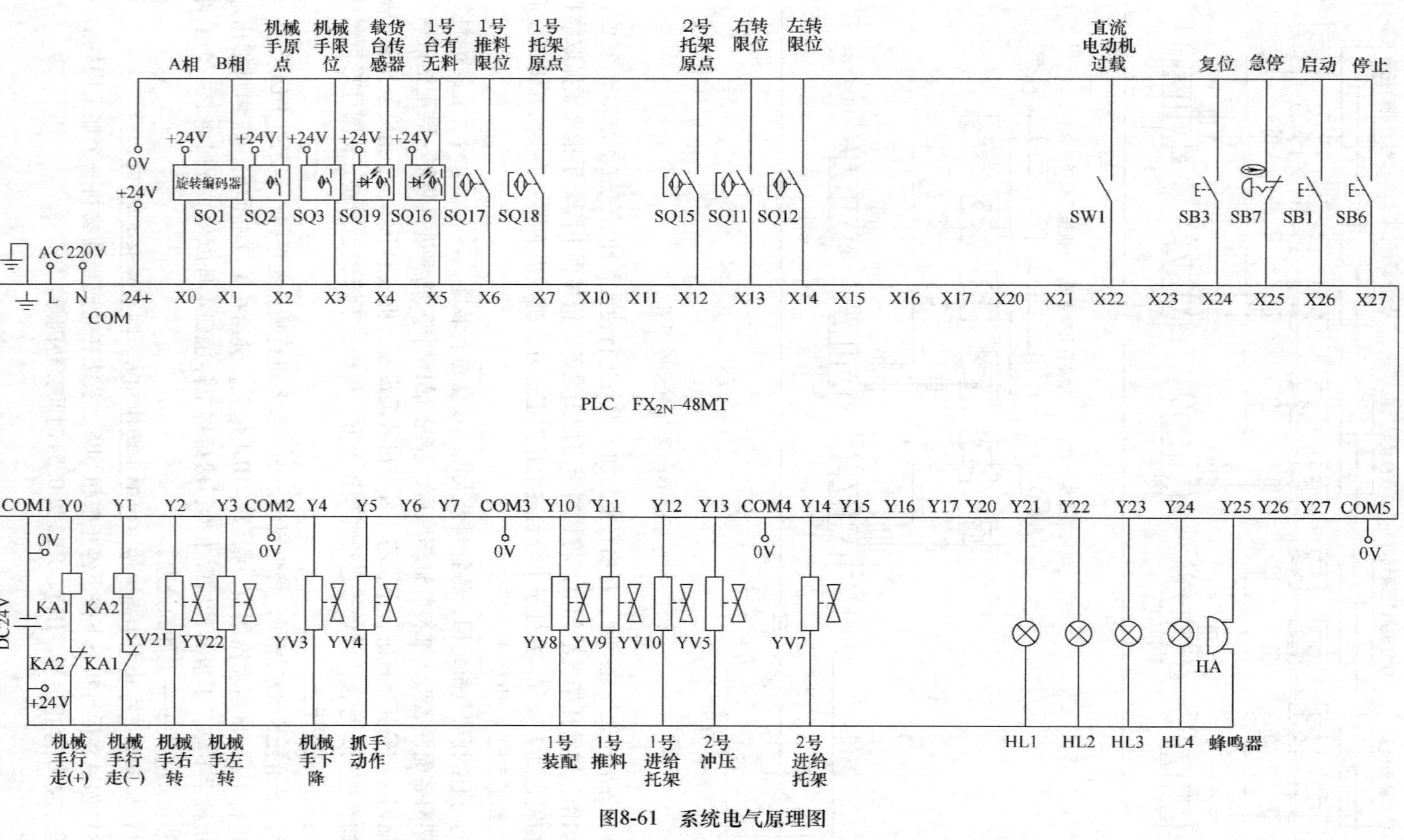


图8-61 系统电气原理图

```
     M8000                                              K32767
0    ─┤├──────────────────────────────────────────────(C252      )
         └─────────────────────────────────[DMOV   C252   D10   ]
     M8002   M513
15   ─┤├─────┤├────────────────────────────[ SET    M514        ]
     X002    M500
18   ─┤/├──┬─┤/├──────────────────────────────────────(M2        )
     X014  │
     ─┤/├──┤
     X006  │
     ─┤├───┤
     X007  │
     ─┤├───┤
     X012  │
     ─┤├───┘
     X026    M2      M1     X025    M102
25   ─┤├──┬──┤/├──┬──┤/├────┤/├─────┤/├───────────────(M0        )
     M100 │       │
     ─┤├──┘       │
     M0           │
     ─┤├──────────┘
     M8002   M500
33   ─┤├─────┤/├───────────────────────────[ SET    S0          ]
37   ──────────────────────────────────────[ STL    S0          ]
     M0
38   ─┤├──┬────────────────────────────────[ SET    M500        ]
          └────────────────────────────────[ SET    S500        ]
42   ──────────────────────────────────────[ STL    S500        ]
     X004
43   ─┤├──┬────────────────────────────────[ MOV    K5    D200  ]
          │  X014
          └──┤/├───────────────────────────[ SET    Y003        ]
     X014    M516    X004                               K5
51   ─┤├─────┤├──────┤├───────────────────────────────(T0        )
     T0
57   ─┤├──┬────────────────────────────────[ SET    M504        ]
          └────────────────────────────────[ SET    S501        ]
     X004    M506
61   ─┤/├────┤├────────────────────────────[ SET    S551        ]
65   ──────────────────────────────────────[ STL    S501        ]
     M504
66   ─┤/├──────────────────────────────────[ SET    S502        ]
69   ──────────────────────────────────────[ STL    S502        ]
     M8000
70   ─┤├──┬────────────────────────────────[MOV     K6    D200  ]
          │  X014
          └──┤/├───────────────────────────[ SET    Y003        ]
     X014    M516                                       K5
78   ─┤├─────┤├───────────────────────────────────────(T5        )
     T5
83   ─┤├──┬────────────────────────────────[ SET    M505        ]
          └────────────────────────────────[ SET    S503        ]
87   ──────────────────────────────────────[ STL    S503        ]
     M505
88   ─┤/├──────────────────────────────────[ SET    S504        ]
91   ──────────────────────────────────────[ STL    S504        ]
     M8000
92   ─┤├───────────────────────────────────[ SET    M511        ]
     X007
94   ─┤├───────────────────────────────────[ SET    S505        ]
97   ──────────────────────────────────────[ STL    S505        ]
     M8000
98   ─┤├──┬───────────────────────────────────────────(Y023      )
          │                                             K30
          └───────────────────────────────────────────(T1        )
     T1
103  ─┤├───────────────────────────────────[ SET    S506        ]
106  ──────────────────────────────────────[ STL    S506        ]
```

图 8-62　PLC 梯形图程序

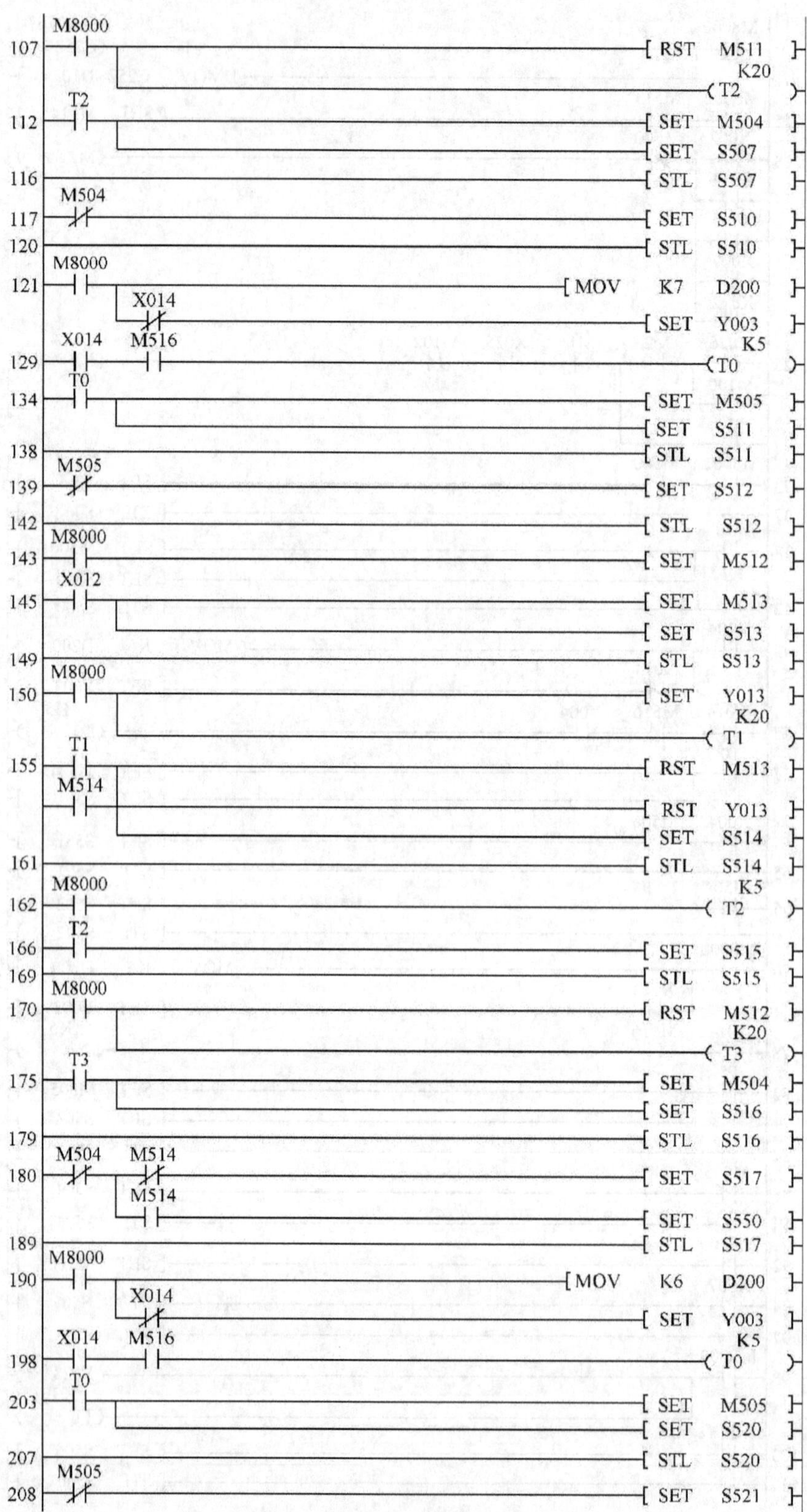


图 8-62 PLC 梯形图程序（续）

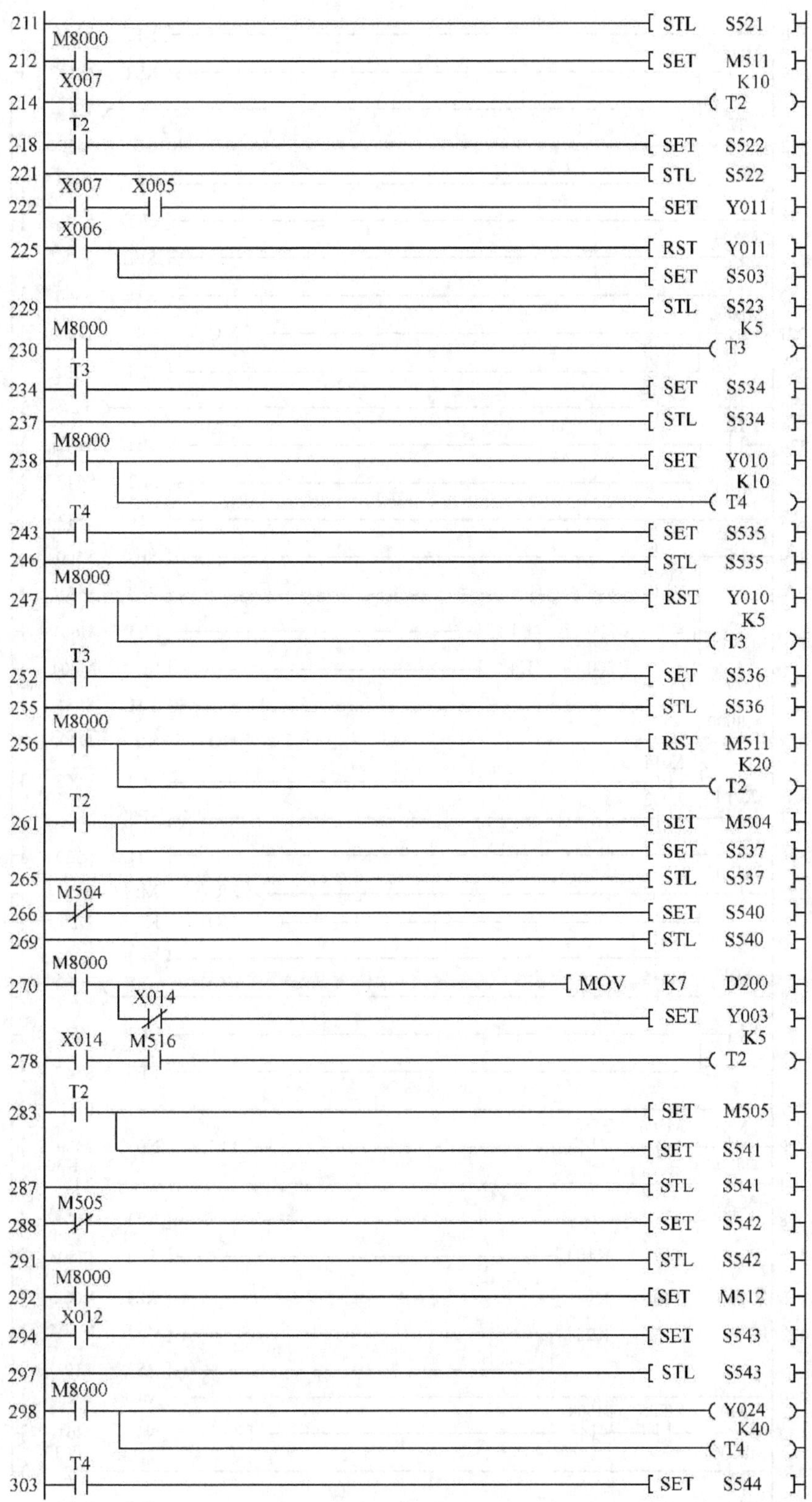


图 8-62　PLC 梯形图程序（续）

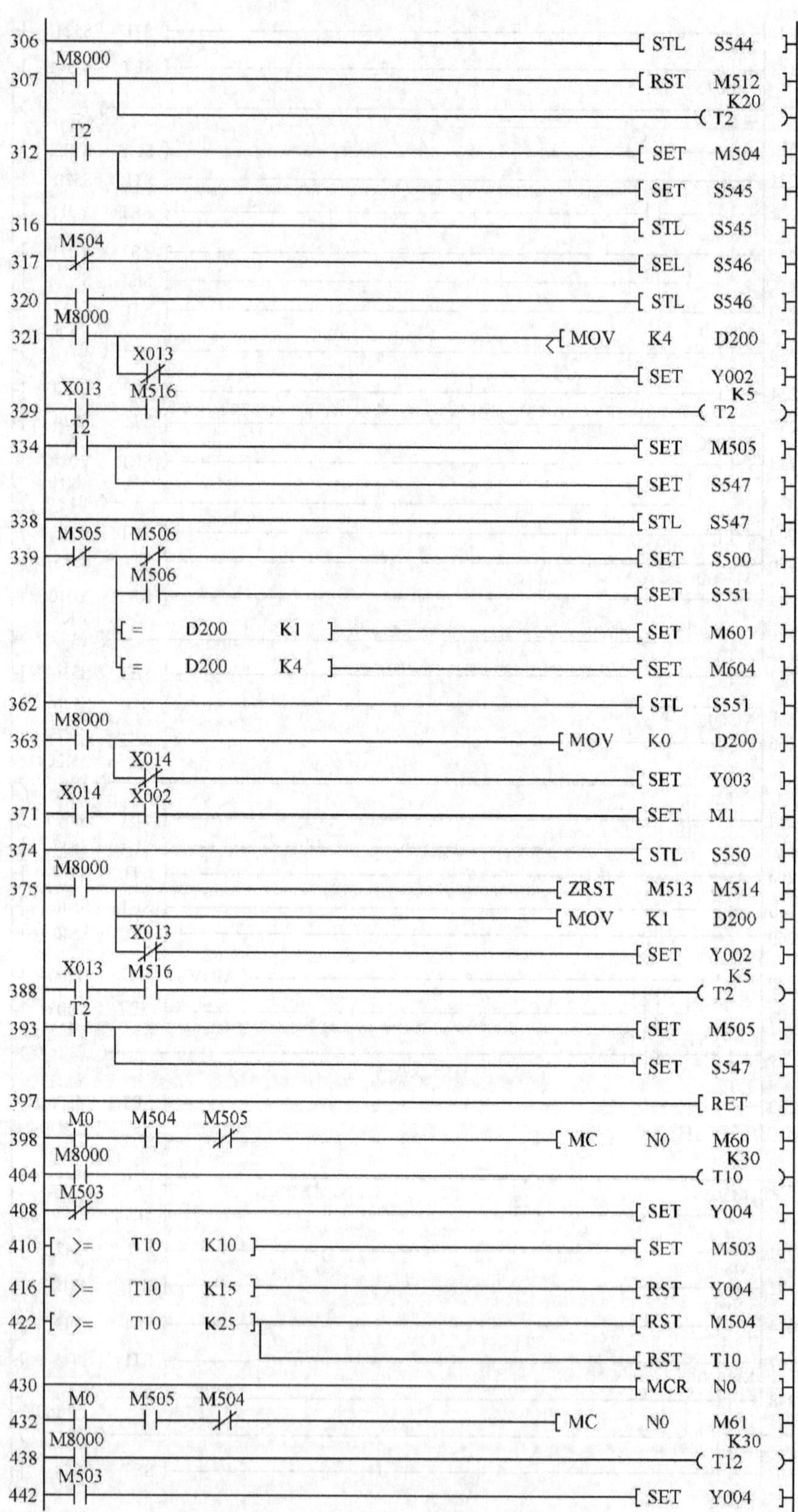

图 8-62　PLC 梯形图程序（续）

```
444 [>=  T12  K10 ]──────────────────[SET  M503]
450 [>=  T12  K15 ]──────────────────[RST  Y004]
456 [>=  T12  K25 ]──┬───────────────[RST  M505]
                     └───────────────[RST  T12]
464 ─────────────────────────────────[MCR  N0]
     M0
466 ─┤├──────────────────────────────[MC  N0  M62]
                       X002
470 [=  D200  K0 ]────┤/├────────────[DMOV  K-750  D0]
485 [=  D200  K1 ]───────────────────[DMOV  K219  D0]
499 [=  D200  K6 ]───────────────────[DMOV  K400  D0]
513 [=  D200  K7 ]───────────────────[DMOV  K152  D0]
527 [=  D200  K4 ]───────────────────[DMOV  K653  D0]
541 [=  D200  K5 ]───────────────────[DMOV  K650  D0]
     X002
555 ─┤↓├─────────────────────────────[DMOV  K0  D0]
     M8000
566 ─┤├──────────────────────────────[DADD  D0  K2  D2]
     M8000
580 ─┤├──────────────────────────────[DZCP  D0  D2  C252  M515]
     M515
598 ─┤├──┬───────────────────────────[SET  Y000]
         └───────────────────────────[RST  Y001]
     M517
601 ─┤├──┬───────────────────────────[SET  Y001]
         └───────────────────────────[RST  Y000]
     M516
604 ─┤├──────────────────────────────[ZRST  Y000  Y001]
610 ─────────────────────────────────[MCR  N0]
     M2     M500    M0     M8013
612 ─┤/├────┤/├────┤/├────┤├─────────(Y021)
     M2     M500    M0     M8013
617 ─┤/├────┤/├────┤/├────┤/├──┬─────(Y022)
     M0                        │
   ─┤├─────────────────────────┘
     M0     M511
623 ─┤├──┬──┤├───────────────────────(Y012)
         │  M512
         └──┤├───────────────────────(Y014)
     X022   M0
630 ─┤/├─┬──┤├──┬────────────────────(Y025)
     M104│      │                     K40
   ─┤├───┘      └────────────────────(T9)
     T9
637 ─┤├──────────────────────────────[ZRST  Y000  Y001]
     M601                             K30
643 ─┤├──┬───────────────────────────(T100)
     M604│
   ─┤├───┘
     T100
648 ─┤├──┬───────────────────────────[RST  M601]
         └───────────────────────────[RST  M604]
     M1
651 ─┤├──┬───────────────────────────[ZRST  Y000  Y027]
         ├───────────────────────────[ZRST  D0  D9]
         ├───────────────────────────[ZRST  D200  D300]
         └───────────────────────────[RST  M0]
```

图 8-62　PLC梯形图程序（续）

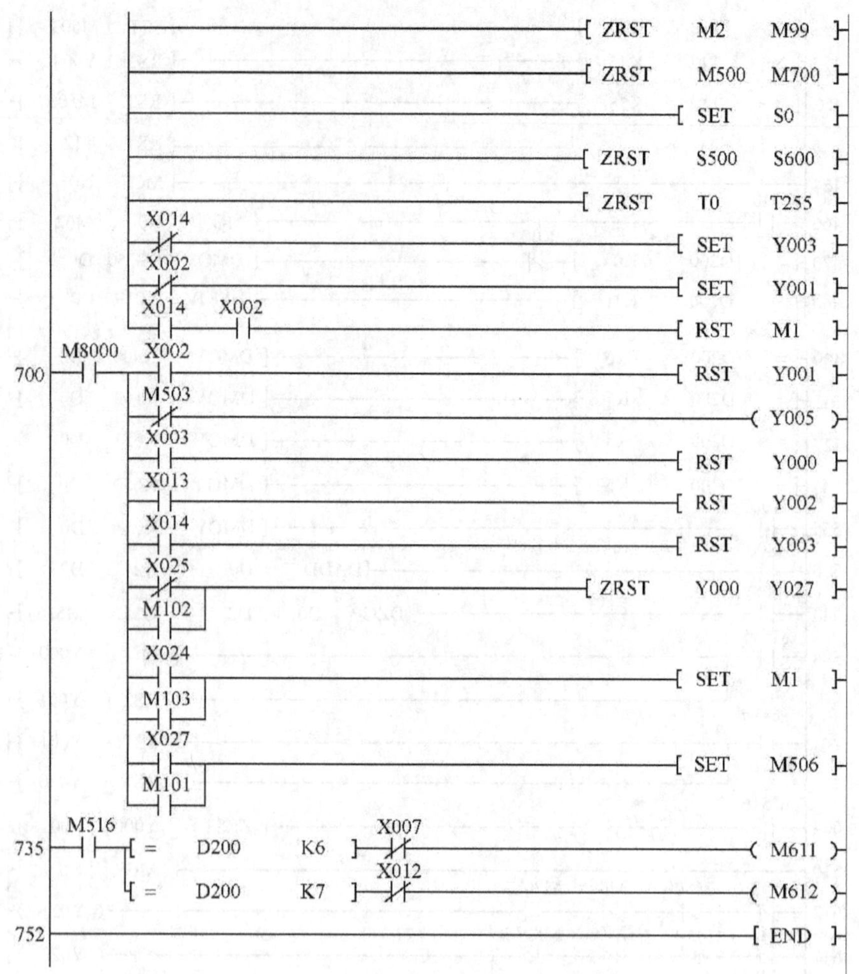


图 8-62　PLC 梯形图程序（续）

9）若因突发故障需要进行急停，可按下急停按钮 SB7（按下后锁死），此时设备应立刻停止运行。若机械手夹持有物料，手指应保持抓取状态，以防止物料在急停时掉下发生事故，松开急停按钮，按下起动按钮 SB1，设备应继续完成原来流程中剩下的工作。

10）突然断电后恢复供电，按下起动按钮 SB1，设备应继续完成原来流程中剩下的工作，但如果断电时正在 2 号台进行冲压，送电运行后该物料直接送入 1 号库位作为废品。

11）拖动机械手的直流电动机过载（SW1 断开），蜂鸣器发出报警。若 4s 后过载仍未消除，则直流电动机停止运行。当过载消除（SW1 闭合）后，蜂鸣器停止鸣叫，直流电动机重新拖动机械手按停止的状态继续运行。

（10）注意事项　系统程序的编制与调试中应该注意的主要问题如下：

1）当程序中有急停时，应尽量将急停指令放在程序的后面，实现真正的急停功能。即使题目中没有急停要求，编写程序时也应加入急停功能，为调试程序提供方便，程序完全调试成功后，再将急停指令去掉。

2）因为硬件的差异，调试程序时，如出现机械手不能准确到位，可适当修改程序中的参数或更改硬件位置。

## 三、电梯群控系统的 PLC 应用实例

### （一）概述

双控透明教学电梯是目前国内教学设备技术含量最高的设备之一。该套设备采用交流变频调速器与 PLC 的开关量与模拟量双制式控制，功能与真实的变频调速电梯相同，具有全集选功能，能自动平层，自动关门，响应轿内、外呼梯信号，并且在电梯上设置了电路、电器、变频、PLC、机械等常见的 40 多项内容供学生动手实际操作。

### （二）结构

单台模型电梯主要由以下部分组成：

（1）井道柜架　相当于电梯附着的建筑物，为电梯提供支撑，固定导轨是钢架结构。

（2）曳引机　位于柜架顶部，是电梯的动力装置。安装在两条承重梁上，其主要由以下部分组成：

1）电动机：笼型三相感应电动机，采用变频变压（VVVF）驱动方式，电梯起动时，变频器使定子电流频率从极低频率开始，按控制要求上升到额定频率，减速时，使转速相应从额定频率开始平滑地下降到零，实现电梯平层，保证了电梯运行平稳，模拟真实电梯良好的舒适感。

2）制动器：只在电梯通电运转时间松闸，当电梯停止时制动并保持轿厢位置不变，工作电压 DC100V。

3）控制器：采用涡轮杆减速器，具有高密度、高效率、低噪声的特点。

4）曳引轮：绳槽为半圆槽，提供钢丝绳与绳轮之间的摩擦力。

（3）控制屏　控制屏由以下部分组成：

1）变频器：根据 PLC 给出的指令，对电动机的电源频率、电压进行调制，使电动机平衡。

2）可编程序控制器：控制电梯的运行状态，根据内选信号，对电梯的位置进行逻辑判断，然后给出运行指令，使电梯实现应答呼梯信号，顺向信号响应，反向信号保留，自动关门等功能。

3）安全及门锁回路：由继电器回路组成，急停、门锁开关的通断决定安全及门锁回路的正常与否，以使 PLC 判断电梯是否处于安全状态。

4）层门：门上有门锁开关，当层门关闭后，电梯才能起动。

5）操纵箱：设在柜架正面左侧，模拟乘客在轿厢内选层的信号输入设备，其主要由以下部分组成。数字显层器：七段数码显示轿厢所在楼层；“1”、“2”、“3” 选层按钮；关门按钮；方向指示器：电梯运行方向指示；电源锁：开关电梯电源，即首层外呼盒。

6）减速倍系统：由永磁感应器构成，提供轿厢停层位置信号终端保护开关——感应器提供电梯运行终端信号，电梯超过它时，安全回路及电源被切断，保证电梯不超出终端。

### （三）功能与调试

（1）接通三相电源　打开首层外呼盒上的电源锁，这时应有楼层显示。电梯能自动关门，应答外呼信号，在操纵箱上选择楼层后，必须关好门才能运行。这时外呼信号顺向的能停车，反向的保留。

厅外呼梯：电梯能自动响应信号，顺向的停车，反向的保留。

厅呼梯：电梯能自动响应信号，顺向的停车，反向的在完成上一个指令后，自动应答。

泊梯：电梯停靠在底层关好门后，将首层外呼盒的电源匙拨至“关”，则可切断电梯电源，电梯停止工作。

(2) 维修点动运行　把控制屏中的“正常”、“维修”开关拨至“维修”状态这时电梯仅作点动运行，但安全回路及门锁仍然有效，按“上行”或“下行”按钮，电梯做点动上或下，此操作用于电梯维修或实验终端限位功能。用点动操作将电梯平层后，将选择开关拨至“正常”，电梯恢复正常运转。

**(四) 控制方式说明**

以上所述控制方法为开关量控制即电梯由井道内开关（感应器）提供减速、平层信号。根据电梯发展的新趋势，利用新科技的数字量控制方式，即用旋转编码器提供数字脉冲，再经由 PLC 计算运算处理信号，得出轿厢的位置从而发出减速、平层信号。采用这种技术后则可省去井道内许多开关，提高电梯的稳定性、减少故障。

本模拟电梯系统通过转换开关（HK）可进行上述两种控制方式的转换即开关量与数字量的转换。

本模拟电梯系统 PLC 内储存了两套程序，通过转换开关（HK）可自由切换，当转换开关置于开关量控制时，井道内开关提供指令数字量信号被封锁。当转换开关与数字量控制时由旋转编码器提供的脉冲数作为 PLC 处理信号，同时开关量信号封住。

**(五) 元器件明细**

VVVF 变频变压电梯电气元器件代号明细表如表 8-14 所示。

**表 8-14　VVVF 变频变压电梯电气元器件代号明细表**

| 序号 | 代号 | 名称 | 规格 | 安装位置 | 数量 | 备注 |
|---|---|---|---|---|---|---|
| 1 | KMJ、GMJ | 开关门接触器 | MY4 DC 24V | 控制屏 | 2 | |
| 2 | DYJ | 电压继电器 | MY4 DC 24V | 控制屏 | 1 | |
| 3 | MSJ | 门联锁继电器 | MY4 DC 24V | 控制屏 | 1 | |
| 4 | RD1 ~ RD3 | 熔断器 | | 控制屏 | 1 | |
| 5 | QC | 主接触器 | | | 1 | |
| 6 | GH | 电源接触器 | CJ-20 AC 220V | | 1 | |
| 7 | 1A ~ 3A | 轿厢选层指令按钮 | | 轿内 | 3 | 3 层 |
| 8 | 1R ~ 3R | 选层指令灯 | | 轿内 | 3 | |
| 9 | AK、AG | 开关门按钮 | | 轿内 | 2 | |
| 10 | TU、TD | 向上、向下按钮 | | 轿内 | 2 | |
| 11 | RF1、RF2 | 断路器 | | 轿内 | 1 | |
| 12 | FM/CHD | 超载蜂鸣器 | | 轿内 | 1 | |
| 13 | KSD、KXD | 上、下行指令灯 | DC 24V | 轿内 | 2 | |
| 14 | SMJ/MK | 检修开关 | DC 24V | 轿内 | 1 | |
| 15 | SB（KAB） | 安全触板开关 | | 轿厢 | 1 | |
| 16 | SAC | 安全钳开关 | | 轿厢 | 1 | |
| 17 | SQF | 轿门联锁开关 | | 轿厢 | 1 | |

（续）

| 序号 | 代号 | 名称 | 规格 | 安装位置 | 数量 | 备注 |
|---|---|---|---|---|---|---|
| 18 | ＊1＊45 | 故障点 | | | 45 | |
| 19 | PU | 门驱双稳态开关 | | 轿顶 | 2 | |
| 20 | GU、GD | 上、下强返减速 | | 轿顶 | 2 | |
| 21 | DZ1 | 轿厢照明灯 | | 轿顶 | 1 | |
| 22 | FS | 轿厢风扇 | | 轿厢 | 1 | |
| 23 | CH | 超载开关 | | 轿底 | 1 | |
| 24 | M1 | 门电动机 | | 自动门机 | 1 | |
| 25 | PKM | 开门到位开关 | | 自动门机 | 1 | |
| 26 | PGM | 关门到位开关 | | 自动门机 | 1 | |
| 27 | SG | 关门减速开关 | LX028 | 自动门机 | 2 | |
| 28 | M | 交流双速电动机 | | 机房 | 1 | |
| 29 | DZ | 抱闸线圈 | DC 110V | 机房 | 1 | |
| 30 | SW、XW | 上、下限位开关 | | 机房 | 1 | |
| 31 | SDS | 底坑断绳开关 | | 井道 | 2 | |
| 32 | SJK、XJK | 上、下限位开关 | | 井道 | 1 | |
| 33 | 1G～2G | 上召记忆灯 | DC 24V | 井道 | 2 | |
| 34 | 1SA～2SA | 上召按钮 | | 井道 | 2 | |
| 35 | 2C～3C | 下召记忆灯 | DC 24V | 井道 | 2 | |
| 36 | 2XA～3XA | 下召按钮 | | 井道 | 2 | |
| 37 | ST1～ST3 | 厅门联锁触点 | | 井道 | 2 | |
| 38 | IYK | 基站钥匙触摸开关 | | 井道 | 3 | |
| 39 | YI～Y3 | 减速永磁感应器 | | 井道 | 1 | |
| 40 | 1PG | 减速感应器 | | 井道 | *N* | |
| 41 | HK | 数/模转换开关 | | 电柜 | 1 | |
| 42 | D1 | 硅整流桥 | 110V | 电柜 | 1 | |
| 43 | D2 | 硅整流桥 | 24V | 电柜 | 1 | |
| 44 | SJU | 电柜急停开关 | | 电柜 | 1 | |
| 45 | KDX | 相序保护继电器 | | 电柜 | 1 | |

### （六）群控电梯功能

该群控电梯是三台电梯集中排列，有厅外召唤按钮，按规定程序集中调度和程序电梯。群控电梯除了上述单梯控制功能外，还可以有下列功能：

（1）最大最小功能　系统指定一台电梯应召时，使待梯时间最小，并预测可能的最大等候时间，可均衡待梯时间，防止长时间等候。

（2）优先调度功能　在待梯时间不超过规定值时，对某楼层的厅召唤，由已接受该层内指令的电梯应召。

（3）区域优先控制功能　当出现一连串召唤时，区域优先控制系统首先检出“长时间等候”的召唤信号，然后检查这些召唤附近是否有电梯。如果有，则由附近电梯应召，否则由“最大最小”原则控制。

（4）特别层楼集中控制功能　包括：①将餐厅、表演厅等存入系统；②根据轿厢负载情况和召唤频度确定是否拥挤；③在拥挤时，调派两台电梯专职为这些楼层服务；④拥挤时不取消这些楼层的召唤；⑤拥挤时自动延长开门时间；⑥拥挤恢复后，转由“最大最小”原则控制。

（5）满载报告功能　统计召唤情况和负载情况，用以预测满载，避免已派往某一层的电梯在中途又换派一台。本功能只对同向信号起作用。

（6）已启动电梯优先功能　本来对某一层的召唤，按应召时间最短原则应由停层待命的电梯负责，但此时系统先判断，若不启动停层待命电梯，而由其他电梯应召时乘客待梯时间是否过长，如果不过长，就由其他电梯应召，而不启动待命电梯。

（7）“长时间等候”召唤控制功能　若按“最大最小”原则控制时出现了乘客长时间等候情况，则转入“长时间等候”召唤控制，另派一台电梯前往应召。

（8）特别楼层服务功能　当特别楼层有召唤时，将其中一台电梯解除群控，专为特别楼层服务特别服务。电梯优先为指定楼层提供服务。

（9）高峰服务功能　当交通偏向上高峰或下高峰时，电梯自动加强需求较大一方的服务。

（10）独立运行　按下轿内独立运行开关，该电梯即从群控系统中脱离出来，此时只有轿内按钮指令起作用。

（11）分散备用控制功能　大楼内根据电梯数量，设低、中、高基站，供无用电梯停靠。

（12）主层停靠功能　在闲散时间，保证一台电梯停在主层。

（13）多种运行模式功能　低峰模式：交通疏落时进入低峰模式；常规模式：电梯按“心理性等候时间”或“最大最小”原则运行；上行高峰：早上高峰时间，所有电梯均驶向主层，避免拥挤；午间服务：加强餐厅层服务；下行高峰：晚间高峰期间，加强拥挤层服务。

（14）节能运行功能　当交通需求量不大时，系统又查出候梯时间低于预定值时，即表明服务能力已超出需求。此时将闲置电梯停止运行，关闭电灯和风扇，或实行限速运行，进入节能运行状态。如果需求量增大，则又陆续启动电梯。

（15）近距避让功能　当两轿厢在同一井道的一定距离内，以高速接近时会产生气流噪声，此时通过检测，使电梯彼此保持一定的最低限度距离。

（16）即时预报功能　按下厅召唤按钮，立即预报哪台电梯将想到达，到达时再报一次。

（17）群控备用电源运行　开启备用电源时，全部电梯依次返回指定层，然后使限定数量的电梯用备用电源继续运行。

（18）群控消防运行功能　按下消防开关，全部电梯驶向应急层，使乘客能及时逃离大楼。

（19）不受控电梯处理功能　如果某一电力失灵，则将原先的指定召唤转为其他电梯应召。

（20）故障备份功能　当群控管理系统发生故障时，可执行简单的群控功能。

**（七）接线**

（1）门机接线　其系统接线图，如图 8-63 所示。

（2）单梯 PLC 接线　其 PLC 接线图，如图 8-64 所示。

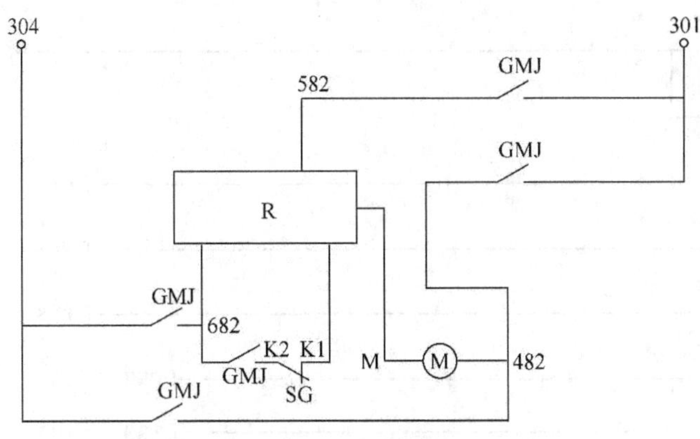


图 8-63　系统接线图

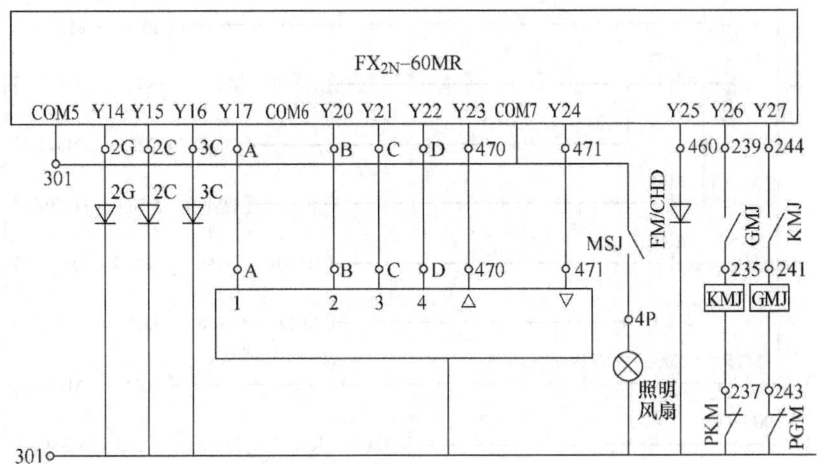


图 8-64　单梯 PLC 接线图

## (八) PLC 程序

编写的 PLC 梯形图程序如图 8-65 所示。

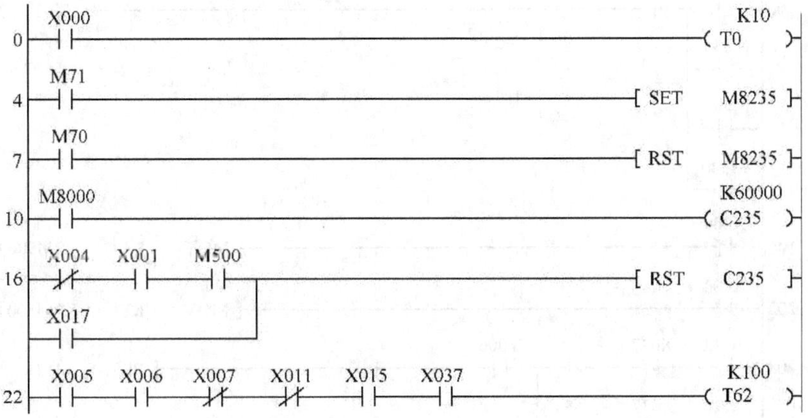

```
      X000                                                       K10
0   ──┤ ├──────────────────────────────────────────────────( T0     )
      M71
4   ──┤ ├──────────────────────────────────────────────[ SET   M8235 ]
      M70
7   ──┤ ├──────────────────────────────────────────────[ RST   M8235 ]
      M8000                                                      K60000
10  ──┤ ├──────────────────────────────────────────────────( C235   )
      X004     X001     M500
16  ──┤/├──────┤ ├──────┤ ├──┬─────────────────────────[ RST   C235  ]
      X017                   │
    ──┤ ├────────────────────┘
      X005     X006     X007     X011     X015     X037              K100
22  ──┤ ├──────┤ ├──────┤/├──────┤/├──────┤ ├──────┤ ├─────────────( T62    )
```

图 8-65　PLC 梯形图程序

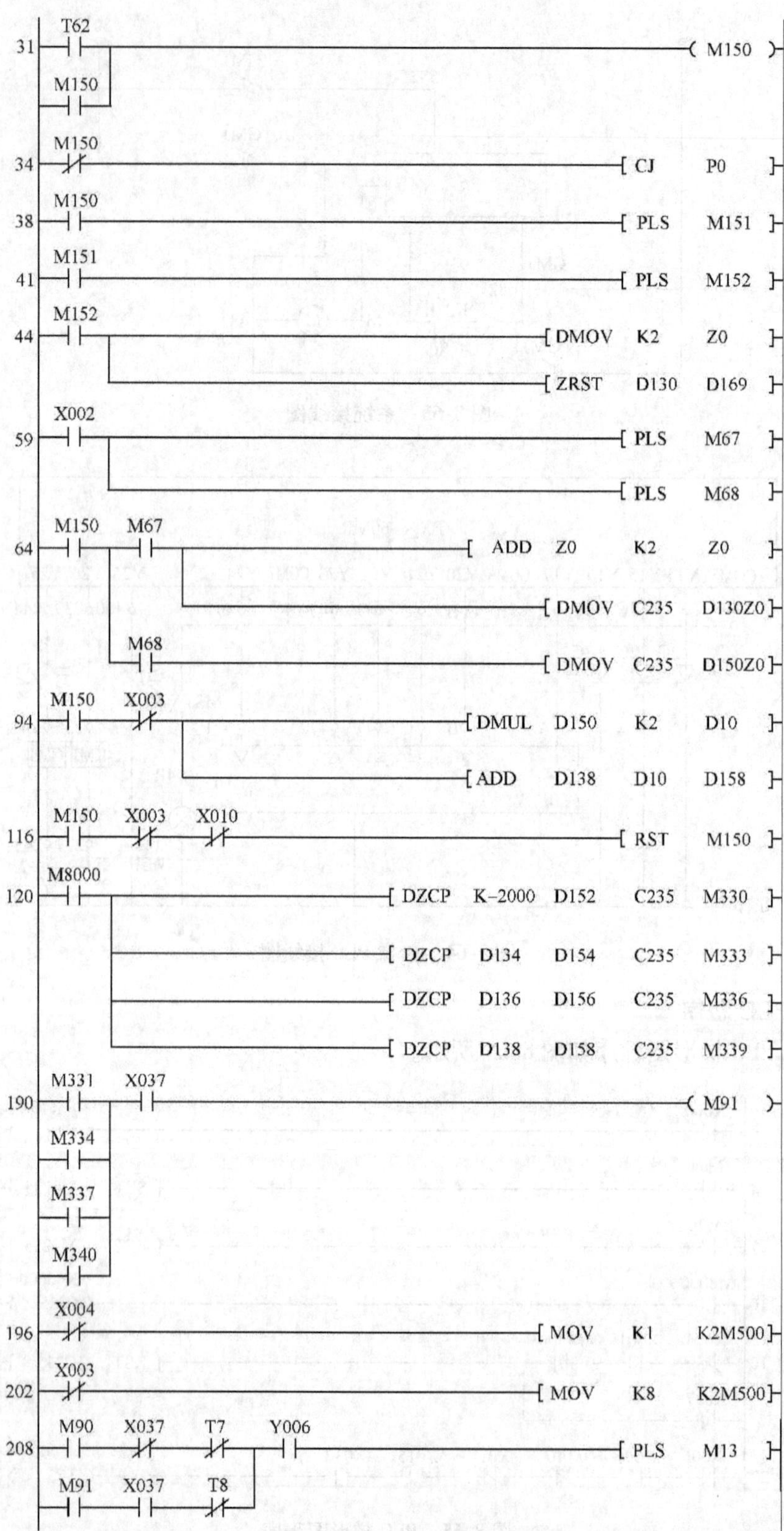


图 8-65　PLC 梯形图程序（续）

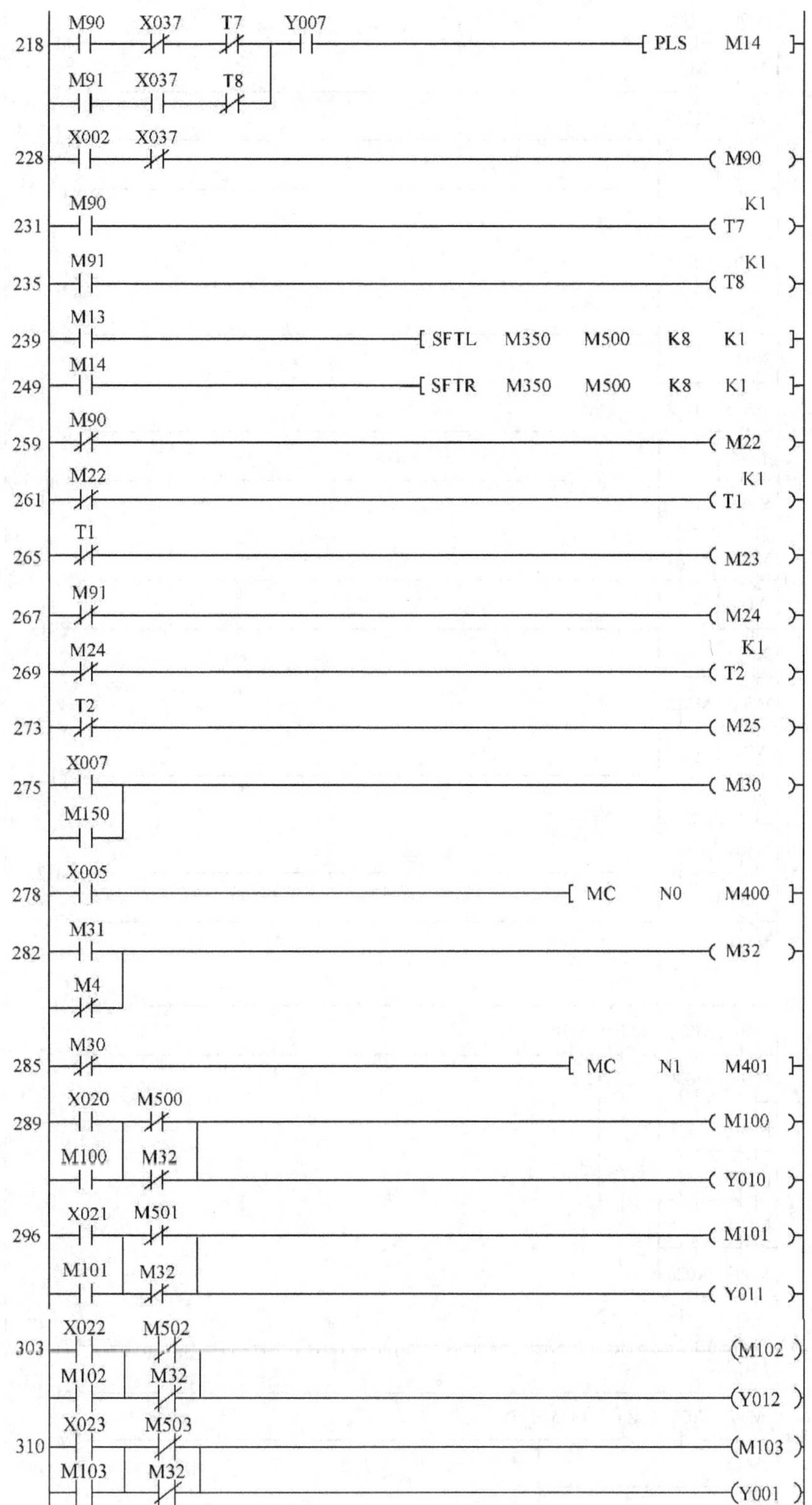


图 8-65　PLC 梯形图程序（续）

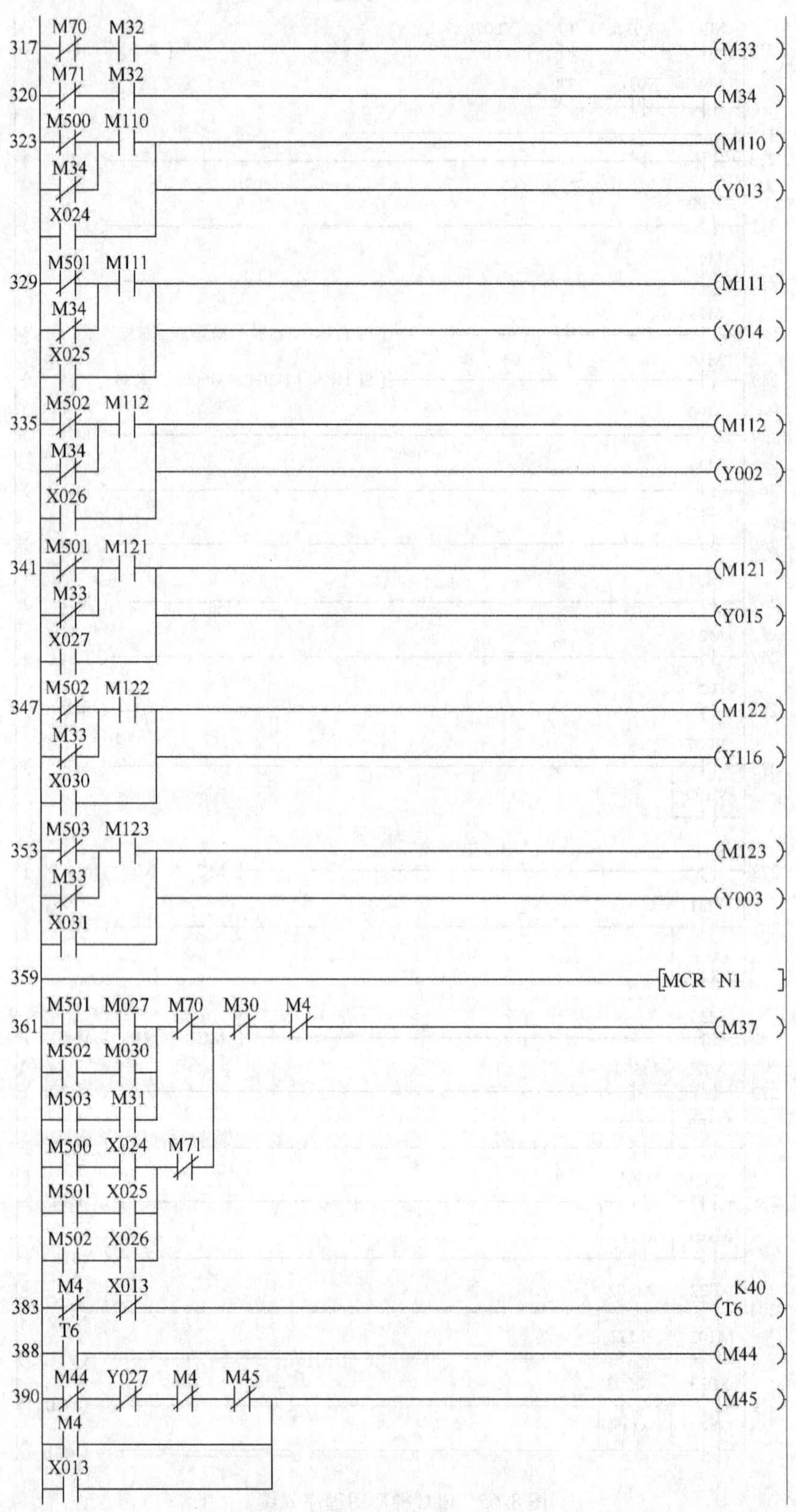


图 8-65　PLC 梯形图程序（续）

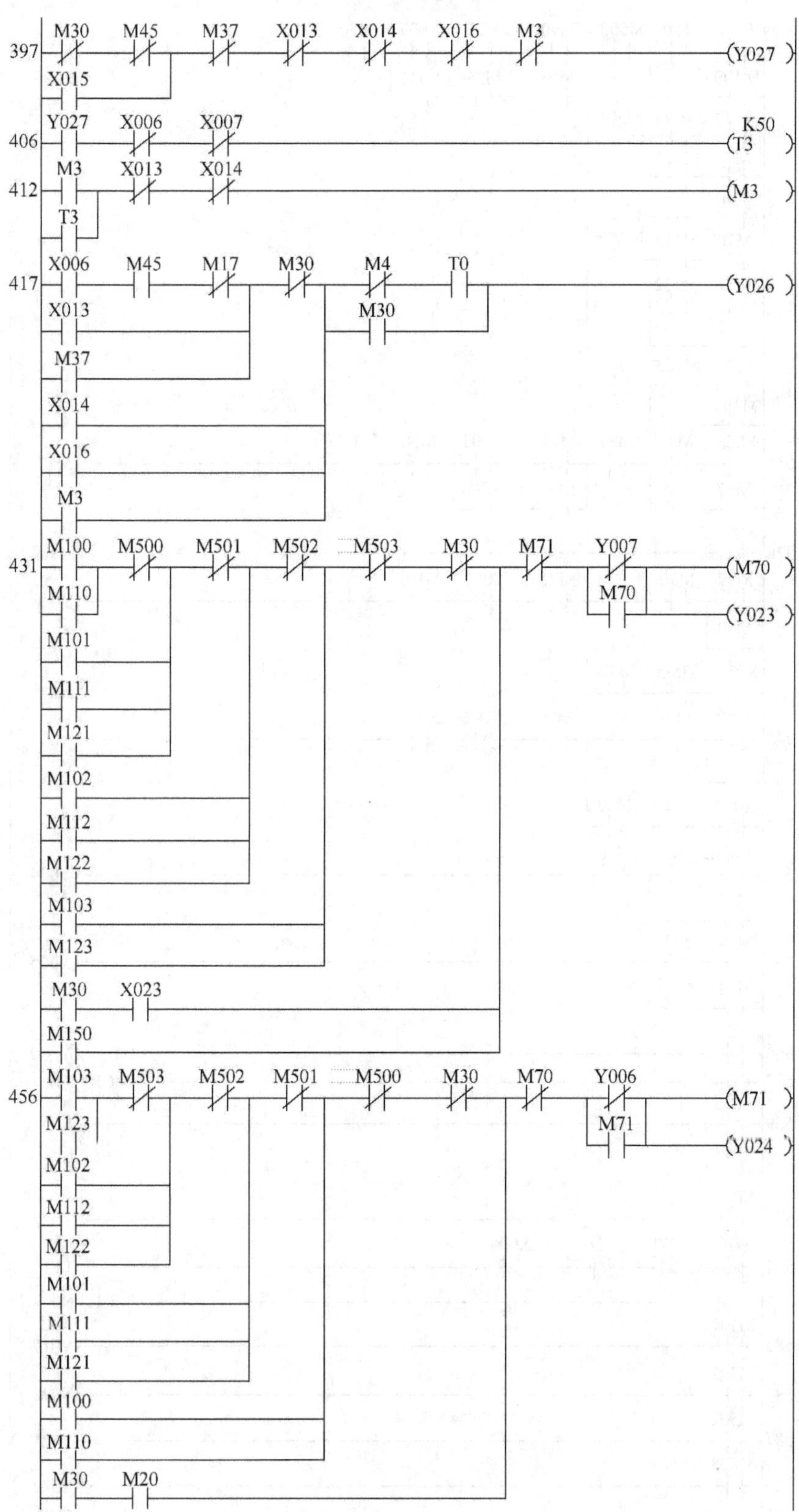


图 8-65　PLC 梯形图程序（续）

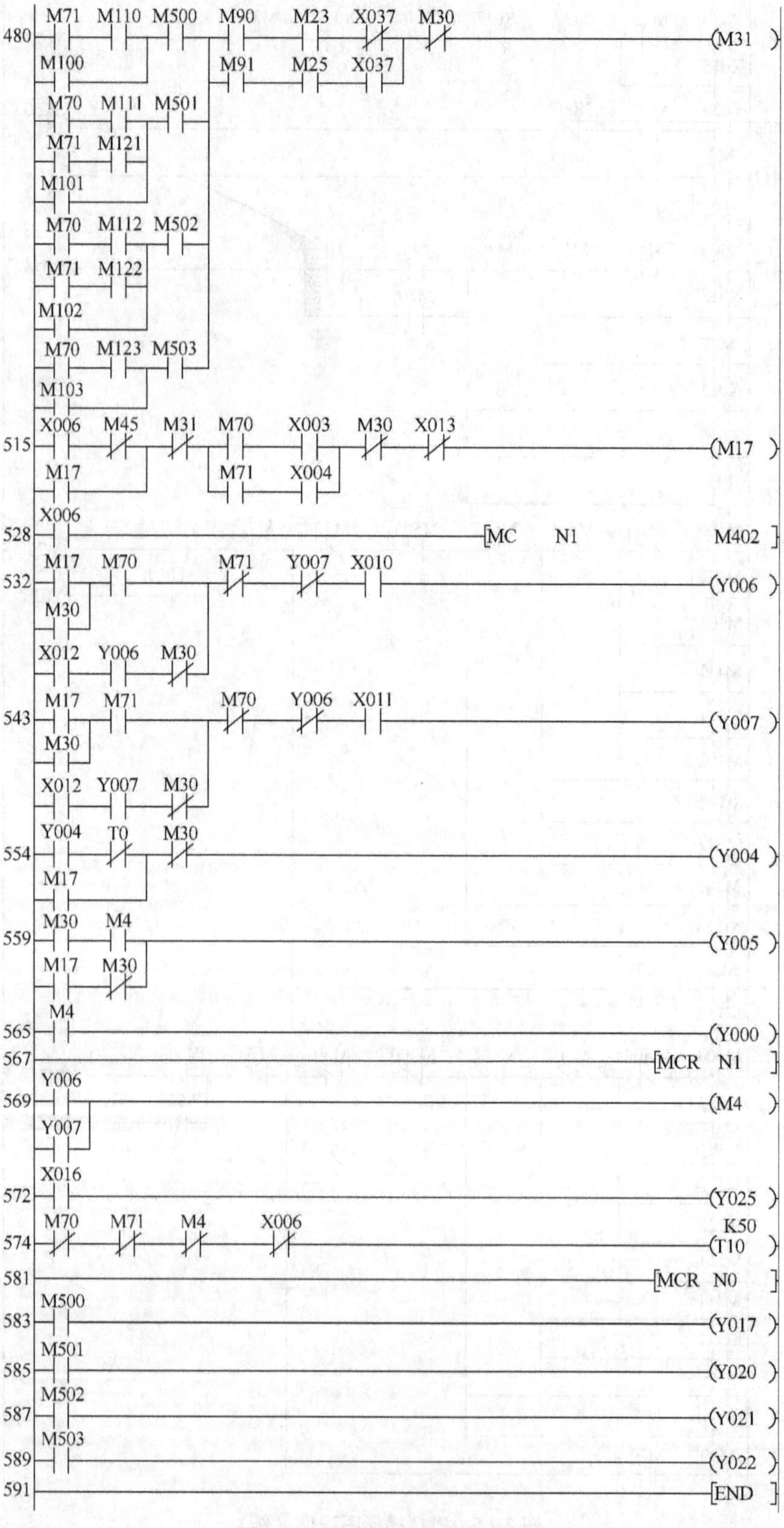

```
480  M71  M110  M500  M90  M23  X037  M30          (M31)
     M100              M91  M25  X037
     M70  M111  M501
     M71  M121
     M101
     M70  M112  M502
     M71  M122
     M102
     M70  M123  M503
     M103
515  X006  M45  M31  M70  X003  M30  X013         (M17)
     M17            M71  X004
528  X006                          [MC  N1  M402]
532  M17  M70  M71  Y007  X010                    (Y006)
     M30
     X012  Y006  M30
543  M17  M71  M70  Y006  X011                    (Y007)
     M30
     X012  Y007  M30
554  Y004  T0  M30                                (Y004)
     M17
559  M30  M4                                      (Y005)
     M17  M30
565  M4                                           (Y000)
567                                    [MCR  N1]
569  Y006                                         (M4)
     Y007
572  X016                                         (Y025)
574  M70  M71  M4  X006                       K50 (T10)
581                                    [MCR  N0]
583  M500                                         (Y017)
585  M501                                         (Y020)
587  M502                                         (Y021)
589  M503                                         (Y022)
591                                               [END]
```

图 8-65　PLC 梯形图程序（续）

## 四、采用 Q 系列和 FX$_{2N}$系列 PLC、计算机、变频器和触摸屏等组成三级网络的应用实例

本节介绍一个以三菱 Q 系列 PLC Q02CPU + QJ61BT 模块为主站，以 5 台三菱 FX$_{2N}$系列 FX$_{2N}$-48MR PLC + FX$_{2N}$-32CCL 模块，以及 5 台三菱 A540 变频器 + FR-A5NC（变频器 CC-LINK 模块）组成的远程设备站的 CC-LINK 网络。要求 Q 主站能够通过触摸屏对 PLC 进行输入 Xn、Yn 监控；要求主站能对变频器进行正/反转控制和改变其运行频率。

### （一）Q 主站 CC-LINK 网络结构

Q 主站网络简图如图 8-66 所示。

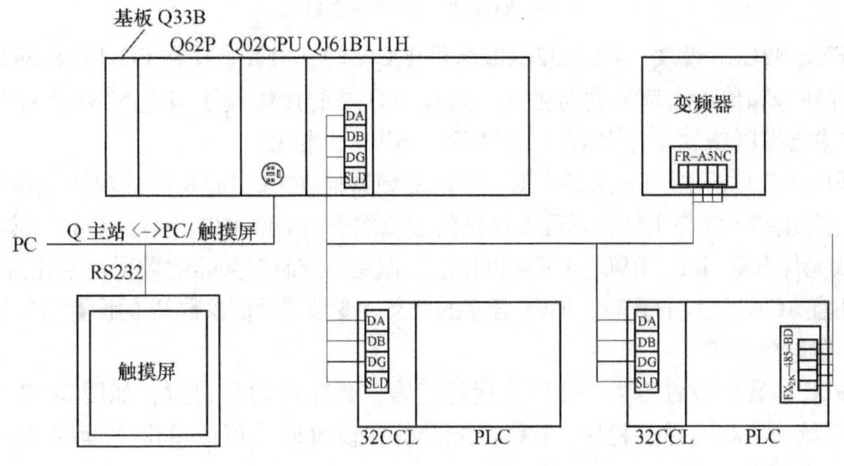


图 8-66　Q 主站网络简图

（1）触摸屏　触摸屏的型号是 FGOT940，它与 PLC 的通信接口是 RS-232C 串行接口。它的主要作用是对 PLC 和变频器运行监督和控制（触摸屏的编程和操作请查阅有关资料）。触摸屏软件的参数设定如表 8-15 所示。

**表 8-15　触摸屏软件的参数设定**

| 名称 | 寄存器 | 名称 | 继电器 | 名称 | 继电器 | 名称 | 继电器 |
|---|---|---|---|---|---|---|---|
| 站号 | D201 | 1 号站按键 | M110 | X0 按键 | M10 | 电流 | M206 |
| 参数号 | D202 | … | … | … | … | 电压 | M207 |
| 读取值 | D227 | 10 号站按键 | M119 | X16 按键 | M25 | 转速 | |
| 写入值 | D204 | X0 指示灯 | M40 | | | 设定 | M205 |
| 监控显示 | D224 | … | … | | | 加速 | M203 |
| 频率显示 | D225 | X16 指示灯 | M55 | | | 减速 | M204 |
| | | Y0 指示灯 | M70 | REV 指示 | M212 | REV | M202 |
| | | … | … | FWD 指示 | M211 | FWD | M201 |
| | | Y16 指示灯 | M85 | | | STOP | M200 |

触摸屏的监控画面如图 8-67 所示。

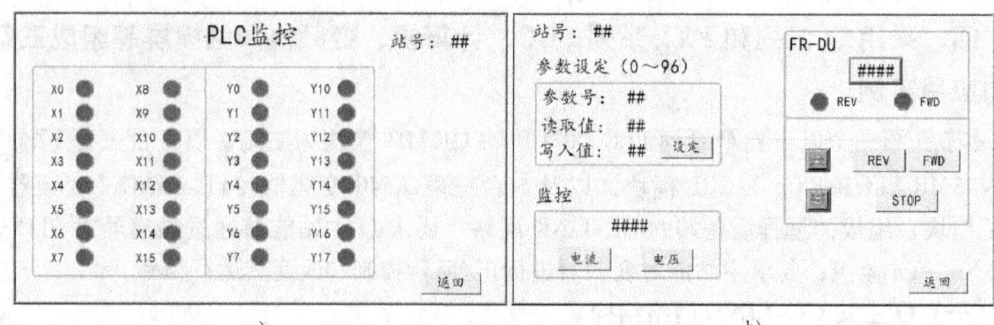


a)　　　　b)

图 8-67　触摸屏的监控画面

a）PLC 监控　b）变频器监控

（2）$FX_{2N}$-32CCL 模块　$FX_{2N}$-32CCL 是将 $FX_{2N}$/$FX_{0N}$/$FX_{2NC}$ 挂在 CC-LINK 网的模块，在其上可设置站号和传输速率。它与主站、远程 I/O 站的接线端子与 QJ61BT11 模块相同，其远程输入/输出等刷新软元件 RX、RY、RWr、RWw 也相似。

（3）FR_ACNC 模块　FR_ACNC 是将 FR 变频器挂在 CC-LINK 网的模块，在其上也可设置站号和传送速率。它与主站、远程 I/O 站的接线端子与 QJ61BT11 模块相同，其远程输入/输出等刷新软元件 RX、RY、RWr、RWw 也相似。但是，控制变频器的数据是字元器件数据，所以要特别注意 ACNC 模块的 RWr、RWw 各字的意义。变频器通信参数 Pr 的设置请查阅有关资料。

## （二）参数的设置

（1）PLC 参数的设置　为了使网络运行正确，要进行 PLC 设置，如图 8-68 所示。可以设置 PLC 系统、PLC 文件、程序、I/O 分配等。在设置时，可以单击"读取 PLC 数据"按钮，则可自动设置。

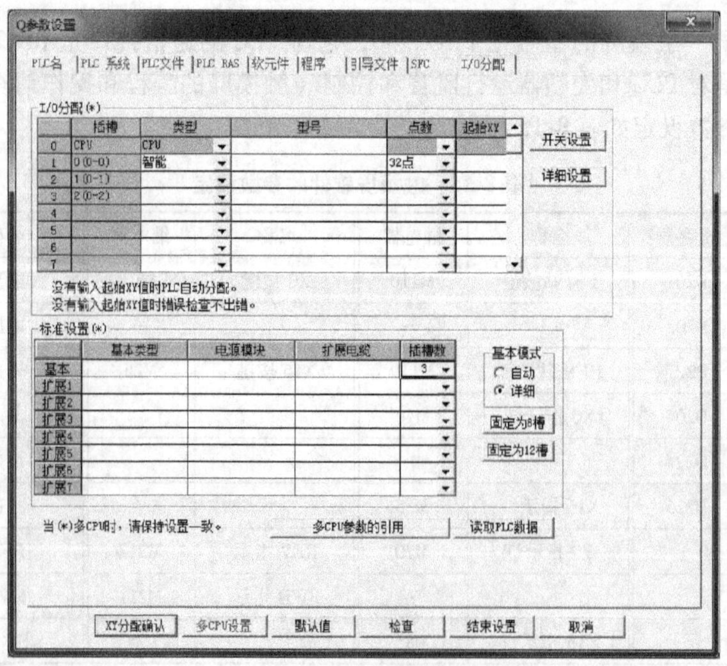


图 8-68　PLC 参数的设置

（2）网络参数设置　网络参数的设置如图 8-69 所示，设置的自动刷新参数如下：

模块数　1　块　空白：未设置

| | 1 | 2 | 3 | 4 |
|---|---|---|---|---|
| 起始I/O号 | 0000 | | | |
| 动作设置 | 操作设置 | | | |
| 类型 | 主站 | | | |
| 数据链接类型 | 主站CPU参数自动启动 | | | |
| 模式设置 | 远程网络Ver.1模式 | | | |
| 总连接个数 | 10 | | | |
| 远程输入(RX)刷新软元件 | D1000 | | | |
| 远程输出(RY)刷新软元件 | D1020 | | | |
| 远程寄存器(RWr)刷新软元件 | D1040 | | | |
| 远程寄存器(RWw)刷新软元件 | D1080 | | | |
| Ver.2远程输入(RX)刷新软元件 | | | | |
| Ver.2远程输出(RY)刷新软元件 | | | | |
| Ver.2远程寄存器(RWr)刷新软元件 | | | | |
| Ver.2远程寄存器(RWw)刷新软元件 | | | | |
| 特殊继电器(SB)刷新软元件 | | | | |
| 特殊寄存器(SW)刷新软元件 | | | | |
| 重试次数 | 3 | | | |
| 自动恢复个数 | 1 | | | |
| 待机主站号 | | | | |
| CPU宕机指定 | 停止 | | | |
| 扫描模式指定 | 异步 | | | |
| 延迟时间设置 | 0 | | | |
| 站信息设置 | 站信息 | | | |
| 远程设备站初始设置 | 初始设置 | | | |
| 中断设置 | 中断设置 | | | |

必要设置（　未设　/　已设置完毕　）　必要时进行设置（　未设　/　已设置完毕　）

设置项目细节：

XY分配确认　清除　检查　结束设置　取消

图 8-69　网络参数的设置

远程输入（RX）的刷新软元件为 D1000；

远程输出（RY）的刷新软元件为 D1020；

远程读取寄存器（RWr）的刷新软元件为 D1040；

远程写入寄存器（RWw）的刷新软元件为 D1080。

远程输入/输出（RX/RY）占用两个字（如 D1001、D1000）。远程读取/写入寄存器（RWr/RWw）占用 4 个字。

**（三）程序**

（1）主程序　主程序如图 8-70 所示，图中第 0 行的 H680，即 SW80，是链接特殊寄存器。执行 FROM 指令，将各站点状态（H680）放入 M100 ~ M115 中，即 M100 ~ M104 均为 0。M100 ~ M104 为 1 ~ 5 号战的工作状态，正常为 0，异常为 1。SM120 ~ SM129 为 1 ~ 10 号站的赋值。M130 为主控。

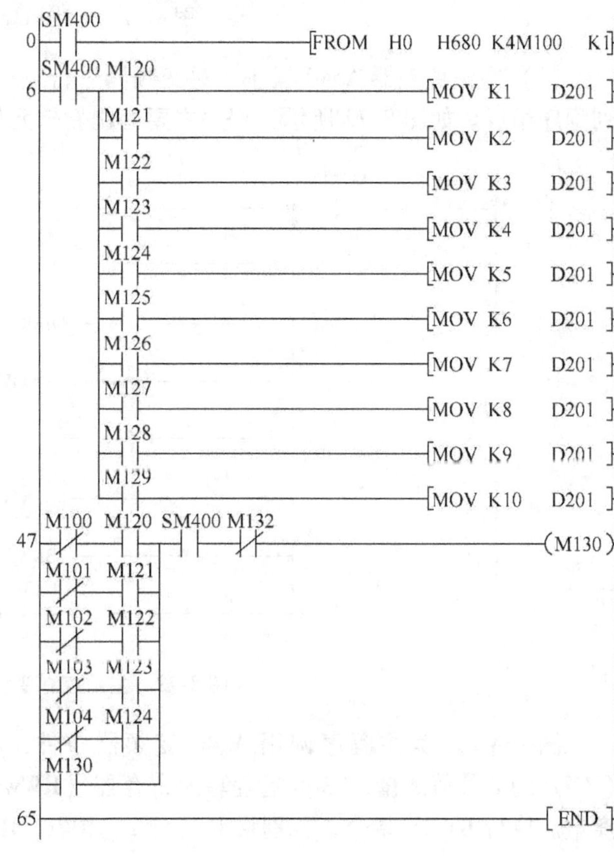


图 8-70　主程序

（2）主站 PLC 程序　主站 PLC 程序如图 8-71 所示。它的作用是设置自动读取/写各 PLC 站的远程输出/输入 RY/RX 的信息。图中 SM400 为 Q 系列 PLC 的常 ON 指令，M130 为主程序调用 PLC 的条件。

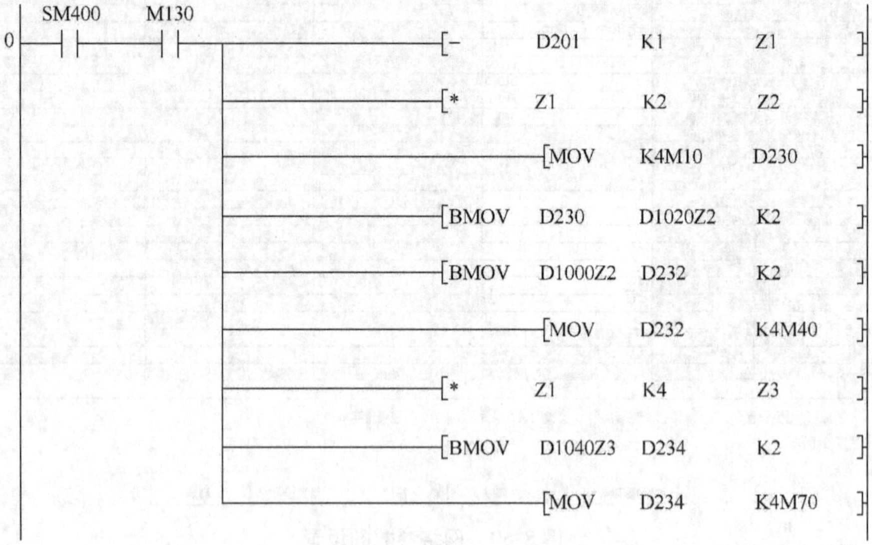

SM400
M130
0
– D201 K1 Z1
* Z1 K2 Z2
MOV K4M10 D230
BMOV D230 D1020Z2 K2
BMOV D1000Z2 D232 K2
MOV D232 K4M40
* Z1 K4 Z3
BMOV D1040Z3 D234 K2
MOV D234 K4M70

图 8-71　主站 PLC 程序

（3）主站变频器 A540 程序　对变频器进行正/反转控制和改变其运行频率的程序由下列程序组成。如图 8-72 所示，程序主要为刷新软元件寄存于 D220～D228 的程序。

SM400
M131
0
– D201 K1 Z1
* Z1 K2 Z2
BMOV D1000Z2 D220 K2
BMOV D1020Z2 D222 K2
* Z1 K4 Z3
BMOV D1040Z3 D224 K4
BMOV D1080Z3 D228 K4
M250

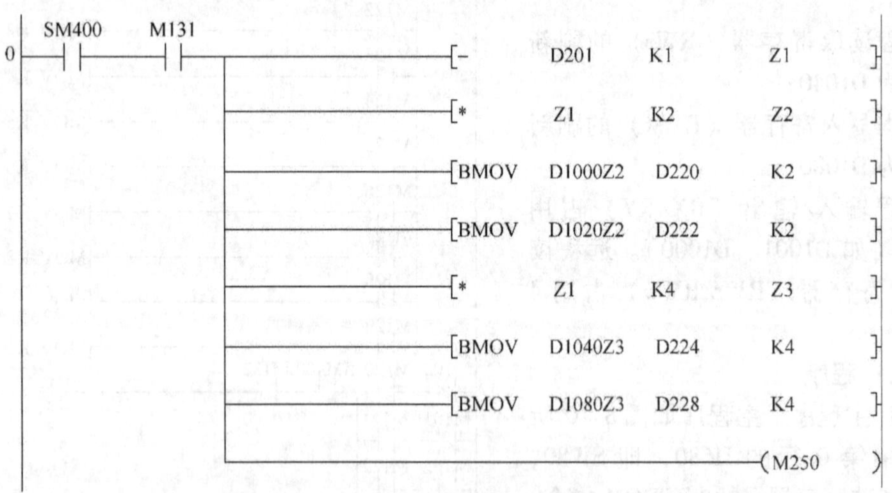

图 8-72　主站控制变频器程序

图中 M131 为主程序调用 A540 变频器条件；Z1、Z2 为远程输入（RX）、远程输出（RY）的 2 位偏离量，Z3 为远程写入寄存器（RWw）和远程读取寄存器（RWr）的 3 位偏离量。执行 BMOV 指令，分别将 RX、RY、RWr、RWw 寄存于 D221、D220、D223、D222、D227～D224、D231～D228 中。

图8-73为变频器正转、反转、停止的请求程序。

```
     M25    M201
0  ──┤ ├────┤ ├──┬──────────[WOR   D1020Z2  H1      D1020Z2 ]
                 └──────────[WAND  D1020Z2  H0FFFD  D1020Z2 ]
     M250   M202
10 ──┤ ├────┤ ├──┬──────────[WOR   D1020Z2  H2      D1020Z2 ]
                 └──────────[WAND  D1020Z2  H0FFFE  D1020Z2 ]
     M250   M200
20 ──┤ ├────┤ ├─────────────[WAND  D1020Z2  H0FFFC  D1020Z2 ]
     D220.0
26 ──┤ ├────────────────────────────────────(M211           )
     D220.1
28 ──┤ ├────────────────────────────────────(M212           )
```

图8-73　变频器正转、反转、停止的请求程序

图中M200、M201、M202为触摸屏的停止、正转、反转按钮。执行第31行的WOR、WAND指令，将H1加入D1020Z2中，即将第2位置0，D220.0置1正转，M211置1。执行第41行的WOR、WAND指令，将H2加入D1020Z2中，即将第1位置0，D220.1置1，为反转，M212置1。

图8-74为改变变频器频率后的程序。

```
     M203   M204   T1                                 K4
0  ──┤ ├────┤/├────┤/├──────────────────────────────(T1             )
     M203                                M250
7  ──┤↑├──┬─[<   D1081Z3  K6000 ]────────┤ ├──┬──[+    D1081Z3  K100   D1081Z3 ]
     T1   │                                   └──[WOR  D1020Z2  H2000  D1020Z2 ]
   ──┤ ├──┘
     M204   M203   T2                                 K4
21 ──┤ ├────┤/├────┤/├──────────────────────────────(T2             )
     M204                                M250
28 ──┤↑├──┬─[>   D1081Z3  K0    ]────────┤ ├──┬──[-    D1081Z3  K100   D1081Z3 ]
     T2   │                                   └──[WOR  D1020Z2  H2000  D1020Z2 ]
   ──┤ ├──┘
```

图8-74　改变变频器频率后的程序

图中执行第7行的加法“+”和WOR指令，将H2000加入D1020Z2中，变频器将以D1081Z3设定的频率作加速运行。执行第28行的减法“-”和WOR指令，H2000加入D1020Z2中，变频器将以D1081Z3设定的频率作减速运行。M203为触摸屏的加速按钮，M204为触摸屏的减速按钮。

图8-75为参数的读取和写入请求的程序。

读取参数时D1081Z3必须为0。参数从0H至06CH共96个，将H8000写入D1020Z2，执行参数读取请求。

写入参数时将值写入D1081Z3，相对应读取参数从80H至ECH，将H8000写入D1020Z2，执行写入参数请求。

图8-76为变频器电压监控的程序。

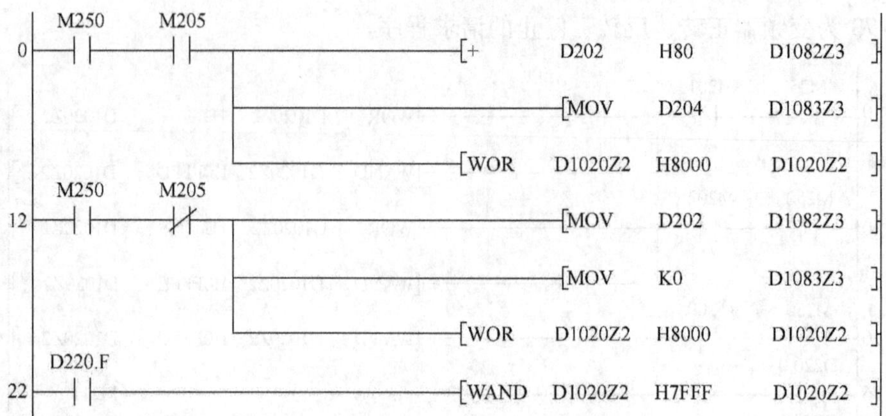


图 8-75　参数的读取和写入请求的程序

```
       M250    M207
 0 ----| |-----| |----+------------------[MOV   K3        D206     ]
                      |
                      +------------------[MOV   D206      D1080Z3  ]
                      |
                      +------------------[WOR   D1020Z2   H8000   D1020Z2]
       D220.F
10 ----| |-------------------------------[WOR   D1020Z2   H1000   D1020Z2]
```

图 8-76　变频器电压监控的程序

变频器的电压和电流可以监控。图中 M207 为触摸屏显示变频器电压的按钮。进行变频器电压监控时，执行 MOV 指令将 K3 写入 D1080Z3 中，并执行 WOR 指令将 H1000 与 D1020Z2 进行“或”运算。

**（四）CC-LINK 的网络诊断**

应用 GPPW 软件，可以对 CC-LINK 网络进行诊断。方法是：

单击“诊断”菜单，单击“CC-LINK 诊断”命令，在 CC-LINK 诊断对话框中，可以进行多种诊断，并且可以见到各站的执行状态。

# 附　　录

## 附录 A　常用电气元器件与气动元器件图形符号

组装和调试机电一体化设备过程中，设备涉及的元件和器件的图形符号，统一使用中华人民共和国国家标准中规定的图形符号。

### 一、电气元器件图形符号

常用电气元器件图形符号及文字符号如表 A-1 所示。

**表 A-1　常用电气元器件图形符号及文字符号**

| 引用标准及序号 | 图形符号 | 说　明 | 文字符号 | 备注 |
|---|---|---|---|---|
| GB/T 4728. 6—2000<br>06-05-01 | M | 直流串励电动机 | M | |
| GB/T 4728. 6—2000<br>06-05-02 | M | 直流并励电动机 | M | |
| GB/T 4728. 6—2000<br>06-08-01 | M<br>3～ | 三相笼型感应电动机 | M | |
| GB/T 4728. 6—2000<br>06-08-02 | M<br>1～ | 单相笼型感应电动机 | M | |
| JB/T 2739—1996<br>13. 13. 1 | M | 永磁直流电动机 | M | |
| GB/T 4728. 7—2000<br>07-02-01 | | 动合（常开）触点<br>本符号也可用作开关的一般符号 | KA<br>KM | 继电器<br>接触器 |
| GB/T 4728. 7—2000<br>07-02-02 | | 动合（常开）触点<br>本符号也可用作开关的一般符号 | KA<br>KM | 继电器<br>接触器 |

（续）

| 引用标准及序号 | 图形符号 | 说　明 | 文字符号 | 备注 |
|---|---|---|---|---|
| GB/T 4728.7—2000<br>07-02-03 | 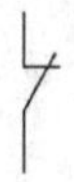 | 动断（常闭）触点 | KA<br>KM | 继电器<br>接触器 |
| GB/T 4728.7—2000<br>07-06-01 |  | 有自动返回的动合触点 | KA<br>KM | 继电器<br>接触器 |
| GB/T 4728.7—2000<br>07-06-02 |  | 无自动返回的动合触点 | KA<br>KM | 继电器<br>接触器 |
| GB/T 4728.7—2000<br>07-06-03 |  | 有自动返回的动断触点 | KA<br>KM | 继电器<br>接触器 |
| GB/T 4728.7—2000<br>07-07-01 | 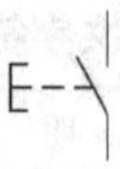 | 具有动合触点且自动复位的按钮 | SB | |
| GB/T 4728.7—2000<br>07-15-01 | 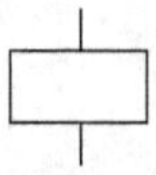 | 操作器件一般符号<br>继电器线圈一般符号 | KA | |
| GB/T 4728.7—2000<br>07-05-02 | 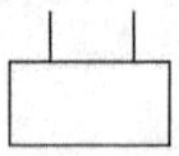 | 操作器件一般符号<br>继电器线圈一般符号 | KA | |
| GB/T 4728.7—2000<br>07-19-01 | 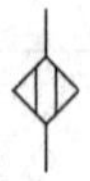 | 接近传感器 | S | |
| GB/T 4728.7—2000<br>07-19-02<br>07-19-03 | 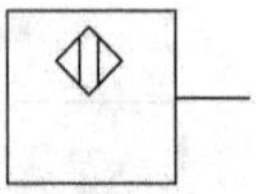 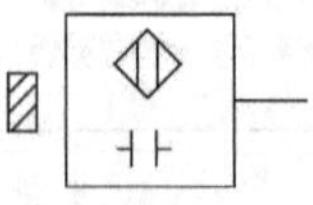 | 接近传感器器件方框符号<br>操作方法可以表示出来<br>示例：固体材料接近时操作的电容的接近检测器 | S | |
| GB/T 4728.7—2000<br>07-19-04 |  | 接触传感器 | S | |
| GB/T 4728.7—2000<br>07-20-01 | 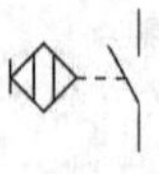 | 接触敏感开关合触点 | S | |
| GB/T 4728.7—2000<br>07-20-02 | 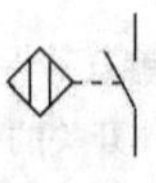 | 接近开关动合触点 | S | |

（续）

| 引用标准及序号 | 图形符号 | 说　明 | 文字符号 | 备注 |
| --- | --- | --- | --- | --- |
| GB/T 4728. 7—2000<br>07-20-03 | 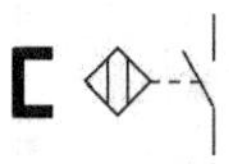 | 磁铁接近动作的接近开关，动合触点 | S | |
| GB/T4728. 8—2000<br>08-10-01 |  | 灯，一般符号；<br>信号灯，一般符号<br>如果要求指示颜色，则在靠近符号处标出下列代码：RD-红，YE-黄，GN-绿，BU-蓝，WH-白 | HL | |
| GB/T 4728. 8—2000<br>08-10-02 | 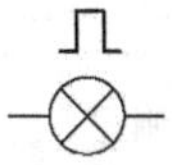 | 闪光型信号灯 | HL | |
| GB/T 4728. 8—2000<br>08-10-06 | 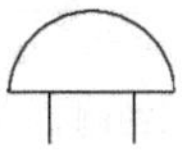 | 电铃 | HA | |
| GB/T 4728. 8—2000<br>08-10-10 | 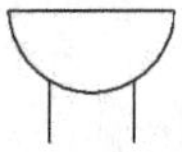 | 蜂鸣器 | HA | |

## 二、气动元器件图形符号

常用气路连接及接头图形符号如表 A-2 所示，常用气动控制方式图形符号如表 A-3 所示，常用气动辅助元器件图形符号如表 A-4 所示，部分气泵、气缸、气马达图形符号如表 A-5 所示，常用气动控制元器件图形符号如表 A-6 所示。

**表 A-2　常用气路连接及接头图形符号**

| 名称 | 符　号 | 名称 | 符　号 |
| --- | --- | --- | --- |
| 工作管路 | 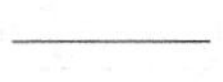 | 直接排气口 | 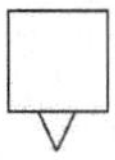 |
| 控制管路 | 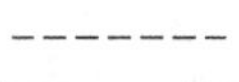 | 带连排气口 | 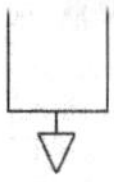 |
| 连接管路 | 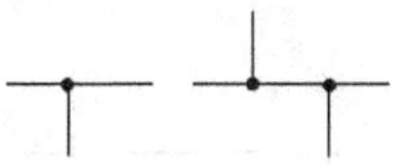 | 带单向阀快换接头 | 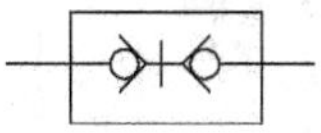 |
| 交叉管路 |  | 不带单向阀快换接头 | 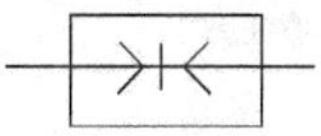 |
| 柔性管路 |  | 单通路旋转接头 | 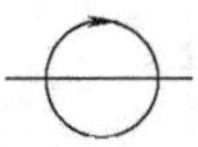 |

**表 A-3　常用气动控制方式图形符号**

| 名称 | 符　号 | 名称 | 符　号 |
|---|---|---|---|
| 按钮式人力控制 | 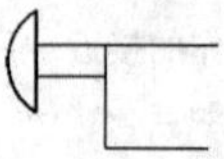 | 滚轮式机械控制 | 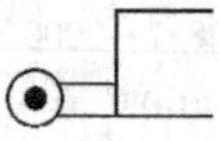 |
| 手柄式人力控制 | 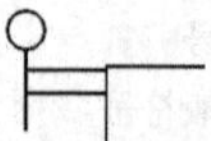 | 气压先导控制 | 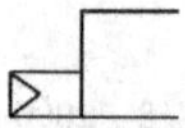 |
| 踏板式人力控制 | 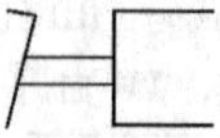 | 电磁控制 | 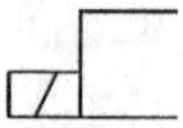 |
| 单向滚轮式机械控制 | 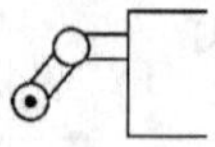 | 弹簧控制 | 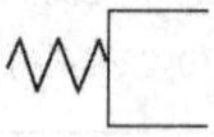 |
| 顶杆式机械控制 | 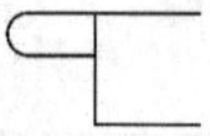 | 加压或泄压控制 | 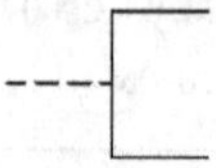 |
| 内部压力控制 | 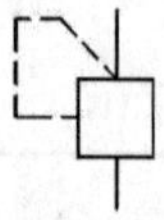 | 外部压力控制 | 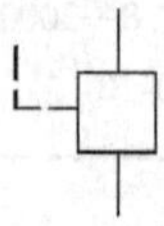 |

**表 A-4　常用气动辅助元器件图形符号**

| 名称 | 符　号 | 名称 | 符　号 |
|---|---|---|---|
| 气压源 | 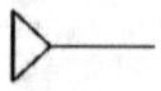 | 压力表 |  |
| 过滤器 | 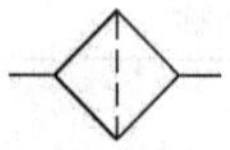 | 空气过滤器 | 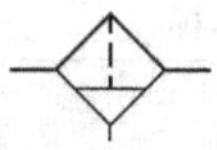 |
| 分水排水器 | 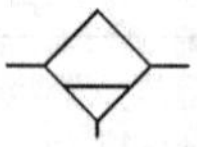 | 空气干燥器 | 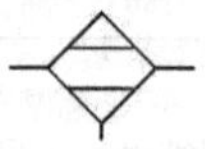 |
| 蓄能器 |  | 气罐 | 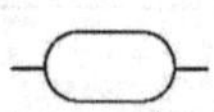 |
| 冷却器 | 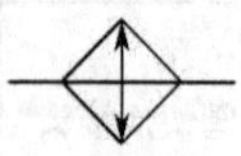 | 加热器 | 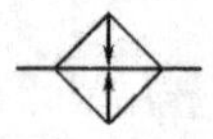 |
| 油雾器 | 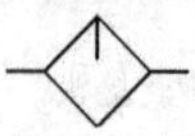 | 消声器 | 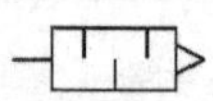 |

**表 A-5　部分气泵、气缸、气马达图形符号**

| 名称 | 符　号 | 名称 | 符　号 |
|---|---|---|---|
| 单向定量泵 | 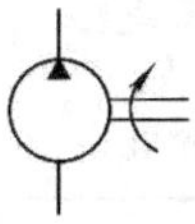 | 摆动马达（气缸） |  |
| 单向定量马达 | 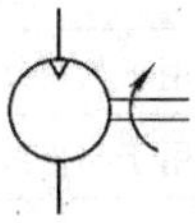 | 单作用外力复位气缸 | 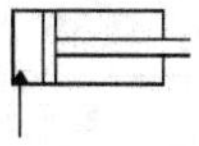 |
| 单向变量马达 | 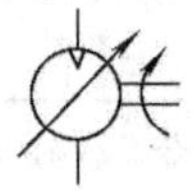 | 单作用弹簧复位气缸 | 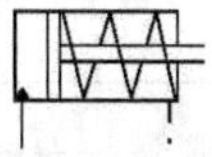 |
| 双向定量马达 | 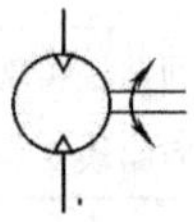 | 双作用单活塞杆气缸 | 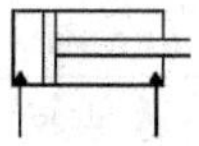 |
| 双向变量马达 |  | 双作用双活塞杆气缸 | 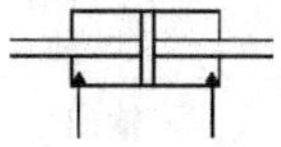 |

**表 A-6　常用气动控制元器件图形符号**

| 名称 | 符　号 | 名称 | 符　号 |
|---|---|---|---|
| 直动型溢流阀 | 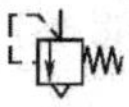 | 调速阀 |  |
| 先导型溢流阀 | 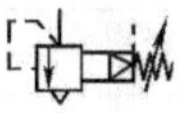 | 直动型顺序阀 | 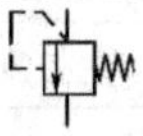 |
| 直动型减压阀 | 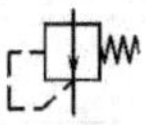 | 不可调节流阀 | 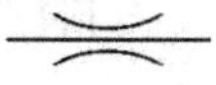 |
| 先导型减压阀 | 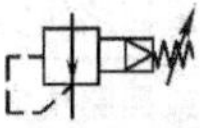 | 可调节流阀 |  |
| 溢流减压阀 | 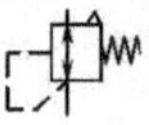 | 带消声器的节流阀 |  |
| 二位二通换向阀 | 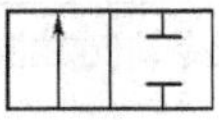 | 二位三通换向阀 | 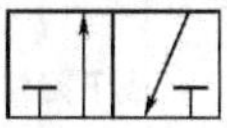 |
| 二位四通换向阀 | 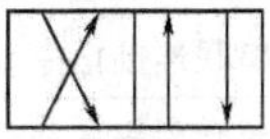 | 二位五通换向阀 | 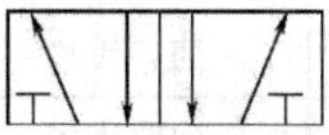 |
| 三位四通换向阀 | 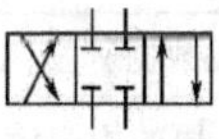 | 三位五通换向阀（中位封闭型） | 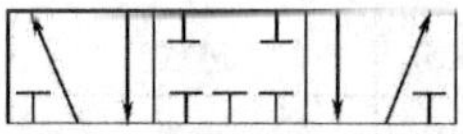 |
| 三位五通换向阀（中位加压型） | 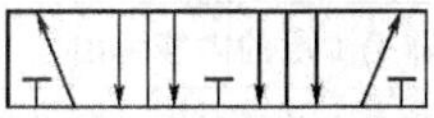 | 三位五通换向阀（中位卸压型） | 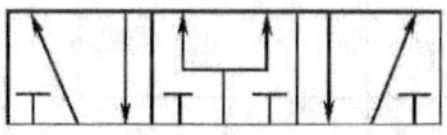 |
| 单向阀 | 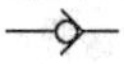 | | |

# 附录 B FX$_{2N}$系列 PLC 指令系统表

表 B-1 FX$_{2N}$系列基本指令表

| 助记符 | 名称 | 可用元件 | 功能和用途 |
|---|---|---|---|
| LD | 取 | X、Y、M、S、T、C | 逻辑运算开始。用于与母线连接的常开触点 |
| LDI | 取反 | X、Y、M、S、T、C | 逻辑运算开始。用于与母线连接的常闭触点 |
| LDP | 取上升沿 | X、Y、M、S、T、C | 上升沿检测的指令，仅在指定元件的上升沿时接通 1 个扫描周期 |
| LDF | 取下降沿 | X、Y、M、S、T、C | 下降沿检测的指令，仅在指定元件的下降沿时接通 1 个扫描周期 |
| AND | 与 | X、Y、M、S、T、C | 和前面的元件或回路块实现逻辑“与”，用于常开触点串联 |
| ANI | 与反 | X、Y、M、S、T、C | 和前面的元件或回路块实现逻辑“与”，用于常闭触点串联 |
| ANDP | 与上升沿 | X、Y、M、S、T、C | 上升沿检测的指令，仅在指定元器件的上升沿时接通 1 个扫描周期 |
| OUT | 输出 | Y、M、S、T、C | 驱动线圈的输出指令 |
| SET | 置位 | Y、M、S | 线圈接通保持指令 |
| RST | 复位 | Y、M、S、T、C、D | 清除动作保持；当前值与寄存器清零 |
| PLS | 上升沿微分指令 | Y、M | 在输入信号上升沿时产生 1 个扫描周期的脉冲信号 |
| PLF | 下降沿微分指令 | Y、M | 在输入信号下降沿时产生 1 个扫描周期的脉冲信号 |
| MC | 主控 | Y、M | 主控程序的起点 |
| MCR | 主控复位 | — | 主控程序的终点 |
| ANDF | 与下降沿 | Y、M、S、T、C、D | 下降沿检测的指令，仅在指定元件的下降沿时接通 1 个扫描周期 |
| OR | 或 | Y、M、S、T、C、D | 和前面的元器件或回路块实现逻辑“或”，用于常开触点并联 |
| ORI | 或反 | Y、M、S、T、C、D | 和前面的元器件或回路块实现逻辑“或”，用于常闭触点并联 |
| ORP | 或上升沿 | Y、M、S、T、C、D | 上升沿检测的指令，仅在指定元件的上升沿时接通 1 个扫描周期 |
| ORF | 或下降沿 | Y、M、S、T、C、D | 下降沿检测的指令，仅在指定元器件的下降沿时接通 1 个扫描周期 |
| ANB | 回路块与 | — | 并联回路块的串联连接指令 |
| ORB | 回路块或 | — | 串联回路块的并联连接指令 |
| MPS | 进栈 | — | 将运算结果（或数据）压入栈存储器 |
| MRD | 读栈 | — | 将栈存储器第 1 层的内容读出 |
| MPP | 出栈 | — | 将栈存储器第 1 层的内容弹出 |
| INV | 取反转 | — | 将执行该指令之前的运算结果进行取反转操作 |
| NOP | 空操作 | — | 程序中仅做空操作运行 |
| END | 结束 | — | 表示程序结束 |

表 B-2 FX$_{2N}$系列 PLC 功能指令一览表

| 分类 | 指令编号 FNC | 指令助记符 | 指令格式/操作数(可用软元件) | | | | | 指令名称及功能简介 | D 命令 | P 命令 |
|---|---|---|---|---|---|---|---|---|---|---|
| 程序流程 | 00 | CJ | S(·)(指针 P0~P127) | | | | | 条件跳转:程序跳转到[S(·)]P 指针指定处 P63 为 END 步序,不需指定 | | 0 |
| | 01 | CALL | S(·)(指针 P0~P127) | | | | | 调用子程序:程序调用 S(·)指针 Pn 指定的子程序 | | 0 |
| | 02 | SRET | | | | | | 子程序返回:从子程序返回主程序 | | |
| | 03 | IRET | | | | | | 中断返回 | | |
| | 04 | EI | | | | | | 中断允许 | | |
| | 05 | DI | | | | | | 禁止中断 | | |
| | 06 | FEND | | | | | | 程序结束 | | |
| | 07 | WDT | | | | | | 监视定时器:顺控指令中执行监视定时器刷新 | | 0 |
| | 08 | FOR | S(·)(W4) | | | | | 循环开始:重复 S(·)次 | | |
| | 09 | NEXT | | | | | | 循环结束:重复执行结束 | | |
| 传送和比较 | 010 | CMP | S1(·)(W4) | S2(·)(W4) | D(·)(B′) | | | 比较:[S1(·)]同[S2(·)]比较→[D(·)] | 0 | 0 |
| | 011 | ZCP | S1(·)(W4) | S2(·)(W4) | S(·)(W4) | D(·)(B′) | | 区间比较:[S(·)]同[S1(·)]~[S2(·)]比较→[D(·)],[D(·)]占 3 点 | 0 | 0 |
| | 012 | MOV | S(·)(W4) | | D(·)(W2) | | | 传送:[S(·)]→[D(·)] | 0 | 0 |
| | 013 | SMOV | S(·)(W4) | m1(·)(W4″) | m2(·)(W4″) | D(·)(W2) | n(W4″) | 移位传送:[S(·)]第 m1 位开始的 m2 个数位移到[D(·)]的第 n 个位置,m1/m2/n=1~4 | | 0 |
| | 014 | CML | S(·)(W4) | | D(·)(W2) | | | 取反传送:[S(·)]取反→[D(·)] | 0 | 0 |
| | 015 | BMOV | S(·)(W3′) | | D(·)(W2′) | n(W4″) | | 成批传送:[S(·)]→[D(·)](n 点→n 点),[S(·)]包括文件寄存器,n≤512 | | 0 |
| | 016 | FMOV | S(·)(W4) | | D(·)(W2′) | n(W4″) | | 多点传送:[S(·)]→[D(·)](1 点~n 点);n≤512 | 0 | 0 |
| | 017 | XCH | D1(·)(W2) | | D2(·)(W2) | | | 数据交换:[D1(·)]⟷[D2(·)] | 0 | 0 |
| | 018 | BCD | S(·)(W3) | | D(·)(W2) | | | BCD 变换 BIN:[S(·)]16/32 位二进制数转换成 4/8 位 BCD→[D(·)] | 0 | 0 |
| | 019 | BIN | S(·)(W3) | | D(·)(W2) | | | 求二进制码:[S(·)]4/8 位 BCD 转换成 16/32 位二进制数→[D(·)] | 0 | 0 |

（续）

| 分类 | 指令编号 FNC | 指令助记符 | 指令格式/操作数（可用软元件） | | | | 指令名称及功能简介 | D命令 | P命令 |
|---|---|---|---|---|---|---|---|---|---|
| 四则运算和逻辑运算 | 020 | ADD | S1(·)(W4) | S2(·)(W4) | D(·)(W2) | | 二进制加法：[S1(·)]+[S2(·)]→[D(·)] | 0 | 0 |
| | 021 | SUB | S1(·)(W4) | S2(·)(W4) | D(·)(W2) | | 二进制减法：[S1(·)]-[S2(·)]→[D(·)] | 0 | 0 |
| | 022 | MUL | S1(·)(W4) | S2(·)(W4) | D(·)(W2′) | | 二进制乘法：[S1(·)]×[S2(·)]→[D(·)] | 0 | 0 |
| | 023 | DIV | S1(·)(W4) | S2(·)(W4) | D(·)(W2′) | | 二进制除法：[S1(·)]÷[S2(·)]→[D(·)] | 0 | 0 |
| | 024 | INC | D(·)(W2) | | | | 二进制加1：[D(·)]+1→[D(·)] | 0 | 0 |
| | 025 | DEC | D(·)(W2) | | | | 二进制减1：[D(·)]-1→[D(·)] | 0 | 0 |
| | 026 | AND | S1(·)(W4) | S2(·)(W4) | D(·)(W2) | | 逻辑字与：[S1(·)]∧[S2(·)]→[D(·)] | 0 | 0 |
| | 027 | OR | S1(·)(W4) | S2(·)(W4) | D(·)(W2) | | 逻辑字或：[S1(·)]∨[S2(·)]→[D(·)] | 0 | 0 |
| | 028 | XOR | S1(·)(W4) | S2(·)(W4) | D(·)(W2) | | 逻辑字异或：[S1(·)]⊕[S2(·)]→[D(·)] | 0 | 0 |
| | 029 | NEG | D(·)(W2) | | | | 求补码：[D(·)]按位取反+1→[D(·)] | 0 | 0 |
| 循环移位与移位 | 030 | ROR | D(·)(W2) | | n(W4″) | | 循环右移：执行条件成立，[D(·)]循环右移n位（高位→低位→高位） | 0 | 0 |
| | 031 | ROL | D(·)(W2) | | n(W4″) | | 循环左移：执行条件成立，[D(·)]循环左移n位（低位→高位→低位） | 0 | 0 |
| | 032 | RCR | D(·)(W2) | | n(W4″) | | 带进位循环右移：[D(·)]带进位循环右移n位（高位→低位→十进位→高位） | 0 | 0 |
| | 033 | RCL | D(·)(W2) | | n(W4″) | | 带进位循环左移：[D(·)]带进位循环左移n位（低位→高位→十进位→低位） | 0 | 0 |
| | 034 | SFTR | S(·)(B) | D(·)(B′) | n1(W4″) | n2(W4″) | 位右移：n2位[S(·)]右移→n1位[D(·)]，高位进，低位溢出 | | 0 |
| | 035 | SFTL | S(·)(B) | D(·)(B′) | n1(W4″) | n2(W4″) | 位左移：n2位[S(·)]左移→n1位[D(·)]，低位进，高位溢出 | | 0 |
| | 036 | WSFR | S(·)(W3′) | D(·)(W2′) | n1(W4″) | n2(W4″) | 字右移：n2字[S(·)]右移→[D(·)]开始的n1字，高字进，低字溢出 | | 0 |
| | 037 | WSFL | S(·)(W3′) | D(·)(W2′) | n1(W4″) | n2(W4″) | 字左移：n2字[S(·)]左移→[D(·)]开始的n1字，低字进，高字溢出 | | 0 |
| | 038 | SFWR | S(·)(W4) | | D(·)(W2′) | n(W4″) | FIFO写入：先进先出控制的数据写入，2≤n≤512 | | 0 |
| | 039 | SFRD | S(·)(W2′) | | D(·)(W2′) | n(W4′) | FIFO读出：先进先出控制的数据读出，2≤n≤512 | | 0 |

(续)

| 分类 | 指令编号 FNC | 指令助记符 | 指令格式/操作数(可用软元件) | | | | 指令名称及功能简介 | D 命令 | P 命令 |
|---|---|---|---|---|---|---|---|---|---|
| 数据处理 | 040 | ZRST | D1(·)(W1′/B′) | | D2(·)(W1′/B′) | | 成批复位:[D1(·)]~[D2(·)]复位,[D1(·)]<[D2(·)] | | 0 |
| | 041 | DECO | S(·)(B/W1/W4″) | | D(·)(B′/W1) | n(W4″) | 解码:[S(·)]的n(n=1~8)位二进制数解码为十进制数 | | 0 |
| | 042 | ENCO | S(·)(B/W1) | | D(·)(W1) | n(W4″) | 编码:[S(·)]的2n(n=1~8)位中的最高“1”位代表的位数(十进制数)编码为二进制数后→[D(·)] | | 0 |
| | 043 | SUM | S(·)(W4) | | D(·)(W2) | | 求置ON位的总和:[S(·)]中“1”的数目存入[D(·)] | 0 | 0 |
| | 044 | BON | S(·)(W4) | | D(·)(B′) | n(W4″) | ON位判断:[S(·)]中第n位为ON时,[D(·)]为ON(n=0~15) | | 0 |
| | 045 | MEAN | S(·)(W3′) | | D(·)(W2) | n(W4″) | 平均值:[S(·)]中n点平均值→[D(·)](n=1~64) | | 0 |
| | 046 | ANS | S(·)(T) | | m(K) | D(·)(S) | 标志复位:若执行条件为ON,[S(·)]中定时器定时ns后,标志位[D(·)]置位。[D(·)]为S900~S999 | | |
| | 047 | ANR | | | | | 标志复位:被置位的定时器复位 | | 0 |
| | 048 | SOR | S(·)(D/W4″) | | D(·)(D) | | 二进制平方根:[S(·)]平方根值→[D(·)] | 0 | 0 |
| | 049 | FLT | S(·)(D) | | D(·)(D) | | 二进制整数与二进制浮点数转换:[S(·)]内二进制整数→[D(·)]二进制浮点数 | 0 | 0 |
| 高速处理 | 050 | REF | D(·)(X/Y) | | n(W4″) | | 输入输出刷新:指令执行,[D(·)]立即刷新。[D(·)]为X000/X010/…,Y000/Y010/…,n为8,16…256 | | 0 |
| | 051 | REFF | n(W4″) | | | | 滤波调整:输入滤波时间调整为nms,刷新X000~X017,n=0~60 | | 0 |
| | 052 | MTR | S(·)(X) | D1(·)(Y) | D2(·)(B′) | n(W4″) | 矩阵输入(使用一次):n列8点数据以D1(·)输出的选通信号分时将[S(·)]数据读入[D2(·)] | | |
| | 053 | HSCS | S1(·)(W4) | | S2(·)(C) | D(·)(B′) | 比较置位(高速计数):[S1(·)]=[S2(·)]时,D(·)置位,中断输出到Y,S2(·)为C235~C255 | 0 | |
| | 054 | HSCR | S1(·)(W4) | | S2(·)(W4) | D(·)(B′C) | 比较复位(高速计数):[S1(·)]=[S2(·)]时,[D(·)]复位,中断输出到Y,[D(·)]为C时,自复位 | 0 | |
| | 055 | HSZ | S1(·)(W4) | S2(·)(W4) | S(·)(C) | D(·)(B″) | 区间比较:S(·)与[S1(·)]~[S2(·)]比较,结果驱动[D(·)] | 0 | |

（续）

| 分类 | 指令编号 FNC | 指令助记符 | 指令格式/操作数（可用软元件） | | | | 指令名称及功能简介 | D 命令 | P 命令 |
|---|---|---|---|---|---|---|---|---|---|
| 高速处理 | 056 | SPD | S1(·)(X0～X5) | | S2(·)(W4) | D(·)(W1) | 脉冲密度：在[S2(·)]时间内，将[S1(·)]输入的脉冲存入[D(·)] | | |
| | 057 | PLSY | S1(·)(W4) | | S2(·)(W4) | D(·)(Y0 或 Y1) | 脉冲输出（使用一次）：以[S1(·)]的频率从[D(·)]送出[S2(·)]个脉冲；[S1(·)]范围为 1～1000Hz | | |
| | 058 | PWM | S1(·)(W4) | | S2(·)(W4) | D(·)(Y0 或 Y1) | 脉宽调制（使用一次）：输出周期[S2(·)]/脉冲宽度[S1(·)]的脉冲至[D(·)]。周期为 1～32767ms | | |
| | 059 | PLSR | S1(·)(W4) | S2(·)(W4) | S3(·)(W4) | D(·)(Y0/Y1) | 可调速脉冲输出（使用一次）：[S1(·)]最高频率：10～20000Hz；[S2(·)]总输出脉冲数；[S3(·)]增减速时间：5000ms 以下；[D(·)]：输出脉冲 | 0 | |
| 便利指令 | 060 | IST | S(·)(X/Y/M) | D1(·)(S20～S899) | | D2(·)(S20～S899) | 状态初始化（使用一次）：自动控制步进顺控中的状态初始化。[S(·)]为运行模式的初始输入；[D1(·)]为自动模式中的实用状态的最小号码；[D2(·)]为自动模式中的实用状态的最大号码 | | |
| | 061 | SER | S1(·)(W3′) | S2(·)(C′) | D(·)(W2′) | n(W4″) | 查找数据：检索以[S1(·)]为起始的 n 个与[S2(·)]相同的数据，并将其个数存于[D(·)] | 0 | 0 |
| | 062 | ABSD | S1(·)(W3′) | S2(·)(C′) | D(·)(B′) | n(W4″) | 绝对值式凸轮控制（使用一次）：对应[S2(·)]计数器的当前值，输出[D(·)]开始的 n 点由[S1(·)]内数据决定的输出波形 | | |
| | 063 | INCD | S1(·)(W3′) | S2(·)(C) | D(·)(B′) | n(W4″) | 增量式凸轮顺控（使用一次）：对应[S2(·)]的计数器当前值，输出[D(·)]开始的 n 点由[S1(·)]内数据决定的输出波形。[S2(·)]的第二个计数器统计复位次数 | | |
| | 064 | TIMR | D(·)(D) | | n(0～2) | | 示数定时器：用[D(·)]开始的第二个数据寄存器测定执行条件 ON 的时间，乘以 n 指定的倍率存入[D(·)]，n 为 0～2 | | |
| | 065 | STMR | S(·)(T) | | m(W4″) | D(·)(B′) | 特殊定时器：m 指定的值作为[S(·)]指定定时器的设定值，使[D(·)]指定的 4 个器件构成延时断开定时器/输入 ON→OFF 后的脉冲定时器/输入 OFF→ON 后的脉冲定时器/滞后输入信号向相反方向变化的脉冲定时器 | | |

（续）

| 分类 | 指令编号FNC | 指令助记符 | 指令格式/操作数（可用软元件） | | | | | 指令名称及功能简介 | D命令 | P命令 |
|---|---|---|---|---|---|---|---|---|---|---|
| 便利命令 | 066 | ALT | D(·)(B′) | | | | | 交替输出：每次执行条件由 OFF→ON 的变化时，[D(·)]由 OFF→ON/ON→OFF 交替输出 | 0 | |
| | 067 | RAMP | S1(·)(D) | S2(·)(D) | D(·)(B′) | n(W4″) | | 斜波信号：[D(·)]的内容从[S1(·)]的值到[S2(·)]的值慢慢变化，其变化时间为 n 个扫描周期。n:1~32767 | | |
| | 068 | ROTC | S(·)(D) | m1(W4″) | m2(W4″) | D(·)(B′) | | 旋转工作台控制（使用一次）：[S(·)]指定开始的 D 为工作台位置检测计数寄存器，其次指定的 D 为取出位置号寄存器，再次指定的 D 为要取工件号寄存器，m1 为分度区数，m2 为低速运行行程。完成上述设定，指令就自动在[D(·)]指定输出控制信号 | | |
| | 069 | SORT | S(·)(D) | m1(W4″) | m2(W4″) | D(·)(D) | n(W4″) | 表数据排序（使用一次）：[S(·)]为排序表的首地址，m1 为行号，m2 为列号。指令将 n 指定的列号，将数据从小开始进行整理排列，结果存入以[D(·)]指定的为首地址的目标元器件中，形成新的排序表；m1:1~32，m2:1~6，n:1~m2 | | |
| 外部机器I/O | 070 | TKY | S(·)(B) | D1(·)(W2′) | D2(·)(B′) | | | 十键输入（使用一次）：外部十键键号依次为 0~9，连接于[S(·)]，每按一次键，其键号依次存入[D1(·)]，[D2(·)]指定的位元器件依次为 ON | 0 | |
| | 071 | HKY | S(·)(X) | D1(·)(Y) | D2(·)(W1) | D3(·)(B′) | | 十六键输入（使用一次）：以[D1(·)]为选通信号，顺序将[S(·)]所按键号存入[D2(·)]，每次按键以 BIN 码存入，超出上限 9999，溢出；按 A~F 键，[D3(·)]指定位元器件依次为 ON | 0 | |
| | 072 | DSW | S(·)(X) | D1(·)(Y) | D2(·)(W1) | n(W4″) | | 数字开关（使用两次）：4 位一组（n=1）或 4 位二组（n=2）BCD，数字开关由[S(·)]输入，以[D1(·)]为选通信号，顺序将[S(·)]所键入数字送到[D2(·)] | | |
| | 073 | SEGD | S(·)(W4) | D1(·)(W2) | | | | 七段码译码：将[S(·)]低 4 位指定的 0~F 的数据译成七段码显示的数据格式存入[D(·)]，[D(·)]高 8 位不变 | | 0 |

（续）

| 分类 | 指令编号FNC | 指令助记符 | 指令格式/操作数(可用软元件) | | | | 指令名称及功能简介 | D命令 | P命令 |
|---|---|---|---|---|---|---|---|---|---|
| 便利命令 | 074 | SEGL | S(·)(W4) | D1(·)(X) | n(W4″) | | 带锁存七段码显示(使用两次),4位一组(n=0~3)或4位二组(n=4~7)七段码,由[D(·)]的第2个4位为选通信号,顺序显示由[S(·)]经[D(·)]的第1个4位或[D(·)]的第3个4位输出的值 | | 0 |
| 便利命令 | 075 | ARWS | S(·)(B) | D1(·)(W1) | D2(·)(Y) | n(W4″) | 方向开关(使用一次):[S(·)]指定位移与各位数值增减用的箭头开关,[D1(·)]指定的元器件中存放显示的二进制数,根据[D2(·)]指定的第2个4位输出的选通信号,依次从[D2(·)]指定的第1个4位输出显示。按位移开关,顺序选择所要显示位;按数值增减开关,[D1(·)]数值由0~9或9~0变化。n为0~3,选择选通位 | | |
| 便利命令 | 076 | ASC | S(·)(字母数字) | | D(·)(W1′) | | ASCII码转换:[S(·)]存入微机输入8个字节以下的字母数字。指令执行后,将[S(·)]转换为ASC码后送到[D(·)] | | |
| 便利命令 | 077 | PR | S(·)(W1′) | | D(·)(Y) | | ASCII码打印(使用两次):将[S(·)]的ASC码→[D(·)] | | |
| 便利命令 | 078 | FROM | m1(W4″) | m2(W4″) | D(·)(W2) | n(W4″) | BFM读出:将特殊单元缓冲存储器(BFM)的n点数据读到[D(·)];m1=0~7,特殊单元特殊模块号;m2=0~31,缓冲存储器(BFM)号码;n=1~32,传送点数 | 0 | 0 |
| 便利命令 | 079 | TO | m1(W4″) | m2(W4″) | S(·)(W4) | n(W4″) | 写入BFM:将PLC[S(·)]的n点数据写入特殊单元缓冲存储器(BFM),m1=0~7,特殊单元模块号;m2=0~31,缓冲存储器(BFM)号码;n=1~32,传送点数 | 0 | 0 |
| 外部机器SER | 080 | RS | S(·)(D) | m(W4″) | D(·)(D) | n(W4″) | 串行通信传递:使用功能扩展板进行发送接收串行数据。[S(·)]为发送首地址,m为发送点数,[D(·)]为接收首地址,n为接收点数。m/n范围为0~256 | | |
| 外部机器SER | 081 | PRUN | S(·)(KnM/KnX)(n=1~8) | | D(·)(KnY/KnM)(n=1~8) | | 八进制位传送:[S(·)]转换为八进制,送到[D(·)] | 0 | 0 |
| 外部机器SER | 082 | ASCI | S(·)(W4) | D(·)(W2′) | n(W4″) | | HEX→ASCII变换:将[S(·)]内HEX(十六进)制数据的各位转换成ASCII码向[D(·)]的高低8位传送。传送的字符数由n指定,n:1~256 | | 0 |

（续）

| 分类 | 指令编号 FNC | 指令助记符 | 指令格式/操作数（可用软元件） | | | | 指令名称及功能简介 | D 命令 | P 命令 |
|---|---|---|---|---|---|---|---|---|---|
| 外部机器 SER | 083 | HEX | S(·)(W4′) | D(·)(W2) | n(W4″) | | ASCII→HEX 变换：将[S(·)]内高低 8 位的 ASCII（十六进制）数据的各位转换成 ASCII 码向[D(·)]的高低 8 位传送。传送的字符数由 n 指定，n:1 ~ 256 | | 0 |
| | 084 | CCD | S(·)(W3′) | D(·)(W1″) | n(W4″) | | 检验码：用于通信数据的校验。以[S(·)]指定的元器件为起始的 n 点数据，垂直效验与奇偶效验送到[D(·)]与[D(·)]+1 的元器件 | | 0 |
| | 085 | VRRD | S(·)(W4″) | D(·)(W2) | | | 模拟量输入：将[S(·)]指定的模拟量设定模板的开关模拟值 0 ~ 255 转换为 8 位 BIN 传送到[D(·)] | | 0 |
| | 086 | VRRD | S(·)(W4″) | D(·)(W2) | | | 模拟量开关设定：[S(·)]指定的开关刻度 0 ~ 10 转换为 8 位 BIN 传送到[D(·)]，[S(·)]：开关号码 0 ~ 7 | | 0 |
| | 088 | PID | S1(·)(D) | S2(·)(D) | S3(·)(D) | D(·)(D) | PID 回路运算：在[S1(·)]设定目标值；在[S2(·)]设定测定当前值；在[S3(·)] ~ [S3(·)] +6 设定控制参数值；执行程序时，运算结果被存入[D(·)]。[S3(·)]：D0 ~ D975 | | |
| 浮点运算 | 110 | ECMP | S1(·) | S2(·) | D(·) | | 二进制浮点比较：[S1(·)]与[S2(·)]比较→[D(·)] | 0 | 0 |
| | 111 | EZCP | S1(·) | S2(·) | S(·) | D(·) | 二进制浮点比较：[S1(·)]与[S2(·)]比较→[D(·)]。[D(·)]占 3 点，[S1(·)] < [S2(·)] | 0 | 0 |
| | 118 | EBCD | S(·) | D(·) | | | 二进制浮点转换十进制浮点：[S(·)]转换为十进制浮点→[D(·)] | 0 | 0 |
| | 119 | EBIN | S(·) | D(·) | | | 十进制浮点转二换进制浮点：[S(·)]转换为二进制浮点→[D(·)] | 0 | 0 |
| | 120 | EADD | S1(·) | S2(·) | D(·) | | 二进制浮点加法：[S1(·)] + [S2(·)]→[D(·)] | 0 | 0 |
| | 121 | ESUB | S1(·) | S2(·) | D(·) | | 二进制浮点减法：[S1(·)] - [S2(·)]→[D(·)] | 0 | 0 |
| | 122 | EMUL | S1(·) | S2(·) | D(·) | | 二进制浮点乘法：[S1(·)] × [S2(·)]→[D(·)] | 0 | 0 |
| | 123 | EDIV | S1(·) | S2(·) | D(·) | | 二进制浮点除法：[S1(·)] ÷ [S2(·)]→[D(·)] | 0 | 0 |

（续）

| 分类 | 指令编号 FNC | 指令助记符 | 指令格式/操作数（可用软元件） | | | | | 指令名称及功能简介 | D 命令 | P 命令 |
|---|---|---|---|---|---|---|---|---|---|---|
| 浮点运算 | 127 | ESOR | S(·) | D(·) | | | | 开方：[S(·)]开方→[D(·)] | 0 | 0 |
| | 129 | INT | S(·) | D(·) | | | | 二进制浮点→BIN 整数转换：[S(·)]转换 BIN 整数→[D(·)] | 0 | 0 |
| | 130 | SIN | S(·) | D(·) | | | | 浮点 SIN 运算：[S(·)]角度的正弦→[D(·)]。0°≤角度<360° | 0 | 0 |
| | 131 | COS | S(·) | D(·) | | | | 浮点 COS 运算：[S(·)]角度的余弦→[D(·)]。0°≤角度<360° | 0 | 0 |
| | 132 | TAN | S(·) | D(·) | | | | 浮点 TAN 运算：[S(·)]角度的正切→[D(·)]。0°≤角度<360° | 0 | 0 |
| 数据处理2 | 147 | SWAP | S(·) | | | | | 高低位变换：16 位时，低 8 位与高 8 位交换；32 位时，各个低 8 位与高 8 位交换 | 0 | 0 |
| 时钟运算 | 160 | TCMP | S1(·) | S2(·) | S3(·) | S(·) | D(·) | 时钟数据比较：指定时刻[S(·)]与时钟数据[S1(·)]时[S2(·)]分[S3(·)]秒比较，比较结果在[D(·)]显示。[D(·)]占有 3 点 | | 0 |
| | 161 | TZCP | S1(·) | S2(·) | S9(·) | D(·) | | 时钟数据区域比较：指定时刻[S(·)]与时钟数据[S1(·)]~[S2(·)]比较，比较结果在[D(·)]显示。[D(·)]占有 3 点。[S1(·)]≤[S2(·)] | | 0 |
| | 162 | TADD | S1(·) | S2(·) | D(·) | | | 时钟数据加法：以[S2(·)]起始的 3 点时刻数据加上存入[S1(·)]起始的 3 点时刻数据，其结果存入以[D(·)]起始的 3 点中 | | 0 |
| | 163 | TSUB | S1(·) | S2(·) | D(·) | | | 时钟数据减法：以[S1(·)]起始的 3 点时刻数据减去存入以[S2(·)]起始的 3 点时刻数据，其结果存入以[D(·)]起始的 3 点中 | | 0 |
| | 166 | TRD | D(·) | | | | | 时钟数据读出：将内藏的实时计算器的数据在[D(·)]占有的 7 点读出 | | 0 |
| | 167 | TWR | S(·) | | | | | 时钟数据写入：将[S(·)]占有的 7 点数据写入内藏的实时计算器 | | 0 |

（续）

| 分类 | 指令编号FNC | 指令助记符 | 指令格式/操作数(可用软元件) | | 指令名称及功能简介 | D命令 | P命令 |
|---|---|---|---|---|---|---|---|
| 格雷码转换 | 170 | GRY | S(·) | D(·) | 格雷码转换:将[S(·)]格雷码转换为二进制值,存入[D(·)] | 0 | 0 |
| | 171 | GBIN | S(·) | D(·) | 格雷码逆变换:将[S(·)]二进制值转换为格雷码,存入[D(·)] | 0 | 0 |
| 接点比较 | 224 | LD = | S1(·) | S2(·) | 触点形比较指令:连接母线形触点,当[S1(·)] = [S2(·)]时接通 | 0 | |
| | 225 | LD > | S1(·) | S2(·) | 触点形比较指令:连接母线形触点,当[S1(·)] > [S2(·)]时接通 | 0 | |
| | 226 | LD < | S1(·) | S2(·) | 触点形比较指令:连接母线形触点,当[S1(·)] < [S2(·)]时接通 | 0 | |
| | 228 | LD < > | S1(·) | S2(·) | 触点形比较指令:连接母线形触点,当[S1(·)] < > [S2(·)]时接通 | 0 | |
| | 229 | LD≤ | S1(·) | S2(·) | 触点形比较指令:连接母线形触点,当[S1(·)] ≤ [S2(·)]时接通 | 0 | |
| | 230 | LD≥ | S1(·) | S2(·) | 触点形比较指令:连接母线形触点,当[S1(·)] ≥ [S2(·)]时接通 | 0 | |
| | 232 | AND = | S1(·) | S2(·) | 触点形比较指令:串联形触点,当[S1(·)] = [S2(·)]时接通 | 0 | |
| | 233 | AND > | S1(·) | S2(·) | 触点形比较指令:串联形触点,当[S1(·)] > [S2(·)]时接通 | 0 | |
| | 234 | AND < | S1(·) | S2(·) | 触点形比较指令:串联形触点,当[S1(·)] < [S2(·)]时接通 | 0 | |
| | 236 | AND < > | S1(·) | S2(·) | 触点形比较指令:串联形触点,当[S1(·)] < > [S2(·)]时接通 | 0 | |

（续）

| 分类 | 指令编号FNC | 指令助记符 | 指令格式/操作数(可用软元件) | | 指令名称及功能简介 | D命令 | P命令 |
|---|---|---|---|---|---|---|---|
| 接点比较 | 237 | AND≤ | S1(·) | S2(·) | 触点形比较指令:串联形触点,当[S1(·)]≤[S2(·)]时接通 | 0 | |
| | 238 | AND≥ | S1(·) | S2(·) | 触点形比较指令:串联形触点,当[S1(·)]≥[S2(·)]时接通 | 0 | |
| | 240 | OR = | S1(·) | S2(·) | 触点形比较指令:并联形触点,当[S1(·)] = [S2(·)]时接通 | 0 | |
| | 241 | OR > | S1(·) | S2(·) | 触点形比较指令:并联形触点,当[S1(·)] > [S2(·)]时接通 | 0 | |
| | 242 | OR < | S1(·) | S2(·) | 触点形比较指令:并联形触点,当[S1(·)] < [S2(·)]时接通 | 0 | |
| | 244 | OR < > | S1(·) | S2(·) | 触点形比较指令:并联形触点,当[S1(·)] < > [S2(·)]时接通 | 0 | |
| | 245 | OR≤ | S1(·) | S2(·) | 触点形比较指令:并联形触点,当[S1(·)]≤[S2(·)]时接通 | 0 | |
| | 246 | OR≥ | S1(·) | S2(·) | 触点形比较指令:并联形触点,当[S1(·)]≥[S2(·)]时接通 | 0 | |

# 附录C　FX$_{2N}$系列PLC特殊元器件编号及名称检索表

表C-1　PLC状态表

| 编号 | 名　称 | 备　注 | 编号 | 名　称 | 备　注 |
|---|---|---|---|---|---|
| M8000 | RUN监控常开触点 | RUN时为ON | D8000 | 监视定时器 | 初始值200ms |
| M8001 | RUN监控常闭触点 | RUN时为OFF | D8001 | PLC型号和版本 | 见注① |
| M8002 | 初始脉冲常开触点 | RUN后1扫描周期为ON | D8002 | 存储器容量 | 见注② |
| M8003 | 初始脉冲常闭触点 | RUN后1扫描周期为OFF | D8003 | 存储器种类 | 见注③ |
| M8004 | 出错 | M8060～M8067任一ON时接通④ | D8004 | 出错M地址 | M8060～M8067 |
| M8005 | 电池电压降低 | 锂电池电压下降时动作 | D8005 | 电池电压 | 0.1V单位 |
| M8006 | 电池电压降低锁存 | 保持降低信号 | D8006 | 电池电压降低检测 | 初始值3.0V |
| M8007 | 电池瞬停检出 | M8007 ON的时间比D8008中数据 | D8007 | 瞬停次数 | 存储M8007 ON的次数，关电 |
| M8008 | 停电检测 | 若ON→OFF，就复位 | D8008 | 停电检测时间 | 初始值10 ms |
| M8009 | DC24V关断 | 检测24V电源异常 | D8009 | DC24V失电单元编号 | 失电的起始输出编号 |

①其内容为24100；24表示FX2N，100表示版本1.00。

②若内容为0002，则为2K步；0004为4K步；0008为8K步；FX2N的D8002可达0016＝16K。

③00H＝FX-RAM8　01H＝FX-EPROM-8　02H＝FX-EPROM-4、8、16（保护为OFF），0AH＝FX-EPROM-4、8、16（保护为ON），D8102加在以上项目，0016＝16K步。

④M8062除外。

表C-2　PLC时钟表

| 编号 | 名　称 | 备注 | 编号 | 名　称 | 备注 |
|---|---|---|---|---|---|
| M8010 | | | D8010 | 当前扫描时间 | 0．1ms为单位 |
| M8011 | 10ms时钟 | 每10ms发一个脉冲 | D8011 | 最小扫描时间 | |
| M8012 | 100ms时钟 | 每100ms发一个脉冲 | D8012 | 最大扫描时间 | |
| M8013 | 1s时钟 | 每1s发一个脉冲 | D8013 | 秒0～59预置值或当前值 | |
| M8014 | 1min时钟 | 每1min发一个脉冲 | D8014 | 分0～59预置值或当前值 | |
| M8015 | 计时停止或预置 | | D8015 | 时0～23预置值或当前值 | |
| M8016 | 时间显示停止 | | D8016 | 日1～31预置值或当前值 | |
| M8017 | 分钟取整数 | | D8017 | 月1～12预置值或当前值 | |
| M8018 | 内装RTC检测 | 常时ON | D8018 | 公历2位预置值或当前值 | |
| M8019 | 时钟数据超范围 | | D8019 | 星期几0～6预置值或当前值 | |

表 C-3 PLC 标志表

| 编号 | 名称 | 备注 | 编号 | 名称 | 备注 |
|---|---|---|---|---|---|
| M8020 | 零标志 | 应用指令运算标记 | D8020 | 调整输入滤波器常数 | 初始值 10ms |
| M8021 | 借位标志 | | D8021 | | |
| M8022 | 进位标志 | | D8022 | | |
| M8023 | | | D8023 | | |
| M8024 | BMOV 方向指定（FNC15） | | D8024 | | |
| M8025 | 外部复位 HSC 方式(FNC53 ~ 55) | | D8025 | | |
| M8026 | RAMP 保持方式（FNC67） | | D8026 | | |
| M8027 | PR16 数据方式（FNC77） | | D8027 | | |
| M8028 | 执行 FROM/TO 过程中允许中断 | | D8028 | Z0（Z）寄存器内容 | 寻址寄存器 Z 的内容 |
| M8029 | 执行指令结束标记 | 应用命令 | D8029 | V0（Z）寄存器内容 | 寻址寄存器 V 的内容 |

表 C-4 PLC 方式表

| 编号 | 名称 | 备注 | 编号 | 名称 | 备注 |
|---|---|---|---|---|---|
| M8030 | 电池欠电压 LED 关闭 | 关闭面板灯① | D8030 | | |
| M8031 | 全清非保持存储器 | 消除元件的 ON/OFF 和当前值① | D8031 | | |
| M8032 | 全清保持存储器 | | D8032 | | |
| M8033 | 存储器保存 | PLC 由 RUN→STOP 时保存 | D8033 | | |
| M8034 | 禁止所有输出 | PLC 中的程序仍在运行 | D8034 | | |
| M8035 | 强制 RUN 方式 | 用 M8035、M8036、M8037 可实现双开关控制 PLC 起/停 | D8035 | | |
| M8036 | 强制 RUN 指令 | | D8036 | | |
| M8037 | 强制 STOP 指令 | | D8037 | | |
| M8038 | | | D8038 | | |
| M8039 | 定时扫描方式 | 定周期运作 | D8039 | 定时扫描时间 | 初始值 0（1ms 单位） |

①END 指令结束时处理。

表 C-5 步进梯形图表

| 编号 | 名称 | 备注 | 编号 | 名称 | 备注 |
|---|---|---|---|---|---|
| M8040 | 禁止状态转移 | 状态间禁止转移 | D8040 | ON 状态编号 1 | 状态 S0 ~ 999 中正在动作的状态的最小编号，存在 D8040 中，其他动作的状态号由小到大依次存在D8041 ~ D8047 中 |
| M8041 | 开始状态转移① | 从初始状态开始转移 | D8041 | ON 状态编号 2 | |
| M8042 | 启动脉冲 | 启动输入时的脉冲输入 | D8042 | ON 状态编号 3 | |
| M8043 | 回原点完毕① | 原点返回方式结束后接通 | D8043 | ON 状态编号 4 | |
| M8044 | 原点条件① | 检测到机械原点时动作 | D8044 | ON 状态编号 5 | |
| M8045 | 禁止输出复位 | 不执行全部输出的复位 | D8045 | ON 状态编号 6 | |
| M8046 | STL 状态置 ON② | S0 ~ 999 中任一接通则 ON | D8046 | ON 状态编号 7 | |
| M8047 | STL 状态监控② | D8040 ~ 8047 有效 | D8047 | ON 状态编号 8 | |
| M8048 | 报警器接通② | S900 ~ 999 任一 ON 时接通 | D8048 | | |
| M8049 | 报警器有效② | D8049 有效 | D8049 | ON 状态最小编号 | S900 ~ 999 中最小编号 |

①RUN→STOP 时清除。

②END 指令结束时处理。

**表 C-6　中断禁止表**

| 编号 | 名称 | 备　注 | 编号 | 名称 | 备　注 |
|---|---|---|---|---|---|
| M8050 | I00□禁止 | 输入中断禁止 | D8050 | 未使用 | |
| M8051 | I10□禁止 | | D8051 | | |
| M8052 | I20□禁止 | | D8052 | | |
| M8053 | I30□禁止 | | D8053 | | |
| M8054 | I40□禁止 | | D8054 | | |
| M8055 | I50□禁止 | | D8055 | | |
| M8056 | I60□禁止 | | D8056 | | |
| M8057 | I70□禁止 | | D8057 | | |
| M8058 | I80□禁止 | 定时中断禁止 | D8058 | | |
| M8059 | I010～I060□全禁止 | 计数中断禁止 | D8059 | | |

**表 C-7　出错检测表**

| 编号 | 名称 | 备　注 | 编号 | 名称 | 备　注 |
|---|---|---|---|---|---|
| M8060 | I/O 编号出错 | 可编程序控制器继续运行 | D8060 | 出错的 I/O 起始号 | 存储出错代码。参考下面的出错代码 |
| M8061 | PLC 硬件出错 | 可编程序控制器停止 | D8061 | PLC 硬件出错编号 | |
| M8062 | PLC/PP 通信出错 | 可编程序控制器继续运行 | D8062 | PLC/PP 通信出错编号 | |
| M8063 | 并行通信出错 | 可编程序控制器继续运行 | D8063 | 并联通信出错编号 | |
| M8064 | 参数出错 | 可编程序控制器停止 | D8064 | 参数出错编号 | |
| M8065 | 语法出错 | 可编程序控制器停止 | D8065 | 语法出错编号 | |
| M8066 | 电路出错 | 可编程序控制器停止 | D8066 | 电路出错编号 | |
| M8067 | 运算出错 | 可编程序控制器继续运行 | D8067 | 运算出错编号① | |
| M8068 | 运算出错锁存 | 可编程序控制器继续运行 | D8068 | 运算错产生的步序编号 | 步编号保持 |
| M8069 | I/O 总线检查 | 总线检查开始 | D8069 | M8065～M8067 出错产生步号 | 见注① |

①STOP→RUN 时清除。

**表 C-8　并行连接功能表**

| 编号 | 名　称 | 备　注 | 编号 | 名称 | 备　注 |
|---|---|---|---|---|---|
| M8070 | 并行连接主站驱动 | 主站时为 ON① | D8070 | 并行连接出错判定时间 | 初始值 500ms |
| M8071 | 并行连接从站驱动 | 从站时为 ON① | D8071 | | |
| M8072 | 并行连接运转中为 ON | 运行中为 ON | D8072 | | |
| M8073 | 主站/从站设置不良 | M8070，8071 设定不良 | D8073 | | |

①STOP→RUN 时清除。

**表 C-9 特殊功能表**

| 编号 | 名称 | 备注 | 编号 | 名称 | 备注 |
|---|---|---|---|---|---|
| M8120 | | RS232C 通信用 | D8120 | 通信格式① | 详细请见各通信适配器使用手册 |
| M8121 | RS232C 发送待机中② | | D8121 | 站号设定① | |
| M8122 | RS232C 发送标志② | | D8122 | 发送数据余数② | |
| M8123 | RS232C 发送完标志② | | D8123 | 接收数据数② | |
| M8124 | RS232C 载波接受 | | D8124 | 起始符（STX） | |
| M8125 | | | D8125 | 终止符（ETX） | |
| M8126 | 全信号 | RS485 通信用 | D8126 | | |
| M8127 | 请求握手信号 | | D8127 | 指定请求用起始地址 | |
| M8128 | 请求出错标志 | | D8128 | 请求数据数的约定 | |
| M8129 | 请求字/位切换 | | D8129 | 超时判断时间 | |

①电池后备。

②STOP→RUN 时清除。

**表 C-10 高速列表**

| 编号 | 名称 | | 备注 | 编号 | 名称 | | 备注 |
|---|---|---|---|---|---|---|---|
| M8130 | HSZ 列表比较方式 | | | D8130 | HSZ 列表计数器 | | 详细请见编程手册 |
| M8131 | HSZ 列表执行完标记 | | | D8131 | HSZ PLSY 列表计数器 | | |
| M8132 | HSZ PLSY 速度图形 | | | D8132 | 速度图形频率 HSZ，PLSY | 下位 | |
| M8133 | HSZ PLSY 执行完标记 | | | D8133 | | 空 | |
| | | | | D8134 | 速度图形目标脉冲数 HSZ，PLSY | 下位 | |
| 编号 | 名称 | | 备注 | D8135 | | 上位 | |
| D8140 | 输出给 PLSY，PLSR Y000 的脉冲数 | 下位 | 详细请见编程手册 | D8136 | 输出脉冲数 PLSY，PLSR | 下位 | |
| D8141 | | 上位 | | D8137 | | 上位 | |
| D8142 | 输出给 PLSY，PLSR Y001 的脉冲数 | 下位 | | D8138 | | | |
| D8143 | | 上位 | | D8139 | | | |

**表 C-11 高速计数器**

| 编号 | 名称 | 备注 | 编号 | 名称 | 备注 |
|---|---|---|---|---|---|
| M8235 | M8□□□被驱动时，1相高速计数器 C□□□为降序方式，不驱动时为增序方式。（□□□为235～245） | 详细请见编程手册 | M8246 | 根据 1 相 2 输入计数器□□□的增、降序，M8□□□为 ON/OFF（□□□为 246～250） | 详细请见各通信适配器使用手册 |
| M8236 | | | M8247 | | |
| M8237 | | | M8248 | | |
| M8238 | | | M8249 | | |
| M8239 | | | M8250 | | |
| M8240 | | | M8251 | 由于 2 相计数器□□□的增、降序，M8□□□为 ON/OFF（□□□为 251～255） | |
| M8241 | | | M8252 | | |
| M8242 | | | M8253 | | |
| M8243 | | | M8254 | | |
| M8244 | | | M8255 | | |

**表 C-12　特殊数据寄存器 D8060 ~ D8067，存储的错误代码和内容**

| 类型 | 出错代码 | 出错内容 | 处理方法 |
|---|---|---|---|
| I/O 结构出错，M8060 （D8060）继续运行 | 1020 | 没有装 I/O 起始元件号“1020”时，最高位 1 = 输入 X，0 = 输出 Y；后 3 位 020 = 元器件号 | 还没有装的输入继电器，输出继电器的编号被输入程序，PLC 可以继续运行，若是程序出错，请进行修改 |
| PLC 硬件出错，M8061 （D8061）停止运行 | 0000 | 无异常 | |
| | 6101 | RAM 出错 | |
| | 6102 | 运算电路出错 | |
| | 6103 | I/O 总线出错（M8069 驱动时） | |
| | 6104 | 扩展设备 24V 失电（M8069）ON 时 | |
| | 6105 | 监视定时器出错 | 运算时间超过 D8000 的值，检查程序 |
| PLC/PP 通信出错，M8062（D8062）继续运行 | 0000 | 无异常 | 编程器（PP）或编程器连接的设备与 PLC 间的连接是否正确 |
| | 6201 | 奇偶出错，溢出出错，成帧出错 | |
| | 6202 | 通信字符有误 | |
| | 6203 | 通信数据的求和不一致 | |
| | 6204 | 数据格式有误 | |
| | 6205 | 指令有误 | |
| 并行连接通信出错，M8063（D8063）继续运行 | 0000 | 无异常 | 检查双方的 PLC 的电源是否为 ON，适配器和控制器之间，以及适配器之间连接是否正确 |
| | 6301 | 奇偶出错，溢出出错，成帧出错 | |
| | 6302 | 通信字符有误 | |
| | 6303 | 通信数据的求和不一致 | |
| | 6304 | 数据格式有误 | |
| | 6305 | 指令有误 | |
| | 6306 | 监视定时器溢出 | |
| | 6307 ~ 6311 | 无 | |
| | 6312 | 并行连接字符出错 | |
| | 6313 | 并行连接和数出错 | |
| | 6314 | 并行连接格式出错 | |
| 参数出错，M8064 （D8064）停止运行 | 0000 | 无异常 | 停止 PLC 的运行，用参数方式设定正确值 |
| | 6401 | 程序的求和不一致 | |
| | 6402 | 存储的容量设定有误 | |
| | 6403 | 保存区域设定有误 | |
| | 6404 | 注释区的设定有误 | |
| | 6405 | 文件寄存器区的设定有误 | |
| | 6409 | 其他设定有误 | |
| 语法出错，M8065 （D8065）停止运行 | 0000 | 无异常 | 检查编程时对各个指令的使用是否正确。产生错误时请用程序模式进行修改 |
| | 6501 | 指令-元件符号-元件号的组合有误 | |
| | 6502 | 设定值之前无 OUT T，OUT C | |

（续）

| 类型 | 出错代码 | 出错内容 | 处理方法 |
| --- | --- | --- | --- |
| 语法出错，M8065（D8065）停止运行 | 6503 | ①OUT T，OUT C 之后无设定值<br>②应用指令操作数数量不足 | 检查编程时对各个指令的使用是否正确。产生错误时请用程序模式进行修改 |
| | 6504 | ①卷标编号重复<br>②中断输入和高速计数器输入重复 | |
| | 6505 | 元件号范围溢出 | |
| | 6506 | 使用了未定义指令 | |
| | 6507 | 卷标编号（P）定义出错 | |
| | 6508 | 中断输入（I）的定义出错 | |
| | 6509 | 其他 | |
| | 6510 | MC 嵌套编号大小有错误 | |
| 电路出错，M8066（D8066）停止运行 | 6511 | 中断输入和高速计数器输入重复 | 对整个电路块而言，当指令组合不正确时，对指令关系有错时都能产生错误，在程序中要修改指令的相互关系，使之正确无误 |
| | 0000 | 无异常 | |
| | 6601 | LD，LDI 的连续使用次数在 9 次以上 | |
| | 6602 | ①没有 LD，LDI 指令。没有线圈，LD，LDI 和 ANB，ORB 之间关系有错<br>②STL，RET，MCR，P（指针），I（中断），EI，DI，SRET，IRET，FOR，NEXT，FEND，END 没有与总线连接<br>③忘记了 MPP | |
| | 6603 | MPS 的连续使用次数在 12 次以上 | |
| | 6604 | MPS 和 MRD，MPP 的关系出错 | |
| | 6605 | ①STL 的连续使用次数在 9 次以上<br>②在 STL 内有 MC，MCR，I（中断），SRET<br>③在 STL 外有 RET，没有 RET | |
| | 6606 | ①没有 P（指针），I（中断）<br>②没有 SRET，IRET<br>③（中断），SRET，IRET 在主程序中<br>④STC，RET，MC，MCR 在子程序和中断子程序中 | |
| | 6607 | ①FOR 和 NEXT 关系有错误，嵌套在 6 次以上<br>②在 FOR-NEXT 之间有 STL，RET，MC，MCR，IRET，SRET，FEND，END | |
| | 6608 | ①MC 和 MCR 的关系有错误<br>②MCR 没有 N0<br>③MC-MCR 之间有 SRET、IRET、I（中断） | |

（续）

| 类型 | 出错代码 | 出错内容 | 处理方法 |
| --- | --- | --- | --- |
| 电路出错，M8066（D8066）停止运行 | 6609 | 其他 | 对整个电路块而言，当指令组合不正确时，对指令关系有错时都能产生错误，在程序中要修改指令的相互关系，使之正确无误 |
| | 6610 | LD，LDI 的连续使用次数在 9 次以上 | |
| | 6611 | 对 LD，LDI 指令而言，ANB，ORB 指令数太多 | |
| | 6612 | 对 LD，LDI 指令而言，ANB，ORB 指令数太少 | |
| | 6613 | MPS 连续使用次数在 12 次以上 | |
| | 6614 | MPS 忘记 | |
| | 6615 | MPP 忘记 | |
| | 6616 | MPS-MRD，MPP 间的线圈忘记，或关系有错误 | |
| | 6617 | 必须从总线开始的指令却没有与总线连接，有 STL，RET，MCR，P，I，DI，EI，FOR，NEXT，SRET，IRET，FEND，END | |
| | 6618 | 只能在主程序中使用的指令却在主程序之外（中断、子程序等） | |
| | 6619 | FOR-NEXT 之间使用了不能用的指令：STL，RET，MC，MCR，I，IRET | |
| | 6620 | FOR-NEXT 间嵌套溢出 | |
| | 6621 | FOR-NEXT 数的关系有错误 | |
| | 6622 | 没有 NEXT 指令 | |
| | 6623 | 没有 MC 指令 | |
| | 6624 | 没有 MCR 指令 | |
| | 6625 | STL 的连续使用次数在 9 次以上 | |
| | 6626 | 在 STL-RET 之间有不能用的指令；MC，MCR，I，SRET，IRET | |
| | 6627 | 没有 RET 指令 | |
| | 6628 | 在主程序中有不能用的指令；I，SRET，IRET | |
| | 6629 | 无 P，I | |
| | 6630 | 没有 SRET，IRET 指令 | |
| | 6631 | SRET 位于不能用的场所 | |
| 运算错误，M8067（D8067）继续运行 | 6632 | FEND 位于不能用的场所 | 运算过程中产生错误，以及程序的修改或应用指令的操作数的内容是否有错误。即使语法、电路没有出错，下述原因也可能产生运算错误。例如 T200Z 虽没有错，但运算结果 Z = 100 时，T = 300，这样，元器件编号则溢出 |
| | 0000 | 没有异常 | |
| | 6701 | ①CJ，CALL 没有跳转地址<br>②在 END 指令后面有卷标<br>③在 FOR-NEXT 间或子程序之间有单独的卷标 | |

（续）

<table>
<tr><th>类型</th><th>出错代码</th><th>出错内容</th><th colspan="2">处理方法</th></tr>
<tr><td rowspan="21">运算错误，M8067（D8067）继续运行</td><td>6702</td><td>CALL 的嵌套级在 6 层以上</td><td colspan="2" rowspan="7">运算过程中产生错误，以及程序的修改或应用指令的操作数的内容是否有错误。即使语法、电路没有出错，下述原因也可能产生运算错误。例如 T200Z 虽没有错，但运算结果 Z = 100 时，T = 300，这样，元器件编号则溢出</td></tr>
<tr><td>6703</td><td>中断的嵌套级在 6 层以上</td></tr>
<tr><td>6704</td><td>FOR-NEXT 的嵌套级在 6 层以上</td></tr>
<tr><td>6705</td><td>应用指令的操作数在目标元件之外</td></tr>
<tr><td>6706</td><td>应用指令的操作数在元器件号范围和数据值溢出</td></tr>
<tr><td>6707</td><td>因没有设定文件寄存器的参数而存取了文件寄存器</td></tr>
<tr><td>6708</td><td>FROM/TO 指令出错</td></tr>
<tr><td>6709</td><td>其他（IRET，SRET 忘记，FOR-NEXT 关系有错误等）</td><td rowspan="5">PID 运算停止<br>PID 运算停止</td><td rowspan="14">产生控制参数的设定值和 PID 运算中产生数据错误。请检查参数</td></tr>
<tr><td>6730</td><td>取样时间（TS）在目标范围外（TS = 0）</td></tr>
<tr><td>6732</td><td>输入滤波器常数（a）在目标范围外（a < 0 或 100 ≤ a）</td></tr>
<tr><td>6733</td><td>比例阈（KP）在目标范围外（KP < 0）</td></tr>
<tr><td>6734</td><td>积分时间（TI）在目标范围外（TI < 0）</td></tr>
<tr><td>6735</td><td>微分阈（KD）在目标范围外（KD < 0 或 201 ≤ KD）</td><td rowspan="9">将运算数据作 MAX 值，继续运算将运算数据作 MAX 值，继续运算</td></tr>
<tr><td>6736</td><td>微分时间在目标范围外（TD < 0）</td></tr>
<tr><td>6740</td><td>取样时间（TS）≤运算周期</td></tr>
<tr><td>6742</td><td>测定值变量溢出（△PV < 32768 或 3267 < △PV）</td></tr>
<tr><td>6743</td><td>偏差溢出（EV < −32768 或 32767 < EV）</td></tr>
<tr><td>6744</td><td>积分计算值溢出（−32768 ~ 32767 以外）</td></tr>
<tr><td>6745</td><td>因微分阈（KP）溢出，产生微分值溢出</td></tr>
<tr><td>6746</td><td>微分计算值溢出（−32768 ~ 32767 以外）</td></tr>
<tr><td>6747</td><td>PID 运算结果溢出（−32768 ~ 32767 以外）</td></tr>
</table>

# 参考文献


[1] 李全利．PLC 运动控制技术应用设计与实践［M］．北京：机械工业出版社，2010.

[2] 常斗南，等．可编程序控制器原理及工程应用［M］．北京：电子工业出版社，2006.

[3] 王兆义．可编程序控制器教程［M］．2 版．北京：机械工业出版社，2008.

[4] 张万忠．可编程序控制器入门与应用实例（三菱 $FX_{2N}$系列）［M］．北京：中国电力出版社，2005.

[5] 张崇巍，等．运动控制系统［M］．武汉：武汉理工大学出版社，2002.

[6] 严建红．用 PLC 实现对伺服系统的控制［J］．上海电机技术高等专科学校学报，2001（1）：32－34.

[7] 李昊，李晋．变频技术在伺服系统中的应用［J］．电气传动自动化，2004（26）：17－19.

[8] 李全利．可编程序控制器及其网络系统的综合应用技术［M］．北京：机械工业出版社，2005.

[9] 汪小澄，等．可编程序控制器运动控制技术［M］．北京：机械工业出版社，2006.

[10] 马西秦，等．自动检测技术［M］．北京：机械工业出版社，2000.

# 参考文献